Wilhelm Branco (1844-1928)

Zivilisationen & Geschichte

Herausgegeben von
Ina Ulrike Paul und Uwe Puschner

Band 52

Zu Qualitätssicherung und Peer Review der vorliegenden Publikation

Die Qualität der in dieser Reihe erscheinenden Arbeiten wird vor der Publikation durch einen Herausgeber der Reihe geprüft.

Notes on the quality assurance and peer review of this publication

Prior to publication, the quality of the work published in this series is reviewed by one of the editors of the series.

Winfried Mogge

Wilhelm Branco (1844-1928)

Geologe – Paläontologe – Darwinist
Eine Biografie

PETER LANG

Bibliografische Information der Deutschen Nationalbibliothek
Die Deutsche Nationalbibliothek verzeichnet diese Publikation in der Deutschen Nationalbibliografie; detaillierte bibliografische Daten sind im Internet über http://dnb.d-nb.de abrufbar.

Coverabbildung:
Wilhelm Branco, undatierte Fotografie, Stuttgart / Tübingen 1890-1895
(Familienarchiv Freiherr von Branca, Miesbach).

ISSN 1867-092X
ISBN 978-3-631-75520-4 (Print)
E-ISBN 978-3-631-75521-1 (E-Book)
E-ISBN 978-3-631-75522-8 (EPUB)
E-ISBN 978-3-631-75523-5 (MOBI)
DOI 10.3726/b14032

Peter Lang – Berlin · Bern · Bruxelles ·
New York · Oxford · Warszawa · Wien

Diese Publikation wurde begutachtet.

www.peterlang.com

Abstract

The geoscientist *Wilhelm Branco* (1844–1928) is an outsider among the university teachers of the German Imperial Era. At first, he tried to be a soldier and an artist and became an agriculturist. It was not until the age of 30 that he began to study natural sciences. Branco conducted spectacular geological and palaeontological research in Italy, France and Germany. His academic career led the Prussian from Potsdam via Heidelberg, Rome, Munich, Berlin and Aachen to Königsberg, Tübingen and Hohenheim. Finally, he was University Professor and Director of the Museum of Natural Sciences in Berlin. His best-known project to this day is the organisation of the *Tendaguru expedition* to the colony German East Africa. The giant dinosaur *Brachiosaurus brancai* exhibited in Berlin is named in his honour.

Branco researched and wrote about volcanoes and earthquakes, the phylogeny of fossils and human prehistory. He was a master at speaking and at popularising science and intervened pugnaciously in the university and public discussions of his era. As convinced Darwinian, he defended the freedom of research and teaching against ecclesiastical dogmatism, but also fought against the aetheists among the monists. His religious views are surprisingly unorthodox; his political convictions locate him in the conservative German National camp.

Except for his own publications and some personal data, little is known so far about Wilhelm Branco (who assumed the name Branca of his Italian family of origin). Extensive estate material in private ownership has now been discovered: the *diary* of his honeymoon to Italy lasting several months in 1872, a *life story* recorded in 1904, family and official *letters, documents* and *photographs*. The documents are analysed here for an initial biography and partially published in full.

Thereby, an exceptional network of personal and scientific relationships is becoming manifest. Branco's father was a Prussian Surgeon General, his mother a romantic poet, his first wife who died young a daughter of the ingenious physicist *Hermann Helmholtz*, his second wife a daughter of *Gustav Robert Kirchhoff*. Wilhelm Branco was not only friends with professional colleagues, but also with artists in Munich and Rome.

The biography sees itself as a contribution to the history of science, but also to the social history and history of mentalities of the German bourgeoisie during the long transition period from the 19th to the 20th century.

Résumée

Le géologue scientifique Wilhelm Branco (1844–1928) est un original parmi les professeurs d'université du temps de l'empire allemand. Il s'essaya tout d'abord en tant que soldat et artiste avant de devenir agriculteur. Ce n'est qu'à trente ans seulement qu'il commença à étudier les sciences. Branco fit des recherches géologiques et paléontologiques spectaculaires en Italie, en France et en Allemagne. Sa carrière universitaire a conduit ce Prussien originaire de Potsdam de Heidelberg à Rome, Munich, Berlin, Aix-la-Chapelle, Königsberg, Tübingen et Hohenheim. Enfin il fut nommé professeur titulaire à l'université de Berlin et directeur du Musée d'histoire naturelle. Son projet le plus connu à ce jour fut l'organisation de l'expédition de Tendaguru dans l'ancienne colonie allemande d'Afrique orientale. Le dinosaure géant Brachiosaurus brancai exposé à Berlin est appelé ainsi en son honneur.

Branco fit des recherches sur les volcans et les tremblements de terre, la phylogenèse des fossiles et la préhistoire des hommes, qu'il publia ensuite. Il était un maître incontesté du discours et de la vulgarisation des sciences et intervenait énergiquement dans les discussions d'ordre universitaire et publique de son temps. En tant que darwiniste convaincu, il défendait la liberté de la recherche et de l'enseignement contre le dogmatisme religieux, mais combattait également les athéistes parmi les monistes. Ses opinions religieuses sont étonnamment peu orthodoxes ; ses options politiques le renvoient au camp des nationalistes conservateurs allemands.

En dehors de ses propres publications et de quelques données personnelles, on sait peu de choses sur Wilhelm Branco (qui prit en 1907 le nom de Branca de sa famille d'origine italienne). On a découvert récemment un grand nombre de documents qui se trouvaient en possession privée : le journal de son voyage de noce de plusieurs mois en 1872 en Italie, des mémoires éditées en 1904, des lettres privées et officielles, des actes et des photographies. Les documents sont évalués ici pour une première biographie et en partie entièrement publiés.

Cela met en évidence un réseau extraordinaire de relations personnelles et scientifiques. Le père de Branco était médecin-général prussien, sa mère une poétesse romantique, sa première épouse, morte jeune, une fille du génial physicien Hermann Helmholtz, sa deuxième épouse une fille de Gustav Robert Kirchhoff. Branco n'était pas seulement ami avec des collègues de travail, mais aussi avec des artistes de Munich et de Rome.

La biographie s'entend comme une contribution à l'histoire de la science mais aussi à l'histoire de la société et de la mentalité de la bourgeoisie allemande durant la longue période de transition du 19ème au 20ème siècle.

Zusammenfassung

Der Geowissenschaftler *Wilhelm Branco* (1844–1928) ist ein Außenseiter unter den Hochschullehrern der deutschen Kaiserzeit. Er versuchte sich zunächst als Soldat und als Künstler und wurde Landwirt. Erst mit dreißig Jahren begann er das naturwissenschaftliche Studium. Branco machte aufsehenerregende geologische und paläontologische Forschungen in Italien, Frankreich und Deutschland. Sein akademischer Berufsweg führte den Potsdamer Preußen über Heidelberg, Rom, München, Berlin und Aachen nach Königsberg, Tübingen und Hohenheim. Zuletzt war er Ordinarius an der Universität und Direktor am Museum für Naturkunde in Berlin. Sein bis heute bekanntestes Projekt ist die Organisation der *Tendaguru-Expedition* in die damalige Kolonie Deutsch-Ostafrika. Der in Berlin aufgestellte Riesensaurier *Brachiosaurus brancai* ist ihm zu Ehren benannt.

Branco forschte und schrieb über Vulkane und Erdbeben, die Stammesgeschichte fossiler Lebewesen und die Vorgeschichte des Menschen. Er war ein Meister der Rede und der Popularisierung der Wissenschaft und griff streitbar in die universitären und öffentlichen Diskussionen seiner Zeit ein. Als überzeugter Darwinist hat er die Freiheit von Forschung und Lehre gegen kirchlichen Dogmatismus verteidigt, aber auch die Atheisten unter den Monisten bekämpft. Seine religiösen Ansichten sind überraschend unorthodox; seine politischen Optionen verweisen ihn ins konservative deutschnationale Lager.

Außer den eigenen Veröffentlichungen und einigen persönlichen Daten ist über Wilhelm Branco (der 1907 den Namen Branca seiner italienischen Herkunftsfamilie annahm) bisher wenig bekannt. In Privatbesitz wurde nun umfangreiches Nachlassmaterial entdeckt: das *Tagebuch* einer mehrmonatigen Hochzeitsreise 1872 nach Italien, ein 1904 aufgezeichneter *Lebensbericht*, familiäre und dienstliche *Briefe*, *Urkunden* und *Fotografien*. Die Dokumente werden hier für eine erste Biografie ausgewertet und teils vollständig publiziert.

Dabei wird ein außergewöhnliches Geflecht persönlicher und wissenschaftlicher Beziehungen sichtbar. Brancos Vater war preußischer Generalarzt, die Mutter romantische Dichterin, die erste, jung verstorbene Ehefrau eine Tochter des genialen Physikers *Hermann Helmholtz*, die zweite Frau eine Tochter von *Gustav Robert Kirchhoff*. Wilhelm Branco war nicht nur mit Berufskollegen befreundet, sondern auch mit Künstlern in München und Rom.

Die Biografie versteht sich als Beitrag zur Wissenschaftsgeschichte, aber auch zur Sozial- und Mentalitätsgeschichte des deutschen Bürgertums in der langen Übergangszeit vom 19. zum 20. Jahrhundert.

Abb. 1: Wilhelm Branca, Ölgemälde von Alexander Desclabissac aus der Sammlung der Gelehrten-Bildnisse der Humboldt-Universität Berlin (undatiert, posthum entstanden nach einer Fotografie)

Inhalt

Dokumentation

Anhang

Prolog

Berlin, 13. August 1880. In der Aula der *Königlichen Geologischen Landesanstalt* an der Invalidenstraße 46 hält die renommierte *Deutsche geologische Gesellschaft* ihre jährliche allgemeine Versammlung. Als letzter Redner auf der ermüdend langen Liste wissenschaftlicher Vorträge steht ein mit fast sechsunddreißig Jahren nicht mehr junger, bisher in Fachkreisen aber kaum bekannter Mann: Wilhelm Branco aus Potsdam, seit kurzem wohnhaft in Berlin. Er hat Glück: Die politische und naturwissenschaftliche Prominenz der Hauptstadt ist bei der mehrtägigen Veranstaltung noch oder wieder anwesend, voran der preußische Kultusmister und hohe Regierungsbeamte.

Branco spricht „Über die Verwandtschaftsverhältnisse der fossilen Cephalopoden", und hinter diesem spröden Titel verbergen sich neue Erkenntnisse zur Entwicklungsgeschichte der „Kopffüßer", deren älteste aus dem Erdaltertum und Erdmittelalter ihre Schalen in versteinerter Form hinterlassen haben und immer wieder das Interesse der Forschung erregen. Branco hatte in zweijähriger Präparationsarbeit die Gehäuse zahlreicher höchst unterschiedlicher Exemplare dieser Fossilien aufgeschält, den jeweils innersten Kern mit Hilfe der modernen Mikroskopie betrachtet und aus den ähnlichen oder verschiedenen Formen auf die Abstammungswege dieser Tierarten geschlossen; und darüber darf er nun berichten.[1]

Das Tagungspublikum ist begeistert. Es gibt „ein gewaltiges Bravoklatschen", Branco wird dem Minister vorgestellt, zwei Ordinarien fordern ihn auf, sich zu habilitieren. Laufbahnrechtliche Hindernisse sind durch Ministerialentscheid innerhalb kurzer Zeit beseitigt, und im April 1881 beginnt Wilhelm Branco als Privatdozent für Geologie und Paläontologie an der *Friedrich-Wilhelms-Universität* Berlin.[2]

Dies ist der Start einer wissenschaftlichen Karriere, die sich mit den meist planvollen und geruhsamen Lebensgeschichten damaliger Hochschullehrer kaum

1 Akten zur Tagung 1880: Geheimes Staatsarchiv Preußischer Kulturbesitz Berlin (im Folgenden zitiert: GStA PK,) I. HA Rep. 76 Vc Sekt. 1 Tit. XI Teil 1 Nr. 12 Bd. 1 Bl. 6–10 (Programm: Bl. 6). Veröffentlichung des Vortrags: Zeitschrift der Deutschen geologischen Gesellschaft (im Folgenden zitiert: ZDGG), Bd. 32/1880 S. 596–611.

2 Autobiografischer Bericht in: W. Branco, Lebensgang (wie Anm. 14), S. 112–114. – Im Sitzungsprotokoll (ZDGG Bd. 32/1880 S. 652–680) wird die Tagungsabfolge vom 11. bis 14.8.1880 abweichend beschrieben.

vergleichen lässt, sondern extrem unruhig verläuft. Nach unbefriedigenden Berufsjahren als Soldat, Landwirt und Gutsbesitzer und unerfüllter Hoffnung auf eine Existenz als Künstler wird Wilhelm Branco sich einen Namen als ungewöhnlich vielseitiger Forscher und Lehrer machen.

1. Umrisse eines Lebens

Wer ist dieser Wilhelm Branco? Geboren 1844 in Potsdam, gestorben 1928 in München: Das sind die Eckdaten eines vierundachtzig Jahre währenden Lebens zwischen preußischem Königreich, süddeutschen Mittelstaaten, deutschem Kaiserreich und Weimarer Republik. Der Vater preußischer Generalarzt, die Mutter romantische Dichterin, die Vorfahren der Eltern Offiziere, Ärzte, Gutsbesitzer, Beamte: Der Schulabbrecher ohne Abitur und mit unsteten beruflichen Anläufen muss in diesem Umfeld zunächst als Außenseiter und Versager erscheinen.

Dem Wunschberuf Offizier körperlich nicht gewachsen, als Landwirt und Gutsbesitzer geistig unterfordert, als italiensüchtiger Maler bald resigniert, beginnt Branco erst als Dreißigjähriger mit dem Studium der Naturwissenschaften. Hier entdeckt er seine wahre Leidenschaft in der Geologie – der Wissenschaft vom Bau und von der Entwicklungsgeschichte der Erdkruste, und in der Paläontologie – der Lehre von den Resten der Lebewesen der Vorzeit. Spektakuläre und zielstrebige Forschungen bringen ihm Promotion und Habilitation ein. Die Interessen und Arbeitsfelder bleiben zeitlebens breit gestreut: neben den allgemeinen und praxisbezogenen Lehrgebieten der damaligen Erdwissenschaften besonders die Vulkan- und Erdbebenforschung, die Entstehung des Lebens auf der Erde, die Entwicklungsgeschichte fossiler Schalen- und Wirbeltiere, die Vorgeschichte des Menschen …

Mindestens so wichtig wie seine Arbeit als Gelehrter ist Wilhelm Branco die Wirksamkeit als Lehrer. Er liebt es, auch mit öffentlichen Vorträgen und gutem Gespür für aktuelle Fragen sein Wissen populär zu verbreiten; Zuhörer bestätigen, dass er es versteht, die Erdgeschichte zum Sprechen zu bringen. In der Schlussphase seines Berufslebens setzt er seinen Ehrgeiz daran, für seine Fachbereiche ein modernes Naturkundemuseum als allgemein zugänglichen Bildungsort zu schaffen. Bei der Organisation und Finanzierung wissenschaftlicher Projekte erweist Branco sich als Meister moderner Öffentlichkeitsarbeit.

Als Hochschullehrer hat Wilhelm Branco eingefahrene Schulmeinungen seiner Fachgebiete angezweifelt und revidiert, gestützt auf eigene Feldforschungen und umfassendes Wissen, oder zumindest neue Wege für die Generation seiner Schüler und Nachfolger gewiesen. Vehement hat er – ein Anhänger der darwinschen Deszendenzlehre – die Freiheit von Forschung und Lehre gegen kirchliche Dogmatik verteidigt, aber auch die Atheisten unter den Monisten bekämpft; als getaufter Protestant und gewordener Agnostiker ist er von den Grenzen der Wissenschaft und dem Nichtwissen „letzter Dinge“ überzeugt.

Politische Aktivitäten Brancos sind nicht bekannt. Einige Äußerungen besonders während des Ersten Weltkrieges verweisen ihn ins konservative deutschnationale Lager. Damit steht er fest in den Reihen der meisten Hochschullehrer seiner Zeit.

Seine berufliche Karriere führt Wilhelm Branco vom Privatdozenten in Berlin und Aachen zum Landesgeologen in Berlin, bald zum Ordinarius in Königsberg, Tübingen, Hohenheim und schließlich wieder Berlin, wo er auch Direktor des *Geologisch-paläontologischen Instituts und Museums* wird. Der im heutigen *Museum für Naturkunde* aufgestellte riesige *Brachiosaurus brancai* ist ihm zu Ehren benannt. Der Außenseiter wächst zur gefeierten Größe seines Faches, bedacht mit Ehrungen und Auszeichnungen. 1895 wird er in Württemberg geadelt, seit 1907 führt er den Namen Branca seiner italienischen Herkunftsfamilie.

Vielseitig ist auch das Geflecht der familiären und freundschaftlichen Beziehungen. Die erste, jung verstorbene Ehefrau ist eine Tochter des genialen Physikers Hermann Helmholtz, die zweite Frau eine Tochter von Gustav Robert Kirchhoff. Mit beiden Schwiegervätern und ihren Familien und Freunden pflegt Branco herzlichen Kontakt. Befreundet ist er nicht nur mit Berufskollegen, sondern auch mit Künstlern in München und Rom. Er dilettiert als Zeichner und Maler, spielt Flöte, fällt mit Freude und Talent auf beim Singen und Theaterspielen, ist ein mitreißender Redner, schreibt Texte von literarischer Qualität. Wilhelm Branco erweist sich als vielseitig begabter und interessierter Wanderer zwischen wissenschaftlichen und künstlerischen Welten.

Verstreute Quellen und ein Nachlassfund

Außer den Stationen seiner Hochschulkarriere, den eigenen Veröffentlichungen und einigen wenigen persönlichen Daten ist über Wilhelm Branco bisher fast nichts bekannt. In den Archiven der Universitäten und Akademien seines Lebensganges gibt es mehr oder weniger umfangreiche Personalakten, aber keinen schriftlichen Nachlass. Für die privaten und familiären Verhältnisse bieten die im *Geheimen Staatsarchiv Preußischer Kulturbesitz* in Berlin verwahrten Vorgänge um seine Namensänderung und die in Preußen angestrebte Nobilitierung einige Informationen. Dort und in den Archiven des *Museums für Naturkunde* und der *Berlin-Brandenburgischen Akademie der Wissenschaften* liegen auch die Akten über Brancos spektakulärste Aktion, die von ihm organisierte Tendaguru-Expedition in Deutsch-Ostafrika mit den sensationellen Saurier-Funden. Dienstliche Vorgänge und Korrespondenzen sind vor allem im *Archiv der Humboldt-Universität*, Splitterbestände in den Historischen Schriftgutsammlungen des *Museums für Naturkunde* in Berlin erhalten. Vereinzelte Briefe an

Kollegen und Freunde finden sich in mehreren Bibliotheken und Archiven, gelegentlich auch noch im Antiquariatshandel und bei Auktionshäusern, und lassen auf eine ehemals umfangreiche amtliche und private Korrespondenz schließen.[3]

Einen ausführlichen, stark hagiografisch gefärbten, die wissenschaftlichen Leistungen würdigenden Nachruf schrieb 1928 Brancas Freund und Nachfolger Josef Felix Pompeckj.[4] Voll ehrfürchtiger Bewunderung sind auch die Nachrufe der Schüler Edwin Hennig[5] und Hans Reck[6]. In der englischen Fachpresse nennt Herbert P. T. Rohleder den Verstorbenen „one of the most prominent German geologists".[7] Von den sonstigen zeitgenössischen Würdigungen und posthumen Lexikon-Artikeln ist lediglich ein Beitrag von Werner Quenstedt von 1955 noch nennenswert.[8] Neuerdings kommen knappe, über die biografischen Daten hinausgehende Bewertungen von Gerhard Maier (2003)[9], Christian Tilitzki (2012)[10] und Marco Tamborini (2016)[11] hinzu. Die sachlichen Fehler der älteren Literatur, biografischen Lexika und genealogischen Taschenbücher wurden und werden, wie allgemein üblich, in den „neuen Medien" kritiklos übernommen und fortgeschrieben.[12] Ein rundes Lebensbild ergibt sich aus alledem nicht.

3 Mit fortschreitender Erschließung und Digitalisierung von Gelehrten-Nachlässen in Archiven und Bibliotheken dürften noch weitere Briefe von und an W. Branco/Branca auftauchen; das in dieser Arbeit gezeichnete Bild wird sich wohl nur noch um Details erweitern lassen.

4 [J. F. Pompeckj], Gedächtnisrede des Hrn. Pompeckj auf Wilhelm von Branca, in: Sitzungsberichte der Preußischen Akademie der Wissenschaften, Berlin 1928, S. CXIV–CXXXVII. Auch als Sonderdruck verbreitet. Eine Kurzfassung (J. F. Pompeckj, Wilhelm von Branca †) in: Forschungen und Fortschritte, Jg. 4 Nr. 10, 1.4.1928, S. 103. Kurzfassungen wurden in diversen Tageszeitungen veröffentlicht (Ausschnitte in den Personalakten der genannten Archive).

5 E. Hennig, Geh. Bergrat Prof. Dr. Wilhelm von Branca †, in: Jahreshefte des Vereins für vaterländische Naturkunde in Württemberg, Jg. 24/1928 S. XXV-XXIX.

6 H. Reck, Wilhelm von Branca †, in: Zeitschrift für Vulkanologie, Bd. XII/1929-30 S. 1–7.

7 H. P. T. Rohleder, Wilhelm von Branca, in: Geological Magazine, Bd. 65/1928 S. 334 f.

8 W. Quenstedt, Branca, in: Neue Deutsche Biographie, Bd. 2 S. 514 f.

9 G. Maier, African Dinosaurs Unearthed, S. 13–82, 246.

10 Ch. Tilitzki, Die Albertus-Universität Königsberg, Bd. 1 S. 507 f.

11 M. Tamborini, „If the Americans can do it, so can we", passim.

12 So im Wikipedia-Artikel: Wilhelm von Branca, Stand Januar 2018. Fehlerhaft zur gesamten Familie Branco/Branca und unsinnig z. B. bei der Schreibweise der Namen und der Zuteilung von Adelsprädikaten sind die genealogischen Internet-Portale, vor allem www.myheritage.com (Stand Januar 2018).

So darf die Entdeckung persönlicher Unterlagen in Privatbesitz als Überraschung gelten: Das Tagebuch einer mehrmonatigen Hochzeitsreise 1872 nach Italien[13], ein 1904 für den Sohn aufgezeichneter Lebensbericht[14], einige Bündel familiärer Briefe und eine Reihe privater und amtlicher Korrespondenzen und Dokumente. Der Fund verdankt sich einem glücklichen Zufall bei der Spurensuche des Historikers und Germanisten auf einem ganz anderen Feld – bei der Suche nach der Frau, der das vielzitierte Gedicht auf dem Grabstein für Käthe Branco geborene Helmholtz (1850–1877) auf dem St. Annen-Friedhof in Berlin-Dahlem gilt.[15] Bei den Papieren handelt es sich um einen Splitternachlass von Wilhelm Branco/Branca, aus der Haushaltsauflösung des kinderlos verstorbenen Sohnes Gerhard von Branca (1885–1953) und dessen Frau Anne-Lise geborene Flörsheim (1895–1973) in das Familienarchiv entfernter Verwandter – des Architekten Alexander Freiherr von Branca (1919–2011) – in Miesbach gerettet.[16] Mit freundlicher Erlaubnis der Familie von Branca wird ein Teil des Materials hier publiziert und kommentiert und für eine Lebensgeschichte ausgewertet.

Die beiden autobiografischen Texte ermöglichen ungewöhnlich exakte und intime Einblicke in das Leben und Denken eines Gelehrten der Kaiserzeit. Sie sind nicht mit der Absicht einer Veröffentlichung geschrieben und deshalb frei von den Selbststilisierungen und Harmonisierungen so vieler Selbstbiografien von „Wilhelminern".[17] Die hier sich öffnenden Einsichten ergeben dennoch kein vollständiges Lebensbild – die wenigen erhaltenen Dokumente beweisen, dass weitere Aufzeichnungen dieser Art bestanden und schon in der folgenden Generation

13 Wilhelm und Käthe Branco, Italien (1872), Manuskript im Familienarchiv Frhr. v. Branca (künftig: FAvB), Nachlass Branco, unsigniert (im Folgenden zitiert: Italien). Vgl. die Dokumentation in diesem Band.

14 Wilhelm Branco, Lebensgang (1904), Manuskript im Familienarchiv Frhr. v. Branca (künftig: FAvB), Nachlass Branco, unsigniert (im Folgenden zitiert: Lebensgang). Vgl. die Dokumentation in diesem Band.

15 W. Mogge, „Ihr Wandervögel in der Luft …", S. 27–39. – Das dort (S. 31) genannte Todesdatum 1878 ist zu korrigieren; vgl. unten S. 91.

16 Das Familienarchiv v. Branca ist derzeit (2018) nicht erschlossen. Der Splitternachlass von Wilhelm Branco/Branca ist vermischt mit Nachlassmaterial von Gerhard Branco/von Branca und Sammlungen zu verwandten Familien, zu geringen Teilen (mit Ansätzen einer nicht ausgeführten Ordnung als „Familienarchiv") von Gerhard v. Branca in Aktenmappen abgelegt. Um das Material zitierfähig zu machen, wird es im Folgenden „Nachlass Branco" genannt, mit fiktiven, eine künftige Verzeichnung vorwegnehmenden Abteilungen wie „Briefe" oder „Urkunden".

17 Vgl. allgemein zu diesem Vorgang M. Doerry, Übergangsmenschen, S. 10, 155, 160–170 und oft.

verloren gingen; sie zeigen auch, wie dicht der familiäre Zusammenhalt und die private Korrespondenz gewesen sein müssen. Mit weiteren Recherchen wird im Folgenden versucht, ergänzende Mosaiksteine zu einem Gesamtbild zusammenzutragen und auch die ansonsten unverständlich bleibenden Namen und Anspielungen der Texte zu entschlüsseln. Einige im Besitz der Familie von Branca und in mehreren Archiven aufgefundene künstlerische Darstellungen und Fotografien sind mehr als nur Illustrationen.

Als schmerzliche Lücke bleibt, dass von und über Käthe Helmholtz und Paula Kirchhoff, die vielseitig gebildeten und interessierten Ehefrauen des Wilhelm Branco/Branca, nur wenige Informationen zu finden waren, von Käthe Helmholtz nicht einmal ein Porträt oder eine Fotografie. Eben deshalb sollen hier auch biografische Skizzen der beiden Frauen – und der beiden Kinder Wilhelm Brancos – eingefügt werden. Vielleicht ergeben sich nach der Veröffentlichung dieser Arbeit Spuren in bisher unbekanntem Gelände.

Die folgende Untersuchung versteht sich als Biografie und nicht etwa als Versuch einer Darstellung der von Wilhelm Branco betriebenen Wissenschaften und ihrer Geschichte; in diese wird nur insoweit eingedrungen, als es zum Verständnis des Lebensganges und der Lebensleistung nötig erscheint.[18] Wenn die Arbeit darüber hinaus als Beitrag zur Kultur- und Sozialgeschichte des Bürgertums in der langen Epoche des Umbruchs vom 19. zum 20. Jahrhundert aufgenommen wird, dann hat sie ihren Sinn erfüllt.

18 Die Kapitel über die Forschungen Brancos sind an zeitlich passenden Stellen eingefügt, können aber überschlagen werden, so dass eine fortlaufende Biografie gelesen werden kann.

2. Eine preußische Familie

„Potsdam, Sitz des Oberpräsidiums der Mark Brandenburg, mit 45,000 Einw. und einer 7000 M. starken Garnison, liegt in höchst anmuthiger, waldreicher Umgebung auf einer von der Havel und den Havel-Seen gebildeten Insel, dem sog. Potsdamer Werder. Die Stadt ist slavischen Ursprungs, war jedoch vor dem Grossen Kurfürsten, welcher das Residenzschloss und den Lustgarten anlegen liess, ohne jegliche Bedeutung. Ihren Glanz verdankt sie Friedrich dem Gr., der fast beständig dort residierte; zu seiner Zeit entstanden nicht allein zwei fernere kgl. Schlösser (Sanssouci und das Neue Palais) sowie ein grosser Theil der Parkanlagen, sondern auch eine Reihe bedeutender Privatbauten. [...]“[19]

So beschreibt der zeitgenössische „Baedeker“-Reiseführer die preußische Residenzstadt. Hier, in Sichtweite des königlichen Stadtschlosses, der Französischen Kirche und der Nikolaikirche, umgeben von Kasernen und Exerzierplätzen, wird Wilhelm Branco geboren; hier verlebt er die Kinderjahre. Seine Herkunftsfamilie ist nach Status und Auftreten geradezu mustergültig preußisch zu nennen – orientiert am staatlichen und philosophischen Denken des aufgeklärten Absolutismus: monarchistisch, soldatisch, protestantisch, unberührt von den sozialen Unruhen und revolutionären Bewegungen der Zeit, dabei mehrsprachig gebildet, weltläufig, den Schönen Künsten zugetan. Die Brancos: eine idealtypische Familie in einer Stadt, die geprägt ist von Adeligen, Soldaten und Beamten, mit einem aufsteigenden Bildungsbürgertum, bald jedoch in die provinzielle Bedeutungslosigkeit zurückgefallen hinter die neue wirtschaftliche Macht der nahegelegenen Metropole Berlin.[20]

Der Vater: Preußischer Militärarzt

Wilhelm Brancos Vater, Friedrich Wilhelm Branco, gehört als Militärarzt zu den Honoratioren der Stadt mit beruflichem Zugang zum königlichen Hof. Geboren am 25. Januar 1797 in Anklam in der preußischen Provinz Pommern[21], gestorben

19 K. Baedeker, Berlin, Potsdam und Umgebungen, 1. Aufl. 1878, S. 72.

20 Vgl. R. L. Kremer, Letters of Hermann von Helmholtz, S. XIV-XIX; W. Radke, Brandenburg im 19. Jahrhundert, S. 33–40.

21 Zum Geburtsort gibt es unterschiedliche Angaben. In der lateinischsprachigen Dissertation (vgl. Anm. 25) heißt es im Curriculum Vitae (S. 50): geboren in Tanglimiae, oppido Pomeraniae citerionis. Tanglim ist der mittelalterliche Name für Anklam. Auf dem Grabstein in Rom (vgl. Anm. 35) steht als Geburtsort Birnbaum, ebenso in den von Wilhelm und Gerhard Branco angefertigten Stammtafeln (vgl. Anm. 39, 44) und in den Genealogischen Handbüchern (vgl. Anm. 43). Es handelt sich um einen durch

am 28. November 1870 in Rom[22], verbringt er die meiste Zeit seines Berufslebens in Potsdam.

Die Ausbildung Friedrich Wilhelms beginnt in jungen Jahren am Anklamer Gymnasium, dessen Oberstufe er fünf Jahre lang besucht. Im Freiheitskampf gegen die napoleonische Herrschaft kommt der sechzehnjährige Freiwillige 1813 bei Großbeeren und Dennewitz zum Kriegseinsatz und wird verwundet.[23] Gleich darauf beginnt er das vierjährige Studium an der *Pépinière*, dem nachmaligen *Medizinisch-Chirurgischen Friedrich-Wilhelm-Institut* in Berlin, einer Elite-Anstalt für künftige Militärärzte, die hier ihre medizinische und naturwissenschaftliche Ausbildung durch Professoren der jungen Universität bekommen.[24]

Damit wird sein Lebensweg vorgezeichnet. Das kostenfreie Studium, eine Chance auch für qualifizierte Söhne aus weniger begüterten Familien, verpflichtet zum anschließenden achtjährigen Dienst als Militärchirurg. Branco absolviert diesen Einsatz ab 1817 an der *Charité* in Berlin, die sich im Ausbau vom Militärlazarett zur Lehr- und Forschungsstätte befindet, und wird 1823 mit einer Arbeit über die Behandlung von Unterkieferbrüchen zum Doktor der Medizin und Chirurgie promoviert.[25] Dies ist die erste Arbeit in einer kleinen Reihe von eigenen Fachpublikationen und Übersetzungen aus dem Englischen. Es folgen, jeweils mit Bestnoten, die Staatsprüfungen und Approbationen als Praktischer Arzt, Operateur und Geburtshelfer.[26]

Abschreiben fortgepflanzten Fehler, erklärlich wohl durch die Tatsache, dass in Birnbaum (polnisch Miedzychód) in der preußischen Provinz Posen (genauer: im Ortsteil Gorzyn) mehrere Mitglieder der Familie(n) Branco lebten und Friedrich Wilhelms Vater dort geheiratet hat.

22 Vgl. die Grabinschrift (Anm. 35). Dazu auch FAvB, Nachlass Branco, Urkunden (Totenschein des Officio di Sanitá Rom, 22.12.1870).

23 F. W. Branco dient 1813/14 als Freiwilliger Jäger im 1. Bataillon des Colbergischen Infanterie-Regiments. FAvB, Nachlass Branco, Urkunden (Entlassungsschein, 7.7.1814; Berechnung der Dienstzeiten, 30.11.1857).

24 Vgl. P. Kolmsee, Unter dem Zeichen des Äskulap, S. 68, 96; F. P. Kirsch, „Götter in deren Hand Donner und Blitz liegt“, S. 13–20.

25 F. W. Branco, De fractura mandibulae novaque ad eam sanandam adhibenda methodo (1823).

26 FAvB, Nachlass Branco, Urkunden („Meines lieben Vaters Papiere“: Staatsprüfungen 1924, 1925; Approbationen 25.7.1829).

Abb. 2: Friedrich Wilhelm Branco, undatierte Visitfotografie aus dem Nachlass Wilhelm Branco

Im Jahr 1828 unternimmt der einunddreißigjährige Stabsarzt eine mehrmonatige Studienreise nach Ägypten.[27] Nach einer kurzen Zeit als Arzt bei einem Husarenregiment in Münster bleibt er ab 1830 Regimentsarzt, dann Oberstabsarzt beim *Garde du Corps* in Potsdam, bis er 1860 als Königlich Preußischer Generalarzt verabschiedet wird.[28] Zu seinen Aufgaben gehören auch die Lehrtätigkeit am *Medizinisch-Chirurgischen Friedrich-Wilhelm-Institut* und die Betreuung der Familie des Kronprinzen als Leibarzt.[29] Außerdem betreibt er in Potsdam eine Privatpraxis.[30]

Als Vierundvierzigjähriger heiratet Friedrich Wilhelm Branco die zwanzig Jahre jüngere Generalstochter Helene Rödlich (1816–1894).[31] Die Ehe wird bald von Unglück überschattet: Das erste Kind, ein Mädchen Margarethe (1842–1848), stirbt bereits im Alter von sechs Jahren; das dritte Kind, ein Junge Friedrich (1848–1916), ist geistig behindert und bleibt zeitlebens ein Pflegefall. Gesund ist nur Wilhelm, der Mittlere, der Protagonist unserer Geschichte. Und die Mutter versinkt bald nach der Geburt des dritten Kindes in geistige Umnachtung, kann nur noch in einer Pflegeanstalt versorgt werden.

Nach dem Ausscheiden aus dem aktiven Dienst beginnt der dreiundsechzigjährige Generalarzt a. D. einen gänzlich neuen Lebensabschnitt. Er geht mit der seit Jahren mit der Familie vertrauten Witwe Marie Reinke, die seinen Sohn Friedrich pflegt, und dem kranken Jungen auf Reisen, verbringt jeweils die Wintermonate in Rom. In seinem vorletzten Lebensjahr gibt er die Privatpraxis und die Potsdamer Wohnung am Wilhelmsplatz 4 auf, die jahrzehntelang sein Zuhause war, und mietet ein Haus am Nauener Tor.[32] Das Gebäude, eine Villa im italienischen Landhausstil mit großem Garten, steht noch, wenn auch verwahrlost und durch neuere Eingriffe verdorben, mit der Anschrift Friedrich-Ebert-Straße 83.[33]

27 GStA PK, III. HA MdA III Nr. 19011. Das Aktenstück enthält nur die finanzielle Förderung der „wissenschaftlichen Reise“, keine Angaben über Reiseroute, Ziele und Ergebnisse.

28 FAvB, Nachlass Branco, Urkunden (Versetzung zum 11. Husarenregiment in Münster, 20.11.1928; Versetzung zum Garde du Corps in Potsdam, 20.8.1830; Berechnung der Dienstzeiten, 30.11.1857).

29 Daten zur Biografie: F. W. Branco, De fractura mandibulae, S. 51 f (Curriculum Vitae); A. C. P. Callisen, Medicinisches Schriftsteller-Lexicon, Bd. 3 S. 59 f; E. Hinze, Feldscherer und Feldmedici, Bd. III S. 259. Dazu auch GStA PK, I. HA Rep. 89 Nr. 1150 Bl. 53 (Hinweise im Immediatsgesuch Wilhelm Brancos, 1913).

30 Lebensgang S. 1, 12, 14, 43. Die Praxis befand sich den Potsdamer Adressbüchern zufolge im Haus Wilhelmsplatz 4.

31 Hochzeitstag ist der 18.4.1841. FAvB, Nachlass Branco, Urkunden.

32 Lebensgang S. 11–13; StadtA Potsdam, MR/0061.

33 Vgl. A. Kitschke (Hg.), Ludwig Ferdinand Hesse, S. 240 f.

Abb. 3: Potsdam: Villa Heydert am Nauener Tor (heutiger Zustand)

In Rom wohnt Friedrich Wilhelm Branco mit seinem Anhang auf der Via Felice, einer bei deutschen Künstlern beliebten Straße. Es scheint, als wolle er eine in langen Dienstjahren verschüttete Leidenschaft für den Süden und die Schönen Künste ausleben. Nun verkehrt er freundschaftlich mit Künstlern, vor allem mit den Bildhauern Karl Voss (1825–1896) und Emil Wolff (1802–1897), die beide zu den neoklassizistischen „Deutsch-Römern" zählen.[34] Wolff formt dann auch das Marmorrelief für den Grabstein auf dem *Cimitero Acattolico per gli Stranieri al Testaccio*.[35] Hier, auf dem berühmten Friedhof der nicht-katholischen Ausländer, begräbt im Dezember 1870 der Sohn den Vater, den er auf einer eigenen Italien-Reise besuchen will und nur noch tot vorfindet.[36]

34 Lebensgang S. 61 f. Zu E. Wolff vgl. D. Vogel, Der Deutsch-Römer Emil Wolff; die Freundschaft mit Branco ist hier allerdings nicht vermerkt.

35 Im Werkverzeichnis Wolff bei D. Vogel, S. 198 ff, ist das Bildnis Branco nicht bekannt. – Das 2,10 Meter hohe Grabmal (Abteilung 2, Stein 1590) trägt die Inschrift: FRIEDRICH. WILHELM. BRANCO / KOENIGL. PREVSS. GENERAL. ARZT A.D. / GEB. ZV. BIRNBAVM / D. XXV. JANVAR. MDCCIIIC / GEST. ZV. ROM. DEN. XXIIX / NOVEMBER. MDCCCLXX / AVF. WIEDERSEHN. – Im online-Inventarverzeichnis des Friedhofs (http://www.acdan.it/protkem/work/pcGE.html) ist das Datum falsch als 19. November wiedergegeben (Stand Januar 2018).

36 Lebensgang S. 58–60 (mit irrigen Daten).

Abb. 4: Rom, Cimiterio Acattolico per gli Stranieri al Testaccio: Grabmal für Friedrich Wilhelm Branco mit dem Relief von Emil Wolff (1870)

Wilhelm Branco beschreibt das äußere Erscheinungsbild seines Vaters: „Stets im Frack mit weißer Binde, ein kleiner, wohlbeleibter Herr, überaus sauber. Erst in späteren Jahren legte er den Frack ab und trug den schwarzen Gehrock." Bis zuletzt, so heißt es weiter, hatte er keine grauen Haare, nie war er krank außer Asthma-Beschwerden im Alter.[37] Die einzige bisher aufgefundene Fotografie bestätigt diese Beschreibung. Leicht idealisiert erscheint das Relief von Emil Wolff auf dem Grabstein in Rom. In einem Inventarverzeichnis von Gerhard Branco ist außerdem eine Marmorbüste von Karl Voss aufgeführt; dieses Kunstwerk ist wohl verschollen.[38]

Die Vorfahren des Vaters

Über die Vorfahren Brancos ist wenig bekannt; die Begeisterung für Familienforschung, die Wilhelm Branco als fast Sechzigjähriger entwickelt und an seinen Sohn Gerhard weitergibt, erbringt keine Lebensbilder und über die ferner zurückliegenden italienischen Generationen fast nur hypothetische Annahmen.[39] Die damals erhobenen Daten lassen sich durch neue Recherchen teils absichern, teils korrigieren und ergänzen.

Wilhelm Branco hat seinen Großvater der väterlichen Seite nicht mehr kennengelernt. Johann Carl Ludwig Branco (geboren 1766 in Arnswalde, gestorben 1840 in Anklam) ist Gutsbesitzer, einer anderen Quelle zufolge Mühlmeister in Birnbaum, einer heute polnischen Kreisstadt in der damals preußischen Provinz Posen. Seine Ehefrau Christlieb Tugendreich Hofmann (geboren 1770 in Bernstein, gestorben 1840 in Anklam) stammt wahrscheinlich aus einer Soldatenfamilie. Friedrich Wilhelm ist der mittlere Sohn des Paares. Über seine Brüder – Heinrich Carl (1795-?) und Johann Carl Ludwig (1798–1862) – und deren Nachkommen geht aus den Papieren Wilhelm Brancos fast nichts hervor.[40] Hier pflegt man wohl lockere Familienkontakte, aber keine so engen, herzlichen und hilfreichen Beziehungen wie zu den Verwandten der mütterlichen Seite. In Wilhelms Lebenserinnerungen spielen diese Onkel jedenfalls keine Rolle.

37 Lebensgang S. 8, 13.

38 FAvB, Nachlass Branco, „Ausgabebuch".

39 FAvB, Nachlass Branco, Ahnentafeln; GStA PK, I. HA Rep. 176 Nr. 657 (darin Stammtafeln, Abschriften von Meininger Kirchenbucheintragungen, Korrespondenzen um 1906).

40 Wie Anm. 16.

Stammtafel Branco (Auszug)

Pietro Martire Branca detto Violino *(1629-)*	∞ *1652*	Jacobina NN *(-)*
Joseffo (Giuseppe) Branca/Brancha *(1661–1709)*	∞ *1696*	Anna Barbara Schott *(-)*
Johann Caspar Branca/Branco *(1704–1757)*	∞ *1728*	Maria Susanna Christ *(1704–1776)*
Johann Elias Branco *(1729–1799)*	∞ *1763*	Maria Dorothea Wutzke *(1731–1769)*
Johann Carl Ludwig Branco *(1766–1840)*	∞ *1793*	Christlieb Tugendreich Hofmann *(1770–1840)*
Friedrich Wilhelm Branco *(1797–1870)*	∞ *1841*	Dilia Thelyma Nelly *Helene* Rödlich *(1816–1894)*

Wilhelm Carl Franz Branco *(1844–1928)* (ab 1895: von, ab 1907: Branca)	Margarete Branco *(1842–1848)*	Friedrich Branco *(1848–1916)*

∞ 1) *1872* Catharina (Käthe) Helmholtz *(1850–1877)*	∞ 2) *1881* Pauline (Paula) Kirchhoff *(1860–1932)*
Edith Sophia Olga Branco *1873–1950)* (ab 1907: Branca, ab 1920: Freiin v. Branca)	*Gerhard* Hans Joachim Branco *(1885–1953)* (ab 1907: Branca, ab 1920: Frhr. v. Branca) ∞ *1929* Anne-Lise Flörsheim *(1895–1973)*

Quellen: Nachweise in den familiengeschichtlichen Abschnitten dieser Arbeit. Ergänzungen und Korrekturen vorbehalten.

Der Urgroßvater Johann Elias Branco (geboren 1729 in Rudolstadt, gestorben 1799 in Bernstein), verheiratet mit Maria Dorothea Wutzke (1731–1769), arbeitet als Militärarzt und Stadtchirurg. Der Beruf hat in der Familie also Tradition; Wilhelm Branco verweigert sich, zum Kummer seines Vaters, der Fortsetzung.[41]

In der Generation des Ururgroßvaters nennt man sich, der willkürlichen Schreibweise der Kirchenbuchführer zufolge, wechselnd Branca oder Branco. Johann Caspar Branca/Branco (geboren 1704 in Meiningen, gestorben 1757 in Rudolstadt), verheiratet mit Maria Susanna Christ (1704–1776), bringt es zum Fürstlich Schwarzburgischen Steuerbeamten in der heute thüringischen Residenz Rudolstadt.

Auf dessen Vater wiederum ruht der ganze spätere Stolz der preußischen Brancos auf ihre italienische Abstammung. Joseffo (Giuseppe) Branca oder auch Brancha (1661–1709) wird in der ehemals Freien Republik Cannobio, einer Kleinstadt mit reichem Landbesitz am Lago Maggiore, als Sohn einer patrizischen Handelsherrenfamilie geboren. Um 1680 wandert er aus nach Meiningen im damaligen Herzogtum Sachsen-Gotha (oder, ab 1680, Sachsen-Meiningen), etabliert sich hier als Kaufmann, heiratet 1696 die Tuchmachermeistertochter Anna Barbara Schott, wird selbst protestantisch. So wird er zum Stammvater der Meininger Linie der Brancos in Rudolstadt, Arnswalde, Anklam, Birnbaum, Potsdam und Berlin, zu der fünf Generationen später auch Wilhelm zählt.

Ein Bruder aus Cannobio, der Jurist Giovanni Pietro Branca (1670–1745), tut es Joseffo gleich, wandert aus nach Bamberg, begründet die bayerische Linie mit mehreren Zweigen vor allem in Bamberg und München, die es im 18. Jahrhundert zur Anerkennung des Adelstitels „Edle von Branca" und zum Freiherrenstand bringen.[42]

Der Vater der unternehmungsfreudigen Brüder, Pietro Martire Branca detto Violino (geboren 1629, Sterbedatum unbekannt), tritt in Cannobio aus den schriftlichen Quellen noch deutlich zutage. Alle früheren Mitglieder der dort und in Brissago und Mailand weit verzweigten Familie lassen sich jedoch nicht zu eindeutigen Vorfahrenreihen Wilhelm Brancos sortieren. Die ältere italienische und deutsche Literatur dazu steckt voller Hypothesen und Widersprüche, eine neuere genealogische Untersuchung korrigiert zahlreiche Irrtümer und

41 Lebensgang S. 79.

42 J. P. Zwicky v. Gauen, Genealogie der Familie Branca und von Branca (dort Nachweise von Quellen und Literatur). – Der älteste Bruder Francesco (geboren 1653) bleibt als Handesherr in Cannobio. Ein vierter Bruder Pietro Giuseppe, laut unbelegten Hinweisen im FAvB ebenfalls ausgewandert, ist nicht nachweisbar; vgl. J. P. Zwicky v. Gauen, Genealogie S. 37.

muss dennoch etliche Fragen offen lassen.[43] Die von Wilhelms Sohn Gerhard nach einem Besuch in Cannobio mit großem Eifer aufgestellten Stammtafeln bis ins 16. Jahrhundert – mit Ahnen bis in altrömische und keltische Anfänge – entspringen dem Wunschdenken des letzten dieser Familie, der keine Gelegenheit auslässt, seine Herkunft aus „uraltem lombardischem Patriziergeschlecht" zu betonen.[44]

Die Mutter: Romantische Dichterin

„Dilia Helena" nennt sie sich als Schriftstellerin. In der zweiten Hälfte des 19. Jahrhunderts findet man diesen Namen in zahlreichen deutschen Anthologien und Literaturgeschichten.[45] Doch kaum jemand weiß mehr über sie zu berichten als die biografischen Daten und: „Sie verfiel später in Wahnsinn und lebt jetzt in einer Irrenanstalt."[46] Ludwig Tieck (1773–1853) fördert diese romantische Lyrikerin, indem er drei Ausgaben ihrer „Lieder" herausgibt und mit einem Vorwort begleitet. Er vergleicht Dilia Helenas Gedichte mit den Naturklängen einer Äolsharfe und empfiehlt sie einem poetisch empfänglichen Publikum als „Strauß feiner und zarter Waldblümchen".[47] Namhafte Komponisten haben Gedichte daraus für Singstimmen oder Chor und Begleitung vertont und so für ihre Verbreitung und Beliebtheit gesorgt, allen voran Carl Loewe (1796–1869), der 1842 einen Liederkreis „Waldblumen" („Eine ‚Liedergabe' von Dilia Helena") schreibt.[48] Heute sind im

43 Veröffentlichte Stammreihen mit ungesicherten Daten bis zurück um 1515/1540: Genealogisches Handbuch Bürgerlicher Familien, Bd. 14 (1908) S. 13–21; Gothaisches Genealogisches Taschenbuch der Freiherrlichen Häuser, Jg. 27 (1877) S. 77–80, Jg. 83 (1933) S. 41–43; Genealogisches Handbuch der Freiherrlichen Häuser, Abt. B Bd. III (1963) S. 43–45; Adelslexikon, Bd. II (1974) S. 53 f. – Korrigierend dazu J. P. Zwicky v. Gauen, Genealogie (wie Anm. 42).

44 FAvB, Nachlass Branco, „Ahnentafeln" und ungeordnete Materialsammlung; GStA PK, I. HA Rep. 176 Nr. 657. Völlig unbrauchbar, weil hypothetisch und ohne Belege: G. Branca, Skizze einer Familiengeschichte der Branca (ebenda).

45 Dazu demnächst ausführlich: W. Mogge, Dilia Helena (1816–1894). Eine vergessene Dichterin der Romantik (in Vorbereitung).

46 F. Brümmer, Deutsches Dichter-Lexikon, Bd. 1 S. 86. Ähnlich K. Schrattenthal, Unsere Frauen in einer Auswahl aus ihren Dichtungen, S. 67.

47 Lieder von Dilia Helena. Mit einem Vorworte von Ludwig Tieck, [1. Ausg.] 1848; 2. verm. Ausg. 1852; 3. verm. Ausg. 1868. – Eine bei S. Pataky (Lexikon deutscher Frauen der Feder, Bd. I S. 155) und H. Jacob (Deutsches Schriftsteller-Lexikon 1830–1880, Bd. I S. 604) genannte 4. Ausgabe 1869 konnte nicht nachgewiesen werden.

48 Vgl. M. Runze (Hg.), Carl Loewes Werke, Bd. XVII: Liederkreise, S. XVI-XIX (zur Überlieferung), 118–139 (mit Noten), 183–203 (Nachweise im Alphabetischen Verzeichnis).

Internet ihre Liebeslyrik und Aphorismen greifbar und gefragt. Die Person dahinter ist jedoch nach wie vor fast unbekannt, die Dichterin vergessen. Neuere Lexika und sogar Frauenliteraturgeschichten nehmen kaum noch Notiz von ihr.[49]

Die Mutter Wilhelm Brancos, Dilia Thelyma Nelly Helene Rödlich, kommt am 13. Oktober 1816 in Düsseldorf als fünftes von acht Kindern eines Generals und einer Kapitänstochter zur Welt.[50] Über ihre Kindheit und Jugend gibt es fast keine Nachrichten; sie wächst mit ihren Geschwistern „standesgemäß“ auf, seit 1821 in Berlin, und wird „sorgfältig erzogen“.[51] Erziehungsziel für eine Tochter des oberen Mittelstandes ist zu der Zeit die honorige Verehelichung und die Leitung des Haushaltes des berufstätigen Mannes. Eine berufliche oder wissenschaftliche Ausbildung oder gar eine eigene Tätigkeit außerhalb des häuslichen Kreises ist in dieser Welt schwer zu erlangen. Doch nicht nur deshalb verlegt sich Dilia Helena – wie viele ihrer Geschlechtsgenossinnen im 19. Jahrhundert – auf die Schöne Literatur.[52] Sie hat in Berlin Kontakt zu den Kreisen romantischer Dichter und findet hier Anregung und Förderung.[53]

1841, im Jahr ihrer Hochzeit als Vierundzwanzigjährige, erscheint Dilia Helenas erster Band „Gedichte“.[54] Sieben Jahre darauf folgt die erste Ausgabe ihrer „Lieder“.[55] Mit der Bildersprache der romantischen Lyrik gut vertraut, entfaltet die Autorin hier die Innenwelt einer empfindsamen Seele, die von den Realitäten einer Zeit politischer Unruhen und sozialer Umbrüche unberührt bleibt. Auch die politisch engagierte Lyrik der schreibenden Frauen des „Vormärz“ dringt in diese abgeschirmte Potsdamer Schreibstube nicht ein. Dilia Helena bewegt sich in den konventionellen „weiblichen“ Themenbereichen der Naturempfindungen, der Liebeslyrik und der religiösen Ergießungen.[56] Genau dafür rühmt sie der Rezensent der „Blätter für literarische Unterhaltung“, der sich freut, einer „rein

49 Vgl. W. Kosch, Deutsches Literatur-Lexikon, 3. Aufl., Bd. 7 (1979) Sp. 821. Nicht enthalten ist D. Helena z. B. bei G. Brinker-Gabler, Deutsche Literatur von Frauen (1988).

50 FAvB, Nachlass Branco, Urkunden.

51 E. F. Roedlich, Das Lebens des Generals Hieronymus Roedlich, S. 153, 156.

52 Zu den Formen und Funktionen der Dichtung von Frauen im 19. Jh. vgl. G. Brinker-Gabler (Hg.), Deutsche Literatur von Frauen, Bd. 2: 19. und 20. Jahrhundert.

53 Wie Anm. 45.

54 Gedichte von Dilia Helena, 1841 (ohne Vorwort, mit Widmung: Dir!). 1849 erscheint ein weiteres Bändchen: Neuere Lieder von Dilia Helena (ohne Vorwort).

55 Wie Anm. 47.

56 Vgl. G. Häntzschel, Für „fromme, reine und stille Seelen“, S. 119–121, 124.

Abb. 5: Dilia Thelyma Nelly Helene Rödlich (Dilia Helena), Pastellzeichnung wahrscheinlich von Marie Rödlich (um 1840/41)

weiblichen Natur“ und nicht einem der modernen „emancipationssüchtigen Weiber“ zu begegnen.[57]

Die „Gedichte“ spielen in idyllischen Naturlandschaften voller Gnomen und Elfen, Blümlein und Vöglein, Hirtenknaben und Fischermädchen unter Mondenlicht und Sonnenschein. Das setzt sich fort in den „Liedern“, die nahezu zweihundert Gedichte und einige Dutzend kurzer Denksprüche und Lebensweisheiten vereinen. Die Überschriften der Rubriken erklären sich selbst: „Lyrisches“, „Aus der Natur“, „Mädchen-Lieben und -Dichten“, „Kindheit“, „Gedachtes“. Bezeichnend für das Gesamtwerk ist das den „Neueren Liedern“ vorangestellte Motto:

> „Nur ein Sternchen für das Aug',
> eine Blume nur für's Herz,
> Nur ein Lächeln, nur ein Hauch
> Für die Liebe, für den Schmerz.“[58]

Tiefer Weltschmerz spricht als Grundstimmung aus auffallend zahlreichen Gedichten um die Themen Tod und Abschied. Dabei muss offen bleiben, ob es sich um kunstfertiges Spiel mit literarischen Klischees handelt oder um Schreiben aus eigenem Erleben – wie bei der ergreifenden Klage um ein totes Kind, „Begräbnißabend“.[59]

Das Familienbild der Autorin bleibt konventionell patriarchalisch. Wenn ein Geliebter angesprochen wird, nach dem das Mädchen sich verzehrt in sehnsüchtiger Unterordnung, dann ist es idealerweise der Ehemann, der von seinen „heiligen Wegen“ in der „Welt“ abends in den Frieden seines Hauses und die Fürsorge seiner Frau eilt …[60]

Die Frage mag erlaubt sein, was aus Helene Branco geworden wäre, hätte die Krankheit nicht jede denkbare Fortentwicklung abgebrochen. Die junge Frau hätte die gesellschaftliche Stellung und auch die Befähigung gehabt, in Potsdam einen literarischen Salon nach Berliner Vorbildern zu führen.[61] Vereinzelte Nachrichten sprechen davon, dass sie zu „Teestunden“ und „Wasserpartien“ einlädt.[62] Eine damals, solange es noch ging, mit Schriftstellern und Herausgebern

57 Anonym, Zur Geschichte der neuesten Lyrik, in: Blätter für literarische Unterhaltung, Nr. 121/1849 S. 481–483.

58 D. Helena, Neuere Lieder (1849), S. 1. – Die Autorin hat, vielleicht unter stillschweigender Berufung auf Goethe, keine Bedenken, *ch* auf *g* zu reimen.

59 D. Helena, Neuere Lieder (1849), S. 11 („Begräbnißabend“).

60 D. Helena, Gedichte (1841), S. 47 f („O nimm mich an als deine Magd!“)

61 Vgl. P. Wilhelmy-Dollinger, Die Berliner Salons.

62 R. L. Kremer, Letters of Hermann von Helmholtz, S. 19, 30.

geführte Korrespondenz ist bis auf verstreute Einzelstücke verschollen.[63] Im Brief an eine Freundin, die Dichterin Elfriede von Mühlenfels (1795–1884), klagt sie über Krankheiten – und über die verlorene Fähigkeit, ihr „Phantasieleben und Träumen [...] geläufig in Form zu bringen".[64]

Die Krankheit – den Symptomen zufolge Depression und Schizophrenie – beginnt mit gestörter Wahrnehmung der Umwelt, auch der eigenen Familie, und macht nach Suizidversuchen den Aufenthalt zuhause unmöglich.[65] Dilia Helenas Leben endet am 27. Februar 1894 in Bernau bei Potsdam in einer privaten Pflegeanstalt[66]; sie wird fast 78 Jahre alt, von ihrem Mann mit einem beachtlichen Geldvermögen abgesichert. Ihr erwachsen gewordener Sohn besucht sie öfter in der Anstalt; sie erkennt ihn nicht mehr.[67]

Wilhelm Branco hat sich zur schriftstellerischen Arbeit seiner Mutter nicht geäußert, wohl aber zu ihrem traurigen Schicksal: „So ging eine poetisch reich begabte Frauenseele nach kurzem Lebensglücke in lange Umnachtung aus."[68] Er notiert einige wenige Kindheitserinnerungen – sieht sie „in ihrem Zimmer sitzend und dichtend", beobachtet – als Kind noch ohne Verständnis – ihren geistigen Verfall, beklagt das Fehlen der Mutter in seinem Leben.[69] Dilia Helenas äußeres Erscheinungsbild ist in einer reizenden Miniatur überliefert: eine schöne, träumerisch lächelnde junge Frau mit großen hellblauen Augen und einem geflochtenen weißen Tuch im dunklen Haar.[70]

Die Vorfahren der Mutter

Über Dilia Helenas Eltern sind wir gut informiert; einer der Söhne schrieb eine materialgesättigte Biografie „Das Leben des Generals Hieronymus Roedlich

63 Deutsches Literaturarchiv Marbach, Handschriftenabteilung, Z 1007 (Brief an den Pfarrer, Schriftsteller und Historiker Wilhelm Zimmermann, 16.2.1850); Bayerische Staatsbibliothek München, Abt. Handschriften und Alte Drucke, Autogr. Branco, Nelly (Briefe an den Literaturhistoriker Karl Barthel, 27.9.1852, und die Schriftstellerin Elfriede v. Mühlenfels, 18.1.1854).

64 Wie Anm. 63.

65 Dilia Helenas Krankheit ist „Schizophrenie mit Personenverkennung und suizidaler Symptomatik". (Freundliche Mitteilung von Gerd Steinhoff, Wachtberg.)

66 FAvB, Nachlass Branco, Urkunden (Sterbeurkunde vom 28.2.1894).

67 Lebensgang S. 150.

68 Lebensgang S. 150.

69 Lebensgang S. 5–7.

70 Anonyme Pastellzeichnung (von Marie Rödlich?, um 1840), Familienarchiv Frhr. v. Branca.

Stammtafel Rödlich (Auszug)

Franz Karl Rödlich *(um 1737/39-)* ∞ Maria Barbara NN *(-)*		Andrew Johnson *(1755-vor 1807)* ∞ *1778* Helene Clouston *(1755–1817)*
Hieronymus Franciscus Seraph Rödlich *(1767–1833)*	∞ *1808*	Margaretha Florentine Johnson *(1786–1860)*
Dilia Thelyma Nelly *Helene* Rödlich *(1816–1894)* ∞ *1841* Friedrich Wilhelm Branco *(1797–1870)*		(7 Geschwister)
Wilhelm Carl Franz Branco *(1844–1928)* (ab 1895: von, ab 1907: Branca)		

Geschwister von Dilia Helene Rödlich:

Aidonia Franziska (1808–1881), verh. Adams
Wassilissa (1809–1894), verh. v. Boguslawski
Eduard Franz (1811–1891)
Ziliaris Florentine (1812–1879), verh. Becker
Friedrich Wilhelm (1818–1904)
Maria Constantia Franziska (1822–1902)
Franz Albert Constantin Hypolit (1826–1902)

(1767–1833)".[71] Zwar auf die militärische Karriere des Vaters fokussiert, finden sich dort auch einige familiäre Nachrichten und eine „Geschlechtstafel", die allerdings nur eine Generation zurückreicht.

Es ist ein wahrlich abenteuerliches Leben im Dienste verschiedener Herren, das dort ausgebreitet wird. Hieronymus Franciscus Seraph Rödlich kommt am 30. September 1767 in Brünn – damals Hauptstadt des österreichischen Kronlandes Mähren – zur Welt. Siebzehnjährig wird er als Kadett in ein Kosakenkorps aufgenommen. Nach vielseitiger Ausbildung in militärischen Stäben und gefahrvollen Kurierdiensten nach Rußland kommt der junge Lieutenant 1788 zu seinen ersten Kampfeinsätzen auf österreichischer Seite im russisch-türkischen Krieg.

In der Folgezeit ist Rödlich auf Kriegsschauplätzen in Rußland, der Türkei, in Italien, Frankreich, Deutschland und der Schweiz zu finden, zeitweise in sizilianischen Diensten. 1807 tritt er als Oberstlieutenant in den Generalstab der preußischen Armee über, organisiert und kommandiert seitdem Truppen und Hauptquartiere in Memel, Königsberg, Berlin, Stettin und Frankfurt am Main, wird Kommissar oder Inspekteur in Schlesien, Warschau, in den Provinzen am Rhein und in Gumbinnen. Am Ende seiner letzten Station als Landwehr-Inspekteur in Düsseldorf, damals Mittelpunkt des preußischen Regierungsbezirks Berg, wird er 1820 als Generalmajor aus dem Militärdienst entlassen. Der erst Dreiundfünfzigjährige denkt nicht an den Ruhestand, sondern betätigt sich als Techniker, Erfinder, Schriftsteller und Übersetzer von Fachliteratur aus dem Englischen und Italienischen.[72]

Wilhelm Branco hat auch den Großvater der mütterlichen Seite nicht mehr kennen gelernt; Hieronymus Rödlich stirbt am 24. Dezember 1833 in Berlin. Der Urgroßvater Franz Karl Rödlich (geboren um 1737/39, Todesdatum unbekannt) wird greifbar als Staatsbeamter – Oberlandrevident beim Tabaksamt – in Brünn. Dessen Frau Maria Barbara (Geburtsname und Daten unbekannt) bringt zwei

71 E. F. Roedlich, Das Leben des Generals Hieronymus Roedlich. Dazu auch K. v. Priesdorff (Hg.), Soldatisches Führertum, Bd. 4, Teil 7, S. 76–80. – Die willkürliche Schreibweise des Namens mit *oe* oder *ö* wird im Folgenden vereinheitlicht nach der Unterschrift Rödlichs unter seinem Porträt in der Biografie. Der ihm in der Literatur und in den Berliner Adressbüchern öfter zugeteilte Adelstitel ist unzutreffend, ein Gesuch um Nobilitierung in Preußen wird 1816 abgelehnt.

72 E. F. Roedlich (wie Anm. 71), passim; eine Liste der Erfindungen S. 187, der Veröffentlichungen S. 188 f.

Söhne und vier Töchter zur Welt.[73] Über die Vorfahren dieser Linie wurde bisher nicht abschließend geforscht.[74]

Hieronymus Rödlich hat 1808 in Königsberg die zwanzig Jahre jüngere Margaretha Florentine Johnson geheiratet (geboren am 18. Juni 1786 in Memel, gestorben am 8. Mai 1860 in Berlin). Deren Vater ist ein Schiffskapitän aus Northumberland, Andrew Johnson (1755 bis vor 1807), die Mutter eine Schottin namens Helene Clouston (1755–1817).[75] Wilhelm Branco kommt schon als Kind in engen, herzlichen Kontakt mit seiner Großmutter, die ihm zeitweise die eigene Mutter ersetzt, auch mit mehreren Tanten und Onkel dieser Linie.[76]

Hieronymus und Margaretha Rödlich ziehen fünf Töchter und drei Söhne groß; die außergewöhnlichen Namen der Mädchen erklären sich mit der Schwärmerei der Eltern für Griechenland und Rußland. Alle Kinder aus dieser Ehe werden alt und gehen ihre standesgemäßen Wege: Aidonia Franziska (1808–1881) heiratet einen Kaufmann John Adams aus Liverpool; Wassilissa (1809–1894) heiratet den Juristen Wilhelm von Boguslawski; Eduard Franz (1811–1891) wird preußischer Offizier; Ziliaris Florentine (1812–1879) vermählt sich mit dem Arzt Ferdinand Becker; Dilia Thelyma Nelly Helene sind wir schon begegnet; Friedrich Wilhelm (1818–1904) wird Rechnungsrat in Küstrin; Maria Constantia Franziska (1822–1902) bleibt als Stiftsdame ledig und ist eine begabte Malerin; Franz Albert Constantin Hypolit (1826–1902) verschlägt es als niederländischen Offizier nach Borneo.[77] Einige dieser Geschwister seiner Mutter, auch deutsche und englische Nachkommen dieser Familien, werden zu den lebensgeschichtlich wichtigen Begegnungen des jungen Wilhelm Branco.

73 E. F. Roedlich (wie Anm. 71), S. 1 f, 182 f.

74 Im Familienarchiv v. Branca befinden sich Urkunden und eine Materialsammlung zur Familie Rödlich.

75 Ein „Familienbericht“ Johnson ist im Internet greifbar: www.ortsfamilienbuecher.de

76 Lebensgang S. 5, 7, 10, 14, 55, 139, 145, 152.

77 E. F. Roedlich (wie Anm. 71), S. 56 f, 74, 149, 158, 170 f, 174 f, 182 f; K. v. Priesdorf (wie Anm. 71), S. 77.

3. Kindheit und Schulzeit

Wilhelm Carl Franz Branco kommt am 9. September 1844 in Potsdam zur Welt. Am 24. November wird er in der Garnisonkirche evangelisch getauft, benannt nach dem Vater und den beiden Großvätern.[78] Die Geburt ist wie üblich zuhause, in der elterlichen Wohnung am Wilhelmsplatz. Die Familie lebt also nicht in einem eigenen Haus am Rande der Stadt, sondern, wie von wohlhabenden Bürgern inzwischen bevorzugt, in einer großzügigen Mietwohnung in zentraler Lage. Die Häuserzeilen am Wilhelmsplatz – seit 1946 Platz der Einheit benannt – sind im Zweiten Weltkrieg zerstört worden. Man kann die von Branco in seinen Lebenserinnerungen geschilderte Situation nur noch erahnen: den großen begrünten Platz, ehemals dominiert von einem imposanten Denkmal für König Friedrich Wilhelm III., umstanden von stattlichen Bürgerhäusern mit eigenen Gärten und rückwärtigen Gebäuden.

Die Brancos bewohnen im Haus Nr. 4 die beiden oberen Etagen mit vier Wohnräumen und einem Saal, mehreren Schlaf- und Kinderzimmern und zusätzlichen Bodenkammern im Dachgeschoss. Dazu gehört ein Hinterhaus mit Pferdestall und Kutscherwohnung. Der eigene Kutscher fährt den Vater zu den Dienstgeschäften und versorgt zwei Pferde, seine Frau ist für die Hauswirtschaft tätig. „So sind mir die frühesten Eindrücke der Jugend verknüpft mit hellem, warmem Sonnenschein, der in alle Stuben hineinschien, mit grünen Bäumen und Rasenflächen, mit dem Empfinden einer breiten behaglichen Wohnung", schreibt Wilhelm und erinnert sich an eine zunächst geborgene Kindheit im täglichen Kontakt mit den Familien des Hausbesitzers und des Kutschers. Der Vater überstrahlt alles Gedenken an diese Zeit: „Durch die ganze Kinderzeit zieht sich mir hindurch das Bild des liebevollsten Vaters. Immer gütig, immer herzlich, immer ruhig."[79]

In die positiven frühen Erinnerungen mischen sich bald die Unglücksfälle der Familie. Die Geschwister, klagt Wilhelm noch in der Rückschau als Sechzigjähriger, fallen ihm als Spielkameraden aus. Die ältere Schwester Margarethe genannt Gretchen, geboren am 12. Dezember 1842, kennt er nur krank; sie stirbt am 30. Mai 1848 an „Krämpfen", laut einer Mitteilung des Vaters „an einem organischen Gehirnleiden", das heißt Epilepsie.[80] „Sie soll ein auffallend schönes Kind

78 FAvB, Nachlass Branco, Urkunden (Taufschein) und Aufzeichnungen Dilia Helenas.

79 Lebensgang S. 1–10, Zitate S. 1 und 8.

80 Im Lebensgang, in den Stammtafeln von Gerhard Branco (wie Anm. 39, 44) und in der Literatur (wie Anm. 43) finden sich meist falsche Daten. Leichte Abweichungen

Abb. 6: Potsdam, Wilhelmsplatz: In der Mitte Haus Nr. 5 (links) und 4 (rechts) mit Durchfahrt zum Kutscherhaus und Garten (Fotografie der Königlich Preußischen Meßbildanstalt Berlin, 1912)

gewesen sein".[81] Der jüngere Bruder Friedrich Ernst Albrecht genannt Fritz, geboren am 21. Mai 1848, ist psychisch krank. Damals weiß man nicht, dass hier ein autistisches Kind heranwächst.[82] Nach dem Ausfall der Mutter wird Fritz anfangs zuhause, dann in privaten Pflegestellen versorgt; viel später, nach dem Tod des Vaters, übernimmt Wilhelm die Vormundschaft für den „Idioten".[83] Friedrich wird alt, er stirbt am 29. August 1916 als „Rentner" in Potsdam.[84]

Dass seine Mutter in geistige Umnachtung fällt, kann das Kind Wilhelm erst begreifen, nachdem sie im Haushalt und in seinem Leben fehlt. „Das war also das zweite Kreuz, das mir auferlegt wurde, daß ich keine Mutter hatte [...]".[85] Der Vater, beruflich stark belastet, nimmt seine Schwiegermutter Margaretha Florentine Rödlich und seine Schwägerin Marie Rödlich zu sich ins Haus; die beiden Frauen – aus Wilhelms Sicht: Großmutter und Tante – kümmern sich liebevoll um die beiden Jungen, die miteinander nichts anzufangen wissen.[86]

Ein unlustiger Schüler

Seine erste Schulzeit verbringt Wilhelm nicht in einer der Potsdamer Bürgeranstalten, sondern – wie bei seiner familiären Herkunft nicht anders zu erwarten – in der *Garnison-Lern- und Arbeitsschule*. Er erinnert sich an einen sadistischen, von den zeitgenössischen Diskussionen um eine kindgerechte Pädagogik offensichtlich unberührten Lehrer, und an die Hänseleien, die der schüchterne Knabe vonseiten der Mitschüler zu erdulden hat. Der Vater, nicht nur berufshalber für alles Militärische begeistert, unternimmt hilflose Versuche einer Erziehung zu körperlicher Härte. Aus erhaltenen Porträtzeichnungen blickt ein zartes scheues Kind hervor.[87]

gibt es auch zwischen dem Kirchenbuch der Garnisongemeinde Potsdam und den Melderegistern, Geburts- und Sterbebüchern der Stadt Potsdam. Wir folgen hier den Daten im Kirchenbuch der Garnisongemeinde Potsdam und den Aufzeichnungen der Eltern (FAvB, Nachlass Branco).

81 Lebensgang S. 3.

82 Erklärungen zu den Krankheiten der Familie Branco sind Gerd Steinhoff (Wachtberg) zu verdanken.

83 Ausführlich zur Familie vgl. W. Mogge, Dilia Helena (in Vorbereitung).

84 Lebensgang S. 3–6, 11–13, 36, 58 f, 61–63, 65; GStA PK, I. HA Rep. 89 Nr. 1150 (Korrespondenz 1906). Das Todesdatum nach FAvB, Nachlass Branco, Ahnentafeln.

85 Lebensgang S. 6.

86 Lebensgang S. 7, 11.

87 Anonyme Zeichnungen (Miniaturen, von Marie Rödlich?), Familienarchiv Frhr. v. Branca.

Abb. 7: Wilhelm Branco als Kind, Zeichnung wahrscheinlich von Marie Rödlich (um 1848/49). Wiedergabe vergrößert (original sieben Zentimeter Durchmesser)

1854, Wilhelm wird zehn Jahre alt, sind alle Beteiligten mit der häuslichen Situation offensichtlich überfordert. Der Junge wird in die Internatschule der pietistischen *Herrnhuter Brüdergemeine* Gnadenberg bei Bunzlau in Schlesien gebracht.[88] Er leidet dort extrem unter Heimweh und Sehnsucht nach der Familie; es bedarf vieler langer Briefe des besorgten Vaters an den Sohn mit Durchhalte-Appellen.[89] Wilhelm nennt es seine „Erlösungsstunde“, als er nach drei Jahren zu Verwandten nach Breslau in Pension kommt. Dort, in der freundlichen und

88 Lebensgang S. 10, 13 f. Zu Gnadenberg vgl. B. A. Schulte, Die schlesischen Niederlassungen der Herrnhuter Brüdergemeine Gnadenberg, Gnadenfeld und Gnadenfrei, S. 243–277.

89 FAvB, Nachlass Branco, Briefe (F. W. Branco an den Sohn: „Mein liebes Willimännchen“ u. ä., 1854–57).

weltoffenen Familie seiner Tante Wassilissa und ihres Mannes, des Appellationsgerichtsrates Wilhelm von Boguslawski, wird er glücklich:

> „Ich hatte ein volles Elternhaus, hatte Kameraden, Freunde, konnte Konzerte und Theater besuchen, hatte Tanzstundenflammen, den Kopf voller Eichendorf'scher Poesie, machte mit [dem Jugendfreund Eugen] Horstig kleine Fußreisen, focht und turnte, suchte mich zu einem abgehärteten, kühnen Menschen zu machen, alle Gedanken waren darauf gerichtet, Offizier zu werden – kurz ich athmete mit vollen Lungen Lebenslust […]".[90]

Die Jugendjahre in Breslau erscheinen in der Rückschau dennoch ambivalent. Wilhelm Branco berichtet vergnügt über abenteuerliche Fußmärsche mit Freunden und Nachtlager im Freien, lebensgefährliche Aufenthalte in der Nähe militärischer Schießstände, „um Kugeln pfeifen zu hören". In Verkleidungen als Mädchen, alter Mann oder Versehrter treibt er sich in der Stadt herum und erschreckt Passanten. Aber er verharmlost Karzerstrafen wegen „Rausches" und „Forderungen". Die Schüler ahmen damals die Männlichkeitsrituale der Studentenverbindungen nach; Wilhelm besitzt eigenes Paukzeug und lernt Fechten, fordert vermeintliche Gegner gar zum Duell mit Pistolen, was dank besonnener Menschen verhindert wird. „Jugendliche Überspanntheit" nennt er diese Torheiten, die ihm in der Erinnerung dennoch wertvoll sind: „Alles hatte für mich immer den Zweck der Abhärtung, der Muth- und Kräfte-Uebung, der Vorbereitung auf den Soldatenstand."[91] Ausführlich erinnert er sich der Breslauer Schulfreunde, mit denen er die „Begeisterung für Litteratur und Kunst und schöne Natur" – und für das Militär teilt.[92]

Das wilde Leben geht auf Kosten der schulischen Leistungen. Wilhelm besucht in Breslau das traditionsreiche humanistische *Maria-Magdalenen-Gymnasium* – und bringt stets schlechte Zensuren mit nach Hause, muss alle Klassen wiederholen. Früh auf das Berufsziel Offizier fixiert, sieht er nicht ein, wozu er Latein und Griechisch lernen und sich mit deutscher Grammatik abquälen soll. So setzt er sich gegen den Wunsch des Vaters, der Sohn möge Abitur machen und Medizin studieren, durch und geht nach sechs Jahren, Ostern 1863, in der Obersekunda von der Schule ab.[93] Wie die Breslauer Verwandten mit dem ungestümen jungen Mann umgehen, der ihnen in dieser Zeit anvertraut ist und wohl aus dem Ruder läuft, ist nicht überliefert.

90 Lebensgang S. 14 f.
91 Lebensgang S. 23.
92 Lebensgang S. 15, 17–27, 106.
93 Lebensgang S. 15, 27.

4. Verhinderter Soldat

Seine kurze Militärzeit beginnt Wilhelm Branco mit der Ausbildung zum Fähnrich. Das ist seit der preußischen Heeresreform von 1807 die Eingangsstufe zum Berufsoffizier. Die schulischen Voraussetzungen – die „Mittlere Reife", das „Einjährige" – hat er mit Mühe erreicht; nun gilt es, das Fähnrichsexamen zu bestehen. Das gelingt ihm mit Hilfe privater Lehranstalten in Potsdam, dann Berlin, und zwar mit den bestmöglichen Noten. Der unwillige Schüler entwickelt zu seinem eigenen Erstaunen die Fähigkeit zu systematischem und angestrengtem Lernen und Arbeiten, wenn es gilt, selbstgesteckte Ziele zu erreichen.[94]

Der neunzehnjährige Offiziersanwärter möchte zur Kavallerie, hat romantisierende Vorstellungen von „munterer Reiterei" und „bunter Jacke". Der Vater redet ihm das aus – in der Kriegsführung mit modernen Schusswaffen komme die Kavallerie kaum noch zum kämpfenden Einsatz. Die Meldung zur Infanterie scheitert im ersten Anlauf, weil Wilhelm bei der ärztlichen Untersuchung wegen starker Kurzsichtigkeit durchfällt. Nur die guten Verbindungen des Vaters verschaffen ihm die Einberufung zum Brandenburgischen Infanterie-Regiment Nr. 24 in Neu-Ruppin. Die Erinnerungen an die folgenden Monate mit Einquartierungen, Exerzieren und Gepäckmärschen sind allerdings nicht positiv, sondern sprechen von deprimierend primitiver Unterbringung und körperlicher Überforderung bis zur völligen Erschöpfung.

Einmal nur kommt Branco zu dem ersehnten Kampfeinsatz: Im April 1864, während des preußisch-österreichischen Krieges gegen Dänemark um das dänisch annektierte Schleswig, hier bei dem kriegsentscheidenden Sturm auf die Düppeler Schanzen, einer starken Befestigung am Alsener Sund. Zu seiner Enttäuschung wird sein Regiment nicht zu den siegreichen (und äußerst verlustreichen) Sturmkolonnen genommen, sondern bleibt im Granatfeuer in den Laufgräben liegen und muss dann die dänischen Festungsanlagen abzutragen helfen.

Wilhelm Branco wird im Juli 1864 wegen „Herzerweiterung" aus dem Militärdienst entlasssen und im Jahr darauf für dauernd invalide erklärt, eine Diagnose, die auch sein Vater schon gestellt hat. Er selbst will an diese Herzschwäche nicht glauben, zumal er später als Geologe gewaltige körperliche Strapazen ertragen

94 Lebensgang S. 27 f.

kann.[95] Nach Lazarettaufenthalten in Flensburg und Merseburg wird er nun als Füsilier nach Hause nach Potsdam abgeschoben.[96]

So endet Wilhelm Brancos aktive Militärzeit nach 185 Tagen mit der amtlich bestätigten Invalidität, routinemäßig dekoriert mit der „Kriegs-Denkmünze für Combattanten“ und dem „Düppeler Sturm-Kreuz“.[97] Später, zu Beginn des Deutschen Krieges von 1866 und des Deutsch-französischen Krieges von 1870, brennt er danach, sich freiwillig zu melden. Der Vater verhindert dies kraft ärztlicher Autorität, sehr zum Kummer des Sohnes.[98] Dass er vor den Düppeler Schanzen mit dem Leben davongekommen ist, wird als freundliches Geschick selbstverständlich hingenommen; eine kritische Äußerung etwa zur humanitären Katastrophe eines jeden Krieges wird man bei Wilhelm Branco sein Leben lang nicht finden.

95 Es handelt sich um eine in der Jugendzeit häufig auftretende vegetative Instabilität. (Freundliche Mitteilung von Gerd Steinhoff, Wachtberg.)

96 Lebensgang S. 28–36; FAvB, Nachlass Branco, Urkunden („Urlaubs-Paß auf unbestimmte Zeit“ und Führungsattest vom 3.7.1864). – In späteren Selbstdarstellungen heißt es sehr verkürzt: „Ich habe den Feldzug von 1864 beim 24ten Infanterie Regiment mitgemacht und bin dort invalide geworden.“ GStA PK, I. HA Rep. 176 Nr. 657 (Immediatsgesuch 1913).

97 FAvB, Nachlass Branco, Urkunden (Verleihungsurkunden o. D.). Zu den Ehrenzeichen vgl. M. Ruhl (Hg.), Orden und Ehrenzeichen. Königreich Preußen und Königreich Sachsen, S. 35 f. – Der aktive Militärdienst vom 1. Januar bis 3. Juli 1864 wird bei der Berechnung der Pension als ein Kriegsjahr anerkannt. Archiv der Humboldt-Universität Berlin (UA HU), B 369 Nr. I Bl. 16–28, Nr. II Bl. 10 f.

98 Lebensgang S. 49, 57.

5. Landwirtschaftlicher Volontär

Der Zwanzigjährige muss sich für einen Beruf entscheiden. Der Vater drängt, wieder zur Schule zu gehen und das Abitur zu machen. „Aber dazu hatte ich keine Lust. Zum Kaufmann noch weniger. Also blieb nur Landwirth."[99] So geht Wilhelm Branco im Juli 1864 als Volontär auf die Domäne Dahlem.

Dahlem, heute ein agrarhistorisches Freilichtmuseum und ökologischer Praxisbetrieb, ist zu jener Zeit ein ehemaliges Rittergut und winziges Dorf vor den Toren der sprunghaft aufblühenden Großstadt Berlin. Von den letzten adeligen Besitzern an den Preußischen Domänenfiskus verkauft, arbeitet das Gut seit 1841 als verpachtete Königliche Domäne. Die moderne Parzellierung und Bebauung weiter Flächen mit Villen, Landhäusern, Behördenbauten und Forschungsinstituten wird Wilhelm Branco Jahrzehnte später noch miterleben. Zur Zeit seines Eintrittes dort besteht das Gut aus einem großen Hof mit Scheunen und Ställen, dominiert von dem (im ältesten Teil aus dem Jahr 1560 stammenden) Herrenhaus. Mit alsbald sachkundigem Blick schildert Branco den damaligen Betrieb: 2.000 Morgen Land, aufgeteilt in zwölf Felderabteilungen oder Schläge, werden im Fruchtwechsel mit Kartoffeln und Getreide, Klee und Erbsen bebaut, hinzu kommen sandige Außenschläge und feuchte Flusswiesen; zur Domäne gehören eine Brennerei, eine Schäferei und Milchwirtschaft.[100]

Die wirtschaftliche Lage Dahlems ist prekär, die Einquartierung preußischer Truppen in den Jahren 1848 bis 1850 und mehrere Missernten sind noch nicht verkraftet. Der erste Pächter, Amtmann Emil Puhlmann (1808–1853), musste völlig geschwächt aufgeben. Sein Nachfolger, Oberamtmann Reinhold Johannes (1827–1879), hat von ihm nicht nur das verschuldete Gut übernommen, sondern auch die Witwe Betty Puhlmann, geborene von Velten (1824–1906), geheiratet.[101] Mit den Familien Velten und Johannes wird Branco in verwandtschaftliche und freundschaftliche Verhältnisse kommen.

In Dahlem also lernt Wilhelm Branco in zweijährigem Volontariat die praktischen Seiten einer großen Landwirtschaft kennen. Die Arbeit mit dem Inspektor

99 Lebensgang S. 36.

100 Lebensgang S. 37–39. Vgl. C.-Ph. Melms, Chronik von Dahlem, S. 7 f; Domäne Dahlem / Stiftung Stadtmuseum Berlin (Hg.), Vom Berliner Stadtgut zum Freilichtmuseum, S. 7–47. – In der Literatur werden zum Jahr 1841 insgesamt etwa 540 Hektar Land, mehr als 1.800 Schafe und 84 Kühe genannt. Ein Hektar gilt als vier Morgen.

101 Vgl. C.-Ph. Melms, Chronik von Dahlem, S. 7 f, 93–95.

Abb. 8: Domäne Dahlem: Herrenhaus (heutiger Zustand)

und den Landarbeitern auf den Feldern wird ihm bald zur Routine; der Volontär besorgt sich landwirtschaftliche Literatur und bildet sich in der Theorie fort. Wenn er seine erste Dahlemer Zeit später als „herrlich" preist, dann meint er freilich nicht die alltägliche Arbeit. Der Pächter und seine Frau führen ein geselliges Leben nach Gutsherrenart. Wilhelm nimmt daran teil und genießt es: Besuche aus der Stadt am Wochenende, Kegeln und Scheibenschießen am Sonntag, Ausfahrten mit der Kutsche nach Berlin.[102] Den Pächter nennt er „eine große, ritterliche, vornehme Erscheinung, aber sehr bequem, unthätig, wenig zur Unterhaltung beitragend".[103] Dominierend ist dessen Frau: nach Brancos Beschreibung vielseitig interessiert, geistreich, „von seltenster Unterhaltungsgabe" – und ausgestattet mit der Lust, das Leben ihrer Mitmenschen zu steuern. Das bekommt auch Wilhelm Branco zu spüren, der Betty Johannes bis an ihr Lebensende in Anziehung und Abstoßung begegnen wird.[104]

102 Lebensgang S. 37–40.

103 Lebensgang S. 38.

104 Lebensgang S. 37 f, 45–48, 66, 68–71, 75, 82, 90, 111, 121. – 1902 schreibt Betty Johannes für den Helmholtz-Biografen einen Bericht über Hermann und Olga Helmholtz und ihre Familie (R. L. Kremer, Letters of Hermann von Helmholtz, S. 193–201). 1904 nennt Wilhelm Branco „das Bestrickende dieser Frau, das sie noch heut, als 80jährige Greisin besitzt" (Lebensgang S. 47). Am 27.10.1906 stirbt sie in der Wohnung ihres Sohnes Axel Puhlmann in Schöneberg, Hauptstr. 102/103.

Theorie und Praxis der Landwirtschaft

Im Herbst 1866 geht Wilhelm zur Fortbildung nach Eldena, an die *Staats- und landwirtschaftliche Akademie*, damals noch ein Institut der Universität Greifswald und eine der ersten landwirtschaftlichen Hochschulen Deutschlands. Zu der ausgedehnten Anlage gehören ein Mustergutshof, Werkstätten, Laboratorien, eine tierärztliche Klinik, Baumschulen und ein botanischer Garten, land- und forstwirtschaftliche und naturwissenschaftliche Sammlungen. Die Immatrikulation ist hier für „angehende Landwirthe" auch ohne Abitur möglich; ihnen soll „die Gelegenheit zur Erwerbung einer gediegenen, zeitgemäßen, wissenschaftlichen Berufsausbildung" gegeben werden.[105] Das Abgangszeugnis für Wilhelm Branco spricht für die Breite der theoretischen und praktischen Ausbildung.[106] Der einst so widerspenstige Schüler lernt und arbeitet hier „bis in die Nächte hinein, sehr angestrengt und mit brennendem Interesse", nimmt auch teil am geselligen Leben der etwa fünfzig Studierenden und gewinnt Freunde.[107]

Nach nur zwei Semestern – statt der regulären zweijährigen Ausbildung – zieht es den rastlosen Wilhelm Branco wieder in die Praxis. In der Folgezeit wechselt er nach jeweils einem Jahr die Volontärstellen auf höchst unterschiedlichen Gütern. Dazu zeichnet er in seinem „Lebensgang" teils amüsante subjektive Beobachtungen auf, die zugleich aufschlussreich sind für die Situation der Landwirtschaft jener Zeit. Branco erlebt zumeist zielstrebige Gutsbesitzer und Pächter oder Verwalter auf zerteiltem ehemaligem Großgrundbesitz; er ist Zeitgenosse des langen Übergangs vom adeligen Lehnsherrn zum bürgerlichen Agrarunternehmer.[108]

Den Beginn, vermittelt von einem Dozenten der Akademie, macht im Sommer 1867 das Gut Camitz bei Semlow im nördlichen Vorpommern. Von dem damaligen Betrieb im Besitz des Staatsfiskus ist heute nichts mehr zu sehen – das Gutshaus verschwunden, das Gelände eine aufgelassene Abfalldeponie des Landkreises.[109] Den Pächter des kleinen Gutes schildert Branco als „Musterwirt":

105 E. Baumstark, Die Königliche Staats- und Landwirtschaftliche Academie Eldena, S. 1–77, Zitat S. 20.

106 FAvB, Nachlass Branco, Urkunden (Abgangszeugnis der Königlich Preussischen Universität Greifswald, Staats- und landwirthschaftliche Akademie Eldena, 26.10.1874).

107 Lebensgang S. 49 f.

108 Vgl. D. Schleinert, Großgrundbesitzer in Pommern zwischen 1800 und 1945.

109 Freundliche Mitteilung des Archivs des Landkreises Nordvorpommern, Grimmen.

Abb. 9: Landwirtschaftliche Akademie Eldena, Wintersemester 1866/67. Erste sitzende Reihe, dritter von rechts: Wilhelm Branco

arbeitsam, notgedrungen äußerst sparsam, völlig ungesellig; die harte Arbeit erlebt der Volontär als lehrreich.[110]

Im folgenden Sommer wechselt Branco nach Madlitz bei Briesen, zwischen Berlin und Frankfurt an der Oder gelegen: ein großes, etwa 12.000 Morgen Land umfassendes Rittergut im Besitz der Grafen Finck von Finckenstein. Hier genießt er den freundlichen Anschluss an die Verwalterfamilie und die „frische, fröhliche Landwirthschaft vom Morgen bis Abend".[111] Aus seiner Perspektive bekommt er nicht mit, dass das Herrenhaus Madlitz Mittelpunkt einer Kommunität der literarischen und künstlerischen Romantik war und damals noch ist.[112]

110 Lebensgang S. 50 f.

111 Lebensgang S. 51 f, 56.

112 Vgl. G. de Bruyn, Die Finckensteins, S. 48–51 und passim.

Auf die nächste Stelle, das 3.000 Morgen bewirtschaftende Gut Voigtsdorf bei Bärwalde in der Neumark, bewirbt Branco sich als Inspektor. Die eintönige Arbeit dort, den geizigen Gutsherrn, die erbärmliche Unterbringung in einem Tagelöhnerhäuschen und die miserable Verpflegung schildert er mit drastischen Worten.[113]

Umso mehr freut er sich über den Familienanschluss an liebenswerte Besitzer auf seiner nächsten Stelle, dem Gut Spandienen bei Königsberg. Der nur etwa 1.000 Morgen umfassende Betrieb erfordert dennoch vollen Einsatz; Branco schildert den Arbeitsalltag – in der Erntezeit von morgens drei bis abends zehn Uhr – und meistert ihn mit Freude. Der betagte Besitzer, dessen Sohn als Musiker nach Amerika ausgewandert ist und als Nachfolger ausscheidet, will ihm schließlich das Gut verkaufen.[114] Alle Pläne dieser Art werden durch ein Ereignis zunichte gemacht, das Wilhelm als scharfen Einschnitt in seinem Leben empfindet: den Tod des Vaters.

113 Lebensgang S. 53 f, 56.
114 Lebensgang S. 55–57.

6. Erste Italienreise und Tod des Vaters

Im November 1870, nach sechs Jahren landwirtschaftlicher Lehr- und Arbeitszeit, verabredet Wilhelm Branco einen Besuch bei seinem Vater. Der pensionierte Generalarzt verbringt wie inzwischen üblich die Wintermonate in Rom. Der Sohn verbindet die umwegige Anreise mit Aufenthalten in München, Verona, Venedig und Florenz. Der Vater hat ihm die Route genau vorbereitet und beschrieben.[115] Bei der Ankunft in Rom erfährt Wilhelm, dass Friedrich Wilhelm verstorben ist. „Mein lieber, guter Vater todt!“[116] Noch der Sechzigjährige lässt in seinen Erinnerungen spüren, wie niederschmetternd dieser Verlust für ihn ist. Der Vater bleibt ihm zeitlebens Vorbild und Inbegriff gütiger Fürsorge. Das außergewöhnlich liebevolle Verhältnis zwischen den beiden wird in den Aufzeichnungen immer wieder deutlich.[117]

Der Sechsundzwanzigjährige ist nun unversehens Familienoberhaupt geworden, belastet vor allem mit der Sorge um die kranken Angehörigen. Zunächst aber bleibt er fünf Monate lang in Rom, zusammen mit Marie Reinke und dem Bruder Fritz in der vom Vater finanzierten Wohnung. Er ist überwältigt von dem Erlebnis dieser Stadt, von der Wärme, vom italienischen Leben, von der Kunst. „Kunst sehen, das war ja Vaters eigene Lebenslust gewesen und sein steter Wunsch für mich.“[118] Ein längerer Aufenthalt im Frühjahr in Neapel mit Abstechern nach Pompeji und auf den Vesuv verstärkt dieses neue Lebensgefühl. Eine Zeit lang überlegt der aus dem kalten Norden Kommende, in Italien ein Gut zu kaufen oder zumindest als Volontär auf einer *tenuta* zu arbeiten, um auch die Sprache schneller zu lernen.[119]

In Rom verkehrt Branco mit den Künstlern, deren Bekanntschaft er vom Vater sozusagen übernimmt, vor allem Karl Voss und Emil Wolff. Mit beiden entwickelt sich eine tiefe Freundschaft. Das Erlebnis Rom bleibt auch deshalb nachhaltig: Wilhelm Branco wird mehrmals in die Stadt zurückkehren, in der er Freunde hat und die er wie eine Heimat liebt.

115 FAvB, Nachlass Branco, Briefe („Der letzte Brief meines Vaters“: Friedrich Wilhelm Branco an Wilhelm Branco, o. D. [November 1870]).

116 Lebensgang S. 60.

117 Lebensgang S. 3–5, 8, 15, 43, 60, 75.

118 Lebensgang S. 61.

119 Lebensgang S. 58–65, 69.

Abb. 10: Wilhelm Branco, Visitfotografie, beschriftet Potsdam 1871

Im Frühjahr 1871 zurück in Potsdam, regelt Wilhelm die Erbschaftsangelegenheiten und löst den väterlichen Haushalt auf. Der Vater hat ihm ein erhebliches Geldvermögen hinterlassen und auch Fritz und Dilia Helena finanziell bestens versorgt. Der alltäglichen Sorge um den behinderten Bruder wird Wilhelm enthoben: Die mütterliche Betreuerin Marie Reinke kehrt bald für immer nach Rom zurück und heiratet Karl Voss, der Fritz in seine Familie aufnimmt. Nach ihrem plötzlichen Tod beim Baden in Genua, Jahre später, nehmen Reinkes Verwandte in Potsdam das Kind zu sich. „So hat diese Familie in dankenswerthester Weise meinem armen Bruder eine Heimath geschaffen, wie sie mein Vater für dieses sein geliebtes Kind nicht besser wünschen könnte.“[120]

Im Sommer desselben Jahres geht Wilhelm Branco erneut nach Dahlem, wieder als Volontär, mit Wohnung im weitläufigen Herrenhaus. Zeitweise überlegt er, das Gut selbst zu pachten, als der unglücklich agierende Reinhold Johannes aus dem Vertrag aussteigen will. In Dahlem macht Branco nun zwei Lebenserfahrungen mit weitreichenden Konsequenzen. Er bewahrt den Pächter vorübergehend mit einem Darlehen vor der Insolvenz – und verliert das Geld und damit einen Teil seiner Erbschaft, woran später die Freundschaft mit der Familie Johannes zerbrechen wird.[121] Und es kommt zur Wiederbegegnung mit der jungen Käthe Helmholtz, die er ein halbes Jahr später heiratet.

120 Lebensgang S. 62 f, 66, Zitat S. 63.
121 Lebensgang S. 66–69, 121.

7. Käthe Helmholtz: „Ein edles Geschöpf …“

„Ein edles Geschöpf, das glücklicher gewesen wäre, wenn sie hätte unverheirathet bleiben können“[122]: So charakterisiert Wilhelm Branco die junge Frau, die ihm nach nur sechs Jahren Ehe und langer Krankheit entrissen wird. Eine außergewöhnlich kluge, liebenswerte und unprätentiöse Persönlichkeit, so beschreiben sie alle, die ihr näherkommen.

Käthe Helmholtz – der Familienname lässt aufhorchen: Ihr Vater ist Hermann Helmholtz, einer der genialen universalen Naturwissenschaftler des 19. Jahrhunderts. Das wissenschaftliche Werk des Mediziners, Anatomen, Physiologen und Physikers kann und soll hier auch nicht andeutungsweise benannt werden – das ist in mehreren großen Biografien und Gesamtausgaben und einer kaum noch zu überschauenden Sekundärliteratur nachvollziehbar.[123] Der in zahlreichen Publikationen gut dokumentierte Lebensweg wird im Folgenden nur insoweit geschildert, als er sich mit den Spuren der Familie Branco kreuzt.

Die Eltern und ihre Familien

Hermann Ludwig Ferdinand Helmholtz kommt am 31. August 1821 in Potsdam zur Welt. Der Vater August Ferdinand Julius Helmholtz (1792–1859) ist Philologe und Philosoph, Oberlehrer am Friedrichs-Gymnasium in Potsdam, der Großvater August Wilhelm Helmholtz (1759–1802) preußischer Beamter in Berlin. Über die Mutter Caroline Auguste Penne (1797–1854) kommt eine militärische Traditionslinie in die Familie – der Vater, Carl Ferdinand Penne (1769–1812), ist hannoverscher Offizier.

Hermann Helmholtz’ Eltern sind mit einem kleinen Beamtengehalt finanziell sehr mager ausgestattet. Deshalb geht der Siebzehnjährige 1838 als Student nicht an die Universität, sondern an das *Medizinisch-Chirurgische Friedrich-Wilhelm-Institut* in Berlin. Er beginnt so die gleiche militärärztliche Laufbahn,

122 Lebensgang S. 92.

123 Grundlegend zur Biografie: L. Koenigsberger, Hermann von Helmholtz, Bde. 1–3 (stark hagiografisch, aber unersetzt); D. Cahan (Hg.), Hermann von Helmholtz and the Foundations of Nineteenth-Century Science; D. Cahan, Letters of Hermann von Helmholtz to his Parents; H. Rechenberg, Hermann von Helmholtz; L. Krüger (Hg.), Universalgenie Helmholtz. Eine auf neu entdeckte Quellen gestützte Darstellung der persönlichen, sozialen und wissenschaftlichen Entwicklung des jungen Helmholtz gibt R. L. Kremer, Letters of Hermann von Helmholtz, S. I–XXVI.

Stammtafel Helmholtz (Auszug)

Paul Friedrich Helmholtz *(1728–1779/89)*	∞ *1754 (1752?)*	Dorothea Elisabeth Stolpe *(1730-um 1796)*

August Wilhelm Helmholtz *(1759–1802)*	∞ *1789*	Johanna Wilhelmina Sauvage *(1765-)*

August *Ferdinand* Julius Helmholtz *(1792–1859)*	∞ *1820*	*Caroline* Auguste Penne *(1797–1854)*

Hermann Ludwig Ferdinand Helmholtz
(1821–1894)
ab 1883: von

∞ 1) *1849* *Olga* Leopoldine v. Velten *(1827–1859)*	∞ 2) *1861* Anna Mohl *(1834–1899)*

Catharina (Käthe) *(1850–1877)*	Richard *(1852–1934)*	Robert *(1862–1889)*	Ellen *(1864–1941)*	Friedrich *(1868–1901)*

∞ *1872*
Wilhelm Carl Franz Branco
(1844–1928)
(ab 1895: von, ab 1907: Branca)

Edith Sophia Olga Branco
(1873–1950)
(ab 1907: Branca, ab 1920: Freiin v. Branca)

die fünfzehn Jahre zuvor Friedrich Wilhelm Branco gewählt hat. 1842 wird er mit einer anatomisch-physiologischen Dissertation über den Ausgang der Nervenfasern promoviert.[124] Während seiner Pflichtzeit als Chirurg an der Berliner *Charité* und als Militärarzt in Potsdam fällt Helmholtz bereits mit Forschungen über das Phänomen der Kraft – in neuerem Sprachgebrauch der Energie – und zur Physiologie des Sehens und Hörens auf. In Potsdam, beim *Garde du Corps*, wird er Assistenzarzt von Friedrich Wilhelm Branco. Die Männer, deren Kinder fast dreißig Jahre später heiraten werden, kennen sich also schon lange.[125] Ob der alte Branco die weiteren beruflichen Stationen und spektakulären Arbeiten des vierundzwanzig Jahre jüngeren Helmholtz mit seiner Anteilnahme begleitet, ist nicht bekannt. Mit dem Schwiegersohn Wilhelm Branco wird Hermann Helmholtz freundlichen persönlichen Kontakt bis an sein Lebensende halten.

Die künftige Frau Helmholtz, Olga Leopoldine von Velten, wird am 4. November 1827 in der westpreußischen Stadt Riesenburg geboren und wächst in Potsdam auf. Der Vater Friedrich Leopold von Velten (1791–1828) ist Militärarzt, die Mutter Julie Puhlmann (1801–1881) eine Tochter des Potsdamer Hofmalers und Gemäldegalerie-Inspektors Johann Gottlieb Puhlmann (1751–1826). Der Adelstitel der Familie kommt von dem Großvater Johann Friedrich Velten (Geburtsjahr unbekannt, verstorben 1793), einem preußischen Rittmeister, der den Familienlegenden zufolge im Siebenjährigen Krieg, 1759 in der verlorenen Schlacht bei Kunersdorf, seinem König Friedrich II. das Leben rettete und dafür nobilitiert wurde.[126]

Olga von Velten und Hermann Helmholtz kennen sich vom geselligen Umgang der Potsdamer Offiziers- und Ärztefamilien und verkehren besonders gern im Hause eines Onkels von Olga, des Generalarztes Wilhelm Puhlmann (1797–1882). Der ist mit namhaften Berliner Malern befreundet, versammelt allwöchentlich Künstler, Literaten und Musiker um sich und gilt als der Initiator und eigentliche Leiter eines bildungsbürgerlichen Kunstvereins in Potsdam.[127] Am 26. August 1849 wird in Dahlem die Hochzeit von Olga und Hermann gefeiert.

124 De Fabrica Systematis Nervosi Evertebratorum, Diss. med. Berlin 1842.

125 Zur Jugend- und Ausbildungszeit vgl. L. Koenigsberger, Hermann von Helmholtz, Bd. 1 S. 1–106; E. Hinze, Feldscherer und Feldmedici, Bd. III S. 438.

126 Tatsächlich wird Johann Friedrich Velten erst 1786 in den preußischen Adelsstand erhoben. Vgl. G. Schmidt, Das Geschlecht von Veltheim, Anhang S. 28; Genealogisches Handbuch des Adels, Adelslexikon, Bd. XV (2004) S. 207.

127 Vgl. K. Paepke, Künstlervereinigungen und Kunstvereine in Potsdam, S. 120–124; G. Eckardt (Hg.), Ein Potsdamer Maler in Rom, S. 21; H. Goerke, Heilkunde im alten Potsdam, S. 114–120, 224.

Stammtafel von Velten (Auszug)

Johann Friedrich Velten (*-1793)* (ab 1786: von)	∞ *1775*	Sophie Magdalene Thiele *(1756–1802)*

Friedrich *Leopold* v. Velten *(1791–1828)*	∞ *1823*	Julie Puhlmann *(1801–1881)*

Sophie Julie *Betty* v. Velten *(1824–1906)* ∞ 1) *1847* Emil Puhlmann *(1808–1853)*	 ∞ 2) *1854* Reinhold Johannes *(1827–1879)*	*Olga* Leopoldine v. Velten *(1827–1859)* ∞ *1849* *Hermann* Ludwig Ferdinand Helmholtz *(1821–1894)* (ab 1883: von)

Axel Puhlmann *(1848–1909)*	Catharina (Käthe) Helmholtz *(1850–1877)* ∞ *1872* *Wilhelm* Carl Franz Branco *(1844–1928)* *(ab 1895: von, ab 1907: Branca)*

Die Trauung findet in der alten Dorfkirche St. Annen statt, die Feier im Gutshaus der Domäne. Hier lebt die Schwester der Braut, Betty von Velten (1824–1906), in erster Ehe verheiratet mit dem Amtmann und Gutspächter Emil Puhlmann (1808–1853), und hier wohnt Olga von Velten ein Jahr lang vor ihrer Hochzeit. Mit „Tante Betty“ wird später Käthe Helmholtz eine enge emotionale Bindung haben.[128]

Der junge Hermann Helmholtz hat kurz vor der Hochzeit seine erste Berufung an eine Universität erhalten: 1849 geht er als außerordentlicher Professor

128 Lebensgang S. 74, 90.

für Physiologie nach Königsberg. Hier werden die Kinder Käthe (1850–1877) und Richard (1852–1934) geboren. 1855 folgt Helmholtz einem Ruf als Ordinarius für Physiologie und Anatomie nach Bonn, drei Jahre später nach Heidelberg. An diesen Orten ist er noch mit seiner Frau Olga zusammen, die ihm zur engen Mitarbeiterin bei Experimenten, Vorträgen und Publikationen wird. Doch bald nach der Geburt der beiden Kinder erkrankt die junge Frau, mit den damaligen Mitteln unrettbar, an Lungentuberkulose; sie stirbt nach langen Krankheitsphasen zwischen Hoffnung und Resignation am 28. Dezember 1859, gerade zweiunddreißig Jahre alt geworden.[129]

Eineinhalb Jahre darauf, am 16. Mai 1861, heiratet Helmholtz – überlastet mit seiner familiären und beruflichen Situation – erneut. Die Auserwählte, Anna Mohl, geboren am 19. September 1834 in Tübingen, ist eine Tochter des Staatsrechtlers und liberalen Politikers Robert (von) Mohl (1799–1875) und dessen Frau Pauline Becher (1809–1894).[130] Anna Helmholtz, sorgfältig und standesgemäß erzogen und auf ihre künftige Rolle vorbereitet, erweist sich als außerordentlich geistreiche und ehrgeizige Persönlichkeit. Sie macht das Haus ihres inzwischen europaweit berühmten Mannes zu einem Mittelpunkt des gesellschaftlichen Lebens der Universitätsstadt Heidelberg. Ihre Tätigkeit als Gastgeberin literarischer, künstlerischer, wissenschaftlicher und liberaler politischer Eliten – als Salonnière – entfaltet sie voll ab 1871 in Berlin. Ihr Salon in den wechselnden Wohnungen der Familie ist für mehr als zwei Jahrzehnte eine bekannte und begehrte Adresse – in der Kulturgeschichte der Stadt nimmt er „eine wichtige Stellung zwischen den höfischen und den bürgerlichen Salons des Kaiserreichs ein“.[131]

129 Biografisches zu Olga Helmholtz: L. Koenigsberger, Hermann von Helmholtz, Bd. 1 S. 65–68, 111–371 passim; R. L. Kremer, Letters of Hermann von Helmholtz, passim (darin auch S. 192–201: Aufzeichnungen von Betty Johannes mit idealisierter Darstellung von 1902).

130 Robert Mohl, 1837 mit dem persönlichen württembergischen Adel ausgestattet, erhält 1871 den erblichen badischen Adel; vorher steht der Titel der Familie nicht zu.

131 P. Wilhelmy-Dollinger, Die Berliner Salons, S. 283–288, Zitat S. 283. – Helmholtz wohnte mit seiner Familie 1871–76 im Bezirk Westen (Tiergarten), Königin-Augusta-Str. 45, dann im Bezirk Nordwesten, Neue Wilhelmstr. 16 in einer Dienstwohnung des neuen Instituts für Physik, ab 1890 in Charlottenburg, Marchstr. 13–18 bzw. 25 b in einer Dienstvilla auf dem Campus der Reichsanstalt. Vgl. Berliner Adressbücher 1872–94.

Abb. 11: Hermann Helmholtz, undatierte Fotografie aus dem Nachlass Wilhelm Branco

Hermann Helmholtz lebt und arbeitet seit 1871 als Ordinarius für Physik an der *Friedrich-Wilhelms-Universität* Berlin, mit dem für ihn errichteten *Physikalischen Institut*, seit 1888 als erster Direktor der *Physikalisch-Technischen Reichsanstalt*. 1883 wird er, mit Auszeichnungen aus aller Welt förmlich überhäuft, für seine wissenschaftlichen Leistungen mit dem preußischen Adel geehrt. Er stirbt am 8. September 1894 in Charlottenburg. Seine Frau Anna, noch fünf Jahre lang mit der Pflege seines Nachlasses und seines Andenkens befasst, folgt ihm am 1. Dezember 1899.[132]

Kindheit und Jugend

Catharina Caroline Julie Bethie genannt Käthe Helmholtz wird am 22. Juni 1850 als erstes Kind des jungen Hochschullehrers Hermann Helmholtz und seiner ersten Ehefrau Olga von Velten in Königsberg geboren.[133] Helmholtz vermeldet stolz, „daß ich Vater von einem wohlgebildeten und gesunden Mägdelein geworden bin, und mit Mutter und Kind alles nach Wunsch gegangen ist."[134] Durch einen glücklichen Zufall ist ein Bündel Briefe des Paares erhalten, das bis in die Verlobungszeit zurückreicht.[135] In diesen bezaubernden Liebesbriefen werden auch Beobachtungen und Erlebnisse der Eltern beim Aufwachsen des Kindes

132 Biografisches zu Anna v. Helmholtz: R. Wachsmuth in: Biographisches Jahrbuch und deutscher Nekrolog, Bd. IV S. 14–20; L. Koenigsberger, Hermann von Helmholtz, Bd. 1 S. 371–375, Bd. 2 passim, Bd. 3 S. 122–140; E. v. Siemens-Helmholtz (Hg.), Anna von Helmholtz – Ein Lebensbild in Briefen; R. Braun-Artaria, Von berühmten Zeitgenossen, S. 130–140.

133 GStA PK, VIII. HA EKB Nr. 2215 Blatt 9. – Wir folgen hier dem Geburtsdatum im Register der Domgemeinde Königsberg, das mit dem Datum auf dem Grabstein in Berlin-Dahlem übereinstimmt. Die Angabe „24. Juni" in den Stammtafeln von Gerhard Branco (wie Anm. 39, 44) und in einigen Genealogischen Handbüchern (wie Anm. 43) ist falsch, ebenso die Angabe, Geburtsort sei Heidelberg. Unzutreffend ist auch der in der Sekundärliteratur Catharina Helmholtz/Branco oft zugedachte Titel „von": Der Vater Hermann Helmholtz wird 1883 nobilitiert, die Tochter hat dies nicht mehr mitbekommen.

134 Staatsbibliothek Berlin, Handschriftenabteilung, Slg. Darmstaedter F 1a 1847 (2) Bl. 42 (Brief an Emil du Bois Reymond, 28.6.1850).

135 Das Konvolut (49 Briefe von Hermann, zwei von Olga Helmholtz) befand sich im Besitz von Betty Johannes, dann Edith Branco/v. Branca. Die Enkelin Hermann Helmholtz' verkaufte 1947 die Sammlung der Houghton Library an der Harvard-Universität gegen zehn Care-Pakete mit Lebensmitteln und Kleidung. Im Rahmen der neueren Helmholtz-Forschungen wurden die Briefe wiederentdeckt und 1990 publiziert. Vgl. R. L. Kremer, Letters of Hermann von Helmholtz, S. VII, XXVII–XXXI,

zwischen Glück und Sorge, Freude über Fortschritte und Angst bei Krankheiten nachvollziehbar.[136]

Nach dem Tod der Mutter werden Käthe und ihr Bruder Richard zunächst von der Großmutter Julie von Velten betreut; nach der Wiederverheiratung des Vaters übernimmt Anna Helmholtz in Heidelberg, dann in Berlin die Mutterstelle. Die Sommermonate verbringen die Kinder stets auf dem Lande, bei Tante Betty Johannes in Dahlem. Zwischen Käthe und ihrem Vater besteht eine lebenslange, ungetrübte tiefe Zuneigung; das Verhältnis zu Hermanns zweiter Ehefrau ist, anderslautenden Äußerungen Anna Helmholtz' zum Trotz, gespannt und aus ungenannten Gründen zum Schluss sogar zerrüttet.[137]

Das junge Mädchen erweist sich als sprachbegabt und künstlerisch talentiert. Käthe lernt Englisch, Französisch und Italienisch; sie hilft ihrem Vater und ihrer Stiefmutter bei der Übersetzung der Werke des Physikers John Tyndall (1820–1893). Auf Reisen in Deutschland und Österreich besucht sie Künstlerateliers und schult sich im Zeichnen und Malen. Um 1870 lebt sie ein Jahr lang in Paris und London bei dem Orientalisten Julius von Mohl (1800–1876), einem Onkel ihrer Stiefmutter, und dessen britischer Frau Mary Elizabeth Clarke (1793–1883), einer bekannten frankophilen Schriftstellerin und Frauenrechtlerin. In deren berühmtem literarischen Salon soll Käthe offensichtlich auf ihre künftige Rolle in der bildungsbürgerlichen Gesellschaft vorbereitet werden.[138] Fast zwanzig Jahre zuvor war mit derselben Absicht die junge Anna Mohl Gast und Lehrling bei den Verwandten in Paris.[139]

XLI. – Edith v. Branca machte vor der Abgabe eine auszugsweise Abschrift, erhalten im Familienarchiv Frhr. v. Branca, Nachlass Branco, Brautbriefe.

136 R. L. Kremer, Letters of Hermann von Helmholtz, S. 9–178 passim.

137 Dazu sind abzuwägen die überschwänglichen Äußerungen von Betty Johannes und Anna Helmholtz und der zurückhaltende Bericht von Wilhelm Branco über den Eklat bei Käthes letzter Heimkehr nach Dahlem; vgl. unten S. 89–91.

138 Biografisches zu Käthe Helmholtz in: L. Koenigsberger, Hermann von Helmholtz, Bd. 2 S. 190 f, 236; E. v. Siemens-Helmholtz (Hg.), Anna von Helmholtz, Bd. I S. 176, 184 f, 213 f; R. L. Kremer, Letters of Hermann von Helmholtz, bes. S. 199–201. Die bisher einzigen Aufsätze von A. Nagel (Landesgeschichtliche Vereinigung für die Mark Brandenburg, Mitteilungen Nr. 9-10/1933, S. 33–35) und M. Henning (a. a. O. Nr. 20/1956, S. 51 f) vermischen wenige Fakten mit Irrtümern und Legenden.

139 L. Koenigsberger, Hermann von Helmholtz, Bd. 1 S. 371 f; E. v. Siemens-Helmholtz (Hg.), Anna von Helmholtz, Bd. I S. 31–57.

Abb. 12: Salon Mohl in Paris, Aquarell von Käthe Helmholtz (um 1870)

Aus ihrer Pariser Zeit stammt das bisher einzige bekannte Bild von Käthes Hand, ein kleines, farbenfrohes Aquarell, das den Salon in der Mohlschen Wohnung zeigt, einem alten Stadtpalais an der Rue du Bac 120: ein runder Raum mit säulengestützter Kuppeldecke, üppig ausgestattet mit Bildern, roten Polstermöbeln und Vorhängen und rot-grünen Teppichen.[140] Alle familiären Pläne, nach der Heimkehr zum Vater – nun in Berlin – in die Fußstapfen der arrivierten Stiefmutter zu treten, wirft Käthe Helmholtz dank ihrer Liaison mit dem in gesellschaftlichen Kreisen noch völlig unbekannten Landwirt Wilhelm Branco um.

140 Original im Familienbesitz Frhr. v. Branca.

Begegnungen in Dahlem

Käthe Helmholtz und Wilhelm Branco begegnen sich zum erstenmal im Sommer 1865 in der Domäne Dahlem. Zwischen dem damals neunzehnjährigen Volontär und der gerade fünfzehnjährigen Tochter aus berühmtem Hause entwickelt sich ein seltsam zwiespältiges Verhältnis. So jedenfalls beschreibt es Wilhelm Branco rund vierzig Jahre später – als sei er in diese Verbindung fast willenlos hineingeschlittert, verführt durch die Überredungskünste der kupplerischen Betty Johannes und an die Hand genommen von dem rätselhaften Mädchen.[141] 1871 ist Wilhelm aus Rom und Käthe aus Paris oder London zurückgekehrt und die Familie Helmholtz nach Berlin umgezogen; in diesem Jahr begegnen sich die beiden jungen Leute erneut in Dahlem und verloben sich überraschend. „So kamen zwei Menschen zusammen ohne Liebe“, schreibt Wilhelm, „nur mit gegenseitiger Hochachtung vor einander, ohne jeden Vortheil weltlicher Art, der sonst bei Heirathen ohne Liebe eine Rolle spielt, ohne daß also sie Geld und ich Titel mitgebracht hätten.“[142]

Solche Formulierungen wiederholt Branco mehrmals in seinem späteren Lebensbericht für den Sohn Gerhard, den er eindringlich vor „unnützem Heirathen“ warnt und ermahnt, bei der eigenen Wahl einer Frau auch auf Gesundheit, Geld und Zufriedenheit mit dem Landleben zu achten.[143] Gar so negativ kann das Verhältnis aber nicht gewesen sein:

> „Und doch ist die Ehe eine glückliche geworden, weil beide Theile sittliche Charaktere, strebende Menschen waren; weil meine pekuniären Verhältnisse damals, bei hohen Zinsen, Unterstützung durch meine Mutter und sparsamem Leben derartige waren, daß wir gemächlich leben konnten; weil endlich Käthe sehr ruhiges Temperament hatte, so daß Reibereien, die ja unausbleiblich sind, fehlten, zumal ich auch selbst, durch mein Leben auf dem Lande damals nichts von Nerven kannte.“[144]

Und bei der Lektüre des Tagebuches der Hochzeitsreise durch Italien gewinnt man durchaus den Eindruck, einem verliebten Paar zu begegnen. – Die Hochzeit am 15. Januar 1872 erwähnt Wilhelm Branco nur mit einem halben Satz – kein Wort über den Ort (die Neue Kirche in Berlin), über eine Feier der prominenten Familien, über die Empfindungen des jungen Paares. Ein beiläufiger Satz

141 Lebensgang S. 45–49, 69–71, 92.
142 Lebensgang S. 48.
143 Lebensgang S. 48 f, 70 f, 92 f.
144 Lebensgang S. 48.

auch nur über die Hochzeitsreise: „Ich ging also 1872 im Januar mit Käthe nach Italien, kehrte im Mai heim, nach Dahlem und sah mich nach einem Gute um.“[145] Immerhin: Diese Reise in beider Sehnsuchtsland Italien ist mit umfangreichen Tagebuchaufzeichnungen dokumentiert.[146]

145 Lebensgang S. 69, 71.
146 Vgl. Anm. 13 und die Dokumentation in diesem Band.

8. Hochzeitsreise nach Italien

Italien ist seit der Romantik das „klassische Land der Sehnsucht" nordeuropäischer Künstler und Dichter und das liebste Reiseziel deutscher Bildungsbürger – nicht zum ersten Mal in der Geschichte, wohl aber unter zuvor unbekannten neuen Vorzeichen. Machten ehedem Gläubige ihre Pilgerreisen, Geografen ihre Forschungsreisen, Kaufleute ihre Geschäftsreisen, Künstler und Kunsthandwerker ihre Wanderjahre, Adelige ihre Kavaliersreisen nach Italien, so wird nun das sonnige Land jenseits der Alpen besetzt mit Vorstellungen vom „gänzlich anderen", ja paradiesischen Leben.[147] Ein reicher Fundus an literarischen und bildkünstlerischen Darstellungen bedient schon bald diese Klischees und die Sehnsüchte der Reisenden[148] – und die handlichen „Reiseführer" aus der Verlagsproduktion von Karl Baedeker helfen bei der Organisation des trotz aller Verklärung auch gefahrvollen Alltags im fremden Land[149].

1872, als Käthe und Wilhelm Branco mehr als drei Monate durch Italien fahren, sind die Städte und Landschaften längst auf einen breiten Touristenstrom eingestellt. Trotzdem fehlt es auch dieser Hochzeitsreise nicht an Wagnis und Abenteuer und ganz eigenen Erlebnishorizonten. Die beiden bewegen sich in der Tradition der Künstlerreisen; sie kennen einige der großen Reiseberichte und arbeiten sich durch Standardwerke zur römischen Geschichte und Kunst – und lassen sich dadurch nicht entmutigen, ihr eigenes Tagebuch zu schreiben. Das ist nicht etwa zur Veröffentlichung bestimmt und offenbart auch keinen literarischen Ehrgeiz, enthält aber Passagen von poetischem Reiz und trefflicher Beobachtungsgabe.

Die Motive der Hochzeitsreisenden lassen sich deutlich benennen. Käthe und Wilhelm Branco wollen mit allen Sinnen die südlichen Landschaften und Städte erfahren. Sie wollen Kunst sehen, sind geradezu süchtig nach Kirchen und Klöstern, Museen und Galerien. Sie wollen auch das klassische Italien kennen lernen, durchstreifen historische Stätten, Ausgrabungen und Sammlungen. Sie zeichnen und

147 Vgl. M. Maurer, Sehnsucht – Zur Archäologie eines Reisemotivs, in: H. Arnhold (Hg.), Orte der Sehnsucht, S. 19–23; A. Lorenz, Italien, Teil 2: Sehnsuchtshorizonte nordeuropäischer Künstler vom 16. bis 19. Jahrhundert, a. a. O. S. 95–100.

148 Vgl. St. Dahme, „Auch ich in Arkadien!", in: Staatliche Kunstsammlungen Dresden (Hg.), Italienische Landschaft der Romantik, S. 94–98.

149 K. Baedeker, Italien. Handbuch für Reisende, Teil 2: Mittel-Italien und Rom, 3. Aufl. 1871.

aquarellieren selbst tagelang (leider ließ sich keines ihrer eigenen Bilder mehr ausfindig machen). In Rom sind sie fast täglich mit den Künstlerfreunden des Vaters Branco zusammen. Und sie kaufen Kunstwerke und Objekte – Kopien berühmter Gemälde und Kleinplastiken, zeitgenössische Aquarelle, venezianische Spiegel und barocke Rahmen, bronzene Lampen und kostbare Stoffe – für ihre künftige Wohnung. Das alte christliche Pilgermotiv hingegen ist ihnen fremd, nur einmal erwähnen sie den Besuch einer Messe im Petersdom, und eine Massenaudienz beim Papst betrachten sie eher als folkloristisches Ereignis.

Verlauf der Italienreise 1872

16. bis 19. Januar	München
20. / 21. Januar	Bozen
21. bis 25. Januar	Verona
25. Januar bis 5. Februar	Venedig
6. / 7. Februar	Florenz
8. Februar bis 23. März	Rom
23. März bis 4. April	Neapel
5. bis 11. April	Capri
12. / 13. April	Neapel
13. bis 17. April	Rom
18. bis 26. April	Florenz
27. April	Padua
28. April bis 3. (?) Mai	Heimfahrt

Für die langen Fahrtstrecken benutzen die Reisenden das inzwischen gut ausgebaute Eisenbahnnetz, bequem auch bei Nachtfahrten im geschlossenen Coupé. Für Kurzstrecken und Ausflüge mietet man eine Kutsche mit Pferden und Fahrer. Die in Kirchen und an touristischen Zielen wartenden einheimischen Führer wimmeln die Brancos ab und machen ihre Entdeckungsfahrten und Wanderungen nach eigenem Programm. Wann immer möglich, meiden sie die teuren Hotels und nehmen eine möblierte Wohnung bei privaten Vermietern. In der Jahreszeit, meist sonnig und warm, aber mit kalten Nächten und auch dunklen Regentagen, benötigt man abends einen Ofen oder ein Kaminfeuer. Zum Essen findet man leicht von deutschen Wirten betriebene oder von Künstlern bevorzugte Gaststätten. Die Abende verbringt man mit Besuchen oder zu zweit mit Lesen, Vorlesen und Schreiben bei Petroleumlicht im Quartier, lädt auch selbst Freunde zu sich ein. Im alltäglichen Leben im fremden Land bewegen Wilhelm und Käthe Branco sich gewandt und sicher, wobei ihnen zugute kommt, dass sie die Sprache beherrschen und auch im Umgang mit Kutschern und Wirten und Beamten kräftig auftrumpfen können.

Italien als Kunsterlebnis

Die Reise beginnt gleich nach der Hochzeitsfeier mit einem mehrtägigen Aufenthalt in München und der Eisenbahnfahrt über den Brenner nach *Bozen*. Hier bestaunt das Paar die nahen schneebedeckten Gebirge und durchstreift die alte Stadt, genießt die milde Wärme. Nach einer nächtlichen Fahrt beginnt in *Verona* das selbstauferlegte strapaziöse Programm mit Erkundungsgängen und Besichtigungen. Die Begeisterung über den malerischen Ort verstellt Wilhelm und Käthe nicht den Blick auf die Wirklichkeit, auf Verfall und Schmutz, aber sie sehen das alles mit den Augen idealisierender Künstler:

> „[...] und so prächtig grün ist das Waßer des Flußes, der hier so manche Mühle mit seinen raschhinströmenden Fluten treibt, so bunt, so zerfallen und herrlich schmutzig sind die ihn begränzenden Häuser, daß auch im Unkundigen der Wunsch rege wird, diese Farben, diese Linien zu fixieren."[150]

In *Venedig* faszinieren die Stadt im Wasser, die weiten Plätze und engen Ladenstraßen, die finsteren Paläste und die mit goldglänzenden Mosaiken ausgekleideten Kirchen. Hier beginnen die beiden zu zeichnen – und kaufen auch Fotografien. Die inzwischen perfektionierte neue Kunstform ermöglicht die naturgetreue Dokumentation und Mitnahme des Gesehenen. Die ersten Einkäufe an Spiegeln und Leuchten werden mit der Gondel zum Bahnhof gebracht und als Frachtgut nach Hause geschickt.[151]

Rom ist dann das Bildungsereignis schlechthin. Tagein tagaus wandern und fahren Wilhelm und Käthe durch die Stadt und die nähere Umgebung, lassen keine der antiken Stätten, keinen der großen Paläste und keines der berühmten Kunstmuseen aus. In Kirchen und Ruinenfeldern wird tagelang gezeichnet. Die Suche nach käuflichen preiswerten Kunstwerken, die Unzuverlässigkeit römischer Galeristen und die lautstarken Verhandlungen mit jüdischen Händlern im Ghetto werden zu echt italienischen Erlebnissen. Wie Kinder freuen die beiden sich über ihre Erwerbungen, laufen auch bei Regenwetter ausgelassen durch die Stadt, genießen das Beisammensein mit den deutsch-römischen Freunden und das Kennenlernen anderer Künstler und interessanter Reisender in Ateliers und

150 Italien S. 3.
151 Italien S. 6–9.

bei abendlichen Soireen. Bei einer Audienz bestaunen die preußischen Protestanten ehrfürchtig die entrückte Gestalt des Papstes, sind aber ebenso beeindruckt von seiner und der anderen Besucher Kleidung und der Prachtentfaltung im Vatikan. Die Anstrengungen der ausgefüllten Tage machen sich allerdings öfter bemerkbar mit Müdigkeit und Kopfschmerzen.[152]

Neapel wird Ausgangsort für Exkursionen zu antiken Überresten rund um den Golf und den Busen von Bajae, Höhepunkt die Ruinenstadt Pompeji. Ein Eselritt auf den Vesuv lässt aus der Nähe erfahren, was vom Balkon der Wohnung in Neapel von fern zu hören und zu sehen ist: der ständig grollende, nach den jüngsten Ausbrüchen noch immer Steine und glühende Lava spuckende Vulkan. Der Aufenthalt in Neapel wird beschwerlich wegen der Allgegenwart von Hitze, Staub und Lärm.[153] Einige Tage auf *Capri* bringen dann das Erlebnis des stürmischen Meeres und eine strapaziöse Bootsfahrt zur Blauen Grotte. Die wegen eines Unwetters tagelang verzögerte Rückreise auf einem Marktschiff nach Neapel bleibt als übles Abenteuer mit Seekrankheit und Untergangsängsten in Erinnerung.[154]

Florenz schließlich heißt noch einmal Schwelgen in Kunst. „In Florenz wird Einem das Mittelalter so lebendig wie in Rom die Antike." Die mittelalterlichen Fresken in Kirchen und Klöstern, die Gemälde der Renaissance in den Museen bringen Käthe Branco zu seitenlangen verzückten Schilderungen.[155] Ihre Favoriten sind Fra Angelico und Domenico Ghirlandaio, die kraftvollen Männerporträts von Sandro Botticelli und die lieblichen Madonnen von Lorenzo di Credi; ihr Schönheitsideal ist eindeutig an der Renaissance orientiert. Vollends verzaubert ist Käthe, als sie in den Uffizien endlich „La Bella" findet, das Porträt einer unbekannten Frau von Tiziano Vecelli:

> „Sie hat ein blaues Kleid und grün farbene Aermel. Die Haare sind vorn golden roth, von hinten aber die Spitzen die ganz hellblond sind wieder nach vorn genommen und wie ein hellgoldener Schmuck über den Kopf gelegt. Nichts reizender als wie die kleine weiße Krause im Kleid zart um die zarte Brust herum geht. So würdevoll steckt die kleine Frau in dem großen Kleide."[156]

152 Italien S. 10–27, 41–42, 47–49, 56.
153 Italien S. 28–34, 40.
154 Italien S. 34–39.
155 Italien S. 42–44, 49–54, Zitat S. 49.
156 Italien S. 52 f.

Abb. 13: Tiziano Vecelli, La Bella (Porträt einer unbekannten Frau, um 1536) in Florenz, Uffizien, jetzt im Palazzo Pitti

Überwältigend ist immer wieder das Erlebnis der Landschaften. Der gelernte Landwirt Wilhelm bemerkt zwar eher die vorzügliche Qualität der Böden und das milde Klima und die somit mehrmals im Jahr möglichen Ernten von Getreide und Grünfutter um Neapel, beobachtet auch die Herden von Ochsen, Büffeln und Schafen in der Campagna.[157] Er erlaubt sich aber auch begeisterte Ausrufe

157 Italien S. 11, 26, 28, 32.

über wilde Berglandschaften und weite Ebenen und lässt einmal beim Ausblick von einem hohen Felsen auf uralte Zypressen die fromme Sehnsucht nach „etwas überirdisch Hohem“ zu.[158] Käthe hingegen ist die Malerin und schildert in ihren impressionistischen Tagebuch-Notizen die Orte und Landschaften in Farben: „Nun zieht sich durch schwarzen Acker und grüne Saat die schneeweiße Landstraße“ – die Berge grau mit tiefblauen Schatten, die Erde schwarzlila, die Lorbeerbüsche „Tizians Hintergrund“.[159]

Was nicht im Tagebuch steht

Aufschlussreich ist auch, was in den Tagebuchaufzeichnungen *nicht* notiert wird. Nämlich: Es gibt nur wenige Beobachtungen zum alltäglichen Leben der Menschen. Zu Armut und Verfall geht man auf Distanz, wenn die pittoreske Kulisse allzu nahe rückt. „Gedränge und schmutzige Gestalten“ machen Wilhelm „nervös“; das chaotische Treiben beim Karneval in Venedig und Rom beobachtet man mit leisem Schaudern; Ungeziefer treibt Käthe in Florenz zur Verzweiflung; Straßenlärm und Staub und Bettler verleiden fast den Aufenthalt in Neapel.[160] Die Wahrnehmung des „wunderbaren Landes“ lässt man sich dadurch aber nicht zerstören.

Kein Wort wird aufgeschrieben über die politischen und sozialen Verhältnisse des Landes. Das zuvor in Kleinstaaten zerrissene Italien hat in jener Zeit gewaltige Umbrüche hinter sich: 1861 wurde das Königreich ausgerufen, 1871 der Regierungssitz von Florenz nach Rom verlegt; das italienische Parlament und König Viktor Emanuel II. waren soeben in ihre erkämpfte Hauptstadt Rom eingezogen, Papst Pius IX. des mächtigen Kirchenstaates enthoben und politisch auf den Vatikan beschränkt. Wilhelm und Käthe Branco sehen den König und den Kronprinzen von fern, beobachten einen Trauerzug für den Freiheitskämpfer Giuseppe Mazzini, lesen auch italienische Tageszeitungen, reflektieren in ihrem Tagebuch aber nie die Tagesereignisse.[161]

Italien bleibt ihnen das Land der Kunst, das Land, wo schön und reich Orangen und Zitronen und Oliven wachsen, wo die Natur innere Ruhe und Frieden schenkt:

158 Italien S. 4, 9, 27 f.
159 Italien S. 45–54, Zitate S. 46 f.
160 Italien S. 9, 12, 26, 28, 42.
161 Italien S. 14, 20, 24 f, 27, 47.

„Wer in Italien nie gelebt hat, wird das nie verstehen können; wer aber so begnadigt gewesen ist, wer dies wunderbare Land mit rechten Augen gesehen, mit rechtem Sinne erfaßt hat, der wird mir stillschweigend zunicken und mit Heimweh im Herzen dieses goldigen Himmelstriches gedenken.“[162]

162 Italien S. 4, 46 f, 50, Zitat S. 4.

9. Wanderer zwischen Nord und Süd

Nach der Rückkehr aus Italien springen Wilhelm und Käthe Branco sogleich in ihre neue Existenz auf dem Lande. Wilhelm erwirbt im Frühjahr 1872 das Gut Kade (Cade) bei Genthin im preußischen Landkreis Jerichow II, etwa auf halber Strecke zwischen Berlin und Magdeburg gelegen. Kade ist damals ein Restrittergut, zuvor mit dem benachbarten Gut Belicke zusammengehörig, aber in Erbverpachtungen zerstückelt.[163] Als Branco ihn kauft, umfasst der Betrieb nur noch 250 Morgen Land und einen Park von zwölf Morgen Umfang. Das bescheidene spätbarocke Herrenhaus, am Rande des Parks gegenüber der alten Dorfkirche gelegen, befindet sich heute, nach Jahrzehnten ohne Nutzung, in einem traurigen Zustand und lässt seinen damaligen Reiz nur noch erahnen.

Abb. 14: Kade, Gutshaus (Fotografie vor 1933)

163 Lebensgang S. 71–75. Vgl. W. Schmidt, Heimatkunde der Kreise Jerichow I und II, S. 135–137. – Mit dem Erwerb des Rittergutes wird Branco zugleich Kirchenpatron für Kade (FAvB, Nachlass Branco, Urkunden).

Aus dem autobiografischen Bericht Wilhelm Brancos geht hervor, dass man sich auch in einem kleinen Gut und Pfarrdorf ein bescheidenes gesellschaftliches Leben bereiten kann. Kontakte pflegen die Brancos zum Ortspfarrer, zum Landrat in Genthin, zu den Nachbarn auf den Gütern Belicke und Warchau. Der Landrat organisiert Theaterspiele mit Laiendarstellern aus dem Freundes- und Bekanntenkreis, damals ein beliebtes Freizeitvergnügen, und Wilhelm erweist sich bei den Proben und öffentlichen Aufführungen als begabter Schauspieler. Auch an Bällen in Genthin nimmt er mit Vergnügen teil; dabei ist er, wie er vermerkt, fast der einzige Bürgerliche in den adeligen Gesellschaften.

Das Herrenhaus ist groß genug, um Gäste aufzunehmen. Käthes Großmutter Julie von Velten zieht von Dahlem nach Kade. Betty Johannes und Hermann Helmholtz und eine Freundin aus Heidelberg kommen im Sommer zu wochenlangen Besuchen. Wilhelm schwärmt: „Es war ein stilles, friedliches Leben in dem schönen, großen Parke"; Käthe findet es trostlos langweilig. Weil auch der junge Gutsherr sich mit dem kleinen Betrieb nicht ausgelastet fühlt, beginnt er, systematisch zu zeichnen und zu aquarellieren – und beschließt, Maler zu werden.[164]

Am 18. April 1873 kommt die Tochter Edith zur Welt. Nach kaum einem Jahr geht damit die Idylle von Kade zuende: Käthe wird und bleibt krank, verstärkt durch ihre zunehmende Unzufriedenheit mit dem Landleben. Der Haushalt in Kade wird kurzentschlossen aufgelöst, Käthe fährt mit dem Kind zu ihren Eltern nach Berlin, Wilhelm verkauft das Gut und mietet eine Wohnung in München. Dort soll die gemeinsame Zukunft sein. Branco lebt wochenlang allein zwischen eingestellten Möbeln und unausgepackten Transportkisten. Er nimmt privaten Zeichenunterricht und geht abends mit Freunden „auf den Keller", ahnt noch nichts vom Ernst der Erkrankung seiner Frau und weiß noch nicht, dass der Familie vier Jahre nomadischen Lebens bevorstehen, immer wieder aus der Bahn geworfen durch die Suche nach Heilung der letztlich doch tödlichen Krankheit.[165]

Gescheiterte Berufspläne

Mit der ärztlichen Diagnose für Käthe Branco – beginnende „Brustkrankheit", das heißt Lungentuberkulose[166] – zerschlagen sich die Münchener Pläne. Im Schonklima von Reichenhall soll Heilung gefunden werden. Möbel und Hausrat

164 Lebensgang S. 71–75, dazu S. 91, Zitat S. 75. Anna Helmholtz erwähnt am 16.5.1873 einen Besuch „etliche Tage draußen in Kade"; E. v. Siemens-Helmholtz (Hg.), Anna von Helmholtz, Bd. I S. 185.

165 Lebensgang S. 76 f.

166 Vgl. Anm. 175.

werden in einem Atelier in München untergestellt, die junge Familie geht mit einer Amme im Sommer 1873 in den oberbayerischen Kurort.[167]

Die nächste gemeinsame Station ist im Herbst desselben Jahres Montreux am Genfer See. Der Ort, geschützt von hohen Bergen, mit mildem Klima und subtropischer Vegetation, scheint tatsächlich Käthes langsame Heilung zu bewirken. Wilhelm, zur beruflichen Untätigkeit verurteilt, nimmt wieder Malunterricht, zeichnet und aquarelliert. Bald aber kommt er zu der Erkenntnis, dass seine Begabung und aller Fleiß zum Künstlerberuf nicht ausreichen, und er gibt diesen Plan auf. Stattdessen entdeckt er sein Interesse für die Naturwissenschaften und stürzt sich im Selbststudium auf die Anatomie und Physiologie der Pflanzen und Tiere. Um daraus ein systematisches Studium zu machen, geht Branco Ostern 1874 allein nach Halle an der Saale, wo die Universität den ersten Lehrstuhl für Landwirtschaft eingerichtet hat. Wie bereits aus der Zeit in Eldena vertraut, ist dort das Hochschulstudium auch ohne Abitur in enger Verbindung von Theorie und Praxis möglich. Der Plan, mit der kleinen Familie nach Halle zu ziehen, scheitert am ärztlichen Veto gegen alle nördlichen Gegenden mit rauem Klima. So verfällt man auf Heidelberg.[168]

Von Heidelberg nach Rom

Im Herbst 1874 ist in Heidelberg eine helle Wohnung in Südlage gefunden, in der Neuenheimer Straße, einer Villengegend am rechten Neckarufer, und endlich mit den eigenen Möbeln eingerichtet. Auch die Großmutter Julie von Velten zieht wieder mit ein. Immerhin zweieinhalb Jahre währt die gemeinsame Zeit in Heidelberg.[169] Und Wilhelm Branco gelingt es, an der Universität ein ordentliches Studium zu beginnen, auch ohne die üblichen schulischen Voraussetzungen, nur mit dem Nachweis des vorangegangenen Semesters in Halle. Die Immatrikulation

167 Lebensgang S. 76 f. Vgl. die Mitteilung von Anna Helmholtz, nach einem Besuch in Kade, Käthe werde im Juli (1873) „zu ihrer Stärkung in die Berge gebracht werden müssen – ich muß mich also einrichten mit den Kindern möglichst auch dorthin zu gehen, wo es für sie vorteilhaft ist"; E. v. Siemens-Helmholtz (Hg.), Anna von Helmholtz, Bd. I S. 185.

168 Lebensgang S. 77–80. Vgl. Archiv der Berlin-Brandenburgischen Akademie der Wissenschaften (ABBAW), NL Helmholtz 160 (N. Friedreich an H. Helmholtz, 29. 5. und 31.7.1874).

169 Lebensgang S. 80–82.

datiert vom 24. Oktober 1874, die Einschreibung gilt für Naturwissenschaften, damals eine Fächergruppe innerhalb der Philosophischen Fakultät.[170]

Branco verlegt sich auf Geologie und Paläontologie – Fächer, die sich zu der Zeit aus ihren traditionellen Rollen als Hilfswissenschaften verselbstständigen.[171] Sein wichtigster Lehrer und väterlicher Mentor wird der Mineraloge Johann Reinhard Blum (1802–1883). Der inzwischen dreißigjährige Student lernt und arbeitet unermüdlich, holt ein Examen in dem aus der Schulzeit verhassten Latein nach – und wird am 29. Februar 1876 nach einem glanzvoll bestandenen Rigorosum „summa cum laude" zum Dr. phil. promoviert.[172] Sein Hauptfach dabei ist Mineralogie, Nebenfächer sind Petrographie, Geographie und Physik.[173] Eine Dissertation muss damals zur Promotion in Heidelberg nicht vorgelegt werden.[174] Im Frühjahr 1876 bindet Blum Branco als bezahlten Assistenten an sich und bietet ihm an, sich zu habilitieren; der Weg in die Universitätslaufbahn scheint sich zu öffnen.

Käthe Brancos sich verschlechternder Zustand vereitelt den weiteren Aufenthalt in Heidelberg. Nikolaus Friedreich (1826–1882), Direktor der Medizinischen Universitäts-Klinik, Freund und Arzt der Familie Helmholtz, stellt einen neuen Ausbruch der Lungenkrankheit fest[175] – nur im Süden könne die junge Frau überleben. Wilhelm kündigt schweren Herzens seine Stelle an der Universität;

170 Matrikelbuch der Universität Heidelberg, Winter-Semester 1872/73 bis Winter-Semester 1874/75; Adreßbuch der Universität Heidelberg, Winter-Halbjahr 1870/71 bis Sommer-Halbjahr 1875.

171 Vgl. E. Wolgast, Die Universiät Heidelberg 1386–1986, S. 107–111.

172 Freundliche Mitteilung des Universitätsarchivs Heidelberg. Dazu UA Heidelberg, H-IV-102 Bd. 82 (Promotionsurkunde, 29.2.1876); ABBAW, II-III 142 Bl. 86 (Mitteilung der Universität Heidelberg an die Akademie der Wissenschaften Berlin, 22.10.1925).

173 UA Heidelberg, H-IV-102 Bd. 82; UA HU Berlin, Phil. Fak. Nr. 1210.

174 UA Heidelberg, H-IV-102 Bd. 82 (Promotionsordnung der Philosophischen Fakultät zu Heidelberg, 1871/1876, § 2: „[…] Die Einreichung einer Dissertation ist keine unerlässliche Bedingung der Promotion. Wird jedoch eine solche bei der Meldung vorgelegt und von der Facultät genügend befunden, so wird dieselbe nicht allein bei der Bestimmung der Prüfungsnote berücksichtigt, sondern auch im Diplom erwähnt werden […]." In Brancos Promotionsurkunde ist keine Dissertation genannt. Die Erstlingsarbeit über die Vulkane des Hernikerlandes, in einigen Nachrufen (und von dort in der Literatur) als Doktorarbeit bezeichnet, entstand erst nach der Promotion und wurde 1877 veröffentlicht (vgl. Anm. 180).

175 Käthe Branco litt (wie ihre Mutter Olga Helmholtz) an Lungentuberkulose mit Perforation eines Lungenflügels und Rippenfellentzündung (Pleuritis tuberkulosa). Die medizinische Deutung der in den schriftlichen Quellen genannten Symptome ist Gerd Steinhoff (Wachtberg) zu verdanken. Die infektiöse „Lungenschwindsucht"

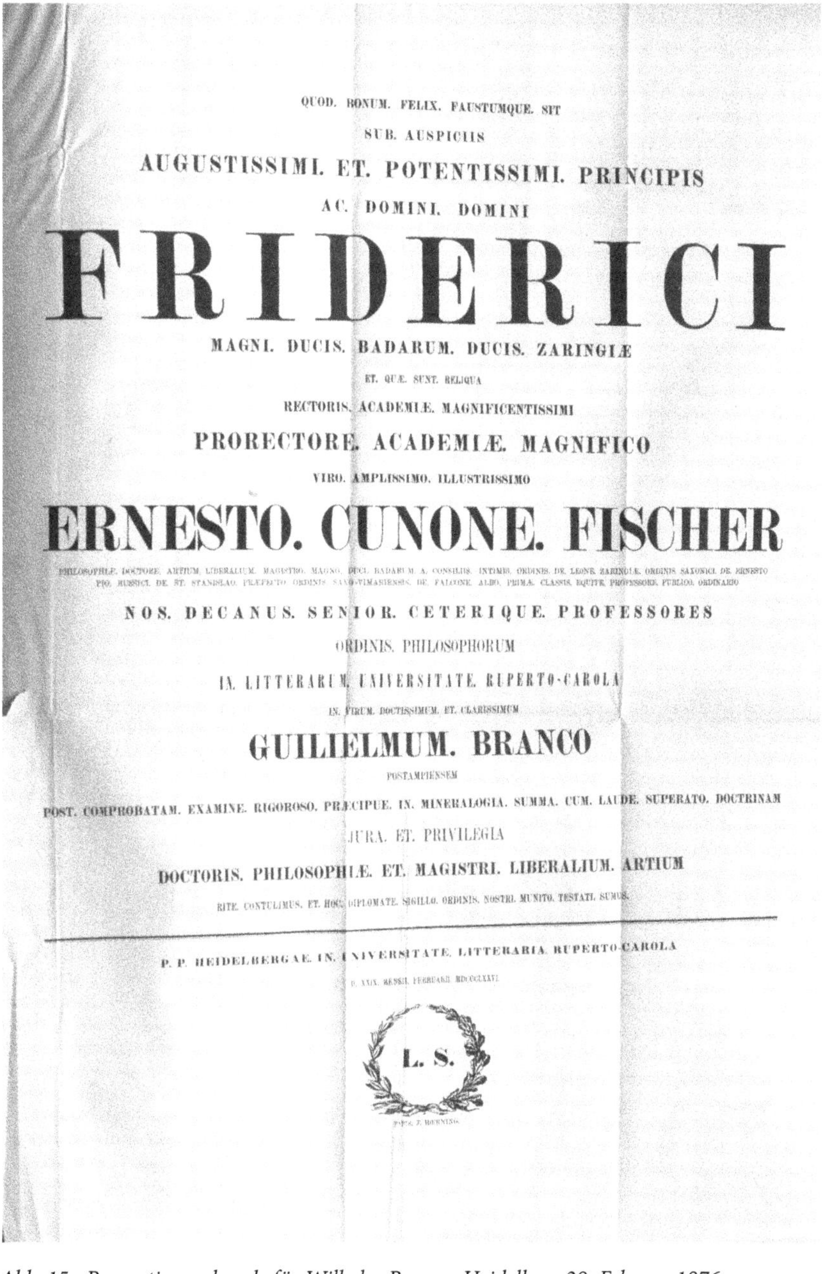

QUOD. BONUM. FELIX. FAUSTUMQUE. SIT
SUB. AUSPICIIS
AUGUSTISSIMI. ET. POTENTISSIMI. PRINCIPIS
AC. DOMINI. DOMINI
FRIDERICI
MAGNI. DUCIS. BADARUM. DUCIS. ZARINGIÆ
ET. QUÆ. SUNT. RELIQUA
RECTORIS. ACADEMIÆ. MAGNIFICENTISSIMI
PRORECTORE. ACADEMIÆ. MAGNIFICO
VIRO. AMPLISSIMO. ILLUSTRISSIMO
ERNESTO. CUNONE. FISCHER
PHILOSOPHIÆ. DOCTORE. ARTIUM. LIBERALIUM. MAGISTRO. MAGNO. DUCI. BADARUM. A. CONSILIIS. INTIMIS. ORDINIS. DE. LEONE. ZARINGIÆ. ORDINIS. SAXONICI. DE. ERNESTO PIO. RUSSICI. DE. ST. STANISLAO. PRÆFECTO. ORDINIS. SAXO-VIMARIENSIS. DE. FALCONE. ALBO. PRIMÆ. CLASSIS. EQUITE. PROFESSORE. PUBLICO. ORDINARIO
NOS. DECANUS. SENIOR. CETERIQUE. PROFESSORES
ORDINIS. PHILOSOPHORUM
IN. LITTERARUM. UNIVERSITATE. RUPERTO-CAROLA
IN. VIRUM. DOCTISSIMUM. ET. CLARISSIMUM
GUILIELMUM. BRANCO
POSTAMPIENSEM
POST. COMPROBATAM. EXAMINE. RIGOROSO. PRÆCIPUE. IN. MINERALOGIA. SUMMA. CUM. LAUDE. SUPERATO. DOCTRINAM
JURA. ET. PRIVILEGIA
DOCTORIS. PHILOSOPHIÆ. ET. MAGISTRI. LIBERALIUM. ARTIUM
RITE. CONTULIMUS. ET. HOC. DIPLOMATE. SIGILLO. ORDINIS. NOSTRI. MUNITO. TESTATI. SUMUS.

P. P. HEIDELBERGAE. IN. UNIVERSITATE. LITTERARIA. RUPERTO-CAROLA
D. XXIX. MENSIS. FEBRUARII. MDCCCLXXVI
L. S.

Abb. 15: Promotionsurkunde für Wilhelm Branco, Heidelberg 29. Februar 1876

Käthe verbringt den Sommer 1876 bei ihren Eltern, die Tochter Edith wird für die nächsten Jahre bei den Verwandten in Dahlem untergebracht.[176]

Im September 1876 ziehen Wilhelm und Käthe Branco tatsächlich in den Süden, nach Rom, und mieten eine Wohnung in der Via Capo le Case, ganz in der Nähe der Spanischen Treppe. Dort ist Käthe die meiste Zeit ans Haus gebunden, von Fieberschüben befallen, versorgt von einer Pflegerin und Marie Reinke-Voss, der altvertrauten Freundin der Familie. Wilhelm findet derweil eine Arbeitsstelle am Physiologischen Institut der Universität. Dort, bei dem aus Mecklenburg stammenden Physiologen Franz Boll (1849–1879), lernt er Anatomie und mikroskopisches Sezieren. Von dem ebenfalls in Rom lehrenden deutschen Mineralogen Johannes Strüver (1842–1915), der systematisch italienische Regionen untersucht, bekommt er den Auftrag, die bisher nur wenig bekannten Vulkane des Hernikerlandes zu erforschen. So geht Branco auf seine erste eigene geologische Expedition.[177]

wird damals mit Aufenthalt in Licht, Luft und Wärme bekämpft, der bakterielle Erreger erst 1882 von Robert Koch (1843–1910) entdeckt.

176 Lebensgang S. 82. Branco spricht hier von einem Aufenthalt bei Helmholtz in Baden-Baden. Der ist bei L. Koenigsberger (Hermann von Helmholtz) und E. v. Siemens-Helmholtz (Anna von Helmholtz) nicht genannt, wohl aber in den Aufzeichnungen von B. Johannes (wie Anm. 188).

177 Lebensgang S. 82–85. Zu den deutschen Professoren in Rom vgl. N. Spano, L'Università di Roma, S. 186, 191, 255. Zu den Korrekturen im Lebensgang vgl. Anm. 194.

10. Die Vulkane des Hernikerlandes

Das Hernikerland, eine Berglandschaft in Mittelitalien in der Region Latium, ist uraltes Siedlungsgebiet der italischen *Herniker.* Wilhelm Branco kennt auch den zeitgenössischen Namen *Ciociaren* (Sandalenträger) für die Bewohner der bitterarmen Gegend, und er bekommt zu spüren, dass er ein noch vor kurzem umstrittenes Grenzland zwischen dem ehemaligen Kirchenstaat und dem früheren Königreich Neapel betritt. Seit einer Revolution im Jahr 1860, der Vertreibung des letzten Herrschers von Neapel und der Vereinigung seines Landes mit dem Königreich Italien, leidet das Hernikerland unter anarchischen Zuständen, die von päpstlichen Truppen nur allmählich befriedet werden. Verbliebene Reste des neapolitanischen Heeres waren zu Räuberbanden verkommen, die jahrelang die einheimischen Bauern und Hirten ausplünderten und mordeten.

Die Absicht des zuständigen römischen Ministeriums, Branco auf seine Exkursion Polizeischutz mitzugeben, wird nicht umgesetzt, was dem Forschungsreisenden allerdings recht ist, weil er meint, allein weniger Aufsehen zu erregen und keine Begehrlichkeiten bei Räubern zu wecken.

Die Anreise von Rom führt zunächst mit der Eisenbahn nach Frosinone. Branco schlägt dann einen Halbkreis südlich um die Hauptstadt der Region und nimmt Quartier in den kleinen Orten Pofi, Giuliano, Ceccano und Patrica. Insgesamt vier Wochen, unterbrochen nur von einer Heimreise nach Rom, wandert er über die unwirtlichen Berge, begleitet meist von einem Träger, schlägt Steinproben und sammelt Beobachtungen. In seinen autobiografischen Aufzeichnungen berichtet er fast nur über das Leben dort und die überwiegend erfreulichen Begegnungen mit der Bevölkerung; besonders beeindruckt ist er von Männern mit langen Haaren über abgeschnittenen Ohren – Entführungsopfern von Banditen – und Berichten über von „Soldaten" ermordete Väter. Nach überstandener Reise zieht er eine zwiespältige persönliche Bilanz: „Strapazen, Schmutz, sehr mangelhafte Quartiere, Unsicherheit; auf der anderen Seite der hohe Reiz, den das Arbeiten im vulkanischen Gebiete, zumal in so unbekannten, ausübte."[178]

178 Lebensgang S. 84–89, Zitat S. 84.

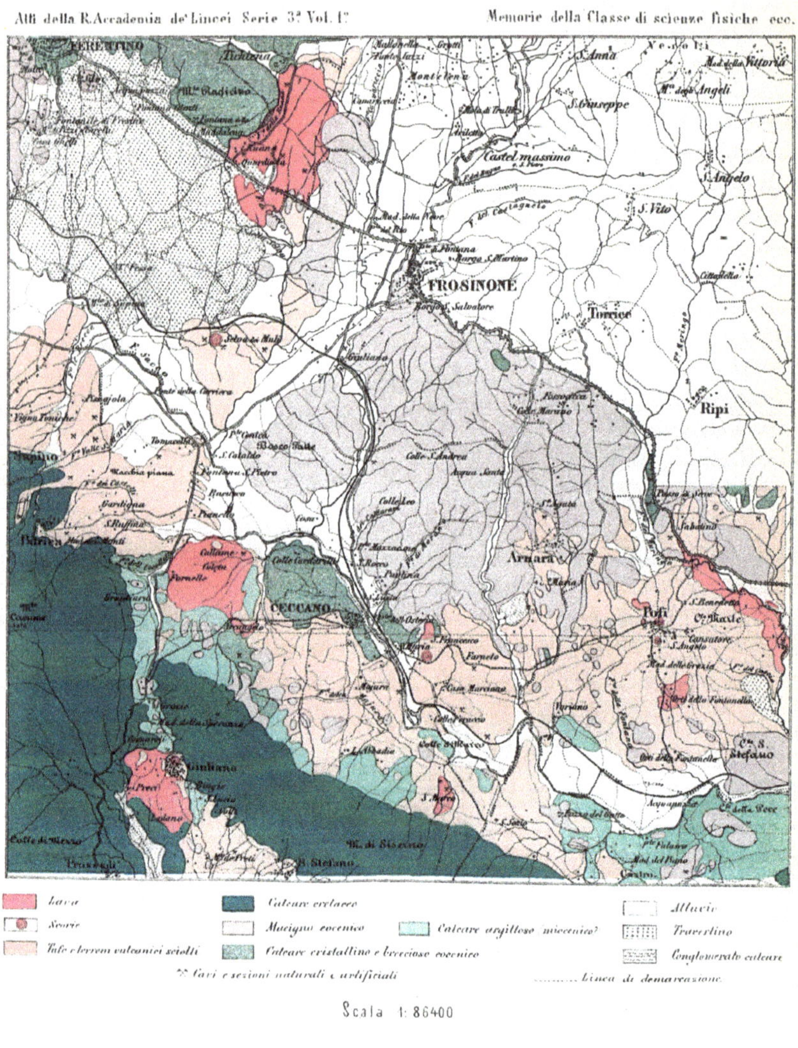

Abb. 16: Kartierung der Gesteinsarten im Vulkangebiet um Frosinone. Aus: Wilhelm Branco, I Vulcani degli Ernici nella Valle del Sacco (1877)

Die Entdeckung erloschener Vulkane

Den wissenschaftlichen Ertrag der Forschungsfahrt veröffentlicht Branco im folgenden Jahr in einer italienischen und einer deutschen Version: „I Vulcani degli Ernici nella Valle del Sacco" und „Die Vulkane des Hernikerlandes bei Frosinone in Mittelitalien" (1877).[179] Die Arbeit wird am 6. Mai 1877 in Rom bei der monatlichen Sitzung der *Accademia dei Lincei* präsentiert[180]; der Autor befindet sich zu diesem Zeitpunkt aus traurigem Anlass bereits in Berlin.

Dass es in diesem weiten, stark hügeligen, vom Sacco durchflossenen Tal am Rande des Volskergebirges kleine erloschene Vulkane gibt, weiß man schon lange vorher. Die Römer haben hier Straßen aus Lavasteinen gebaut, italienische Autoren insgesamt sechs ehemalige Vulkane beschrieben und benannt. Wilhelm Branco erweitert ihre Zahl um zwei gesicherte und ein fragliches Vorkommen.[181] Dazu bestimmt und kartiert er die anstehenden Sedimentgesteine und ihre Aufbrüche im Untersuchungsgebiet, dem Boden einer ehemaligen tertiären Meeresenge zwischen den Inseln mächtiger Gebirge, und beschreibt die vulkanischen Berge, von denen er sechs Exemplare aus Lava und Tuffen aufgebaut findet. Eine petrografische und mineralogische Analyse der gesammelten Steinproben ergibt, dass dieses Gebiet „gegen Ende der diluvialen Epoche" – im neueren Sprachgebrauch der Geologen: im Quartär, dem jüngsten Abschnitt der Erdneuzeit – vulkanisch aktiv war.[182] – Die Erstlingsarbeit Brancos ist eine rein beschreibende und morphologische Untersuchung; die später bevorzugte Frage nach der Entstehung des Vulkanismus stellt sich der Autor noch nicht.

179 Die genauen Angaben zu den im Folgenden zitierten Arbeiten von W. Branco finden sich im Anhang in der Bibliografie.

180 Atti della R. Accademia dei Lincei 1876–77, Serie 3, Transunti Vol. I, S. 267 und 801. Präsentator ist der Akademie-Präsident Quintino Sella (1827–1884).

181 Zur „Gruppe des Hernikerlandes" zählt Branco die Berge: Giuliano, Patrica, Selva dei Muli, Tichiena, Callame, S. Francesco, S. Marco, Pofi und („fraglich") Arnara. Zu den beiden Veröffentlichungen gehören Zeichnungen im Text und eine mehrfarbige Faltkarte.

182 W. Branco, Vulkane des Hernikerlandes, S. 562, 588 f.

11. Käthe Brancos Tod

Im März 1877 glaubt Käthe Branco nicht mehr an Heilung ihrer Krankheit; zum Sterben möchte sie nach Hause zurückkehren, und zwar nach Dahlem. Die Bahnfahrt von Rom nach Berlin mit Zwischenstationen in Bozen und München erträgt sie noch gut. In Berlin kommt es zu einer peinlichen Konkurrenz zwischen den Familien Helmholtz und Johannes: Beide sind mit ihren Wagen am Bahnhof, um die Kranke abzuholen; Käthe setzt sich durch mit ihrem Wunsch, zu den Verwandten nach Dahlem zu gehen. Wilhelm kommentiert den Vorgang später mit dem kryptischen Satz: „Für die Stiefmutter war es ja, vor der Welt, bitter, daß die Tochter nicht einmal bei ihr sterben wollte; aber ich konnte es Käthe nicht verdenken."[183] Einen Grund für das offensichtliche Zerwürfnis zwischen der dominanten Anna Helmholtz und der zerbrechlichen Stieftochter nennt er nicht. Auch in den geschönten Aufzeichnungen von Betty Johannes und Anna Helmholtz wird dieser familiäre Konflikt nie direkt angesprochen; die Stiefmutter deutet einmal nur gegenseitige Verständnisprobleme in Käthes Jugendzeit und unterschiedliche Vorstellungen von der Rolle als Frau an.[184]

Am 25. April 1877 stirbt Käthe Branco. Die Familie ist bei ihr. Über die Trauerfeier in der alten Dahlemer Dorfkirche St. Annen und die Beisetzung der sterblichen Überreste auf dem kleinen Friedhof daneben berichtet Wilhelm Branco nicht.[185] Andere Berichte ließen sich nicht finden.

Der Witwer ist tief erschüttert und zugleich erleichtert, dass das jahrelange Leiden seiner Frau und damit seine eigene Bindung an ein „Krankenhaus" ein Ende hat. Seine ein Vierteljahrhundert später niedergeschriebenen Sätze, die wie ein Nachruf klingen, sind von solcher Intensität, dass sie wörtlich zitiert werden sollen:

> „Ihr trauriges Geschick war erfüllt, ich stand allein. Sie hätte ein besseres Geschick verdient gehabt. Voll von künstlerischem Empfinden und auch von hohem künstlerischen Können, durchdrungen von dem Streben, zu lernen, ihren Geist zu bilden, paßte sie nicht zur Frau eines Landwirthes, zum Leben auf dem Lande. [...] Als sie nun aber ganz vom Landleben aufathmen konnte, da warf Krankheit sie nieder und versagte ihr all und jede Lebensfreude. Ich habe nie einen Menschen gesehen, der so wie Käthe, sich über anderer Menschen Glück und Behagen freuen konnte, ohne an das eigene zu denken. Stets war sie ruhig, sie konnte wohl kaum heftig werden; stets objektiv überlegend, so daß sie

183 Lebensgang S. 90.
184 Vgl. Anm. 187.
185 Lebensgang S. 91.

völlig temperamentlos erschien und wohl auch war. Ein edles Geschöpf, das glücklicher gewesen wäre, wenn sie hätte unverheirathet bleiben können.“[186]

Ähnlich bewundernd klingen die Aussagen der Angehörigen. Anna Helmholtz schreibt in einem Brief an Freunde:

„Es ist trübe und öde bei uns geworden; wenn auch Kaethe seit ihrer Heirath äußerlich nicht mehr viel mit uns gelebt hat, so hatte sie sich innerlich eigentlich mehr angeschlossen als früherhin, wo sie in ihrem Suchen und Streben, Nichtfinden und Wiedersuchen nach verwirklichten Idealen, niemals zu einer ruhigen Stimmung innerhalb des Vorhandenen gelangen konnte. Ich mache mir den Vorwurf, nicht die nöthige Sympathie für jene Phase ihrer Entwicklung gehabt zu haben, die ja mancher Natur die ganze Jugend trübt. Ich hätte alles darum gegeben, eine harmlose einfache Stunde bei ihr zu finden. Wunderbarerweise hat ihre Ehe den befreienden Einfluß auf sie gehabt. Brancas gerade Natur und seine große Liebe und Aufopferung waren ihr eine heilsame Ergänzung. Schon das Gefühl, auf einem Boden mit der übrigen Menschheit zu stehen, Leiden und Freuden zu theilen, welche die Natur dem Frauenloose beschieden, die Nothwendigkeit, nicht nur zu sein, sondern auch etwas zu thun, machte sie mir unendlich viel lieber. Ich bin glücklich, wenigstens noch den vorigen Sommer mit ihr verbracht zu haben. Ich trauere nicht um ihr Leben – so krank, wie es geworden, war ihr das Ende zu wünschen – sondern um die reiche schöne Natur, um das edle ideale Streben in ihr, um die vielen Gaben, welche die Krankheit in der Blüthe erstickte. Ein langes Leben habe ich mir für sie nie denken können; sie war Eine von Denen, die frühe fortgehen. Sie hatte die Empfindung des Krankseins zuletzt verloren, fühlte sich frei und leicht – löschte sanft und friedlich aus.“[187]

Und mit der ihr eigenen Überschwänglichkeit beschreibt Betty Johannes, die schon aus Kinder- und Jugendjahren vertraute und geliebte Tante, die junge Frau:

„Käthe entwickelte sich in wunderbarer Weise – und ist doch fast spurlos vorübergegangen, obgleich sie verdiente unter die reinsten und edelsten Frauengestalten gezählt zu werden. Sie war eine tiefernste Natur, fast krankhaft in ihrem Streben nach denhöchsten Zielen, sich nie genug thuend, nie im Stande die Welt und ihre Erscheinungen in vollkommenen Einklang mit ihren Vorstellungen zu bringen. Sie suchte in den Ordnungen des Daseins das Spiegelbild ihres eigenen idealen Seins und blieb einsam. Aber sie blieb auch unermüdlich suchend, sie sah das Schöne im [in] Menschen und Dingen, sie sah es mit dem Auge der Künstlerin, in dem Menschen wie in der Natur den malerischen Punkt findend, wo das Zufällige nicht stört und Licht und Schatten nach den Gesetzen der Schönheit zur Harmonie zusammenwirken. Sie ist sehr geliebt und sehr bewundert worden und hat viel Widerspruch erfahren. Als der Tod sie abrief, war sie noch durchaus

186 Lebensgang S. 91 f. Vgl. dazu die Aussagen über Käthe Brancos Wesen und ihre Ehe, dgl. S. 48 f, 70 f, 92 f.

187 E. v. Siemens-Helmholtz (Hg.), Anna von Helmholtz, Bd. I S. 213 f (Brief an Heidelberger Freunde, 23.5.1877).

nicht fertig mit ihrem Material an intellektuellen und seelischen Kräften, und dass sie das aufs Lebhafteste fühlte, war die Tragik ihres Schicksals, mehr als der Tod selbst."[188]

Viele Worte – und nur wenige konkrete Informationen. Das Vokabular vom Guten, Wahren und Schönen wird bemüht, um diese zweifellos außergewöhnliche junge Frau zu idealisieren. Es gibt seltsamerweise keine Aussagen und keine Hinweise zu ihrer äußeren Erscheinung. Ein Porträt oder eine Fotografie ist bisher auch nicht aufgetaucht. Vielleicht hat Käthe Branco sich ja in ihren Lieblingsbildern gespiegelt, den Porträts mädchenhaft lieblicher, unbekannter Frauen: Tizians „La Bella" und Raffaels „La Velata".[189]

Legenden um ein Grab

Um das Todesdatum gab und gibt es seltsame Verwirrungen. *25. April 1877* steht auf dem Grabstein in Dahlem, und diese Angabe wird hundertfach in der Literatur übernommen.[190] *24. April 1878* schreibt Gerhard Branco in seinen „Ahnentafeln"[191], und von ihm stammt wohl auch die Veröffentlichung im „Genealogischen Handbuch Bürgerlicher Familien"[192]. Der *21. April 1878* ist in den Aufzeichnungen des Ehemannes Wilhelm Branco mit so detaillierten Angaben und in einem so dichten Zahlengeflecht für die umliegenden Jahre überliefert, dass es verführerisch war, dieses Datum als wahrscheinlich anzunehmen.[193] Dabei bliebe freilich das Rätsel der ganz anderen Zahl auf dem original erhaltenen Grabstein offen. Tatsächlich hat Branco sich bei der Niederschrift ein Vierteljahrhundert später um ein Jahr geirrt.[194] Die Suche nach amtlichen Bestätigungen des Todesjahres blieb zwar ergebnislos.[195] Doch die eindeutigen Daten und

188 Abschnitt aus einem Text über Olga und Hermann Helmholtz, verfasst 1902 für den Biografen L. Koenigsberger. Verkürzter Auszug (ohne Nachweis der Auslassungen) bei L. Koenigsberger, Hermann von Helmholtz, Bd. 2 S. 190 f; vollständig bei R. L. Kremer, Letters of Hermann von Helmholtz, S. 193–201, Zitat S. 199.

189 Vgl. oben S. 74 f, unten S. 422.

190 Beginnend mit der Helmholtz-Biografie von L. Koenigsberger (wie Anm. 123, 138).

191 Wie Anm. 39, 44.

192 Wie Anm. 43, S. 20.

193 Vgl. W. Mogge, „Ihr Wandervögel in der Luft …", S. 31.

194 Für die Jahre 1876/77 bis 1880/81 hat Branco einige Daten in seinen autobiografischen Aufzeichnungen um ein Jahr verschoben. Die zutreffenden Daten lassen sich mit anderen Dokumenten belegen. Die nötigen Korrekturen werden im folgenden Text stillschweigend ausgeführt, in der Wiedergabe des „Lebensganges" in den Anmerkungen begründet.

195 Im Dahlemer Kirchenbuch von 1855 bis 1909 ist kein Eintrag über die Beerdigung zu finden (freundliche Mitteilungen von Hartmut Sander, Archiv der Kirchengemeinde

Abb. 17: Berlin-Dahlem, Kirchhof St. Annen: Grabmal für Käthe Branco (1877)

Zusammenhänge in den Biografien von Anna und Hermann Helmholtz lassen das Jahr 1877 zur Gewissheit werden.[196]

Das (seit langem aufgegebene) Grab befand sich ursprünglich nahe der Südpforte der Kirche. Der Stein wurde zwischenzeitlich zur Familiengruft Helmholtz auf dem Friedhof Wannsee II versetzt und 1955 nach Dahlem zurückgebracht.[197] Seitdem steht er über einer leeren Grabstelle an der Friedhofsmauer gleich neben dem Eingang – und ist eines der bekanntesten Denkmäler von Berlin.

Das ist einem Gedicht zu verdanken, um das sich eine gleich mehrfache Legendenbildung rankt. Generationen von Autorinnen und Autoren schreiben hier voneinander ab und schaffen eine scheinbar gesicherte Tradition. Auf dem

Dahlem, und Bert Buchholz, Evangelisches Landeskirchliches Archiv Berlin). Die Personenstandsurkunden (Sterberegister) sind für die Zeit unvollständig (freundliche Mitteilung von Marion Berg, Landesarchiv Berlin).

196 Vgl. Anm. 123, 132, 138. – C.-Ph. Melms (Chronik von Dahlem, S. 12, 24 f, 103) nennt Sterbedatum (25.4.1877) und Beisetzung (28.4.1877) ohne Quellenangaben.

197 Stadtbibliothek Steglitz-Zehlendorf, Wandervogel-Archiv M 96 (Korrespondenz und Berichte um die Verlegung des Branco-Steins). Vgl. C.-Ph. Melms, Chronik von Dahlem, S. 24 f, 103.

schlichten Grabstein aus geschliffenem schwarzen Granit ist unter den Daten in weiß ausgelegter Schrift eingehauen:

„Wer hat euch Wandervögeln
Die Wissenschaft geschenkt,
Dass ihr auf Land und Meeren
Nie falsch den Flügel lenkt?
Dass ihr die alte Palme
Im Süden wieder wählt,
Dass ihr die alten Linden
im Norden nicht verfehlt!"

Ein Wort aus diesem Text verführte zu fantasiereichen Folgerungen. Zunächst hat die bürgerliche Jugendbewegung den Ort und das Gedicht für sich sozusagen adoptiert. Seinen Gründungsmythen zufolge hat der 1901 in Steglitz organisierte *Ausschuß für Schülerfahrten* den Dahlemer Friedhof als Treffpunkt gekannt und die Grabinschrift entdeckt und so den poetischen Namen *Wandervogel* angenommen. Diese von dem Schriftsteller Hans Blüher (1888–1955) ein Jahrzehnt später aufgebrachte Legende pflanzt sich bis heute fort und treibt seltsame Blüten.[198] So wird in der Literatur über Berliner Friedhöfe und Grabmäler Käthe Branco zur „Wegbereiterin", gar zur „Mitgründerin der Wandervogel-Bewegung" ernannt.[199] Und Berliner Lokalhistoriker erfanden einen „alten Wallfahrtsort" Dahlem und ein „Wallfahrtslied" als Vorlage für das Gedicht. Ihren vermeintlichen Nachweis, ein auf alte Kirchenbänke in St. Annen aufgemaltes „Pilgerlied", reimte tatsächlich der Superintendent Wilhelm Faber (1845–1916) erst 1906 für seine Festansprache zur Wiedereinweihung der Dorfkirche, und dabei ließ er sich von dem bekannten Grabspruch inspirieren.[200]

Den geheimnisvollen Achtzeiler für Käthe Branco verfasste wahrscheinlich der Berliner Militärhistoriker und Dichter Max Jähns (1837–1900), ein Mann aus den geselligen Kreisen und Salongästen der Familie Helmholtz. Die Metapher *Wandervogel* oder *Zugvogel* war ihm und den literarisch und musikalisch gebildeten Zeitgenossen vertraut und altbekannt; sie begegnet in der Lyrik und Prosa und in den Liedern vor allem der deutschen Romantik immer dann, wenn

198 Ausführlich dazu: W. Mogge, „Ihr Wandervögel in der Luft ...", S. 11–13, 27–30, 40–53.

199 Ch. Simon, Wo sie ruhen, S. 311; H.-J. Mende, Lexikon Berliner Grabstätten, S. 240.

200 Archiv der Evangelischen Kirchengemeinde Berlin-Dahlem, Akte 1102[3]; vgl. G. Herz, Die St.-Annen-Kirche in Berlin Dahlem, S. 29; ders., Der Wandervogel-Vers auf dem Grabstein für Kaethe Branco, in: Evangelische Kirchengemeinde Berlin-Dahlem und Domäne Dahlem (Hg.), Dahlem-St. Annen, S. 116 ff, 129.

es um die Darstellung von Sehnsucht geht – das Streben in die Ferne oder von dort zurück in die Heimat. Schreibende Frauen nutzen die Vogelmetaphorik gern zur Charakteristik ihres nach Befreiung aus engem Käfig drängenden Lebens.[201] Auch die Begriffspaare *Süd* und *Nord*, *Palme* und *Linde* sind bereits geläufig. Sie finden sich zum Beispiel bei Otto Roquette (1824–1896) und Heinrich Heine (1797–1856) als Inbegriff von Ferne und Heimat, als Bild des Weges und der Wanderung. Der populäre Roquette veröffentlicht 1859 einen „Gesang der Wandervögel", darin die Zeilen:

„Willkommen! Leb' wohl! Sei gegrüßt, und ade!
So geht's durch die Länder und über die See
Mit immer beweglichem Flügel.
Wir sind unter Palmen und Linden zu Gast,
Doch schenkt kein Süden uns ewige Rast,
Kein Norden knüpfet uns Zügel."[202]

Aus Heines Nachlass kommt 1869 ein Gedicht zutage, das später auf die Marmorverkleidung seines Grabes auf dem Friedhof von Montmartre gemeißelt wird:

„Wo wird einst des Wandermüden
Letzte Ruhestätte seyn?
Unter Palmen in dem Süden?
Unter Linden an dem Rhein?"[203]

Auch Max Jähns kennt und verwendet ähnliche Bilder in seinen Jugendgedichten. In der Grabschrift für Käthe Branco trifft er damit das unerfüllte Leben dieser jungen Frau.[204]

Den Dahlemer Grabstein schmückt übrigens kein christliches Symbol, kein Kreuz oder Palmzweig oder Engel, sondern das antike *Uroboros*-Zeichen, eigentlich eine Schlange, die sich in den Schwanz beißt und sich selbst tötet und erzeugt: ein Symbol der Ewigkeit, hier abstrahiert zur *Lemniskate*, einer liegenden Acht – Zeichen der Unendlichkeit.[205]

201 Vgl. H. Kletke (Hg.), Deutschlands Dichterinnen, S. 247 ff (Caroline v. Danckelman), 285 f (Auguste Kurs), 311 (Dilia Helena), 331 ff (Jeanne Marie v. Gayette). Bei Ida v. Düringsfeld gibt es bereits vor 1851 auch das Süd-Nord-Bild: „Die Nordbraut im Süden" (a. a. O. S. 281 f).

202 O. Roquette, Gedichte, 2. Aufl., S. 98 f.

203 H. Heine, Neue Gedichte, in: H. Heine, Historisch-kritische Gesamtausgabe, Bd. 2 S. 197.

204 Ausführlich dazu: W. Mogge, „Ihr Wandervögel in der Luft …", S. 30–39, 54–76.

205 Vgl. H. Cancik / H. Schneider (Hg.), Der Neue Pauly, Altertum Bd. 12/1 Sp. 1053; J. C. Cooper, Illustriertes Lexikon der traditionellen Symbole, S. 202 f.

12. München: Kunst und Wissenschaft

Die folgenden drei Jahre sehen in der Rückschau aus, als habe Wilhelm Branco systematisch seine wissenschaftliche Laufbahn vorbereitet. Tatsächlich leidet er, wie er seinem Straßburger Lehrer Harry Rosenbusch (1836–1914) anvertraut, unter dem Scheitern bisheriger Lebenspläne, aktuell der Unentschlossenheit zwischen den geologischen Fachgebieten; er sieht sich als Außenseiter und Spätentwickler in der Welt der Hochschule, „wegen anormaler Bedingungen gewissermaßen ein Ausgestoßener aus dieser Laufbahn".[206]

Dennoch erarbeitet sich Branco mit ineinander passenden Studien und eigenen Forschungen die Kompetenz als Geologe und Paläontologe. Im Sommer 1877 bleibt er in Berlin, hört bei den Kapazitäten Heinrich Ernst Beyrich (1815–1896) und Wilhelm Barnim Dames (1843–1898) Paläontologie. Von dem in Straßburg lehrenden Ernst Wilhelm Benecke (1838–1917) bekommt er ein Thema für eine Feldforschung. Beneckes Spezialgebiete sind die Erdzeitalter Trias und Jura, und er schreibt gerade an seinem Standardwerk „Abriß der Geologie von Elsaß-Lothringen".[207] Seinen neuen Schüler schickt er nach Deutsch-Lothringen zur Untersuchung des dortigen Braunen Jura, damals auch Mittlerer Jura oder Dogger genannt, eine mächtige Gesteinsformation, die im zentraleuropäischen Gebirgssystem zutage tritt und besonders viele tierische Fossilien enthält. Auf seiner Forschungsreise bewegt sich Branco also in einem ehemaligen ausgedehnten Meer und dessen Ablagerungen.

Zwei Monate lang lebt er in Metz, fährt täglich hinaus und wandert übers Land. „Es war eine herrliche, poesievolle Zeit: Die schöne Gegend, die glühende Sonne, die starke Bewegung, die Freude an der interessanten, die Phantasie anregenden Arbeit, in welcher die dortigen Schichten und ihre Fauna mit denen Schwabens verglichen wurden."[208] Anschließend geht er nach Straßburg, um das gesammelte Material zu ordnen und auszuwerten. Im Frühjahr 1878 zieht Branco auf Geheiß seines Lehrers weiter nach München, um die staatliche bayerische Fossiliensammlung mit seinen lothringischen Funden zu vergleichen.[209] Dort findet er beruflichen und familiären Anschluss an Karl Alfred Zittel (1839–1904),

206 UB Heidelberg, Historische Sammlungen, Heid. Hs. 3400,17 (Branco an Rosenbusch, 1878–1881, Zitat aus einem Brief vom 12.1.1881).

207 Vgl. E. Krenkel, Benecke, in: Neue Deutsche Biographie, Bd. 2 S. 41 f.

208 Lebensgang S. 93 f.

209 Lebensgang S. 94 f; vgl. W. Branco, Der untere Dogger Deutsch-Lothringens, S. 5 f.

den damals weltweit führenden Kopf der Paläontologie und Inhaber des ersten Lehrstuhls für dieses Fach an einer deutschen Universität.[210]

Im Sommer des folgenden Jahres begleitet Wilhelm Branco Zittel auf einer mehrwöchigen Exkursion durch Südfrankreich und lernt so Lyon, St. Étienne, St. Gérand le Puy, Avignon, Marseille, Agde, Carcassonne, Toulouse und andere Städte kennen. Wie immer in seinen autobiografischen Aufzeichnungen, erzählt er gern und viel über die Begegnungen mit Land und Leuten. Trotz aller alltäglichen kleinen Abenteuer und amüsiert erinnerten Trinkgelage ist dies keine Vergnügungsreise, sondern man sucht systematisch die örtlichen Fossiliensammlungen und Fachkollegen auf.[211] – Ein Vierteljahrhundert später wird Branco dem „Herrn der Paläontologie" und „Lehrer Aller" einen langen, liebevollen Nachruf widmen.[212]

Künstlerleben in München

„Die Münchener Jahre waren herrlich." So schwärmt Branco fünfundzwanzig Jahre später von seiner zweiten Zeit in der bayerischen Hauptstadt. „Interessante Arbeiten; angenehmer Familienverkehr; nette Kollegen im Institute; dazu das freie, schöne Münchener Leben ohne die norddeutsche Steifheit; vor allem der Verkehr mit der Kunst und den Künstlern […]."[213] Der Wahl-Münchener hat eine Wohnung in der Maxvorstadt, erst in der Türkenstraße, dann in der Arcisstraße, und stattet sie wie ein Atelier mit Kopien berühmter Bilder aus. Von dort ist es nicht weit zu Spaziergängen mit Freunden in die Natur. Auch die eigene Neigung zum Zeichnen und Malen lebt wieder auf, wenngleich ohne weiterführenden Ehrgeiz.

Oft sieht man Wilhelm Branco im Kunstverein und in der Schackschen Galerie. Sein Jugendfreund Eugen Horstig (1843–1901), der als wenig erfolgreicher Genre- und Landschaftsmaler inmitten der Münchener Boheme lebt, führt ihn in die Künstlerkreise und ihre Veranstaltungen ein. Branco besucht mit Begeisterung Ateliers und Ausstellungen, Kostümfeste und die *Künstlergesellschaft Allotria*. Er zählt ein gutes Dutzend Maler und Bildhauer auf, mit denen er verkehrt, darunter einige künftige Gründungsmitglieder der *Münchener Secession*. Als lebenslangen Freund gewinnt er den Genremaler Hermann August Philips (1844–1927). Den meisten Kontakt hat er mit dem Historienmaler Bruno Piglhein (1848–1894),

210 Lebensgang S. 95–98, 101, 105, 108 f, 115.

211 Lebensgang S. 97–101.

212 W. Branco, Karl Alfred von Zittel †, in: ZDGG, Bd. 56/1904, Nachrufe S. 1–7.

213 Lebensgang S. 95.

bei dem er die Entstehung eines aufsehenerregenden überdimensionalen Christusbildes „Moritur in Deo“ miterlebt, und mit dem Naturalisten Paul Höcker (1854–1910), in dessen Atelier die Freunde abends oft essen und trinken. Der Malerin Aline von Kapff (1842–1936) und ihren Freundinnen sitzt er kostümiert als „Schwäbischer Bauer“ Modell. Oft ist er bei Max Liebermann (1847–1935), bevor der als begehrter Porträtist nach Berlin geht; auch den Münchener Malerfürsten Franz von Lenbach (1863–1904) sieht er.[214] Der vielfach ausgezeichnete Maler und spätere Kunstakademiedirektor Carl von Marr (1858–1936) bekennt, „in jungen und jüngsten Jahren“ mit Branco bekannt und von ihm gefördert worden zu sein.[215] Kurzum: Wilhelm Branco lebt mit vollen Zügen in der Kunstmetropole München auf.

Auch zu anderen bürgerlichen Kreisen findet er hier Zugang. Als „verehrte Freundin“ bezeichnet Branco die Schriftstellerin und Frauenrechtlerin Rosalie Braun-Artaria (1840–1918), in deren Salon sich allwöchentlich junge Leute zu „einfachem Abendbrodt“ und Gespräch versammeln. Familiären Anschluss hat er außer bei seinem Lehrer Zittel auch bei dem Musiker und Komponisten Robert von Hornstein (1833–1890), dessen ältester Tochter er vergebens den Hof macht, und bei dem Chemiker Adolf von Baeyer (1835–1917), in dessen Haus getanzt und Theater gespielt wird. „[…] kurz: es war sehr angenehm in München zu leben.“[216]

Erste wissenschaftliche Erfolge

Das Leben in der Münchener Künstlerszene ist nur *ein* Aspekt – und, wie Wilhelm Branco betont, nur die Nebensache dieser Zeit. In einer bemerkenswerten Serie von Veröffentlichungen legt er nun die Erträge eigener Forschungen vor.[217] Dabei springt er zwischen den Fachgebieten der Geologie und Paläontologie, eine Unentschiedenheit oder Vielseitigkeit, die seine gesamte weitere Arbeit bestimmen wird.

Als erste Arbeit nach den „Vulkanen des Hernikerlandes“ veröffentlicht er das Ergebnis der Monate in Metz und Straßburg: „Der untere Dogger Deutsch-Lothringens“ (1879).[218] Die stark eisenhaltigen Sedimente im „Unteren Dogger“

214 Lebensgang S. 95 f, 103–107.

215 FAvB, Nachlass Branco, Briefe (Carl v. Marr an Paula Branca, o. D. [März 1928]).

216 Lebensgang S. 96 f, 101–103, Zitat S. 103.

217 Lebensgang S. 108 f.

218 Die genauen Angaben zu den im Folgenden zitierten Arbeiten von W. Branco finden sich im Anhang in der Bibliografie. Das Auffinden der Titel wird durch die Auflistung nach Erscheinungsjahren erleichtert.

oder „Mittleren Jura" des Untersuchungsgebietes in Elsaß-Lothringen sind seinerzeit nicht nur wissenschaftlich, sondern auch wirtschaftlich höchst interessant. Branco liefert eine geognostische Arbeit ab, in der er die Ablagerungen von Gesteinen beobachtet und kartiert, mit dem Ziel, die Schichten zeitlich zu ordnen und in eine Rekonstruktion der Erdgeschichte einzufügen. Dabei nutzt er auch Vorarbeiten und Auskünfte örtlicher Forscher und Bergämter und scheut sich nicht, die bisherigen Erkenntnisse berühmter Gelehrter wie Friedrich August Quenstedt (1809–1889) und Albert Oppel (1831–1865) kritisch zu prüfen. Außerdem gilt es, die lothringischen Formationen mit den deutschen Jurabildungen speziell in Schwaben zu vergleichen.

In einem zweiten, paläontologischen Teil sammelt Branco tierische Fossilien, beschreibt und sortiert 145 Arten in zehn Klassen. Dabei ist er sich der Pionierleistung derartiger Untersuchungen bewusst. „Die Zahl der Geologen, die sich der Mühe unterzogen haben, scharf stratigraphisch zu gliedern und die einzelnen Abschnitte paläontologisch zu charakterisiren, ist [...] noch eine kleine", stellt er fest.

> „Häufig genug werden ja auch Zweifel erhoben, ob auf einem solchen Wege überhaupt Resultate zu erzielen seien. Gewiss, wenn wir uns damit begnügen wollen, anzunehmen, dass die Formen der Thiere sich auseinander entwickelt haben und durch eine fortlaufende Reihe von Gliedern miteinander verbunden sind, dass aber der Erhaltungszustand oder die Art der Ablagerungen uns nicht gestatten werden, jemals die fortlaufende Reihe aus den Fossilien-Resten vollständig reconstruiren zu können, dann ist die Arbeit der Paläontologen überhaupt schon gethan. Sieht man es aber als die zu lösende Aufgabe an, durch Sammeln von Thatsachen das Beweismaterial möglichst zu häufen, so stehen wir erst am Anfang. Niemand wird nun läugnen wollen, dass ein Zusammenhang wenigstens der grossen Mehrzahl der Formen bestehe, die wir jetzt als Arten bezeichnen und dass dieser Zusammenhang durch jede neue Entdeckung evidenter wird."[219]

In solchen Sätzen ist Brancos Lehrer Zittel zu hören, der sich schon lange nicht mehr damit begnügt, paläontologische Hilfsdienste für die Geologie zu leisten, das heißt die „Leitfossilien" als Quellenmaterial für die Erdgeschichtsschreibung zu identifizieren. Mit einem neu definierten Fossilbegriff geht es vielmehr darum, „sich mit ikonographischen, akkuraten und präzisen morphologischen Repräsentationen der ausgestorbenen und fossilisierten Tiere zu beschäftigen und damit wertvolle Daten für Darwins Abstammungslehre zu liefern".[220] Oder, mit einer zeitgenössischen Formulierung:

219 W. Branco, Der untere Dogger Deutsch-Lothringens, S. 144.
220 M. Tamborini, Die Wurzeln der Idiographischen Paläontologie, S. 118.

„[...] mit der Descendenzlehre hat die Paläontologie eine völlige Umgestaltung erfahren. Die Versteinerungen sind heute nicht mehr lediglich chronologische Urkunden zur Altersbestimmung der Schichten, sondern Glieder einer einheitlichen organischen Schöpfung. Sie sind die Vorläufer unserer jetzt existierenden Pflanzen- und Tierwelt, und immer deutlicher zeigt uns die phylogenetische Forschung die in der Erdkruste begrabenen Stämme und Wurzeln unserer heutigen Pflanzen- und Tierwelt."[221]

Die fossilen Cephalopoden

Nach intensiver Vorarbeit in München erscheinen Brancos „Beiträge zur Entwickelungsgeschichte der fossilen Cephalopoden" (1879/80 und 1880/81). Die zoologische Klasse der Kopffüßer, die ausschließlich im Wasser lebten (und leben), hat mit ihren Gehäusen aus Kalk in den vorzeitlichen Meeren zahllose Überreste aus dem Erdaltertum und Erdmittelalter hinterlassen. Mehrere Generationen von Geologen und Paläontologen hatten schon versucht, eine Ordnung in das Chaos der verschiedenen Formen zu bringen, also eine generische Systematik aufzustellen, und sich dabei meist an den äußeren morphologischen Merkmalen der aus mehreren Kammern aufgebauten Schalen und ihrer Scheidewände orientiert. Branco dringt buchstäblich weiter vor und untersucht jeweils die ältesten Schichten der Gehäuse, die er das jugendliche Stadium nennt, und schließlich den Nucleus, die innerste Kammer, die er als das embryonale Stadium der Tiere bezeichnet, und dabei entdeckt er einerseits Übereinstimmungen, andererseits wesentliche Unterschiede der Gestalten und Schritte ihrer Entwicklung. Seine Ausgangsthese:

„Es werden daher derartige Unterschiede auf die verwandtschaftlichen Verhältnisse ein um so helleres Licht werfen, als wir nach Analogie mit der Entwickelungsgeschichte lebender Thiere schliessen dürfen, dass auch bei den fossilen Cephalopoden die ersten Jugendstadien *näher* verwandter Genera oder Gruppen einander gleich, *ferner* verwandter dagegen ungleich sein werden."[222]

Um an sein Vergleichsmaterial zu kommen, macht er „ungemein mühselige Präparationen und mikroskopische Untersuchungen"[223] zahlreicher Fossilien, das heißt, er bricht mit feinen Nadeln die spiralförmig gewachsenen Schalen von fast hundert ausgestorbenen Arten der Ammoniten (Goniatiten,

221 K. A. v. Zittel, Ueber wissenschaftliche Wahrheit (1902), S. 10.

222 W. Branco, Über die Verwandtschaftsverhältnisse der fossilen Cephalopoden(1880) S. 611. Ähnlich in: Beiträge zur Entwickelungsgeschichte der fossilen Cephalopoden, Teil II (1880/81) S. 72 f.

223 Lebensgang S. 108.

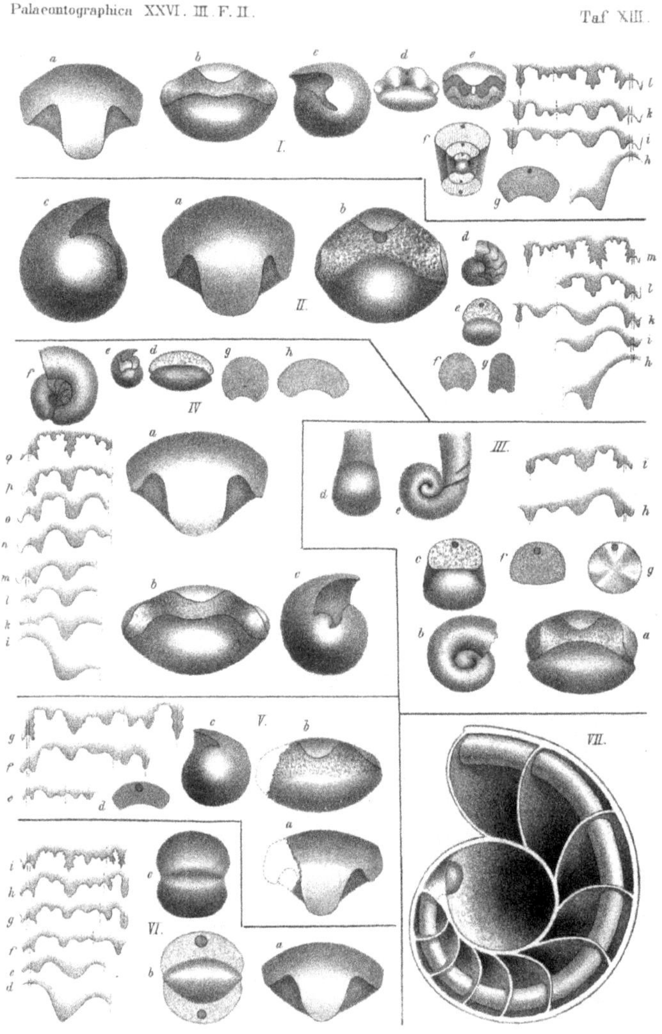

Abb. 18: Präparate von Angustisellati (Ammoniten). Aus: Wilhelm Branco, Beiträge zur Entwickelungsgeschichte der fossilen Cephalopoden I (1880)

Ceratiten) und Belemniten bis zu den nur unter dem Mikroskop erkennbaren „Anfangskammern" auf. Diese vergleicht er untereinander und mit den innersten Kammern der heute noch lebenden Spiruliden (Posthörnchen) und Nautiliden (Perlboote). In Beschreibungen und Zeichnungen führt er die herauspräparierten Anfangskammern und die folgenden „jugendlichen" Schalenteile und Kammerscheidewände vor Augen, erklärt die Übereinstimmungen oder Abweichungen von Form und Aufbau, definiert oder verwirft verwandtschaftliche Beziehungen und stammesgeschichtliche Auseinanderentwicklungen, stellt neue Klassifikationstabellen auf, kurz: Branco beschreitet einen Weg zu einer Entwicklungsgeschichte (Ontogenese) der Cephalopoden. Zudem führt er den Nachweis, dass sich die von ihm klassifizierten Gruppen in den Erdzeitaltern unterschiedlich entwickeln und jeweils nur in bestimmten Formationen von Silur bis Kreidezeit vorkommen. Damit wird ihre Brauchbarkeit als Leitfossilien zur Datierung von Gesteinsschichten verbessert.

Brancos Forschungen können und wollen keine abschließenden Ergebnisse liefern; sie sind von anderen fortgeführt worden. Der renommierte Wiener Paläontologe Melchior Neumayr (1845–1890) bezeichnet sie sogleich als „bahnbrechend".[224] Der Berliner Ordinarius Beyrich nennt sie „eine sehr werthvolle Erweiterung der Kenntniß fossiler Cephalopoden".[225] Karl Alfred von Zittel bewertet Brancos Arbeit später als „umfassend und meisterhaft" – sie habe „die Beschaffenheit der Embryonalkammer als Grundlage für die Hauptgruppen der Ammonitiden verwerthet".[226]

Branco liefert hier einen Beitrag der Paläontologie zur Deszendenzlehre. Er hat sich selbst noch eine Weile mit den Cephalopoden beschäftigt, namentlich mit den ausgestorbenen Formen Aulacoceras (1880), Bactrites (1885) und Graphularia (1885), aber keine fortführende Systematisierung vorgelegt. Er hat auch nicht versucht, seine Erkenntnisse konsequent mit der darwinschen Abstammungslehre abzugleichen. Eine ausführliche Rekapitulation und Würdigung speziell dieser Erstlingsarbeit durch Josef Felix Pompeckj zeigt jedoch die fast fünfzig Jahre später noch vorhandene Relevanz des von Branco entworfenen „phyletischen [abstammungsgeschichtlichen] Systems" für eine Gruppe von Lebewesen aus dem Altertum und Mittelalter der Erdgeschichte.[227]

224 Vgl. die ausführliche Rezension von M. Neumayr in: Neues Jahrbuch für Mineralogie, Geologie und Palaeontologie, Jg. 1880 Bd. I S. 267–273, Zitat S. 273.

225 UA HU Berlin, Phil. Fak. Nr. 1210 Bl. 252.

226 K. A. v. Zittel, Geschichte der Geologie und Paläontologie, S. 818.

227 J. F. Pompeckj, Gedächtnisrede, S. CXVII-CXXI, Zitat S. CXX.

13. Berlin: Privatdozent und Landesgeologe

In München sieht Wilhelm Branco kein berufliches Fortkommen, da ihm jede Aussicht auf die erhoffte Hochschullaufbahn verwehrt bleibt. Auch in Heidelberg, wo Harry Rosenbusch Ordinarius geworden ist und sich für eine Habilitation seines alten Schülers stark macht, zeichnet sich kein Erfolg ab.[228] Im Sommer 1880 zieht der inzwischen Sechsunddreißigjährige deshalb wieder nach Berlin. Hier hat er seinen eingangs geschilderten Auftritt am 13. August bei der *Deutschen geologischen Gesellschaft*. Branco wird nun als Wissenschaftler wahrgenommen und findet hochrangige Protektoren: Heinrich Göppert, Ministerialdirektor im preußischen Kultusministerium, und die Berliner Geologen Beyrich und Dames wünschen und befürworten seine Habilitierung. Der Makel des fehlenden Schulabschlusses wird durch Ministerialentscheid behoben.[229] Das ist, von Branco in einem emotionalen Brief geschildert, die ihn selber höchst überraschende „Wendung seines Schicksals".[230]

Das Habilitationsverfahren, damals ohne eine eigens angefertigte wissenschaftliche Abhandlung, zieht sich noch über vier Monate hin.[231] Die Bewerbungsunterlagen enthalten neben Brancos in lateinischer Sprache abgefasstem Lebenslauf auch eine Zusammenstellung der in Berlin, Heidelberg, München, Straßburg und Rom gehörten Vorlesungen; die Liste zeigt die ganze Bandbreite der damaligen naturwissenschaftlichen Disziplinen. Die beigefügten bisherigen Publikationen werden vom Ordinarius für Geologie begutachtet.[232] Dazu gehören auch einige kleine Texte über paläontologische Beobachtungen und die ersten einer Reihe von Literaturberichten über „Zoologie in Beziehung zur Anthropologie", mit denen Branco sich als Kenner der neuesten Forschungen zur Anthropologie profiliert. Beyrich lobt die Vielseitigkeit und Gründlichkeit der Publikationen des Bewerbers und die „zähe Ausdauer" bei dessen eigenen Forschungen:

228 UB Heidelberg, Historische Sammlungen, Heid. Hs. 3400,17 (Branco an Rosenbusch, 1878–1880).

229 FAvB, Nachlass Branco, Briefe (Erlass des Kultusministeriums vom 5.1.1881); Lebensgang S. 109 f, 112–114.

230 UB Heidelberg, Historische Sammlungen, Heid. Hs. 3400,17 (Branco an Rosenbusch, 25.11.1880).

231 UA HU Berlin, Phil. Fak. Nr. 1210 Bl. 245–256.

232 Korreferent ist der Mineraloge Martin Websky (1824–1886).

> „In ihrer Gesamtheit zeigen die Arbeiten des Herrn Dr. Branco, daß ihr Verfasser mit ungewöhnlicher Vielseitigkeit und auf Grund umfassender Kenntnisse sehr verschiedenartige Aufgaben aus dem Gebiet der Geologie und Paläontologie in Angriff genommen hat. Er arbeitet überall mit ernster Gründlichkeit und entfernt sich nirgends von dem Boden der Beobachtung, wo er Hypothesen oder dunkle Probleme zu klären bemüht ist. Seine stets sachgemäße und ansprechende Darstellungsweise lässt erwarten, daß dieser Gelehrte auch als Docent eine nützliche und anregende Wirksamkeit ausüben wird, so daß ich sein Gesuch um Zulassung zur Habilitation nur warm empfehlen kann."[233]

Am 10. März 1881 hält Wilhelm Branco eine Probevorlesung „Über den geognostischen Bau Italiens"[234], am folgenden Tag besteht er mit Bravour ein Kolloquium. Wochenlang bangt der Kandidat, ob die Männer, die generell den größten Wert auf die vorgeschriebene Schulbildung legen, bei ihm eine Ausnahme machen werden.[235] Doch einstimmig beschließt die gesamte Philosophische Fakultät der *Friedrich-Wilhelms-Universiät* – aus immerhin vierunddreißig Professoren bestehend – seine Zulassung als Privatdozent für Geologie und Paläontologie. Die *venia legendi* wird am 9. April beurkundet. Am 11. April hält Branco seine öffentliche Antrittsvorlesung über „Die neueren Hypothesen über die Entstehung der Gebirge, insbesondere der Alpen".[236] Der Sprung an die Hochschule ist gelungen, der Aufstieg in die Professur nur noch eine Frage der Zeit.

Auf das Katheder steigt Branco im Sommersemester 1881 aber noch nicht. Er arbeitet zunächst weiter an einer bereits in München begonnenen Untersuchung „Über eine fossile Säugethier-Fauna von Punin bei Riobamba in Ecuador" (1883). Dabei geht es um eine umfangreiche Sammlung von versteinerten Knochen, die ins Berliner Naturkundemuseum gelangt war.[237]

Außerdem geht der soeben ernannte Privatdozent zunächst auf Hochzeitsreise. Denn das Jahr 1881 bringt eine weitere Lebenswende: Wilhelm Branco, der nach dem Tod seiner ersten Frau geschworen hat, „frei zu bleiben, nicht wieder zu heirathen"[238], ist verliebt und verlobt. Die Habilitation und mit ihr die Aussicht auf eine gesicherte berufliche Zukunft macht, dem gesellschaftlichen Kodex der Zeit zufolge, den Weg zur neuen Eheschließung frei.

233 UA HU Berlin, Phil. Fak. Nr. 1210, Bl. 252'.

234 Zu Brancos Dreiervorschlag gehören außerdem die Themen: „Über die Vertheilung der fossilen Cephalopoden in den verschiedenen geologischen Perioden", „Über die geologische Entwickelung der pferdeartigen Hufthiere".

235 Vgl. die detaillierten Berichte von Branco an Harry Rosenbusch: UB Heidelberg, Historische Sammlungen, Heid. Hs. 3400,17 (Briefe 1880–1881).

236 UA HU Berlin, Phil. Fak. Nr. 1210, Bl. 249, 253–256.

237 Lebensgang S. 108, 110.

238 Lebensgang S. 92.

14. Paula Kirchhoff: „... und da fing mir das Glück an"

Paula Kirchhoff, die Braut, ist sechzehn Jahre jünger als ihr Verlobter. Das ist in der Zeit nicht ungewöhnlich. Bemerkenswert ist jedoch, wie sich die Abläufe der Ereignisse bei den Familien Branco, Helmholtz und Kirchhoff ähneln und wie oft und eng ihre Kreise ineinander greifen.

Auch Paula Kirchhoff hat, wie zuvor Käthe Helmholtz, einen der Großen der Naturwissenschaften des 19. Jahrhunderts zum Vater: Gustav Robert Kirchhoff, der die theoretische und praktische Physik seiner Zeit revolutionieren wird. Sein wissenschaftliches Werk ist in mehr als sechzig eigenen Veröffentlichungen und einer kaum überschaubaren Sekundärliteratur dokumentiert. Zum privaten Leben aber, und das unterscheidet ihn von Hermann Helmholtz, gibt es kaum Unterlagen – und erst seit kurzem eine sorgfältige Biografie.[239]

Die Eltern und ihre Herkunft

Gustav Robert Kirchhoff wird am 12. März 1824 in Königsberg geboren. Sein Vater Carl Friedrich Kirchhoff (1778–1853) kommt als Landrichter in Ostpreußen umher, der Großvater Johann Friedrich Kirchhoff (1756-?) ist ebenfalls Jurist. Auch die Mutter Juliane Johanna Henriette von Wittke (1789–1853) stammt aus einer Juristenfamilie – ihr Vater, Franz Michael von Wittke (1753–1793), ist Hofgerichtsrat im pommerschen Bromberg.[240]

Die Kirchhoffs können ihre drei Söhne studieren lassen: den ältesten Jura, den mittleren Medizin, den jüngsten zunächst Mathematik. Der achtzehnjährige Abiturient Gustav geht 1842 an die alte preußische Universität in seiner Heimatstadt. Er studiert dort am Mathematisch-Physikalischen Seminar und erringt schon mit einer ersten Arbeit „Über den Durchgang eines elektrischen Stromes durch eine Ebene" frühen Ruhm. Mit experimentellen Forschungen in demselben Fachbereich, einer Preisarbeit und seiner Dissertation von 1847 entwickelt er die später so genannten „Kirchhoffschen Regeln". Schon im folgenden Jahr

239 Grundlegend als erste Biografie: K. Hübner, Gustav Robert Kirchhoff (mit Werk-, Vorlesungs- und Literaturverzeichnis und zahlreichen Korrekturen der älteren Literatur).

240 Im Familienarchiv v. Branca befinden sich Urkunden und Materialsammlungen zu den Familien Kirchhoff, Richelot, Wittke und Bretschneider.

Stammtafel Kirchhoff (Auszug)

Johann Friedrich Kirchhoff *(1756–)*	∞ *1777*	Charlotta Anna Louise Fleischer *(1760–)*
Carl Friedrich Kirchhoff *(1778–1853)*	∞ *1819*	Juliane Johanna Henriette v. Wittke *(1789–1853)*

Gustav Robert Kirchhoff
(1824–1887)

∞ 1) *1857*	∞ 2) *1872*
Clara Richelot *(1839–1869)*	Genoveva Karolina Sophie *Luise* Brömmel *(1838– um 1906)*

Robert *(1858–1904)*	Ernst *(1859–)*	Julia Clara *Pauline* *(1860–1932)* ∞ *1881* *Wilhelm* Carl Franz Branco *(1844–1928)* (ab 1895: von, ab 1907: Branca)	Friedrich Adolf *(1864–1865)*	*Eveline* Anna *(1868–1939)*

Stammtafel Richelot (Auszug)

Johann Franz Richelot *(1772–1811)*	∞ *1802*	Amalie Wilhelmine Neumann *(1778–1852)*
Friedrich Julius Richelot *(1808–1875)*	∞ *1838*	Bertha Julie *Pauline* Bretschneider *(1820–1896)*
Clara Richelot *(1839–1869)*	∞ *1857*	*Gustav* Robert Kirchhoff *(1824–1887)*
Julia Clara *Pauline* Kirchhoff *(1860–1932)*	∞ *1881*	*Wilhelm* Carl Franz Branco *(1844–1928)* (ab 1895: von, ab 1907: Branca)

kann er sich an der *Friedrich-Wilhelms-Universität* in Berlin habilitieren. Die erste Berufung lässt nicht lange auf sich warten: 1850 zieht er als außerordentlicher Professor für Physik an die Universität Breslau. Vier Jahre darauf folgt er einem Ruf als Ordinarius nach Heidelberg, wo er einundzwanzig Jahre lang bleiben wird. Er ist in jungen Jahren schon weltweit berühmt, mit zweiunddreißig Jahren dann bestens etabliert, als er an die eigene Familiengründung denkt.[241]

Die künftige Frau Kirchhoff, Clara Richelot, kommt am 16. Februar 1839 in Königsberg zur Welt. Ihr Vater Friedrich Julius Richelot (1808–1875) ist Universitätsprofessor für Mathematik, ihre Mutter Pauline Bretschneider (1820–1896) die Tochter eines Königsberger Kaufmanns. Mit dem Großvater Johann Franz Richelot (1772–1811), Stadtjustizrat im ostpreußischen Königsberg, kommt die französische Herkunft und Sprache in die Familie.[242]

Gustav Robert Kirchhoff kennt Clara Richelot seit seiner Studienzeit; damals war sie ein Kind im Hause seines Lehrers. Sie ist noch keine achtzehn Jahre alt, als er sie bei einem Aufenthalt in Königsberg im Sommer 1856 neu wahrnimmt und sich mit ihr verlobt. Die Hochzeit wird am 16. August 1857 als Haustrauung gefeiert. Das Paar lebt länger als ein Jahrzehnt in Heidelberg. Hier werden die fünf Kinder Paul Friedrich Robert (1858–1904), Carl Gustav Ernst (1859–?), Julia Clara Pauline (1860–1932), Friedrich Adolf (1864–1865) und schließlich Eveline Anna (1868–1939) geboren. An den Namen der Paten und Taufzeugen kann man einen großen Freundeskreis vor allem aus dem Bereich der Universität ablesen.[243] Dazu gehört auch die Familie Helmholtz, seit 1858 ebenfalls in Heidelberg, mit der man sich jahrelang im Friedrichsbau, dem repräsentativen neuen Institutsgebäude der Naturwissenschaften, die Dienstwohnungen teilt.[244]

Das traurige Schicksal der Olga Helmholtz wiederholt sich: Am 29. April 1869 stirbt Clara Kirchhoff nach langer Krankheit, nur dreißig Jahre alt geworden; Lungentuberkulose und Rippenfellentzündung bedeuten das damals unausweichliche Ende. Auch hier zeugen Briefwechsel mit Verwandten und Freunden von der tiefen Trauer des Ehemannes und seiner Not mit eigener Erkrankung, den kleinen Kindern und beruflicher Überlastung. Erst dreieinhalb Jahre später, am 7. Dezember 1872, heiratet Gustav Robert Kirchhoff wieder. Über seine Frau Genoveva Karolina Sophie Luise Brömmel ist nur zu erfahren, dass sie am 20. September 1838 in Goslar geboren wurde, Mitarbeiterin an einer Heidelberger Augenklinik

241 Vgl. K. Hübner, Gustav Robert Kirchhoff, S. 21 f, 24–180.
242 Vgl. Verein für Computergenealogie e. V., Ortsfamilienbuch Memelland (online).
243 Wie Anm. 241, S. 107, 141, 150 f.
244 Wie Anm. 241, S. 142–148.

Abb. 19: Gustav Robert Kirchhoff, undatierte Fotografie aus dem Nachlass Wilhelm Branco

ist – und eine geliebte Ehefrau und Mutter der verwaisten Kinder wird. Sie begegnet zuletzt 1906 in den Berliner Adressbüchern.[245]

Kirchhoff nimmt 1875 einen Ruf nach Berlin an. Es ist eine Doppelberufung auf den neugeschaffenen Lehrstuhl für mathematische Physik an der *Friedrich-Wilhelms-Universität* und an die *Preußische Akademie der Wissenschaften*; und es wird ein arbeitsreiches Jahrzehnt des Forschens und der Lehre, überschattet von Krankheit und Nervenlähmung. Am 17. Oktober 1887 endet „das gewöhnliche Leben eines außergewöhnlichen Mannes".[246]

Kindheit und Jugend

Julia Clara Pauline genannt Paula (oder Paule) Kirchhoff wird am 26. August 1860 als drittes Kind des Professors Gustav Robert Kirchhoff und seiner Frau Clara Richelot in Heidelberg geboren.[247] Über ihre Kindheit und Jugend gibt es nur wenige Mitteilungen in der Literatur und den spärlich erhaltenen Quellen. Daraus geht immerhin hervor, dass bis zur Erkrankung und zum Tod der Mutter die Kirchhoff-Kinder eine glückliche Zeit haben und mit den Helmholtz-Kindern gemeinsam aufwachsen.

1869 nimmt die Großmutter Pauline Richelot, die vorher schon in Heidelberg der Familie geholfen hat, die neunjährige Paula und die kleine Schwester Eveline mit nach Königsberg. Dort leben die beiden Mädchen bis 1875, dem Todesjahr des Großvaters Friedrich Julius Richelot und dem Umzug des Vaters nach Berlin. Pauline wird zu Paulas wichtigster Bezugsperson. Ein schmales Bündel Briefe aus späteren Jahren ist erhalten und beweist, dass die beiden Frauen sich häufig und liebevoll über persönliche und familiäre Angelegenheiten austauschen.[248]

245 Wie Anm. 241, passim; zur Familie S. 107, 141, 147, 150–154, 165–167, 230–234, 270 f. Im Kirchenbuch der Marktkirche Goslar wird sie als Georgine Caroline Sophie Louise, Tochter des Revierförsters Georg Karl Broemmel und seiner Frau Johanne Henriette Dorothee geb. Jorns geführt. (Freundliche Mitteilung des Evangelisch-Lutherischen Kirchenverbands Goslar.)

246 Wie Anm. 241, S. 261–165. Das Zitat ist Untertitel der Biografie.

247 FAvB, Nachlass Branco, Urkunden.

248 FAvB, Nachlass Branco, „Erinnerungen an Gustav Kirchhoff". Darin sechs Briefe von Pauline Richelot („In treuester Liebe Deine Großmutter") an Paula Branco („Meine geliebte Paule") aus den Jahren 1882 bis 1886 und ein Geburtstagsbrief an Wilhelm Branco von 1886: zufällig erhaltene Stücke aus einer ehemals dichten Korrespondenz.

Auch mit ihrem Vater verbindet Paula tiefe Zuneigung.[249] Aus dem Heidelberger Kollegen- und Freundeskreis ist der Chemiker Robert Wilhelm Bunsen (1811–1899) – ihr Patenonkel – ihr besonders zugetan. Ein weiteres Mosaiksteinchen zum unvollständigen Bild dieses Lebens: 1877/78 verbringt Paula ein Jahr in einem Pensionat in Lausanne. Der Vater achtet also auf eine standesgemäße Ausbildung der Tochter, die sich bei späteren Auslandsaufenthalten selbstverständlich in französischer Sprache verständigt.[250]

Begegnungen beim Theaterspielen

1880 lebt Wilhelm Branco – wie berichtet – wieder in Berlin. Neben seinen zunächst freiberuflichen Tätigkeiten nimmt er sich viel Zeit für den geselligen Verkehr. Er fährt hinaus nach Dahlem, wo noch immer die zum zweiten Mal verwitwete Betty Johannes lebt und ihr Sohn Axel Puhlmann (1848–1909) die Domäne übernommen hat. Und im Freundeskreis Helmholtz und Kirchhoff, namentlich den prominenten Familien Nathanael Pringsheim (1823–1894) und Werner Siemens (1816–1892), ist er gern dabei, wenn getanzt und Theater gespielt wird. Dabei verliebt er sich in die junge Paula Kirchhoff, die „reizend“ aussieht und „keck“ spielt, und sorgt dafür, dass sie seine Partnerin beim Tanzen und Spielen wird.

Bei der üblichen Werbung fällt ein bezeichnendes Streiflicht auf den stets liebenswürdigen Gustav Kirchhoff: Als Wilhelm bei ihm – wie es zeremoniell vorgegeben ist – um Paulas Hand anhält, fragt der Vater erst die Tochter nach ihren Wünschen und teilt am nächsten Tag durch einen Boten mit: „Lieber Freund, meine Tochter erwartet Sie.“ „Um 10 Uhr morgens war ich bei Kirchhoff's, Keithstraße 9 II; da verlobten wir uns am 22. April 1881 und da fing mir das Glück an.“ Die Verlobungszeit, berichtet Branco, verbringt er fast täglich bei der Familie Kirchhoff.[251] Dem zweiten Schwiegervater begegnet er mit Bewunderung und Zuneigung.[252] Alfred Zittel, sein Lehrer und Freund aus Münchener Jahren, schreibt Branco zur Verlobung:

249 FAvB, Nachlass Branco, „Erinnerungen an Gustav Kirchhoff“. Darin zwei Briefe von Gustav Kirchhoff („Dein Vater GKirchhoff“) an Paula Branco („Mein liebes Paulchen“) von 1881 und 1883.

250 Wie Anm. 241, S. 141, 147 f, 148, 151, 153 f, 230–232, 270 f. Die Angaben im Zusammenhang mit W. Branco (S. 232, 270 f) sind ungenau.

251 Lebensgang S. 110–112, 115, Zitate S. 112.

252 Lebensgang S. 130 f.

Abb. 20: Paula Kirchhoff, undatierte Visitfotografie, Berlin um 1880

„Nun wird sich Ihnen ein neuer hoffnungsreicher Lebensabschnitt eröffnen und wenn Sie demnächst wieder im Besitze eines glücklichen Familienlebens auf die Jahre Ihrer Vereinsamung zurückblicken so wird Ihnen die Gegenwart um so rosiger erscheinen und ich bin überzeugt, Ihr einstiger Pessimismus wird sich in eine mildere Lebensanschauung umwandeln. Nachdem Sie bei der Wahl Ihres Schwiegervaters abermals einen so vortrefflichen Geschmack bewiesen haben, kann ich nicht zweifeln, daß Sie bei der Wahl der Braut nicht minder glücklich geleitet waren. […]“[253]

Eine Hochzeitsreise besonderer Art

Am 12. Juli 1881 werden Paula Kirchhoff und Wilhelm Branco in der Berliner Garnisonkirche getraut.[254] Noch am selben Tag gehen sie auf eine fast drei Monate dauernde Hochzeitsreise der besonderen Art: teils Arbeit, teils Vergnügen. Leider gibt es zu dieser Reise kein Tagebuch, sondern nur eine knappe Seite Kurzbericht in Brancos autobiografischen Aufzeichnungen. Doch auch diese wenigen Angaben sind bezeichnend für den künftigen Lebensstil des Paares.

Zunächst führt die Reise über Dresden durch die Sächsische Schweiz und Nordböhmen nach Regensburg, Augsburg und München. Das ist eher eine Studienfahrt mit Besichtigung geologisch interessanter Punkte, zum Beispiel des erloschenen Vulkans Kammerbühl bei Eger. In München, bei mehrwöchigem Aufenthalt im damaligen erstklassigen Hotel Oberpollinger, wandeln die beiden auf Brancos alten Spuren in der Kunstszene und kaufen bei Antiquaren Möbel für das künftige Heim. Weiter geht es mit Zwischenstationen am Wolfgangsee, in Salzburg, Brixen, Clausen, Bozen, Trient und Verona nach Venedig. Für Wilhelm Branco ist das eine Wiederbegegnung mit vertrauten Orten nach fast einem Jahrzehnt. Während der gesamten Reise arbeiten die frisch Vermählten gemeinsam die Kollegienhefte für Brancos künftige Vorlesungen aus. Fazit: „Es war eine herrliche, unvergeßliche Reise.“[255]

Überhaupt erscheint Paula als Partnerin ihres Mannes, wenn auch ohne eigene schriftstellerische oder künstlerische Ambitionen. Die zahlreichen Stellenwechsel, Umzüge und Reisen meistert sie mit Lust an der Veränderung. „[…] und da fing mir das Glück an“: Das anrührende Zitat vom Verlobungstag 1881 gilt offensichtlich für die fast siebenundvierzig Jahre dieser Ehe. Zum ersten Hochzeitstag schreibt Gustav Robert Kirchhoff dem Schwiegersohn „Will“ einen besonderen Gruß:

253 FAvB, Nachlass Branco, Briefe (Zittel an Branco, 30.4.1881).
254 FAvB, Nachlass Branco, Urkunden.
255 Lebensgang S. 115 f, Zitat S. 116.

„Ach Will, wie wars vor einem Jahr,
So klingt's heut' oft aus deinem Munde –
Es war auch manche schöne Stunde,
Die Euch beschieden, das ist wahr. –

Doch hoff' ich, schöner noch ist's heut'
Und köstlicher wirds alle Tage,
Auch wenn zur Freud' sie bringen Plage,
Es reut Euch nie, daß Ihr gefreit. –“[256]

256 FAvB, Nachlass Branco, Briefe (Kirchhoff an Branco, eigenhändige Briefkarte, [Berlin] W. Kurfürstendamm 4, 12. Juli 1882. Unterschrieben: G. & L. Kirchhoff; das heißt Gustav und Luise).

15. Von Aachen nach Berlin

Noch während der Hochzeitsreise wird Branco von Berlin nach Aachen abgeworben. An der dortigen jungen *Königlichen Technischen Hochschule* soll bereits zum Wintersemester 1881/82 eine neue Dozentur für Paläontologie und Geognosie eingerichtet werden. Das Aachener Studium innerhalb einer neuen Abteilung für Bergbau und Hüttenkunde, stark an der Praxis der modernen Wirtschaft orientiert, soll Absolventen für die technischen Ämter der Bergbehörden und künftige Bergingenieure ausbilden. Branco nimmt die Berufung in seine erste bezahlte, wenn auch sehr mager dotierte Dozentur gern an und liest ab Oktober 1881 die Fächer Paläontologie und Geognosie mit Lagerstättenlehre speziell für Berg- und Hüttenleute, Chemiker, Architekten und Ingenieure, verbunden mit Übungen im Mineralogischen Institut und Exkursionen.[257] In seinem „Lebensgang" verwendet er nicht den inzwischen veralteten Begriff Geognosie für Erdgeschichte, sondern spricht von Allgemeiner und Spezieller Geologie.

Die nur kurze Zeit in Aachen beschreibt Branco als sehr ambivalent. In seiner Mietwohnung in der Theaterstraße und überhaupt in der jungen Ehe fühlt das Paar sich „so glücklich, wie nur ein Mensch sich glücklich fühlen kann". Die beiden gehen in das nahegelegene Theater und auf Wanderungen ins Umland, und sie freuen sich über Besuch von Freunden und Verwandten. Mit dem Ort aber werden sie nicht warm: Der kleinstädtische Charakter, die kleinen Häuschen, die proletarische Bevölkerung, der Dialekt – da haben die Berliner viel zu kritisieren.

Die Arbeit selbst macht Freude; Wilhelm Branco sieht, dass er ein talentierter und beliebter Lehrer ist. Bald ergibt sich aber ein Problem, das sich wie ein Leitmotiv durch sein Leben ziehen wird: Die Arbeitsüberlastung mit Hauptvorlesungen und Übungen einerseits, zusätzlichen Tätigkeiten andererseits, die sich häufen, weil er in nahezu allen Stellungen Aufbaufunktionen aufgedrängt bekommt oder freiwillig übernimmt. In Aachen sind es die Neuaufstellung der

257 GStA PK, I. HA Rep. 76 Vb Sekt. 6 Tit. III Nr. 1 Bd. 9 (Berufungsakten, nicht paginiert); dazu freundliche Mitteilung des Archivs der Rheinisch-Westfälischen Technischen Hochschule Aachen. Dazu auch FAvB, Nachlass Branco, Briefe (Kultusministerium an Branco, 29.9.1881), Urkunden (Vertrag mit der TU Aachen, 1.10.1881). – Die Verleihung des Titels Professor war Branco vom Kultusministerium in Aussicht gestellt, um sein „sehr wenig einkömmliches Honorar" zu verschönen und eine schnelle Wegberufung zu verhindern, wurde aber nicht umgesetzt.

Institutssammlungen und die Anlage einer Fachbibliothek. Hinzu kommt Unverträglichkeit mit dem Ordinarius, dem Geologen und Mineralogen Hugo Laspeyres (1836–1913), der den Siebenunddreißigjährigen als seinen Assistenten behandelt. So ist der Jubel groß, als sich nach weniger als einem Jahr die Rückkehr nach Berlin eröffnet.[258]

In der Aachener Zeit ergibt sich eine unverhoffte Änderung der familiären Konstellation. Edith Branco, die Tochter Wilhelms aus erster Ehe, lebt seit fünf Jahren bei den Verwandten in Dahlem. Die Situation dort hat sich dramatisch verändert: Die Domäne schlingert unaufhaltsam in den Konkurs, Betty Johannes ist selbst gesundheitlich zusammengebrochen und muss ihr Zuhause verlassen.[259] Das Kind kann nicht mehr bleiben, die Brancos holen die Neunjährige zu sich. Das schwierige Verhältnis zu der kaum dreizehn Jahre älteren Stiefmutter entwickelt sich zum Guten.[260]

Landesgeologe in Berlin

1882 kommen für Branco gleich zwei Rufe: an die junge *Königlich Preußische geologische Landesanstalt* in Berlin und an das alte *Naturhistorische Museum* in Hamburg. Die Entscheidung fällt ohne lange Überlegung für Berlin. Im Sommer macht die Familie – nun zu dritt – erst eine lange Reise an den Rhein, nach Heidelberg, München, Bad Dreikirchen und Bozen in Südtirol. Am 1. Oktober beginnt der Dienstvertrag und wird die Wohnung in der Derfflingerstraße 17 im Postbezirk West bezogen, „glückselig, wieder in Berlin zu sein".[261]

Die 1873 gegründete Landesanstalt soll ganz Preußen geologisch und paläontologisch untersuchen und entsprechende neue Kartenwerke erstellen, außerdem eine umfassende Sammlung aufbauen.[262] Treibende Kraft bei der Anstellung Brancos ist Wilhelm Hauchecorne (1828–1900), erster Direktor der Anstalt. Der verfolgt den Werdegang des Neulings seit jenem Auftritt bei der *Deutschen geologischen Gesellschaft* im Jahr 1880 und schätzt seine vielseitige Sachkunde und die spezielle Qualifikation als Paläontologe. Deshalb wird Branco unter Umgehung der üblichen Laufbahn gleich als Landesgeologe eingestellt und bezahlt, außerdem erneut als Privatdozent an der Universität zugelassen. Er muss auch die Studenten der mit der Landesanstalt vereinigten *Königlichen Bergakademie*

258 Lebensgang S. 116–122.
259 Vgl. C.-Ph. Melms, Chronik von Dahlem, S. 8, 104 f, 107 f.
260 Lebensgang S. 122.
261 Lebensgang S. 123 f, Zitat S. 124.
262 Vgl. K.-D. Meinhold, 125 Jahre Preußische Geologische Landesanstalt.

Berlin in allgemeiner Geologie und Paläontologie unterrichten. Außerdem wird ihm die Leitung der Fossiliensammlungen des damaligen *Geologischen Landesmuseums* übertragen.[263]

Jeweils im Sommerhalbjahr begeht und kartiert Wilhelm Branco einzelne Landesteile; er bekommt die Sektionen Goslar und Vienenburg zugeteilt. Im ersten Jahr ist sein Standort Harzburg, wo man sich trotz aller Arbeit wie in der „Sommerfrische" fühlen kann, im zweiten Ilsenburg, ebenfalls am nördlichen Rand des Harzgebirges gelegen. Hier mietet Branco jeweils eine möblierte Wohnung und lässt Frau und Tochter nachkommen. Es folgen Goslar und Wernigerode, wo er das Halbjahr allein im „Revier" verbringt.[264] Fast fünf Jahre hält er dieses Wanderleben durch – und stöhnt zunehmend unter den Strapazen, „die jeden Landesgeologen antreiben, sein Amt aufzugeben, sobald er es kann". Der an sich bemerkenswert robuste Mann wird nun schubweise von Gicht und Rheumatismus geplagt und nutzt die Ferien zu Kuraufenthalten mit der kleinen Familie an der Ostsee.[265]

Wie stets in seinen eigenen Aufzeichnungen erinnert Branco ausführlich das gesellschaftliche Leben und die freundschaftlichen Kontakte jener Zeit. In Harzburg verkehrt man mit der Familie von Werner Siemens in deren Villa Ettershaus. In Berlin absolviert man die üblichen Pflichtbesuche im Kreis der Landesanstalt, fühlt sich aber „in der Nähe der hohen Chefs" – Beyrich und Hauchecorne – nicht wohl: „Ich hatte keine Anlage dazu, Untergebener zu sein".[266] Ungezwungen geht es zu bei den Verwandten und im dortigen freundschaftlichen Kreis: Kirchhoff, Helmholtz, Gustav und Adolf Hansemann, Nathanael Pringsheim. „Bei denen haben wir manchen vergnügten Tag und Abend verlebt, getanzt, Theater [...] gespielt."[267]

Am 7. Mai 1885 wird in Berlin der Sohn Gerhard geboren, „unser größtes Ereigniß".[268] In den nächsten Stationen des unruhigen Lebens ist die Familie stets zu viert. Die beiden Kinder – es folgen keine weiteren – werden bis ins Erwachsenenalter bei den Eltern bleiben.

263 GStA PK, I. HA Rep. 121 Nr. 798 (unpaginiert); FAvB, Nachlass Branco, Briefe (Königlich geologische Landesanstalt und Bergakademie an Branco, 19.5.1882, 5.9.1882), Urkunden (Bestallung, 1.9.1882)

264 Berichte in: Jahrbuch der Königlich Preußischen geologischen Landesanstalt und Bergakademie, [Bd. 4] 1883 S. VII, [Bd. 5] 1884 S. XLVI-XLVIII, [Bd. 6] 1885 S. XXXIV f.

265 Lebensgang S. 122–129, Zitat S. 123.

266 Lebensgang S. 124.

267 Lebensgang S. 125.

268 Lebensgang S. 126.

16. Von Königsberg nach Tübingen

Anfang 1887 kommt aus dem ostpreußischen Königsberg der ersehnte Ruf auf eine ordentliche Professur. Die Landesanstalt lässt Branco nur sehr unwillig ziehen, beklagt den Verlust des vielseitigen Wissenschaftlers und qualifizierten Lehrers.[269] Doch der Universitätsreferent im preußischen Kultusministerium, Friedrich Theodor Althoff (1839–1908), von Branco als Freund der Familie verehrt, befördert ihn energisch auf den frei gewordenen Lehrstuhl, und die Hochschulleitung drängt auf schnellen Arbeitsbeginn ab 20. April 1887: die Examina stehen bevor, ein Neubau ist geplant, der neue Mann wird gebraucht.[270] „Endlich frei", unabhängig von Vorgesetzten, ohne feste Dienststunden, frei in der Wahl der eigenen Forschungsthemen – so beschreibt Wilhelm Branco den neuen Zustand seines Berufslebens.[271]

In den folgenden drei Jahren arbeitet er als Ordinarius für Mineralogie, Geologie und Paläontologie an der altehrwürdigen *Albertina*. Als einzige preußische Universität hat Königsberg die drei Fächer noch in einem Lehrstuhl innerhalb der Philosophischen Fakultät vereinigt. Entsprechend umfangreich ist Brancos Lehrtätigkeit, zumal die Geologie hier seit vielen Jahren vernachlässigt wurde.[272] Für größere eigene Veröffentlichungen bleibt da keine Zeit.

Die Familie findet eine Wohnung „in schönster Lage", am Paradeplatz, gegenüber den neuen Gebäuden der Hochschule und nahe beim Königlichen Schloss. Als ständigen Wohnort für die warme Jahreszeit mietet Branco eine Villa in dem nahegelegenen kleinen Seebad Neuhäuser. Dorthin lädt man auch Verwandte zu langen Aufenthalten ein. In Königsberg und Neuhäuser ergeben sich gesellige Kontakte mit ausnahmslos freundlichen Kollegen und neue Freundschaften nicht nur mit Naturwissenschaftlern. Am liebsten verkehren die Brancos in einem „Kränzchen" um den Historiker Hans Prutz (1843–1929) und den Kunsthistoriker

269 GStA PK, I. HA Rep. 121 Nr. 798 (unpaginiert); FAvB, Nachlass Branco, Briefe (Kultusministerium an Branco, 20.4.1887; Geologische Landesanstalt an Branco, 26.4.1887; Ausschuss der Studierenden der Bergakademie an Branco, Mai 1887), Urkunden (Bestallung, 15.4.1887).

270 GStA PK, VI. HA Nl Friedrich Theodor Althoff Nr. 682 Bl. 59–64; I. HA Rep. 121 Nr. 798 (unpaginiert). Dazu FAvB, Nachlass Branco, Urkunden (Bestallungsurkunde vom 15.4.1887, Entlassungsurkunde vom 15.5.1890).

271 Lebensgang S. 129.

272 Vgl. Ch. Tilitzki, Die Albertus-Universität Königsberg, Bd. 1 S. 154–156, 159.

Abb. 21: Wilhelm Branco, undatierte Visitfotografie, um 1887/90

Georg Dehio (1850–1932).[273] In den Professorenkreisen feiert man gemeinsame Feste und Bälle und spielt Theater – „eine überaus angenehme Gesellschaft, weil jeder darin ganz frei ist“.[274]

Für Paula Branco bedeutet Königsberg die Rückkehr an den familiengeschichtsträchtigen Ort ihrer Kindheit. Die Anfänge dort werden jedoch überschattet vom Tod Gustav Robert Kirchhoffs. Wilhelm Branco betrauert ihn wie einen eigenen Vater.

> „Mein lieber Schwiegervater Kirchhoff hatte schon seit Jahren mehr und mehr die Gehfähigkeit verloren. So hatten wir ihn verlassen, als wir nach Königsberg zogen; schwer krank, unbeweglich und doch stets gleichmüthig, heiteren Gemüthes. Es war, als kümmere ihn seine Krankheit gar nichts, als reiche sie nicht an ihn heran. Er hat wohl nie ein Wort der Klage, auch nur des Bedauerns gesprochen; ich glaube, er hat in seinem philosophischen Gleichmuthe auch innerlich keine Klage gehabt. Ein Muster aller Muster darin. Zugleich ein Muster der Bescheidenheit obgleich ein großer Mann.“[275]

Auch sonst hat die Königsberger Zeit ihre Schattenseiten. Die Kinder und die Eltern sind häufig krank, das raue Klima setzt ihnen zu. An dem Ort selbst finden sie kaum Gutes: weder Land noch Großstadt, sondern enge Kleinstadt, mit schlechten hygienischen Zuständen und „niederer Bevölkerung“. Als ihr Haus in der Weihnachtsnacht 1887 nur mit Glück von einem Brand verschont bleibt, der gleich in der Nachbarschaft am Paradeplatz ausbricht, fördert das die negative Einstellung sehr. Man will fort, in den Süden, in Helligkeit und Wärme. So fällt der Abschied nur von den Freunden schwer, als nach drei Jahren die nächste Berufung – und zwar nach Tübingen – kommt.[276]

„Ich fühle mich sehr glücklich“, teilt Branco dem vertrauten Rosenbusch mit, „aus der engen Festung mit ewig trübem Himmel und schneidendem Nordost-Wind wieder in’s sonnige Süddeutschland versetzt zu werden [...]; nicht zuletzt auch, wieder Bewegung im Freien und damit Gesundheit zu haben.“[277] An Althoff schreibt er, und es klingt wie eine Entschuldigung:

273 Gemeint ist vermutlich das „Literarische Kränzchen“ in Königsberg, eine überparteiliche literarisch-wissenschaftliche Veranstaltungsreihe, oder ein ebenfalls „Kränzchen“ genannter privater geselliger Kreis. Vgl. Ch. Tilitzki, Die Albertus-Universität Königsberg, Bd. 1 S. 376.

274 Lebensgang S. 135.

275 Lebensgang S. 130 f.

276 Lebensgang S. 129–136, 138 f.

277 UB Heidelberg, Historische Sammlungen, Heid. Hs. 3400,17 (Brief vom 28.4.1890, dazu auch 6.8.1889). – Dem Kollegen Wilhelm Salomon schreibt Branca am 9.10.1908: „Dass Ihnen Kön[igsberg] entgangen ist, dazu muß man Ihnen im Grunde

„Seit den drei Jahren meines Aufenthaltes in Königsberg ist meine Familie von fortgesetzten Erkrankungen heimgesucht worden; auch ich selbst hatte in diesem Frühjahr wieder ein schweres, rheumatisches Leiden zu überstehen. Bei der Aussichtslosigkeit, eine andere Professur in Preussen zu erlangen, war es daher für mich dringend geboten, den sich mir darbietenden Ruf in ein milderes Klima nicht vorübergehen zu lassen; so schwer es mir auch wird, den Dienst meines engeren Vaterlandes aufzugeben und den liebgewonnenen Wirkungskreis zu verlassen."[278]

Leben und Arbeiten in Tübingen

Nach langwierigen Berufungsverhandlungen wird Wilhelm Branco am 22. April 1890 zum Ordinarius an der *Eberhard-Karls-Universität Tübingen* ernannt.[279] Im Mai fährt er mit der Familie nach Württemberg zum persönlichen Vorstellen und zur Wohnungssuche, im Sommersemester liest er noch in Königsberg, am 1. Oktober nimmt er die Arbeit in Tübingen auf. Der Traum von einem Landhaus, „im blühenden, duftenden Garten", lässt sich in der kleinen Universitätsstadt mit ihren enorm hohen Mieten und Immobilienpreisen nicht verwirklichen; man findet zunächst nur eine schlechte Dachwohnung im Zentrum, in der Hechingerstraße 14, nach zwei Jahren endlich eine geräumige helle Wohnung im Haus des Arztes Paul von Bruns (1846–1916), Wilhelmsstraße 14, gleich gegenüber dem alten Botanischen Garten, mit einem eigenen Platz im Berggarten.[280]

Wilhelm Branco ist Nachfolger des Mineralogen, Geologen und Paläontologen Friedrich August Quenstedt (1809–1889). Mehr als fünfzig Jahre hat dieser Pionier der Erdwissenschaften in Tübingen geforscht und gelehrt. Mit der Einrichtung einer zunächst außerordentlichen Professur für seine Fächer im Jahr 1837 beginnt deren Lösung aus ihrer traditionellen Rolle als „Hilfswissenschaft

Glück wünschen. Ich war 4 Jahre dort. Jeder, der hinkommt, wünscht sich sogleich fort, obgleich die Menschen dort sehr nett sind. Aber das Klima!" Antiquariat Fritz-Dieter Söhn, Marburg, Konvolut mit acht Briefen von Branco/Branca an Salomon (1906–1917).

278 GStA PK, VI. HA Nl Friedrich Theodor Althoff Nr. 682 Bl. 63 f (Schreiben vom 23.4.1890).

279 FAvB, Nachlass Branco, Briefe (Preußisches Kultusministerium an Branco, 23.5.1890; Württembergisches Ministerium des Kirchen- und Schulwesens an Branco, 10.4.1890, 22.4.1890; Württembergisches Ministerium an Universität Tübingen, 13.7.1890, 12.9.1890; Universität Tübingen an Branco, 5.6.1890), Urkunden (Entlassung Königsberg, 15.5.1890).

280 Freundliche Mitteilung des Stadtarchivs Tübingen. Die Anmeldung in Tübingen erfolgt am 13.8.1890, die Abmeldung am 24.5.1895. Vgl. dazu Lebensgang S. 137, 141–144.

Abb. 22: Wilhelm Branco, undatierte Fotografie, Stuttgart / Tübingen 1890–1895

der Heilkunde". Dahinter steht die zunehmende Bedeutung der Mineralogie und Geognosie für die Wirtschaftsentwicklung und speziell den Bergbau des Landes. Diese Aufwertung und Fortentwicklung zu eigenen Hochschuldisziplinen bestätigt sich durch die Ansiedlung in der neuen Naturwissenschaftlichen Fakultät, die 1863 als erste in Deutschland gegründet wird.[281]

Bei den universitätsinternen Verhandlungen zur Neubesetzung des Lehrstuhls nach Quenstedts Tod geht es wie üblich um Personalien und Beziehungen. Die Konkurrenz ist groß, die Regierung bevorzugt generell gebürtige Württemberger; Brancos Bewerbung wird befördert vom Tübinger Dekan, dem Mathematiker Hermann Stahl, vom Kanzler, dem Theologen Carl Heinrich von Weizsäcker, und von dem liberalen Berliner Theologen und Philosophen Eduard Zeller (1814–1908), einem engen Freund des Schwiegervaters Helmholtz.[282] Es geht aber auch um neue Impulse für die genannten Fächer. Da das Kultusministerium nur *ein* Ordinariat statt der von der Universität gewünschten Aufteilung in *zwei* Lehrstühle genehmigt, fällt die Entscheidung für Branco als mit den neuesten Forschungsmethoden und Erkenntnissen vertrauten Geologen und Paläontologen. Sehr zäh ziehen sich dann die Bemühungen um eine bessere Ausstattung mit Räumen und Geräten hin. Die vorhandenen Lehrsammlungen – Branco ist zugleich Leiter des Universitätsinstituts *Mineralogische und geognostische Sammlung* – bezeichnet er als schwach und unsystematisch, da muss er viel Arbeit investieren. Turnusgemäß kommt auch das Amt des Dekans auf ihn zu. Ein Erfolg wird die erstmalige Bewilligung einer Assistentenstelle, die Branco mit seinem Königsberger Schüler Josef Felix Pompeckj besetzt.[283]

Gemessen an den heutigen Zuständen an überfüllten Universitäten, klingen die Zahlen in Tübingen geradezu paradiesisch: Von den insgesamt um 1.300 Studierenden sind ganze fünfzig bis sechzig an der Fakultät für Mathematik und Naturwissenschaften eingeschrieben. Dennoch ist der Arbeitsanfall hoch. Brancos Hörerzahlen gelten mit fünfzig in der Allgemeinen Geologie, vierundzwanzig in der Mineralogie und achtzehn in den Bestimmungsübungen als optimal.[284] Neben

281 Vgl. W. v. Engelhardt / H. Hölder, Mineralogie, Geologie und Paläontologie an der Universität Tübingen, S. 19–36, 63, 89–128.

282 UB Tübingen, Handschriftenabteilung, Md 747-79 (Briefe von Branco an Zeller, Königsberg 13. 2. und 22.3.1890, Wiesbaden 8.4.1890, Tübingen 30.12.1890).

283 Wie Anm. 281, S. 128–132. Dazu Lebensgang S. 139 f, 142–144.

284 Zahlen nach: UA Tübingen 119/230 (Notiz in den Akten des Universitätskanzlers, Winter-Semester 1890/91). Branco berichtet selbst (Lebensgang S. 147) über „an 85 Mann" in den Vorlesungen, das ist also eine zusammengezogene Zahl aus mehreren Veranstaltungen. In einem Brief an Eduard Zeller schreibt er am 30.12.1890: „[…]

den Vorlesungen in seinen drei Fächern Geologie, Paläontologie und Mineralogie übernimmt er auch noch die Physische Geographie. Außerdem bietet er fast täglich Übungen im geologischen Institut und in den mineralogischen Sammlungen, Anleitungen zum selbstständigen Arbeiten und wöchentlich geologische Exkursionen an.[285] „Vorlesungen und Instituts-Arbeiten kosten so viel Zeit, daß ich nur wenig an Eigenes denken kann", schreibt er einem Vertrauten.[286]

Hinzu kommt eine umfangreiche Vortragstätigkeit für die beliebten heimat- und naturkundlichen Vereine, namentlich den *Verein für vaterländische Naturkunde in Württemberg*. Branco mokiert sich zwar über die vielen begeisterten Laien-Geologen – Ärzte, Juristen, Theologen –, die mitunter von der Sache mehr verstehen wollen als der Fachmann[287], aber ihre Hilfe als Beobachter und Sammler im Lande nimmt er doch gern an. Seine neuen Forschungsthemen holt der Professor sich aus dem württembergischen Umland. Besonders zeitaufwändig wird die Erkundung und Beschreibung der erloschenen schwäbischen Vulkane; sie erbringt eine Serie von Veröffentlichungen und publikumswirksamen Vorträgen.[288] Doch so sehr man ihn hier auch feiert – Branco spürt stets Vorbehalte gegen den „Preußen" und meint, das „merkwürdige Volk" wisse die Leistungen eines „Fremdlings" nie zu würdigen.[289]

In Tübingen ergeben sich gesellschaftliche Verpflichtungen, gesellige Kontakte, auch Freundschaften. Branco berichtet über die höchst anstrengende Sitte in den Professorenkreisen, einen neuen Kollegen reihum einzuladen und mit Tischreden

ich bin in amtlicher Beziehung sehr zufrieden, da unter den Studierenden lebhaftes Interesse für Geologie besteht. 50 Hörer in allgemeiner Geologie und halb so viel in Mineralogie ist mehr, als meine kühnsten Träume mir zuflüsterten." (UB Tübingen, Handschriftenabteilung, Md 747-79.) Dem Freund Adolf v. Koenen schreibt er am 28.12.1890: „Die amtliche Thätigkeit ist nach wie vor für mich hier eine sehr erfreuliche. In Mineralogie 20, in allgemeiner Geologie sogar 82 Mann. Unter letzteren aber sehr viel katholische Theologen. Indessen interessieren sich die Menschen hier so für Geologie, daß ihre Nicht-Fachmännigkeit nicht stört." (SUB Göttingen, Handschriften und Seltene Drucke, Cod. Ms. A. v. Koenen 3.)

285 Tübinger Universitätsschriften aus dem Jahre 1891/92, dgl. 1892/1893; darin: Personal- und Vorlesungs-Verzeichnisse.

286 UB Freiburg, Historische Sammlungen, AGV 17688 (Branco an Christian Regelmann, 28.7.1893).

287 Lebensgang S. 148.

288 Lebensgang S. 140, 147 f.

289 UB Heidelberg, Historische Sammlungen, Heid. Hs. 3400,17 (Branco an Harry Rosenbusch, 27.2.1894)

zu begrüßen, die dieser mit einer jeweils individuellen Rede zu beantworten hat.[290] Freundschaftliche Nähe pflegen die Brancos vor allem mit dem Theologen und Universitätskanzler Carl Heinrich von Weizsäcker (1822–1899), dem Zoologen Theodor Eimer (1843–1898), dem Mathematiker Hermann Stahl (1843–1909), dem Juristen Ferdinand von Martitz (1839–1921), dem Chirurgen Paul von Bruns (1846–1916) und deren Familien. Mit diesen Namen tut sich auch ein Geflecht verwandtschaftlicher Beziehungen auf. Selbst aus anfänglichen Konkurrenten um die Tübinger Professur werden Freunde, so Theodor Engel (1842–1933) und der junge Eberhard Fraas (1862–1915).[291]

Bald stellen sich bei Wilhelm Branco gesundheitliche Probleme infolge permanenter Überarbeitung ein. Er nennt „Nervosität, Schlaflosigkeit, Herzschmerzen, zum Theil auch infolge von zu starkem Rauchen“, und fürchtet sich vor erblichen Belastungen – just zu dieser Zeit stirbt seine Mutter nach jahrzehntelanger Geisteskrankheit (am 28. Februar 1894), was die familiären Unglücksfälle in beunruhigende Erinnerung bringt. Der Tod des ersten Schwiegervaters und Freundes Hermann von Helmholtz (am 8. September 1894), in den autobiografischen Aufzeichnungen seltsamerweise nicht genannt, sorgt zweifellos für zusätzlichen Druck. Ein Verharren in den Tübinger Arbeitsverhältnissen, so Brancos Fazit nach vier Jahren, werde unweigerlich zum Zusammenbruch führen. Hinzu kommt – wieder einmal – die Unzufriedenheit des Ehepaares mit dem als langweilig und eng empfundenen Leben in der Kleinstadt.[292]

Erholungsreisen mit der Familie in den Ferien – in die Schweiz, an die oberitalienischen Seen, an die Ostsee – und die vom Ministerium angebotene Beurlaubung für ein halbes Jahr bringen keine Besserung, sondern führen zu der Entscheidung, aus dem Universitätsbetrieb ganz auszusteigen und wieder auf dem Land zu leben. „Dieses halbe Jahr“, so Branco, „Winter 1894–95, war bitterschwer, der Entschluß griff mir tief in die Seele.“ Der Universitätskanzler Carl Heinrich von Weizsäcker versucht ihn umzustimmen, der Kultusminister Otto von Sarwey will ihn nicht gehen lassen, muss aber schließlich das Abschiedsgesuch genehmigen.[293]

290 Lebensgang S. 144. In einem Brief an den Freund Adolf v. Koenen klagt Branco am 28.12.1892: „Uns ist es hier ganz gut ergangen wenn ich von Schlaflosigkeit absehe, die mich plagt und von dem Uebermaaß an Geselligkeit, für welches ich nicht die nöthigen Pferdekräfte besitze.“ (SUB Göttingen, Handschriften und Seltene Drucke, Cod. Ms. A. v. Koenen 3.)

291 Lebensgang S. 137, 140, 142, 144–147.

292 Lebensgang S. 140, dazu 139 f, 150–152.

293 Lebensgang S. 149–153, Zitat S. 153; FAvB, Nachlass Branco, Briefe (v. Weizsäcker an Branco, 17.12.1894; v. Sarwey an Branco, 22.12.1894). – Im UA Tübingen befinden

Abschied mit hohen Ehrungen

Aus Tübingen geht Wilhelm Branco mit unerwarteten, außerordentlichen Ehrungen fort – ungewöhnlich vor allem nach so kurzer Zeit an dieser Universität und im Königreich Württemberg. Gleich am Anfang seiner Tätigkeit, am 12. Februar 1891, hat die Naturwissenschaftliche Fakultät dem neuen Kollegen wegen seiner Verdienste um die geologische und paläontologische Forschung die Ehrendoktorwürde verliehen.[294] Nach seiner Heidelberger Promotion fünfzehn Jahre zuvor in der alten Philosophischen Fakultät wird er damit ganz in die Reihen der neuen Naturwissenschaftler geholt. Nun, zum Abschied, verleiht ihm König Wilhelm II. den Württembergischen Kronenorden, und zwar die Stufe des Ehren- oder Ritterkreuzes.[295] Mit dieser selten vergebenen Standeserhebung ist für bürgerliche Beamte des diplomatischen Dienstes und für Ordentliche Professoren der Landesuniversität der persönliche Adel verbunden.[296] Außerdem darf Branco Rang und Titel eines Professors behalten und mitnehmen.

In Tübingen und ganz Württemberg wird sein Weggang vielfach bedauert.[297] Er hinterlässt eine Reihe von Veröffentlichungen vor allem über die ehemaligen Vulkane des Landes; mehrmals kehrt er zurück zu geologischen und vulkanologischen Forschungen, weitere Ergebnisse folgen in den kommenden Jahren. Das Königreich Württemberg, schreibt er später einem Stuttgarter Bekannten, bleibt für ihn immer „eine zweite Heimath".[298] Im Dankesschreiben an den König zur Ordensverleihung heißt es: „Ich werde nie aufhören in größter Liebe und Dankbarkeit meines zweiten Vaterlandes und seines hohen Herrschers zu denken, in deren Diensten zu arbeiten mir leider nur so kurze Zeit vergönnt war."[299]

sich umfangreiche Personalakten zu Brancos Einstellung und Entlassung. Das Urlaubsgesuch datiert vom 18.9.1894, die Urlaubsbewilligung vom 29.9.1894, das Abschiedsgesuch vom 13.12.1894, der Abschied von der Universität zum 1.4.1895 (freundliche Mitteilungen des UA Tübingen). Vgl. dazu W. v. Engelhardt / H. Hölder, Mineralogie, Geologie und Paläontologie an der Universität Tübingen, S. 131 f.

294 Freundliche Mitteilung des UA Tübingen.

295 GStA PK, I. HA Rep. 176 Nr. 657 passim.

296 Vgl. J. Nimmergut, Deutsche Orden und Ehrenzeichen, Bd. III S. 1686–1703; B. Wunder, Der württembergische Personaladel, S. 507–509, 511.

297 Lebensgang S. 152 f.

298 Württembergische Landesbibliothek Stuttgart, Handschriftenabteilung, Cod. hist. 4" 608, I, 28 (Branco an den Juristen, Direktor des Statistischen Landesamtes und späteren Konsistorialpräsidenten Hermann Zeller, 3.4.1904).

299 FAvB, Nachlass Branco, Briefe (Branco an König Wilhelm II., 16.1.1895).

17. Von Neparmitz nach Hohenheim

Seit seiner strapaziösen Zeit als Landesgeologe träumt Branco davon, wieder als Gutsherr in und mit der Natur zu leben – mit so viel oder so wenig Arbeit, wie für ein gehobenes Einkommen nötig ist, mit einem finanziellen Ertrag, der auch für Reisen und Stadtbesuche reicht, mit Zeit für wissenschaftliche Arbeit, erholsame Ruhe und freundliche Geselligkeit.[300] Ein Leben „wie Darwin auf seinem Landsitze" schwebt ihm vor.[301] Als er nach dem Tod der Mutter ein beträchtliches Geldvermögen erbt, eröffnet sich die Möglichkeit, auf das feste, aber stets knappe Hochschullehrergehalt zu verzichten und ein Landgut zu kaufen. Auch Frau Paula strebt fort aus den „kleinstädtischen Verhältnissen" in Tübingen. Das halbe Jahr der Beurlaubung von den Universitätsverpflichtungen verbringt die Familie in Privatpensionen in Berlin, Wilhelm allein einige Wochen bei alten Freunden und Gutsbesitzern in Meseritz in Westpommern und Dumsevitz auf Rügen. Von dort geht er auf die Suche nach einem eigenen Gut. Am Ende gelingt ein Kauf, wenn auch mit allerlei Ärger; die Schwierigkeiten bei der Entscheidung und der Zorn auf sich selbst wegen einer übereilten Wahl klingen in einem späteren Bericht noch nach.[302]

Im März 1895 kauft, im Juni übernimmt Branco Neparmitz auf Rügen, ein ehemaliges Adelsgut in der Gemeinde Swantow (heute Poseritz). Er nennt das eine Vernunftehe, denn das Haus und die Lage gefallen ihm nicht wirklich. Nach häufigem Pächterwechsel in Privatbesitz verkauft, sind das Herrenhaus, ein zugehöriger Park und das Inventar verwahrlost. Das Haus, ein zweieinhalbgeschossiger verputzter Backsteinbau aus der Mitte des 19. Jahrhunderts, steht schon länger leer.[303] Zum Gut gehören 391 Hektar, vor allem Ackerland.[304] Branco notiert als

300 Lebensgang S. 126, 140 f, 150 f.

301 UB Heidelberg, Historische Sammlungen, Heid. Hs. 3400,17 (Branco an Rosenbusch, 23.3.1899). Die Vorstellung sei illusorisch gewesen, schreibt Branco: Darwin auf seinem Landsitz habe nahe London gewohnt, steten wissenschaftlichen Besuch und reiche Geldmittel gehabt; außer seinem Lebensunterhalt habe er – Branco – nichts dergleichen.

302 Lebensgang S. 150–157.

303 Vgl. W. Ohle / G. Baier, Die Kunstdenkmale des Kreises Rügen, S. 355 f; S. Bock / Th. Helms, Schlösser und Herrensitze auf Rügen, S. 83 f.

304 General-Adressbuch der Ritterguts- und Gutsbesitzer (1879), S. 112; Pommersches Güter-Adressbuch (1892), S. 208 f.

positiv, dass es laut Grundsteuertabelle vorzügliche Böden hat und jährlich 12.000 Mark Reinertrag abwirft.[305]

Mit dem ungewöhnlich umständlich beschriebenen Kaufvorgang brechen die autobiografischen Aufzeichnungen Wilhelm Brancos ab. Wir wissen so nichts über das Leben der Familie auf ihrem Gut – und ob sie überhaupt für längere Zeit dort eingezogen ist. Auch für den weiteren Lebensgang Brancos müssen wir auf seine eigenen, meist farbigen Schilderungen verzichten. Wir erfahren von Branco selbst nur noch, dass er Neparmitz im Jahr 1902 verkauft – und aus anderen Quellen, dass ihn schon 1895 wieder „die heiße Sehnsucht nach der aura academica" packt: „Ein auch nur halbwegs gefüllter Hörsaal ist doch eben ein viel schönerer Anblick als das schönste Weizenfeld."[306]

Wesentlich dramatischer stellt sich die damalige Situation in Briefen an vertraute Freunde als Lebenskrise dar. In einem Hilferuf an Friedrich Theodor Althoff beklagt Branco seine Kündigung in Tübingen als schweren Fehler, begangen „in gänzlicher Muthlosigkeit", „abgespannt und gemüthlich deprimirt" nach jahrelanger Überanstrengung. „In völliger Enthaltsamkeit von geistiger Arbeit und in der Abgeschiedenheit des Landlebens schien für mich die Rettung zu liegen." Eine Täuschung, die sich schon nach wenigen Wochen erweist: „Ein zerstörtes Lebensglück ist mein Loos, wenn es mir nicht gelingt, wieder in die alten Bahnen einzulenken oder doch irgend eine andere verwandte geistige Beschäftigung zu erlangen."[307] Und Harry Rosenbusch bekennt er später, „in der Betäubung unvernünftigster Ueberarbeitung und Mißbrauches des Nicotin's" sich damals selbst das Lebensglück vernichtet zu haben; zur Besinnung gekommen, sei ihm nur die Wahl zwischen Erschießen oder Rückkehr in „wissenschaftliche Luft" geblieben – ein verzweifelter Neuanfang, „so alt ich bin". Nicht nur Kollegen hätten damals kein Verständnis für seine sprunghaften Entscheidungen gehabt, sondern sogar die eigene Familie sei zeitweise an ihm irre geworden.[308]

305 Lebensgang S. 156 f. – 1879 bzw. 1892 sind es 13.483 Mark Grundsteuer-Reinertrag (wie Anm. 304).

306 J. F. Pompeckj, Gedächtnisrede, S. CXVI.

307 GStA PK, VI. HA Nl Friedrich Theodor Althoff Nr. 682 Bl. 69 f (Branco an Althoff, 20.8.1895).

308 UB Heidelberg, Historische Sammlungen, Heid. Hs. 3400,17 (Branco an Rosenbusch, 23.3.1899).

Rückkehr ins Hochschulleben

Die erhoffte Rettung kommt wieder aus Württemberg. Die Genesung auf dem Land ist offensichtlich eingetreten; Wilhelm Branco fühlt sich stark genug, einen Ruf an die *Landwirtschaftliche Akademie Hohenheim* anzunehmen. Dort ist mit dem Tod von Friedrich Nies (1839–1895) soeben der Lehrstuhl für Geologie und Mineralogie frei geworden. Die Hochschuldirektion erkundet zunächst vorsichtig die gesundheitlichen Verhältnisse des von ihr Vorgeschlagenen und fordert dann vorbehaltlos seine Berufung „unter dem Eindruck der weit gerühmten wissenschaftlichen Leistung dieses Mannes, sowie seiner sonstigen allgemein anerkannten trefflichen Eigenschaften." Und weiter: „Nach seiner trefflichen Wirksamkeit in Tübingen und bei seinen literarischen Erfolgen würde seine Berufung Hohenheim zu ganz besonderer Ehre gereichen."[309]

Am 15. Oktober 1895 wird Wilhelm Branco zum Ordinarius für die genannten Fächer in Hohenheim ernannt.[310] „Ich fühle mich so frisch und arbeitslustig wie seit Jahren nicht mehr und freuen wir uns Alle sehr, wieder in unsere liebe zweite Heimath zurückkehren zu können", schreibt er einem Vertrauten; „Mitte November ziehen wir in Hohenheim mit Sack und Pack ein."[311] Die Familie bezieht eine zufriedenstellende Dienstwohnung. Die Arbeit ist nicht so aufreibend wie in den vorherigen Stellen; Branco hat auch die Zeit, hin und wieder nach Rügen zu fahren und sich um die Verwaltung seines Gutes zu kümmern. Mobil bleibt er allemal: Zu den üblichen Lehrtätigkeiten gehört eine Serie geologischer Exkursionen durch das vertraute Land Württemberg. Und sein Vorgänger an der Hochschule hat ihm eine gute Gesteins- und Mineraliensammlung hinterlassen, die es zu vermehren gilt.[312]

In Hohenheim bleibt Wilhelm Branco bis zum 1. April 1899. In diese Zeit fällt eine Reihe von Veröffentlichungen zur Vulkanologie; die paläontologischen Untersuchungen weiten sich aus auf die fossilen Überreste von Säugetieren und Menschen. Einige praktische geologische Themen geraten ihm, jeweils von einer konkreten und gutachterlichen Frage ausgehend, zu ausgreifenden Betrachtungen.

309 Archiv der Universität Hohenheim, I 27/2 (Personalakten Branco; Zitat aus der Beratung der Akademiedirektion zur Wiederbesetzung des erledigten Lehrstuhls für Geologie und Mineralogie, 1. 10. 1895).

310 FAvB, Nachlass Branco, Briefe (Württembergisches Ministerium des Kirchen- und Schulwesens an Branco, 15.10.1895.

311 UB Freiburg, Historische Sammlungen AGV 17692 (Branco an Christian Regelmann, Neparmitz 21.10.1895).

312 Archiv der Universität Hohenheim, I 27/2 (Personalakten Branco).

Das heißt im Einzelnen: Branco beschäftigt sich mit der Wärmezunahme in der Erde, speziell mit seinerzeit umstrittenen Messungen in dem historischen „Bohrloch von Neuffen“[313], und mit den geologischen Verhältnissen von Salzvorkommen, veranlasst durch Wassereinbrüche in einem Salzlager bei Kochendorf[314]. Die Jahre in Hohenheim scheinen, von den wie üblich polemischen wissenschaftlichen Kontroversen abgesehen, konfliktfrei verlaufen zu sein. Später erinnert Branco sich gern an das „alte liebe Hohenheim, wo wir immer noch mit den Wurzeln festsitzen“.[315]

313 W. Branco, Die außergewöhnliche Wärmezunahme im Bohrloche von Neuffen (1897); dazu ders., Über H. Höfers Erklärungsversuch (1904).

314 W. Branco, Das Salzlager bei Kochendorf (1899).

315 Wie Anm. 312 (Zitat aus einem Brief an Bibliothekar NN, 2.6.1902).

18. In der Reichshauptstadt: Ordinarius und Museumsdirektor

Das „Idyll Hohenheim"[316] dauert kaum dreieinhalb Jahre. Am 22. Dezember 1898 stirbt Brancos alter – nach Geburtsdaten nur ein Jahr älterer – Lehrer und Förderer Wilhelm Barnim Dames, der seinerseits Nachfolger von Heinrich Ernst Beyrich als Geologe und Paläontologe an der *Friedrich-Wilhelms-Universität* in Berlin war.[317] Die Philosophische Fakultät will den Lehrstuhl umgehend neu besetzen; der Nachfolger soll in beiden Fächern gleichermaßen ausgewiesen, ein guter Lehrer und tüchtiger Museumsvorstand sein. Das hohe Prestige der Stelle ergibt sich aus der Tatsache, dass man zunächst daran denkt, eine der größten Kapazitäten der Zeit zu gewinnen – Eduard Suess (1831–1914) in Wien, Karl Alfred von Zittel (1839–1904) in München oder Ernst Wilhelm Benecke (1838–1917) in Straßburg.[318]

Aus den Berufungsvorschlägen schält sich Wilhelm Branco als Favorit heraus. Der Stuttgarter Kultusminister will ihn nicht ziehen lassen, bietet ihm enorme Erhöhungen der Bezüge und Arbeitsmittel an, doch der umworbene Wissenschaftler entscheidet sich nach kurzem Taktieren für Berlin. Die Entlassung aus dem württembergischen Dienst gelingt nach diplomatischer Intervention der preußischen Regierung innerhalb weniger Tage. Nach überraschend kurzen Verhandlungen und selbstbewusst vorgetragenen Forderungen wird am 12. und 13. März ein Vertrag, am 27. März 1899 die Bestallungsurkunde unterzeichnet. Als Arbeitsbeginn in Berlin gilt der 1. April, die Vereidigung folgt am 29. April 1899, die Lehrtätigkeit dort beginnt sogleich mit dem Sommersemester. Der Auftrag umfasst den ministeriellen Auflagen zufolge „die Geologie einschließlich

316 J. F. Pompeckj, Gedächtnisrede, S. CXVI.

317 GStA PK, I. HA Rep. 76 Va Sekt. 2 Tit. IV Nr. 61 Bd. 9 Bl. 316–329, 334 (Nachrufe, Todesmitteilung).

318 GStA PK, I. HA Rep. 76 Va Sekt. 2 Tit. IV Nr. 61 Bd. 9 Bl. 354–359. Die Vorschläge werden verworfen, weil die Genannten zu alt und außerdem an ihren Orten in zu hohen Stellungen etabliert, also nicht abzuwerben seien. Außer Branco werden die jüngeren Gustav Steinmann (1856–1929) in Freiburg und Viktor Uhlig (1857–1911) in Prag vorgeschlagen. Über die üblichen Machtkämpfe und Intrigen bei der Neubesetzung äußert Branco sich sehr betrübt; in einem vertraulichen Brief an Harry Rosenbusch erklärt er ausführlich, sich daran nicht beteiligt zu haben, und bittet um Unterstützung gegen eventuelle Verleumdungen. UB Heidelberg, Historische Sammlungen, Heid. Hs. 3400,17 (Brief vom 17.3.1899).

Wir Wilhelm,
von Gottes Gnaden
König von Preußen etc:

Thun kund und fügen hiermit zu wissen, daß Wir Allergnädigst geruht haben, den bisherigen Professor an der Landwirthschaftlichen Akademie zu Hohenheim in Württemberg Dr. Wilhelm Branco zum ordentlichen Professor in der philosophischen Fakultät der Friedrich-Wilhelms-Universität zu Berlin zu ernennen. Es ist dies in dem Vertrauen geschehen, daß derselbe Uns und Unserem Königlichen Hause in unverbrüchlicher Treue ergeben bleiben und die Pflichten des ihm übertragenen Amtes in ihrem ganzen Umfange mit stets regem Eifer erfüllen und insbesondere alle halbe Jahre ein Kollegium über einen Zweig der von ihm zu lehrenden Wissenschaften unentgeltlich lesen, sowie auch für jedes Semester mindestens eine Privatvorlesung in seinem Fache ankündigen werde, wogegen sich derselbe Unseres Allerhöchsten Schutzes bei den mit seinem gegenwärtigen Amte verbundenen Rechten zu erfreuen haben soll. Urkundlich haben Wir diese Bestallung Allerhöchst Selbst vollzogen und mit Unserem Königlichen Insiegel versehen lassen. Gegeben Berlin im Schloß, den 27. März 1899.

Wilhelm R.

Bestallung
für
den bisherigen Professor an der Landwirthschaftlichen Akademie zu Hohenheim in Württemberg Dr. Wilhelm Branco als ordentlichen Professor in der philosophischen Fakultät der Friedrich-Wilhelms-Universität zu Berlin.

Bosse.

Abb. 23: Bestallungsurkunde für Wilhelm Branco, Berlin 27. März 1899

der dynamischen Gebiete dieser Wissenschaft und die Paläontologie", zugleich die Direktion des *Geologisch-paläontologischen Instituts* der Universität und der Geologisch-paläontologischen Sammlung des *Museums für Naturkunde*.[319]

Ein persönlicher Kommentar Wilhelm Brancos zu seiner Berufung nach Berlin ist nicht überliefert. Zweifellos sind er und Frau Paula höchst zufrieden. Der Vierundfünfzigjährige ist an seinem Lebensziel angelangt, ist Ordinarius an der Universität, an der seine wissenschaftliche Laufbahn ganz klein als Privatdozent begonnen hat, und die Familie kann wieder in der geliebten Stadt leben. Achtzehn Jahre lang, bis zur Entpflichtung von seinen Lehraufträgen zum 1. April 1917, wird Branco in dieser Stellung bleiben.

Bei seinem eiligen Wechsel von Hohenheim nach Berlin wohnt Branco zunächst im „Hospiz des Westens", Marburger Straße 4.[320] Die Familie folgt bald nach in die Passauer Straße 5 I (1900) und zieht dann mehrmals innerhalb des Berliner Postbezirks Westen um: zur Maaßenstraße 35 II (1904), dann Lutherstraße 47 II (1908), schließlich Schaperstraße 15 II (1913).[321] Man bewegt sich also in den vor der Jahrhundertwende angelegten neuen Straßenzügen in Schöneberg, Tiergarten und Charlottenburg und bezieht weiträumige Etagenwohnungen in repräsentativen Gründerzeithäusern.

Für das gesellschaftliche Leben der Familie in Berlin fehlen die autobiografischen Mitteilungen und jegliche Korrespondenzen. Zweifellos hat man den üblichen Umgang mit Kollegen und den seit jeher engen Verkehr mit Verwandten und Freunden gepflegt. Die alten familiären Mittel- und Treffpunkte um die Schwiegereltern sterben mit den Witwen Anna von Helmholtz (1899) und Luise Kirchhoff (um 1906) allerdings weg. Somit fällt Wilhelm Branco allmählich die Rolle des Patriarchen zu.

Instituts- und Museumsleiter

An der *Friedrich-Wilhelms-Universität* haben die von Branco vertretenen Fächer einen sprunghaften Bedeutungszuwachs hinter sich. Mineralogie einerseits,

319 UA HU Berlin, B 369 Nr. I Bl. 1–3, Nr. II Bl. 1–4; GStA PK, I. HA Rep. 76 Va Sekt. 2 Tit. IV Nr. 61 Bd. 9 Bl. 353–368, Bd. 10 Bl. 31–36, Rep. 176 Nr. 657 Bl. 159 b-c. Dazu FAvB, Nachlass Branco, Briefe (Württembergisches Ministerium an Branco, 8.3.1899, 11.3.1899; Württembergisches Ministerium an Akademie Hohenheim, 28.3.1899; Preußisches Ministerium an Branco, 16.3.1899, 1.4.1899, 11.4.1899), Urkunden (Bestallung, 27.3.1899).

320 GStA PK, I. HA Rep. 76 Va Sekt. 2 Tit. IV Nr. 61 Bd. 10 Bl. 77.

321 Berliner Adreßbuch 1899–1918. Die römische Ziffer bezeichnet das Geschoss. Die Umzüge sind jeweils im Jahr vor der Veröffentlichung dieser Daten anzusetzen.

Geologie und Paläontologie andererseits, zuvor – wie überall sonst – in einem Ordinariat vereinigt, haben sich in getrennte Lehrstühle mit jeweils eigenen Instituten differenziert. Das spiegelt sich auch in der Spezialisierung der alten Sammlungen der Hochschule in getrennten Museen. Organisatorisch zusammengeführt werden diese in dem neuen *Museum für Naturkunde*, das 1889 sein eigenes monumentales Gebäude in der Invalidenstraße 43 bezieht. Universitätsinstitute und Museen bleiben dabei personell eng miteinander verknüpft. Direktor für die Bereiche Geologie und Paläontologie wird Wilhelm Branco, für Mineralogie und Petrografie sein alter Lehrer und Freund Karl Klein, dann Theodor Liebisch; daneben – und ungleich besser ausgestattet – expandiert das Institut und Museum für Zoologie unter der Leitung des dynamischen Karl August Möbius (1825–1908), dann August Brauer (1863–1917).[322]

Das Berliner Kultusministerium spürt sogleich, dass es mit Branco einen nicht mehr jungen, aber vor Arbeitslust sprühenden Museumsleiter und hartnäckigen Verhandler um Geld und Personal heimgeholt hat. Branco erweist sich zudem als Verfechter moderner Vorstellungen von der Öffnung und Popularisierung der naturkundlichen Museen für ein lernbegieriges Publikum. Der Zustand der ihm anvertrauten Berliner Abteilung, so der Tenor seiner umgehend vorgelegten Anträge, könne solchen Ansprüchen nicht genügen. Die von seinen Vorgängern aufgebauten Sammlungen seien zwar wertvoll, gar weltweit erstrangig, aber nur zum Teil geordnet und verzeichnet und insgesamt nicht mehr konkurrenzfähig. Die paläontologische Abteilung erscheine angesichts der enormen Zunahme und Erforschung fossiler Funde in aller Welt veraltet, und eine geologische Schausammlung müsse überhaupt erst aufgebaut und zugänglich gemacht werden.[323]

322 Vgl. die Beiträge von Th. Liebisch, W. Branca, F. E. Schulze und A. Brauer in: M. Lenz (Hg.), Geschichte der Königlichen Friedrich-Wilhelms-Universität zu Berlin, Bd. 3 S. 310–343, 363–389. Dazu G. Hoppe, Zur Geschichte der Geowissenschaften, Teile 4 und 5; W. Gross / H.-P. Schultze, Zur Geschichte der Geowissenschaften, Teil 6. Neuerdings C. Kretschmann, Räume öffnen sich, S. 30–39 (mit Schwerpunkt auf dem Zoologischen Museum); H.Landsberg / F. Damaschun, Aus Tradition modern, S. 24–36.

323 GStA PK, I. HA Rep. 76 Va Sekt. 2 Tit. X Nr. 21 Bd. 17 Bl. 212–219, 220 f. – Ende 1902 teilt Branco dem Kultusministerium die Fertigstellung der geologischen Schausammlung mit und bekommt die Erlaubnis zur Eröffnung für Publikum. UA HU Berlin, Museum für Naturkunde Bd. 151, unpaginiert (Schreiben vom 17.12.1902 und 3.1.1903).

Abb. 24: Wilhelm Branco, undatierte Visitfotografie, Berlin um 1900

Der Vorgang ist nicht nur hausintern bedeutsam, sondern symptomatisch für eine Entwicklung, die im 19. Jahrhundert alle deutschen naturhistorischen Museen ergriffen hat. Getrieben von den sprunghaften Fortschritten der modernen Naturwissenschaften und ihrer Einschätzung als neue „Leitwissenschaften", öffnen sich die alten fürstlichen Naturalienkabinette, städtischen Museen und akademischen Lehrsammlungen – sie werden Stätten der Wissensproduktion und Wissensvermittlung, kurzum: Bildungsinstitutionen. So dienen sie der „Entdeckung der Natur als Bildungswelt".[324] Wilhelm Branco, ein Meister der mitreißenden Rede und populären Darstellung, ist offensichtlich der geeignete Promoter für diese Etappe in der Geschichte des *Geologisch-paläontologischen Museums*. Zweifellos darf man ihn zu den „Reformdirektoren" der Naturkundemuseen im Kaiserreich zählen.[325]

Die tatsächliche Entwicklung des gesamten Berliner Naturkundemuseums hält mit solchen Aufgabenstellungen allerdings nicht Schritt.[326] Nur langsam und für Brancos und seiner Kollegen Pläne nie ausreichend werden die staatlichen Haushaltsmittel für Sach- und Personalkosten aufgestockt. Der vom neuen Instituts- und Museumsleiter Branco forcierte Ankauf der Privatbibliothek seines Vorgängers Dames – zum Beispiel – gelingt nur, weil der Kaiser selbst 12.000 Mark aus seinem Dispositionsfonds bei der General-Staatskasse freigibt, damit dieser Bestand Berlin nicht verloren geht.[327] Mehrmals können dem Museum angebotene Fossilien nicht erworben werden, weil die Mittel nicht rechtzeitig fließen. Dem Museum als Schenkungen übereignete bedeutende Funde und Sammlungen bleiben unkonserviert und provisorisch liegen, weil Fachpersonal und Schränke fehlen; Branca befürchtet, sein Haus werde deshalb bei potenziellen Stiftern in Verruf geraten. Von den langen Wegen der Ministerialbürokratie bis zur Bewilligung und Auszahlung von Mitteln ist er spürbar genervt.[328]

324 Vgl. C. Kretschmann, Räume öffnen sich, S. 15–39, 295–299, Zitat S. 295; M. Tamborini, „If the Americans can do it, so can we", S. 227–236.

325 Vgl. S. Köstering, Natur zum Anschauen, S. 131 ff, 293 ff. In dieser Arbeit wird Branca nicht genannt, was wohl mit der Fokussierung auf das Zoologische Museum im Naturkundemuseum Berlin und dessen Direktor Möbius zu erklären ist.

326 Vgl. G. Hoppe, Zur Geschichte der Geowissenschaften, Teil 5 S. 28–44.

327 GStA PK, I. HA Rep. 76 Va Sekt. 2 Tit. X Nr. 21 Bd. 17 Bl. 257–263.

328 GStA PK, I. HA Rep. 76 Va Sekt. 2 Tit. X Nr. 21 Bd. 19 passim, bes. Bl. 79–81, 156–158.

Abb. 25: Arbeitszimmer von Wilhelm Branca im Institut und Museum für Geologie und Paläontologie der Universität Berlin (undatierte Fotografie)

Als besonderen Missstand prangert Branca den häufigen Wechsel der Assistenten an, die nach der Habilitation schnell auf besser bezahlte Stellen abspringen, so dass er oft mit unqualifizierten Hilfskräften auskommen muss. 1912 legt er dem Ministerium detaillierte Aufstellungen über seine und seiner Vorgänger gescheiterten Eingaben in dieser Sache vor; seit seinem Amtsantritt hat er selbst bereits ganze sechzehn Assistenten oder Hilfsassistenten erlebt.[329] Der Vorgang wiederholt sich bei jeder Anmeldung für den Staatshaushalt.[330] Fazit: „Meine

329 Wie Anm. 328, Bl. 232–248, 251–256, 281. Vgl. die Liste des wissenschaftlichen Personals in: W. Gross / H.-P. Schultze, Zur Geschichte der Geowissenschaften, Teil 6 S. 7–12. Es handelt sich bis in die jüngste Zeit ausschließlich um Männer. 1912 stellt Branca eine Frau – als Volontärin – am Museum ein: Adda von Helldorf (1871–1944), seit 1904 Gasthörerin bei dem Leipziger Geologen Hermann Credner (vgl. Anm. 375), seit 1911 Mitglied der Deutschen geologischen Gesellschaft, laut Branca als wissenschaftlich kompetent geschätzt.

330 GStA PK, I. HA Rep. 76 Va Sekt. 2 Tit. X Nr. 21 Bd. 20 Bl. 1–12, 16–23, 27–33, 49–92, 95–102.

Aufgabe und mein stetes Bestreben, das mir unterstellte Institut und Museum aus einem bescheidenen, einer Provinzuniversität angemessenen zu einem der Reichshauptstadt würdigen zu entwickeln, hat durch nichts anderes die grösste Benachteiligung erfahren."[331] Mehrmals werden die personellen Probleme im *Geologisch-paläontologischen Museum* sogar im preußischen *Haus der Abgeordneten* thematisiert.[332]

Brancas Amtszeit ist so gekennzeichnet von unablässigen Bemühungen um Geld und Räumlichkeiten, um Erweiterung und Erschließung der Bestände, ist erfüllt von Klagen über personelle Unterbesetzung bei ständig sich vermehrenden Aufgaben. Seine Forderungen weiß er mit aufrüttelnden Schilderungen der neuen Bedeutung der Naturkunde für die deutsche Gesellschaft zu unterfüttern.[333]

Zwischenbilanz und Baupläne

In einem 1910 erschienenen Standardwerk zur Geschichte der Universität Berlin zieht Branca eine Art Zwischenbilanz zur Entwicklung seines Instituts und Museums nach zehn Jahren Amtszeit.[334] Der Direktor arbeitete demnach im Schnitt mit nur einem Kustos, zwei bis drei Assistenten und einer wechselnden Anzahl von Hilfsassistenten, einem Präparator und einem Diener. Branca selbst hält regelmäßig zwei mehrstündige Hauptvorlesungen; auch die Kustoden und Assistenten – im Idealfall mit außerordentlichen Professuren an die Universität gelockt – sind mit Vorlesungen und Übungen in die Lehre eingebunden. Hinzu kommen regelmäßig geologische Exkursionen von ein- bis mehrtägiger Dauer.[335] Neben der Lehr- und Forschungstätigkeit steht die Erschließung und Präsentation der Sammlungen im Mittelpunkt der Arbeit.

Branca betont in seinem Bericht das zunehmende Interesse der Öffentlichkeit, das mit Museumsführungen und Vorträgen geweckt und befriedigt werde – mit Zuspruch nicht nur aus bildungsbürgerlichen Kreisen, sondern auch in

331 Wie Anm. 328, Bl. 245.

332 GStA PK, I. HA Rep. 76 Va Sekt. 2 Tit. X Nr. 21 Bd. 19 Bl. 250 (Verhandlungen des Hauses der Abgeordneten, 46. Sitzung am 27.3.1912); Bd. 20 Bl. 34 f (164. Sitzung am 12.4.1913). Redner ist der Abgeordnete der Fortschrittlichen Volkspartei Hermann Pachnicke. Dazu Bd. 19 Bl. 232 (Branco an Kultusministerium, 8.6.1912).

333 GStA PK, I. HA Rep. 76 Va Sekt. 2 Tit. X Nr. 21 Bde. 17, 19 und 20 passim.

334 W. Branca, Das geologisch-paläontologische Institut und Museum, in: M. Lenz (Hg.), Geschichte der Königlichen Friedrich-Wilhelms-Universität zu Berlin, Bd. 3 S. 319–343.

335 UA HU Berlin, Museum für Naturkunde Bd. 151, passim (Anträge, Genehmigungen, Vorbereitungen).

Kooperation mit der *Centralstelle für Volkswohlfahrt* (der früheren *Centralstelle für Arbeiter-Wohlfahrtseinrichtungen*) und anderen Arbeitervereinen. Diese bemerkenswerte Aktivität beginnt schon unter Brancas Vorgängern, gefördert und ausdrücklich sogar angeordnet vom preußischen Kultusministerium. So finden jeweils im Winterhalbjahr spezielle „Arbeiterführungen" statt, monatlich an einem Sonntag ab zwölf Uhr. Branca stellt dafür seine Assistenten und Kustoden ab; das Ministerium erwartet und bekommt Erfolgsmeldungen mit Teilnehmerzahlen.[336]

Der Text aus dem Jubiläumsband von 1910, mit Daten zu Etat und Personal, Räumen und Sammlungen, ergänzt mit wissenschaftsgeschichtlichen Erörterungen, ist zugleich ein Dokument für Erwerbsstrategien und Öffentlichkeitsarbeit in der Amtszeit Branca.[337] Das berühmteste Stück der Schausammlungen findet er bereits vor: den 1876 im Weißjurakalk bei Eichstätt entdeckten „Urvogel" *Archaeopteryx*, ein Verbindungsglied zwischen Sauriern und Vögeln, bis heute weltweit nur in zwölf Beispielen bekannt. Der Helmholtz-Freund Werner von Siemens hat den Ankauf dieses schönsten und vollständigsten Exemplars für das Berliner Museum ermöglicht. Branca baut das neuartige System der Erweiterung der Bestände durch private Stiftungen von Geld und Objekten aus. Ansonsten ist er – wie seine Kollegen in den anderen deutschen naturkundlichen Museen – auf Zukäufe auf einem immer teurer werdenden internationalen Markt, den Handel mit Dubletten und die Ergebnisse eigener Grabungen angewiesen. Davon zeugt seine Korrespondenz mit Sammlern, Händlern und Kollegen in Deutschland und aller Welt. Vor allem aber übernimmt das Museum in Brancas Amtszeit

336 UA HU Berlin, Museum für Naturkunde Bd. 151, passim (Ministerialerlasse, Berichte, Korrespondenz). – Der Zusammenarbeit mit der Centralstelle entspringt der erste „volksthümliche Führer" durch die Berliner Geologisch-paläontologische Sammlung, verfasst von Emil Philippi, 1897–1900 Assistent am Museum für Naturkunde. Zur von den Museen problematisierten Frage der Arbeiterführungen vgl. S. Köstering, Natur zum Anschauen, S. 226–274; C. Kretschmann, Räume öffnen sich, S. 233–236.

337 Dazu auch G. Hoppe, Zur Geschichte der Geowissenschaften, Teil 5 S. 31–35. Ein Beispiel für krasse Fehlbewertungen der Amtszeit Branca bietet W. O. Dietrich, Geschichte der Sammlungen, S. 280 f (mit nur neun nichtssagenden Zeilen).– Umfangreiche Quellen finden sich in den Akten des Preußischen Kultusministeriums (vor allem: GStA PK, I. HA Rep. 76 Va Sekt. 2 Tit. IV Nr. 61 Bde. 9 und 10; Tit. X Nr. 21 Bde. 17, 19, 20) und des Archivs der Humboldt-Universität Berlin (vor allem: UA HU Berlin, Museum für Naturkunde Bd. 151 und 153). Vgl. C. Kretschmann, Räume öffnen sich, S. 14 und Quellenverzeichnis S. 306–308 (die dortigen Signaturen sind inzwischen verändert worden).

umfangreiche private Fossiliensammlungen und spektakuläre Funde mehrerer Expeditionen, die er für Berlin sichern kann, vor allem die fossilen Knochen hunderter Individuen von den Dinosaurier-Nekropolen in Deutsch-Ostafrika.[338]

Der Platzmangel im *Museum für Naturkunde* bleibt auch nach dem Einzug in den repräsentativen Neubau ein Leitmotiv von Klagen und Anträgen aller drei Abteilungen. 1911 legen die Museumsdirektoren Brauer, Branca und Liebisch dem Kultusministerium eine gemeinsame Eingabe vor mit drastischer Schilderung ihrer Raumnot: Die Hauptsammlungen können nicht mehr sachgemäß untergebracht, die Schausammlungen nicht angemessen präsentiert werden, die sprunghafte Zunahme aller Bestände vor allem seit Erwerbung der Kolonien ist konservatorisch und ordnend nicht mehr zu bewältigen.

Wilhelm Branca, zum Beispiel, trägt für seine Abteilung vor: Wer die Ausstellungen fossiler Tiere in New York, London, Paris, München oder Frankfurt einmal gesehen hat, der „muß auf das Tiefste enttäuscht und mit Trauer erfüllt werden, wenn er die dürftige paläontologische Schausammlung des Berliner Museum[s] in einem einzigen, noch dazu dunklen Saal erblickt und muß zu einem völlig falschen Urteil über die Bedeutung der hiesigen Sammlungen gelangen."[339] Seit mehr als einem Jahrzehnt, so die Museumsleiter, wiederholen sich die immer dringlicheren Vorstöße für Erweiterungsbauten. Nun wandern die mit Bedarfsplänen, Zeichnungen und Kostenrechnungen bestückten Vorschläge für weitere Jahre durch die Amtsstuben der Ministerialbürokratie und der staatlichen Baukommission.[340]

1914 erscheint die räumliche Situation im *Geologisch-paläontologischen Museum* hoffnungslos. Die Übernahme großer Sammlungen und die Fundmassen der Tendaguru-Expedition haben die der Abteilung zugewiesenen Gebäudeteile des Naturkundemuseums und eine im Hof aufgestellte Baracke überfüllt.[341]

338 Museum für Naturkunde Berlin, Historische Bild- und Schriftgutsammlungen (MfN HBSB), Pal. Mus. S II, Akte Ausland A-Z; GStA PK, I. HA Rep. 76 Va Sekt. 2 Tit. X Nr. 21 Bd. 19 Bl. 79–81, 85–88, 156–158; UA HU Berlin, Museum für Naturkunde Bd. 151, passim. Vgl. G. Hoppe, Zur Geschichte der Geowissenschaften, Teil 5 S. 17 f, 34–36; C. Kretschmann, Räume öffnen sich, S. 139–184.

339 UA HU Berlin, Museum für Naturkunde Bd. 118, unpaginiert (Konzept der Eingabe vom 20.7.1911, daraus das Zitat).

340 Wie Anm. 339 (Antwort des Kultusministeriums vom 17.10.1911, erneute Eingabe vom 10.6.1912, weitere Vorgänge zur Erweiterungsplanung und zum Baubeginn 1912 ff). Federführend für die Verhandlungen ist August Brauer, Direktor des Museums für Zoologie, zugleich Verwaltungsdirektor des Gesamtmuseums.

341 W. Branca, Allgemeines über die Tendaguru-Expedition, S. 7, 12 f.

Branca fertigt für das Kultusministerium eine Bestandsaufnahme und einen Raumbedarfsplan – und entwickelt damit weitergehende Pläne für die Zukunft des Museums.[342] Zu den traditionellen geologischen und paläontologischen Schausammlungen möchte er neu konzipierte „entwicklungsgeschichtliche biologische" und „vergleichend anatomische" Gruppen aufstellen. Die Dinosaurier sollen als Publikumsmagnet im (dafür schon zu kleinen) Lichthof präsentiert werden. Und:

> „Die reichen Sammlungen an Fossilien und Gesteinen aus unseren Kolonieen, besonders Ost-Afrika, gestatten es, eine weitere Sonderabteilung: Geologie der Deutschen afrikanischen Kolonieen oder mit Einschluß der bedeutenden nordafrikanischen Sammlungen […]: die *Geologie Afrikas* aufzustellen. Es würde dadurch dem Berliner Museum eine sehr interessante und einzigartige Sonderausstellung erstehen."[343]

Schließlich – ein neuer Gedanke Brancas – soll eine „Heimatsammlung" zur Geologie der Mark Brandenburg geschaffen werden.[344] Die Lösung aller Platzprobleme soll die Verlegung des gesamten Naturkundemuseums nach Dahlem erbringen. Die alten (und in Ansätzen bereits umgesetzten) Pläne, auf dem Land der inzwischen staatlichen Domäne Dahlem sämtliche naturwissenschaftlichen Institute und Museen Berlins zu einem „deutschen Oxford" zusammenzulegen, werden 1914 wieder akut.[345] Wilhelm Branca ist sogleich Feuer und Flamme; er legt dem Kultusministerium zwei Denkschriften für die Neukonzeption seines Hauses vor und hat sogar schon Planskizzen für einen eigenen Bau zur Hand. Vier Flügel um einen Lichthof sollen auf drei Stockwerken insgesamt 19.000 Quadratmeter umbauten Raum für die Hauptsammlung, öffentlich zugängliche Präsentationen, akademischen Unterricht und wissenschaftliche Forschung erbringen. Damit könnten, so Branca, die Lehr- und Schausammlungen und die Bibliothek beider Fachbereiche beisammen bleiben und die inhaltlich wie wirtschaftlich unsinnigen Diskussionen über ihre Trennung beendet werden.[346]

Als die politische Lage schon vor dem Kriegsausbruch alle Pläne hinfällig macht, gibt Branca noch nicht auf. Alternativ schlägt er die Verlegung des gesamten *Geologisch-paläontologischen Instituts und Museums* in ein benachbartes

342 GStA PK, I. HA Rep. 76 Va Sekt. 2 Tit. X Nr. 21 Bd. 20 Bl. 124–131 (Branca an Kultusministerium, 24.4.1914).

343 Wie Anm. 342, Bl. 131. Hervorhebung im Original gesperrt.

344 Wie Anm. 342, Bl. 130', 131.

345 Vgl. M. Engel, Geschichte Dahlems, S. 18 f, 102–107; E. Henning / M. Kazemi, Dahlem – Domäne der Wissenschaft, S. 14–17.

346 Wie Anm. 342, Bl. 132–159 (Branca an Kultusministerium, 28.5.1914, mit Anlagen), Planzeichnung Bl. 159.

Gebäude – zum Beispiel die möglicherweise frei werdende *Landwirtschaftliche Hochschule* an der Invalidenstraße – vor, notfalls auch die Auslagerung nur der paläontologischen Schausammlung in ein neues, eigenes Museum.[347] Das Scheitern auch dieser Pläne dürfte ihm am Ende seiner Amtszeit den Mut für weitere Vorstöße genommen haben.

Um die Zukunft der Geologie und Paläontologie

Wilhelm Branca wird in den Jahren seines Berliner Ordinariats zu einem führenden Kopf der preußischen und deutschen Paläontologie, und er verschafft seinem Fach in der internationalen Konkurrenz mit den nordamerikanischen, britischen und französischen Kollegen einen Platz in der ersten Reihe.[348] Dazu verhilft ihm vor allem der Erfolg der Tendaguru-Expedition, deren Ausbeute aus Deutsch-Ostafrika er nach Berlin holen kann. Im letzten Jahrzehnt seiner Amtszeit setzt er sein Institut und Museum fast völlig für die Aufarbeitung dieser Fossilienmassen ein.[349] Mit deutschen und ausländischen Instituten und Museen steht er im wissenschaftlichen Austausch über die Erschließung dieses Materials.[350]

Dabei gehört Branca zu den letzten deutschen Geologen und Paläontologen, die noch die ganze Bandbreite ihrer Fächer überblicken. So bezieht er engagiert Position für die Gesamtheit dieser Wissenschaft, als eine Diskussion über die Trennung von Geologie und Paläontologie an den Universitäten einsetzt. Er selbst kann sich allenfalls eine Aufteilung in Allgemeine Geologie einerseits, Historische Geologie einschließlich Paläontologie andererseits vorstellen, aber keine eigenständige paläobiologische Disziplin.[351] In diesem Punkt geht Branca einen Schritt hinter seinen Lehrer Zittel zurück, der stets für die Paläontologie als selbstständige biologische Wissenschaft plädiert und gearbeitet hat.[352]

Was nun eine inhaltliche Auseinandersetzung zwischen einem traditionalistischen und einem progressiven Lager hätte sein können, wird überlagert von persönlichen Zerwürfnissen. Die Kontroverse tritt ein früherer Mitarbeiter des Berliner *Geologisch-paläontologischen Instituts und Museums* los: Otto Jaekel

347 Wie Anm. 342, Bl. 160–165 (Branca an Kultusministerium, 19.7.1914).
348 Vgl. M. Tamborini, „If the Americans can do it, so can we", passim.
349 Vgl. oben S. 142 f, unten S. 213–215.
350 MfN HBSB, Pal. Mus. S II, Tendaguru-Expedition 10.2.
351 Wie Anm. 356. Vgl. dazu auch Brancos Formulierung vom Januskopf der Geologie und Paläontologie („ein Kopf, doch zwei Gesichter"), in: Antrittsrede (1900), S. 681 f.
352 Vgl. M. Tamborini, Die Wurzeln der Idiographischen Paläontologie, S. 117 f, 125 f.

(1863–1929), ehrgeiziger Gründer der *Paläontologischen Gesellschaft*, beklagt aus Breslau die Unterentwicklung seines Faches an den deutschen Universitäten und fordert die Einrichtung eigener Lehrstühle. Selbst wohlwollende Autoren bescheinigen Jaekel, eine widerspruchsvolle und meist im Streit gescheiterte Persönlichkeit zu sein.[353] Mit kaum verhohlener Freude hatte Branca zehn Jahre zuvor den Weggang seines Widersachers von Berlin nach Greifswald begleitet.[354] Nun wirft der ehemalige Untergebene dem dominanten Branca vor, den Fortschritt der Wissenschaft zu hindern, und beschuldigt ihn, Besitzstand und Macht als Ordinarius allein aus persönlichen Interessen und Neigungen wahren zu wollen.[355]

Branca wiederum argumentiert realpolitisch, beschwört die Gefahr der Zersplitterung von Geldern, Sammlungen und Ausbildungsgängen. Und bevor man an eine neue Aufteilung der geologischen Fächer denke, müsse man die eben erst begonnene Verselbstständigung der Geologie aus der Mineralogie fortsetzen. Mit einer langen, aus Jaekels Publikationen gezogenen Fehlerliste hält er diesem vor, vergleichende paläontologische Forschung durch lebhafte Phantasie, sauber recherchierte Tatsachen durch wilde Hypothesen und die Erfindung immer neuer Stammbäume zu ersetzen. Damit nützt er die Schwachpunkte seines

353 Vgl. die Beiträge von H. Nestler, G. Steinich, G. Böhme und W. Hansch in: Wissenschaftliche Zeitschrift der Ernst-Moritz-Arndt-Universität Greifswald, XXXVIII/1989 H. 1–2 S. 2–30.

354 Otto Jaekel war ab 1894 a. o. Professor an der Friedrich-Wilhelms-Universität Berlin und Kustos des Geologisch-paläontologischen Museums, zeitweise auch dessen kommissarischer Leiter. Zwischen ihm und dem neuen Museumsdirektor kam es zu persönlichen und inhaltlichen Differenzen; nach einer vergeblichen Bewerbung in Wien gelang Jaekel die Berufung nach Greifswald ab 10.10.1906. Branco schrieb dem Ministerium am 6.10.1906 aus Cannobio Vorschläge für die Wiederbesetzung der Stelle in Berlin. GStAPK I. HA Rep. 76 Va Sekt. 2 Tit. X Nr. 21 Bd. 19 Bl. 3 f.

355 Branca beschwert sich beim preußischen Kultusminister, Jaekel habe gegen ihn und Pompeckj die „schwerste Beschuldigung" ausgesprochen, „die man gegen einen Gelehrten erheben kann, daß wir nicht von sachlichen, sondern von persönlichen Interessen geleitet seien" (Brief o. D [1916]). In einer hausinternen Stellungnahme des Ministeriums vom 29.8.1916 heißt es: „Nach dem vorläufigen, aus den anliegenden beiden Schriften hergeleiteten Urteile schneidet Jaekel in dem unerquicklichen Streite nicht gerade ehrenvoll ab. Seine Entschuldigung, daß man 'im Felde' die Worte nicht so abwäge, wird in Gelehrtenkreisen nicht überall angenommen werden." GStA PK, I. HA Rep. 76 Va Sekt. 2 Tit. X Nr. 21 Bd. 20 Bl. 195, 233'.

Kontrahenten zornig aus und bestreitet diesem überhaupt das Recht, für die Paläontologie zu sprechen.[356]

Bei der Gelegenheit macht Branca gleich eine positive Bestandsaufnahme zur Forschung dieses Faches in Deutschland. Auf längere Sicht sei eine „reine Paläontologie" wünschenswert, schreibt er in einer Vorlage für seine Fakultät an das Ministerium, aber nur mit dem Hintergrund einer umfassenden geologischen Ausbildung.[357] Im preußischen Kultusministerium, versorgt mit Druckschriften und Beschwerden beider Parteien, wird die Kontroverse aufmerksam verfolgt. Organisatorische Konsequenzen ergeben sich daraus nicht; in Regierungskreisen fällt zu der Zeit ohnehin alles durch, was neue Ausgaben verursachen würde.[358]

Die Diskussion um die Zukunft der Geologie und Paläontologie in Berlin wird erneut laut, als es um Brancas Nachfolge an der Universität geht. Die Fakultät hat sich nun mehrheitlich für eine künftige Zweiteilung des Lehrstuhls und damit der Fächergruppe entschieden und beantragt das so beim Kultusministerium. Auch der Noch-Amtsinhaber hat sich dazu bekehrt, verbündet mit seinem langjährigen Mitarbeiter und Kollegen Josef Felix Pompeckj. Doch wie zuvor sieht Branca die sachlich einzig mögliche Trennlinie zwischen der Allgemeinen und der Historischen Geologie. Denn, so in einem Brief an seinen Wunsch-Kandidaten für die Nachfolge in einem der beiden Fächer: „Historische Geologie ist im Wesentlichen eine Entwickelungsgeschichte der Tier- und Pflanzenwelt und die kann nur ein Paläontologe mit vollem Verständnis geben."[359]

356 Vgl. die Beiträge von W. Branca und O. Jaekel in: Naturwissenschaftliche Wochenschrift, NF Bd. IX/1910 S. 33–35, 113–115; ZDGG, Bd. 65/1913 S. 620–629, Bd. 66/1914 S. 316–324, Bd. 67/1915 S. 153–158; CMGP, Jg. 1916 S. 243–253, 277–287, 300–312, 325–336, Jg. 1917 S. 374–390. Dazu F. J. Pompeckj, Zurechtweisung der Jaekelschen Entstellungen im Streit um die Trennung der Palaeontologie von der Geologie (1916). Dazu auch FAvB, Nachlass Branco, Briefe (Pompeckj an Branca, 21.1.1917).

357 UA HU Berlin, Museum für Naturkunde Bd. 153, unpaginiert (Konzept vom 18.2.1914).

358 GStA PK, I. HA Rep. 76 Va Sekt. 2 Tit. X Nr. 21 Bd. 20 Bl. 195–233.

359 In einem als „Ganz vertraulich!" deklarierten Briefwechsel mit Wilhelm Salomon, den er auf Platz 1 für die Nachfolge als Historischer Geologe und Paläontologe sehen möchte, erkundet Branca dessen Bereitschaft im Fall einer Berufung, erörtert die Abgrenzung der Fächer und die Qualifikation anderer Kandidaten. Salomon, der sich Heidelberg sehr verbunden fühlt, erklärt, einem Ruf folgen zu wollen, „wenn man mir anständige Räume und Mittel sowie eine wesentliche Gehaltsaufbesserung bieten würde". UB Freiburg, Historische Sammlungen, AGV 17954 und 17955 (Branca an Salomon, 18.2.1917; Salomon an Branca, 20.2.1917).

Für diese Ansicht holt er sich, mit gewohnt kämpferischem Elan und bewehrt mit seinen Streitschriften zum Thema, die Rückendeckung prominenter deutscher Kollegen. Sein heftigster hausinterner Konkurrent ist der Geograf und Geologe Albrecht Penck (1858–1945), sein vertrauter auswärtiger Unterstützer der Münchener Mineraloge Paul Heinrich von Groth (1843–1927). Wie üblich geht es dabei nicht nur um die Sache, sondern auch um Personen – wem wird es gelingen, seine Schüler auf die neu konstruierten Lehrstühle zu bringen?[360]

All die universitätsinternen Diskussionen, Vorschläge und Konkurrenzkämpfe verlaufen in der Kriegszeit aus Kostengründen im Sande. Der Geologe und Paläontologe Pompeckj kann (oder muss) in Berlin das Brancasche Ordinariat und das Museum unzerteilt übernehmen und fortführen.[361]

Auch im Ruhestand greift Wilhelm Branca in aktuelle Berliner Diskussionen weiter ein. Gemeinsam mit seinem Marburger Kollegen Emanuel Kayser (1845–1927) polemisiert er gegen den bereits zitierten Albrecht Penck, der für fließende Grenzen zwischen Geologie und Geografie plädiert. Beide Kritiker sind inzwischen pensioniert, was sie nicht daran hindert, ihre Autorität auszuspielen. Im Sinne der Überschaubarkeit plädieren sie für eine deutliche Trennung der Fächer. „Die historische Entwicklung der Erde gehört [...] unweigerlich in das Gebiet der Geologie", definieren sie schroff und verweigern den Geografen das Mitspracherecht:

> „Geologie ist Entwicklungsgeschichte der Erde, folglich auch Entwicklungsgeschichte der Erdoberfläche und ihrer Formen. Geographie dagegen ist die Kenntnis von der Erdoberfläche und deren Beziehungen zur Natur, der Lebewelt und ganz besonders zum Menschen; und namentlich die gewaltige Wichtigkeit der wirtschaftlichen Beziehungen

360 In einem vertraulichen Briefwechsel mit Paul Heinrich v. Groth bittet Branca die Münchener Fachkollegen um Unterstützung seiner und Pompeckjs Vorschläge. Er schildert die Kontroversen um die Wiederbesetzung seines Lehrstuhls, die Entscheidung der Fakultät zur Teilung der Fächer sowie die Versuche Pencks, seine abweichende Position durchzusetzen. Penck bezeichnet er als „Erz-Intriganten", der nichts von der Sache verstehe und nur darauf bedacht sei, eine von ihm abhängige „Null" für Geologie nach Berlin zu bringen. Bayerische Staatsbibliothek München, Abt. Handschriften und Alte Drucke, Grothiana X (Branca an v. Groth, 15. und 26.5.1918).

361 Vgl. W. Gross / H.-P. Schultze, Zur Geschichte der Geowissenschaften, Teil 6 S. 14–17. Dazu FAvB, Nachlass Branco, Briefe (Pompeckj an Branca, o. D. [1917]: Schreiben zur Nachfolge ab 1.10.1917, Dank des Schülers an den Lehrer).

> tritt heute mehr und mehr in den Vordergrund und fordert gebieterisch vom Geographen den Ausbau dieses Gebietes."[362]

Diese und andere Streitpunkte werden in der Zeit nach Branca auch in der Berliner Universität und im *Museum für Naturkunde* von der immer schneller fortschreitenden Stofffülle und der unumgänglichen Spezialisierung aller Fachgebiete und Institute überholt.[363] Die damals die Gemüter erregenden Texte mögen noch Bausteine liefern für eine wissenschaftsgeschichtliche Betrachtung; hier sollen sie für das Engagement Wilhelm Brancas in zeitgenössischen hochschulpolitischen Fragen stehen.

Schulbildungen und Forschungsmethoden

Von einer „Berliner Schule" der Geologie und Paläontologie ist in jener Zeit nicht die Rede. Wohl aber setzt Branca mit leidenschaftlichem Engagement die Schule Karl Alfred Zittels fort und lässt dessen Methode die damalige deutsche Lehre weiter dominieren. Es geht um die detaillierte Erforschung und exakte Dokumentation der „morphologischen und physiologischen Strukturen der ausgestorbenen Organismen", die Erklärung ihrer biologischen Funktion und die Rekonstruktion ihrer Entwicklungsgeschichte. Mit solchen Ansprüchen hat Zittel die Paläontologie als selbstständige biologische Wissenschaft etabliert.[364]

Von einer „Berliner Schule" darf man dennoch reden, weil eine ganze Reihe von nachwachsenden Hochschullehrern sich ausdrücklich als Brancas Schüler bezeichnen. Einige wurden bei ihm promoviert, andere stießen als Assistenten zu ihm, alle, die er solcherart akzeptierte, förderte er nachhaltig in ihren akademischen Karrieren. Zu nennen sind vor allem dreizehn Männer und eine Frau,

362 W. Branca / E. Kayser in: ZDGG, Bd. 71/1919, Monatsberichte S. 30–44, Zitat S. 42. Die Erwiderung Pencks in: ZDGG, Bd. 72/1920, Monatsberichte S. 123–138. – Der Geograph Alfred Hettner (1859–1941) veröffentlicht 1923 in seiner Zeitschrift einen Grundsatzbeitrag u. a. über die „Grenzen der Geographie", in dem er die Argumente von Branca und Kayser gegen Penck als „etwas einfältig" bezeichnet. Den Abdruck einer Erwiderung lehnt er ab, um einen „unfruchtbaren Streit" zu vermeiden. A. Hettner, Methodische Zeit- und Streifragen, in: Geographische Zeitschrift, Jg. 29/1923 S. 37–59, Zitat S. 43; dazu UB Heidelberg, Historische Sammlungen, Heid. Hs. 3929 D II,39 (Branca und Kayser an Hettner, 10.5.1923; Branca an Hettner, 16. 5. 1923).

363 Vgl. W. Gross / H.-P. Schultze, Zur Geschichte der Geowissenschaften, Teil 6 S. 14–16, 25 f, 41 f.

364 Vgl. M. Tamborini, Die Wurzeln der Idiographischen Paläontologie, S. 117–120, 125–132, Zitat S. 118.

die ihm 1914, mit Arbeiten aus ihren Spezialgebieten, eine Festschrift zum siebzigsten Geburtstag widmen.[365] Im Vorwort berichten sie, dass sie in Königsberg, Tübingen oder Berlin seine Hörer waren, an Kolloquien und Exkursionen teilnahmen, an den Forschungen des „großen, begeisternden Lehrers" teilhatten. Bemerkenswert ist die Bandbreite der Fächer, die sie später selbst vertreten.

Stellvertretend sollen hier nur einige Autoren der Festschrift stehen. Der Paläobotaniker Walther Gothan wird Begründer der wissenschaftlichen Kohlenpetrographie. Edwin Hennig gehört zum Team der Tendaguru-Expedition und geht danach als Geologe und Paläontologe nach Tübingen. Sein Kollege Hans Reck erkundet Island, Deutsch-Ostafrika und Santorin. Josef Felix Pompeckj wird Brancas Nachfolger in Berlin und ist einer der letzten fächerumgreifenden Geologen und Paläontologen. Hermann Stremme wird in Danzig zum herausragenden deutschen Bodenkundler, seine Frau Antonie Stremme-Täuber Geologin und Politikerin. Emil Werth brilliert auf vielen Gebieten der Geologie, Geografie, Biologie und Ethnologie. Zu nennen sind weitere Mitarbeiter Brancas wie der Expeditionsleiter Werner Janensch, der Kustos und Professor in Berlin bleibt und einer der bedeutendsten Dinosaurier-Forscher wird. Zwei Dutzend Dissertationen aus der Berliner Zeit mit breit gestreuten Themen nennt allein der Katalog der dortigen Staatsbibliothek[366]; rund siebzig Namen finden sich in einem Splitterbestand des *Museums für Naturkunde* mit Papieren Brancas von und über Doktoranden, Assistenten und Dozenten[367].

Die „Berliner Richtung" der Paläontologie, schreibt Wilhelm Branca, zeichnet sich aus durch umfassende Ausbildung und exaktes vergleichendes Arbeiten und vermeidet das Spekulieren mit Hypothesen und rasch wechselnden Stammbäumen zur Entwicklungslehre.[368] Hinter dieser Formulierung steckt

365 Wilhelm Branca Zum Siebzigsten Geburtstage, 1914. Autoren der Festschrift sind (soweit nicht anders genannt, damals alle in Berlin): Curt *Gagel* (1865–1927), Walther *Gothan* (1879–1954), Erich *Haarmann* (1882–1945), Edwin *Hennig* (1882–1977), Richard *Lachmann* (1885–1916), Josef Felix *Pompeckj* (1867–1930), Hans *Reck* (1886–1937), Wilhelm Erich *Schmidt* (1882–1944) in Hannover, Friedrich *Schöndorf* (1884–1941) in Hannover, Friedrich *Solger* (1877–1965) in Peking, Hermann *Stremme* (1879–1961), Antonie *Stremme-Täuber* (1882–1961), Theodor *Wegner* (1880–1934) in Münster, Emil *Werth* (1869–1958).

366 Staatsbibliothek zu Berlin - Preußischer Kulturbesitz, Stabikat.

367 MfN HBSB, Pal. Mus. S II, Nachlass Branca. Die Signatur ist irreführend: Es handelt sich nicht um einen Nachlass, sondern um eine schmale Sammlung von Korrespondenzen, Notizen, Literaturlisten und Lebensläufen von und über Dozenten.

368 W. Branca, Berichtigungen zu O. Jaekels Aufsatz, S. 156; ders. Über Paläontologische Hypothesen, passim.

eine allgemeine Kritik an etlichen Kollegen und eine spezielle Absage an den wissenschaftlichen und persönlichen Gegner Otto Jaekel. Ähnlich hat der jetzige Ordinarius schon Jahrzehnte zuvor als Student gedacht und formuliert, als er seine Neigung zur paläontologischen Kleinarbeit damit begründete, „daß mich alles Exakte befriedigt, das Gegentheil abstößt".[369]

Zum Stichwort „Schulen" mag die Beobachtung passen, dass Branca sich bei seiner Arbeit konsequent moderner technischer Hilfsmittel bedient. Am Anfang seiner wissenschaftlichen Tätigkeit hat er die Mikroskopie erlernt und zur Erforschung der Strukturen und Abstammungsreihen fossiler Lebewesen eingesetzt.[370] Damit zählt er zu denen, die das „moderne Zeitalter der Paläontologie" einleiten, was ohne das (seit der Mitte des 19. Jahrhunderts serienmäßig hergestellte) Mikroskop und die neuen Einblicke in die Mikrostruktur der Organismen undenkbar gewesen wäre.[371] Gegen Ende seiner aktiven Zeit nützt Wilhelm Branca die (1895 entdeckten) Röntgenstrahlen. In langen Versuchsreihen lässt der Museumsdirektor seinen Assistenten Hermann Stremme in zwei mit Röntgengeräten ausgestatteten Berliner Laboren Mineralien und Fossilien durchleuchten und auf ihre Durchlässigkeit für die elektromagnetischen Wellen testen. Mit den Ergebnissen, Knochen in Sedimentgesteinen und innere Strukturen in Versteinerungen sichtbar zu machen, ist er sehr zufrieden.[372]

Netzwerke und Kontakte

Der Berliner Ordinarius ist, um es mit heute üblichen Begriffen zu sagen, in seiner wissenschaftlichen *community* gut vernetzt. Das hat er auch etlichen Ehrenämtern zu verdanken, die ihm beinahe zwangsläufig zufallen. So ist Wilhelm Branco/Branca – jeweils kurzzeitig – Mitorganisator des *Fünften Internationalen Zoologen-Congresses* in Berlin (1901)[373], Vorsitzender der *Deutschen geologischen*

369 UB Heidelberg, Historische Sammlungen, Heid. Hs. 3400,17 (Branco an Rosenbusch, April 1878).

370 Vgl. oben S. 99–101.

371 Vgl. M. Tamborini, Die Wurzeln der Idiographischen Paläontologie, S. 129–132, Zitat S. 129.

372 W. Branco, Die Anwendung der Röntgenstrahlen in der Paläontologie (1906).

373 Vgl. P. Matschie (Hg.), Verhandlungen des V. Internationalen Zoologen-Congresses zu Berlin, S. 5, 23, 51, 53 f, 237–261.

Gesellschaft (1911)[374] und Mitgründer einer *Hermann-Credner-Stiftung* (1911)[375], und – besonders zeitaufwändig – Geschäftsführender Vorsitzender des *Komitees der Tendaguru-Expedition* (1909–1913)[376]. Als Präsidiumsmitglied oder Referent reist er zu deutschen und internationalen Konferenzen der Berufsverbände der Geologen, Geografen und Seismologen (1910–1914), als Delegierter der Berliner Akademie zur Konferenz der *Internationalen Assoziation der Akademien* in St. Petersburg (1913).[377]

Über zahlreiche kollegiale, nachbarschaftliche und freundschaftliche Kontakte berichtet Branco in seinem „Lebensgang". Einige berufliche Netzwerke lassen sich in den Berichtsteilen der Verbandszeitschriften und in brieflichen Mitteilungen nachvollziehen, so die jahrzehntelang gepflegte Zusammenarbeit mit den Verbänden *Deutsche geologische Gesellschaft* und *Geologische Vereinigung*.[378] Andere Verbindungen sind mit bruchstückhaft erhaltenen Korrespondenzen belegt. Im Verkehr mit den Kollegen geht es um hochschul- und verbandspolitische Angelegenheiten, Lehrstuhlbesetzungen, Veranstaltungen, Veröffentlichungen, Zeitschriften, auch wechselseitige Empfehlungen und Förderungen. Man informiert sich über aktuelle Projekte und tauscht Bücher, Sonderdrucke und Fundstücke aus.[379] Davon zeugt – um ein Beispiel zu nennen – ein Schriftverkehr

374 ZDGG, Bd. 62/1910 S. 669. Dazu auch Korrespondenzen der Deutschen Geologischen Gesellschaft, wie Anm. 375, 378.

375 GStA PK, I. HA Rep. 76 Vc Sekt. 1 Tit. XI Teil 1 Nr. 12 Bd. 1 Bl. 18–31. – Der Geologe Hermann Credner (1841–1913) legt 1911 mit einer Schenkung den Grundstock für die nach ihm benannte Stiftung, die dann von der Deutschen Geologischen Gesellschaft (heute: Deutschen Gesellschaft für Geowissenschaften) verwaltet wird und Stipendien und Preise ausgibt. Vgl. H.-G. Röhling, 100 Jahre Hermann-Credner-Stiftung.

376 GStA PK, I. HA Rep. 76 Va Sekt. 2 Tit. X Nr. 21 adh A Bd. 1 passim.

377 UA HU Berlin, Museum für Naturkunde Bd. 151, unpaginiert (Urlaubsanträge, Genehmigungen 1910–14). Dazu auch FAvB, Nachlass Branco, Briefe (Boris Galitzin an Branca, 23.1.1914, 1.2.1914, 7.4.1914, 21.7.1914; Branca an die Académie Impériale des Sciences de St. Petérsbourg, o. D. [Entwurf 1914]).

378 Zum Beispiel: Deutsches Museum München, Archiv (DMA), HS Nr. 1931-28/B 5/003 (Branca an Vorstand und Beirat der Deutschen Geologischen Gesellschaft, o. D. [wahrscheinlich 1911]).

379 Zum Beispiel: UB Heidelberg, Historische Sammlungen, Heid. Hs. 3400,17 (Branco an Harry Rosenbusch, 1878–1899); UB Freiburg, Historische Sammlungen, AGV 11810 (Johannes Walther an Branco, 19.12.1902), GA 80/90 (Branca an Friedrich v. Huene, 1910–1911); Bayerische Staatsbibliothek München, Abt. Handschriften und Alte Drucke, Grothiana X (Branca an Paul Heinrich v. Groth, 1907–1919); DMA, HS Nr. 1931-28/B 5/001-002 (Branca an Emil Tietze, 17.11.1908, 13.4.1918), HS

mit dem Heidelberger Geologen und Paläontologen Wilhelm Salomon (-Calvi) (1868–1941). Ihn unterstützt Branca jahrelang bei dessen Bemühungen um eine ordentliche Professur, ihn hätte er auch gern als seinen Nachfolger in Berlin gesehen.[380]

Branco/Branca verkehrt aber nicht nur mit Fachkollegen. Das zeigen etwa eine Glückwunschadresse mit familiären Grüßen an den Göttinger Geisteswissenschaftler Wilhelm Dilthey[381] (1833–1911) oder Bruchstücke aus Korrespondenzen mit dem Stuttgarter Juristen und späteren Kirchenpräsidenten Hermann Zeller[382] (1849–1937), dem Afrikaforscher Georg Schweinfurth[383] (1836–1925), dem Historiker Hans Prutz[384] (1843–1929). Als „Freund" bezeichnet Karl Alfred Zittel seinen alten Schüler und Reisegefährten.[385] Einige wenige Kollegen – so Emanuel Kayser – bringen es zu der Anrede „Mein lieber Freund".[386] Zu den persönlichen Vertrauten Brancos zählen Karl Heinrich genannt Harry Rosenbusch

Nr. 1949-156/017 (Branca an Erich v. Drygalski, 25.1.1911); FAvB, Nachlass Branco, Briefe (Boris Galitzin an Branca, 23.1.1914, 1.2.1914, 7.4.1914, 21.7.1914).

380 Antiquariat Fritz-Dieter Söhn, Marburg, Konvolut mit acht Briefen von Branco/Branca an Salomon (1906–1917); UB Freiburg, Historische Sammlungen, AGV 17954 und 17955 (Branca an Salomon, 18.2.1917; Salomon an Branca, 20.2.1917); FAvB, Nachlass Branco, Briefe (Salomon an Branca, 20.2.1926). – Salomon schreibt Branca am 20.2.1917 zu dessen Rücktritt u. a.: „Ich selbst habe es Ihnen nie vergessen und werde es auch nie vergessen, dass Sie mich in für mich schweren Zeiten durch Rat und Tat ermutigt und unterstützt haben. [...] Lassen Sie mich also vor allen Dingen Ihre Hand drücken und wünschen, dass Sie auch im Ruhestand Ihren Beruf und Ihre Berufsgenossen nicht vergessen, sondern stets wie bisher ein getreuer Eckardt der Geologie bleiben!" – Am 20.2.1926 schreibt Salomon Branca zur Heidelberger Ehrenpromotion und hebt hervor, dass der Geehrte stets jungen Nachwuchs gefördert habe.

381 SUB Göttingen, Handschriften und Seltene Drucke, Cod. Ms. W. Dilthey 14 I Nr. 3 (Branco an Dilthey, 19.11.1903).

382 Württembergische Landesbibliothek Stuttgart, Handschriften-Abteilung, Cod. hist. 4° 608,I,28 (Branco an Zeller, 3.4.1904).

383 FAvB, Nachlass Branco, Briefe (Schweinfurth an Branca, 27.1.1908).

384 FAvB, Nachlass Branco, Briefe (Branca an Prutz, 11.3.1928; dazu auch Prutz an G. v. Branca, 8.9.1924, 16.3.1928).

385 FAvB, Nachlass Branco, Briefe (Zittel an Branco, 30.4.1881).

386 FAvB, Nachlass Branco, Briefe (Kayser an Branca, 11.9.1914, 28.11.1916).

in Heidelberg[387], Eberhard Fraas in Stuttgart[388] und Adolf von Koenen in Göttingen[389]. Der berufliche Kontakt mit dem Münchener Mineralogen Paul Heinrich von Groth weitet sich nach beider Pensionierung aus zu familiären Zusammenkünften und gemeinsamen Unternehmungen der Ehepaare.[390] Andere Freundschaften schlagen sich nicht in Briefen nieder und bleiben deshalb der heutigen Betrachtung verborgen. Zum Schluss seines Lebens wird es einsam um Wilhelm Branca; die meisten Altersgenossen sterben vor ihm. –

In seiner Berliner Zeit entstehen fast sechzig kleinere und größere Veröffentlichungen aus beinahe allen Fachgebieten Brancas.[391] Außerdem schreibt er für seinen obersten Dienstherrn, den *Preußischen Minister der geistlichen, Unterrichts- und Medizinal-Angelegenheiten*, etliche teils umfangreiche, nicht publizierte Kommentare und Gutachten: zu wissenschaftlichen Neuerscheinungen, zu Anträgen auf Projektförderungen und Expeditionen, über den Schutz geologischer Naturdenkmäler (1900) oder über den katastrophalen Vulkanausbruch des Mont Pelée auf der Insel Martinique (1902).[392]

387 UB Heidelberg, Historische Sammlungen, Heid. Hs. 3400,17 (Branco an Rosenbusch, 1878–1899). – Die vertraute Beziehung zu dem Geologen Rosenbusch und auch der Familien untereinander, dokumentiert in Briefen aus mehr als zwei Jahrzehnten, findet in Brancos „Lebensgang" erstaunlicherweise keine Erwähnung. Branco wird nicht müde, dem Mentor seiner Anfangsjahre Dankbarkeit und Anhänglichkeit zu bekunden; später tauscht er sich mit ihm auf Augenhöhe über berufliche und familiäre Angelegenheiten aus. Am 23.10.1883 schreibt Branco: „[...] ich glaube nicht, daß in Deutschland noch ein Zweiter docirt, der seinen Schülern so viel Zeit, Geduld und Stimme opfert, wie Sie das zu thun gewohnt sind." Die Gegenbriefe von Rosenbusch sind leider nicht aufzufinden.

388 Vgl. Anm. 291 und häufige Nennungen bei gemeinsamen Projekten.

389 SUB Göttingen, Handschriften und Seltene Drucke, Cod. Ms. A. v. Koenen 3 (Branco an v. Koenen, 28.12.1892).

390 Bayerische Staatsbibliothek München, Abt. Handschriften und Alte Drucke, Grothiana X (Branca an Groth, 22.6.1918, 3.9.1919). Außer mehreren Besuchen im „Künstler-Heim" der Groths wird eine „Wasserfahrt" der Ehepaare von München nach Ebenhausen genannt. Dazu auch FAvB, Nachlass Branco, Briefe (Groth an Branca, 9.9.1924: Gratulation zum Geburtstag).

391 Vgl. die Bibliografie im Anhang.

392 UA HU Berlin, Museum für Naturkunde Bd. 151, unpaginiert (Korrespondenzen und Konzepte 1900–1917); FAvB, Nachlass Branco, Briefe (Kultusministerium an Branco, 8.1.1903). – Einmal, bei einem von ihm selbst wohl als kurios empfundenen Thema, muss er passen: Eine Anfrage zur „Wünschelrutenfrage" kann oder will Branca aus Mangel an Sachkunde nicht beantworten (Mitteilung vom 20.10.1913).

19. Im inneren Zirkel: Akademie der Wissenschaften

Zur Abrundung der Karriere eines Wissenschaftlers gehört die Berufung in eine Akademie. Am 2. November 1899, vom Kultusministerium bestätigt am 18. Dezember, wird Wilhelm Branco als ordentliches Mitglied in die alte *Königlich Preußische Akademie der Wissenschaften* gewählt, und zwar in die Physikalisch-mathematische Klasse. Die ausführliche Begründung des Wahlvorschlags seiner Kollegen hebt besonders die fächerübergreifende Vielseitigkeit und methodische Gründlichkeit des Geologen, Paläontologen und Mineralogen hervor.[393] In seiner Antrittsrede gibt Branco ein Panorama über aktuelle Themen der Geologie und Paläontologie und spricht von einen „Januskopf" mit zwei Gesichtern: dem „Werden der Erde" und dem „Werden ihrer Lebewesen".[394]

Mit dem Einzug in die Akademie ist Wilhelm Branco zu Beginn seiner langen Berliner Jahre im inneren Zirkel der Naturwissenschaftler seiner Zeit angekommen – im ständigen Kontakt mit Männern wie Wilhelm Waldeyer (1836–1921), Georg Frobenius (1849–1917) und Max Planck (1858–1947), mit denen er auch in Ausschüssen zusammenarbeitet.[395] Er selbst übernimmt die Verantwortung für mehrere Projekte; die Personalakten und Sitzungsprotokolle der Akademie zeugen von den Aktivitäten ihres neuen Mitglieds. Zu seinen Verpflichtungen zählen die Teilnahme an den monatlichen Sitzungen der Gesamtakademie und der Fakultät mit wechselnden Berichten und Vorträgen der Mitglieder. Branco gehört auch zwei Kommissionen – dem Geldverwertungs- und dem Nomenklaturausschuss – und drei Stiftungskuratorien an. Oft ist er mit der Anfertigung von Gutachten zu Projektanträgen befasst.[396]

393 ABBAW, II-III 32 Bl. 132–134'.

394 W. Branco, Antrittsrede (1900). Die Begrüßung und Antrittsrede Brancos findet bei der öffentlichen Sitzung der Akademie am 28.6.1900 statt.

395 Zum Beispiel: ABBAW, II-XVII 15 (Protokollbuch des Geldverwertungsausschusses der physikalisch-mathematischen Classe, unpaginiert). Branco gehört dem Ausschuss von 1907 bis 1917 an, neben W. Waldeyer, G. Frobenius, M. Planck und A. Penck.

396 ABBAW, II-III 32, 34, 37, 140; II-V 77–94, 100, 101, 126–134; II-VI 18, 19; II-VII 136, 137, 150; II-XI 77; II-XVII 12, 15. Persönliche Angelegenheiten, Wahl, Ehrungen, Tod usw.: II-III 32, 34, 37, 138, 140, 142, 143; II-V 77.

Drei eigene Unternehmungen, alle mit ideeller und materieller Unterstützung der Akademie, lässt Wilhelm Branco sich in seiner letzten Berliner Zeit besonders angelegen sein. Zunächst die gründliche Untersuchung des Nördlinger Rieses und des Steinheimer Beckens im Grenzgebiet zwischen Franken und Schwaben. Die Entstehung der dortigen tektonischen Besonderheiten erklärt Branco – gemeinsam mit seinem Stuttgarter Kollegen Eberhard Fraas (und mit den meisten Zunftgenossen auch im Irrtum übereinstimmend) mit vulkanischer Kraft.[397] Sodann legt er der Akademie den Plan eines internationalen und interdisziplinären Instituts zur Erforschung des Vulkanismus vor. Der Ausbruch des Weltkrieges macht die hoffnungsvollen Ansätze zunichte.[398] Drittens wird Branca zum Initiator und unermüdlichen Förderer der Tendaguru-Expedition in Deutsch-Ostafrika, seinerzeit und bis heute des größten paläontologischen Unternehmens dieser Art.[399] Über diese Projekte wird noch zu berichten sein.

Pläne für ein Internationales Vulkan-Institut

Gegen Ende seiner beruflichen Zeit wagt Branca im Rahmen der Berliner Akademie noch einen großen organisatorischen Wurf: Er möchte die „Internationalisierung der vulkanologischen Forschung" in Gang setzen. Die Idee ist nicht ganz neu. Die 1902 gestiftete *Carnegie Institution of Washington* sieht hier eines ihrer naturwissenschaftlichen Aufgabengebiete. In der *Akademie der Wissenschaften* in St. Petersburg denkt man an die Gründung eines speziellen Instituts. In Neapel plant der deutsch-schweizerische Vulkanologe Immanuel Friedländer (1871–1948) ein *Internationales Vulkan-Institut*.[400]

Dieser Vorgang entwickelt eine ganz eigenwillige Dynamik. Zunächst bittet Friedländer die *Preußische Akademie der Wissenschaften* um organisatorische und finanzielle Hilfe für sein Vorhaben. Das ist mit Vereinssatzungen, Mitgliederlisten, Beitragszeichnungen und einem italienischen „Propaganda-Komitee" sowie einer Befürwortung durch den *Internationalen Geologen-Kongress* 1910 in Stockholm bereits weit gediehen. In Berlin macht man sich die Entscheidung nicht leicht, eine Kommission – Wilhelm Branca, Theodor Liebisch und Albrecht Penck – und die Gesamtakademie beraten lange darüber. Ein solches Forschungsinstitut sei prinzipiell zu begrüßen, die räumliche Nähe zu einem

397 Vgl. unten S. 169–175.
398 Vgl. unten S. 156–159.
399 Vgl. unten S. 199–222.
400 W. Branca, Ziele vulkanologischer Forschung, S. 810 f.

großen aktiven europäischen Vulkan günstig, so die anfängliche Meinungsbildung, und führende deutsche Geologen – darunter auch Branca – gehören zu den ersten Unterstützern des Vorschlags aus Neapel. Umso größer die Enttäuschung Friedländers, als eine glatte Ablehnung kommt, begründet mit den ganz auf seine Person und die stimmberechtigten Geldgeber zugeschnittenen Statuten seines Instituts.[401]

Nun wird in Berlin die Sache umgedreht. Die *Königlich Preußische Akademie der Wissenschaften*, unterstützt von den Kollegen in München und St. Petersburg, macht die Schaffung eines „internationalen Instituts für Vulkanforschung und verwandte Probleme" zu ihrer eigenen Initiative. Treibende Kraft ist Wilhelm Branca, der seine Vorschläge mit schriftlichen Gutachten und feurigen Reden zunächst den heimatlichen Gremien, dann der *Internationalen Assoziation der Akademien* vorlegt – und nahezu ungeteilte Zustimmung findet.[402]

Auf einer Generalversammlung der (1899 gegründeten) *Assoziation*, 1913 im russischen St. Petersburg, wird einstimmig beschlossen, eine Organisation zur internationalen Förderung und Vernetzung der Vulkanforschung zu schaffen. Eine prominent besetzte geschäftsführende Kommission aus drei Deutschen, zwei Russen, einem Franzosen und einem Italiener wird gewählt, ein von Branca verfasster Arbeitsplan verabschiedet und „an alle Vulkanologen der Erde" breit gestreut. „Der Vulkanismus", heißt es in dem Gründungsaufruf, „ist ohne Zweifel die großartigste Naturerscheinung, die wir auf der Erde kennen. Seine äußere Erscheinungsweise ist uns durch zahllose Beobachtungen gut bekannt. Aber unsere Erkenntnis des inneren Wesens, der Ursachen des Vulkanismus, ist eine zum großen Teil noch sehr mangelhafte." Und zwar wegen der natürlichen Schwierigkeiten, die Vorgänge „in der Tiefe des Gestirns" zu erkennen – eine Aufgabe, die kein einzelner Forscher und kein einzelnes Institut lösen könne.[403]

401 ABBAW, II-VI 18 Bl. 12–23, 52–56 (Antrag Friedländer vom 29.5.1911, Auszüge aus Sitzungsprotokollen der Gesamtakademie und der Physikalisch-mathematischen Klasse 1911 mit Anlagen und Korrespondenzen).

402 ABBAW, II-VI 18 Bl. 55 f; II-III 19 Bl. 157–160 (Auszüge aus Sitzungsprotokollen der Physikalisch-mathematischen Klasse 1913 und 1914 mit Anlagen). Vgl. C. Grau, Die Berliner Akademie der Wissenschaften in der Zeit des Imperialismus, S. 202 f.

403 W. Branca, Ziele vulkanologischer Forschung, S. 810. Dazu ein Beispiel für die Einladung zur Zusammenarbeit: DMA, NL 012/vorl. Nr. 0229 (maschinenschriftliches Rundschreiben Brancas vom 15.11.1913, Antwort von Ludwig v. Ammon vom 26.11.1913).

Damit ist von vornherein klargestellt, dass die Gründung sich nicht auf ein alleiniges Haus stützen darf – dies schon wegen der zu erwartenden nationalen Konkurrenzen um den Sitz des Unternehmens. Vielmehr sollen möglichst viele Länder sich verpflichten, je ein mehr oder weniger ausdifferenziertes, mit Wissenschaftlern besetztes, von privaten Einflussnahmen unabhängiges Institut zu errichten. Neben der Registrierung der vulkanologischen Ereignisse im jeweiligen Einzugsgebiet (und, so weit vorhanden, in den Kolonien) sollen hier theoretische und experimentelle Forschungen betrieben, Gesteine, Mineralien und Gase gesammelt und analysiert, historische und aktuelle Vulkane und Schmelzherde und ihre Verteilung auf der Erde kartiert, die Phänomene im Erdinneren diskutiert, auch der Vulkanismus auf anderen Gestirnen beobachtet werden. Austausch und Arbeitsteilung sollen organisiert werden, die Vulkanologen aller Länder regelmäßig anlässlich der großen Geologenkongresse zusammentreten. Das Komitee soll einen mehrsprachigen „Jahresbericht" und eine ebenfalls polyglotte internationale „Zeitschrift für Vulkanologie" vorbereiten; Branca weiß auch schon einen interessierten Verlag und einen möglichen Schriftleiter. Er macht weitere, sehr konkrete Vorschläge; so sollen die Regierungen alle Schiffskapitäne ihrer Kriegs- und Handelsflotten anweisen, submarine Vulkanausbrüche und Seebeben zu melden. 1916 will man bei der Generalversammlung der Akademien und beim Internationalen Geologenkongress, beide in Berlin geplant, über alle Vorbereitungen berichten und die Form der Organisation beschließen.[404]

Brancas Zusammenfassung der Stellungnahmen zu diesem ausführlichen Aufgabenkatalog ergibt: Einundsiebzig Fachkollegen aus siebzehn Staaten haben sich geäußert, so gut wie alle wollen das Projekt unterstützen, nur zwei sprechen sich dagegen aus. Aus Neapel beschwert sich Immanuel Friedländer, man wolle sein mit internationalen Ambitionen antretendes Institut boykottieren; aus Wien meldet sich der Altmeister Eduard Suess mit der Präferenz für eine zentrale Rolle des Carnegie-Instituts und Bedenken gegen die tonangebende Rolle Berlins.[405] An der preußischen Akademie, damals Vorort der *Assoziation*, schreiten die Vorbereitungen für die deutsche Institutsgründung jedoch voran

404 W. Branca, Ziele vulkanologischer Forschung; ders., Bericht über die mir zugegangenen Urteile.

405 W. Branca, Bericht über die mir zugegangenen Urteile, S. 10–17. – Die Wissenschaftler des Carnegie-Instituts befürworten selbst den Plan einer Kette kooperierender nationaler Institute. Von Suess kommt auch der Einwand, Deutschland habe keine aktiven Vulkane und brauche deshalb kein entsprechendes Institut. Branca kontert mit einer Auflistung von 27 tätigen und 170 bis 235 erloschenen Vulkanen in den

mit Genehmigungs- und Finanzierungsanträgen an die Regierung und ersten Zusagen von Stiftungen und vom *Reichs-Kolonialamt*. Wilhelm Branca legt noch nach mit einer Denkschrift zur vulkanologischen Erforschung Deutsch-Ostafrikas.[406] Er versteht es, das Modell einer Kette kooperierender Institute als „Ehrensache" aller Kulturvölker anzupreisen.[407]

Das ehrgeizige Projekt ist schnell begonnen – und noch schneller an den politischen Ereignissen gescheitert. Der Ablauf im Zeitraffer: Branca trägt seinen Antrag „Ziele vulkanologischer Forschung" in der Berliner Akademie am 3. und 17. Juli 1913 vor. Zwischendurch verteidigt er das Konzept erfolgreich bei einer Generalversammlung der *Assoziation der Akademien* in St. Petersburg. Am 25. Mai 1914 berichtet er zuhause über die Stellungnahmen der Fachgenossen. Am 20. Juni 1914 gibt die Akademie ihre offiziellen Gesuche an das preußische Kultusministerium, das *Reichs-Kolonialamt* und das *Reichs-Marineamt* aus. Am 28. Januar 1915 hält Branca in Berlin noch einen öffentlichen Festvortrag über „Die vier Entwicklungsstadien des Vulkanismus und die Frage seiner internationalen Erforschung".[408] Der ist zu dem Zeitpunkt schon obsolet: Die „Furie des Krieges" hat alle Pläne hinweg gerissen, die internationalen Konferenzen sind abgesagt, die Kontakte der Akademien abgebrochen, die Kollegen zu Feinden erklärt.[409] Es bleibt die resignierte Frage:

> „Wie wird sich das nach dem Kriege nun zwischen uns und den uns feindlich gegenüberstehenden Völkern gestalten? […] Das jetzige Geschlecht der Forscher mag wohl hinabsinken, bevor es der Wissenschaft gelingen kann, alle die Brücken wieder aufzubauen, die hinüber und herüber führten und die nun in Trümmern liegen."[410]

deutschen Kolonien, woraus sich die wissenschaftliche Verpflichtung zum Studium des Vulkanismus ergebe.

406 ABBAW, II-V 90 Bl. 44–52; II-VI 19 Bl. 186–191, 220, 221–231, 260 (Auszüge aus Sitzungsprotokollen der Gesamtakademie und der Physikalisch-mathematischen Klasse 1913 und 1914 mit Anlagen, Anträgen und Korrespondenzen); UA HU Berlin, Museum für Naturkunde Bd. 151, unpaginiert (Branca an Kultusministerium, 20.5.1914).

407 W. Branca, Ziele vulkanologischer Forschung, S. 855.

408 Königlich Preußische Akademie der Wissenschaften, Sitzungsberichte 1913 S. 643, 810–856; Abhandlungen 1914, Physikalisch-Mathematische Klasse Nr. 2; Sitzungsberichte 1915 S. 59–76.

409 Vgl. C. Grau, Die Preußische Akademie und die Wiederanknüpfung, S. 281–291.

410 W. Branca, Die vier Entwicklungsstadien des Vulkanismus, S. 76.

Parteienstreit zur Kriegsfrage

Der Weltkrieg ist in mancherlei Beziehung ein deutlicher Einschnitt in der Geschichte der Berliner Akademie. Allein der wissenschaftlichen Arbeit verpflichtet, hält sich das Haus offiziell aus dem „Krieg der Geister" um die Fragen der Kriegsschuld und der Kriegsziele heraus. Tatsächlich sind zahlreiche Akademie-Mitglieder höchst aktiv und engagiert mit öffentlichen Reden, Resolutionen und Publikationen an der Rechtfertigung der deutschen Kriegsführung beteiligt.[411] Zu ihnen zählt Wilhelm Branca.[412]

Im hausinternen Widerstreit der Parteiungen innerhalb der Akademie gelingt es nur mühsam, den offenen Bruch zu vermeiden. Das zeigt sich 1915, als es um das Verhältnis zu ausländischen Akademien geht. Mehrere Anträge auf Ausschluss englischer und französischer korrespondierender Mitglieder des Berliner Hauses werden hitzig diskutiert – und unterliegen einem Kompromissvorschlag, den Max Planck und der Ägyptologe Adolf Erman (1854–1937) einbringen: „Die Akademie wolle beschließen, alle etwaigen Schritte gegen Akademien feindlicher Länder bis nach Beendigung des Krieges zu vertagen." Der Tenor der ausführlichen Begründung: Abbrüche der Beziehungen und gegenseitige Ausschlüsse von Mitgliedern sind auch im Krieg kein der Wissenschaft würdiges Verfahren. Wilhelm Branca steht im Lager der extremen Nationalisten um den Althistoriker Eduard Meyer (1855–1930); bei der zitierten Kontroverse stimmt er für den Ausschluss und gegen den Kompromiss.[413]

Tatsächlich lassen sich die Brüche nicht vermeiden und kommen die Akademien nach dem Krieg nur langsam zur Wiederaufnahme des persönlichen und wissenschaftlichen Verkehrs mit dem jeweils anderen, „feindlichen Auslande".[414] Der Emeritus Wilhelm Branca spielt dabei keine Rolle mehr. Beim Neubeginn der Berliner Akademie ab 1918 und den ersten Versuchen, den Scherbenhaufen der internationalen Beziehungen zu kitten, hat er nicht mehr mitzureden.

Denn nach seinem Ausscheiden aus dem Universitätsdienst im Frühjahr 1917 lässt Branca sich aus gesundheitlichen Gründen auch von der Akademie

411 Vgl. C. Grau, Die Berliner Akademie der Wissenschaften in der Zeit des Imperialismus, S. 176–179; W. J. Mommsen, Wissenschaft, Krieg und die Berliner Akademie der Wissenschaften, S. 3–12.

412 Vgl. unten S. 272–277.

413 ABBAW, II-V 91 S. 3 f, 15 f, 45 f, 47,49–56 (Protokolle der Sitzungen der Gesamtakademie am 14.1.1915; 14.3.1915, 8.7.1915, 22.7.1915 mit Anlagen), Zitat S. 49. Der Antrag Planck/Erman gewinnt schließlich mit 35 gegen 19 Stimmen.

414 Vgl. C. Grau, Die Preußische Akademie und die Wiederanknüpfung.

entpflichten. Mit seinem Umzug nach München wird er routinemäßig zum Ehren- und Auswärtigen Mitglied. Zu seiner Verabschiedung, zu Geburtstagen und zum Doktorjubiläum erfährt er besonders von hier ehrende und freundschaftliche Anteilnahme. Bei seiner Beisetzung am 14. März 1928 spricht sein Nachfolger Josef Felix Pompeckj, der auch den ausführlichen Nachruf der Akademie verfasst.[415]

415 ABBAW, II-III 37 Bl. 7, 34 f, 84–86; II-III 140 Bl. 243 f, 247–253, 263 f; II-III 142 Bl. 18–20, 29, 37, 85 f; II-III 143 Bl. 78 f; II-V 101 S. 94. Dazu auch FAvB, Nachlass Branco, Briefe (W. v. Waldeyer-Hartz, Königlich Preußische Akademie der Wissenschaften, an W. Branca, 20.6.1918). Das Glückwunschschreiben der Akademie zum 9.9.1924, verfasst von J. F. Pompeckj, wird von diesem am Geburtstag in München persönlich überreicht.

20. Vulkane: „Herzschlag des Erdkörpers“

Wilhelm Branco arbeitet in einer Zeit, in der traditionelle erdwissenschaftliche Lehrgebäude zerbrechen. Daran ist er selbst beteiligt. Genau fünfzig Jahre lang hat er über Vulkane geforscht, geredet und geschrieben; er ist, mit den Worten seines Schülers Pompeckj, „dem Banne der Sphinx des Vulkanismus verfallen“.[416] Zur Enträtselung hat er Thesen und Erkenntnisse beigetragen, aber auch zeitgenössische Irrtümer fortgesetzt. Seine eigenen Arbeiten spiegeln den Wandel der geologischen Anschauungen – und die Konkurrenzen und Streitigkeiten der Gelehrten seiner Zeit.[417]

Branco kennt die historischen und aktuellen Berichte über Vulkane und Erdbeben und die Theorien über deren Entstehung, und er liebt es, in seinen Vorträgen die dynamischen Vorgänge in der Erdrinde als eine dramatische Katastrophengeschichte vorzuführen. Dabei berichtet er über die spektakulärsten Ausbrüche und Beben mit drastischer Schilderung der Schäden und Opferzahlen. Branco steht somit in der Tradition der „disaster science“, die versucht, die apokalyptischen Ereignisse mit naturwissenschaftlichen Erklärungen zu fassen.[418] Die zu seiner Zeit gängige Erklärung für „die drei grossartigsten und gewaltthätigsten Naturerscheinungen auf Erden: Gebirgsbildung, Erdbeben und Vulkan-Ausbrüche“[419] betrachtet er jedoch mit wachsender Skepsis.

Die vor allem von Eduard Suess (1831–1914), dem Erforscher der Alpen, formulierte Lehrmeinung führt diese Naturgewalten auf die Abkühlung und Schrumpfung der Erde zurück. In einem Brancoschen Vortrag popularisiert liest sich das so:

> „Durch das eisige Weltall jagt der Erdball, in rasender Eile die Sonne umkreisend, zugleich um die eigene Axe sich wirbelnd. Einst hellglühend, hat er sich jetzt längst mit einer kalten Erstarrungskruste umgeben, durch die hindurch die Abkühlung des immer noch glühenden Kernes unendlich langsam erfolgt. Unendlich langsam also vollziehen sich auch alle Folgewirkungen der Abkühlung. Unmerklich wenig zerreisst des Balles Oberfläche, unmerklich wenig verschieben sich die dadurch entstandenen Schollen, Unebenheiten entstehen so auf seiner Oberfläche […].“[420]

416 J. F. Pompeckj, Gedächtnisrede, S. CXXVII.

417 Die Titel (Quellennachweise) zu den folgenden Abschnitten sind in der Bibliografie im Anhang verzeichnet, die Jahreszahlen im Text erleichtern das Auffinden.

418 Vgl. D. R. Coen, The Earthquake Observers, passim.

419 W. Branco, Wirkungen und Ursachen der Erdbeben (1902), S. 68.

420 Wie Anm. 419, S. 69. – Ohne weitere Vertiefung bleibt Brancos Beschäftigung mit

Und so stoßen zerbrochene Platten aufeinander oder schieben sich untereinander und falten Gebirge auf, so erzittert die Erdrinde, schwillt das Meer über seine Ufer, dringt geschmolzene Steinmasse durch aufgerissene Spalten aus dem Erdinneren nach oben … Mit dieser Erklärung der Phänomene als Folgen der Abkühlung der Erde gibt Branco sich aber nicht zufrieden. Bei seinem Lieblingsthema Vulkanismus stellt er sich quer zu den „Glaubenssätzen“ der Zunft, wie er sie spöttisch nennt. Eruptionen, behauptet er, gibt es nicht nur da, wo Bruchlinien in der oberen Erdrinde auftreten, wo sich Gebirge auffalten und Spalten den Austritt der heißen Schmelzmassen ermöglichen. Sondern das Magma kann sich – nachweisbar zumindest auf der letzten Strecke seines Weges – auch selbst explosionsartig den Ausweg bahnen; Branco spricht von der „Selbstbefreiung des Magmas“.[421]

Die „Spaltenfrage“ hat in einem heute kaum nachvollziehbaren Maß die Geologen erregt und entzweit. Branco hat seine Erklärung vor allem am Beispiel der schwäbischen Vulkane immer wieder überprüft und verteidigt. „Ein Tag neuen Lebens war für die Vulkanologie gekommen!“, ruft Josef Felix Pompeckj aus.[422] Werner Quenstedt nennt später Brancos Erkenntnis „eine für die Vulkanologie geradezu revolutionäre Tat, zu einer Zeit, da man die geologischen Probleme für weitgehend gelöst hielt und die des 20. Jahrhunderts noch nicht ahnte.“[423] Der Branco-Schüler Hans Reck hat in einem Beitrag zum achtzigsten Geburtstag des Lehrers ein Fenster in die Zukunft aufgetan und gemahnt, dass es in dem alten Streit kein „Entweder-Oder“ gebe, keine alleinige Abhängigkeit oder Unabhängigkeit der Vulkane von Spaltensystemen und Gebirgsbildungen. Auch seien die Entstehungsursachen und Wechselbeziehungen zwischen Vulkanismus und Tektonik erst künftig und keinesfalls mit einfachen Erklärungen zu begreifen.[424] Nichts anderes hat Branco vorgetragen. Mit seiner Forderung einer weltumspannenden Kartierung aller historischen Vulkane und ihrer Lage zu Meeren und

der Entwicklung der Sonne und den Ursachen der Eiszeiten auf der Erde: W. Branco, Eine neuere Hypothese über die Entstehung der Eiszeit (1896).

421 W. Branco, Widerlegung mehrfacher Einwürfe gegen die von mir vertretene Auffassung in der Spaltenfrage der Vulkane, S. 101–103. Ähnliche Formulierungen in: Schwabens 125 Vulkan-Embryonen, S. 623 f, 635 f; Wirkungen und Ursachen der Erdbeben, S. 71–75, 112 f; Das bisherige Ergebnis der Rieshypothesen, S. 127.

422 J. F. Pompeckj, Gedächtnisrede, S. CXXXI.

423 W. Quenstedt, Branca, in: Neue Deutsche Biographie, Bd. 2/1955 S. 515.

424 H. Reck, Die Kräftegruppen des Vulkanismus und der Tektonik.

Gebirgen nimmt er die Fragen der neueren Forschung nach Vulkanzonen und Plattengrenzen vorweg.[425]

Katastrophen und Hypothesen

In seinen öffentlichen Vorträgen entwickelt Branco meist naiv anmutende, aber effektvolle Bilder von den Gestirnen als Lebewesen, die altern und in ihren verschiedenen Lebensabschnitten oder Aggregatzuständen unterschiedliche Formen von Vulkanismus durchmachen. So hat, mit seinen Worten, die Erde ihr Jugendstadium der glühenden Gase längst hinter sich und wird nun im Alter gequält von Bewegungen zwischen dem heißen Erdinneren und der kalten Erdkruste. Vulkanausbrüche und Erdbeben nennt er bei solchen Gelegenheiten gern Krankheitsphasen der „Mutter Erde“, die dann zur „Massenmörderin ihrer Erdenkinder“ wird.[426] Die katastrophalen Ausbrüche des Krakatau (1883) und des Mount Awu (1892) in Indonesien, des Montagne Pelée auf Martinique (1902–1905) oder des Santa Maria in Guatemala (1902) und die bedrohlichen Daueraktivitäten des Vesuv in Italien (1865–1906) sind den Zeitgenossen geläufig; die Frage nach der Messbarkeit und Vorhersehbarkeit von Eruptionen und damit der Rettung von Menschenleben macht das Thema besonders spannend. Neben derlei Popularisierungen stehen wiederum Brancas Entwürfe für eine internationale Vulkanforschung, für die er die gesamten Theorien und Begrifflichkeiten seiner Zunft und Zeit aufwendet.[427]

Das alles mag nur noch Wissenschaftshistoriker interessieren, weshalb an dieser Stelle auch darauf verzichtet werden soll, die damaligen Lehrmeinungen weiter auszubreiten und ihre Vertreter zu benennen. Branco und seine Zeitgenossen haben erst ansatzweise Ahnung von den heutigen Erkenntnissen über Plattentektonik und Kontinentalverschiebung, Gebirgsbildung, Vulkanismus und Erdbeben, und sie können sehr beharrlich sein, wenn es gilt, einmal

425 W. Branca, Ziele vulkanologischer Forschung, S. 814, 818 f, dazu Kartenzeichnung nach S. 818. Branca berichtet, dass er bisher vergeblich versucht habe, seine Schüler auf die schwierige Aufgabe einer Kartierung ehemaliger Vulkane und ihrer Lage zu Meeren und Gebirgen anzusetzen. Lediglich eine Doktorandin „Frl. Täuber“ habe dies für einen Teil der mitteleuropäischen Vulkangebiete unternommen; vgl. deren Dissertation (1913). Es handelt sich um die spätere Hochschullehrerin und Politikerin Antonie Täuber (1882–1961), seit 1912 verheiratet mit dem Geologen Hermann Stremme (1879–1961).

426 W. Branca, Die vier Entwicklungsstadien des Vulkanismus, S. 60–73.

427 Vgl. oben S. 156–159, 163.

verfestigte Lehren zu verteidigen. Als 1912 der Meteorologe und Geophysiker Alfred Wegener (1880–1930) behauptet, es habe einen „Urkontinent“ gegeben, der auseinandergebrochen sei und dessen Teile sich noch immer verschieben, und als bald darauf die Hypothesen über thermisch bedingte Strömungen im Erdinneren als Ursachen der „Kontinentaldrift“ kursieren, da gibt es zunächst und noch lange fast nur Ablehnung solcher Vorstellungen in der wissenschaftlichen Szene.[428]

Wilhelm Branca diskutiert hier nicht mehr mit, hält sich jedoch generell offen für neue Entwicklungen und bleibt auch gegenüber den eigenen Vorgaben skeptisch. Das zeigt sich, wenn er zum Beispiel fordert, die Rolle der eben erst entdeckten Radioaktivität bei der Entstehung der Hitze in der Erde zu erforschen.[429]

Die schwäbische Vulkanlandschaft

Die Erforschung der ehemaligen Vulkane Schwabens „liessen Sie den Herzschlag des Erdkörpers erlauschen“, heißt es im Gratulationsschreiben der *Preußischen Akademie der Wissenschaften* zum 80. Geburtstag Wilhelm Brancas.[430] Die Formulierung könnte von ihm selbst stammen; mit solchen Bildern hat er seine Leser und Zuhörer begeistert.

Das Thema seiner frühesten Forschungen greift Branco in seiner Tübinger Zeit wieder auf. War seine Felduntersuchung der erloschenen Vulkane des Hernikerlandes noch eine deskriptive Arbeit (1877), so verbindet er nun die empirische Bestandsaufnahme mit der Diskussion von Theorien und Lehrmeinungen des Fachgebietes. Schon seine öffentliche Antrittsvorlesung vor großem Publikum in Tübingen handelt über Vulkanismus und die Zusammenhänge mit Erdbeben und Gebirgsbildungen (1890).[431] Südlich von Stuttgart, bei Scharnhausen, erkennt er in einem kleinen Tuffsteinbruch einen Vulkanschlot aus der Tertiärzeit. Hier sieht er den nördlichen Vorposten des vulkanischen Gebietes um Urach und Beweise für die ehemals viel weitere Ausdehnung der Schwäbischen Alb (1892).[432] In dieser Landschaft macht er dann auch die Entdeckungen,

428 Vgl. U. Wutzke, Klima, Krater, Kontinente, S. 72–75; P. Rothe, Die Erde, S. 97–129.

429 W. Branca, Ziele vulkanologischer Forschung, S. 840–843.

430 ABBAW, II-III, 140 Bl. 252 f (Schreiben vom 9.9.1924).

431 Lebensgang S. 148.

432 W. Branco, Ein neuer Tertiär-Vulkan. Vgl. Lebensgang S. 140.

mit denen er die damalige Vulkanologie „aus ihrer dogmatischen Erstarrung aufrüttelt“.[433]

Am Rande der Schwäbischen Alb, speziell in der Landschaft um Urach im Landkreis Reutlingen, identifiziert Branco ein einzigartiges Naturdenkmal – „das größte Gebiet ehemaliger Maare auf der Erde“, wie er meint (1893/94). Von mehreren Kollegen schon früher betrachtet und beschrieben und als „rätselhaft“ bezeichnet, erschließt sich diese auf den ersten Blick unscheinbare Region dem Forscher als „geologischer Schatz ersten Ranges“, entstanden im Tertiär, zeitlich genauer eingegrenzt im Miozän. Branco zählt auf einer Fläche von etwa 25 Kilometern rund um Urach 125 ehemalige kleinere Krater als Zeugnisse vulkanischer Tätigkeit und räumt ein, es könnten noch wesentlich mehr sein. Tatsächlich sind inzwischen mit magnetischen Feldmessungen und weiteren damals noch unbekannten Verfahren insgesamt 356 Ausbruchspunkte auf dem weiter gefassten sogenannten „Urach-Kirchheimer Vulkangebiet“ bestimmt worden.[434] Diese Gesteinsplatte ist nicht von Brüchen und Spalten gestört, sondern mit röhrenförmigen Kanälen wie ein Sieb durchlöchert. Das heißt, der Aufstieg der Schmelzmassen verlief beim „Schwäbischen Vulkan“ nicht wie meist üblich direkt über präexistierende Spalten, sondern nach einer Zwischenlagerung in Magmakammern auf den letzten Abschnitten durch aus eigener Kraft geschaffene Röhren.

Das von Erosion und früheren Gletschern stark abgetragene und verschobene Juragebirge zeigt keine spektakulären typischen Vulkanberge, wohl aber charakteristische vulkanische Spuren und Gesteine im Gelände unter flachen Hügeln, kleinen Kegelbergen, weiten Trichtern – letztere noch erkennbar als ehemalige Krater oder Maare, die meist mit Wasser gefüllt waren. An den Abbruchkanten des Gebirges beobachtet Branco einige sichtbare Ausbruchsschlote – er nennt sie Röhren, Kanäle oder Gänge – wie in einem aufgeschnittenen Modell. Er beschreibt, dass hier einmal gewaltige Massen von Gesteinsschmelze im oberen Erdmantel lagerten, die sich nicht nur einen einzigen oder wenige, sondern sehr viele kleine Ausbruchskanäle verschafft hatten. Tatsächlich sprechen die Geologen später von einem großflächigen „Schwäbischen Vulkan“.[435]

433 J. F. Pompeckj, Gedächtnisrede, S. CXXVIII-CXXX.
434 Vgl. O. Mäussnest, Magnetische Untersuchungen; ders., Die Eruptionspunkte.
435 O. Mäussnest, Die Ergebnisse der magnetischen Bearbeitung, S. 159.

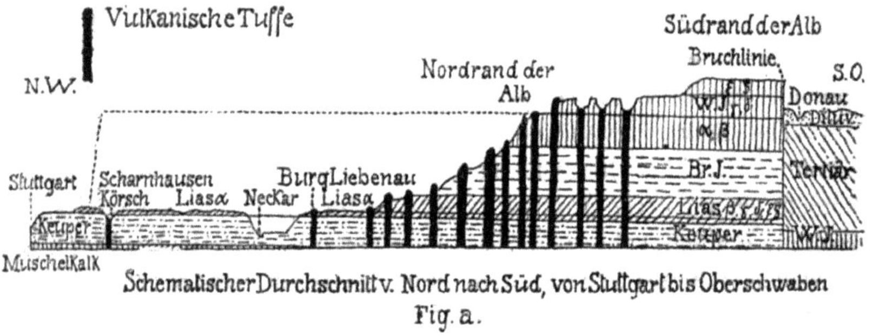

Abb. 26: Schwäbische Vulkanlandschift, Querschnitt. Aus: Wilhelm Branco, Schwabens 125 Vulkan-Embryonen (1894)

Die zahlreichen und meist nur kurzzeitigen Eruptionen stellten hier bereits im Anfangsstadium ihre Tätigkeit ein; Branco nennt ihre sichtbaren Reste „Vulkan-Embryonen“. Die meisten Röhren im Beobachtungsgebiet sind bis in große Tiefen mit Tuff gefüllt, einer in feinste Partikel zerrissenen, später wieder zu einem Gestein verfestigten Schmelzmasse (Magma), die bei explosiven Vulkanausbrüchen entsteht. Die Tuffe wiederum sind mit Trümmern von Fremdgesteinen (Breccien) aus den Schichten durchsetzt, die beim Hochsprengen des Magmas durchbohrt wurden. Als treibende Kraft der Explosionen nimmt Branco – wie vor ihm Alexander von Humboldt und mit ihm die meisten Kollegen – Gase an, die in den Magmakammern freigesetzt werden. Später geht man von der Vermischung feinkörniger Teilchen (Lapilli) mit Gas oder von der Begegnung heißen Schlottuffs mit wasserführenden Schichten aus; heute definiert man eine „phreatomagmatische Eruption“, das heißt die explosionsartige Ausdehnung einer Wasserdampfschicht, die bei der Berührung von Magma und Wasser entsteht.[436]

So weit die Brancoschen Beobachtungen und Analysen auf der Schwäbischen Alb in einer stark vereinfachenden Zusammenfassung. Die bleibende Bedeutung seiner Veröffentlichungen zu dieser Region – auf eine umfangreiche Darstellung folgen etliche Einzeluntersuchungen und Streitschriften – besteht in der akribischen Beschreibung aller ihm bekannten ehemaligen Krater, in der Bestimmung der Gesteine rundum und in den Flusstälern, und im Vergleich mit weiteren vulkanischen Gebieten in Deutschland und anderen Ländern. Eine populäre

436 Vgl. H.-U. Schmincke, Vulkanismus, S. 179–184.

Nutzanwendung darf nicht fehlen: Im Anhang bietet Branco Vorschläge für eine geologische Exkursion um Urach und eine Faltkarte seines Untersuchungsgebietes. Die „zu immer größerem Umfange anschwellende Arbeit" erscheint nicht von ungefähr zum fünfzigjährigen Bestehen des *Vereins für vaterländische Naturkunde in Württemberg*, einer der charakteristischen Vereinigungen von Wissenschaftlern und interessierten Bürgern des 19. Jahrhunderts zur Erforschung und zum Schutz der heimatlichen Natur.[437]

Ein wichtiges Thema in diesem Zusammenhang ist die topografische und geognostische Kartierung. Der ehemalige preußische Landesgeologe Branco betrachtet das zu seiner Zeit entstehende Kartenmaterial wegen häufiger Ungenauigkeiten meist kritisch. Wie aber soll man Formationen, Schichtungen und Bruchlinien im Kartenbild exakt darstellen, wo doch jede Grenzziehung „künstlich" und „in der Natur jede Zeit allmählich in die nächstfolgende hinübergedämmert" ist? Darüber tauscht er sich mit dem Stuttgarter Geologen und Kartographen Christian Regelmann (1842–1920) aus, dessen Werke ihn begeistern und dessen Beobachtungen vor Ort er für seine schwäbischen Arbeiten nützt.[438]

Nördlinger Ries und Steinheimer Becken

Eines der bevorzugten Exkursions- und Forschungsgebiete Wilhelm Brancos, das er gemeinsam mit seinem Kollegen und Freund Eberhard Fraas (1862–1915) bereist, ist das *Nördlinger Ries*. Die *Preußische Akademie der Wissenschaften* finanziert den beiden ab 1900 eine geologische Untersuchung des Gebietes.[439]

437 Lebensgang S. 140. – Zum Verein für vaterländische Naturkunde in Württemberg vgl. M. Warth, 150 Jahre Gesellschaft für Naturkunde in Württemberg.

438 UB Freiburg, Historische Sammlungen, AGV 17684–17695 (Briefe Branco/Branca an Regelmann, 1892–1909), Zitat aus dem Schreiben vom 7.2.1894.

439 ABBAW, II-VII 136 Bl. 102–107, 145–148; II-VII 137 Bl. 1 f, 66–68, 76–78, 91, 107, 109–114 (Anträge, Abrechnungen, Berichte).

Abb. 27: Nördlinger Ries, Grundriss. Aus: Wilhelm Branco und Eberhard Fraas, Das vulcanische Ries bei Nördlingen (1901)

Der fast kreisrunde, bis zu 25 Kilometer weite Kessel inmitten der Hügellandschaft der Schwäbischen und Fränkischen Alb hat seit jeher die Naturforscher fasziniert. Er gilt seinerzeit als „das größte geologische Rätsel in deutschem Boden“.[440] Man findet in weiter Umgebung die ausgeschleuderten Massen eines zertrümmerten Grundgebirges, den nahezu flachen Kessel zwischen aufragenden Jura-Kalken mit einer aufgerissenen Decke aus dem Trias, den ehemaligen Krater selbst gefüllt mit Suevit – einem Impakt-Gestein, das nur bei extremen Temperaturen und hohen Drücken entsteht – und einem jüngeren Deckgebirge aus Sedimenten eines ehemaligen Sees; ein Befund mit gewaltigen tektonischen Störungen.

440 J. F. Pompeckj, Gedächtnisrede, S. CXXX.

Die historischen Deutungen zur Entstehung sind vielfältig und widersprüchlich. Ein Vulkan, dessen Berg im Lauf der Erdgeschichte abgetragen wurde; ein Gletscher, der die verschobenen Gesteinsmassen bewegte; ein Kesselbruch bei der Entstehung der Alpen; horizontale Überschiebungen oder vertikale Aufpressungen von Gebirgsstöcken – jede Hypothese hat ihre Varianten und ihre Verfechter. Die vulkanische Theorie setzt sich durch. Von ihr sind auch Branco und Fraas überzeugt, beginnend mit einer gemeinsamen Veröffentlichung (1901) und ausufernd in einer Serie von Aufsätzen bis zu einem streitbaren Resümee als Brancas letzter Publikation (1927).

Zunächst geben die beiden Geologen in gewohnt anschaulicher Weise eine Darstellung der Befunde, analysieren die Gesteine, skizzieren den von ihnen angenommenen Verlauf des vulkanischen Geschehens. Das Fehlen eines sichtbaren Vulkanberges erklären sie mit einem langanhaltenden Vorgang in mehreren Zeitabschnitten. Demnach erzeugte zunächst eine aufsteigende unterirdische Magmakammer einen Pfropfen aus geschmolzenem Tiefengestein (Lakkolith). Der hob den Untergrund des heutigen Kessels empor, drückte ihn als niedrigen Berg aus dem Ries heraus, zerbrach selbst in Schollen und blieb im Untergrund stecken. In einem zweiten Akt kam es durch Begegnungen von Magma mit Wasser an mehreren Stellen zu Explosionen mit Auswürfen zertrümmerter Gesteinsmassen und der Verschiebung gewaltiger kompakt bleibender Gebirgsstücke (Bunter Breccien). Schließlich sank das Ries nach Abkühlen und Entgasen langsam wieder ein, und es entstand der große Einsturzkrater (Kaldera), der sich später mit Wasser füllte.

Die „Lakkolith“-Hypothese, hier stark vereinfacht angedeutet, nennen Branco und Fraas eine wissenschaftliche Neuerung quer zur herrschenden Lehrmeinung; die Entstehung des Rieses beschreiben sie als ein „evolutionäres“ Ereignis.

> „So ergiebt sich ein Paradoxon: die riesige Einsenkung ist ihrem inneren Wesen nach offenbar ein Hebungsgebiet, der Kessel eigentlich ein Berg, wenn auch ein jetzt bereits abgetragener.“ Und „zwei ganz verschiedenartige Äußerungen des Vulcanismus treten uns entgegen. Eine gewaltige, unterirdische, den Blicken entzogene, intrusive; diese ist, unserer Ansicht nach, Urheberin jener ebenfalls großen tektonischen Störungen. Sodann eine relativ winzige, embryonale, oberirdische, extrusive; diese ist umgekehrt im Gefolge der Störungen entstanden.“[441]

441 W. Branco / E. Fraas, Das vulkanische Ries bei Nördlingen, S. 7. Der Text wird von Branco in einer Gesamtsitzung der Preußischen Akademie der Wissenschaften am 11.4.1901 vorgetragen.

Branco und Fraas finden einen besonders kampflustigen Widersacher in dem Offizier und späteren Landesgeologen Walter Kranz (1873–1952). Der postuliert ein „revolutionäres“, ein kurzfristiges Ereignis: eine zentrale, starke vulkanische Sprengung durch eine Wasserdampfexplosion beim Eindringen von Wasser in eine Magmakammer. Die „Hebungs-Explosions“-Hypothese steht somit gegen die „Explosions“-Hypothese. Beide Seiten und ihre jeweiligen Gefolgsleute liefern sich einen jahrzehntelangen publizistischen Streit um diese Hypothesen und einige Varianten.[442] Sie alle irren letztlich gleichermaßen.

Eine schon 1904 in die Diskussion geworfene Außenseiter-Position nimmt damals niemand ernst. Der weitgereiste Kaufmann, Maler und Autodidakt Ernst Werner (1837–1910) gibt zu bedenken, im Ries könne „die Katastrophe plötzlich und wie von außen über das Gebiet hereingebrochen“ sein.[443] Der Geologe Otto Stutzer (1881–1936) redet 1936 bei der *Deutschen Geologischen Gesellschaft* Klartext und weist alle vulkanischen oder kryptovulkanischen Hypothesen als realitätsfern zurück: Es handle sich vielmehr um einen gewaltigen Meteor-Einschlag.[444] 1960 weisen amerikanische Forscher mit den modernen Möglichkeiten der Gesteinsanalyse nach, dass tatsächlich vor vierzehneinhalb Millionen Jahren ein Meteorit mit einem Durchmesser von eineinhalb Kilometern in die Alb eingeschlagen ist und eine um die ganze Erde spürbare und noch heute messbare Katastrophe verursacht hat. Forschungsbohrungen dringen in den Jahren 1960 bis 1983 tief durch Seesedimente und Suevit in zertrümmertes Grundgestein vor und bestätigen die Erkenntnisse neuer Naturwissenschaft.[445]

Gleiche Abläufe bietet der „kleinere Bruder“ des Nördlinger Rieses, das *Steinheimer Becken,* eine dreieinhalb Kilometer weite und achtzig Meter tiefe Einsenkung in die Hochfläche der schwäbischen Ostalb bei Heidenheim. Eine reiche fossile Flora und Fauna in den Ablagerungen kündet auch hier von einem ehemals wassergefüllten Krater. Auch in diesem Fall illustrieren die Hypothesen zur Entstehung des Naturdenkmals die Wege und Irrwege der Forschung.[446]

442 W. Branca / E. Fraas, Die Lagerungsverhältnisse Bunter Breccie (1907); W. Branca, Ein Wort über die Ries-Hypothesen (1913); W. Kranz, Aufpressung oder Explosion (1914); zusammenfassend: W. Branca, Das bisherige Ergebnis der Rieshypothesen (1927).

443 E. Werner, Das Ries in der schwäbisch-fränkischen Alb, Sp. 168.

444 O. Stutzer, „Meteor Crater“ (Arizona) u. Nördlinger Ries.

445 Vgl. C. R. Mattmüller, Ries und Steinheimer Becken; E. Buchner / M. Schmieder, Das Ries-Steinheim-Ereignis.

446 Vgl. K. D. Adam, Vom Wandel der Anschauungen in den Erdwissenschaften.

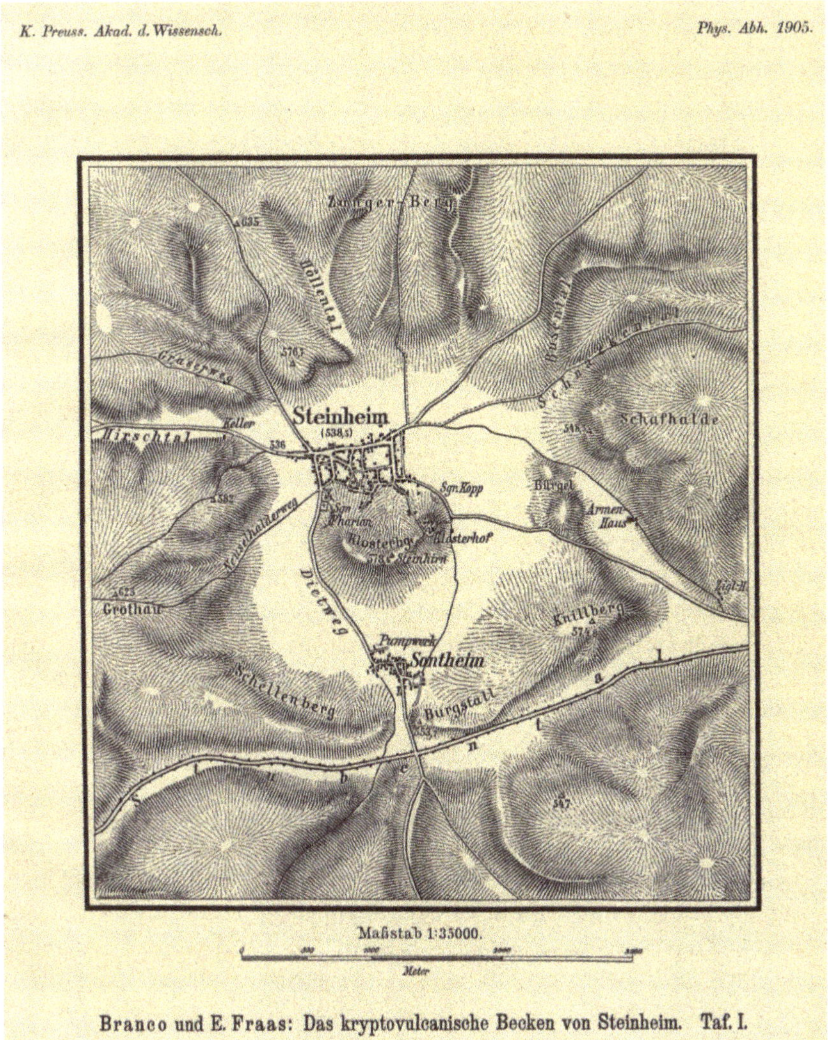

Abb. 28: Steinheimer Becken, Grundriss. Im Original wird ein durchsichtiges Blatt mit Kartierung der Gesteinsschichten aufgelegt. Aus: Wilhelm Branco und Eberhard Fraas, Das kryptovulkanische Becken von Steinheim (1905)

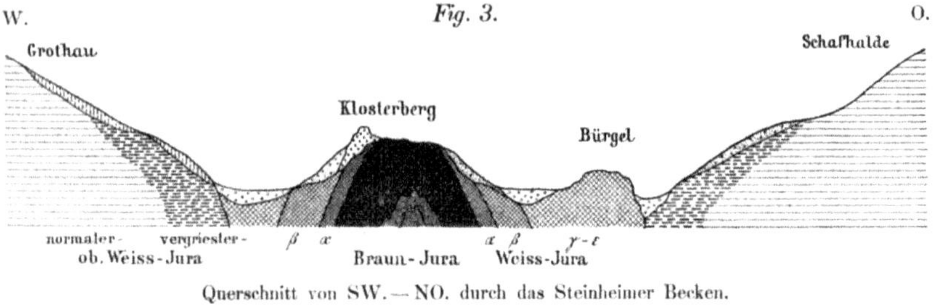

Abb. 29: Steinheimer Becken, Querschnitt. Aus: Wilhelm Branco und Eberhard Fraas, Das kryptovulkanische Becken von Steinheim (1905)

An vulkanische Kräfte denken zum Beispiel die Großmeister der Erdwissenschaften Friedrich August Quenstedt (1809–1889), Oskar Fraas (1824–1897) und Theodor Engel (1842–1933), denen auch Parallelen zum Nördlinger Ries auffallen. Mit ihnen stimmen Wilhelm Branco und Eberhard Fraas überein. Die beiden verschaffen sich durch Gräben und Schächte Einblicke in den Aufbau des inselartig im Becken aufragenden Klosterberges und stellen fest: Hier haben gewaltige Kräfte die nahezu horizontalen Schichten des Juragebirges zerrissen, und das muss ein nicht zum Ausbruch gelangter Vulkan gewesen sein, denn rätselhafterweise ist rundum kein vulkanisches Gestein sichtbar. Hochsteigendes Magma, so ihre den bisherigen Erklärungen widersprechende Theorie, hat das Deckgebirge aufgewölbt, einen Lakkolith gebildet, und beim Abkühlen und Entgasen kreisförmig wieder einsinken lassen. Auch eine zweite Explosion brachte es nicht zu einer Eruption, sondern trieb nur den noch sichtbaren zentralen Hügel hoch.[447]

„Das Steinheimer Becken bietet also das scheinbare Paradoxon: eine Stätte des Vulcanismus, der doch die üblichen Spuren desselben, vulcanische Gesteine, gänzlich fehlen. Also eine kryptovulcanische Stätte.“[448] Auch dieses Modell führt zu hitzigen und anhaltenden Kontroversen in der Fachwelt – Thesen und Antithesen, die allesamt keinen Bestand haben werden.

Schon 1936 von dem Kollegen Otto Stutzer behauptet, aber erst dreißig Jahre später mit neuen Messmethoden und zahlreichen Bohrungen nachgewiesen, weiß man heute, dass auch das Steinheimer Becken im Tertiär durch eine kosmische Katastrophe entstand. Es handelt sich um den Einschlagkrater eines etwa

447 W. Branco / E. Fraas, Das kryptovulkanische Becken von Steinheim. Dazu Fortsetzungen und Streitschriften bis 1927.

448 Wie Anm. 447, S. 57.

einhundert Meter großen Meteoriten – wahrscheinlich einen kleineren Satelliten des riesigen Nördlinger Exemplars, der bei seinem Aufprall im weiten Umkreis für chaotisch geschichtetes Trümmergestein sorgte. Nördlinger Ries und Steinheimer Becken entpuppen sich so nach langer Interpretationsgeschichte als zwei der „am besten erhaltenen größeren komplexen Impaktkrater auf der Erde".[449] Wilhelm Branco hat eine solche Möglichkeit nie in Erwägung gezogen. Noch in seiner letzten Veröffentlichung beharrt er – wie alle seine damaligen Fachkollegen – auf dem so oder so vulkanischen Ursprung des Steinheimer Beckens.[450]

449 Vgl. C. R. Mattmüller, Ries und Steinheimer Becken; O. Stutzer, „Meteor Crater" (Arizona) u. Nördlinger Ries; K. D. Adam, Vom Wandel der Anschauungen in den Erdwissenschaften; E. Buchner / M. Schmieder, Das Ries-Steinheim-Ereignis, Zitat S. 459. Dazu mehrere weitere Beiträge mit neueren Forschungsergebnissen in: ZDGG Bd. 164/2013 Nr. 3.

450 W. Branca, Das bisherige Ergebnis der Rieshypothesen (1927), zusammenfassend S. 124–129.

21. Erdbeben: „Wilde Zuckungen“

Oft und gern spricht und schreibt Wilhelm Branco über Erdbeben; das Thema eignet sich besonders gut für öffentliche Vorträge, bei denen das Publikum die anschaulichen Schilderungen historischer und aktueller Katastrophen gruselnd genießt. Die Lieblingsbeispiele Lissabon (1755) und Caracas (1812) und zeitgenössische Berichte vor allem aus Lateinamerika und Japan geben Anlass, über zehntausende von Todesopfern und unermessliche Sachschäden zu berichten. In einem großen Vortrag „Wirkungen und Ursachen der Erdbeben“ (1902), einem fast gleichlautenden Aufsatz „Erdbeben“ in einer populären Zeitschrift (1911) und einem Akademie-Beitrag „Über die Bedeutung der magmatischen Erdbeben gegenüber den tektonischen“ (1917) fasst der Autor die Ergebnisse seiner jahrzehntelangen Beschäftigung mit dem Thema zusammen.

Wann entstehen und wie verlaufen Erdbeben? Die eingefahrene Lehrmeinung seiner Zeit – durch Abkühlung und Runzelung der Erdrinde – hält Branco für obsolet. „Wie heißt die Kraft“, fragt er, die unsere sonst so feste, ruhige Erde zwingt, urplötzlich in wilde Zuckungen zu verfallen, sich selbst zu zerspalten und ihre eigenen Geschöpfe massenhaft zu morden?“ Brancos Antwort: „So weit Erkenntniss heute reicht, sind es zwei ganz verschiedene, gegnerische Kräfte, das Wasser und das Feuer bez[iehungsweise] die Wärme, die das bewirken; und danach gliedern sich die Erderschütterungen in zwei, jedoch überaus verschiedenwerthige Gruppen.“[451] Nämlich die *Einsturzbeben*, die beim Zusammenbrechen ausgewaschener unterirdischer Höhlen entstehen, und die *Hebungsbeben*, die vulkanischen Ursprungs sind, das heißt mit der Bewegung von Magmamassen und der Explosion von Gasen oder Wasserdampf im Erdinneren beginnen. In Feinheiten der Wissenschaft steigt der Autor noch ein mit der Unterscheidung zwischen vulkanischen und magmatischen Beben; letztere nennt er auch kryptovulkanisch, weil sie, vereinfacht gesagt, ihre Ursache in der Tiefe ohne aufsteigendes Magma haben sollen.

Als dritte Möglichkeit nach der damals vorherrschenden vulkanistischen Theorie diskutiert Branco die zeitgenössischen Erkenntnisse über tektonische Erdbeben. Er spricht noch nicht von Plattentektonik und Kontinentalverschiebung, weiß aber, dass die oberste Erdrinde in Teile zerrissen ist, die ihre Lage verändern, auseinanderbrechen oder zusammenstoßen oder sich übereinanderschieben und somit die *Dislokationsbeben* als die häufigste Art von Erderschütterungen

451 W. Branco, Wirkungen und Ursachen der Erdbeben, S. 58.

auslösen. Für die submarinen, das heißt die *Seebeben*, gelten ihm dieselben unterschiedlichen Erklärungsmuster.[452]

Ursachen und Wirkungen

Schließlich und auch in Brancos Wahrnehmung revolutionär wirken die Hypothesen, dass im Erdinneren schweres Material nach unten sinkt und leichtes nach oben, woraus sich Störungen des Gleichgewichts des Erdkörpers und langsame oder heftige Reaktionen der Erdrinde ergeben. Solche Vorstellungen, hier nur verkürzt benannt, gehen Hand in Hand mit einem Paradigmenwechsel, den Geophysiker wie William Hopkins (1793–1866) und Robert Mallet (1810–1881) seit der Mitte des 19. Jahrhunderts ausgelöst haben. Bei ihnen stehen nicht mehr die *Ursachen* der Beben im Mittelpunkt des Interesses, sondern ihre *Wirkungen* – also die ausgelösten Bewegungen und die Art ihrer Ausbreitung. Zuvor nahm man an, von einem mehr oder weniger tief gelegenen Erdbebenherd, dem Hypozentrum, würden Massen von Gestein, Lava, Wasser oder Dampf durch unterirdische Hohlräume oder Kanäle getrieben; nun sieht man die Ausbreitung der Erschütterungen in Form von kugelförmigen Wellen, die an der Oberfläche im Epizentrum ankommen, aber auch um die ganze Erde spürbar und messbar sind. Dahinter steht die Erkenntnis, dass die Erde physikalisch ein elastischer, homogener Festkörper ist, in dem sich Stöße wie Luft- oder Wasserwellen bewegen.[453]

Der alte Wilhelm Branca entwickelt keinen Sinn mehr für diese zunächst hypothetische, bald aber empirisch überprüfte Sichtweise der Erdbebenforschung. Er spricht zwar noch von der Fortpflanzung der Erdbebenstöße in „konzentrischen Wellenbewegungen“ und von „Schwingungen der Erdoberfläche“[454], hat sich aber selbst von diesem Bereich der Forschungen abgehängt. An der neuen Wissenschaft der Seismologie und der Entwicklung ihrer Nomenklatur und Messgeräte nimmt er nicht mehr teil. Er registriert nur noch – und fragt:

> „Das ist der gegenwärtige Stand der heute herrschenden Anschauungen über Wesen und Ursache der Erdbeben, der Gebirgsbildung, des Vulkanismus. Wandern wir im Lichte? Führt uns der Weg nur von Irrthum zu Irrthum?“[455]

452 W. Branco, Erdbeben, S. 58–61, 75.
453 Vgl. E. Oeser, Historische Erdbebentheorien, S. 8, 90–151.
454 W. Branca, Erdbeben, S. 7–10, 203–205; ders., Über die Bedeutung der magmatischen Erdbeben gegenüber den tektonischen, S. 389 f.
455 W. Branco, Wirkungen und Ursachen der Erdbeben, S. 70.

22. Evolution: Die Entwicklung der Arten und des Menschen

Die meisten Veröffentlichungen Brancos stammen aus dem Bereich der Paläontologie. Speziell in die Erforschung der fossilen Überreste tierischer und menschlicher Lebewesen kann er sich bald mit dem Hintergrund eigener Theorie und Praxis und mit besonderer Erfahrung in der geologischen Feldarbeit und beim Aufbau paläontologischer Sammlungen einbringen. Von den empirischen Themen ist es nur ein kleiner Schritt zur Frage nach der Entstehung des Lebens und der Evolution der Lebewesen. Die Publikationen werden jeweils eingeleitet und begleitet von Vorlesungen, Übungen, Exkursionen, hochschulinternen und öffentlichen Vorträgen, schließlich von Berichten und Abhandlungen für die *Preußische Akademie der Wissenschaften.*[456]

Die Paläontologie ist eine noch junge Wissenschaft. Die Lehrer und Vorgänger Brancos – Quenstedt, Benecke, Beyrich, Dames, Zittel und andere – haben sie aus den biblischen Mythen und den antiken und mittelalterlichen Lehrgebäuden befreit.[457] Brancos Lehrer Karl Alfred Zittel hat sie mit einer Serie von „Handbüchern" systematisiert und in die Partnerschaft mit der darwinschen Abstammungslehre geführt.[458] Die neuen Paläontologen sind indes Nutznießer eines schon langen Diskurses: Naturforscher und Philosophen haben bereits im 18. Jahrhundert eine Vielzahl von Konzepten für die Evolution der Welt und allen Lebens vorgelegt, haben das statische Bild der Natur durch ein dynamisches ersetzt.[459] Die Rolle der Paläontologen in diesem Spiel ist die Ordnung der Fossilien zu einer Entwicklung der Lebewesen der Vorzeit, auch – und besonders brisant – für die Geschichte der Humanevolution; sie arbeiten sich ab an Interpretationen und Hypothesen zu ihren sich sprunghaft vermehrenden Funden.[460]

456 Vgl. die Bibliografie im Anhang; dazu auch zahlreiche Hinweise in Vorlesungsverzeichnissen, Tätigkeitsberichten und Fachzeitschriften.

457 Branco interessiert sich für die biblischen Geschichten nur noch wegen ihrer Herkunft aus älteren Überlieferungen, zum Beispiel die Herleitung der Sintflut-Katastrophe aus altbabylonischen Flutberichten und deren naturwissenschaftlich mögliche Erklärung mit Seebeben oder Zyklonstürmen. Vgl. W. Branco, Das angebliche Wrack der Arche Noae.

458 K. A. Zittel, Handbuch der Palaeontologie (1876–1893).

459 Vgl. M. Klemun, Evolutionskonzepte im Wandel; Ch. Manias, Die frühe Evolution des Menschen.

460 Vgl. J. Reader, Die Jagd nach den ersten Menschen.

Mit dem Jahr 1859, der Veröffentlichung von Charles Darwins „On the Origin of Spezies", wird aus dem „Evolutionismus" der „Darwinismus", zieht eine grundlegende empirische Forschungsarbeit einen „öffentlicher Streitfall" nach sich, „der zu hitzigen Auseinandersetzungen und einer langlebigen Debatte führte, die nicht nur bis heute anhält, sondern in manchen Kontexten weiterhin so polemisch und hitzig ausgetragen wird wie im 19. Jahrhundert".[461] Zum Verständnis, wo hier der Autor – auch: die Autorität – Wilhelm Branco zu finden ist, muss man um solche historischen Verläufe wissen und in Erinnerung behalten, dass er Zeitgenosse eines Paradigmenwechsels ist. Branco erlebt zu Beginn seiner Karriere mit, wie Charles Darwin (1809–1882) mit seinen Hauptwerken „Über die Entstehung der Arten durch natürliche Zuchtwahl" (1859) und „Die Abstammung des Menschen und die geschlechtliche Zuchtwahl" (1871) alle Abläufe in der Natur schlüssig als evolutionären Prozess erklärt und damit weite Teile der wissenschaftlichen Gemeinschaft und des gebildeten Publikums überzeugt, aber auch heftigen Widerstand konservativer und kirchlicher Kreise provoziert.[462]

Wilhelm Branco kennt auch die Publikationen Ernst Haeckels (1834–1919): „Generelle Morphologie der Organismen" (1866) und „Natürliche Schöpfungsgeschichte" (1868), schließlich den populären *beststeller* „Die Welträthsel" (1899). Zu Beginn seiner eigenen Arbeit steht Branco mit Haeckel im Schriftentausch.[463] Schon als junger Mann, spätestens mit Beginn seines Selbststudiums, muss er dem Thema „Evolution" begegnet sein und sich daran erprobt haben; so erklärt sich auch seine frühe Begeisterung für die Physiologie von Pflanzen und Tieren.[464]

Ein Verfechter der Evolutionslehre

Im Mittelpunkt der wissenschaftlichen und öffentlichen Kontroversen steht noch lange die Rolle des Menschen in der Natur und seine Entthronung als „Geschöpf Gottes" und „Krone der Schöpfung". Wilhelm Branco bekennt sich als überzeugter Anhänger der darwinschen Evolutionslehre, und damit steht er in einer

461 Vgl. P. J. Bowler, Evolution, Zitat S. 62.

462 Vgl. bes. E.-M. Engels (Hg.), Charles Darwin und seine Wirkung (2009); K. Bayertz / M. Gerhard / W. Jaeschke (Hg.), Der Darwinismus-Streit (2012); zuletzt, mit breiter Dokumentation und Diskussion: A. Schwarz (Hg.), Streitfall Evolution (2017).

463 Universität Jena, Ernst-Haeckel-Archiv, Haeckel-Korrespondenz Brief Nr. 6.231 (Branco an Haeckel, 3.8.1883).

464 Vgl. Lebensgang S. 78.

Reihe mit der großen Mehrzahl der Paläontologen seiner Zeit.[465] Den zehn Jahre älteren Haeckel bewundert er wegen seines naturwissenschaftlichen Werkes und der künstlerischen Darstellungen – und kritisiert ihn wegen seines „zu einem Dogmengebäude ausgebauten Monismus".[466] Er selbst hütet sich allezeit davor, apodiktische Antworten auf immer mehr offene Fragen der Naturwissenschaften zu geben. Zu einem eigenen Lehrbuch hat er es nicht gebracht, sondern sich mit einigen Aufsätzen und Streitschriften begnügt.

Vor der Theorie steht bei Branco stets die Empirie, das heißt in diesem Fall das Sammeln aller verfügbaren Informationen zu einem Thema und die Anschauung des fossilen Materials. Er verschafft sich den Überblick über die spektakulären Fundstellen in aller Welt und die Entdeckungen seiner Zeit, kennt und verfolgt die Fachliteratur, systematisiert und erklärt selbst einige bedeutende Funde. Das beginnt am Anfang seiner wissenschaftlichen Tätigkeit mit der Beschreibung einer von den Forschungsreisenden Wilhelm Reiss (1838–1908) und Moritz Alphons Stübel (1835–1904) aus Ecuador nach Berlin mitgebrachten umfangreichen Sammlung fossiler Säugetierknochen. Eine besondere Genugtuung ist es Branco, wenn er später die Erträge von Expeditionen vorstellen kann, die er als Berliner Ordinarius und Museumsdirektor selbst in Gang gesetzt oder gefördert hat – die von Margaretha Lenore Selenka (1860–1922) geleiteten Ausgrabungen bei Trinil auf Sumatra (1907/08), die Auskunft geben über die prähistorische Fauna am Fundort des umstrittenen *Pithecanthropus*; eine 1913 von seinem Mitarbeiter Hans Reck (1886–1937) in der ostafrikanischen Serengeti entdeckte Säugetier-Fauna und das Skelett des *Oldoway-Menschen*, über dessen Alter noch jahrzehntelang gerätselt wird; schließlich die sensationellen Funde vor allem von Dinosaurier-Knochen bei der Tendaguru-Expedition des *Geologisch-paläontologischen Museums* (1909–1913).

Die eigenen Publikationen Brancos zu diesem Bereich beschäftigen sich zunächst mit fossilen Knochenfischen (Lepidotes) und Flugtieren; bei letzteren interessieren ihn vor allem die Wirbeltiere und die im Lauf der Evolution ausgebildeten körperlichen Veränderungen hin zur Fähigkeit des Fliegens. Zum Sachkenner wird er für die Entwicklungsgeschichte, den Bau und die Lebensweise

465 Vgl. M. Tamborini, The Reception of Darwin in late Nineteenth-Century German Paleontology.

466 W. Branca, Der Stand unserer Kenntnisse vom fossilen Menschen (1910), S. 86 f, 101 f, 107 f, Zitat S. 101.

von Dinosauriern, einen neuen, speziellen Forschungszweig, den er dann seinen Assistenten am Berliner Museum überlässt.[467]

Der Titel einer viel zitierten Veröffentlichung aus der paläontologischen Reihe – „Die menschenähnlichen Zähne aus dem Bohnerz der schwäbischen Alb“ (1898) – lässt nicht erkennen, dass es hier um mehr geht als die Untersuchung und Vergleichung zahlreicher fossiler Zähne und Kiefer aus dem Quartär oder gar Tertiär. Sind das Menschenzähne oder Menschenaffenzähne? Die Frage verleitet den Autor zu einer Übersicht über ausgestorbene und lebende Primatenarten und zur kritischen Sichtung der damals kursierenden Entwürfe eines Stammbaumes des Menschen. Seinerzeit erregt sich die Forschung (und die in ihrem traditionellen christlichen Schöpfungsglauben irritierte Öffentlichkeit) an den fossilen Überresten der „menschenähnlichen“ *Dryopithecus* und *Pithecanthropus* und sucht „das bisher nicht bekannte Bindeglied zwischen Affe und Mensch“.[468] Branco sieht dies, um ein Ergebnis seiner Überlegungen vorwegzunehmen, in keiner der damals bekannten Gattungen, sondern er wartet lieber auf mögliche weitere, viel ältere *Anthropomorphe* als gemeinsame Vorfahren der Familien der *Primaten*.[469]

Brancos Vorstellungen zur „Entwicklung der Tierwelt“ bewegen sich zunächst im Rahmen der zeitgenössischen Evolutionslehre. Er sieht bei allen fossil überlieferten Familien, Gattungen und Arten den Drang zum ständigen Aufstieg von niederer zu höherer Gestaltung. Und er beschreibt an Beispielen die Weiterentwicklung und Spezialisierung einzelner Organe – Zähne, Geweihe, Zehen, auch die Steigerung der Körpergröße. Aber, und das unterscheidet ihn von vielen Kollegen und macht ihn zu einem Verwandten moderner Forscher: Er erkennt in der Evolution keinen folgerichtigen Plan, keinen zielgerichteten Fortschritt, keine Determination, sondern sieht auch Rückschritte und Fehlentwicklungen, die zum Abbruch einer Linie und zum Aussterben einer Art führen können. Damit distanziert er sich offenkundig von dem fortschrittsoptimistischen Haeckel. Im „Kampf ums Dasein“, so der Darwinist Branco, setzt sich allerdings durch, was entwicklungsfähiger, zweckmäßiger und an die sich ändernden Lebensumstände angepasster ist.[470]

467 Vgl. in der Bibliografie die Titel aus den Jahren 1885, 1887, 1889, 1907, 1908, 1911, 1914.

468 W. Branco, Die menschenähnlichen Zähne, Teil I S. 108.

469 Wie Anm. 468, S. 75–110, 121–135.

470 W. Branco, Antrittsrede (1900); ders., Einiges über die Entwicklung der Tierwelt (1919).

Keine Übereinstimmung mit der Deszendenztheorie gibt es für Branco bei der unter vielen Forschern verbreiteten Annahme, alle Lebewesen seien aus einer einzigen Urform entstanden. Auch hier distanziert er sich von Haeckel, der unentwegt an einem Stammbaum von den „Moneren" und „Amoeben" über die Amphibien und Affen bis zum Menschen bastelt.[471] Statt dieser *monophyletischen* Hypothese, einer nach Brancos Ansicht „unsicheren Glaubenssache", bevorzugt er die *polyphyletische* Sicht: Die Lebewesen entwickelten sich demnach nicht wie ein einzelner Baum aus einem einzigen Samenkorn, sondern gleichen einer Vielzahl verzweigter Bäume, die nicht miteinander verwandt sind. Ein Beweis dafür ist ihm die Tatsache, dass erst bei den hochentwickelten Tieren der Erdneuzeit fossile Bindeglieder oder Übergänge zwischen den Formenkreisen gefunden wurden.[472]

„Der fossile Mensch"

„Der fossile Mensch" ist kurz und bündig ein großer Vortrag überschrieben, den Branco 1901 beim Internationalen Zoologen-Kongress in Berlin hält.[473] „Der Stand unserer Kenntnisse vom fossilen Menschen" folgt, nun unter dem Namen Branca, als Monografie 1910, in zweiter Auflage 1919[474], in Variationen als Aufsatz für die wissenschaftliche Zeitschrift der *Deutschen geologischen Gesellschaft* (1911) und die Publikumszeitschrift „Deutsche Revue" (1920). „Popularisierung der Wissenschaft" - die Charakterisierung eines zeitgenössischen Trends trifft auch und besonders auf diesen Teil der Brancaschen Publizistik zu.[475]

„Von wem wir stammen - unter allen Fragen der Entwickelungsgeschichte ist keine, die so ungestüm die Antwort heischt, wie diese; denn wenn der Mensch das vornehmste der Lebewesen ist, so wird die Frage nach seiner Herkunft die

471 Vgl. D. Solies, Darwinismus als Kampf aller gegen alle?, S. 96–100.

472 W. Branco, Antrittsrede, S. 684–686; ders. Einiges über die Entwicklung der Tierwelt, S. 234.

473 Gekürzt erschienen in: P. Matschie (Hg.), Verhandlungen des V. Internationalen Zoologen-Congresses zu Berlin, 12. - 16. August 1901 (1902), S. 237–261.

474 Die 2. Auflage sollte schon 1914 erscheinen, was kriegsbedingt unterblieb. In der Ausgabe 1919 fehlen Brancas eigene Anhänge zur 1. Auflage: „Zur Richtigstellung" (S. 80–83) und „Schlußbetrachtungen" (S. 84–112). Stattdessen ist ein „Nachtrag" von H. Stremme angehängt (S. 81–116) über neue Funde und Erkenntnisse zur Abstammung des Menschen und zum Alter der paläolithischen Kulturen.

475 Formulierung nach dem Buchtitel von A. W. Daum, Wissenschaftspopularisierung im 19. Jahrhundert.

Der

Stand unserer Kenntnisse vom fossilen Menschen

von

Dr. Wilhelm Branca

o. ö. Professor für Geologie und Paläontologie an der Universität Berlin
Geheimer Bergrat

Mit zahlreichen Abbildungen

Leipzig
Verlag von Veit & Comp.
1910

Abb. 30: Wilhelm Branca, Der Stand unserer Kenntnisse vom fossilen Menschen, Titelseite (1910)

vornehmlichste von allen."[476] Mit diesem Satz beginnt Wilhelm Branco seine viel zitierte, gefeierte und umstrittene Rede von 1901. Man denkt unwillkürlich an seine Zeit als Landwirt, wenn er wie ein Schnitter über das Feld der paläontologischen und anthropologischen Theorien geht und reihenweise die wuchernden Entwürfe zur Abstammungsgeschichte des Menschen niedermäht. Dabei lässt er kaum eine Datierung der bis dahin gefundenen menschlichen oder vormenschlichen Schädel und Knochen, Fußspuren und Werkzeuge gelten. Deren Zuweisungen in die erdgeschichtlichen Perioden des Quartärs – im damaligen Sprachgebrauch: des Diluviums – oder des weiter zurückliegenden Tertiärs hält er sämtlich für spekulativ.

Den Grundfehler zahlreicher Datierungen sieht Branco im unprofessionellen Umgang mit den Fundstellen. Viele Fossilien wurden und werden ohne genaue Dokumentation ihrer Umgebung eingesammelt. Zu Irrtümern verführt die Tatsache, dass die menschlichen Überreste in der Erde oder in Höhlen in der Regel aus Begräbnissen durch Artgenossen stammen.

> „Wo immer ein Mensch begraben wird in der Weise, dass man ihn in die Erde hinabsenkt, da wird für kommende geologische Geschlechter unbeabsichtigter Weise ein Betrug geübt; denn nun ruht ja der Mensch nicht in der Schicht, die sich gleichzeitig mit ihm bildete, ihm gleichalterig ist; das wäre die oberste. Sondern er liegt in einer tieferen Schicht, die schon lange vor ihm entstanden ist."

Jahrtausende später, so Brancos Zuspitzung, wird ein Geologe in einem im Jahr 1901 angelegten und inzwischen versunkenen Grab, das keine für die Datierung hilfreichen Beigaben vorweist, „dort einen diluvialen, hier gar einen tertiären Menschenrest vor sich zu haben meinen" – „Menschenknochen lügen eben hinsichtlich ihres Alters viel mehr noch als Menschen selber lügen."[477] Umso mehr, so seine Mahnung, müssen alle Fundstellen stratigrafisch korrekt untersucht werden, einschließlich der Dokumentation der umgebenden Reste ehemaliger Floren und Faunen. Bei den Beigaben von Werkzeugen und Waffen – Branca nennt sie „Industrie-Erzeugnisse" – warnt er vor deren Parallelisierung mit geologischen Epochen.[478]

Ähnlich rigoros geht ein skeptischer Branca mit den sich häufenden Meldungen über Funde von Fußspuren angeblich tertiärer oder noch älterer Menschen um. Er sammelt die spektakulären und höchst widersprüchlichen Berichte von Forschern und Reisenden aus Nord- und Südamerika, Australien, Afrika,

476 W. Branco, Der fossile Mensch, S. 237.
477 Wie Anm. 476, S. 239.
478 W. Branca, Der Stand unserer Kenntnisse vom fossilen Menschen (1910), S. 1–4.

Sibirien, Italien und Frankreich, lässt sich Fotografien oder Abdrücke schicken, dazu auch Beschreibungen der Fundstellen. Dass eines Tages Überreste frühester Menschenwesen auftauchen werden, bezweifelt er nicht und hofft es sogar. Die meisten der damals bekannten Zähne, Schädel und Skelette hält er jedoch für Zeugnisse jüngerer Erdbestattungen, von entdeckungsfreudigen Kollegen als möglichst alt deklariert, und die steinernen Fußabdrücke betrachtet er als Kunstprodukte neolithischer (jungsteinzeitlicher) Menschen, die auch Fährten und Zeichnungen von Tieren in Stein geschlagen oder geritzt haben.[479] Die tatsächlich wesentlich älteren, als echt erkannten Fußspuren von *Humanoiden* – des zuerst 1924 in Afrika entdeckten *Australopithecus* – kann er noch nicht kennen.[480]

Was der Berliner Professor selbst zum Wissen über die Entwicklung des Menschen und seiner Vorfahren mitzuteilen hat, kommt auf bemerkenswerte Weise den heutigen Aussagen der Paläoanthropologen entgegen. Um seine wichtigste Erkenntnis zur Evolutionslehre zu nennen: Branco teilt nicht die Idee, es gebe einen Stammbaum des Menschen mit einer geradlinigen Entwicklung. Von den damals bekannten Typen von Menschen- und Affenfossilien liest er vielmehr ab: Eine direkte Ahnenreihe des Menschen aus dem Tertiär, den ältesten Perioden der Erdneuzeit, bis heute, und „Bindeglieder" zwischen Affen und Menschen sind mit dem bisher geborgenen Material nicht nachweisbar. Der entscheidende Schritt zur *Hominisation* (Menschwerdung) ist und bleibt noch völlig unerklärt. Geradezu empört ist Branca über die Phantasie Haeckels, der eine lückenlose fossile Ahnenkette der Primaten als bereits erwiesen sieht. Das heißt nicht etwa, Verwandtschaften und gemeinsame Vorfahren der Familien zu bestreiten – im Gegenteil: Der *Homo sapiens* – der moderne Mensch – kam, so Branca, nicht plötzlich aus dem „Nichts", sondern er ist, wie alle Lebewesen, das Ergebnis einer langen Entwicklungsreihe. Selbstverständlich hatte er „Ahnen" – wir kennen sie nur noch nicht, und unter den damals bekannten fossilen *Primaten* sind sie nicht zu sehen. Und der Autor hofft, möglicherweise werde die „Stammform" eines Tages gefunden, wahrscheinlich in Afrika oder Asien oder Südamerika oder in den polaren Gebieten unter Schnee und Eis …[481]

Branca weiß, dass die geologischen und paläontologischen Erkenntnisse schnell veralten. Seit der Jahrhundertwende folgen die Entdeckungen fossiler

479 W. Branco, Fragliche Reste und Fussfährten des tertiären Menschen (1904); ders., Die fraglichen fossilen Fussspuren (1905).

480 Vgl. P. Rothe, Die Erde, S. 217–221; J. Reader, Die Jagd nach den ersten Menschen, S. 252–270.

481 W. Branca, Der Stand unserer Kenntnisse vom fossilen Menschen (1910), S. III-VII, 50–60, 64, 88.

Reste von *Hominiden* in dichter Reihe und an vielen Orten der Erde. Der Berliner Professor bemüht sich, den Überblick zu behalten, und macht in Abständen von etwa zehn Jahren neue Bestandsaufnahmen, ohne seine skeptische Grundeinstellung zu ändern.

Seine von zahlreichen Kollegen distanzierte Meinung stützt er auf die Anschauung des Materials. In gewohnt systematischer Arbeitsweise listet Branca die damals bekannten Fossilien von Primaten auf, beschreibt die Formen der Schädel und die Funktionen der Knochen, zieht vorsichtige Rückschlüsse auf die Lebensweise und die Intelligenz der Arten. Seinerzeit spricht man von zwei Haupttypen menschlicher Schädel, benannt nach den ersten Fundorten: dem „niederen" *Neandertal*-Typus und dem „höheren" *Cro-Magnon*-Typus. Daneben betrachtet man „Zwitterformen" und den in seiner Einordnung und seinem Alter noch umstrittenen *Pithecanthropus erectus*, den 1891/92 von dem Anthropologen Eugène Dubois (1858–1940) auf Java entdeckten und so benannten „aufrecht gehenden Affenmenschen". Dubois und Haeckel hoffen mit viel Wunschdenken, hier das *missing link*, das gesuchte „Bindeglied" zwischen Affe und Mensch gefunden zu haben, Branca warnt vor solch spekulativer Festlegung – und soll damit Recht behalten.[482]

Wilhelm Branca kann noch nicht ahnen, dass die Paläoanthropologen bald nach seiner Zeit eine Fülle von *Humanoiden*- und *Homo*-Arten kennen und differenzieren werden.[483] Er weiß schon, dass die immer mehr angehäuften Fossilien allein die stammesgeschichtlichen Abläufe nicht erklären können. Von den künftigen Hilfsmitteln seines Faches aber kann er noch nicht einmal träumen – den Möglichkeiten, mit der DNA-Analyse Verwandtschaftsverhältnisse und Vermischungen der Arten zu identifizieren oder auszuschließen, und mit radiometrischen Methoden das Alter organischen und anorganischen Materials zu bestimmen. Und die multidisziplinäre Denkweise der modernen Paläoanthropologen von der Molekularbiologie bis zur Evolutionsökologie setzt erst Generationen später ein.[484] Auf dem Weg der Wissenschaft bleiben Brancas seinerzeit viel diskutierten und heute gänzlich vergessenen Ausführungen eine Momentaufnahme. Nur seine Skepsis gegenüber schnellen Festlegungen erweist sich als

482 Wie Anm. 481, S. 1–80. Vgl. W. Henke / H. Rothe, Paläoanthropologie, S. 367 f; J. Reader, Die Jagd nach den ersten Menschen, S. 44–59.

483 Vgl. W. Henke / H. Rothe, Paläoanthropologie, passim; J. Reader, Die Jagd nach den ersten Menschen, passim.

484 Vgl. W. Henke / H. Rothe, Paläoanthropologie, passim.

zeitlos: Die Paläoanthropologie kann und will bis heute nicht mehr als „Modelle zur Stammesgeschichte des Menschen" anbieten und diskutieren.[485]

„Fanatiker der Kirche und der Monisten"

Nach seinem Berliner Vortrag von 1901 gerät Wilhelm Branco in die Kritik gegnerischer Lager. Das kann ihn nicht überrascht haben. Seinerzeit spielt sich in Deutschland ein heftiger Widerstreit der Weltanschauungen ab, in dem Naturforscher jeweils in vorderster Linie stehen, genauer gesagt: in dem naturwissenschaftliche Thesen nicht nur in Kreisen der Fachleute zirkulieren, sondern auch zu öffentlichen weltanschaulichen Diskussionen führen. Um Brancos Stellung in jenen Kontroversen zu begreifen, müssen die Positionen kurz benannt werden.

In unserem Zusammenhang geht es auf der einen Seite um *Freidenker* und *Monisten* – eine vielgesichtige Bewegung, einig nur in dem Bestreben, das von den etablierten Kirchen und den orthodoxen Wissenschaften gehaltene Weltbild abzulösen durch eine neue Naturphilosophie. Die soll nach den Vorstellungen ihres Vordenkers Ernst Haeckel zu einer pantheistischen Einheit von Mensch und Naturreich, Körper und Geist, Materie und Energie führen. Ein Offenbarungsglaube mit einem personalen Gott hat darin keinen Platz mehr, allenfalls – bei den „idealistischen Monisten" – ein allgemeines Naturgesetz, das identisch ist mit dem „Geist" oder „Gott".

In seinem Werk „Die Welträthsel" (1899) hat Haeckel die „monistische Religion" formuliert, in dem 1906 gegründeten *Deutschen Monistenbund* findet er eine öffentlichkeitswirksame organisatorische Plattform. Auf der anderen Seite sammeln sich die *Kreationisten* als Unterstützer eines wissenschaftlich-modern gewandeten christlichen Glaubens in überkonfessionellen weltanschaulichen Vereinen wie der *Gesellschaft für Naturwissenschaften und Psychologie* (1906) oder dem *Keplerbund zur Förderung der Naturerkenntnis* (1907).

Hier entsteht den Monisten eine starke Konkurrenz aus dem gebildeten Bürgertum; die Wortführer behaupten die Vereinbarkeit von moderner Naturwissenschaft und christlicher Religion und halten an dem personalen Gott und dem ursprünglichen Schöpfungsakt fest. Zu den führenden Köpfen zählt der katholische Theologe, Jesuitenpater und angesehene Zoologe Erich Wasmann (1859–1931). Der versucht, seine Kirche mit der Evolutionslehre zu versöhnen, indem er den Menschen aus der allgemeinen Entwicklung des Lebens ausnimmt. Demnach hat der allmächtige Gott zwar die Evolution in Gang gebracht, den

485 W. Henke / H. Rothe, Paläoanthropologie, S. 5.

Menschen mit seiner unsterblichen Seele aber als fertiges Geschöpf in die Welt gesetzt.[486] Mit Wasmann wird Branco aneinander geraten.

Wilhelm Branco bleibt in dem Kampf der „organisierten Weltanschauung“[487] eher eine Randfigur. Dennoch trifft auch ihn die öffentliche Empörung christlicher Fundamentalisten. Dabei geht es – keinesfalls überraschend – um die Vereinbarkeit oder Unvereinbarkeit von Evolution und Schöpfungsglauben, speziell Brancos Vortrag und Veröffentlichungen zum Thema „Der fossile Mensch“. Unangenehm berührt ist der Gelehrte vor allem von der Art und Aggressivität der Reaktionen auf seine Äußerungen und der Angriffe auf seine Person; er berichtet über unwillkommene Aufmerksamkeit in Form von Schmäh- und Drohbriefen, Zeitungskommentaren und Flugblättern.[488]

Zunächst gerät er ins Visier des (1887 in Berlin gegründeten) evangelischen *Männerbundes zur Bekämpfung der Unsittlichkeit* und damit der gesamten Bewegung der deutschen *Sittlichkeitsvereine.* In deren „Korrespondenzblatt zur Bekämpfung der öffentlichen Sittenlosigkeit“ entrüstet man sich über „Eine wissenschaftliche Gemeinheit“, nämlich Brancos Auftritt beim Internationalen Zoologen-Kongress 1901, in der Berichterstattung verkürzt und verfälscht zu der Aussage, der Berliner Professor habe „einen geradezu ungeheuerlichen Vortrag über die Abstammung des Menschen vom Affen gehalten“. Die Kritik ist nicht zimperlich:

> „Daß einzelne von Gott verlassene Gelehrte dergleichen verbrecherische Thorheit als ‚Wissenschaft‘ vortragen, ist immer vorgekommen. Daß aber eine ganze Versammlung diesen Blödsinn mit ‚lebhaftem Beifall‘ begleitet, ist ein trauriges Zeichen der Zeit.“[489]

Dann wird Branco zu seiner Überraschung zum Kronzeugen katholischer Kritik an der darwinschen und haeckelschen Lehre. Diese Vereinnahmung erweist sich

486 Vgl. E. Wasmann, Die moderne Biologie und die Entwicklungstheorie, S. 273–304. Zur Kontroverse der weltanschaulichen Lager: A. W. Daum, Wissenschaftspopularisierung, S. 210–235, 303–307.

487 Formulierung nach A. W. Daum, Wissenschaftspopularisierung, S. 193 ff.

488 W. Branca, Der Stand unserer Kenntnisse vom fossilen Menschen (1910), S. 84–87. Die schriftlichen Vorgänge sind verschollen, wir sind auf die wenigen Hinweise und Zitate in Brancas Publikation angewiesen.

489 Korrespondenzblatt zur Bekämpfung der öffentlichen Sittenlosigkeit, Jg. 15 Nr. 7/8, 15.7.1901, S. 69 f. Der Artikel endet mit einer polemischen Gleichsetzung des Vortrags mit den Bemühungen zur Aufhebung des § 175 des Reichsstrafgesetzbuches „im Interesse wissenschaftlicher Forschungen“. – Brancas Erinnerung an den Vorgang (Der Stand unserer Kenntnisse vom fossilen Menschen, S. 85) ist verkürzt und ohne Quellenangabe.

zwar als Missverständnis, bleibt aber an ihm haften. Der Vorgang klingt eher kurios; Auslöser ist die oben zitierte Berliner Rede, wo es nach dem Eröffnungssatz mit der Frage nach der Herkunft des Menschen heißt:

> „Unter allen Fragen der Stammesgeschichte sind aber auch nicht viele, für deren Beantwortung noch weniger direkte, paläontologische Thatsachen zu Gebote stehen, wie für diese. Ja, die anderen Säugetiere, die haben vielfach ihre langen Ahnenreihen, deren versteinertes Gebein aus alt- und jungtertiären Schichten uns entgegenstarrt; den mühselig langen Weg der Umwandlungen uns weisend, den jene wandern mussten, um das zu werden, was sie heut vorübergehend sind, um später wieder andere Formen anzunehmen. Aber der Mensch? Ahnenlos, ein wahrer Homo novus steht unsere Gattung plötzlich vor uns da in diluvialer Zeit."

Und weiter: Schwein und Rhinoceros, Rindvieh, Kamel, Pferd und Elefant können auf stolze Stammbäume blicken, für die Ahnen des Menschen jedoch gibt es bisher nur wenige gesicherte Beweise …[490] Wasmann, sein Zuhörer, macht daraus ein Glaubensbekenntnis des Berliner Ordinarius für den geschaffenen Menschen: Der heutige Mensch sei eben kein „Abkömmling früherer Geschlechter".[491] Branco verwahrt sich mit ungewöhnlicher Schärfe gegen diese „naturwissenschaftlich so absolut unsinnige Ansicht" und gegen die weitere Verbreitung der Fehlinterpretation seines Vortrags durch Kollegen und Journalisten.[492] Sein Kontrahent verteidigt seine Interpretation und die eigene wissenschaftliche Reputation in Erklärungen und endlosen exegetischen Bemühungen, wer wen falsch verstanden und verfälscht zitiert habe, und versucht, den berühmten Paläontologen als bekennenden Theisten und somit als Bundesgenossen gegen Atheismus und Monismus zu retten.[493]

Wilhelm Branca beendet die Diskussion mit der resigniert klingenden Erklärung, man denke und spreche in unterschiedlichen Sprachen, die für den jeweils anderen unverständlich blieben. Er selbst, so Branca, sei in seiner Arbeit allein

490 W. Branco, Der fossile Mensch, S. 237.

491 E. Wasmann, Die moderne Biologie und die Entwicklungstheorie (2. Aufl. 1904), S. 302 f. Wasmann referiert Brancos Vortrag ausführlich nach eigenen „stenographischen Notizen" und mit dem Kernsatz: „Der Mensch tritt uns als ein wahrer *Homo novus* in der Erdgeschichte entgegen, nicht als ein Abkömmling früherer Geschlechter." Diese verkürzte und somit verfälschte Aussage wiederholt er ähnlich in weiteren Veröffentlichungen.

492 W. Branca, Der Stand unserer Kenntnisse vom fossilen Menschen (1910), S. 80–83 („Zur Richtigstellung").

493 E. Wasmann, Erklärung (1911); ders., Professor Branca über den fossilen Menschen (1911).

unabhängiger Naturwissenschaftler, Wasmann hingegen müsse als katholischer Theologe seine Publikationen der Zensur seines Ordens und somit einer höheren Lehrautorität unterwerfen, sei also kein Wissenschaftler.[494]

Zur selben Zeit erreicht die mit Vorträgen, Kampfschriften, Offenen Briefen und Presseerklärungen ausgetragene Kontroverse zwischen dem *Keplerbund* und den Monisten einen polemischen Höhepunkt. Gegner Haeckels wiederholen einen schon Jahrzehnte zuvor diskutierten Vorwurf, der „Affenprofessor" habe bei seinen Publikationen und Lichtbildervorträgen über die Ontogenese des Menschen verfälschte Abbildungen von menschlichen und tierischen Embryonen als Beweise für seine Theorien verwendet.[495] Eine Gruppe von 46 namhaften Fachleuten identifiziert in einer (ab dem 19. Februar 1909 in deutschen Zeitungen veröffentlichten) Erklärung den Vorgang als einen über die Person hinausgehenden Kampf gegen die Freiheit der Wissenschaft und Lehre und trägt vor, „daß der Entwickelungsgedanke, wie er in der Deszendenztheorie zum Ausdruck kommt, durch einige unzutreffend wiedergegebene Embryonenbilder keinen Abbruch erleiden kann". Dagegen verwahren sich 37 andere Gelehrte in einer gemeinsamen Erklärung und beklagen generell die „geringe Gewissenhaftigkeit Haeckels bei seiner Popularisierung naturwissenschaftlicher Tatsachen und naturphilosophischer Ideen", wollen sich damit aber nicht von der Entwicklungslehre distanzieren.[496]

Zu den Unterzeichnern der zweiten Erklärung gehört Wilhelm Branca – ausdrücklich kein Mitglied des *Keplerbundes* und nicht als Gegner Haeckels, sondern nach eigener Bekundung allein besorgt um das Prinzip absoluter Wahrhaftigkeit in wissenschaftlichen Aussagen. Für seine Unterschrift wird er von anderen Kollegen „in ausgesucht kränkendster und gehässigster Weise" kritisiert. Ein Fazit des empörten Professors: „Fanatiker der Kirche und der Monisten" verfahren gleichermaßen intolerant, wenn sie ihre Dogmen über die Wissenschaft stellen.

494 W. Branca, Meine Antwort auf P. Wasmann's Erklärung (1911). – An einem großen öffentlichen Streitgespräch von elf „Opponenten" mit Wasmann am 18.2.1907 in Berlin beteiligt sich Branca nicht, auch nicht an weiteren Kontroversen in der Sache außer dem publizistischen Schlagabtausch von 1910/11. Vgl. L. Plate, Ultramontane Weltanschauung und moderne Lebenskunde (1907); E. Wasmann, Der Kampf um das Entwicklungs-Problem in Berlin (1907).

495 Vgl. R. Gursch, Die Illustrationen Ernst Haeckels, passim.

496 Vgl. A. W. Daum, Wissenschaftspopularisierung, S. 233–235. Wortlaut der Erklärungen und Namen der Unterzeichner bei W. Teudt, „Im Interesse der Wissenschaft", S. 47–49, 89–91. Vgl. R. Gursch, Die Illustrationen Ernst Haeckels, S. 122–125.

> „Wo ist denn noch ein Unterschied zwischen dem Bannfluche, den die Kirche gegen den Ketzer schleudert und dem, welchen die Fanatiker des Monismus aussprechen? Doch nur dem Wortlaute nach; dem Wesen nach ist es ganz dasselbe. Das ist also die ‚Freiheit der Wissenschaft', wie die Fanatiker des Monismus sie meinen. Es ist notwendig, das öffentlich auszusprechen und Verwahrung einzulegen gegen solches Verfahren, von dem sich doch gewiß alle ruhig denkenden, nichtfanatischen Monisten mit Entrüstung abwenden."[497]

Zeitgenössische Kontroversen

So also begibt sich Wilhelm Branco auch in die zeitgenössischen Kontroversen über Naturwissenschaft und Religion, verkürzt auf den Gegensatz von wissenschaftlicher Entwicklungslehre und christlichem Glauben. Bei seinem temperamentvollen Einspruch gegen kirchliche und monistische Dogmen argumentiert er jedoch überraschend kurzsichtig – er nimmt die Breite und Ausdifferenzierung der Diskussionen in Geschichte und damaliger Gegenwart nicht zur Kenntnis.[498]

So fokussiert er sich beim Thema „Kirche" auf das in seinen Grundfesten anscheinend unerschütterliche römische Lehramt. Dass die Diskussion über die Evolutionstheorie innerhalb der katholischen Kirche keineswegs einheitlich und geradlinig verläuft und nie zu einer eindeutigen Verurteilung geführt hat, weiß er nicht oder interessiert ihn nicht.[499] Als Beispiel für dogmatisch bedingte Blindheit dient ihm der seinerzeit in der deutschen Öffentlichkeit omnipräsente Jesuit Erich Wasmann und dessen allerdings eher kurioser Versuch, Naturforschung und Schöpfungsglauben mithilfe einer Sonderrolle des Menschen zu vereinbaren – eines nur von zahlreichen zeitgenössischen Denkmodellen dieser Art. Branco erregt sich über den „Antimodernisteneid" von 1910, mit dem Papst Pius X. alle Amtsträger der Kirche verpflichtet, die Glaubensaussagen des Lehramtes zu vertreten, und weiß offensichtlich nicht, dass ungezählte Priester und sogar hochrangige Kleriker sich diesem Gebot entziehen, meist mit bitteren Konsequenzen für ihre berufliche und publizistische Arbeit. Er ignoriert, dass die traditionelle Interpretation der biblischen Schöpfungsgeschichte als historischer Tatsachenbericht auch innerkirchlich kontrovers diskutiert wird, und ahnt nicht, dass die damals schon umstrittenen vatikanischen Sendschreiben und

497 W. Branca, Der Stand unserer Kenntnisse vom fossilen Menschen (1910), S. 84–87, Zitat S. 87.

498 Vgl. dazu Beiträge in: K. Bayertz / M. Gerhard / W. Jaeschke (Hg.), Der Darwinismus-Streit (2012); A. Schwarz (Hg.), Streitfall Evolution (2017).

499 Vgl. dazu Th. F. Glick / R. A. Martínez, Der Vatikan und die Evolution.

Enzykliken in dieser Sache einen langen evolutionären Prozess innerhalb der Kirche nicht aufhalten.[500]

Auch mit den weltanschaulichen Bewegungen innerhalb seines eigenen konfessionellen Horizontes beschäftigt Branco sich nur sehr allgemein. Den weltweiten Vormarsch der Kreationisten als Reaktion auf den Darwinismus nimmt er nicht zur Kenntnis.[501] Er selbst wird von seiten des neuen protestantischen Fundamentalismus angegriffen und kontert pauschal mit der Verachtung des Naturwissenschaftlers für „Fanatiker der Kirche". In der zweiten Auflage seiner Arbeit über den fossilen Menschen lässt Branca die Polemik gegen diese Widersacher ganz fort und hängt stattdessen einen „Nachtrag" des Kollegen Hermann Stremme an mit einer Übersicht neuer paläontologischer und anthropologischer Funde und Forschungen.[502] Man darf daraus schließen: Der Professor, die fortschreitende Dummheit der Gattung Mensch in einer aktuellen Abwärtsbewegung der Evolution befürchtend, glaubt an die aufklärende Kraft naturwissenschaftlicher Fakten …

Pessimistische Thesen zur Zukunft der Menschheit

Der Paläontologe Branco fragt nicht nur nach der Herkunft des Menschen in der Vorgeschichte, sondern auch nach seiner möglichen Entwicklung in der Zukunft. Hierbei begegnet uns ein philosophisch argumentierender, tief pessimistischer Mann. Sein Gedankengang in geraffter Form: So wie die Floren und Faunen der Erde sich stets gewandelt haben, viele ausgestorben sind, die überlebenden sich weiter entwickeln werden, so ist auch der heutige *Homo sapiens* nicht etwa das Endprodukt seiner Evolution. Ablesbar an seiner bisherigen eigenen Geschichte, wird der Mensch Zähne, Kiefer und Gesicht weiter verringern und verkürzen, die Hirnkapsel vergrößern, die Hirntätigkeit vermehren. Dieser Prozess steht, so Branco, noch ganz am Anfang; in der Zukunft wird ein Lebewesen erscheinen, dessen Bau wir nur ahnen, aber noch nicht bestimmt wissen können.

500 Vgl. dazu Th. F. Glick / R. A. Martínez, Der Vatikan und die Evolution; U. Lüke, Das Säugetier von Gottes Gnaden, S. 31–38, 95–99, 123–128. – Seinerzeit auch innerkirchlich umstrittene Verlautbarungen gegen den „Modernismus" sind u. a. die Enzyklika Papst Pius X. „Pascendi Dominici gregis" (1907) und die Vorlage der Päpstlichen Bibelkommission „Zum historischen Charakter der ersten drei Kapitel der Genesis" (1909).

501 Vgl. dazu die Beiträge zum Thema „Evolution und Religion" in: A. Schwarz (Hg.), Streitfall Evolution, S. 156–198.

502 Vgl. Anm. 474.

Und Branco weiter: Der künftige Mensch, der „Übermensch" der Zukunft, den Friedrich Nietzsche bereits als Philosoph skizziert hat, muss aber kein Fortschritt zum Besseren sein, wie überhaupt „Entwicklung" keine lineare Fortbildung bedeutet, sondern Schwanken zwischen Aufstieg und Untergang. Der naturgesetzliche „Kampf ums Dasein" hat schon immer zum Erlöschen zahlreicher Gattungen von Lebewesen geführt, die der Entwicklung nicht angepasst waren. Neuerdings hat der Mensch diesen Prozess mit der Ausrottung der wilden Pflanzen und Tiere auf weiten Strecken der Erde beschleunigt. Derselbe erbarmungslose Kampf erzwingt weiterhin die Entwicklung der speziellen geistigen Kräfte der Menschheit und *kann* zum Aufstieg – zum Frieden – führen, *wird* aber wahrscheinlich, wenn die Erde einst mit Menschen übervölkert ist, im Abstieg – in der gegenseitigen Vernichtung – enden.[503] Mit Brancos Worten:

> „Dem Menschen selbst aber wird schwerlich der Tag nahen, an welchem auf dieser Erde sein Kämpfen ein Ende findet. Im Gegenteil, nachdem der Mensch alle Pflanzen und Tiere vergewaltigt, ihnen das Leben oder die Freiheit geraubt haben wird, muss für ihn selbst der Kampf nur um so wilder auflohen. Gesittung und Christentum mögen die allzu schroffen Formen desselben mildern, aber ihn vernichten, das können sie nicht."[504]

Später, beim Nachdenken über „Naturwissenschaft und Religion", urteilt Branca nur scheinbar milder, wenn er einräumt, dass „religiöses Empfinden" und „sittliche Prinzipien" den künftig „höher organisierten" Menschen noch „veredeln" könnten.[505] Die Erwartung der Selbstzerstörung im „Kampf ums Dasein" nimmt er aber nicht zurück.

Ein Einwurf zu diesem Abschnitt drängt sich aus der Kenntnis der Biografie Brancas auf: Wie lässt sich derlei pessimistische Weltsicht mit dem patriotischen, so gänzlich unkritischen Glauben des politischen Wilhelm Branca an eine herrliche Zukunft des Deutschen Reiches vereinbaren?[506] Zumindest bis in die ersten Jahre des Weltkrieges bleibt ihm diese Vision ungebrochen. Die Erklärung dürfte sein, dass wir hier eine beispielhaft simple sozialdarwinistische Deutung der Geschichte vor uns haben: der Krieg als eine Chance des stärkeren Volkes zum evolutionären Aufstieg, das zu mythischer Größe erhobene Vaterland aristokratischer deutscher Menschen unter Führung des sakral überhöhten Monarchen beim „Kampf ums Dasein" gegen minderwertige Völker zum Gewinner bestimmt.

503 W. Branco, Die menschenähnlichen Zähne, Teil I S. 135–139, Zitate S. 135, 138; ders., Antrittsrede, S. 687–696.

504 Wie Anm. 503, S. 139.

505 W. Branca, Naturwissenschaft und Religion, S. 289, 293.

506 Vgl. unten S. 272–275.

Spätestens seit dem Krieg von 1870/71 hat sich eine solche nicht auf Individuen, sondern auf Nationen bezogene Spielart des Sozialdarwinismus in Deutschland eingebürgert – auch und gerade bei Intellektuellen wie Wilhelm Branca.[507]

Hypothesen zur Entstehung des Lebens

Wie und wann entstand das Leben auf der Erde? Schon zu Brancos Zeit hat man organische Substanzen in Meteoriten entdeckt und angenommen, dass die Bausteine für Leben sowohl auf der Erde als auch im Weltall vorhanden sind. Heute kann man die Entstehung komplizierter organischer Substanzen aus einfachen Ausgangsstoffen nicht nur in der Natur beobachten, sondern auch im Experiment erzeugen. Wie die sich selbstständig vervielfältigen – also leben – und ihre Eigenschaften vererben und verändern, weiß man jedoch nicht. „Trotz aller Erklärungsversuche bleibt die Entstehung des Lebens noch immer das größte ungelöste Rätsel der Biologie."[508]

Zu dieser bescheidenen Aussage kommt vor einhundert Jahren auch Wilhelm Branca. Er sammelt die Hypothesen der Naturwissenschaftler seiner Zeit und misst sie an der Frage, wie viel naturgesetzwidriges Denken und welcher „Wunderglaube" jeweils dahinter steckt. Die biblische Geschichte von der Erschaffung des Lebens durch Gott ist ihm dabei irrelevant; sie entstand in der Begrifflichkeit einer vorwissenschaftlichen Zeit und setzt nur Glauben voraus. Wäre die Welt „eines Tages aus dem Nichts entstanden oder geschaffen" worden, dann wäre dies, so Branca, ein für Naturforscher unvorstellbares Wunder.

Besteht das Weltall mit seinem Entwicklungsprozess zeitlich „von Ewigkeit her" und ist es räumlich „unendlich"? Gibt es auch das Leben auf der Erde schon „ewig"? Für diese Annahmen, sagt Branca, reicht unser an zeitliche und räumliche Grenzen gebundenes Vorstellungsvermögen nicht aus. Entstand das Leben auf der Erde durch „Urzeugung", durch das Zusammentreffen lebloser Materie – Kohlenstoff, Sauerstoff, Wasserstoff und Stickstoff – in einer Art „lebenden Urschleim"? Auch das hieße, so Branca, an ein Wunder zu glauben, nämlich zwei sich diametral entgegenstehende Naturgesetze für gültig zu halten – hier: „Leben kann immer nur durch Leben entstehen", da: „Leben entsteht aber auch, oder ist wenigstens früher entstanden, aus Nicht-Leben". Oder kam das Leben von anderen Gestirnen auf die Erde, etwa durch Meteore?

507 Vgl. K. Bayertz, Sozialdarwinismus in Deutschland, S. 183–200; U. Puschner, Sozialdarwinismus als wissenschaftliches Konzept und politisches Programm, S. 101 f, 106–112.

508 P. Rothe, Die Erde, S. 27.

Entgegen dem traditionellen christlichen – nämlich geozentrischen und anthropozentrischen – Weltbild hält Branca es für durchaus möglich, dass auf anderen Planeten anders und vielleicht sogar höher organisierte Wesen leben, falls die Entfernung vom jeweiligen Fixstern dies zulässt, also die Temperatur erträglich ist und Wasser und Luft vorhanden sind. Damit befindet er sich in guter Gesellschaft mit Hermann Helmholtz, der es für wahrscheinlich hält, dass „Keime des Lebens" aus Kohlenwasserstoffverbindungen überall im Weltenraum schwärmen und sich auf geeigneten Weltkörpern ansiedeln können.[509] Doch die Frage nach der Entstehung des Lebens, so Brancas Einwand zu den zeitgenössischen Hypothesen, würde man nur auf andere Sterne verlagern, wenn man die Verfrachtung von außen auf die Erde annähme.[510]

Schließlich wagt Wilhelm Branca sich mit der Frage nach dem Wesen der Materie noch auf Gebiete der Physik, denkt über die Bausteine der Atome und das Werden und Vergehen der Gestirne nach, sieht hier aber nur Hypothesen und keine Antworten zur Entstehung des Lebens. Und er schließt für sich die Debatte mit der Erkenntnis, es sei wahrhaftiger, Nichtwissen zuzugeben als Unbewiesenes zu behaupten.[511] Damit liegt er ganz auf der Linie des Physiologen Emil du Bois-Reymond (1818–1896), den er nicht zitiert, aber (auch als einen Freund seines Schwiegervaters Helmholtz) kennt. Der löste bereits 1872 einen Grundsatzstreit „Über die Grenzen des Naturerkennens" aus, als er feststellte, der Naturforscher sei es gewöhnt, schon angesichts der „Räthsel der Körperwelt" bescheiden *ignoramus* zu sagen – wir wissen es nicht.

> „In Bezug auf das Räthsel aber, was Materie und Kraft seien, und wie sie zu denken vermögen, muß er ein für allemal zu dem viel schwerer abzugebenden Wahrspruch sich entschließen: ‚*Ignorabimus!*'" – wir werden es niemals wissen.[512]

Einmal mehr erweist sich Branca als Gegner des monistischen Anspruchs, die „Welträtsel" erklären zu können. Unser Autor weiter zum Ursprung der Materie und des Lebens:

509 H. Helmholtz, Ueber die Entstehung des Planetensystems (1871), S. 89 f. Branca zitiert diesen Aufsatz nicht, kennt aber zweifellos die Texte seines Schwiegervaters.

510 W. Branca, Der Stand unserer Kenntnisse vom fossilen Menschen (1910), S. 84–112, Zitate S. 91, 98, 102. Zu diesem Abschnitt auch ders., Antrittsrede (1900); Hypothesen über die Herkunft des Lebens (1913).

511 W. Branca, Hypothesen über die Herkunft des Lebens, S. 335–341.

512 E. du Bois-Reymond, Über die Grenzen des Naturerkennens (1872), S. 33. Vgl. dazu K. Bayertz / M. Gerhard / W. Jaeschke (Hg.), Der Ignorabimus-Streit, S. VII-XVII, Vortragstext S. 1–26.

„Somit ergibt sich als einzige, der Wissenschaft würdige, weil wahre Erklärung die: Wir wissen nichts darüber und können nach dem heutigen Stande unserer Erkenntnis nichts darüber wissen, daß die Erde und Welt von Ewigkeit her sind. Wir können es nur glauben. Wir sahen aber auch [...], daß wir, mindestens bisher, über die erstmalige Herkunft des Lebens auf Erden gar nichts wissen und zu einem Wunderglauben unsere Zuflucht nehmen müssen, wenn wir an die Urzeugung glauben wollen.“[513]

Brancas eigener Ausweg aus dem Dilemma, zugleich eine weitere Absage an den Alleinvertretungsanspruch naturwissenschaftlicher Erkenntnis:

„Ewigkeit und Unendlichkeit sind uns genau ebenso unverständlich und unfaßbar und unbeweisbar wie ein geistiges Wesen; und trotzdem glauben wir Naturforscher blindlings, bedingungslos an erstere. Die Konsequenz fordert, daß der Glaube an letzteres als ebenso berechtigt angesehen wird.“[514]

Wenn er im Folgenden von „Glauben“ und „Gott“ spricht, dann meint Branca aber nicht den über den Naturgesetzen stehenden, allmächtigen Schöpfergott des Christentums.[515] Das Thema hält er sich offen, auch in einem persönlichen Bekenntnis, mit dem er seine Argumentation schließt:

„Wenn aber auch die Materie auf diese oder jene Weise ewig ist und wenn auch vom Leben dasselbe gelten sollte, der Glaube, daß die Welt noch ein Höheres als diese Materie, ein Geistiges birgt – wir nennen es Gott – wird mir dadurch nicht berührt. Er steht mir über aller Frage.“[516]

Selbstverständlich steht Wilhelm Branca mit seinem zurückhaltenden Skeptizismus nicht alleine. Bei seinem Lehrer Karl Alfred von Zittel, zum Beispiel, liest sich das so:

„Für die Wissenschaft gibt es keine von aussen kommende Offenbarung, die das gläubige Gemüt, ohne zu prüfen, als unerschütterliche Wahrheit anerkennt. Wäre es der Wissenschaft möglich, zur vollen Wahrheit zu gelangen und diese in unfehlbare Sätze zusammenzufassen, so wäre ihre Aufgabe gelöst und jede weitere Thätigkeit überflüssig. [...] Und so mögen wir uns mit dem Ausspruch Lessings getrösten, dass das Ringen nach Wahrheit dem Besitze der Wahrheit vorzuziehen sei.“[517]

Sicher hätte Branca einer Formulierung seines Kollegen Max Planck zugestimmt, der feststellte, der Physiker könne mit seiner Arbeitsmethode der Sinneswahrnehmungen und Messungen die alle Materie schaffende und bewegende

513 W. Branca, Der Stand unserer Kenntnisse vom fossilen Menschen, S. 98.
514 Wie Anm. 513, S. 103.
515 Vgl. unten S. 280–284.
516 W. Branca, Hypothesen über die Herkunft des Lebens, S. 341.
517 K. A. v. Zittel, Ueber wissenschaftliche Wahrheit, S. 14.

intelligente Kraft nicht erkennen und müsse deshalb versuchen, sich dem unerklärlichen Geistwesen „Gott“ auf dem Wege der induktiven Forschung wenigstens anzunähern.

> „Wenn also beide, Religion und Naturwissenschaft, zu ihrer Betätigung des Glaubens an Gott bedürfen, so steht Gott für die eine am Anfang, für die andere am Ende alles Denkens. Der einen bedeutet er das Fundament, der andern die Krone des Aufbaues jeglicher weltanschaulicher Betrachtung.“[518]

518 M. Planck, Vorträge, Reden, Erinnerungen, hg. von H. Roos und A. Hermann; S. 155–172: Religion und Naturwissenschaft (1937), Zitat S. 170.

23. Tendaguru: Riesensaurier in Ostafrika

Sein letztes und zugleich größtes Projekt wird immer mit dem Namen Branca verbunden bleiben: die Grabungen des *Königlich Geologisch-paläontologischen Instituts und Museums der Universität Berlin* in Deutsch-Ostafrika, in die Literatur eingegangen unter der Bezeichnung *Tendaguru-Expedition*. Die Geschichte dieses Unternehmens ist in umfangreichen Aktenbeständen nachvollziehbar[519]; sie ist oft und ausführlich erzählt worden[520], und die (damaligen) wissenschaftlichen Ergebnisse sind opulent dokumentiert[521]. So möge hier eine Kurzfassung genügen – mit Fokussierung auf die Beiträge des Museumsdirektors Branca.[522]

Was man in den zeitgenössischen Akten und Berichten mit keiner Zeile findet, sei vorweg benannt: Ein kritischer Blick auf den historischen Hintergrund der Expedition, die Erkenntnis, dass dieses wissenschaftliche Unternehmen nur möglich ist dank der imperialistischen Politik des 1871 geschaffenen Deutschen Reiches. In der Kolonie Deutsch-Ostafrika betritt man keine *terra incognita*,

519 MfN HBSB, Pal. Mus. S II, Tendaguru-Expedition 1–10; GStA PK, I. HA Rep. 76 Va Sekt. 2 Tit. X Nr. 21 adh A Bd. 1 (Kultusministerium, Acta betr. Tendaguru-Expedition); ABBAW, II-VII 150 Bl. 105–111, 122–126, 131–133, 145, 180–182, 185–187; II-XI 77 Bl. 119–121.

520 Ausführlich zuletzt: G. Maier, African Dinosaurs Unearthed (2003). Mit Analyse der zeit- und wissenschaftsgeschichtlichen Hintergründe zuletzt: W. Zils u. a., Tendaguru, the most famous dinosaur locality of Africa (1995); C. Kretschmann, Räume öffnen sich (2006); W.-D. Heinrich / St. Schultka, Tendaguru (2007); C. Kretschmann, Noch ein Nationaldenkmal? (2011); M. Tamborini, „If the Americans can do it, so can we" (2016); M. Tamborini / M. Vennen, Disruptions and changing habits: The case of the Tendaguru expedition (2017).

521 Zunächst erscheinen 19 Beiträge als Sammelwerk „Wissenschaftliche Ergebnisse der Tendaguru-Expedition 1909–1912" in der Reihe „Archiv für Biontologie" (1914–1916) und 47 Berichte und Aufsätze in verschiedenen Zeitschriften (1909–1924). Eine Zusammenstellung findet sich in: „Palaeontographica", Supplement VII, 1. Reihe Teil 1 S. XI-XIII (1925). Der Band ist Beginn einer „Neuen Folge" der „Wissenschaftlichen Ergebnisse" (1925–1961). Hinzu kommen zahlreiche verstreute Aufsätzen und monografische Titel. Bibliografische Daten finden sich bei G. Maier und C. Kretschmann, ausführlich demnächst beim Forschungsprojekt „Dinosaurier in Berlin" (wie Anm. 527, 528).

522 Vgl. zum gesamten Kapitel: W. Branca, Allgemeines über die Tendaguru-Expedition; ders., Kurzer Bericht über die von Dr. Reck erzielten Ergebnisse im vierten Grabungsjahre 1912; ders., Allgemeines über die Nebenergebnisse der Tendaguru-Expedition.

sondern kann sich auf die gewaltsam eingesetzten und militärisch abgeschirmten Strukturen der deutschen Verwaltung und Bewirtschaftung des Landes stützen. Solche Aspekte der damals wie heute meist romantisierten kurzen deutschen Kolonialherrschaft werden neuerdings schärfer in den Fokus genommen.[523] Falls die damaligen Akteure der Expedition darüber nachgedacht haben sollten, verstanden sie es, die „Kolonisierung“ mit der überlegenen Kultur der Europäer zu begründen und das Unrecht mit patriotischer Begeisterung für den „deutschen Boden Afrikas“ zu verdrängen.

Wilhelm Branca war selbst nie in Afrika. Aber die (mit Unterbrechungen und einem Abschluss Anfang 1913) von 1909 bis 1912 dauernde Expedition hat er von Berlin aus organisiert und finanziert und dabei höchst modern anmutende Methoden des *fundraising* eingesetzt und perfektioniert. Seiner Begabung für Öffentlichkeitsarbeit ist zuzuschreiben, dass diese paläontologische Grabungskampagne zu einem Politikum ersten Grades wird, ja ausdrücklich zu einer „Ehrenpflicht“ Deutschlands.[524] Das mag kurios klingen, solange es allein um eine vor Jahrmillionen ausgestorbene Fauna geht. Die Fundstellen liegen jedoch in Ostafrika, im heutigen Tansania, damals – seit 1885 – eine deutsche Kolonie; und so wird jene Expedition mehr als ein nur naturwissenschaftliches und wissenschaftspolitisches Ereignis. Die Fossilien speziell der dort entdeckten Riesenechsen nach Berlin zu holen gilt seinerzeit als „vaterländische“ und „nationale Aufgabe“.[525] In Überspitzung dieses Gedankenganges kann „Tendaguru“ sogar zu einem neuen „Nationaldenkmal“ stilisiert werden.[526]

Heute ist die Rede von einem „globalen Brückenprojekt“, „das unterschiedliche erdgeschichtliche Zeiten, politische Räume, Nationen, Kulturen und Wissensformen miteinander verbindet“.[527] Die Bearbeitung des gewaltigen Fundmaterials ist bis heute nicht abgeschlossen, seine Neuinterpretation in unseren Tagen steht mit einem spannenden interdisziplinären Forschungsprojekt

523 Vgl. dazu die Beiträge von U. Lindner, Ch. Geulen und M. Muschalek in: Deutsches Historisches Museum (Hg.), Deutscher Kolonialismus.

524 Zitat aus den Spendenaufrufen Dezember 1908 und Februar 1911 (wie Anm. 536, 537, 541).

525 Zitate wie Anm. 524.

526 Formulierung nach C. Kretschmann, Noch ein Nationaldenkmal?

527 Zitat aus der Startseite des Projekts „Dinosaurier in Berlin“ (wie Anm. 528): https://www.naturkundemuseum.berlin/de/dinosaurier-in-berlin (Stand Januar 2018).

„Dinosaurier in Berlin“ bevor.[528] Auf den folgenden Seiten soll der historischen Kampagne mit ihren schriftlichen Quellen nachgespürt werden.[529]

„Flucht in die Öffentlichkeit“

Tendaguru heißt ein Hügel in der tansanischen Savanne, von der Hafenstadt Lindi etwa sechzig Kilometer landeinwärts gelegen, damals nur auf kaum sichtbaren Wegen in vier Tagesmärschen zu erreichen. Hier entdeckt im Jahr 1906 der deutsche Bergingenieur und Plantagenbauer Bernhard Wilhelm Sattler (1873–1915), ein Kenner des Landes und der Sprachen, an der Erdoberfläche große Mengen riesiger tierischer Fossilien. Im folgenden Jahr unternimmt der Stuttgarter Paläontologe Eberhard Fraas eine „Orientierungstour“ zu der Fundstelle, bringt mehrere Traglasten Knochen mit nach Deutschland und urteilt in einem ersten Bericht, es handle sich um einen Bestand von höchstem wissenschaftlichen Interesse. Bei systematischer Grabung seien im Boden zusammenhängende Skelette zweier Arten einer bisher unbekannten Gattung von pflanzenfressenden Riesensauriern aus der Oberkreidezeit zu erwarten. Er ordnet sie in die artenreiche Gruppe der *Sauropoden* ein, vergleicht sie mit dem an Größe bisher unübertroffenen nordamerikanischen *Diplodocus* und nennt sie *Gigantosaurus africanus* und *Gigantosaurus robustus*.[530]

Das Aufsehen in der deutschen Öffentlichkeit ist groß. Wilhelm Branca, von seinem Freund Fraas informiert und vom preußischen Kultusminister um Stellungnahme gebeten, bestätigt die Sensation und appelliert an die Regierung, die für eine Expedition zur Bergung der Funde nötigen Geldmittel zu bewilligen. Der Museumsdirektor hat sofort erkannt, dass die deutsche paläontologische Wissenschaft und das Berliner Naturkundemuseum mit einem Schlag zur Weltgeltung aufsteigen könnten, wenn man hier über Fossilien von Sauriern verfüge, wie sie sonst nur in den großen Museen des Auslandes stehen. Und vehement setzt Branca sich dafür ein, das von ihm geleitete Haus in Berlin für die Aufbereitung und Präsentation der Funde zu bestimmen – keine andere Institution

528 Für 2018 sind die Ergebnisse eines Forschungsprojektes „Dinosaurier in Berlin: Brachiosaurus brancai – eine politische, wissenschaftliche und populäre Ikone“ angekündigt, veranstaltet vom Museum für Naturkunde Berlin, vom Institut für Asien- und Afrikawissenschaften der HU Berlin und vom Institut für Kunstwissenschaften und Historische Urbanistik der TU Berlin.

529 Wie Anm. 519.

530 E. Fraas, Ostafrikanische Dinosaurier (1908). – Die heutigen Namen lauten Barosaurus africanus und Janenschia robusta.

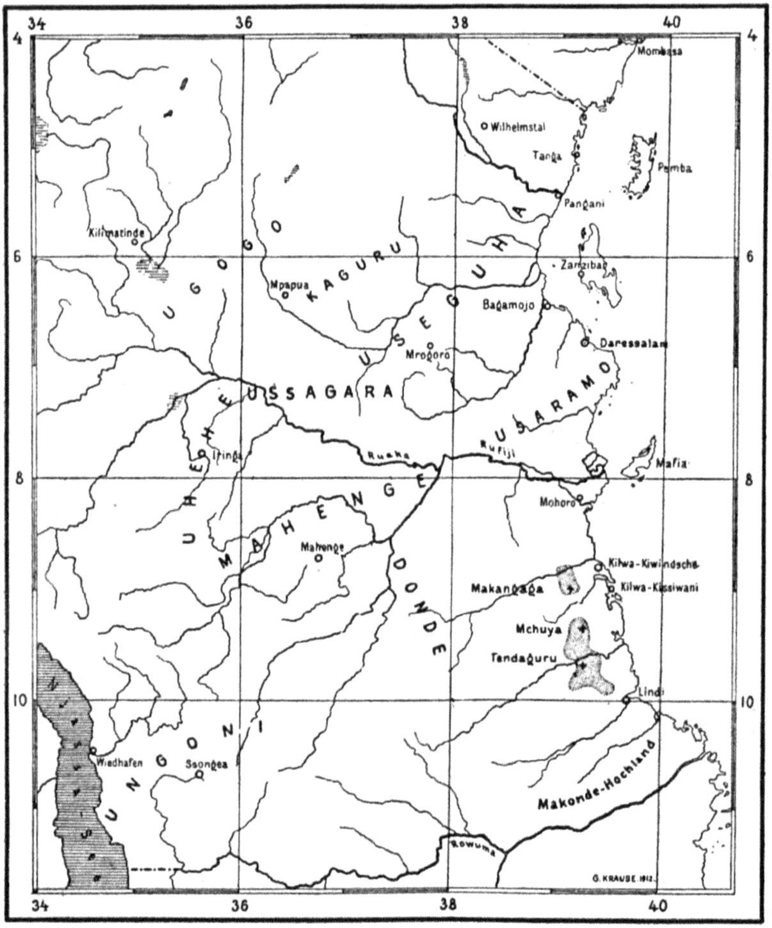

Abb. 31: Karte von Deutsch-Ostafrika mit Markierung der Saurier-Grabungsgebiete, an der Küstenlinie unten rechts die Hafenstadt Lindi. Aus: Sitzungsberichte der Gesellschaft Naturforschender Freunde zu Berlin (1912)

komme dafür in Frage als das paläontologische Museum der Universität der Reichshauptstadt.[531]

Doch weder das preußische Kultusministerium noch das Berliner *Reichs-Kolonialamt* können oder wollen zur Finanzierung des Unternehmens beitragen.[532] Deshalb wagt Branca die „Flucht in die Öffentlichkeit" und initiiert eine bemerkenswert schnelle Aktion seines Museums, unterstützt und weitgehend finanziert von privaten Sponsoren. Innerhalb weniger Wochen des Jahres 1908 gründet er gemeinsam mit dem Pathologen David von Hansemann – einem Sohn aus dem familiären Freundeskreis[533] – ein *Komitee* zur öffentlichen Unterstützung der Ostafrika-Expedition.

Als Ehrenpräsident lässt sich das Mitglied eines Fürstenhauses gewinnen: Herzog Johann Albrecht zu Mecklenburg (1857–1920), Regent des Herzogtums Braunschweig, bekannt auch als Präsident der 1887 gegründeten *Deutschen Kolonial-Gesellschaft*. Der besonders in Afrika engagierte Kolonialpolitiker ist mit seinem Namen dem Unternehmen von unschätzbarem Nutzen und beteiligt sich nicht nur nominell an den Sitzungen und Aktionen des Komitees. Ein kluger Schachzug ist es auch, den als Reformer an die Spitze des 1907 gegründeten Reichs-Kolonialamtes berufenen Staatssekretär Bernhard Dernburg (1865–1937) in das Komitee zu holen. Den geschäftsführenden Vorsitz übernimmt Branca selbst, Schriftführer wird sein Kustos und späterer Expeditionsleiter Werner Janensch. Eine Scharnierfunktion hat die *Gesellschaft Naturforschender Freunde zu Berlin* unter dem Vorsitz des Zoologen und Paläontologen Gustav Tornier (1858–1938); die meisten Akteure und Mäzene des künftigen Unternehmens sind dem Verein als Mitglieder und Mitarbeiter verbunden.

Dem Komitee gehören prominente Wissenschaftler, Politiker, Bankiers und Industrielle an; bei der Zusammenstellung achten die beiden Gründer auf das Renommee des Gremiums und die Erfolgsaussichten bei Spendenaufrufen und öffentlichen Veranstaltungen.[534] Eine Liste der zumeist von Hansemann gezielt

531 GStA PK, I. HA Rep. 76 Va Sekt. 2 Tit. X Nr. 21 adh A Bd. 1 Bl. 1–5; ABBAW, II-VII 150 Bl. 105–108.

532 Wie Anm. 531, Bl. 10–18; UA HU Berlin, Museum für Naturkunde Bd. 153, unpaginiert (Kultusministerium an Branca, 9.11.1908).

533 David Paul v. Hansemann (1858–1920), Pathologe und Krebsforscher, Sohn von Gustav v. Hansemann („Onkel Hansemann"), dem Freund von Gustav Robert Kirchhoff.

534 Das Gründungskomitee besteht aus: August *Brauer* (1863–1917), Direktor des Zoologischen Museums Berlin; Georg v. *Caro* (1849–1913), Industrieller; Bernhard *Dernburg* (1865–1937), Staatssekretär im Reichs-Kolonialamt; Ernst *Friedel* (1837–1918), Stadtrat; Arthur v. *Gwinner* (1856–1931), Direktor der Deutschen Bank; David

geworbenen Sponsoren führt rund einhundert private Personen und einige – meist nichtstaatliche – Organisationen auf, darunter den Montanindustriellen Christian Kraft Fürst zu Hohenlohe-Öhringen (1848–1926), den Verleger Fritz Baedeker (1878–1925), den Fabrikanten Paul Adolf Bamberg (1876–1946), den Unternehmer Ludwig Darmstaedter (1846–1827), den Bankier James Nathan Hardy (1846–1913), den Chemiker Carl Liebermann (1842–1914), den Maschinenbauer Anton von Rieppel (1852–1926), den Überseekaufmann und Reeder Adolph Woermann (1847–1911) und Mitglieder der Familien Krupp, von Mendelssohn, Salomonsohn und Siemens.[535]

Bemerkenswerterweise hat man dabei keine Berührungsängste mit wohlhabenden jüdischen Familien. Etliche Berliner und Frankfurter jüdische Bankiers, Unternehmer und Mäzene, assimiliert und patriotisch, fördern das „vaterländische" Forschungsprojekt. Bei so guter Vernetzung und derart potenten Förderern ist es fast verwunderlich, dass das Komitee unter permanentem Geldmangel leidet und am Ende doch noch einen staatlichen Zuschuss braucht und bekommt; doch die Massen der Funde in Ostafrika drohen jeden zeitlichen und finanziellen Rahmen zu sprengen.

Die Logistik des Unternehmens

„Mit der Entdeckung der reichen ostafrikanischen Saurierlagerstätte eröffnet sich jetzt eine Gelegenheit, auch für Deutschland solche gewaltigen Skelette zu gewinnen, wie sie sich voraussichtlich nie wieder bieten wird", heißt es in dem ersten der (stets von Branca sorgfältig formulierten) Spendenaufrufe. Und

v. *Hansemann* (1858–1920), Pathologe; Friedrich v. *Heimburg* (1859–1935), Landrat, Mitglied des Preußischen Abgeordnetenhauses; Wilhelm *Kahl* (1849–1932), Jurist, Rektor der Universität Berlin; Robert v. *Mendelssohn* (1857–1917), Bankier, Generalkonsul; Hans *Meyer* (1858–1929), Geograf, Afrikaforscher; Otto *Naumann* (1852–1925), Ministerialdirektor im Kultusministerium; Hermann *Paasche* (1851–1925), Volkswirtschaftler, Vizepräsident des Reichstages; Richard v. *Passavant-Gontard* (1852–1923), Kaufmann; Franz Eilhard *Schulze* (1840–1921), Zoologe, Anatom; Wilhelm *Waldeyer* (1836–1921), Anatom, Sekretär der Preußischen Akademie der Wissenschaften. Später kommen hinzu: Immanuel *Friedländer* (1871–1948), Vulkanologe; Friedrich v. *Lindequist* (1862–1907), Staatssekretär im Reichs-Kolonialamt; Arnold v. *Siemens* (1853–1918), Industrieller, Mitglied des Preußischen Herrenhauses; Walter *Stechow* (1852–1927), Radiologe, Generalarzt. Die Hälfte der Mitglieder sind Professoren, mehrere sind in der Kolonialpolitik engagiert.

535 W. Branca, Allgemeines über die Tendaguru-Expedition, S. 5 f. Dazu MfN HBSB, Pal. Mus. S II, Tendaguru-Expedition 1.3, 6.1, 7.1–7.3, 10.1, 10.2.

sogleich wird deutlich, dass es hier um das deutsche Prestige im internationalen Wettbewerb geht: „Eine möglichst baldige Ausbeutung jener Fundstätte ist aber von nöten, da für längere Dauer eine Sperrung derselben gegenüber dem Auslande, wo ja für derartige wissenschaftliche Zwecke unbegrenzte Mittel opferwilliger Mäcene zur Verfügung stehen, kaum möglich und im Interesse des Fortschrittes der Wissenschaft auch nicht gerechtfertigt erscheint." Die pathetische Schlussfolgerung: „Es sollte darum eine Ehrenpflicht sein, jene im deutschen Boden Afrikas ruhenden wertvollen wissenschaftlichen Schätze für Deutschland baldigst zu retten."[536] Eine Bestätigung dieser Tendenz ist, dass das *Reichs-Kolonialamt* die Fundstellen zu „Kronland" erklärt, damit Ausländer dort nicht graben dürfen, solange deutsche Museen tätig sind.[537]

Die ersten finanziellen Zuwendungen für das Unternehmen kommen von der *Preußischen Akademie der Wissenschaften* und der Berliner *Gesellschaft Naturforschender Freunde*.[538] Anfang 1909 liegen auch so viele Zeichnungen privater Spender vor, dass die Expedition gestartet werden kann. Um nur das Endergebnis zu nennen: Nach vier Jahren kann Branca insgesamt 231.607,45 Mark Einnahmen verbuchen.[539] Hinzu kommen etliche geldwerte Sachspenden und Hilfeleistungen. Vor allem: Die Lebensmittelfirma *Maggi* stiftet zahlreiche Lieferungen mit Suppen- und Gemüsekonserven für die deutschen Teilnehmer (und erhält dafür ein werbewirksames Produktlob); die Firma *Voigtländer & Sohn*

536 GStA PK, I. HA Rep. 76 Va Sekt. 2 Tit. X Nr. 21 adh A Bd. 1 Bl. 20. Aufruf ohne Datierung (Eingangsstempel des Kultusministeriums: 31.12.1908), im Kopf Platz für individuelle Adresse und Anrede. Vorhanden auch in: MfN HBSB, Pal. Mus. S II, Tendaguru-Expedition 10.1.

537 MfN HBSB, Pal. Mus. S II, Tendaguru-Expedition 10.1 (Spendenaufruf Februar 1911). Ein ausführlicher Vorgang dazu in: GStA PK, I. HA Rep. 76 Va Sekt. 2 Tit. X Nr. 21 adh A Bd. 1 Bl. 1 und 60–65. Mitteilungen des Kultusministeriums dazu in: UA HU Berlin, Museum für Naturkunde Bd. 153, unpaginiert (10. und 16.12.1910). – Das Kaiserliche Gouvernement in Daressalam schützt zunächst mit Anordnungen die Fundstellen „gegen die Eingriffe Unberufener"; mit der Erklärung zu Kronland wird der „Rechtsboden" geschaffen, „von dem aus der Wettbewerb fremdländischer Staats- und Privatunternehmungen abgewehrt werden könnte, damit die Ausbeute in erster Linie für deutsche Museen und Institute sichergestellt werde".

538 ABBAW, II-VII 150 Bl. 105–111.

539 W. Branca, Allgemeines über die Tendaguru-Expedition, S. 10 f (Einnahmen und Ausgaben 1909–1912; daraus die Kurzfassung unserer Tabelle auf S. 207). – Die Unterlagen zur Finanzierung der Expedition befinden sich in: MfN HBSB, Pal. Mus. S II (Tendaguru-Expedition 1–4, 6, 7); GStA PK, I. HA Rep. 76 Va Sekt. 2 Tit. X Nr. 21 adh A Bd. 1 (Schlussrechnung, Spendenliste, Revisionsbericht: Bl. 199–211).

stellt tropentaugliche fotografische Apparate als Leihgaben zur Verfügung (und bekommt im Gegenzug Produktnennungen und Fotos für ihre Werbung); die Schifffahrtgesellschaft *Deutsch-Ostafrika-Linie* erlässt die Hälfte der Frachtkosten für die Masse der Funde und gibt Ermäßigungen auf die Reisekosten der Expeditionsleiter. Für den Transfer von Geld und Waren und Verwaltungshilfe sorgen die *Deutsche Bank* und die *Deutsch-Ostafrikanische Gesellschaft*; die Kolonialverwaltung vor Ort hilft mit Lagerräumen am Hafen von Lindi und etlichen Dienstleistungen.[540]

Der Weg zum Erfolg ist dennoch mühsam, und es bedarf mehrerer teils dramatischer Aufrufe, um das Geld für die Verlängerungen des Unternehmens zusammen zu bekommen.[541] Als nach drei Jahren das Ende droht und längst nicht alle anvisierten Funde geborgen und abtransportiert sind, gelingt es Branca noch, die Schlussfinanzierung vom preußischen Kultusministerium einzuholen.[542] Die kostspielige Präparation und wissenschaftliche Bearbeitung der Funde und die Rekonstruktion und Aufstellung einiger Individuen im *Museum für Naturkunde* wird in der Amts- und Lebenszeit dieses Direktors jedoch nur in Ansätzen gelingen.

Die gesamte Logistik – Vorbereitung, Ausrüstung und Durchführung der Expedition – geht über Brancas Schreibtisch. Die Abläufe und täglichen Ereignisse sind in umfangreich erhaltenen Aktenbündeln – unter anderem mit Korrespondenzen, Berichten, Tagebüchern, Fundbüchern, Fotoalben und Abrechnungen – dokumentiert.[543] Die Arbeitsleistungen nicht nur der Expeditionsleiter vor Ort, sondern auch der Organisatoren in Berlin sind enorm. Von zuhause aus werden Hilfestellungen der Kolonialverwaltung verhandelt, Pässe und Versicherungen besorgt, Reisen und Frachten organisiert, Zelte, Kleidung, Lebensmittel, Medikamente, Werkzeug und Kistenbretter, Waffen und wissenschaftliche Instrumente gekauft. Vor Ort, vorbereitet durch den Ingenieur Bernhard Sattler und die deutsche Verwaltung, gilt es, die Infrastruktur für das Unternehmen zu schaffen

540 MfN HBSB, Pal. Mus. S II, Tendaguru-Expedition 1.3, 2.2–2.6, 3.1, 4.2, 4.5, 6.1–6.3, 7.1–7.4.

541 Aufrufe (maschinenschriftlich vervielfältigt oder gedruckt) von Februar 1911, 9.11.1911 und 17.1.1912. Entwürfe und Mehrfachstücke in: MfN HBSB, Pal. Mus. S II, Tendaguru-Expedition 10.1, 10.2; GStA PK, I. HA Rep. 76 Va Sekt. 2 Tit. X Nr. 21 adh A Bd. 1 Bl. 20, 75 f; und im Nachlass Branco des Familienarchivs Frhr. v. Branca.

542 GStA PK, I. HA Rep. 76 Va Sekt. 2 Tit. X Nr. 21 adh A Bd. 1 Bl. 236–259, 262–266, 286, 290, 337, 344.

543 Wie Anm. 519. Vgl. die besonders auf die handelnden Personen eingehende Darstellung von G. Maier, African Dinosaurs Unearthed (2003).

Einnahmen und Ausgaben der Tendaguru-Expedition 1909–1912:

Stiftungen und sonstige Einnahmen 1909–1912:	*Mark:*
Spenden von Privatleuten	130.325,70
Preußische Akademie der Wissenschaften	19.000,00
Gesellschaft Naturforschender Freunde zu Berlin	20.000,00
Jagor-Stiftung der Stadt Berlin	8.000,00
Ministerium der geistlichen, Unterrichts- und Medizinal-Angelegenheiten (Kultusministerium)	50.000,00
	227.325,70
Zinsen	3.069,25
Erstattung Versicherungsschaden	1.212,50
Summa	231.607,45

Ausgaben in Afrika und in Berlin 1909–1911:	
Arbeitslöhne	89.373,87
Grabgeräte und Handwerkszeug	4.286,90
Präparations- und Verpackungsmaterial	6.341,34
Kisten	7.882,55
Instrumente	1.526,10
Photographie	1.530,02
Literatur und Karten	226,70
Ausrüstung und Verpflegung der Leiter	20.473,93
Zeltausrüstung	2.429,50
Waffen und Munition	1.988,36
Reisekosten	7.721,72
Gehälter der Leiter*	10.159,90
Medikamente und ärztliche Behandlung	976,94
Frachten, Ladespesen, Versicherung, Porti	16,541,04
Amtliche Gebühren, Zölle, Gewehr- und Jagdscheine	2.150,96
Drucksachen, Schreibarbeiten usw. (Propaganda)	1.060,02
Arbeitslöhne in Berlin für Auspacken, Präparation	4.484,73
Bankspesen	1.923,87
	181.078,45
Gehaltskosten Dr. Reck für das Grabungsjahr 1912	2.529,00
Summa	183.607,45

* Anm.: Gehalt des als Kustos beurlaubten Prof. Dr. Janensch weiterhin vom Staat bezahlt, das aller übrigen Teilnehmer von der Expedition.

und über Regenzeiten und Unterbrechungen hinweg zu halten: Ausgräber und Träger, Transportmaterial und Routen, Lager an bald mehreren Fundstellen, Verpflegung und Wasser, ärztliche Versorgung … Anfangs etwa 150, in Spitzenzeiten bis zu 500 einheimische Arbeiter, teils begleitet von ihren Familien, werden aufgeboten, versorgt und entlöhnt. Die Expeditionsleiter, allesamt promovierte Wissenschaftler, sind hier mit neuen Herausforderungen höchst praktischer Art konfrontiert.[544]

Die Leitung des Unternehmens in Ostafrika überträgt Branca bewährten jungen Mitarbeitern seines Instituts und Museums, die – mit mehreren Verlängerungen – für die Dauer der Expedition ihre Planstellen behalten: zunächst dem Kustos Werner Janensch (1878–1969) und dem Assistenten Edwin Hennig (1882–1977). Als die beiden nach drei Jahren Tropeneinsatz erschöpft nach Hause zurückkehren, verschafft Branca ihnen zunächst einen Erholungsurlaub. Er schickt einen weiteren Assistenten des Museums zum Tendaguru: den Geologen und Vulkanologen Hans Reck (1886–1937). Die Beaufsichtigung der Grabungen an mehreren Standorten teilt Reck sich mit seiner Frau Ina von Grumbkow (1872–1942), die mit ihm bereits das vulkanische Island erkundet hat. Eine zeitlang ist auch der Berliner Assistent und Privatdozent Hans von Staff (1883–1915) am Tendaguru dabei, der dann in Afrika bleibt und umkommt. Auch Mitarbeiter der Kolonialverwaltung können jeweils kurzzeitig eingestellt werden.[545] Die Deutschen preisen ihr Glück, zuverlässige und selbstständig arbeitende einheimische Aufseher gefunden zu haben, und sie bilden selbst vor Ort Ausgräber und Präparatoren aus.[546]

Wilhelm Branca wird von seinen Expeditionsleitern laufend mit Berichten ausgestattet. So kann er die *Akademie der Wissenschaften*, die Mäzene, die Ministerialbeamten, den neuen Kultusminister[547] und sogar den interessierten Kaiser ausführlich über die Arbeiten, Fortschritte und Schwierigkeiten in Ostafrika unterrichten. Bald kann er auch Sammlungen von Zeitungs- und Zeitschriften-Artikeln beifügen – das Unternehmen wird von der deutschen und internationalen Presse aufmerksam begleitet.[548]

544 MfN HBSB, Pal. Mus. S II, Tendaguru-Expedition 1–7.

545 GStA PK, I. HA Rep. 76 Va Sekt. 2 Tit. X Nr. 21 adh A Bd. 1 passim.

546 Wie Anm. 545, Bl. 38 f. Dazu die Berichte der Expeditionsleiter: W. Janensch, Verlauf und Ergebnisse der Expedition (1912); E. Hennig, Am Tendaguru (1912).

547 August von Trott zu Solz (1855–1938), 1909–1917 preußischer Minister der geistlichen, Unterrichts- und Medizinal-Angelegenheiten.

548 MfN HBSB, Pal. Mus. S II, Tendaguru-Expedition 1.3, 10.1, 10.2; ABBAW, II-VII 150 Bl. 122–126, 131–133, 145, 180–182, 185.

Schwelgen in Superlativen

Bei der Lektüre der Spendenaufrufe und Erfolgsberichte fällt auf, dass Branca in Superlativen geradezu schwelgt. Die Expedition ist „die bei weitem grösste geologisch-paläontologische Ausgrabung, welche bisher von einem europäischen Museum durchgeführt worden ist"; bei den Riesenreptilien handelt es sich um „die größten Tiere, welche man bisher kennen gelernt hat" – sie werden nach ihrem Zusammenbau sogar den bis dahin „riesigsten aller Saurier", den 25 Meter langen nordamerikanischen *Diplodocus*, noch übertreffen; ein einzelner Oberarmknochen eines der ostafrikanischen Giganten misst mehr als zwei Meter und wiegt etwa 270 Kilogramm. Und weiter mit der Häufung der Rekorde: In den ersten drei Jahren der Kampagne werden 4.300 Trägerlasten mit Fossilien vom Landesinneren an die Küste gebracht, in mehr als 1.000 großen Kisten mehr als 225.000 Kilogramm Inhalt verschifft …[549]

Zweifellos weiß auch Branca, dass Menge und Gewicht noch nicht viel über den wissenschaftlichen Wert der Funde aussagen. Mit solchen Daten unterstreicht er aber immer wieder seine Forderung nach neuem Geld für die Bergung, Konservierung und Bearbeitung der Fossilien. Mit den die Sensationen heraushebenden Berichten über die Expedition in Zeitungen und Zeitschriften und mit der Aufstellung erster gigantischer Schaustücke im Berliner *Museum für Naturkunde* hält er auch das Interesse und den Druck der Öffentlichkeit wach: Dinosaurier üben damals wie heute eine besondere Faszination aus und sorgen für einen Massenansturm von Besuchern. Das Berliner Museum besitzt schon einige in Deutschland gefundene kleinere Stücke und kann deren Anziehungskraft auf das Publikum beobachten.[550] Bei einer Versammlung von Mäzenen und Interessenten beschreibt David von Hansemann diesen Effekt und die weitergehenden „volkserzieherischen" Absichten des Museums unmissverständlich:

> „Nun geht aber die Bedeutung dieser Funde noch über den Wert für die sachverständigen Paläontologen weit hinaus. Meiner Ansicht nach gibt es keinen besseren Weg zur ethischen Erziehung des Volkes, als wenn man in der Lage ist, Kunstobjekte, sei es solche die von Menschenhand oder solche die von der Natur hervorgebracht sind, in leicht

549 W. Branca, Allgemeines über die Tendaguru-Expedition, S. 7. Die Mengen- und Gewichtsangaben schwanken in den verschiedenen Spendenaufrufen und Berichten. Die Ausbeute an Fossilien wird von Branca selbst relativiert: Das Gesamtgewicht beinhaltet auch die schweren Kisten und das Verpackungsmaterial. GStA PK, I. HA Rep. 76 Va Sekt. 2 Tit. X Nr. 21 adh A Bd. 1 Bl. 131 f (Bericht vom 22.11.1911 an das Kultusministerium).

550 Vgl. S. Kretschmann, Räume öffnen sich, S. 148 f.

anschaulicher Weise vor Augen zu führen. Die amerikanischen Museen haben in ähnlicher Weise, wie das auch hier erstrebt wird, Schausammlungen aufgestellt, und ich habe mich selbst überzeugen können, welche ausserordentliche Anziehungskraft diese auf die breiteste Volksmasse ausüben. [...] Es sind aber nicht die kleinen seltenen Muscheln oder die Abdrücke seltener Fische, selbst nicht der Archaeopterix, der den Stolz unseres Museums darstellt, und ähnliche Objekte, die die breite Masse des Volkes anziehen. Vor den großen Gegenständen bleiben sie staunend stehen. Diese erwecken ihr Interesse. [...] Ich bin in der Tat der Ansicht, dass durch die Funde der Tendaguru-Expedition die Popularität unseres Museums und dadurch rückwirkend die Volksbildung sehr wesentlich gefördert werden wird, und ich glaube weiter, dass dies auch rückwirkend auf die Popularität unserer Kolonien sein muss und wird."[551]

Hauptversammlung mit Prominenten

Der Höhepunkt der öffentlichen Werbekampagnen ist eine „Hauptversammlung der Tendaguru-Expedition" am 14. Februar 1911 im Berliner Naturkundemuseum an der Invalidenstraße 43. Branca und von Hansemann bereiten diese Tagung akribisch vor; eingeladen werden Politiker, Ministerialbeamte, die Stifter und weitere mögliche Multiplikatoren, ausdrücklich auch eine Reihe prominenter Frauen oder Ehefrauen von Prominenten. Im Museum hat man den Gipsabdruck des Riesensauriers *Diplodocus* aufgestellt, den der amerikanische Mäzen Andrew Carnegie dem deutschen Kaiser geschenkt hatte, dazu eine Auswahl an Knochen vom Tendaguru. Nach der Eröffnung durch den Herzog Johann Albrecht zu Mecklenburg reden Branca und von Hansemann über die bisherigen Ergebnisse und die wissenschaftliche und politische Bedeutung der Expedition.[552] Aus der gedruckten Fassung der Rede Brancas sprüht noch immer das rhetorische Feuerwerk, das sich damals vor den Zuhörerinnen und Zuhörern entfaltet:

„Von diesen versteinerten Gebeinen, die sich gleich Monolithen hier erheben, blicken Jahrmillionen auf uns nieder: Gebeinen, zum Teil von so ungeheuerlicher Grösse, dass man bisher nie Ähnliches von einem landbewohnenden Tiere geschaut hat. Gigantische Reptilien sind es gewesen, die einst in mittelalterlicher Zeit der Erdgeschichte, am

551 Bericht über den Verlauf der Hauptversammlung der Tendaguru-Expedition (1911), unpaginiert. Der von Branca herausgegebene, aber nicht namentlich gezeichnete Bericht und die Reden finden sich in allen zitierten Archivbeständen (wie Anm. 519) und im FAvB, Nachlass Branco.

552 MfN HBSB, Pal. Mus. S II, Tendaguru-Expedition 10.2 (Korrespondenz, Einladungsschreiben, Einladungslisten, Bericht). – Die Veranstaltung ist ein erstklassiges gesellschaftliches Ereignis in Berlin. Als Kleidungsvorschrift gilt, da nachmittags um 17 Uhr: „Überrock mit farbigem Schlips, für Damen Promenadentoilette mit Hut" (v. Hansemann an Branca, 9.2.1911).

heutigen Tendaguru-Berge in Deutsch-Ostafrika ihr Wesen trieben. Jurazeit war soeben abgelaufen, glühende Sonne der Kreidezeit begann ihren Aufstieg – da lebten diese Riesen ihr Leben und der Boden erdröhnte unter ihren Füssen. Die Gestorbenen nahm Allmutter Erde sorgsam auf ihre starken Arme und bettete sie in den Schlamm und Schutt auf den Boden der Gewässer. [...] Jetzt springt der Weltuhr-Zeiger auf das Heute. Und hunderte von schwarzen Armen regen sich am Tendaguru und graben und hacken und schaufeln und meisseln die Knochen aus dem festen Gesteine heraus, und heben sie empor zum goldenen Sonnenlichte, das ihnen zum letzen Mal geleuchtet hat, als Allmutter Erde ihre Riesenkinder begrub, vor mehreren Millionen Jahren. Welch überwältigender Gedanke! Ehrfurcht heischend. Wie sinken da in Nichts die kurzen Zeiten menschlicher Geschichte. [...]"[553]

Auf derart anschauliche Weise gibt Branca dann einen Abriss der Erdgeschichte, schildert das Werden und Vergehen der urzeitlichen Dinosaurier-Arten, lässt ihre Welt virtuell erstehen: ihre Umgebung, den Körperbau, die Lebensweise und Ernährung. Bei aller Begeisterung für die Giganten vergisst er nicht, dass an den ostafrikanische Grabungsstellen auch eine reichhaltige Fauna kleinerer Lebewesen gefunden wurde, darunter – wie er noch nicht weiß, aber hofft – möglicherweise Vorfahren der tertiären und der heutigen Säugetiere. Angesichts der Verbreitung gleicher oder verwandter Riesenformen der landbewohnenden Dinosaurier über die Erde folgert der Redner, dass damals Afrika, Nordamerika und Europa als Festlandmasse noch zusammenhingen – ein Befund, den zu Brancas Zeit die Paläontologie bereits allgemein annimmt und mit fossilem Vergleichsmaterial nachweist. Nun ist auch die deutsche Forschung unmittelbar und in vorderer Reihe daran beteiligt:

„Es unterliegt keinem Zweifel, ein wissenschaftlicher Schatz allerersten Ranges liegt in Deutsch-Ostafrika begraben. Wie aus einem Füllhorn schüttet uns unsere Kolonie ungeahnte, überwältigende Massen längst erloschener Tiergeschlechter, von höchster wissenschaftlicher Bedeutung vor die Füsse. Es gilt nur sie aufzuheben."[554]

Öffentlichkeitsarbeit und Veröffentlichungen

Nicht nur die Fachwelt, das heißt Hochschullehrer und Museumsleiter, sondern auch und besonders die Öffentlichkeit begleitet die Tendaguru-Expedition mit wachsender Neugier. Wilhelm Branca befeuert das Interesse durch Text- und Fotosendungen an Zeitungen, Zeitschriften und Pressedienste. Man darf hier von einer perfektionierten, modernen Öffentlichkeitsarbeit reden.[555]

553 (W. Branca), Bericht über den Verlauf der Hauptversammlung (wie Anm. 551).
554 Wie Anm. 551.
555 Vgl. M. Tamborini, „If the Americans can do it, so can we", passim.

Nicht zu unterschätzen in ihrer Wirkung sind auch die Vortragsveranstaltungen zum Thema. Zum Beispiel referiert Edwin Hennig im populären Berliner Bildungshaus *Urania* über „Die Ausgrabungen der Riesensaurier in Deutsch-Ostafrika".[556] Zu berichten wäre über einen „Geselligen Abend" der *Deutschen Kolonial-Gesellschaft* am 11. Mai 1912 in London, mit einem Lichtbildervortrag von Arthur Smith Woodward (1864–1944) vom *British Museum* über „The great Finds of Fossil Bones in German East Africa".[557] Ein aufsehenerregendes Ereignis ist ein Besuch Kaiser Wilhelms II. im Berliner *Museum für Naturkunde* am 14. März 1912, begleitet von hochrangigen Kabinettsmitgliedern, mit Besichtigung bereits präparierter und aufgestellter riesiger Fossilien.[558] Dass auch weiten Kreisen von Politikern das Unternehmen interessant ist, beweisen (zum Beispiel) Berichte und Diskussionen in den beiden Kammern des Preußischen Landtages Anfang 1911.[559]

Höhepunkt aller Veranstaltungen ist eine Festsitzung der *Gesellschaft Naturforschender Freunde zu Berlin* am 27. Februar 1912 im Großen Hörsaal der *Landwirtschaftlichen Hochschule*, Invalidenstraße 42, also in dem pompösen Neubau gleich neben dem Naturkundemuseum. Vor fast 400 geladenen Gästen aus Politik, Wirtschaft, Wissenschaft, Bildung und Kunst referieren, umgeben von imposanten Fundstücken, begleitet von kolorierten Lichtbildern, die Hauptakteure Janensch, Hennig und von Staff über „Werden, Verlauf und bisherige Ergebnisse der Tendaguru-Expedition". Das illustre Publikum feiert gebührend die „deutsche Saurierexpedition als eine wissenschaftliche Großtat", kann alsbald die Vorträge und die Namensliste der Teilnehmer nachlesen – und nimmt die Mahnung des Vorsitzenden Gustav Tornier zur Kenntnis, dass noch unabsehbar viel Geld und Kraft nötig ist, um alles zu verarbeiten.[560]

556 MfN HBSB, Pal. Mus. S II, Tendaguru-Expedition 10.2 (Der Reichsbote, Berlin, 31.3.1911).

557 Wie Anm. 556 (Flugblatt mit Einladung).

558 Sitzungsberichte der Gesellschaft Naturforschender Freunde zu Berlin, Nr. 2 b/1912, S. 152.

559 GStA PK, I. HA Rep. 76 Va Sekt. 2 Tit. X Nr. 21 adh A Bd. 1 Bl. 82 f (Verhandlungen des Hauses der Abgeordneten, 49. Sitzung 15.3.1911; Verhandlungen des Herrenhauses, 9. Sitzung 7.4.1911). Für die Unterstützung und Fortsetzung der Expedition plädiert im Abgeordnetenhaus Hermann Pachnicke, im Herrenhaus Wilhelm Waldeyer.

560 Sitzungsberichte der Gesellschaft Naturforschender Freunde zu Berlin, Nr. 2 b/1912, Zitat S. 150. Dazu GStA PK, I. HA Rep. 76 Va Sekt. 2 Tit. X Nr. 21 adh A Bd. 1 Bl. 154 f (Einladung). – In den Sitzungsberichten der Gesellschaft erscheinen auch die von Hans Reck verfassten fortlaufenden „Berichte über die Tendaguru-Expedition":

Für ein breites Publikum bestimmt sind dann die populären Bücher von Expeditionsteilnehmern. Zeitnah beschreibt Edwin Hennig seine Erlebnisse „Am Tendaguru“ (1912) und hängt Beobachtungen über das Land und seine Bewohner und ihre Kultur an. Später veröffentlicht Ina Reck ihre „Reiseskizzen“ (1924). Beide Berichte nehmen es wegen ihrer Authentizität an Spannung mit jedem fiktiven Abenteuerroman auf. Ihre teils expressive, teils lyrische Sprache lässt teilhaben an einem extrem arbeitsreichen und zugleich geheimnisvoll abenteuerlichen Leben in exotischer Ferne. Zahlreiche Abbildungen – vor allem Fotografien auf Kunstdruckpapier – verstärken die suggestive Wirkung.[561]

Für das fachlich gebildete Publikum erscheint ab 1914 die Serie „Wissenschaftliche Ergebnisse der Tendaguru-Expedition 1909–1912“.[562] Branca eröffnet die Reihe mit einem Rechenschaftsbericht. Anfangs schreibt er noch selbst Beiträge über spezielle Themen wie die Riesengröße und das Sakralgehirn der Saurier; dann überlässt er seinen Mitarbeitern Janensch und Hennig die Beschreibung und Interpretation der fossilen Funde und ermöglicht ihnen die Profilierung als Saurier-Experten.

Ein für die wilhelminische Zeit typisches Zeremoniell sei noch genannt: Wilhelm Branca beantragt und erreicht für die um das Unternehmen besonders verdienten Männer die Verleihung preußischer Verdienstorden – Bernhard Wilhelm Sattler, Eberhard Fraas, David von Hansemann, Paul Adolf Bamberg, Werner Janensch, Edwin Hennig. Janensch und Hennig bekommen aus der Hand des Herzogs Johann Albrecht zu Mecklenburg auch braunschweigische Orden.[563]

Ergebnisse und Nebenergebnisse

Bald klagt Wilhelm Branca (wieder einmal) über ein (diesmal sozusagen hausgemachtes) Problem: Die zunehmende Platznot in seinem Bereich des *Museums für Naturkunde*. Er berichtet, „daß eine Sintflut von Kisten und von in Bambusstäben verschnürten Trägerlasten sich über das mir unterstellte Museum ergossen

Nr. 8/1909 S. 500–503, Nr. 8/1910 S. 372–375, Nr. 8/1911 S. 385–397; vgl. auch die Sonderdrucke in: ABBAW, II-VII 150 Bl. 131 f, 182 f, 185.

561 E. Hennig, Am Tendaguru; I. Reck, Mit der Tendaguru-Expedition im Süden von Deutsch-Ostafrika. – Zur Ideologie, Sprache und Wirkung der Teilnehmerberichte vgl. C. Kretschmann, Noch ein Nationaldenkmal?, S. 198–203.

562 Wie Anm. 521.

563 GStA PK, I. HA Rep. 76 Va Sekt. 2 Tit. X Nr. 21 adh A Bd. 1 Bl. 44 f, 48, 51–55, 125 f, 167–170, 176–181, 191–198, 212–218.

hat".[564] Eine im Hof des Hauses aufgestellte Baracke reicht für die Unterbringung nicht aus, von dem Platzbedarf für Präparation, Zusammensetzung und Aufbau der Knochen ganz zu schweigen. So stehen die hohen Ansprüche, die mit der Gewinnung der Tendaguru-Funde verknüpft waren und sind, im krassen Widerspruch zur Realität des Museums: Von einer wissenschaftlich befriedigenden Ordnung und Aufarbeitung und einer didaktisch aufgebauten Präsentation für das Publikum ist man noch weit entfernt. Und von seinem weitergehenden Plan einer geologischen Schausammlung der deutschen afrikanischen Kolonien kann Branca nur träumen.[565]

Der Platzmangel ist einer der Gründe, warum die Präparationsarbeiten sich buchstäblich endlos hinziehen. Hinzu kommen die Unterbrechungen während des Krieges und das Ausbleiben der Anschlussfinanzierung in Zeiten allgemeiner und staatlicher Geldnot. Die Klage über das unvollendete Werk begleitet den Direktor Branca in seinen letzten Amtsjahren.[566]

So kommt es, dass erst ab 1925 die ersten kleineren Tendaguru-Saurier aufgestellt werden. 1937 wird dann der gewaltige *Brachiosaurus* im Lichthof des Naturkundemuseums aufgebaut. Berlin bekommt damit eine in ihrer Größe weltweit einzigartige neue Sehenswürdigkeit, die zu einer „Ikone" der Paläontologie wird.[567]

Der erste Versuch einer Bilanz der wissenschaftlichen Ergebnisse nach Beendigung der Grabungen klingt noch so, als müsse man sich die Erfolge schönreden. Jedenfalls erscheinen in der Hauptsache, der Ausbeute an Riesensauriern, die hohen Erwartungen nicht erfüllt. Branca bekennt, dass trotz der außerordentlichen Menge geförderter Knochen noch kein ganz vollständiges Saurierskelett zusammen komme. So sei man darauf angewiesen, die aufzustellenden Schaustücke aus Teilen mehrerer Individuen zu „komponieren". Immerhin gibt es anfangs neun bis zwölf nahezu komplette Skelette unterschiedlich großer Arten.[568] Branca plant bereits einen Schausaal mit einer Auswahl. Und am Ende seines Resümees kann er triumphieren:

> „Das geologisch-paläontologische Museum hat in diesen 4 Jahren, abgesehen von den in geologischer Beziehung wichtigen Ergebnissen, für die Paläontologie, ich darf ohne Übertreibung sagen, ungeheure Schätze an fossilen Tieren zusammenbringen können.

564 W. Branca, Allgemeines über die Tendaguru-Expedition, S. 12.
565 Wie Anm. 343.
566 Wie Anm. 564, S. 7–9, 12 f.
567 Vgl. W. Gross / H.-P. Schultze, Zur Geschichte der Geowissenschaften, Teil 6 S. 15, 20–22; vgl. Anm. 528.
568 W. Branca, Allgemeines über die Tendaguru-Expedition, S. 7.

Riesige Dinosaurier und ganze Herden von kleinen Tieren sind am Tendaguru zu wiederholten Malen am Ende der Jura- und zu Beginn der Kreidezeit ertränkt worden, und in gewaltiger Anzahl finden sich nun ihre versteinerten Reste geborgen im Museum.“[569]

Die dem Berliner Museum zugefallene dominierende Rolle in der Paläontologie zeigt sich auch in der Korrespondenz des Direktors und seiner Mitarbeiter. Noch während der Tendaguru-Expedition verstärkt sich der übliche Kontakt mit Kollegen und Museen in Deutschland und im Ausland, besonders in Nord- und Südamerika. Berlin verschickt Fotografien und Gipsabdrücke, man verhandelt über die Abgabe von Fossilien oder die Ausleihe für Ausstellungen, tauscht Informationen und Berichte aus. Vor allem die Saurier-Forschung bekommt Auftrieb dank der ostafrikanischen Ausbeute.[570]

Im Laufe der Präparation und Rekonstruktion der Saurier-Skelette unterscheidet man in Berlin immer mehr Individuen aus mehreren Gruppen, allesamt aus der späten Jurazeit stammend und nach ihrem Ableben in gewaltigen Anschwemmungen am Tendaguru zusammengehäuft – jeweils mehrere Arten von Sauropoda (Echsenfüßern), Theropoda (Tierfüßern) und Ornithischia (Vogelbeckensauriern).[571] Den größten, endlich im Lichthof des Museums aufgebauten, etwa 150 Millionen Jahre alten Sauropoden beschreibt und vermisst Werner Janensch vier Jahrzehnte nach der Ausgrabung in Ostafrika neu.[572] Er hat ihn bereits 1914 *Brachiosaurus brancai* benannt, hinzu kommt die Bezeichnung *Janensch.* Die Zuordnung zur Gattung der *Brachiosauren* (Armechsen) machte der Paläontologe in Anlehnung an den im Jahr 1900 von seinem Kollegen Elmer S. Riggs (1869–1963) in Colorado gefundenen *Brachiosaurus altithorax.* Neuerdings haben genaue Vergleiche der Fossilien ergeben, dass die Unterschiede die Ähnlichkeiten überwiegen, und so musste der Berliner Riese offiziell in eine verwandte Gattung der *Giraffatitan* wechseln.[573]

569 W. Branca, Kurzer Bericht über die von Dr. Reck erzielten Ergebnisse im vierten Grabungsjahre 1912, S. 63.

570 MfN HBSB, Pal. Mus. S II, Tendaguru-Expedition 10.2; dazu Pal. Mus. S II, Akte Ausland A-Z.

571 Vgl. W.-D. Heinrich, The Taphonomy of Dinosaurs from the Upper Jurassic of Tendaguru.

572 Mehrere Beiträge in: Wissenschaftliche Ergebnisse der Tendaguru-Expedition 1909–1912, Neue Folge (Palaeontographica, Supplement VII, 1. Reihe, Teile II und III).– Janensch vermisst 1950 den *Brachiosaurus brancai* mit 22,46 Meter Länge (entlang dem Neuralkanal) und 11,87 Meter Höhe (bis zum Schädeldach). Bei der Neuaufstellung von 2007 hat das Skelett eine Höhe von 13,27 Meter erhalten.

573 Vgl. M. P. Taylor, A Re-Evaluation of Brachiosaurus altithorax Riggs.

Abb. 32: Berlin, Museum für Naturkunde: Lichthof mit dem Brachiosaurus brancai Janensch (heutiger Zustand)

Die Saurier, berichtet Branca, waren „der Hauptzweck der Expedition", aber es gibt eine Fülle nicht minder bedeutender „Nebenergebnisse". Sowohl in den Jura- und Kreidezeitschichten am Tendaguru als auch in zahlreichen älteren und jüngeren Gebieten in der näheren und weiteren Umgebung treten sensationelle Befunde zutage: Mengen von fossilen wirbellosen Tiere, Fischen, Muscheln und Schnecken, darunter etliche neue Arten; Knochen von Flugsauriern, Vögeln und winzigen Säugetieren; „zoogene Gesteine" voll kleiner Fossilien; marine Faunen unter und über den Saurierschichten, ein versteinerter Wald und versunkene Flachmoore im äquatorialen Afrika … In den durch die Regenzeiten erzwungenen Grabungspausen machen die Expeditionsleiter außerdem geologische und stratigrafische Beobachtungen in weiteren Gebieten der Kolonie. Branca rühmt diese Ergebnisse der Kampagne: Für die Erdgeschichte nicht nur Ostafrikas, sondern allgemein für die Faunen des Erdmittelalters und die Tiergeografie vergangener Zeiten seien wichtige Erkenntnisse gewonnen und Forschungsmaterialien für noch viele Arbeitsjahre nach Hause gebracht worden.[574]

Die „Wissenschaftlichen Ergebnisse der Tendaguru-Expedition 1909–1912" erscheinen, herausgegeben von Werner Janensch, je nach Fortschritt bei der Erschließung des Materials noch bis 1961 in den Reihen „Archiv für Biontologie" und „Palaeontographica".[575] Damit ist die Beschäftigung mit den Funden noch längst nicht zu Ende. In jüngerer Zeit befassen sich neue Wissenschaftszweige wie die Taphonomie – die Fossilisationslehre – mit den Vorgängen zwischen dem Tod der urzeitlichen Tiere und dem Auffinden der Skelette, werden die Fundschichten und Ablagerungen neu analysiert, die Körpermassen der Saurier mit Fotogrammetrie und Laserscanning bestimmt, ihre Bewegungsabläufe mit biomechanischen Modellen rekonstruiert, Aufbau und Wachstum der Knochen untersucht. Das seit Jahrzehnten aufbewahrte Sedimentmaterial der Expedition gibt noch immer neue Tier- und Pflanzenreste frei.[576] Ein „Deutsch-Tansanisches Tendaguru-Projekt" hat im Jahr 2000 eine Expedition in das alte Fundgebiet unternommen und das dortige Ökosystem aus der Jura- und Kreidezeit neu aufgenommen und bewertet.[577] Branca hat um seine damaligen beschränkten Möglichkeiten gewusst und auf künftige Erkenntnisse gehofft: „Wissenschaft natürlich muss schweigen können solange, bis sie ganz Sicheres zu sagen vermag […]."[578]

Rätsel um den Oldoway-Menschen

1913, in einem Nachgang zur Tendaguru-Expedition, ebenfalls finanziert dank der Bemühungen Wilhelm Brancas, gelingt noch ein besonderer Fund mit weitreichenden Folgen. Hans Reck bekommt den Auftrag, einen geologischen Querschnitt durch Ostafrika zu erstellen, und erforscht fast nebenher an einer bereits bekannten Fundstätte, in der Oldoway-Schlucht im Nordwesten der deutschen Kolonie, eine große fossile Säugetier-Fauna. Dabei entdeckt er in versteinerten vulkanischen Tuffen das Skelett „des ersten fossilen Menschen, der in Afrika an das Tageslicht gezogen wurde". Die Presse in Deutschland und aller Welt feiert den Fund mit sensationslustiger Aufmachung. Branca identifiziert, übereinstimmend mit Reck und ganz gegen seine sonstige Zurückhaltung, den im

574 W. Branca, Allgemeines über die Nebenergebnisse der Tendaguru-Expedition.

575 Vgl. Anm. 521.

576 Vgl. vor allem die Beiträge in: Mitteilungen aus dem Museum für Naturkunde in Berlin, Geowissenschaftliche Reihe Bd. 2/1999.

577 Vgl. W.-D. Heinrich u. a., The German-Tanzanian Tendaguru Expedition 2000.

578 (W. Branca), Bericht über den Verlauf der Hauptversammlung (wie Anm. 551).

Reisegepäck vorweg mitgebrachten Schädel als Kopf eines bereits voll entwickelten Menschen aus dem Diluvium (Quartär).[579]

Ein solches Alter von vielleicht zweieinhalb Millionen Jahren wirbelt die damaligen Hypothesen zur Entwicklungsgeschichte durcheinander; sogleich setzt die Diskussion ein, ob die Fundstelle richtig interpretiert und hier wohl ein viel jüngerer Mensch in einer alten, später verworfenen Schicht beigesetzt wurde. Jahrzehnte später und viele Grabungen nach jener Expedition kennt man im Oldoway-Tal tatsächlich mehrere Arten von *Hominiden* mit Zuordnungen zum *Australopithecus* und zum *Homo habilis*, die aus dem Quartär stammen, genauer: aus dem Eiszeitalter zwischen Pliozän und Pleistozän.[580] Der „Oldoway-Mensch" aus der Kampagne von 1913 aber wurde, nach einer fast kuriosen Geschichte widersprüchlicher Untersuchungen und Datierungen, als der „älteste Homo sapiens" entthront und ist nur noch eine Fußnote in der Geschichte der Paläoanthropologie.[581]

Reck nimmt 1931 noch an einer Forschungsreise nach Ost-Afrika unter der Leitung seines Freundes Louis Leakey (1903–1972) teil. Nach einer Serie „Wissenschaftliche Ergebnisse der Oldoway-Expedition" schreibt er einen erzählerischen Bericht über seine Reisen für ein breites Publikum, eine Mischung von Abenteuergeschichte und Kolonialromantik – mit offenem Ausgang für die Datierung des „Urmenschen".[582] Sein Lehrer Wilhelm Branca hatte sich zu dem Thema nicht mehr geäußert.

„Deutscher Boden Afrikas"

Das Berliner *Museum für Naturkunde* hat von der deutschen Kolonialpolitik enorm profitiert. Das Haus wird, nicht zuletzt dank des selbstbewusst vorgetragenen Primatanspruchs seiner Abteilungsdirektoren, zur Zentralstelle zoologischer, geologischer und paläontologischer Sammlungen und Funde aus den

579 GStA PK, I. HA Rep. 76 Va Sekt. 2 Tit. X Nr. 21 adh A Bd. 1 Bl. 264 f (Bericht Branca für das Kultusministerium, 16.3.1914, Zitat Bl. 264'); 267 f (Zeitungsausschnitt 24.3.1914); 294–297, 300–305 (Bericht und Gutachten über die Ausgrabungen im Oldoway-Tal).

580 Vgl. W. Henke / H. Rothe, Paläoanthropologie, S. 253–255, 261–264, 317–322; G. Maier, African Dinosaurs Unearthed, S. 99–106, 245.

581 Vgl. L. S. B. Leakey, Olduvai Gorge, S. 1–4; M. A. Cremo / R. L. Thompson, Forbidden Archeology, S. 627–649; J. Reader, Die Jagd nach den ersten Menschen, S. 152–175.

582 H. Reck (Hg.), Wissenschaftliche Ergebnisse der Oldoway-Expedition 1913 (1915–1937); ders., Oldoway – Die Schlucht des Urmenschen (1933).

Kolonien.[583] Auch das ist ein Ergebnis der nationalen Begeisterung für die Kolonien und Deutschlands neue „Weltmachtstellung“; in den Spendenaufrufen und Berichten Brancas und seines Komitees schwingt der Stolz auf den „deutschen Boden Afrikas“ stets mit.[584]

Dabei wird nicht ein einziges Mal die Geschichte dieser Kolonie „Deutsch-Ostafrika“ kritisch reflektiert – nicht die Umstände ihrer betrügerischen Erwerbung durch deutsche Abenteurer fünfundzwanzig Jahre zuvor, nicht die gewaltsame Eroberung des Landes ab 1890, nicht die brutale Beendigung des Maji-Maji-Krieges erst zwei Jahre vor Beginn der Expedition.[585] Allein bei Edwin Hennig findet man Anmerkungen zur „europäischen Invasion“ Ostafrikas und zur Zerstörung der Kultur eines „unterjochten Volkes“. Doch die Kritik kippt sogleich um in eine Rechtfertigung mit sozialdarwinistischen Klischees: Die Unterwerfung des Schwächeren sei „eine Grausamkeit der Natur“, die Ausweitung seines Lebensraumes eine „Pflicht des Gesunden“, und erst die deutsche Kolonisation habe Frieden und Kultur in jenes afrikanische Land gebracht.[586]

Vor dem Start des Tendaguru-Abenteuers ist die Kolonie wieder fest in der Hand der deutschen Verwaltung, können deutsche Handelsunternehmen, Bergwerksgesellschaften, Eisenbahnbauer und Plantagenbesitzer ungestört arbeiten, Entdecker und Forscher die unwegsamen Gebiete durchstreifen. Bei genauem Hinsehen schimmert die in Deutschland allgemein erhoffte wirtschaftliche Nutzung des fernen Landes auch in den Berichten der Berliner Expedition durch, wenn etwa Branca als ein „Nebenergebnis“ der Kampagne die geologischen Erkenntnisse zur Auffindung von Steinkohlelagern nennt.[587]

Ausbeutung und Menschenschinderei, gar Sklavenarbeit im alten Kolonialstil kann man diesem Unternehmen aber nicht nachsagen. Es gibt am Tendaguru keine Zwangsarbeit; die einheimischen Arbeiter werden nicht üppig, aber offensichtlich zu ihrer Zufriedenheit bezahlt und gut versorgt, auch mit ärztlichen Leistungen. Größter Einzelposten bei den Gesamtausgaben der Expedition sind die Arbeitslöhne in Afrika. Branca äußert sich erfreut über die zahlreichen

583 Vgl. C. Kretschmann, Räume öffnen sich, S. 179–184, 273; M. Tamborini, „If the Americans can do it, so can we“, passim.

584 Wie Anm. 536, 551.

585 Vgl. J. Petschull / Th. Höpker, Der Wahn vom Weltreich, S. 165–184; Deutsches Historisches Museum (Hg.), Deutscher Kolonialismus, S. 22–29, 36 f, 42–49, 235.

586 E. Hennig, Am Tendaguru, S. 104–106, 151, Zitate S. 104. Vgl. allgemein dazu U. Puschner, Sozialdarwinismus als wissenschaftliches Konzept und politisches Programm, S. 108.

587 W. Branca, Allgemeines über die Nebenergebnisse der Tendaguru-Expedition, S. 69.

billigen Arbeitskräfte, die so den knappen Etat entlasten, und er weiß, dass die Einheimischen auf den Plantagen der Weißen besser verdienen, aber die saisonale Anstellung bei den Grabungen vorziehen. Er lobt das „lebhafte Interesse" bei Vielen und ihre Qualitäten als „intelligente Helfer und Sammler".[588]

In den Quellentexten des Unternehmens finden sich keine Hinweise auf Konflikte zwischen den Expeditionsleitern und den Einheimischen. Die Deutschen behandeln ihre Arbeiter und besonders die engagierten Vorarbeiter mit Respekt, bewundern auch deren Leistungskraft und Einsatzwillen und unermüdlichen Frohsinn. In den Bewertungsmaßstäben wie „Zuverlässigkeit" und „Sauberkeit" schwingt zwar deutsches Überlegenheitsdenken mit, aber wir begegnen keinerlei Herabwürdigung der „Eingeborenen", so der bevorzugte Sprachgebrauch der Expeditionsleiter. Besonders empfänglich für die Mentalität der naturverbundenen afrikanischen Menschen zeigt sich die einzige Frau im Team, Ina Reck, der nach ihrer Zeit im „Busch" der Abschied „von unseren guten, großen, schwarzen Kindern" schwerfällt.[589]

Für Wilhelm Branca, soeben (1917) in Pension gegangen, muss der Verlust der Kolonie Deutsch-Ostafrika am Ende des Weltkrieges mehr als bitter sein. Als besonders demütigend wird er es empfinden, dass am Tendaguru nun der „Feind" herrscht und arbeitet: Die Kolonie ist an Großbritannien abgetretenes Mandatsgebiet des *Völkerbundes* geworden, das Londoner *British Museum* forscht hier seit 1924 (mit mäßigem Erfolg) auf den Spuren der berühmten deutschen Expedition.[590]

Branca selbst hat sich nach dem Krieg zwar pessimistisch zum allgemeinen Niedergang des deutschen Staates, aber nicht speziell zum erzwungenen Verzicht auf die Kolonien geäußert.[591] Umso eindeutiger formulieren es seine Mitarbeiter und Nachfolger. In der Branca zum achtzigsten Geburtstag (1924) gewidmeten „Neuen Folge" der „Wissenschaftlichen Ergebnisse der Tendaguru-Expedition" heißt es:

588 Vgl. W. Branca, Allgemeines über die Tendaguru-Expedition, S. 10 f; ders., Allgemeines über die Nebenergebnisse der Tendaguru-Expedition, S. 67. – Die Ausgaben der Expedition für Arbeitslöhne in Afrika betragen 1909–1911: 89.373,87 Mark (abzüglich 15,00 Mark für die Bürokasse in Berlin).

589 I. Reck, Mit der Tendaguru-Expedition im Süden von Deutsch-Ostafrika, S. 49. Vgl. St. Schultka / W.-D. Heinrich, Eine Frau am Tendaguru.

590 Vgl. G. Maier, African Dinosaurs Unearthed, S. 116–143.

591 Vgl. unten S. 276 f.

„Durch Ihre von glücklichstem und reichstem Erfolg gekrönte Tatkraft wurde dem Berliner Institut und Museum ein Schatz zugeführt, wie ihn kein europäisches Museum sein Eigen nennen kann. Und dieser Schatz ist uns ein ganz besonders kostbarer: ist er doch außer stolzen und – leider ach! – so bitter schmerzenden Erinnerungen fast der einzige, der uns von der unermüdlichen, fleckenlosen, deutschen Kulturarbeit aus unserem Deutsch-Ostafrika, aus der uns geraubten stolzen Kolonie geblieben ist."[592]

Und in seinem Nachruf auf den Lehrer und Vorgänger schreibt Josef Felix Pompeckj rückblickend (1928): „[...] durch Branca ist so das uns geraubte schöne Kolonialland wenigstens unser wissenschaftliches Eigentum geblieben."[593] Hans Reck leitet 1924 das Reisebuch seiner Frau Ina ein mit Sätzen wie: „Es künde Freund und Feind, daß Deutschland seinen Platz an der Sonne, seine freie Heimat und auch sein freies Tropenland, das es selbst zu Licht und Glanz emporgeführt in harter Friedensarbeit wieder haben muß und wieder haben wird zu seiner Zeit."[594]

Im selben Jahr, am 17. September 1924, hält Reck beim *Deutschen Kolonialkongreß* im Auditorium Maximum der Berliner Universität einen Vortrag über die Tendaguru-Expedition. Veranstalterin ist die *Deutsche Kolonialgesellschaft*, die „Speerspitze des Kolonialrevisionismus".[595] Der Referent liegt auf der Linie der gesamten Tagung, fordert die Rückgabe der deutschen Kolonien und spart nicht mit starken Worten über „die koloniale Feindlüge in ihrer ganzen Ungeheuerlichkeit und Niedertracht".[596] Die Abteilung Geographie, Ethnographie und Naturkunde des Kongresses schickt dem Geheimrat Branca nach München eine Grußbotschaft, um „Ihnen als demjenigen, der die großartigen und erfolgreichen Ausgrabungen veranlasste und nie erlahmend durchführte, den herzlichsten Dank für die durch Ihr Eingreifen bewirkte koloniale Tat auszusprechen".[597]

So müssen die im Grunde ja wissenschaftlichen Ergebnisse der Tendaguru-Expedition nach dem Krieg auch für die Rechtfertigung der deutschen Revisionspolitik herhalten – für die Bestrebungen, den Versailler Friedensvertrag

592 Palaeontographica, Supplement VII, 1. Reihe Teil 1 (1925) S. VII.
593 J. F. Pompeckj, Gedächtnisrede, S. CXVII.
594 I. Reck, Mit der Tendaguru-Expedition im Süden von Deutsch-Ostafrika, S. 11.
595 J. Nöhre, Das Selbstverständnis der Weimarer Kolonialbewegung, S. 12–65, Zitat S. 39.
596 H. Reck, Über die Ergebnisse der Saurier-Ausgrabungen, in: Verhandlungen des Deutschen Kolonialkongresses 1924, S. 465–472, Zitat S. 465.
597 FAvB, Nachlass Branco, Briefe (Vorstand der Abteilung Geographie, Ethnologie und Naturkunde des Kolonialkongresses 1924 an Branca, 17.9.1924).

rückgängig zu machen und vor allem die verlorenen Kolonien wieder zu erlangen.[598] Von selbstkritischen Anwandlungen unberührt, schwimmen die Nachfolger und ehemaligen Mitarbeiter Wilhelm Brancas mit in diesem nationalkonservativen Strom.

598 Vgl. J. Nöhre, Das Selbstverständnis der Weimarer Kolonialbewegung, S. 6–16; C. Kretschmann, Noch ein Nationaldenkmal?, S. 203–205; Deutsches Historisches Museum (Hg.), Deutscher Kolonialismus, S. 235–247.

24. Heimat- und Denkmälerschutz: „Sprache der Natur"

In seinen Berliner Jahren fällt Wilhelm Branco noch ein Thema zu, das nur scheinbar außerhalb seiner Forschungsgebiete liegt: der Naturschutz, speziell der Schutz geologischer Naturdenkmäler. Unmittelbarer Anlass ist ihm eine Initiative des preußischen Kultusministeriums: Anfang 1900 lässt Minister Konrad Studt[599] einem größeren Kreis von Fachleuten Arbeitsunterlagen von Vorkämpfern des Natur- und Heimatschutzgedankens schicken – Reden und Denkschriften des Botanikers Hugo Conventz (1855–1922), des Abgeordneten Wilhelm Wetekamp (1859–1945), des Musikprofessors Ernst Rudorff (1840–1916). Das Begleitschreiben enthält, in bürokratischer Sprache fast verhüllt, den Auftrag zur Beratung bei einem innovativen gesetzgeberischen Werk:

> „Die aus wirthschaftlichen oder sonstigen Gründen in zunehmendem Maße stattfindenden Umgestaltungen des Erdbodens und seiner Lebensbedingungen haben in neuerer Zeit die Forderung wachgerufen, den in Preußen noch vorhandenen besonders charakteristischen Erscheinungen auf dem Gebiete der Thier- und Pflanzenwelt wie in der Oberflächengestaltung der Erde als Denkmälern der Entwickelungsgeschichte unserer heimischen Natur, um sie vor Vernichtung zu schützen, durch staatliche Fürsorge in ähnlicher Weise Schutz angedeihen zu lassen, wie dies bei Kunstdenkmälern geschieht."[600]

Wenige Jahre später führt dieser Beginn politischen Handelns zur Einrichtung einer *Staatlichen Stelle für Naturdenkmalpflege* (1906). Wilhelm Branco steigt in das Thema kommentierend und gutachtend sofort ein. Vom wissenschaftlichen Standpunkt aus, teilt er dem Minister mit, sei es wünschenswert, wenigstens einen Teil der natürlichen geologischen Bildungen zu erhalten und einen Teil des Landes für unantastbar zu erklären. Steinbruchbetriebe, technische Anlagen und die Landwirtschaft würden immer mehr davon zerstören. Als Ausweg schlägt er vor, dem Staat gehörende oder noch anzukaufende Ländereien als kleinere „Nationalparks" einzurichten. Er bleibt nicht bei der allgemeinen Forderung, sondern stellt eine lange Liste konkret zu schützender Objekte in Preußen auf – von Wanderdünen und Moränen, Mooren und Stauseen, Rieskesseln und Gletschertöpfen bis zu ganzen Landschaften wie der Lüneburger Heide und dem Harzer

599 Konrad (von) Studt (1838–1921), 1899–1907 preußischer Minister der geistlichen, Unterrichts- und Medizinal-Angelegenheiten.

600 UA HU Berlin, Museum für Naturkunde Bd. 153, unpaginiert (Rundschreiben des Kultusministeriums, 2.5.1900).

Bodetal.[601] Zusätzlich lässt Branco das Ministerium wissen, mit einer bloßen Auflistung schützenswerter Naturdenkmäler sei es nicht getan; für Studium und Volksbildung müssten ausführliche geologische Erläuterungen hinzu kommen.[602]

So entsteht schließlich eine der letzten Arbeiten Wilhelm Brancas: „Schutz den geologischen Naturdenkmälern“ (1915). Als „Naturdenkmal“ betrachtet der Autor nicht etwa nur einen einzelnen Baum oder Felsen, sondern für ihre Art charakteristische, von der Natur geschaffene Monumente und Regionen, die es in möglichst großer Anzahl gegen wirtschaftliche Ausbeutung zu verteidigen und zu erhalten gilt. Branca beklagt, dass es im Unterschied zum Bau- und Kunstdenkmal dafür noch kaum öffentliches Interesse und Geld gibt. Er wirbt erneut dafür, nach dem Vorbild der Nationalparke in den Vereinigten Staaten von Amerika Schutzgebiete auszuweisen. Großflächig oder auch vereinzelt müssten beispielhafte Naturdenkmäler verzeichnet und von der landwirtschaftlichen oder industriellen Verwertung ausgenommen werden: Seen und Berglandschaften, Wasserfälle und Moränen, charakteristische Felsformationen und Höhlen, auch verbliebene Reste von Vulkanen und Maaren, Kohlenlagern und Torfmooren, auch und besonders Fundstellen von Fossilien und Siedlungsspuren prähistorischer Menschen. Grundlegend für einen Bewusstseinswandel, so Branca mit einer Nutzanwendung seiner Gedanken, sollte die Einführung der Geologie als Unterrichtsfach an den Schulen sein:

> „Geologische Naturdenkmäler sind öffentliche Urkunden, die in der Sprache der Natur geschrieben sind, daher von jedem gelesen werden können, der diese geologische Sprache versteht, für jeden aber unlesbar bleiben, dem diese Sprache unbekannt ist. Daraus folgt mit zwingender Notwendigkeit, daß wenn unser Volk die Naturdenkmäler schützen soll, das Volk, vor allem die Jugend die geologische Sprache verstehen lernen muß, in der die Denkmäler zu uns reden.“[603]

Pläne für eine „Heimatsammlung“

Inmitten der Pläne für neue Konzepte und Räume des Berliner Museums sieht Branca auch Chancen für eine spezielle Sammlung zur Erdgeschichte der Region. „Den Wünschen vieler Besucher würde ferner die Aufstellung einer, die Geologie der Mark Brandenburg darstellenden *Heimatsammlung* entgegenkommen und ist als ein zur Belebung des Interesses an der Geologie dienendes Lehrmittel

601 Wie Anm. 600 (Branca an Kultusministerium, 26.2.1900).
602 Wie Anm. 600 (Branca an Kultusministerium, 14.3.1900).
603 W. Branca, Schutz den geologischen Naturdenkmälern, S. 11.

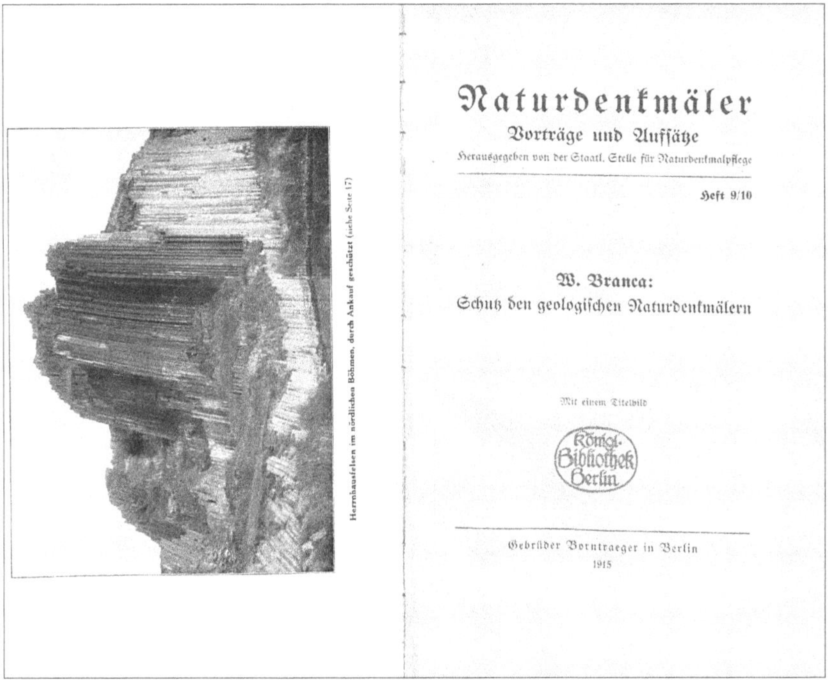

Abb. 33: Wilhelm Branca, Schutz den geologischen Naturdenkmälern, Titelseite und Frontispiz (1915)

in hohem Masse wünschenswert“, schreibt er 1914 dem Kultusministerium.[604] Der Ausbruch des Krieges lässt solchen Projekten keine Luft.

Der Begriff „Heimat“ im Vorschlag des Naturwissenschaftlers lässt aufmerken. Ideen von Natur- und Heimatschutz entstehen in Deutschland allenthalben im letzten Drittel des 19. Jahrhunderts – in einer Zeit, da der Fortschrittsglaube des wilhelminischen Bürgertums brüchig wird, da sich die Nachteile ökonomischen und technologischen Denkens und Handelns bemerkbar machen. Die ausufernden Großstädte und Industrieanlagen, aber auch die intensive Landwirtschaft verbrauchen und zerstören in schnell zunehmendem Maße die Landschaften. Eine Naturschutz- und Wanderbewegung organisiert sich in Vereinen und sucht zu bewahren, was noch zu retten ist; postromantische Lebensreform- und Jugendbewegungen träumen vom alternativen Leben in einer heilen und

604 GStA PK, I. HA Rep. 76 Va Sekt. 2 Tit. X Nr. 21 Bd. 20 fol. 130', 131 (Branca an Kultusministerium, 24.4.1914). Hervorhebung im Original gesperrt.

heilenden Natur.[605] Da passt es in das volksbildnerische Konzept eines Naturkundemuseums, „Heimat“ in Gestalt vergangener regionaler Floren und Faunen zu sammeln und zu präsentieren und somit Identität in einer unüberschaubar gewordenen Welt zu stiften.[606] Doch auch dieser museologische Ansatz geht in der Kriegszeit unter.

605 Vgl. G. Gröning / J. Wolschke-Bulmahn, Landschafts- und Naturschutz; A. Feuchter-Schawelka, Siedlungs- und Landkommunebewegung; W. Mogge, Jugendbewegung.
606 Vgl. C. Kretschmann, Räume öffnen sich, S. 272 f.

25. Cannobio: Familienforschung am Lago Maggiore

Aus welchem Anlass bei Wilhelm Branco das Interesse für die Herkunft der Familie geweckt wurde, lässt sich nicht feststellen. Bald nach seiner letzten Übersiedlung nach Berlin beginnt er eine Korrespondenz mit Verwandten, Genealogen, Archiven und Botschaften; eine umfangreiche Materialsammlung zu allen Zweigen der Familie entsteht.[607]

Das Hauptinteresse gilt den italienischen Vorfahren der väterlichen Linie, und von einer Reise nach dem vermeintlichen Stammsitz kehren Vater und Sohn mit reicher Ausbeute zurück. Autobiografische Aufzeichnungen zu diesem Abschnitt und Einschnitt der Familiengeschichte sind nicht erhalten, wohl aber gibt ein schmales Bündel Briefe – der Rest einer ehemals dichten Korrespondenz – ausreichende Informationen für eine Rekonstruktion des Unternehmens.[608]

Vom 26. September bis 9. Oktober 1906, mit jeweils zweitägiger An- und Abreise über Basel und Locarno, fahren Wilhelm Branco und sein Sohn Gerhard an den italienischen Lago Maggiore. Zur selben Zeit weilt Paula Branco mit ihrer Schwester Eveline Kirchhoff zur Kur in Glion am Genfer See, während die Tochter Edith in Berlin für die Übermittlung von Nachrichten und Post sorgt. Die Reise muss nach vierzehn Tagen wegen einer schmerzhaften Gichtattacke des Vaters vorzeitig abgebrochen, eine geplante Fortsetzung nach Mailand aufgegeben werden. Mit ihren Erlebnissen und Ergebnissen sind die beiden Männer jedoch vollauf zufrieden. Es geht ihnen um die Erkundung des Ortes und der Umgebung, die Erforschung der Familiengeschichte und das Kennenlernen der dortigen Verwandtschaft. Denn die Wurzeln der direkten väterlichen Linie der Brancos, das weiß man bereits vor der Reise, liegen hier bei den norditalienischen Brancas. Im Gepäck haben die Reisenden eine Stammtafel mit beglaubigten Kirchenbuchabschriften aus Meiningen als

607 FAvB, Nachlass Branco, Briefe (1902–1936), Urkunden (Geburts-, Tauf- und Trauscheine, Sterbeurkunden, Auszüge aus Kirchenbüchern), Notizen, Materialsammlungen, Entwürfe für Stammtafeln.

608 FAvB, Nachlass Branco, Briefe (erhalten sind neun Briefe oder Postkarten vom 26. 9. bis 10.10.1906 teils an Paula Branco, teils an und von Edith Branco). – Schon für die Osterferien 1902 hatte Branco Urlaub „für eine Reise nach Italien" genommen. Weitere Informationen oder Nachweise dazu gibt es nicht, weshalb diese Reise außer Betracht bleiben muss. UA HU Berlin, Museum für Naturkunde Bd. 151, unpaginiert (Antrag und Genehmigung 18. und 28.2.1902).

Beweis, dass um 1680, vier beziehungsweise fünf Generationen zuvor, ihr direkter Vorfahre Joseffo Branca aus Cannobio nach Deutschland ausgewandert ist.[609]

Cannobio ist ein damals vom Tourismus bereits entdeckter, aber noch nicht überschwemmter Ort mit 2.600 Einwohnern – auf einem breiten Vorland des Val Cannobino direkt am See gelegen, von hohen bewaldeten Bergen umgeben, mit einem malerischen Hafen und einer Uferpromenade ausgezeichnet.[610] Repräsentative Bürgerhäuser zwischen Pracht und Verfall, schmale Gässchen und steile Treppen und stille Winkel mit Brunnen und Arkaden lassen die Gäste aus dem Norden eintauchen in eine mittelalterlich anmutende Welt. Wilhelm und Gerhard Branco geben in langen Briefen an die Ehefrau und Mutter ihrer Verzauberung durch dieses südliche Ambiente Ausdruck.[611]

Eigentlicher Anlass der Reise ist die Familienforschung. Im Rathaus sehen Vater und Sohn Veröffentlichungen und Urkunden über die historische Republik Cannobio, die lombardische Kulturlandschaft und die ehemals dort führenden Familien ein. Mit wachsender Freude lesen sie den Namen Branca auf Kirchenbänken und an Kunstwerken in der barockisierten, im Kern romanischen Pfarrkirche San Vittore – „unseren alten Namen, unser Blut".[612] Der Friedhof des Ortes ist voll mit Grabdenkmälern der zahlreichen Zweige der Familie. In ihrer Begeisterung lassen die Entdeckungsreisenden ihre Phantasie wuchern: Cannobio, wo es tatsächlich Spuren römischer Besiedlung gibt, wird dank der Kraft der Imagination schon in vorchristlicher Zeit von Brancas mitgegründet und mitregiert. Ein altes Familienwappen zeigt im Schildhaupt einen Adler; die Erklärung ist schnell bei der Hand, Kaiser Friedrich I. Barbarossa persönlich habe der in den inneritalienischen Machtkämpfen kaisertreu (ghibellinisch) gebliebenen Familie dieses Ehrenzeichen verliehen.[613] Wilhelm Branco/Branca

609 GStA PK, I. HA Rep. 176 Nr. 657 Bl. 18–23 und Stammtafeln.

610 Vgl. K. Baedeker, Die Schweiz nebst den angrenzenden Theilen von Oberitalien, Savoyen und Tirol, 20. Aufl. 1883, S. 415 („einer der ältesten und ansehnlichsten Orte am See").

611 Wie Anm. 608.

612 FAvB, Nachlass Branco, Briefe (Wilhelm an Paula Branco, 26.9.1906).

613 FAvB, Nachlass Branco, Briefe (Wilhelm und Gerhard an Paula Branco, 2. und 10.10.1906). – Die Verleihung des Adlers als Wappenzeichen der Familie Branca durch Friedrich I. Barbarossa (1152–1190) mit dem unsinnigen Datum 1100, an anderer Stelle 1180, ist eine freie Erfindung. Richtig ist, dass der einköpfige Adler als Symbol des römisch-deutschen Kaisertums vielfachen Eingang in die Heraldik der Stauferzeit fand.

lässt sich nach der Reise das von den bayerischen Linien stets geführte Familienwappen auf Briefbögen prägen.[614]

Die Nachricht vom Besuch des mit mehreren alteingesessenen Familien verwandten Professors aus Berlin spricht sich rasch herum. Der in Cannobio und Mailand lebende Bildhauer Giulio Branca (1850–1926), ein bedeutender und viel gefragter Vertreter des italienischen Neoklassizismus, lässt es sich nicht nehmen, die Gäste umherzuführen und in sein Haus einzuladen. Aus der

Abb. 34: Wappen der bayerischen Familie von Branca nach einer Wappenvermehrung von 1775. Adler und Löwe sind aus dem Stammwappen übernommen. Kupferstich aus dem 18. Jahrhundert

614 FAvB, Nachlass Branco, Briefe. – Beschreibung des Wappens (die Seiten werden vom Schildhalter aus bezeichnet): In von Blau und Rot schräglinks geteiltem Feld ein schreitender goldener Löwe, der rechts oben von silbernem, von einer goldenen Krone überhöhtem Stern begleitet ist. Im goldenen Schildhaupt ein schwarzer, rotbewehrter Adler. Auf dem gekrönten Helm der wachsende Löwe. Vgl. G. B. di Crollalanza, Dizionario Storico-Blasonico (1885), Bd. I Teil III S. 167; Genealogisches Handbuch Bürgerlicher Familien, Bd. 14 (1908) S. 13 f; Genealogisches Handbuch der Freiherrlichen Häuser, Abt. B Bd. III (1963) S. 43; Adelslexikon, Bd. II (1974) S. 53 f. Abbildungen des vermehrten freiherrlichen Wappens auch bei O. Titan v. Hefner / G. A. Seyler, Die Wappen des bayerischen Adels, Tafel 25 (Fortsetzung von J. Siebmacher's Wappenbuch).

Begegnung entwickelt sich eine dauerhafte Freundschaft. Es folgen Einladungen bei den Honoratioren: Bürgermeister, Propst, Arzt. Vater und Sohn Branco registrieren mit Stolz, dass zur neu entdeckten weitläufigen Verwandtschaft sogar angeheiratete Hochadelige und in früheren Generationen ein Bischof und gleich mehrere Domherren in Mailand gehören.[615] Mehrere Bündel mit Visitenkarten, Einladungen, Familiennachrichten und Briefen – alles in italienischer Sprache – zeigen, dass die Kontakte mit Brancas und anderen neuen Bekannten und Verwandten in Cannobio und Milano noch Jahrzehnte lang gepflegt werden.[616]

Familienmythen

Für den Sohn Gerhard Branco wird aus der euphorischen ersten Begegnung mit Cannobio eine lebenslange Beschäftigung mit der Geschichte des Ortes und der Familie. Immer wieder durchforscht er auch in späteren Jahren Literatur, Archive und Privatsammlungen nach Spuren mittelalterlicher, römischer oder gar keltischer Vergangenheit. Dabei fehlt ihm das Rüstzeug des quellenkritischen Historikers; bei seinen Streifzügen durch die altrömische und italienische Geschichte und Literatur reklamiert er jeden auch nur halbwegs ähnlich klingenden Namen als Gründer und Bewohner von Cannobio oder auch als eigenen Vorfahren – je älter, desto besser.[617] Nur in seiner 1928 erschienenen verfassungs- und wirtschaftsgeschichtlichen Studie, die noch heute als unersetzte Darstellung der „Geschichte der reichsfreien Republik Cannobio" zitiert wird, hält er sich mit derartigem Wunschdenken über die Anfänge des Ortes und des ehemals zugehörigen Umlandes zurück.[618]

Mythisches Geschichtsdenken pflegt der Schriftsteller Gerhard Branco/Branca dann in etlichen Novellen und Gedichten („Ich bin ein Letztes", „Es haben mich Jahrhunderte gezeugt", „Die Bilder") und zuletzt in einem Roman „Das

615 Als Verwandte identifizieren Wilhelm und Gerhard Branco u. a. Francesco Maria Zoppi (1765–1841), Domherr in Mailand, Bischof von Massa-Carrara, Titularbischof von Geras; Giuseppe Branca (1771–1842), Domherr in Mailand; Bernardino Branca (1802–1886), Kräuterlikör-Fabrikant („Fernet-Branca"); dessen Söhne Luigi (1833–1886), Giuseppe (1837–1888) und Stefano (1843–1891) („Fratelli Branca - Milan"); Giulia Branca (1842–1913), Witwe von Giuseppe Branca, in zweiter Ehe verheiratet mit Francesco II. Melzi d'Eril (1849–1935), Duca di Lodi.

616 FAvB, Nachlass Branco, Briefe und Materialsammlung.

617 FAvB, Nachlass Branco, Briefe, Materialsammlung und Stammtafeln; G. Branca, Skizze einer Familiengeschichte der Branca (1911).

618 G. Frhr. v. Branca, Geschichte der reichsfreien Republik Cannobio am Lago Maggiore (1928).

Haus der Vergangenheit“ (1950). Trotz einiger Verfremdungen sind diese Texte leicht als familiengeschichtlich und autobiografisch zu verstehen. Dabei stilisiert der Autor sich zum schwermütigen Letzten eines vornehmen Geschlechts, auf dessen Schultern die Schicksale vieler Generationen lasten.[619]

Ein Denkmal für Giovanni Branca

Für Wilhelm Branco/Branca dreht sich die weitere Beschäftigung mit Cannobio vor allem um die Errichtung eines Denkmals. Zu ehren ist Giovanni Branca (1571–1645): Architekt, Techniker, Erfinder und Schriftsteller. Der wurde zwar nicht in Cannobio geboren, wird dort aber als der berühmteste Spross des Ortes vereinnahmt – und gilt in Italien als bahnbrechender Theoretiker und Praktiker der Baukunst seiner Zeit. Auch mit Maschinenbau und Dampfkraft hat er sich beschäftigt.[620] Ein Denkmal in Cannobio war schon lange geplant, die Umsetzung jedoch an innerörtlichen Streitigkeiten gescheitert. Der Gast aus Berlin schließt sich nun mit neuen, prominenten Interessenten in einem *Comitato per le Onorance a Giovanni Branca in Cannobio* zusammen und wirbt bei allen erreichbaren Verwandten um Spenden für das Werk, das die italienischen und deutschen Brancas der Stadt zum Geschenk machen wollen.[621]

Das Projekt gelingt. Am 10. September 1911 wird die Enthüllung des Denkmals mit einem großen Fest mit Gästen aus der ganzen Region gefeiert. Auch Wilhelm Branca als Mitorganisator ist dafür nach Cannobio angereist. Der Bildhauer – selbstverständlich Giulio Branca – hatte es abgelehnt, ein Standbild auszuarbeiten, weil es keine authentischen Darstellungen Giovannis gibt. Entstanden ist eine naturalistische, aus Bronze gegossene, anmutige, sinnende Frauengestalt, die einen Lorbeerkranz in den Händen hält. Bis heute sitzt sie unverändert an der Uferpromenade vor dem Rathaus auf einem hohen Granitsockel über einem Brunnen, gestützt auf eine seitliche Tafel mit der schematischen Darstellung einer Dampfturbine, die mehrere Zahnräder treibt – eine 1629 beschriebene Erfindung Giovanni Brancas. Die ausdrücklich jugendliche Figur soll nach dem Willen des Künstlers die Sapientia – „die alte, philosophische Wissenschaft“ – verkörpern.[622]

619 Vgl. unten S. 264–266.

620 Vgl. Saur, Allgemeines Künstler-Lexikon, Bd. 13 S. 585.

621 FAvB, Nachlass Branco, Briefe (darin auch Spendenaufruf, Einladung, Bericht zur Einweihungsfeier).

622 FAvB, Nachlass Branco, Briefe (W. Branco an NN, 13.9.1911).

Knapp zwei Jahre nach dem Fest, am 24. Juni 1913, verleiht die *Comune di Cannobio* in der *Provincia di Novara* dem *Professore Dottor Guglielmo Branca di Berlino* die *Cittadinanza Onoraria Cannobiese* – die Ehrenbürgerschaft. Die Begründung lautet, er habe sich mit der Förderung des Denkmals für Giovanni Branca um die Gemeinde verdient gemacht. Der berühmte Professor aus Berlin habe zudem die Herkunft seiner Familie aus Cannobio erforscht und seine Liebe zur italienischen Heimat durch die Änderung seines Nachnamens demonstriert.[623]

Eine Namensänderung

Die „sensi di affetto verso la patria Italiana" führen Wilhelm Branco tatsächlich zur Namensänderung (und in der Literatur zu allerlei Verwirrungen über die Schreibweise „Branco" oder „Branca").[624] Bewehrt mit Stammtafeln und Kirchenbuchabschriften, stellt er im November 1906 beim *Königlichen Polizeipräsidium Berlin* einen Antrag auf „Korrektur" des Nachnamens mit der Begründung:

> „Wir sind Angehörige der alten lombardischen Patrizier-Familie Branca aus Cannobio am Lago Maggiore, welche sich bis an den Anfang der christlichen Zeitrechnung zurückführen läßt; wogegen der Name Branco ein weit verbreiteter slawischer Name ist, mit deren Trägern unsere Familie in gar keiner verwandtschaftlicher Beziehung steht. […] Nachdem wir jetzt mit unserer Familie in Cannobio wieder in engere Beziehungen getreten sind, ist es unser wohl erklärlicher Wunsch, unseren Namen wieder richtig Branca schreiben zu dürfen. […]"[625]

Die Behörde akzeptiert die Argumentation und erlaubt mit Schreiben vom 29. Dezember 1906 die Annahme des Namens *Branca* für Wilhelm Branco, seine Ehefrau Paula und die Kinder Edith und Gerhard.[626] Mit Beginn des neuen Jahres wird diese Änderung in die Familienpapiere eingetragen und den Dienststellen und Bekannten mitgeteilt.[627]

623 FAvB, Nachlass Branco, Urkunden (Kommune Cannobio, 4.8.1913; Provinzregierung Novara, 8.7.1913).

624 In der vorliegenden Biografie wird die Schreibweise des Namens mit der Jahreswende 1906/07 gewechselt. Bei zeitübergreifenden Abschnitten ist das nicht immer konsequent möglich.

625 GStA PK, I. HA Rep. 176 Nr. 657 Bl. 18–23, Zitat Bl. 18 und 18'.

626 Wie Anm. 625, Bl. 24; FAvB, Nachlass Branco, Briefe.

627 FAvB, Nachlass Branco (Urkunden, Briefe); ABBAW, II-III, 34 Bl. 120; UA HU Berlin, Museum für Naturkunde Bd. 151, unpaginiert (Korrespondenz 1907).

Abb. 35: Cannobio, Uferpromenade: Denkmal von Giulio Branca für Giovanni Branca, eingeweiht 1911 (heutiger Zustand)

26. Letzte Lebensjahre: Rückkehr nach München

Im Dezember 1916 beantragt Wilhelm Branca die Entbindung von seinen amtlichen Verpflichtungen an der *Friedrich-Wilhelms-Universität*, mit dem 1. April 1917 beginnt sein Ruhestand.[628] Die Verabschiedung durch den *Minister der geistlichen und Unterrichtsangelegenheiten* und die Gremien der Hochschule geschieht mit der bei solchen Anlässen üblichen Dankesrhetorik, doch wird der Weggang des beliebten Forschers und Lehrers von Kollegen und Schülern auch spürbar bedauert.[629]

Einen Einblick in die Befindlichkeit des Amtsmüden gibt ein Brief – ein Stück aus einer ansonsten verloren gegangenen Korrespondenz – von Emanuel Kayser, dem Leiter des *Geologisch-paläontologischen Instituts* der Universität Marburg und Vorsitzenden der *Geologischen Vereinigung*. Der dann im selben Jahr in den Ruhestand gehende Kollege und Freund schreibt 1916, nach dem Erhalt einer Sendung mit neuen Veröffentlichungen Brancas:

> „Ihre Arbeiten häufen sich so, und betreffen so verschiedene Gebiete, und Sie beweisen auf allen eine solche Beherrschung des Stoffes, daß ich Ihre Arbeitskraft und Vielseitigkeit nur anstaunen kann! Wenn Sie so fortfahren, wird man im Ministerium allerdings nur lachen können, wenn Sie sich für *verbraucht* erklären und Ihren Rücktritt beantragen! Die Jahre allein machen es ja nicht […].“[630]

Aber der bald Dreiundsiebzigjährige hat offensichtlich nicht vor, dem Beispiel vieler Kollegen zu folgen und seinen Dienst erst mit dem Tod zu beenden. In den letzten Amtsjahren wird er zunehmend von Krankheiten beeinträchtigt und sucht immer wieder Linderung in Heilbädern.[631]

628 FAvB, Nachlass Branco, Briefe (Kultusministerium an Branca, 16.1.1917, 16.3.1917).
629 UA HU Berlin, B 369 Nr. II Bl. 7; GStA PK, I. HA Rep. 76 Va Sekt. 2 Tit. X Nr. 21 Bd. 20 Bl. 252 f.
630 FAvB, Nachlass Branco, Briefe (Schreiben Kayser vom 28.11.1916; Kursivierung im Original unterstrichen).
631 Vom 1. 8. bis 25.10.1908 nimmt Branca wegen wiederholter Gichtanfälle Urlaub und Badekur, desgleichen vom 13. 7. bis 9.10.1910. Im Juli 1914 (abgebrochen wegen des Kriegsbeginns) und Mai/Juni 1915 bekommt er mehrwöchigen Urlaub für Badekuren in Wiesbaden, im März/April 1915 muss er fast ununterbrochen liegen, im März/April 1916 geht er noch einmal zur Kur nach Wiesbaden. Die Gichtanfälle, schreibt er am 22.2.1916, bleiben nach solchen Kuren für etwa ein Jahr aus. Die Vertretung im Institut und Museum übernehmen Kustoden und Assistenten, meist Janensch

Warum Wilhelm und Paula Branca ein Jahr später Berlin für immer verlassen, ist nicht überliefert. Branca selbst äußert sich, wenn überhaupt, nur sehr zurückhaltend, so wenn er bedauert, am Leben der Akademie der Wissenschaften nicht mehr teilnehmen zu können: „[...] denn die veränderten Zeiten haben mich von Berlin fortgeführt."[632] Vielleicht wiederholt sich hier, was der Vater Friedrich Wilhelm Branco fast fünfzig Jahre zuvor geschafft hat: ein Abgang in südliche Gegenden, wenn nicht nach Italien, so doch nach Bayern. Ein nach dem Kriegsende tatsächlich erstrebter Umzug nach Meran scheitert, weil die nunmehr italienischen Behörden den Brancas keine Pässe bewilligen.[633]

Die Suche nach einer Bleibe erweist sich in Kriegs- und Nachkriegszeiten als schwierig. Die Familie begegnet mit mehrmals wechselnden Anschriften in München: Türkenstraße 104, Bauerstraße 28, Franz-Josef-Straße 1. Zeitweise gibt es Adressen im oberfränkischen Coburg, im oberbayerischen Bad Reichenhall und in Ebenhausen an der Isar, stets auf der Suche nach einem Ort mit freundlichem Klima zur Heilung häufiger Erkältungskrankheiten.[634] Schließlich findet man in München eine Wohnung am Kurfürstenplatz 8 im dritten Geschoss.[635] Die wird beibehalten bis nach Paula Brancas Tod im Jahr 1932; bis dahin leben hier in Wohngemeinschaft auch der erwachsene Sohn Gerhard und seine Frau und Paulas unverheiratete jüngere Schwester Eveline.[636]

Von München aus müssen in langwierigen Verhandlungen mit der Berliner Universitätsverwaltung zunächst Brancas Pensionsansprüche geklärt werden. Er besitzt die doppelte Staatsbürgerschaft – Preußen und Württemberg – und hat oft die Arbeitsstelle gewechselt; da gilt es, die Dienstzeiten genau zu berechnen. Der Kontakt zur Hochschule und zum Institut bleibt freundlich erhalten; zu den

und Hennig. UA HU Berlin, Museum für Naturkunde Bd. 151, unpaginiert (Anträge und Genehmigungen Juli 1908, Juli 1910, Juli 1914, Februar/März 1916); GStA PK, I. HA Rep. 76 Va Sekt. 2 Tit. X Nr. 21 Bd. 20 Bl. 93 f, 170 f.

632 ABBAW, II-III 140 Bl. 263 f (Dankschreiben an die Akademie für die Geburtstagsglückwünsche, September 1924).

633 Bayerische Staatsbibliothek München, Abt. Handschriften und Alte Drucke, Grothiana X (briefliche Mitteilung Brancas an Groth, 3.8.1919).

634 FAvB, Nachlass Branco, Briefe.

635 StadtA München, Meldekarte Wilhelm v. Branca und Ehefrau Paulina. Hier ist auch die Aufnahmeurkunde der Regierung von Oberbayern vom 27.3.1918 notiert. – Die alte Bebauung des Kurfürstenplatzes ist im Zweiten Weltkrieg zerstört worden, das Haus durch einen gesichtslosen Neubau ersetzt.

636 StadtA München, Meldekarten Wilhelm, Gerhard und Edith v. Branca sowie Eveline Kirchhoff; UA HU Berlin, B 369 Nr. I Bl. 42 (Mitteilung des Sohnes Gerhard v. Branca an den Verwaltungsdirektor der Universität Berlin, 14.5.1932).

Abb. 36: Wilhelm Branca, Scherl-Pressefoto Berlin 1917

runden Geburtstagen und zum „Goldenen Doktorjubiläum" bekommt Wilhelm Branca ehrerbietige und herzliche Schreiben und Widmungen.[637]

Allerlei Briefe lassen darauf schließen, dass der Emeritus von München aus rege mit Kollegen, Akademien und wissenschaftlichen Gesellschaften korrespondiert.[638] Zu einigen seiner Interessengebiete – Anthropologie und Vulkanologie – liefert er noch Aufsätze oder eine Neuauflage.[639] Das Interesse für Familienforschung wird neu befeuert; Vater und Sohn Branca nehmen ihre Korrespondenz in dieser Sache wieder auf.[640] Der Plan einer Familiengeschichte bleibt zwar in den Anfängen stecken, doch Wilhelm erlebt noch, dass Gerhards „Cannobio"-Studie als Buch erscheint, das er kräftig gefördert hat und das ihm nun gewidmet wird.[641] Schließlich versucht Wilhelm Branca sich selbst an Prosatexten, schreibt Entwürfe für Erzählungen mit historischen Stoffen, wovon freilich nichts veröffentlichungsreif gedeiht.[642] – Mit diesen bruchstückhaften Nachrichten müssen wir uns für die zehn Jahre des vermutlich recht aktiven Münchener Ruhestands begnügen.

„Lind traf ihn die Hand des Todes"

Am 12. März 1928 stirbt Wilhelm Branca in München. „Lind traf ihn die Hand des Todes", weiß der Freund Josef Felix Pompeckj in der gehobenen Sprache seines Nachrufes zu berichten. „Ohne leiden zu müssen, in fast jugendlicher Frische des Körpers, in ungeminderter Kraft des Geistes ist er von uns geschieden", heißt es dort, was zumindest für die körperliche Verfassung den Tatsachen widerspricht.[643] Universität und Akademie in Berlin widmen Branca Traueranzeigen und Nachrufe.[644] Persönliche Anteilnahme bekunden Freunde und

637 UA HU Berlin, B 369 Nr. I Bl. 1–22, Nr. II Bl. 12 f.
638 FAvB, Nachlass Branco, Briefe.
639 Vgl. die Bibliografie im Anhang.
640 FAvB, Nachlass Branco, Materialsammlungen (u. a. mit Leihscheinen der Bayerischen Staatsbibliothek München), Briefe (u. a. Zentralstelle für Deutsche Personen- und Familiengeschichte an W. Branca, 9.7.1920).
641 FAvB, Nachlass Branco, Briefe (W. Branca an H. Prutz, 11.3.1928; H. Prutz an G. v. Branca, 16.3.1928).
642 FAvB, Nachlass Branco, Materialsammlungen (Manuskripte o. D.).
643 J. F. Pompeckj, Gedächtnisrede, S. CXVII.
644 UA HU Berlin, B 369 Nr. I Bl. 23–25, 29, Nr. II Bl. 14 f; ABBAW, II-III, 143 Bl. 78 f; J. F. Pompeckj, Gedächtnisrede. Dazu auch FAvB, Nachlass Branco, Todesanzeigen und Danksagung der Familie.

Wilhelm von Branca † 1

WILHELM VON BRANCA †

GEB. 9. SEPT. 1844 ZU POTSDAM, GEST. 12. MÄRZ 1928 ZU MÜNCHEN.

Mein lieber Lehrer ist er gewesen, dessen sterbliche Reste man im März vorigen Jahres einäscherte. Einer von denen ist damit von uns gegangen, die eine Lücke hinterlassen im Herzen aller, die sich seines Umgangs freuen durften. Und wieder um ein Stück einsamer geworden zeigt sich das Leben, wenn man zurückschaut in die Vergangenheit des eigenen Seins.

Da steht unverwischbar Brancas Bild als schaffender Mensch und Meister. Charakter und Pflichttreue sind kennzeichnender Rahmen und Grundton seines ganzen Wesens, sind auch das, was er als selbstverständlich von

Zeitschrift für Vulkanologie, Band XII 1

Abb. 37: Nachruf von Hans Reck in der „Zeitschrift für Vulkanologie“, Band XII/1929–30 (Anfangsseite)

Kollegen.[645] Tageszeitungen und illustrierte Wochenzeitungen in ganz Deutschland bringen Meldungen und Würdigungen.[646] Ein Kondolenzbrief kommt auch aus Cannobio.[647]

Frau Paula überlebt ihren Mann um nur vier Jahre; sie stirbt am 7. Mai 1932.[648] Auf dem Münchener Nordfriedhof ist die kleine Familie – außer der Tochter Edith – in einem Urnengrab unter einer schlichten Stele vereint: die Eheleute Wilhelm und Paula, der Sohn Gerhard, dessen Frau Anne-Lise.[649]

Zum hundertsten Geburtstag seines Vaters verschickt Gerhard von Branca Pressematerial an Zeitungen, wissenschaftliche Gesellschaften und Institute. Im letzten Kriegsjahr 1944 ist das Echo jedoch gering.[650]

645 FAvB, Nachlass Branco, Briefe (u. a. Erich v. Drygalski an Paula Branca, 13.3.1928; Max Planck an Edith v. Branca, 21.3.1928).
646 FAvB, Nachlass Branco, Zeitungsausschnitte.
647 FAvB, Nachlass Branco, Briefe (Comune di Cannobio, Il Podestà, an Gerhard v. Branca, 18.3.1928).
648 StadtA München, Meldekarte Wilhelm v. Branca; UA HU Berlin, B 369 Nr. I Bl. 42.
649 Nordfriedhof München, Ungererstraße, Gräberfeld 3, Grab Nr. 38.
650 FAvB, Nachlass Branco, Briefe, Zeitungsausschnitte.

Abb. 38: München, Nordfriedhof: Familiengrab von Branca (Wilhelm, Paula geborene Kirchhoff, Gerhard, Anne-Lise geborene Flörsheim)

27. Gesellschaftliche Anerkennung: Titel, Orden, Ehrungen

Wilhelm Branco gehört zu einer nach Titeln und Orden geradezu süchtigen Gesellschaft. In seiner Berliner Zeit kann er diese auch ihm besonders wichtige Ernte seiner Tätigkeiten reichlich einfahren: Er wird vielfach geehrt. Das beginnt am 7. Februar 1900 mit der Verleihung des Titels „Geheimer Bergrat", einer der zahlreichen Varianten des begehrten „Geheimrates". Diese Auszeichnung haben der *Minister der geistlichen, Unterrichts- und Medicinal-Angelegenheiten* und der *Minister für Handel und Gewerbe* gemeinsam beantragt – sie wollen Branco in seiner leitenden Stellung am *Museum für Naturkunde* auch nach außen hin aufwerten. In der Begründung heißt es:

> „Branco ist ein gewandter und anerkannter Lehrer, der sich auch als Forscher um die Förderung seiner Wissenschaft verdient gemacht hat. Er hat werthvolle geologische Arbeiten aufzuweisen, und aus der Reihe seiner paläontologischen Untersuchungen gilt diejenige über die Entwicklungsgeschichte fossiler Cephalopoden als eine ersten Ranges. Nach seinen gesammten wissenschaftlichen Leistungen ist er der vorgeschlagenen Auszeichnung durchaus würdig."[651]

Eine Ehrung besonderer Art ist, dass Branco von der Universität Berlin ausersehen wird, bei einer der alljährlichen akademischen Feiern zum Geburtstag des Kaisers und Königs die Festrede zu halten. Am 27. Januar 1902 liefert er in der Aula der Universität eine vor Ehrfurcht spürbar bebende Apotheose des Monarchen ab.[652]

Im Dezember 1903 verleiht Wilhelm II. Branco den Rote-Adler-Orden dritter Klasse. Das ist der zweithöchste Verdienstorden des preußischen Königshauses. Die Begründung des vom Kultusministerium formulierten Antrags hebt ab auf die Verdienste des Forschers und Museumsleiters um den Aufbau

651 GStA PK, I. HA Rep. 121 Nr. 798 (unpaginiert, 5. / 21.2.1900); Rep. 76 Va Sekt. 2 Tit. IV Nr. 52 Bd. 8 Bl. 175–178 (Patent, Mitteilung, Empfangsbestätigung); FAvB, Nachlass Branco, Urkunden (Patent, 7.2.1900). – Bei den Berufungsverhandlungen im März 1899 hatte Branco sich die Verleihung des Titels „Geheimer Bergrat" ausbedungen. GStA PK, I. HA Va Sekt. 2 Tit. IV Nr. 61 Bd. 9 Bl. 363.

652 GStA PK, I. HA Rep. 76 Va Sekt. 2 Tit. I Nr. 9 Bd. 6 (unpaginiert) (Einladung, Drucksache, Nachbereitung Januar bis März 1902). Dazu FAvB, Nachlass Branco, Urkunden (lateinisches Plakat mit handschriftlicher Anmerkung „Meine Rede zu"). Zur Rede („Wirkungen und Ursachen der Erdbeben") vgl. unten S. 272.

der Geologisch-paläontologischen Sammlungen des *Museums für Naturkunde.* Anlässlich des „Krönungs- und Ordensfestes“ 1904 kommt routinemäßig eine Schleife zum Orden dazu. 1909 folgt der Königliche Kronenorden zweiter Klasse, ebenfalls ein Verdienstorden. Anläßlich seiner Emeritierung wird dem Professor der Rote-Adler-Orden aufgestockt, nämlich zur zweiten Klasse mit Eichenlaub.[653]

1904 bekommt Branco zu seiner eigenen Überraschung das Komturkreuz des österreichischen Franz-Joseph-Ordens. Der Ausgezeichnete hat weder wissenschaftliche noch private Beziehungen zu den habsburgischen Ländern und vermutet, dass die Ehrung allgemein mit seinen geologischen und paläontologischen Forschungen zu begründen ist.[654]

Branco ist ordentliches oder korrespondierendes Mitglied mehrerer wissenschaftlicher Organisationen. Dazu zählen die *Leopoldinisch-Carolinische Deutsche Akademie der Naturforscher* in Halle (1884), die *Preußische Akademie der Wissenschaften* in Berlin (1899), die *Russische Akademie der Wissenschaften* in St. Petersburg (1913). Über letztere freut er sich besonders, so in einem Dankesbrief:

> „Ein Geschenk von höchstem geistigen Werte ist mir dadurch zu Teil geworden; denn höchste Ehre ist es für den Angehörigen eines fremden Volkes, aufgenommen zu werden in die Gemeinschaft, die von den hervorragendsten Geistern eines anderen, hier des großen Russischen Volkes, gebildet wird.“[655]

Außerdem wird Branco Ehrenmitglied der *Gesellschaft deutscher Naturforscher und Ärzte* (1902), der *Physikalisch-Medizinischen Sozietät Erlangen* (1903), der mexikanischen *Sociedad Científica „Antonio Alzate“* (1903), ehrenhalber auch korrespondierendes Mitglied der *Senckenbergischen Naturforschenden Gesellschaft* in Frankfurt am Main (1917). Nach seiner Emeritierung kommen die

653 FAvB, Nachlass Branco, Urkunden (Patente vom 25 12. 1903, 18.1.1914, 18.1.1909, 6.3.1917, dazu Schreiben der General-Ordens-Kommission vom 14.2.1903, 25.1.1914, 15.3.1915, 30.3.1917). – Zu den Ordensverleihungen ausführliche Vorgänge in: GStA PK, I. HA Rep. 76 Va Sekt. 2 Tit. IV Nr. 52 Bd. 9 Bl. 288 f, Bd. 10 Bl. 203, Rep. 176 Nr. 657 Bl. 5 ff, Rep. 121 Nr. 798 (unpaginiert, o. D.); UA HU Berlin, B 369 Nr. II Bl. 5, 7. – Zu den Orden vgl. M. Ruhl (Hg.), Orden und Ehrenzeichen. Königreich Preußen und Königreich Sachsen, S. 11 ff; F. L. B. Lehmann, Der Rote Adlerorden, S. 155–164, 181; J. Nimmergut, Deutsche Orden, S. 199–221.

654 FAvB, Nachlass Branco, Urkunden (Patent, 1.12.1904, dazu Genehmigung zur Annahme des Ordens, 21. 4. bzw. 8.5.1905. Ausführlicher Vorgang dazu: UA HU Berlin, Museum für Naturkunde Bd. 151, unpaginiert (Korrespondenz mit dem preußischen Kultusministerium zur Ordensannahme, Februar 1905).

655 FAvB, Nachlass Branco, Briefe (Académie Impériale des Sciences de St. Petérsbourg an Branca, 28.12.1913; Branca an die Akademie, o. D. [Entwurf 1914]).

Ehrenmitgliedschaften der *Preußischen Akademie der Wissenschaften* (1918), der *Deutschen Geologischen Gesellschaft* (1921), des *Oberrheinischen Geologischen Vereins* (1924) und der *Leopoldina* in Halle (1925) hinzu.[656] Schließlich ernennt ihn die *Ruprecht-Karls-Universität* Heidelberg 1926, fünfzig Jahre nach seiner Promotion, zum Ehrendoktor der Naturwissenschaften.[657] Dazu und zum „Goldenen Doktorjubiläum" gratulieren Hochschulen, Akademie und Kollegen.[658]

Eine von den Freunden Emanuel Kayser und Paul Heinrich von Groth noch erstrebte Aufnahme Brancas in die *Bayerische Akademie der Wissenschaften* in München (1919) lehnt dieser ab, „weil mich der Gedanke peinigte, daß ich ja doch der Akademie hätte sagen müssen, daß ich in meinen Jahren und ohne Institut oder sonstige ernstliche Arbeitsgelegenheit ihr keine neuen Arbeiten werde vorlegen können, daß ich also nur ein müßig zuschauendes Mitglied sein werde".[659]

Eine heiß ersehnte Auszeichnung wird Wilhelm Branco/Branca aber nie zuteil: die erbliche Nobilitierung. Den württembergischen Adelstitel darf er zu seinem Kummer in Berlin nicht tragen, weil das Königreich Preußen keinen Personaladel kennt und diese spezielle Standeserhebung der „Südstaaten" Württemberg und Bayern zu Missbrauch und Verwechslungen mit dem Geburtsadel führen muss, so die Begründung des *Königlichen Heroldsamtes* und des *Ministers des Königlichen Hauses*. Branca holt sich sogar eine höchstamtliche Belehrung ein, dass er sich schon bei diversen Geschäften und Korrespondenzen des Adelstitels zu Unrecht bedient habe – was er künftig in Preußen peinlich vermeidet. Die 1913 als „Thronantrag" eingereichte, ausführlich mit den wissenschaftlichen Verdiensten, der patrizischen italienischen Herkunft und der bayerischen adeligen Verwandtschaft begründete Bitte um Verleihung des erblichen Adels wird vom *Heroldsamt* und in mehreren Ministerien eingehend geprüft. Die familiären Hintergründe, finanziellen Verhältnisse und politischen Einstellungen des

656 FAvB, Nachlass Branco, Briefe, Urkunden; vgl. Lebensgang vor S. 1 (mit fehlerhafter Auflistung). Dazu auch Abhandlungen der Königlich Preussischen Akademie der Wissenschaften, Physikalisch-Mathematische Klasse, Jg. 1918 S. XVII.

657 UA Heidelberg, H-V-4 Bd. 24; FAvB, Nachlass Branco, Urkunden (Diplom vom 1.2.1926). Den Antrag zur Ehrenpromotion stellte und den Text für das Diplom verfasste Wilhelm Salomon. FAvB, Nachlass Branco, Briefe (Salomon an Branca, 20.2.1926).

658 FAvB, Nachlass Branco, Briefe (u. a. Rektor und Philosophische Fakultät der Universität Berlin, 26.2.1926). Dazu auch: Sitzungsberichte der Preußischen Akademie der Wissenschaften Jg. 1926 S. 75 (Adresse an Hrn. Wilhelm Branca zum fünfzigjährigen Doktorjubiläum am 28. Februar 1926).

659 Bayerische Staatsbibliothek München, Abt. Handschriften und Alte Drucke, Grothiana X (Branca an Groth, 3.8.1919).

Bewerbers sind demnach tadellos, der Antrag wird dennoch abgelehnt.[660] Eine Begründung teilt man Branca nicht mit; die Standeserhebung, vom Kultusminister „wärmstens“ befürwortet, scheitert am Veto des Innenministeriums.[661]

Die Mühe hat sich für den Antragsteller also nicht gelohnt, doch wir verdanken dem umfangreichen Vorgang ergiebige Informationen über seine persönlichen Verhältnisse. Den Württembergischen Kronenorden, immerhin, darf Branca in Preußen anlegen. In Bayern kann er dann sein Adelsprädikat führen, und das tut er mit Stolz.

Zum siebzigsten Geburtstag (1914) stellen „Seine Schüler“ dem „Meister“ und „Lehrer“ eine dickleibige Festschrift mit vierzehn wissenschaftlichen Beiträgen zusammen. „Ein gütiges Geschick erhalte Sie lange in Kraft und Gesundheit Ihrer Familie, Ihrer Wissenschaft und Ihren dankbaren Schülern!“, heißt es im Vorwort.[662] Eine Sammlung von Würdigungen in deutschen Zeitungen zu diesem Anlass ist erhalten, dazu eine Auswahl von Glückwunschadressen von Freunden und Kollegen, darunter Emanuel Kayser (1845–1927) in Marburg, Richard Lepsius (1851–1915) in Darmstadt, August Rothpletz (1853–1918) in München – und bemerkenswerterweise Hermann Pachnicke (1857–1935), Schriftsteller und linksliberaler Reichstagsabgeordneter.[663] Der Vorgang wiederholt sich zum fünfundsiebzigsten Geburtstag (1919). Zum achtzigsten widmet das *Geologisch-Paläontologische Institut und Museum der Universität Berlin* dem „Organisator und unermüdlichen Förderer der Tendaguru-Expedition“ einen aufwändigen Band mit wissenschaftlichen Ergebnissen dieses Unternehmens[664],

660 GStA PK, I. HA Rep. 89 Nr. 1150 Bl. 5–14, 157 f; Rep. 176 Nr. 657 Bl. 3–15, 35–49, 51–57, 159, 159 a. Das Berliner Kultusministerium korrespondiert in der Angelegenheit auch mit dem Stuttgarter Ministerium der auswärtigen Angelegenheiten; die Gegenüberlieferung befindet sich im Hauptstaatsarchiv Stuttgart, E 40/33 Bü 560.

661 Innenminister Johann Nikolaus v. Dallwitz (1855–1919) entscheidet mit einer hausinternen Aktennotiz am 8.12.1913: „Ich vermag einen ausreichenden Grund für die Verleihung des erblichen Adels an den Professor Dr. Branca nicht zu erkennen.“ GStA PK, I. HA Rep. 176 Nr. 657 Bl. 38.

662 Wilhelm Branca Zum Siebzigsten Geburtstage, S. VII.

663 FAvB, Nachlass Branco, Briefe, Zeitungsausschnitte. – H. Pachnicke schreibt auf einer Foto-Karte (abgebildet er selbst stehend vor einer rustikalen Berghütte): „Sehr verehrter Herr Geheimrat! Zu Ihrem Ehrentage meinen Glückwunsch und die Versicherung, daß ich die Größe und Freiheit Ihrer naturwissenschaftlichen Auffassungen ebenso wie die Schönheit der Darstellung bewundere. […]“

664 W. Janensch (Hg.), Wissenschaftliche Ergebnisse der Tendaguru-Expedition 1909–1912, Neue Folge, Erste Reihe, Teil I (Palaeontographica Supplement VII; erschienen 1925).

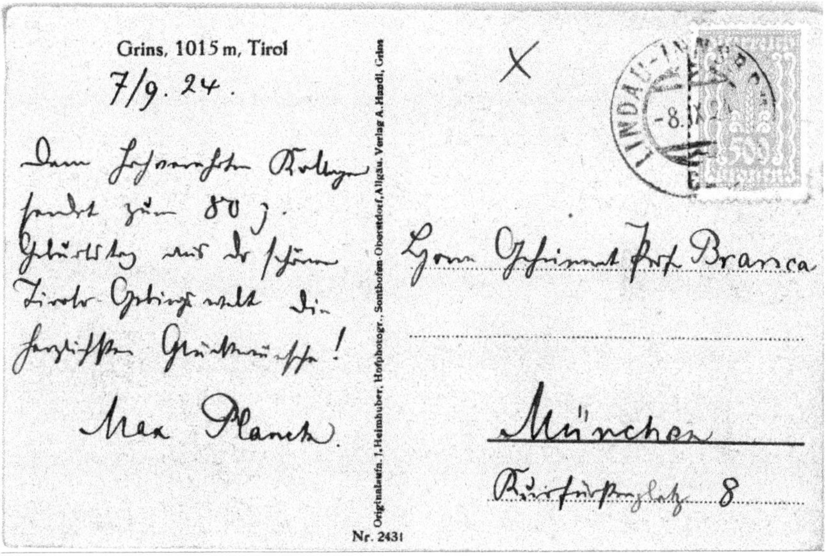

Abb. 39: Glückwunschkarte von Max Planck zum 80. Geburtstag (1924)

außerdem geht eine wahre Flut von amtlichen und persönlichen Glückwunschbriefen nach München[665].

Der *Brachiosaurus brancai Janensch* bleibt nicht das einzige Fossil, das nach seiner Entdeckung und Beschreibung nach Wilhelm Branca benannt wird. Es folgen, wenn auch wesentlich kleiner, die 1910 bei Gronau in Westfalen gefundene Schwimmechse *Brancasaurus brancai Wegner* und rund zehn Arten von Seelilien, Farnkräutern, Muscheln, Schnecken und Tintenfischen. In Ostafrika trägt noch heute ein Krater des Karissimbi-Vulkans den Namen Branca. Auf den subantarktischen Kerguelen-Inseln hat Emil Werth 1901 einen Stützpunkt der deutschen Südpolar-Expedition eingerichtet und einen Pyramidenberg nach seinem Lehrer benannt.[666]

665 FAvB, Nachlass Branco, Briefe (1924).

666 FAvB, Nachlass Branco, Materialsammlungen (handschriftliche Liste von Benennungen nach Branca, o. D.). Dazu E. Werth, Aufbau und Gestaltung der Kerguelen, S. 98 f („Branca-Pyramide“ im „Prinz-Wilhelm-Gebirge“, 965 Meter hoch). Die deutschen Forscher haben damals die (heute französische) Hauptinsel vermessen und die Berge nach deutschen Kollegen benannt.

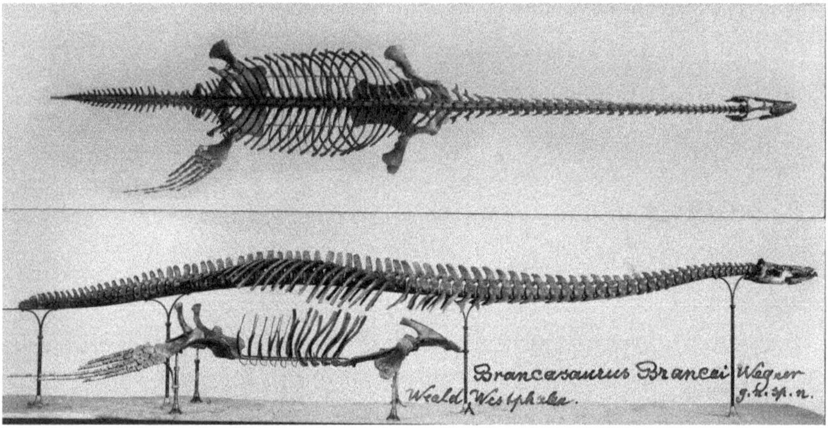

Abb. 40: Brancasaurus brancai Wegner, Fotomontage (nach 1910) im Nachlass Wilhelm Branco

28. Ein bürgerliches Vermögen: Entstehung und Zerfall

Wilhelm Brancos Herkunftsfamilie ist nicht vermögend. Der Vater hat jedoch als Generalarzt – der zweithöchsten Stufe in der Rangordnung der preußischen Militärärzte – und mit zusätzlicher Privatpraxis ein gutes Einkommen.[667] Er kann eine große Stadtwohnung und Dienstpersonal finanzieren, in seiner letzten Lebensphase die doppelte Haushaltsführung in Potsdam und Rom, außerdem die Pflegekosten für zwei kranke Angehörige. Nebenher, wohl durch gewinnbringende Anlage, entsteht ein beachtliches Geldvermögen. Nach Friedrich Wilhelms Tod (1870) erben die Ehefrau Dilia Helena 80.000, die Söhne Fritz und Wilhelm je 40.000 Taler. Wilhelm bekommt noch zu Lebzeiten des Vaters – wahrscheinlich zum Tag der Volljährigkeit – als Schenkung 20.000 Taler.[668]

Von seinem anfänglichen Startkapital in Höhe von 60.000 Talern verliert Wilhelm Branco fast die Hälfte beim Bankrott der befreundeten Familien Johannes und Reinke, denen er vergeblich mit Darlehen ausgeholfen hatte.[669] Trotzdem kann er 1872 das Gut Kade für 20.000 oder 22.000 Taler kaufen – und beim Wiederverkauf ein Jahr später 27.000 Taler erlösen.[670]

Als Student und in seinen ersten Arbeitsverhältnissen lebt Branco bescheiden und meist sogar spartanisch einfach. Aber er kann sich Jahre der Ausbildung ohne eigenes Einkommen oder mit sehr geringem Arbeitsentgelt leisten und aufwändige Studienreisen machen. Als frisch verheirateter Mann kann er sich auf Zinsen aus den Rücklagen und weitere Zuwendungen der Eltern stützen und für seine kleine Familie den Lebensunterhalt aufbringen, dazu ein ständiges

667 Vgl. P. Kolmsee, Unter dem Zeichen des Äskulap, S. 250. Laut der dortigen Tabelle verdiente ein preußischer Generalarzt 1868 (Offiziers-Vergleichsrang: Oberstleutnant) im Jahr 1.800 Taler, 1874 (Offiziers-Vergleichsrang: Generalmajor) im Jahr 7.800 Mark.

668 Lebensgang S. 66. – Zu den *Währungen*: Nach der Reichsmünzreform von 1871/73 werden die Währungen der deutschen Länder vereinheitlicht. Im Deutschen Reich wird die *Mark* als einheitliches Zahlungsmittel eingeführt; sie löst allmählich den *Taler* oder *Reichstaler* (Preußen und einige norddeutsche Länder) und den *Gulden* (süddeutsche Länder) ab. Die Umrechnung: 300 Mark = 100 Taler = 175 Gulden. Mit der Mark wird das Dezimalsystem eingeführt. Vorher sind: 1 Taler = 30 Groschen = 360 Pfennige; 1 Gulden = 60 Kreuzer = 240 Pfennige.

669 Lebensgang S. 66–68.

670 Lebensgang S. 72.

Hausmädchen und – solange die Kinder klein sind – eine Amme anstellen. Käthe Helmholtz bringt kein Geld mit in die Ehe, aber es reicht, „daß wir gemächlich leben konnten".[671] Bei der aufwändigen Hochzeitsreise gibt das Paar 2.400 Francs allein für Kunstwerke, venezianische Spiegel und schöne Stoffe für die künftige Wohnungseinrichtung aus.[672] Paula Kirchhoff, die zweite Frau, geht offensichtlich nicht mittellos in die Ehe; sie kauft nach der Hochzeit die Möbel für das gemeinsame neue Heim.[673]

Gehälter, Erbschaften, Inflation

Bei seiner ersten, kurzen Hochschul-Anstellung als Assistent in Heidelberg bekommt Branco als Jahresgehalt 200 Gulden, als Dozent in Aachen 667 Taler (oder 2.300 Mark), als Landesgeologe in Berlin 5.400 bis 6.000 Mark plus Tagesdiäten während der Feldarbeit.[674] Das Jahresgehalt als Ordinarius schwankt dann zwischen 5.400 Mark in Königsberg und 6.000 bis 6.500 Mark in Tübingen, 4.260 Mark in Hohenheim, 9.000 Mark in Berlin.[675] Die Instituts- und Museumsleitung in Berlin wird nicht gesondert vergütet. Hinzu kommt eine Entschädigung der *Akademie der Wissenschaften* von jährlich 900 Mark, die jedoch vom Professorengehalt abgezogen wird.[676] Als Ruhegeld werden später von der Berliner

671 Lebensgang S. 48.

672 Italien S. 55.

673 Lebensgang S. 115.

674 Lebensgang S. 82, 117, 122; GStA PK, I. HA Rep. 121 Nr. 798 (unpagiginiert), Rep. 194 Nr. 17 (unpaginiert). – Als Landesgeologe verdient Branco zuletzt jährlich 6.000 Mark (Gehalt 4.500, Besoldungszuschuss 600, Wohnungsgeld 900 Mark); hinzu kommen Umzugskosten (800 Mark), Remunerationen (300 Mark) und Veröffentlichungshonorare (150 Mark).

675 FAvB, Nachlass Branco (Briefe, Verträge und Urkunden zu den Bestallungen); UA Tübingen, 126/61; Hauptstaatsarchiv Stuttgart, E 14 Bü 1505; UA Hohenheim, I 27/2; UA HU Berlin, B 369 Nr. I; GStA PK, I. HA Rep. 76 Va Sekt. 2 Tit. IV Nr. 61 Bd. 9 Bl. 362–368, Bd. 10 Bl. 34–36. – In Königsberg verdient Branco jährlich 5.400 Mark (Besoldung 4.800, Wohnungsgeldzuschuss 600 Mark), in Tübingen 6.500 Mark (Normalgehalt 3.780, Personalzulage 2.470, Wohnungsgeld 250 Mark), in Hohenheim 4.260 Mark (Normalgehalt 3.360, Personalzulage 500, freie Dienstwohnung im Wert von 400 Mark), in Berlin zuletzt 9.000 Mark (Grundgehalt plus Alterszulagen 6.600, Aktivitätszulage 1.500, Wohnungsgeldzuschuss 900 Mark). Für den „beschleunigten Umzug" von Hohenheim nach Berlin bewilligt das Kultusministerium einmalig 1.800 Mark.

676 ABBAW, II-III 32 Bl. 161 f, II-III 37 Bl. 84–86; GStA PK, I. HA Rep. 76 Va Sekt. 2 Tit. IV Nr. 61 Bd. 9 Bl. 362 f.

Universität die vollen Bezüge weitergezahlt, zuletzt (1928) berechnet auf 10.389 Mark; das Witwengeld für Frau Paula beträgt dann „sechzig vom Hundert", zuletzt 6.234 Mark.[677]

Seit seiner Etablierung als Professor kann Branco also sorgenfrei leben und den kostspieligen bürgerlichen Lebensstil pflegen. Er kann seinen Kindern Schule und Studium, seiner Frau und sich Kuren und Reisen oder zeitweise eine Zweitwohnung an der Ostsee ermöglichen. Auch Sonderausgaben bereiten kein Problem; so stiftet Wilhelm Branco nach der Cannobio-Fahrt aus dem „Friedrich Wilhelm Brancoschen Familienvermögen Potsdam" 500 und aus der privaten Schatulle 200 Mark für das dort geplante Denkmal für Giovanni Branca.[678]

Vollends gut gestellt wird Wilhelm Branco durch Erbschaften. Nach dem Tod seiner Mutter (1894) erbt er fast 300.000 Mark. Somit kann er im folgenden Jahr das Gut Neparmitz für 495.000 Mark erwerben, das einen Jahreserlös von 12.000 Mark abwirft.[679] Bald darauf ist es kein Problem, für den Sohn Gerhard das mit 97.000 Mark veranschlagte schlesische Rittergut Hansdorf zu kaufen (1910).[680] In einer Erklärung über seine Verhältnisse beziffert Branco 1913 sein und seiner Kinder Vermögen auf ungefähr 650.000 Mark. Nach dem Ableben seines kranken Bruders (1916) kommen stattliche 800.000 Mark hinzu.[681]

Umso schmerzhafter ist der finanzielle und damit auch soziale Absturz im Inflationsjahr 1923. Aus dieser Zeit gibt es keine autobiografischen Aufzeichnungen; die Hinweise in der Korrespondenz des Emeritus und seiner Angehörigen mit der Universität Berlin müssen zur Kennzeichnung dieser letzten Lebensphase genügen. Die Familie Branca hat ihr gesamtes Geldvermögen in Staatsanleihen und in Aktien der Zuckerfabrik Stralsund[682] investiert – und alles verloren. Mit der Berliner Pension lässt sich der weitere Lebensunterhalt nur knapp bestreiten. Der alte Wilhelm Branca verhandelt mehrmals kleinlich und peinlich mit der Universitätsverwaltung wegen der Berechnung des ruhegehaltsfähigen Dienstalters und seiner Bezüge und äußert dabei die Befürchtung, nach seinem Tod müssten seine Witwe und deren von ihm mitversorgte Schwester sich um Plätze in einem billigen Altersheim bemühen. So weit kommt es nicht; die Hinterbliebenen

677 UA HU Berlin, B 369 Nr. I Bl. 16–28, 37–39; Nr. II Bl. 8.

678 FAvB, Nachlass Branco, Briefe (Aufruf für ein Denkmal für Giovanni Branca, Februar 1911).

679 Lebensgang S. 68, 150 f, 155 f.

680 GStA PK, Rep. 89 Nr. 1150 Bl. 7'.

681 GStA PK, Rep. 176 Nr. 657 Bl. 7 f, 52–54.

682 Zuckerfabrik Stralsund GmbH: gegründet 1892, inflationsbedingte Ausgabe von „Warengutscheinen" am 1.11.1923.

können die Münchener Wohnung weiter halten. Kennzeichnend für die enge finanzielle Situation ist, dass nach Wilhelm Brancas Tod die „Frau Geheimrat Paula Branca geb. Kirchhoff" die Universität um einen Zuschuss zu den Beerdigungskosten und eine „Notstandsbeihilfe" bitten muss.[683]

Herrenhäuser, Stadtwohnungen, Einrichtungen

In den kurzen Zeiten als Gutsbesitzer lebt Wilhelm Branco mit seiner Familie und häufigen Gästen in dem jeweils zugehörigen, von einem Park umgebenen Herrenhaus. Ansonsten sucht man eine möglichst geräumige Mietwohnung, bevorzugt in den neuen, großen, „gründerzeitlichen" Stadthäusern. Über die zweifellos repräsentative Einrichtung gibt es fast keine Nachrichten. Frau Paula sucht bei Münchener Antiquitätenhändlern die „schönen alten Möbel" aus.[684] Von der italienischen Hochzeitsreise mit Frau Käthe stammen zahlreiche Kunstwerke – Originale und Kopien vor allem von antiken Kleinstatuen und von Meistern der Renaissance und des Barock.[685] Einige davon finden sich noch in Inventarverzeichnissen von Gerhard Branca; sie werden später fast spurlos zerstreut. Eine Reihe von familiären Porträts hat sich in Privatbesitz erhalten.[686] Fotografien zeigen im Hintergrund Teile der Wohnungseinrichtung und vermitteln einen kleinen Eindruck von der Vorstellung bürgerlicher Behaglichkeit.[687]

Ebenfalls längst zerstreut ist eine umfangreiche private Bibliothek. Beim Umzug von Hohenheim nach Berlin lagert Wilhelm Branca seine Bücher gutenteils in sein Institut aus, weil zuhause kein Platz mehr ist.[688] Einzelne Exemplare lassen sich noch in der paläontologischen Bibliothek des Berliner *Museums für Naturkunde* und im Privatbesitz der Familie Freiherren von Branca nachweisen.

683 UA HU Berlin, B 369 Nr. I Bl. 4–8, 13–43; Nr. II Bl. 9–11.

684 Lebensgang S. 115.

685 Italien passim, bes. S. 55.

686 FAvB, Nachlass Branco. Darin eine Kladde mit einem handschriftlichen „Verzeichnis unserer Bilder" von Gerhard Branco, enthaltend 33 „Familienbilder" (teils im Familienarchiv Frhr. v. Branca vorhanden) und 14 „Ältere Bilder" (teils als Käufe von der Italienreise 1872 identifizierbar). Ein nicht datiertes maschinenschriftliches „Verzeichnis der Gemälde! Im Hause von Dr. Frhrn. von Branca Gröbenzell, Parkstr. 5" listet 89 Werke mit Wertangaben auf, möglicherweise als Versicherungsunterlage oder Nachlassinventar gedacht.

687 FAvB, Nachlass Branco, Fotografien und Konvolut mit Typoskripten von Edith Branco (mit eingeklebten Fotos von privaten Theateraufführungen); Staatsbibliothek Berlin, Abteilung Handschriften und Alte Drucke, Porträt-Sammlung, Branca Wilhelm 2.

688 UA Hohenheim, I 27/2 (Schreiben vom 2.6.1902).

29. Die Kinder: Edith und Gerhard Branco/ von Branca

Mit den beiden Kindern Wilhelm Brancos endet die Geschichte dieses Zweiges der Familie. Die Halbgeschwister machen 1907 den Namenswechsel ihres Vaters von Branco zu Branca mit.[689] Eine weitere Namensänderung erfahren sie 1920 mit einem nicht mehr durchschaubaren familienrechtlichen Vorgang: Babette Helene Luise Reichsfreiin und Edle von Branca (1862–1945), eine entfernte Verwandte aus einer der bayerischen Linien der Familie[690], adoptiert die beiden inzwischen Erwachsenen. Seitdem tragen sie das Adelsprädikat und den Titel „Freiherr" beziehungsweise „Freiin".[691] Dass es sich bei der „Annahme an Kindes statt" nach der Interpretation der Adelsverbände um einen „Scheinadel" handelt[692], wird sie nicht irritiert haben; den Makel der bürgerlichen Geburt gleicht die stets betonte Abstammung aus „uraltem lombardischem Patriziergeschlecht" aus.

Außerdem wissen die Brancas ganz formalistisch das neue Verfassungsrecht hinter sich: Nach der Aufhebung der Standesvorrechte durch die Reichsverfassung und die Bayerische Verfassung von 1919 gelten die Titel und Bezeichnungen des Adels nur noch als Bestandteile des Namens und können somit vererbt und auch durch Adoption weitergegeben werden. Nach damaliger Rechtsauffassung ist dies innerhalb der Zweige einer Familie gänzlich unproblematisch. Gerhard

689 GStA PK, I. HA Rep. 176 Nr. 657 Bl. 18–24.

690 FAvB, Nachlass Branco, Urkunden (Geburts- und Taufzeugnisse). Vgl. J. P. Zwicky v. Gauen, Genealogie der Familie Branca und von Branca, S. 78, 80. – Die unverheiratete „Privatiere" wohnt in München, Sendlinger Str. 75.

691 FAvB, Nachlass Branco, Urkunden (Notarielle Adoptionsverträge vom 3.5.1920, Einverständniserklärung der Eltern Wilhelm und Pauline Branca vom 3.5.1920, Beschlüsse des Amtsgerichts München vom 11. und 17.5.1920). Dazu StadtA München, Meldekarten Gerhard und Edith v. Branca. Die Beschlüsse des Amtsgerichts München wurden der Familie am 27.5.1920 bzw. 1.6.1920 mitgeteilt (damaliges Aktenzeichen: F. G. R. 2127/20 bzw. 2133/20). Die Vormundschaftsakten des Amtsgerichts wurden an das Staatsarchiv München abgegeben und 1920 durch einen Fliegerangriff vernichtet (freundliche Mitteilung des Bayerischen Hauptstaatsarchivs München); im Familienarchiv ist die Ausfertigung für Babette v. Branca erhalten.– Das Genealogische Handbuch der Freiherrlichen Häuser (Abt. B Bd. III S. 45) und J. P. Zwicky v. Gauen (S. 80) notieren den Vorgang mit dem irrigen Datum 1922.

692 Vgl. C. H. Bill, „Scheinadel" durch Annahme an Kindesstatt, in: Nobilitas – Zeitschrift für deutsche Adelsforschung, Jg. X/2007, Folge 46 S. 58–103, Folge 47 S. 107–134.

Branca hat dazu Gutachten zweier Anwaltskanzleien eingeholt und Kommentare gesammelt.[693]

Die Adoptionsverträge und die Beschlüsse des Amtsgerichts München dazu nennen keine Begründung, so dass die Hintergründe dieser Aktion nicht mehr erkennbar sind. Treibende Kraft ist der Sohn Gerhard mit seiner ehrgeizigen Fixierung auf den Adelstitel. Die Adoptivmutter „Tante Betty" weiß sich dem „guten Neffen" und der „lieben Nichte" vorher schon in „gesinnungsverwandtschaftlicher Freundschaft" verbunden und ist begeistert von der neuen Nähe. „Euch", schreibt sie, steht der Titel „mehr denn jedem anderen Träger unseres Namens" zu.[694] Vielleicht auch will die unverheiratete Tochter des Carl Theodor Freiherr von Branca (1818–1869) ihren Zweig der Familie vor dem Erlöschen bewahren. Diese Aufgabe werden die beiden Adoptierten jedoch nicht erfüllen: Edith bleibt unverheiratet und kinderlos; Gerhard heiratet, hinterlässt aber keine Nachkommen.

Edith Branco/von Branca: Entwürfe eines Lebens

Weniges nur erfahren wir über das Leben von Edith Sophia Olga Branco, dem einzigen Kind aus der Ehe von Käthe und Wilhelm Branco. Der Vater nennt sie in seinen autobiografischen Aufzeichnungen erstaunlich selten und meist nur mit mageren Daten. Geboren am 18. April 1873 in Kade[695], ist ihre frühe Kindheit überschattet von der langen Krankheit der Mutter. Solange Käthe das Kind noch bei sich halten kann, wird es von einer Amme betreut. Jahrelang zwischen Berlin, Dahlem und Heidelberg hin- und hergeschoben, kommt die Vierjährige zu einer gewissen Stetigkeit erst bei den Verwandten in der Domäne Dahlem. Wilhelm Branco leidet darunter, dass er bei seinen häufigen Wohnortwechseln

693 FAvB, Nachlass Branco, Adelssachen (Anwälte Erlanger u. a., München 31.1.1920; Anwälte Meidinger u. a., Berlin 14.2.1920, 3.9.1920). – In der Verfassung des Deutschen Reiches vom 11.8.1919 heißt es in Art. 109 Abs. 3: „Öffentlich-rechtliche Vorrechte oder Nachteile der Geburt oder des Standes sind aufzuheben. Adelsbezeichnungen gelten nur noch als Teil des Namens und dürfen nicht mehr verliehen werden." In der Verfassung des Freistaates Bayern vom 14.8.1919 heißt es in § 15 Abs. 2: „Der bayerische Adel ist aufgehoben. Bayerische Staatsangehörige, die vor dem 28. März 1919 Adelsbezeichnungen zu führen berechtigt waren, dürfen diese nur als Teil ihres Namens weiterführen."

694 FAvB, Nachlass Branco, Briefe (Babette v. Branca an Gerhard v. Branca, 22.5.1920; dieselbe an Wilhelm v. Branca, 6.5.1920).

695 FAvB, Nachlass Branco, Urkunden.

den Kontakt zu seinem Kind fast verliert; die Habilitation in Berlin begrüßt er als Chance, diesen Mangel zu heilen.[696]

Ab 1882 lebt Edith dann dauerhaft bei ihrem Vater und dessen zweiter Frau; sie begleitet das Ehepaar nun bei allen Umzügen und vielen Reisen.[697] Der jungen Stiefmutter Paula Branco fällt unverhofft „die schwere Aufgabe zu, ein neunjähriges Kind erziehen zu sollen, das bis dahin recht konfus erzogen war".[698] Der Vater nennt Edith einmal – eine seltene persönliche Anmerkung – ein „verschlossenes Kind".[699] Aber die neue Familienkonstellation geht gut, und mit dem zwölf Jahre jüngeren Halbbruder Gerhard entwickelt sich dann ein herzliches Verhältnis. Aus den wenigen erhaltenen Briefen – namentlich von der Cannobio-Reise im Jahr 1906 – spricht ein liebevoller und besorgter Umgang der Angehörigen miteinander.[700]

An einige Monate im Berliner Haus ihres Großvaters Hermann Helmholtz im Jahr 1888 erinnert Edith Branco sich später im Gespräch mit einer Zeitung – speziell an den wöchentlichen *Jour fixe*, bei dem sie die Gastgeberin mit der Verteilung von Tee und Gebäck unterstützt und berühmte Wissenschaftler und Künstler sieht.[701] Als junges Mädchen geht sie zur Tanzschule und freut sich an den üblichen Vergnügungen höherer Töchter: Tanzen, Tennis, Theaterspielen in häuslichen Kreisen.[702] Dann studiert sie am Lehrerinnen-Seminar in Berlin, lernt und unterrichtet Englisch und Französisch, beherrscht auch Italienisch. 1906, bei dem amtlichen Vorgang um die Änderung des Familiennamens, wird sie als Lehrerin bezeichnet, 1913, beim gescheiterten Antrag des Vaters auf Nobilitierung, als Studentin und Doktorandin der Philosophie.[703] In den Matrikelbüchern der Humboldt-Universität Berlin erscheint sie von 1908/09 bis 1916/17 als Studentin mit wechselnder eigener Anschrift, zuletzt in Charlottenburg, Marchstraße 4.[704]

696 UB Heidelberg, Historische Sammlungen, Heid. Hs. 3400,17 (Branco an Rosenbusch, 29.9.1880, 25.11.1880, 11.3.1881).

697 Lebensgang S. 70, 72, 75, 79 f, 82, 121 f, 123, 125 f, 131, 147.

698 Lebensgang S. 122.

699 Lebensgang S. 44.

700 Wie Anm. 608.

701 FAvB, Nachlass Branco, Zeitungsausschnitt ohne Herkunftsnachweis (Gespräch zum 75. Geburtstag Edith v. Brancas, 1948).

702 Von „Tennispartieen" der „Enkelin Edith Branca" berichtet Anna Helmholtz: E. v. Siemens-Helmholtz (Hg.), Anna von Helmholtz, Bd. II S. 55.

703 GStA PK, I. HA Rep. 176 Nr. 657 Bl. 7, 13, 24.

704 Amtliches Verzeichnis des Personals und der Studierenden der Königlichen Friedrich-Wilhelms-Universität zu Berlin, WH 1908/09 bis WH 1916/17; ebenso in den Berliner Adressbüchern 1913–1917.

Das Abgangszeugnis der Universität von 1916 listet eine planlos erscheinende Reihe von Vorlesungen in geistes- und naturwissenschaftlichen Fächern auf, die Edith Branca besucht, darunter ein Semester mit „Übungen über Locke und Leibniz" bei dem Neukantianer Alois Riehl (1844–1924).[705] Zu dessen Festschrift steuert sie ihre wahrscheinlich einzige wissenschaftliche Arbeit bei, einen kleinen Text über den Philosophen René Descartes (1596–1650)[706], und mit ihm hält sie offensichtlich Kontakt[707]; einen Studienabschluß oder ein Promotionsverfahren hat sie nicht erlangt.

Beim Umzug der Eltern nach München im Jahr 1918 geht Edith Branca mit, nimmt aber eine eigene Wohnung, Schackstraße 6 III. Jetzt nennt sie sich Lehrerin und Schriftstellerin.[708] Über die berufliche Laufbahn gibt es keine Informationen. Etliche Texte aus ihrer Produktion sind erhalten: heimatkundliche Aufsätze, Gedichte, „Dramatische Scenen" und „Märchen". Einige Schauspiele mit fiktiven historischen Stoffen („Um eine Herzogskrone") führen die Geschwister und Freunde im häuslichen Rahmen auf.[709] Einige wenige Erzählungen im bajuwarisierenden Stil („Hansl, der Räuber") und Gedichte kommen zur Veröffentlichung.[710]

705 UA HU Berlin, Abgangszeugnisse, Abgangszeugnis Edith Branca, 25.11.1916 (AZ Bd. 2003; Matrikel-Nummern 2279.99, 4594.100, 4522.104). Das Zeugnis listet nur sieben Semester mit Unterbrechungen und jeweils einer bis drei Vorlesungen oder Übungen auf, mit Themen aus den Bereichen Philosophie, Ethik, Geschichte, Literaturgeschichte, Kunstgeschichte, Mathematik, Physik, Botanik und Mikroskopierübungen.

706 E. Branca, Descartes Persönlichkeit in seinen Briefen, in: Alois Riehl zum siebzigsten Geburtstag, S. 5–43. Im FAvB befindet sich ein Sonderdruck mit Widmung: Meiner lieben Mutti / Das „Erstlingswerk" ihrer Ditha.

707 Im Weimarer Goethe- und Schiller-Archiv (hier: Nietzsche-Archiv) befindet sich einer der wenigen erhaltenen Briefe von Edith Branca: Berlin-Charlottenburg, 14.4.1914, an Elisabeth Förster-Nietzsche, mit der Bitte um Unterstützung einer Riehl-Stiftung und Hinweis auf Riehls Nietzsche-Vorlesungen (Klassik Stiftung Weimar, GSA 72/BW 643). – E. Förster-Nietzsche antwortet umgehend, betont ihre Verehrung für Riehl, der als erster an einer Universität für ihren Bruder eingetreten sei, überweist 100 Mark für die Riehl-Stiftung, und berichtet über eine eigene Stiftung zur Förderung unbemittelter Privatdozenten. FAvB, Briefe (Nietzsche-Archiv an E. Branca, 16.4.1914).

708 StadtA München, Meldekarte Edith v. Branca.

709 FAvB, Nachlass Branco, Typoskripte und Vervielfältigungen von Edith Branca.

710 FAvB, Nachlass Branco, Heft „Edith Branca, Märchen" mit Ausschnitten aus der Kinderzeitschrift „Der Jugendonkel" (1929, 1932) und „Bayerische Heimat, Unterhaltungsblatt zur Münchener Zeitung" (1920, 1921).

Nach der Inflation von 1922/23 verarmt Edith Branca; sie wird von den finanziell selber tief abgestürzten Eltern unterstützt.[711] Bei einem Fliegerangriff auf München brennt 1944 ihre Wohnung aus und wird ihre Habe fast völlig zerstört. In dem Dörfchen Au bei Aibling (heute ein Ortsteil von Bad Feilnbach) findet sie eine winzige Unterkunft und einen kleinen Verdienst durch privaten Sprachunterricht; beim Einmarsch der Amerikaner darf sie dolmetschen. Der Verkauf einiger geretteter Briefe von Hermann Helmholtz an die *Houghton Library* der *Harvard-Universität* bringt 1947 einen Lichtblick in die Notzeit in Form von zehn Care-Paketen mit Lebensmitteln und Kleidung.[712]

Evangelisch getauft und vom Berliner Hofprediger Emil Frommel konfirmiert, tritt Edith Branca am 8. März 1939 aus der Kirche aus.[713] Politische Aktivitäten und Neigungen sind aus den wenigen erhaltenen Dokumenten nicht erkennbar; späteren Äußerungen zufolge denkt sie – wie ihr Vater und ihr Bruder – konservativ und deutsch-national. Eine Mitgliedschaft in einer nationalsozialistischen Organisation ist nicht feststellbar.[714]

Nach dem Krieg liest Edith Branca amerikanische und englische Zeitungen und Literatur und tauscht sich mit ihrem Bruder über die Zeitläufte aus. Die Amerikaner, meint sie, hätten die Deutschen aufgrund ihrer eigenen Weltmachtgeschichte doch verstehen müssen,

> „[…]und wenn sie uns zu ihrer Demokratie ‚erziehen' wollen, vergessen sie nur, unter welch ganz anderen Voraussetzungen ihre Nation entstanden ist: lauter selbständige Menschen, die sich ihren Weg jeder für sich erkämpfen mussten; das bleibt doch dann für die paar Generationen, die seitdem vergangen sind, in den Nachkommen sitzen. Ob sie das je in die Europäer hineintrichtern können?"[715]

Dem Harvard-Bibliothekar William A. Jackson (1905–1964), mit dem sie wegen der Dokumente ihres Großvaters Helmholtz korrespondiert, schreibt sie:

> „As I can never loose confidence in the future development of mankind to a higher order, I am sure the USA are destined to grow up to as near perfection as is possible on this imperfect planet of ours, and I do wish that a long time of peace may be accorded her for that development which would surely be for the best of all continents. And I heartily hope that my dear fatherland, after having overcome this time of desperation

711 Archiv der Humboldt-Universität Berlin, B 369 Nr. I Bl. 26.

712 Wie Anm. 135.

713 StadtA München, Meldekarte Edith v. Branca.

714 Freundliche Mitteilung des Bundesarchivs Berlin.

715 FAvB, Nachlass Branco, Briefe (Edith v. Branca an Gerhard und Anne-Lise v. Branca, 9.9.1947).

> and hopelessness, with all the bad qualities sprung up out of them, will once more gain its traditional place in science and all the arts of peace."[716]

Edith von Branca stirbt am 6. April 1950; sie wird vom evangelischen Pfarrer in Au beerdigt.[717] In den wenigen Nachrichten über dieses Leben scheinen hochgesteckte Entwürfe zwischen Schriftstellerei und Wissenschaft auf; die Umsetzung ist stets nur in Ansätzen gelungen.

Gerhard Branco/von Branca: Paradoxien eines Lebens

Außer sich vor Freude und Stolz ist Wilhelm Branco, als ihm am 7. Mai 1885 in Berlin ein Sohn geboren wird, das einzige Kind aus seiner zweiten Ehe mit Paula Kirchhoff.[718] An ihm hängt er mit großer Zuneigung; für den Neunzehnjährigen schreibt er seine Lebenserinnerungen und väterliche Ratschläge für das richtige Heiraten, die gute Kindererziehung und das vorsichtige Wirtschaften auf. Bei der Namenswahl denkt er an den germanischen Gerhard, den „Speergewaltigen", und an den preußischen General Hans Joachim von Zieten (1699–1786), aber aus dem Sohn wird kein Krieger, sondern ein Landwirt, Schriftsteller und Politiker.[719]

Gerhard Hans Joachim Branco ist und bleibt ein Sorgenkind: häufig krank, bei den Wohnortwechseln der Familie nur mit Hilfe von Privatlehrern durch die Schulen zu bringen.[720] 1913, beim Antrag auf Nobilitierung, muss der Vater zu den Akten geben, dass der Sohn „leider eines Fehlers wegen nicht als

716 R. L. Kremer, Letters of Hermann von Helmholtz, S. XLI (25.4.1948). – „Da ich nie das Vertrauen in die künftige Entwicklung der Menschheit zu einer höheren Ordnung verlieren kann, bin ich sicher, dass die USA dazu ausersehen sind, sich auf unserem unvollkommenen Planeten so nahe wie möglich der Vollkommenheit anzunähern. Und ich wünsche, dass ihnen für diese Entwicklung eine lange Zeit des Friedens gewährt wird, was für alle Kontinente sicherlich das Beste wäre. Und ich hoffe von Herzen, dass mein liebes Vaterland, nachdem es diese Zeit der Verzweiflung und Hoffnungslosigkeit überwunden hat, trotz aller Mängel, die daraus entstanden sind, einmal wieder seinen traditionellen Platz in der Wissenschaft und allen Künsten des Friedens einnehmen wird."

717 FAvB, Nachlass Branco, Urkunden.

718 FAvB, Nachlass Branco, Urkunden.

719 FAvB, Nachlass Branco, Briefe (W. Branco an G. Branco, 4.3.1901); Lebensgang S. 6, 44 f, 61 f, 68–71, 126 f.

720 Lebensgang S. 129, 130–132, 146, 152; UA Hohenheim, I 27/2 (Schreiben vom 18.10.1897).

militärdienstfähig befunden wurde".[721] Als junger Erwachsener leidet er unter „veitstanzähnlichen nervösen Erscheinungen".[722] Eine „schwere nervöse Erkrankung" sucht ihn immer wieder heim.[723]

Auf die abgebrochene Schulzeit folgen fast zwei Jahrzehnte wechselnder Studien und Tätigkeiten bis zur Findung einer dauerhaften beruflichen Stellung. 1904/05 absolviert Gerhard Branco ein landwirtschaftliches Volontariat auf dem Gut Heinersdorf bei Frankfurt an der Oder.[724] 1906 begleitet er seinen Vater auf der Reise nach Cannobio. Die Begeisterung für italienische Geschichte und für die Familienforschung muss schon vorher geweckt worden sein, denn der junge Mann geht nach intensiver Lektüre und mit italienischen und französischen Sprachkenntnissen auf diese Entdeckungsfahrt in die Heimat der Vorfahren. 1909/10 studiert er ohne Abitur und „privatim vorbereitet" zwei Semester Staatswissenschaften in Tübingen, abgebrochen wegen Erkrankung. Vom Winterhalbjahr 1915/16 bis zum Sommerhalbjahr 1917 ist er in Berlin immatrikuliert und unter der Anschrift seiner Eltern gemeldet.[725] Dazwischen liegen fünf Jahre als

721 In mehreren Gedichten Gerhard Brancas, die während des Ersten Weltkrieges entstanden und veröffentlicht wurden, ist in Ich-Form von Kampf und Heldentod die Rede („Nun ist auch endlich mir vergönnt, / Fürs Vaterland zu streiten, / Der König rief nach meinem Schwert, / Und morgen muß ich reiten."). Ein tatsächlicher Kriegseinsatz des Verfassers ist jedoch nicht feststellbar und auch auszuschließen.

722 GStA PK, Rep. 176 Nr. 657 Bl. 54' f, dazu Rep. 89 Nr. 1150 Bl. 8, 14. In Berichten des Landrates von Sagan und des Oberpräsidenten der Provinz Schlesien heißt es, Branca leide „angeblich infolge Diphterie zeitweilig an veitstanzähnlichen, nervösen Erscheinungen, die sich in stoßweisem Auftreten des Beines und in bellenartigem kurzen Husten äußern". Er sei geistig normal, eine Verheiratung scheine jedoch ausgeschlossen, so dass die Familie mit ihm aussterben werde. Tatsächlich handelt es sich um eine „schwerverlaufene toxische Diphterie mit Schädigung des Nervensystems der Beine und der Interkostularmuskulatur" (Diagnose nach den Symptomen von Gerd Steinhoff, Wachtberg).

723 FAvB, Nachlass Branco, Briefe (W. Branco an H. Prutz, 11.3.1928).

724 Lebensgang S. 52. Das Datum ist errechnet: 1868/69 ist Wilhelm Volontär in Madlitz, „36 Jahre später" Gerhard in Heinersdorf.

725 UA HU Berlin, Abgangszeugnisse, Abgangszeugnis Gerhard Branca, 9.6.1917 (AZ Bd. 2010; Matrikel-Nummer 811.106). Das Zeugnis listet nur drei Semester auf mit umfangreichem Vorlesungs- und Übungsprogramm in den Fächern Staatswissenschaft, Nationalökonomie, Finanzwissenschaft, Politik, Geschichte, Soziologie, Religionsgeschichte und Philosophie. Aus einem anliegenden Brief an die Universitätsverwaltung (Ebenhausen bei München, 25.5.1917) geht hervor, dass Branca krankheitsbedingt vor dem vierten Semester abgebrochen hat und „nach dem Frieden" weiter studieren will. Im Amtlichen Verzeichnis des Personals und

praktischer Landwirt, dem Vorbild des Vaters folgend: Der Fünfundzwanzigjährige, von der Familie finanziell gut ausgestattet, erwirbt und bewirtschaftet das kleine Rittergut Hansdorf (heute Jankowa Zagańska) bei Sagan in der preußischen Provinz Schlesien mit knapp über 400 Morgen Land und einer Ziegelei.[726] Auch er geht dann mit den Eltern von Berlin nach München, ist dort in deren Wohnung Kurfürstenplatz 8 gemeldet.[727]

Zeitgenössische biografische Lexika notieren ohne Angabe von Daten Studienreisen nach Österreich, Ungarn und Italien.[728] Tatsächlich nachweisbar sind nur mehrmalige Aufenthalte in italienischen Archiven, namentlich in Cannobio und Mailand.[729] Für zwei Semester zieht Gerhard 1928/29 nach Innsbruck. Dort hat er mehrfaches Glück (und offensichtlich gute politische Verbindungen): Mit einer Sondererlaubnis des österreichischen Bundesministeriums für Unterricht wird er als Nicht-Abiturient zum Studium der Staatswissenschaften zugelassen, die jeweils zwei Semester in Tübingen und Berlin werden ihm angerechnet, die bereits in Deutschland veröffentlichte „Geschichte der reichsfreien Republik Cannobio" wird hier als wirtschaftswissenschaftliche Dissertation akzeptiert und Gerhard von Branca zum Dr. rer. pol. promoviert.[730]

Am 5. August 1929 heiratet der Vierundvierzigjährige in Hannover die zehn Jahre jüngere Germanistin Anne-Lise Flörsheim. Dieser Schritt macht Gerhard Branca zu einer schwer durchschaubaren Persönlichkeit: Der mittlerweile als völkischer Schriftsteller und deutschnationaler Verbandspolitiker bekannte bayerische Freiherr nimmt eine jüdische Frau – und hält ihr allen späteren Anfeindungen und beruflichen Benachteiligungen zum Trotz die Treue. Das Paar zieht 1932 in die (damals noch unselbstständige) Gemeinde Gröbenzell im Landkreis

der Studierenden der Königlichen Friedrich-Wilhelms-Universität zu Berlin ist er vom Winterhalbjahr 1915/16 bis zum Sommerhalbjahr 1917 eingetragen. Vgl. auch K. Lehnstaedt, Gröbenzell in den Jahren 1933 bis 1945, S. 187, 288.

726 GStA PK, Rep. 89 Nr. 1150 Bl. 7 f. Vgl. Schlesisches Güter-Adreßbuch (1912), S. 426.

727 StadtA München, Meldekarte Gerhard v. Branca.

728 Deutscher Wirtschaftsverlag (Hg.), Reichshandbuch der deutschen Gesellschaft, 1930, Bd. 1, S. 195 f; Degeners Wer ist's, 10. Ausg. 1935, S. 178.

729 G. v. Branca, Geschichte der reichsfreien Republik Cannobio, S. VIII (Vorwort von 1927).

730 FAvB, Nachlaß Branco, Briefe (Rektor und Dekan der Universität Innsbruck, 31.12.1928, 9.4.1929, 23.7.1929), Urkunden (Studienbuch Gerhard v. Branca, 1928/29 und 1929; Rigorosen-Zeugnis, 24.6.1929).

Fürstenfeldbruck und wohnt dort in einem bescheidenen eigenen Haus – Parkstraße 5 – bis zu beider Tod.[731]

Politische Aktivitäten

Als junger Mann ist Gerhard Branca – wie sein Vater – Mitglied der „konservativen Partei"[732], das heißt der *Deutschkonservativen Partei*. Umgezogen nach München, tritt er als Geschäftsführendes Vorstandsmitglied dieser Gruppierung in Bayern auf. Vorher, während des Ersten Weltkrieges, engagiert er sich in der *Reichsdeutschen Waffenbrüderlichen Vereinigung*, die als Kriegsziel einen freiwilligen wirtschaftlichen Zusammenschluss Mitteleuropas unter deutscher Führung erstrebt. Im November 1918 wird er Mitgründer der *Bayerischen Mittelpartei* – unter diesem Namen etabliert sich hier die neue *Deutschnationale Volkspartei* – und Mitglied ihres Landesausschusses. Branca arbeitet mit im *Deutschen Schutzbund für das Grenz- und Auslandsdeutschtum*, im *Arbeitsausschuß Deutscher Verbände*, einem Zusammenschluss paramilitärischer Organisationen und Kampfbünde, und im republikfeindlichen *Stahlhelm, Bund der Frontsoldaten*. Fast zwei Jahre lang (1924 bis 1926) redigiert er die Zeitschrift des rassistischen Münchener *Deutschen Notbundes gegen die Schwarze Schmach*.

So spielt Gerhard Branca nicht nur in der *DNVP*, sondern überhaupt im Netzwerk der rechtskonservativen Gegner der Weimarer Republik eine Rolle. Aus der *DNVP* tritt er 1930 aus, nachdem er sich mit dem neuen Parteiführer, dem Medienunternehmer Alfred Hugenberg (1865–1951), wegen dessen Kooperation mit den Nationalsozialisten bei der Ablehnung des Volksbegehrens zum Young-Plan überworfen hat.[733]

Einer nationalsozialistischen Gliederung tritt Gerhard von Branca nicht bei. Lediglich die Mitgliedschaft in der 1933 gebildeten *Reichskulturkammer* ist feststellbar.[734]

Als Alternative zu einer Parteikarriere wählt Branca die Neugründung eines offiziell politisch neutralen Verbandes: Am 30. Oktober 1925 ist er maßgeblich

731 K. Lehnstaedt, Gröbenzell in den Jahren 1933 bis 1945, S. 194 (Abbildung); sowie freundliche Mitteilungen der Gemeinde Gröbenzell.

732 GStA PK, I. HA Rep. 176 Nr. 657 Bl. 655 (Immediatsgesuch Wilhelm Brancos vom 29.5.1913).

733 Vgl. W. R. Garscha, Die Deutsch-Österreichische Arbeitsgemeinschaft, S. 105 f, 264; K. Lehnstaedt, Gröbenzell in den Jahren 1933 bis 1945, S. 188, 288.

734 Freundliche Mitteilung des Bundesarchivs Berlin (Karteikarte der Reichskulturkammer, o. D., Rubrik „Presse").

an der Konstituierung der *Deutsch-Österreichischen Arbeitsgemeinschaft* beteiligt. Er wird Vorstandsmitglied und hauptamtlicher Geschäftsführer des eingetragenen Vereins mit einem Büro in der Münchener Residenz und redigiert dessen „Mitteilungen". Die mit hochkarätigen konservativen Politikern, Wirtschaftsführern, Bankern und Intellektuellen besetzte *Arbeitsgemeinschaft* erstrebt ein politisches und wirtschaftliches „Großdeutschland" durch den Zusammenschluss der beiden Nachbarstaaten Deutschland und Österreich. Dies soll auf „volklicher" Grundlage geschehen und mit immer enger werdender wirtschaftlicher und kultureller Zusammenarbeit vorbereitet werden. Für Branca bringt diese Tätigkeit zwölf Jahre rastlosen Reisens, Redens, Schreibens und Organisierens mit erfolgreicher Ausdehnung und Akzeptanz der *Arbeitsgemeinschaft* bald im ganzen Reich.[735]

Die anfangs proklamierte Überparteilichkeit und Unabhängigkeit der *DÖAG* bleibt eine Fiktion. Von vornherein stützt sich die *Arbeitsgemeinschaft* auf das rechte und völkische Parteien- und Verbandsspektrum, bald knüpft sie Kontakte mit der *NSDAP*. Der Geschäftsführer selbst hält sich weiterhin von einer Mitgliedschaft in der Partei fern. Nach der Machtübertragung an Adolf Hitler verbreitet Branca jedoch Freude:

> „Durch den Sieg der nationalen Revolution ist ja jetzt endlich eine entschiedene, gesamtdeutsche Volkstumspolitik gesichert, und die Deutsch-Österreichische Arbeitsgemeinschaft sieht ihr Programm heute darin symbolisiert, daß ein geborener Österreicher Kanzler des Deutschen Reiches ist."

Und den gewaltsamen „Anschluss" Österreichs im März 1938 begrüßt er als „geniale […] Tat des Führers". Dass mit dem Sieg des Nationalsozialismus auch die *Deutsch-Österreichische Arbeitsgemeinschaft* überflüssig wird, muss er bald erfahren: Im Mai 1938 wird der Verband zur Selbstauflösung genötigt und liquidiert. Bei einer feierlichen Schlussversammlung am 30. Juli 1938 darf Branca noch die Abschiedsrede halten.[736]

Als Geschäftsführer hätte er sich ohnehin nicht länger behaupten können. Schon seit 1933 laufen innerhalb der *Arbeitsgemeinschaft* Versuche, Gerhard Branca als „judenversippt" auszubooten. Um die Jahreswende 1937/38 gibt er dem zunehmenden Druck nach und erklärt, nicht mehr zur Wiederwahl antreten zu wollen. Dabei beklagt er sich bitter, dass er als alter „Kämpfer gegen das Weimarer System" nur noch so lange arbeiten durfte, wie er gebraucht wurde.[737]

735 Vgl. W. R. Garscha, Die Deutsch-Österreichische Arbeitsgemeinschaft, S. 105–129.
736 Wie Anm. 735, S. 245–271, 393–407, Zitate S. 251, 396.
737 Wie Anm. 735, S. 267–271, 398 f, Zitate S. 270 f.

Die weitere berufliche Laufbahn Brancas ist mühsam und demütigend. Nach vergeblichen Versuchen, seine Verbindungen spielen zu lassen und eine repräsentative Stellung zu erlangen, wechseln Zeiten der Arbeitslosigkeit mit jeweils kurzfristigen Anstellungen bei der *Süddeutschen Treuhand-Gesellschaft*, dem *Bayerischen Hauptstaatsarchiv*, dem *Kartoffelwirtschaftsverband Bayern* und – im ersten Nachkriegsjahr – beim *Bayerischen Staatsministerium für Ernährung und Landwirtschaft*.[738]

Dichter und Agitator

Am liebsten sieht Gerhard von Branca sich in der Rolle als Dichter, wobei er nach 1945 für die „Literatur-Kalender" allein seine lyrischen und erzählerischen Arbeiten meldet.[739] Im Familienarchiv sind hunderte von Gedichten und Prosatexten gesammelt, meist maschinenschriftlich vervielfältigt, einige in Alben gebunden, darunter ein Heft gemeinsam mit Versen der Schwester Edith. Eine Auflistung seiner Gedichte ordnet Branca in Rubriken wie „Ich, Welt und Leben", und er versucht sich in allen lyrischen Formen.[740]

Erste bescheidene Erfolge hat Branca mit einer Serie „Lombardische Sonette" und einer Reihe von „Kriegsliedern", die in Tageszeitungen und Zeitschriften oder in einer der zahllosen Anthologien mit Kriegslyrik ab 1914 gedruckt werden. Seine Texte wie „Deutsches Reiterlied" erweisen sich als mehr oder weniger schlecht gereimte Montagen der sprachlichen Versatzstücke von Angriff und Sieg, eiserner Wehr und kühlem Grab, Abschied von der Liebsten und Tod für das Vaterland, wie sie in jener Zeit zu tausenden produziert und publiziert

738 FAvB, Nachlass Branco, Urkunden (Arbeitsbuch Gerhard v. Branca, ausgestellt 16.7.1936, beendet 1946).

739 Kürschners Deutscher Literatur-Kalender, Jg. 51/1949 Sp. 68; vgl. Jg. 50/1943 S. 114 f. – Bei W. Kosch (Begr.), Deutsches Literatur-Lexikon, Bd. 1 Sp. 859 werden immerhin „Der Staatsgedanke des Dritten Reichs" (1934) und „Die Blutsgemeinschaft im Deutschen Reich" (1938) noch bzw. wieder aufgeführt.

740 FAvB, Nachlass Branco, Typoskripte.

werden.[741] Ein Stück bringt Branca einen Dankesbrief des Regimentskommandanten Oskar Prinz von Preußen (1888–1958) ein.[742]

Nach dem Krieg gibt es einen Durchbruch mit formal und inhaltlich anspruchsvollerer Lyrik in der Zeitschrift „Jugend".[743] Bald nehmen auch renommierte literarische Monatsschriften wie „Vers und Prosa" Gedichte von Branca auf, so das mit priesterlichem Gestus vorgetragene „Wie hundertjähriger Wein ist unser Blut".[744] In einem eigenen Band „Weg des Lebens" veröffentlicht Branca „Gedichte und Novellen" (Graz 1938) – und widmet das Buch demonstrativ „Meiner Frau".[745] Ein Zitat aus der Verlagswerbung zeigt das Selbstverständnis des Dichters: „Fern von Vergänglichkeiten des Tages wurzelt seine Kunst in den großen Urquellen des Menschen: Sippe, Heimat und Gott. Die unentrinnbare Verbundenheit jedes einzelnen mit seinem Blute ist das Leitmotiv dieses Buches."[746] Mehrere Texte daraus werden nachgedruckt. Am meisten gefällt den Zeitgenossen das in freien Rhythmen verfasste, hymnische Gedicht „Meinem Vater", entstanden 1924, also zum achtzigsten Geburtstag Wilhelm Brancas, das

741 FAvB, Nachlass Branco, Typoskripte. In der Sammlung von Zeitungsausschnitten befinden sich Veröffentlichungen von Branca-Gedichten in Zeitungen und Zeitschriften von 1914 bis 1919. Dazu auch: O. Clorius (Hg.), Deutsche Kriegs-Psalmen (1915), S. 110 („Letzter Wunsch"); Gedichte vor dem Skagerrak (1916), S. 69 („Skagerrak"); und später: G. Pallmann (Hg.), Flieger sind Sieger – Neue Fliegerlieder (1939), S. 25 f („Vom Rücken meiner Pferde", jetzt mit neuem Titel: „Feld-Fliegerlied").

742 FAvB, Nachlass Branco, Briefe (O. Prinz v. Preußen an G. v. Branca, 21.12.1915: „Euer Hochwohlgeboren sage ich meinen besten Dank für das hübsche Gedicht, welches Sie meinen braven Grenadieren gewidmet haben. Die Zeiten, die ich an der Spitze dieses ausgezeichneten Regiments gestanden, die schweren Stunden, die wir gemeinsam durchkämpft haben, sind eine Erinnerung, wie sie schöner nicht gedacht werden kann. […]"

743 Jugend – Münchner Illustrierte Wochenschrift für Kunst und Leben, Jg. 24/1919 Nr. 35 S. 766 („Grünwald"), Nr. 46 S. 1042 („Träume"), Jg. 26/1921 Nr. 28 S. 763 („Verfallene Gruft").

744 Vers und Prosa – Eine Monatsschrift (Ernst Rowohlt-Verlag, Berlin), H. 1/1924 S. 24 f. Dazu auch: Blätter der Literarischen Gesellschaft Frankfurt-Oder, Jg. I, Winter 1924/25, Nr. 2 S. 29 („Die Vision des heiligen Franziskus"), 30–34 („Maskenfest in Nymphenburg"), 34 („Träume"), Nr. 3 S. 70 („Wie hundertjähriger Wein"), Nr. 4 S. 76 („Verkündigung Mariae"). In derselben kurzlebigen Zeitschrift finden sich auch zwei Gedichte von Gerhard Brancas Tante Eveline Kirchhoff: Nr. 2 S. 35 („Unsterblich"); Nr. 3 S. 62 („Auf dem goldnen Grund meiner Liebe").

745 G. v. Branca, Weg des Lebens, S. [5].

746 Werbetext u. a. in G. Frhr. v. Branca, Die Blutsgemeinschaft im Großdeutschen Reich, letzte Innenseite.

hier wegen des Geflechts von biografischen Bezügen, elitärem Ahnenkult und rückwärtsgewandter Zeitdeutung stehen soll:

„Nicht steht die Zeit nach Fest, die brennende.
Denn Fest heißt Fülle, Rausch und Überschwang
an Unerschöpftem. Wir sind arm geworden.
Arm in uns selbst sogar, das ist das Bitterste
im Lose der Besiegten. Doch wäre dieses
nicht Grund's genug zu Freude und zu Feier,
wenn aus der Menge vielen Volks ein Leben
in solchem Reichtum sich erhebt wie deines?
Du warst ein Quell, der labte; ein Gewässer
von hohen Bergen, das zerpflügt und fruchtet,
ein starker Fluß, der viele Schiffe trug.
Und heute, wo du Strom am Meer geworden,
da andere versanden und vergehen,
fließt du noch immer hin in Jugendkraft.
Du hast dich nie gespart. Verschwenderisch
gabst du dich aus und alles warst du ganz.
Schau deine Ufer – sie sind tief gegraben.
Sieh deinen Lauf – er liegt im Sternenglanz."[747]

Erfolgreich sind auch die wenigen weiteren poetischen Veröffentlichungen – ein Bändchen in archaisierender Sprache „Die Zwölf Apostel Legende" (München 1922, zweite Auflage 1923), und fast drei Jahrzehnte später ein Roman „Das Haus der Vergangenheit" (München 1950).[748] Unbeirrt von allen Zeitbrüchen spielt Branca in seinem letzten Werk noch einmal ein Leitmotiv völkischer Literatur durch: das Walten des Schicksals im Leben und Vergehen des Menschen und die Verhaftung eines Individuums in seinem „Stamm" und „Volk".

„In diesem Roman einer Familie behandelt der Dichter das Thema der geheimnisvollen Verbundenheit des Einzelnen mit seinen Vorfahren", heißt es im Verlagstext. „Der Held des Buches […] kommt in das ihm als Erbe zugefallene Münchener Familienhaus. Hier zeichnet er die Geschichte seines Lebens auf, in dem sich die Erlebnisse seiner Ahnen wundersam widerspiegeln."[749] Bei Branca

747 G. Frhr. v. Branca, Weg des Lebens, S. 37. Nachdruck z. B. in Eiserne Blätter, 3.4.1938; Münchener Katholische Kirchenzeitung, 5.2.1939. FAvB, Nachlass Branco, Zeitungsausschnitte.

748 Zu nennen ist noch eine literarische Herausgeberschaft: Goethe – Die Leiden des jungen Werthers. Faksimile-Druck der ersten Ausgabe von 1774 nach dem Handexemplar der Herzogin Anna Amalia, Weimar 1922.

749 G. v. Branca, Das Haus der Vergangenheit, Klappentext.

geschieht das mit der Variante, dass hier keine bodenständige blonde Sippe, sondern ein von historischen Ereignissen und vom Fernweh durch die Welt getriebenes toskanisches Geschlecht agiert, von dessen Männern einer im 17. Jahrhundert nach Deutschland wandert und hier seine neue Heimat findet. Dem Letzten der Familie erscheint ein weißhaariger Alter und raunt: „Du bist weder der eine, noch der andere. Du bist nur ein Glied in der Kette, die vom Morgen zum Abend gespannt ist.“[750] Das Muster findet sich schon in etlichen Gedichten, in denen Branca sich selbst und sein „Blut“ mystifiziert:

„Es brennen meine Adern wie ein spätes,
aufleuchtendes, zerquältes Abendrot;
doch auf den Schläfen steht nicht mehr ein jäher,
sondern der feierlich schreitende Tod.“[751]

„Das Haus der Vergangenheit“: Den programmatischen Titel darf man wohl als eine Art Vermächtnis des Verfassers lesen. Mit autobiografischen Details, mit Bezügen auf tatsächliche familiengeschichtliche Ereignisse, mit aristokratischer Verachtung der politischen und gesellschaftlichen Gegenwart zieht sich ein „Wissender“ mit der Pose schmerzlicher Entsagung aus der Wirklichkeit zurück in eine idealisierte Welt des Verlorenen …

Kaum zwanzig Jahre zuvor greift Branca nicht nur als Verbandspolitiker, sondern auch schriftstellerisch in die ideologischen Kämpfe der Zeit ein. An eindeutiger Parteinahme lässt sein Hauptwerk aus dieser Phase nichts zu wünschen übrig: „Der Staatsgedanke des Dritten Reichs“ (München und Berlin 1933, zweite Auflage 1934).[752] Den Text hat er freiwillig in der Reichsparteileitung der *NSDAP* gegenlesen lassen. Nach einem weiten Ausgriff in die Geschichte sieht der Verfasser den „deutschen Staatsgedanken“ im „Dritten Reich“ des Nationalsozialismus endlich verwirklicht. Die „deutsche Nation“, in vielen historischen Ausformungen vergeblich angestrebt, zuletzt am verlorenen Krieg und an der Weimarer Parlamentsrepublik gescheitert, könne nicht von einer künstlichen Verfassung, sondern nur vom totalen Staat und der nationalsozialistischen Idee verwirklicht werden – so sein Fazit.[753]

750 G. v. Branca, Das Haus der Vergangenheit, S. 140.

751 G. v. Branca, Weg des Lebens, S. 43 („Ich bin ein Letztes“); dazu auch S. 40 („Es haben mich Jahrhunderte gezeugt“), 41 („Die Bilder“), 42 („Aetatis Suae XXXXX“).

752 Die zweite, hier zitierte Auflage 1934 wurde um zahlreiche Dokumente aus NSDAP-Schriften und -Gesetzen erweitert.

753 G. v. Branca, Der Staatsgedanke des Dritten Reichs, S. 3–6, 13–31.

„Das Dritte Reich ist ein metaphysischer Staat, ein den Volksgenossen, richtiger gesagt, Volks-Rassegenossen dienender Staat. Aber damit er seine Aufgaben erfüllen kann, fordert er auch. Er fordert Glauben und Hingabe."[754] Und der Nationalsozialismus habe die richtigen Ideen formuliert – nämlich, Brancas eigene Ausführungen und lange Zitate aus Parteischriften in Schlagworten: Zusammenschluss aller Deutschen zu einem Großdeutschland, Schaffung einer echten Volksgemeinschaft, Reinhaltung des Blutes, Sieg des nordischen Herrenvolkes über die kulturunfähigen anderen Völker, Konzentration der Macht auf eine neue politische Elite und den gottgesandten Führer. Der „politische Historiker" Branca, wie er sich selbst nennt, übernimmt vorbehaltlos vor allem die absurde und mörderische Rasseideologie des Nationalsozialismus – und vollzieht in atemberaubender Radikalität seine eigene „Selbstgleichschaltung".[755]

Dass dies kein einmaliger oder taktisch motivierter Fall eines um sein Amt bangenden Funktionärs ist, zeigt ein fünf Jahre später nachgelegter Sammelband „Die Blutsgemeinschaft im Großdeutschen Reich" (Graz 1939). Mit Beiträgen damals namhafter Historiker und Sprachforscher unternimmt Branca hier den „Nachweis" aus der Siedlungsgeschichte des Habsburgerreiches, dass aus der „Binnenwanderung" und „Blutmischung" der „Stämme" Deutschösterreichs, der Sudetenländer und des Altreichs dank der Kraft des „Bodens" die „eine einzige deutsche Nation" entstanden sei. Damit regt er zugleich an, „nun auch die blutsmäßigen Zusammenhänge zwischen dem Reich und den anderen Teilen des Volksbodens" zu erforschen.[756]

Weitere Texte Gerhard von Brancas, auch aus der Zeit vor 1933, vor allem aber zahlreiche Aufsätze, Reden und Denkschriften aus dem Arbeitszusammenhang der *Deutsch-Österreichischen Arbeitsgemeinschaft*, sind Variationen seiner großdeutschen, antidemokratischen und rassemystischen Leitmotive und können hier außer Betracht bleiben.[757] Eine spätere Distanzierung von seinen Publikationen ist nicht zu finden. Als habe er selbst nie etwas damit zu tun gehabt, verurteilt er nach 1945 in einem unveröffentlichten Text den Missbrauch der „alten Wissenschaft der Genealogie": Die „pseudowissenschaftlichen Methoden" und die „materialistische Zielsetzung" der Nationalsozialisten und der „Ahnenpass"

754 Wie Anm. 753, S. 19.

755 Vgl. W. R. Garscha, Die Deutsch-Österreichische Arbeitsgemeinschaft, S. 264 f, 272–277.

756 G. Frhr. v. Branca, Die Blutsgemeinschaft im Großdeutschen Reich, Zur Einführung, S. 1–6, Zitat S. 2.

757 Das Archiv der DÖAG hat W. R. Garscha (wie Anm. 755) 1984 ausgewertet und ausführlich auch die Publikationen Brancas aus diesem Zusammenhang referiert.

mit seiner „Herdbuchmentalität" hätten „viel Unheil gestiftet".[758] Gelegentlich holt ihn seine Vergangenheit ein, wenn etwa die renommierte „Zeitschrift für die gesamte Staatswissenschaft" die Veröffentlichung eines Beitrages des „NS-Autors" ablehnt.[759]

Nach 1945 wird Branca für kurze Zeit noch einmal politisch aktiv. Am 1. Mai 1952 zieht er für die *CSU* in den Kreistag von Fürstenfeldbruck ein und wird zum Stellvertretenden Landrat gewählt. Im selben Jahr kandidiert er für den ersten Gemeinderat der neu gebildeten Kommune Gröbenzell, tritt das gewonnene Mandat wegen Erkrankung aber nicht mehr an. Am 28. März 1953 stirbt er. „An der Bahre eines Abgeklärten und Gütigen", so die Regionalzeitung, nimmt eine große Trauergemeinde mit Abordnungen auch aus der Kommunalpolitik Abschied.[760] An einer Deutung, wie die Paradoxien dieses Lebens zu vereinen seien, will sich die vorliegende biografische Skizze nicht versuchen.

Anne-Lise Flörsheim: Überleben in feindlicher Zeit

Gerhard von Brancas Frau Anne-Lise genannt Änne Flörsheim, die sich nach ihrer Verheiratung „Freiin von Branca" nennen darf, stammt aus einer liberalen jüdischen Familie. Sie wird am 2. November 1895 in Hannover geboren. Der früh verstorbene Vater Carl Flörsheim ist Fabrikant und später Versicherungsdirektor. Die Mutter Rosette genannt Rose, geborene Stein, wird am 23. Juli 1942 nach Theresienstadt deportiert und dort am 2. Oktober 1942 ermordet. Eine jüngere Schwester, Hilde Flörsheim, kann 1933 nach Palästina auswandern.[761]

Anne-Lise Flörsheim schließt 1917 die Schule mit dem Abitur ab. Sie studiert zunächst in Bonn Neuere Geschichte, in München und Hamburg Philosophie und Psychologie, schließlich in München Neuere deutsche Literatur. Das Studium wird wegen der zeitgeschichtlichen Ereignisse – Inflation und vorübergehende

758 FAvB, Nachlass Branco, Typoskripte (G. v. Branca, Du und Deine Vorfahren, undatiert, S. 1).

759 Staatsbibliothek Berlin, Abteilung Handschriften und Alte Drucke, Nachlass 488 (Archiv Mohr Siebeck) A 520,2 Bl. 182–184. Branca schickt am 6.8.1951 einen Aufsatz „Achtzig Jahre Reichsverfassung" an die „Zeitschrift für die gesamte Staatswissenschaft", erinnert am 9.10.1951 an seine Sendung, bekommt am 12.10.1951 eine Absage ohne Begründung. Auf dem ersten Brief findet sich die verlagsinterne Notiz: „Branca ist m. W. NS-Autor".

760 K. Lehnstaedt, Die Gröbenzeller jüdischer Herkunft, S. 328; FAvB, Nachlass Branco, Zeitungsausschnitte (Todesanzeigen und Nachrufe in: Fürstenfeldbrucker Tageblatt, März 1953; Zitat: Ausschnitt undatiert).

761 Vgl. K. Lehnstaedt, Gröbenzell in den Jahren 1933 bis 1945, S. 187.

Schließung der Münchener Universität – erschwert und zeitweise unterbrochen. 1925 wird Flörsheim mit einer literaturgeschichtlichen Dissertation „Der ‚Versuch über den Roman' des Freiherrn Chr. Fr. v. Blankenburg – Ein Beitrag zur Geschichte der Romantheorie" zum Dr. phil. promoviert.[762] In München lernt sie Gerhard Branca kennen; ein Exemplar seiner „Cannobio"-Studie trägt die handschriftliche Widmung:

> „‚Die Vergangenheit ist ein Pfand der Zukunft.' Aenne Flörsheim zur Erinnerung an die gemeinsamen Arbeiten in München dankbar überreicht. Der Verfasser. München Februar 1928."[763]

Sie sei „aus [der] jüdischen Religionsgemeinschaft ausgetreten", heißt es „laut Mitteilung des Standesamts München I vom 3. 8. 32" auf einer Meldekarte der Stadtverwaltung, und in der Rubrik „Religion" wird der Eintrag „jüd." gestrichen.[764] Das kann Anne-Lise Branca nicht vor der nationalsozialistischen Rasseideologie und dem offen zutage tretenden Antisemitismus in ihrer neuen Nachbarschaft bewahren. An seinem Wohnort seit dem 5. September 1932, der oberbayerischen Vorortsiedlung Gröbenzell, sieht das Ehepaar Branca sich alsbald der gesellschaftlichen Ausgrenzung ausgesetzt. Ab Anfang 1941 muss Anne-Lise „Sara" von Branca Zwangsarbeit in verschiedenen Firmen leisten. Mit großem Glück, wahrscheinlich unter dem allzeit brüchigen Schutz ihrer „Mischehe" mit einem „Arier", kommt sie mit dem Leben davon.[765] Aus den finanziellen Rücklagen ihres Mannes muss sie die 1938/39 vom nationalsozialistischen Staat erzwungene „Judenvermögensabgabe" für ihre Mutter aufbringen; Jahrzehnte später erstreitet sie eine geringe Rückerstattung.[766]

Nach 1945 stellt Anne-Lise von Branca zwei Gröbenzeller Familien heraus, die ihr und ihrem Mann während der nationalsozialistischen Zeit beim Überleben geholfen haben, und sie erinnert, gegen das Verschweigen protestierend, an die üblen Rollen ehemals führender örtlicher Parteimitglieder und Judenverfolger.

762 Phil. Diss. München 14.3.1925, maschinenschriftlich; dazu ein gedruckter „Auszug" o. D. [1926/27]. Referent ist der Literaturhistoriker Franz Muncker (1855–1926). Fazit der Arbeit: „Und so ist Blankenburg unter die zu reihen, die mithalfen am großen Kampfe des 18. Jahrh.: der Befreiung des Individuums aus den Fesseln der Gesellschaft" (Auszug S. 3). – Vgl. auch K. Lehnstaedt, Gröbenzell in den Jahren 1933 bis 1945, S. 187.

763 Original im Familienarchiv Frhr. v. Branca.

764 StadtA München, Meldekarte Gerhard v. Branca.

765 Vgl. K. Lehnstaedt, Gröbenzell in den Jahren 1933 bis 1945, S. 190 f, 193, 208 f.

766 FAvB, Nachlass Branco, Urkunden (Beschluss der Wiedergutmachungskammer beim Landgericht Hannover, 26.9.1968).

Dennoch wird „die Baronin“ in Gröbenzell eine hoch geachtete Bürgerin. Sie arbeitet jahrelang als Korrespondentin für das „Fürstenfeldbrucker Tagblatt“ und Chronistin der Gemeinde. Am 7. September 1973 stirbt sie während einer Reise in Thun in der Schweiz. In Gröbenzell wird nach ihr die „Von-Branca-Straße“ benannt.[767]

Zu den politischen Aktivitäten und der schriftstellerischen Produktion ihres Mannes hat Anne-Lise von Branca sich nicht nachlesbar geäußert. In der „Gröbenzeller Chronik“ von 1962 veröffentlicht sie als *hommage* sechs religiöse und besinnliche Gedichte des neun Jahre zuvor Verstorbenen.[768]

767 Vgl. A.-L. v. Branca, Gröbenzeller Chronik 1962; K. Lehnstaedt, Gröbenzell in den Jahren 1933 bis 1945, S. 190 f, 193; ders., Die Gröbenzeller jüdischer Herkunft, S. 316 f, 321, 323, 325; H. Geigenfeind, Bilder aus dem alten Gröbenzell, S. 252; FAvB, Nachlass Branco, Zeitungsausschnitte (Nachruf in Fürstenfeldbrucker Tageblatt, 14.9.1973). Dazu auch freundliche Mitteilungen des Gemeindearchivs Gröbenzell.

768 Gemeinde Gröbenzell (Hg.), 10 Jahre Gemeinde Gröbenzell, S. 75–79.

30. Politische Vorstellungen: „Eine felsenfeste Staatsgewalt"

In seinen autobiografischen Aufzeichnungen lässt Wilhelm Branco keine politischen Ambitionen erkennen. Aus anderen Papieren geht hervor, dass er durchaus im Tagesgeschehen steht und auch engagiert ist. Er selbst lässt keinen Zweifel an seiner elitären und autoritären Gesinnung, wenn er (1911) bekennt, er sei, „als politisch konservativ, der Überzeugung, dass für ein gedeihliches Staatsleben im Interesse aller eine felsenfeste Staatsgewalt notwendig ist und dass die ganz überwiegende Mehrzahl der Bevölkerung noch lange nicht reif ist für ein so großes Maß von Freiheiten, wie sie es begehrt".[769] Den Trend zur Demokratisierung und Parlamentarisierung des politischen Systems begreift er als Verrat an der nationalen Identität, das Prinzip des Kompromisses als Zerstörung der volklichen Harmonie und Eintracht.[770]

1913 teilt Branca in einer Selbstauskunft mit, er sei Mitglied der „konservativen Partei", das heißt der 1876 gegründeten, vor allem in Preußen starken *Deutschkonservativen Partei*.[771] Die Berliner Ortsvereine dieser monarchistischen Gruppierung sind christlich und antisemitisch geprägt, dominiert von akademischen Honoratioren aus der Hauptstadt und Gutsbesitzern aus der Provinz[772]; dort also hat der Gutsherr und Professor Branca seine politische Heimat. Weitere Zugehörigkeiten zu Parteien sind nicht bekannt. Bei der Auflösung der *DkP* gleich nach dem Krieg ist er möglicherweise den Weg der meisten Gesinnungsgenossen in die *DNVP* mitgegangen.

Ob Wilhelm Branca die Ambivalenzen in der Schlussphase des wilhelminischen Reiches bewusst waren? Er lebt in einem Land, das innerhalb weniger Jahrzehnte industrialisiert und modernisiert wurde, das seine Rolle unter den politischen, wirtschaftlichen und militärischen Großmächten noch kaum gefunden hat, repräsentiert und geführt von einem Monarchen, der theatralisch

769 Die Mitteilung findet sich in völlig anderem inhaltlichem Zusammenhang: W. Branca, Meine Antwort auf P. Wasmann's Erklärung, in: Biologisches Centralblatt Bd. 31/1911 Nr. 22 S. 712–720, Zitat S. 715 f.

770 Vgl. allgemein zu dieser Entwicklung M. Doerry, Übergangsmenschen, S. 18–21, 28 f.

771 GStA PK, I. HA Rep. 176 Nr. 657 Bl. 55 (Immediatsgesuch vom 29.5.1913).

772 Vgl. Th. Nipperdey, Die Organisation der deutschen Parteien vor 1918, S. 241–264; J. Bohlmann, Die Deutschkonservative Partei am Ende des Kaiserreichs, S. 160–163.

sein anachronistisches Gottesgnadentum inszeniert.[773] An seiner Identifikation mit der sakral überhöhten Reichsideologie und diesem König und Kaiser lässt Branca keinen Zweifel aufkommen – er streitet für die monarchisch-autoritäre Ordnung und das Leitbild der nationalen Loyalität.

Das wird, zum Beispiel, deutlich in seiner Festrede am Geburtstag Wilhelms II. am 27. Januar 1902 in der Aula der Berliner Universität. Es scheint, als wolle der Naturwissenschaftler die von den Historikern, Philologen und Theologen gewohnte royalistische Rhetorik noch übertrumpfen, wenn er seine barocken Metaphern buchstäblich vom Sternenhimmel holt. Er vergleicht hier das Schicksal der Völker der Erde mit dem der Sterne im Weltall, die auseinanderfallen und vergehen müssen, wenn ihre Massenteilchen keinen Zusammenhalt in einem Kraftmittelpunkt mehr haben. So werde es dem deutschen Volk ergehen, wenn es dem „Gift der Uneinigkeit“ erliege:

> „Wer anders gravitirt als zu dem Deutschen Mittelpunkte, der [...] schädigt unseres Volkes Macht und Sicherheit; und wer dem Mittelpunkte gar die Ehrfurcht weigern wollte, der weigerte sie damit auch dem eigenen Volke. [...] Ihr jugendlichen Commilitonen, auf unserer Erde ist ein Zauberwort, das uns unweigerlich, unlösbar, ohne jedes Wanken schmiedet an den, der unseres Volkes Mittelpunkt. Das Zauberwort heisst ‚Königstreue‘. Es ist das Gegengift, das uns befreit vom Gifte jenes bösen Geistes. Die Sterne lehren uns die Königstreue. Folgt den Sternen, legt, mit uns vereint, als Eure, wie wir als unsere Gabe, den Schwur unwandelbarer Königstreue auf des Herrschers Tisch.“[774]

Thema des Vortrags ist übrigens „Wirkungen und Ursachen der Erdbeben.“ Er beginnt und endet mit hohem Pathos und liturgischen Klängen:

> „Der Himmel segne unseren Kaiser, unseren König. Er gebe ihm Gesundheit, langes Leben, erleuchte ihn und gebe ihm erleuchtete Berather, er gebe ihm ein Volk, erfüllt von Königstreue, das felsenfest gefügt zu einer einzigen, wuchtigen Masse sich zusammenballt um seinen Mittelpunkt. Und wie ein heller Stern durch dunkle Weltenräume wird dann das Deutsche Volk mit seinem Kaiser durch alle dunkle Zukunft ziehen.“[775]

„Im Kampfe für Deutschlands Freiheit“

Brancas politisches Denken offenbart sich schlaglichtartig auch in einem gedruckten Dankschreiben an die Gratulanten zu seinem siebzigsten Geburtstag

773 Vgl. F. Brunckhorst / K. Weber (Hg.), Kaiser Wilhelm II. und seine Zeit, passim. Der Titel steht hier stellvertretend für eine kaum noch überschaubare Fülle an Literatur und Quellenpublikationen zum Wilhelminischen Reich und zum Ersten Weltkrieg.

774 W. Branco, Wirkungen und Ursachen der Erdbeben, S. 115 f.

775 Wie Anm. 774, S. 116.

(am 9. September 1914), den er mit der Familie im Rittergut Hansdorf verbringt. Einleitend heißt es in der Drucksache: „Wir erleben des geliebten deutschen Vaterlandes größte, gewaltigste Zeit, in der unser friedliches Volk, von einer Welt mißgünstiger Feinde herausgefordert, um Sein oder Nichtsein siegreich ringt. In dieser heiligen Zeit versinkt das Los des einzelnen in das Nichts gegenüber dem des ganzen Volkes und unser aller Denken ist nur auf die Gesamtheit gerichtet.“[776]

Der Schreiber erfasst damit in Kurzform das kollektive deutsche Bewusstsein in den Jahren vor dem Krieg, das schließlich das politische Denken und Handeln bestimmt: Deutschland sei eingekreist von feindlichen Mächten, sein Platz in der Welt von Neidern bedroht, der „große Krieg“ unvermeidbar als Befreiungsschlag aus der tödlichen Umklammerung. Und die Betonung der „Gesamtheit“ des „Volkes“ klingt wie eine Vorwegnahme der Ideologie der „Volksgemeinschaft“.

Wilhelm Branca liegt damit voll auf der Linie der Mehrheit der deutschen Professoren seiner Zeit. In den ersten Kriegswochen tauscht man mit den Berufskollegen in England und Frankreich noch Manifeste über die Rolle der Intellektuellen im Krieg aus. In Deutschland erregt man sich besonders über die englische und französische Propaganda gegen den „preußisch-deutschen Militarismus“ und die „deutsche Barbarei“, gegen die man die „europäische Kultur“ verteidigen müsse.[777] Im Gegenzug wehrt – zum Beispiel – eine „Erklärung der Hochschullehrer des Deutschen Reiches“ die Appelle der „Feinde“ ab, zwischen der friedlichen deutschen Wissenschaft und der kriegerischen preußischen Staatsdoktrin zu differenzieren. „In dem deutschen Heere ist kein anderer Geist als in dem deutschen Volke“, heißt es in dem Papier, „denn beide sind eins, und wir gehören auch dazu.“ Branca zählt zu den mehr als dreitausend Unterzeichnern der in mehreren Sprachen verbreiteten „Erklärung“ vom 23. Oktober 1914, die ein treffliches Dokument für die Interpretation des Krieges als „europäischer Kulturkrieg“ ist:

> „Jetzt steht unser Heer im Kampfe für Deutschlands Freiheit und damit für alle Güter des Friedens und der Gesittung nicht nur in Deutschland. Unser Glaube ist, daß für die ganze Kultur Europas das Heil an dem Siege hängt, den der deutsche ‚Militarismus‘ erkämpfen wird, die Manneszucht, die Treue, der Opfermut des einträchtigen freien deutschen Volkes.“[778]

Auch unter einer „Petition der Professoren an den Reichskanzler“, verabschiedet von einer Versammlung im Berliner Künstlerhaus am 20. Juni 1915, findet sich

776 FAvB, Nachlass Branco, Briefe (Drucksache 10.9.1914).
777 Vgl. B. Faulenbach, Die Ideen von 1914, passim.
778 Erklärung der Hochschullehrer des Deutschen Reiches, Berlin 23. Oktober 1914 (UB Frankfurt am Main, Elektronische Dokumente).

Brancas Name. Die von 1.347 bürgerlichen Prominenten unterzeichnete „Professoreneingabe“ positioniert sich in der Frage der Kriegsziele für einen „Annexionsfrieden“, das heißt für den Verbleib deutscher Eroberungen in Europa und Übersee: „Wir wollen mit unseren Forderungen dem deutschen Geiste den gesunden Körper schaffen“.[779]

Die Phraseologie vom „vaterländischen“, ja „heiligen“ Krieg ist in der akademischen Welt des Wilhelm Branca allgegenwärtig. Am 28. Januar 1915, beim „Friedrichstag“ der Berliner *Akademie der Wissenschaften*, tritt der Versammlungsleiter, der Philologe Gustav Roethe (1859–1926), mit der goldenen Amtskette über der „feldgrauen Uniform des kriegsbereiten Offiziers“ auf und erinnert an Friedrich den Großen und dessen Kampf „gegen eine Welt von Feinden“. „In die stille leidenschaftslose Sprache des gelehrten Forschers drängten sich fast unwillkürlich die flammenden Worte des patriotischen Deutschen“, berichtet die „Vossische Zeitung“ über diese Veranstaltung. Branca hält den bereits zitierten öffentlichen Festvortrag; er spricht – „scheinbar ganz abseits von den Tagesfragen“ – über den Vulkanismus und die internationale Forschung dazu, die von der Akademie angebahnt wurde. Diese Anfänge eines gedeihlichen wissenschaftlichen und persönlichen Verkehrs seien nun durch „die Feinde“ auf viele Jahre zerrissen worden – vor allem durch die Engländer.

> „In dem freien England hat kein Wissenschaftler ein Wort gegen die boshaftesten Verdächtigungen Deutschlands gewagt. Einst trennte uns von England nur ein flaches Meer, jetzt ein Abgrund von deutschem Blut, das allein durch Englands Schuld vergossen wurde.“[780]

Solche Töne kommen beim Publikum und bei der Presse an. Man habe mit Begeisterung diese Worte gehört, schreibt eine andere Zeitung,

> „[…] und ahnte in diesem Augenblicke vielleicht nicht, welch ein Opfer und welch ein Verzicht dahinter steckte. Denn daß ein deutscher Gelehrter inmitten seiner Forschungsarbeit die Quellen selber verschütten muß, die er für seine Wissenschaft braucht, das ist das größte Opfer, das er bringen kann. Daß er dieses Opfer dem Vaterlande bringt, macht ihn zum Helden.“[781]

779 Text in: S. Grumbach, Das annexionistische Deutschland, S. 132–140; vgl. C. Grau, Die Berliner Akademie der Wissenschaften in der Zeit des Imperialismus, S. 177 f.

780 FAvB, Nachlass Branco, Zeitungsausschnitte (Vossische Zeitung, 29.1.1915; dazu Posener Neueste Nachrichten, Erstes Beiblatt, 3.2.1915, und Berliner Tageblatt, 29.1.1915).

781 Wie Anm. 780 (Posener Neueste Nachrichten, Erstes Beiblatt, 3.2.1915).

Was Branca in der privaten Korrespondenz mit Kollegen und Freunden über den Verlauf und die Ziele des Krieges austauscht, illustriert auf beklemmende Weise, dass und wie auch und gerade Intellektuelle in den erstarrten Kategorien von „Feindvölkern“ und „Schurkenstaaten“ denken. Dieselben Männer, die in ihrem Leben französische Gastfreundschaft und englische Partnerschaft genossen haben, sinnen nun im Vokabular von Stammtisch-Strategen auf „Rache“ für das „unterdrückte Vaterland“ und fordern den militärischen Sieg als Voraussetzung für einen Frieden.[782] Als diese Politik in Scherben zerfällt, werden die Probleme personalisiert: Schuld an dem für Deutschland negativen Ausgang des Krieges sind diejenigen unerfahrenen, „grünen“ Politiker, die sich im Reichstag „mit ihrem ewigen Friedensgewinsel und ihrem dehmütigen Verzichtfrieden“ vor der Weltgeschichte blamiert haben …[783] Aus den letzten Lebensjahren Wilhelm Brancas weiß Josef Felix Pompeckj in seiner Gedächtnisrede zu berichten:

> „Schwer hatte ihn der Treubruch Italiens, seiner Stammesheimat, getroffen, unendlich schwerer traf ihn der Niederbruch des Reiches, der Umsturz der alten segensreichen

782 Dem Züricher Geologen Louis Rollier schreibt Branca am 19.9.1914 u. a.: „Frankreich hat uns seit Jahrhunderten von Zeit zu Zeit mit Krieg überzogen. Es hat jetzt wieder so lange gehetzt, bis der Krieg unvermeidlich geworden ist, obgleich unsere Regierung 44 Jahre lang mit Lammsgeduld alle die unzähligen Schimpfereien und Kriegsversuche der Franzosen ertragen hat. Nun haben sie den Krieg, den sie durchaus gewollt haben, nun bekommen sie die wohlverdienten Schläge […].“ (ETH-Bibliothek Zürich, Hs 322:6458, online: e-manuscripta-38679.) – Emanuel Kayser schreibt dem Freund am 11.9.1914 u. a.: „Ich bin hoch erfreut über die große Zeit, die für unser Vaterland angebrochen ist, und bin überzeugt, daß wir einem großen Aufschwung des Germanentums entgegen gehen, das erst jetzt die ihm zukommende Stellung unter den Völkern erringen wird. Dies noch erlebt zu haben, ist für mich eine große, aufrichtige Genugtuung, und sicher ebenso auch für Sie, lieber Freund, wie ich Sie kenne.“ (FAvB, Nachlass Branco, Briefe.) – Auf einen (nicht auffindbaren) Brief Brancas mit Kritik an der deutschen Kriegsführung antwortet Kayser am 28.11.1916 u. a.: „Ich stimme Ihnen ganz bei – ich halte es für unverantwortlich, daß wir unserm Hauptfeindt gegenüber von unseren Angriffsmitteln nur einen so lahmen, zahmen und späten Gebrauch gemacht haben. Hoffentlich gelingt es aber doch noch, die schuftige Nation empfindlich zu treffen, im Nillandt oder noch besser im eigenen Landt.“ (FAvB, Nachlass Branco, Briefe.) – In einem Brief an Emil Tietze schreibt Branca am 13.4.1918 u. a.: „Die Zeit, in der die Mittelmächte die Erndte dieses Krieges bergen werden, kommt näher und näher. Möchte doch auch in Oesterreich-Ungarn unseren Gegnern das Fell so gründlich gerupft werden, daß sie für 100 Jahre genug haben.“ (DMA, HS Nr. 1931-28/B 5/002.)

783 DMA, HS Nr. 1931-28/B 5/002 (Branca an Emil Tietze, 13.4.1918). Vgl. allgemein zu diesem Vorgang M. Doerry, Übergangsmenschen, S. 182–184.

> Ordnung. Die Greuel der Rätediktatur in München, die durch die Inflationspolitik herbeigeführte Not drückten schwer auf den treuen deutschen Mann, der so mit ganzer Seele an dem zerbrochenen Reiche hing.“[784]

Diese Formulierung des Schülers, Nachfolgers und Freundes dürfte genau die Überzeugungen Brancas wiedergeben. Auch nachweislich der wenigen eigenen schriftlichen Zeugnisse zeigt sich der Professor Wilhelm Branca in seinem politischen Denken als idealtypischer Vertreter seines Standes im untergegangenen wilhelminischen Reich, in der ungeliebten Republik: zutiefst konservativ, treu royalistisch, klirrend pathetisch, unbeirrt nationalistisch.

Wie selbstverständlich unterschreibt Branca 1919 eine Protesterklärung deutscher Hochschullehrer „Für Ehre, Wahrheit und Recht“ gegen die Forderung der Siegermächte, führende Politiker und Militärs einschließlich des Kaisers als Kriegsverbrecher auszuliefern. „Wir haben den Krieg verloren. Sogar unsere Ehre haben Regierung und Nationalversammlung nicht zu wahren gewußt“, heißt es einleitend in der Resolution, die in fast jeder Zeile eine Kampfansage an die „Todfeinde“ Deutschlands und ihre „Knechte“ – die parlamentarische Demokratie – ist.[785]

Nach dem Krieg hat Branca selbst sich nur noch verbittert zum Gegenwartsgeschehen geäußert. In einem Beitrag für die bürgerlich-nationale Zeitschrift „Deutsche Revue“ beschwört er den kulturellen, moralischen und politischen Aufstieg und Niedergang von Völkern; Deutschland sieht er auf einem Tiefstand, die Gründe dafür im Verrat der aktuell herrschenden – also republikanischen – Kräfte an der Monarchie und an der Armee:

> „Wütende Bekämpfung der festen Organisation unseres Heeres, die sich nun doch als die einzige Rettung unseres Staates vor dem Untergang gegenüber einer Welt voll Feindseligkeit und Bosheit gezeigt hat. Ansturm gegen die Erblichkeit der obersten Herrschaft, welche Erblichkeit uns doch ein festes Knochenrückgrat gibt gegenüber dem gallertigen Rückgrat eines Staates, dessen Präsident alle paar Jahre neu zu wählen ist. […] Ja sogar der Gipfel alles Widerstandes: Verweigern des zum Kriege nötigen Geldes, was doch den Zusammenbruch unserer Verteidigung, die Überflutung Deutschlands mit

784 J. F. Pompeckj, Gedächtnisrede, S. CXVII. Der „Treubruch Italiens“ meint das Ende des „Dreibundes“ von 1882 durch den Kriegseintritt Italiens gegen Österreich-Ungarn (23.5.1915) und das Deutsche Reich (28.8.1916).

785 Für Ehre, Wahrheit und Recht. Erklärung deutscher Hochschullehrer zur Auslieferungsfrage, Berlin 1919. Vgl. C. Grau, Die Berliner Akademie der Wissenschaften in der Zeit des Imperialismus, S. 96 f.

feindlichen Heeren, die Verwüstung unseres Vaterlandes zur unausbleiblichen Folge haben müßte.“[786]

Der noch immer verklärte Monarch, in einer absurden Scheinwelt im Exil lebend, erweist seinem ehemaligen Untertanen noch eine posthume Ehrung. Aus dem niederländischen Doorn bekommt Gerhard von Branca am 15. März 1928 ein Telegramm: „zum heimgange ihres verehrten herrn vaters spreche ich ihnen und den ihrigen mein und ihrer majestet der kaiserin wärmstes beileid aus – wilhelm i r.“[787]

Subkutaner Antisemitismus

Wilhelm Branco ist Zeitgenosse der bürgerlichen Emanzipation der Juden in Preußen und im Deutschen Reich. Äußerungen von ihm über diesen historischen Vorgang sind nicht bekannt. Vereinzelte Andeutungen lassen jedoch erkennen, dass er den geläufigen Antisemitismus der Zeit teilt, wenngleich (vielleicht) nicht durchreflektiert und nicht offensiv vertreten. Es ist auch bei Branco das jahrhundertealte Zerrbild christlicher Wahrnehmung jüdischer Existenz, das sich wie selbstverständlich in die Allgemeinbildung eingegraben hat und sich noch und immer wieder gegen Humanismus und Aufklärung (und gegen alles profane und kirchliche Recht) behauptet.

Bei Branco ist es das subkutane Gift, das in kleinen Dosen zutage tritt, erkennbar an scheinbar beiläufigen Beiwörtern. So ist der alte Kinderarzt in Königsberg ein „unsauberer Jude“, der allzu geschäftstüchtige Gutspächter auf Rügen ein „schäbiger Jude“. Bei unangenehmen Begegnungen wird der Andere zum „Judenjüngling“ oder „jüdischen Flaps“, und ein „Judenjunge“ erregt Brancos Empörung, weil er beim Tanzen die Mädchen „widerlich“ und „unverschämt“ umarmt.[788] Auch scheinbar neutrale Bezeichnungen werden zur Abwertung, wenn zum Beispiel der gastfreundliche Maler Max Liebermann das Beiwort „Jude“ bekommt, während es bei allen anderen Künstlern nicht etwa „Christ“ heißt; beim Freund Hermann August Philips vermutet der Schreiber, „daß er Jude war, […] Courage hatte er jedenfalls nicht“.[789] Dann wiederum greift das literarische Klischee von

786 W. Branca, Einiges über die Entwicklung der Tierwelt, S. 233. Der hier mit einigen Sätzen zitierte Einleitungstext geht abrupt über in Betrachtungen über die Entwicklungsgeschichte der Tiere.

787 FAvB, Nachlass Branco, Briefe (Telegramm, 15.3.1928). Die Abkürzung *i. r.* steht für *imperator rex* (Kaiser und König).

788 Lebensgang S. 24, 130, 156; Italien S. 14, 35 f.

789 Lebensgang S. 95, 103.

der „schönen Jüdin“, wenn man im römischen Ghetto kostbare Stoffe bei einer „schönen alten Judenfrau“ kauft; den unheimlichen Ort muss man aber rasch verlassen: alles zu laut, zu eng, „alles voll Kindern, Weibern“.[790]

Nicht in dieses Bild passt die Kooperation mit jüdischen Mäzenen beim Tendaguru-Projekt[791], auch nicht der freundliche und vertrauliche Verkehr Brancas mit dem (zum römisch-katholischen Glauben konvertierten) Wilhelm Salomon-Calvi[792] oder der familiäre Umgang mit Paul Heinrich von Groth und dessen (zum protestantischen Glauben übergetretener) jüdischer Frau Rosalie Maria Levy[793]. Und die hypothetische Frage sei erlaubt, was Wilhelm Branca wohl zu seiner jüdischen Schwiegertochter gesagt hätte? Die Hochzeit seines Sohnes Gerhard findet zwar eineinhalb Jahre nach dem Tod des Vaters statt, die Geschichte dieser Liebe ist jedoch älter.[794] Es lässt sich nicht ausschließen, dass Branca im Alter toleranter geworden ist …

790 Italien S. 16, 49; letzteres Zitat aus dem Reisetagebuchteil von Käthe Branco.
791 Vgl. S. 204.
792 Vgl. S. 152.
793 Vgl. S. 153.
794 Vgl. S. 260, 268 f.

31. Religiöse Vorstellungen: „Ein geistiger Inhalt der Welt“

„Das Leben eines berühmten Mannes ist es ja nicht“, schreibt Wilhelm Branco einleitend in seinen Aufzeichnungen für den Sohn Gerhard, „aber ein Lebensgang ist es, der in überreichem Maaße von Gott gesegnet gewesen ist, wenn es auch an Schwerem nicht gefehlt hat.“[795] Ähnliche Formulierungen finden sich in dem Text mehrmals. „Und überall habe ich nur Segen auf meinem Lebensgange erkennen können“, stellt der Schreiber fest, wenn er über seine berufliche Laufbahn berichtet.[796]

Branco ist in Potsdam in der Hof- und Garnisonkirche evangelisch getauft worden. Sein Vater legte großen Wert auf eine gottesfürchtige Erziehung inmitten der „protestantischen Gemeinde der Christenheit“ und „nach den erhabenen Lehren Christi“.[797] Ein religiöser Lebenswandel des Sohnes im Sinne kirchlich gebundener Frömmigkeit scheint dann allerdings nicht auf. Über Gottesdienstbesuche oder sonstige Teilhabe Brancos an den Christengemeinden seiner Wohnorte erfahren wir nichts. Im Gegenteil – empört berichtet er einmal über einen bigotten Gutsherrn, der seine Volontäre zum sonntäglichen Kirchgang zwingen wollte. „Wahre Frömmigkeit hinge davon nicht ab“, hält er damals als junger Mann dem Vorgesetzten entgegen.[798]

Der preußische Protestant bleibt konventionelles Mitglied der Kirche. Seine beiden Hochzeiten werden kirchlich vollzogen, die beiden Kinder getauft.[799] Seinen kranken Sohn Gerhard ermahnt er bei dessen Einsegnung nachdrücklich, alles Schwere im Leben als Segen und Weg zu Gott zu begreifen.[800] Bei den eigenen erschütternden Erlebnissen – dem Tod des Vaters oder dem langen Sterben der ersten Frau – ist von religiösen Tröstungen aber keine Rede. Die Frage nach dem Gottesbild des Schreibers bleibt offen. Das Rückert-Gedicht „Herr! der du

795 Lebensgang S. 1.

796 Lebensgang S. 19, ähnlich S. 18, 114 f.

797 FAvB, Nachlass Branco, Briefe (F. W. Branco an W. Branco zur Einsegnung, o. D. [1860]).

798 Lebensgang S. 54.

799 Lebensgang S. 75, 115, 128.

800 FAvB, Nachlass Branco, Briefe (W. Branco an G. Branco, 4.3.1901, auf dem Brief des Vaters Friedrich Wilhelm an den Sohn Wilhelm zu dessen Einsegnung, wie Anm. 797).

alles wohl gemacht!“ als Motto über dem autobiografischen Text[801] könnte zu der Annahme verführen, dass Branco an einen personalen Gott glaubt, der die Geschicke der Menschen aus unerforschlichem Ratschluss lenkt. Diese Vorstellung entschwindet jedoch, liest man seine Gedanken über Religion, die er im fortgeschrittenen Alter formuliert.

Ein Gegner dogmatischen Denkens

Überraschend unorthodox erscheint Wilhelm Branco, der im politischen Denken Erzkonservative, wenn er über das Thema „Naturwissenschaft und Religion“ spricht und schreibt. Dazu wird er genötigt, weil er sich in den zeitgenössischen Kontroversen über die Entstehung des Lebens, die Entwicklung der Arten und speziell die Abstammung des Menschen positioniert.[802] Dabei hält er jede Form von „Dogmatismus“ für unsinnig – sowohl die christliche Erklärung der „Welt als Schöpfung“ als auch die monistische „Lösung der Welträtsel“. Die naturwissenschaftlich allein überzeugende Deszendenzlehre Darwins, so Branco, ist trotz des Widerstandes „kirchlicher Fanatiker“ problemlos vereinbar mit einem religiösen Glauben. Die monistische Weltdeutung Haeckels jedoch lehnt er ab, weil sie die Idee von der „Beseelung aller Materie“ nicht plausibel erklären könne, sondern neue Dogmen verkünde.[803] Akzeptabel ist für ihn das Bekenntnis Charles Darwins: „Das Geheimnis des Anfangs aller Dinge ist für uns unlösbar; und ich für mein Teil muß mich bescheiden, ein Agnostiker zu bleiben.“[804]

Ist Branco also ein Agnostiker? Wenn ja, dann vielleicht in der Nachfolge Immanuel Kants, der es für unmöglich hält, die Existenz oder Nichtexistenz Gottes – eines „höchsten Wesens“ – mit Hilfe der Vernunft zu beweisen oder zu widerlegen.[805] Sicher ist: Branco kennt und schätzt die Aufzeichnungen Darwins zum Thema Religion; manche seiner eigenen Argumente klingen wie Zitate aus diesen autobiografischen und brieflichen Zeugnissen. Dort heißt es, zum Beispiel, „daß die Entwicklungstheorie mit dem Glauben an einen Gott völlig

801 Lebensgang zweite Umschlagseite.

802 Vgl. oben S. 183–198.

803 W. Branca, Naturwissenschaft und Religion, S. 287–289.

804 W. Branca, Der Stand unserer Kenntnisse vom fossilen Menschen, S. 100 f. Branca zitiert F. Darwin (Hg.), The life and letters of Charles Darwin (1887), Bd. I S. 313; deutsche Ausgabe: Leben und Briefe von Charles Darwin (1887), Bd. I S. 290.

805 Eine Beschäftigung mit Immanuel Kant (1724–1794) ist in Brancos Texten nicht nachzuweisen, aber nicht auszuschließen. In seiner Königsberger Zeit (1887–1890) hat Branco das 1885 auf den Paradeplatz versetzte Kant-Denkmal von Christian Daniel Rauch übrigens täglich vor Augen.

vereinbar ist“, dass aber Wissenschaft nichts mit Christus zu tun hat, „ausgenommen insofern, als die Gewöhnung an wissenschaftliche Forschung einen Mann vorsichtig macht, Beweise anzuerkennen“.[806]

Für Branco schließt die moderne Naturwissenschaft den Glauben an eine göttliche Intelligenz als Urheber des Kosmos nicht aus. Sein Bekenntnis, verknüpft mit Kritik an aktuellen Verlautbarungen von Kollegen:

> „Ich glaube an einen geistigen Inhalt der Welt, also an ein Göttliches in derselben, das sich aber nicht erfassen, nicht begreifen läßt, das man wohl mit Dogmen umspinnen kann, ohne es jedoch deswegen besser zu verstehen. Wenn auch die Welt unendlich und von Ewigkeit ist, wenn auch das Leben von Ewigkeit her besteht oder aber von selbst auf der Erde entstanden ist – darin könnte wohl ein Widerspruch gegen einige *Dogmen* liegen, nun und nimmer aber kann das jenen meinen Glauben stören. Wie könnten Ewigkeit und Unendlichkeit der Welt und Ewigkeit des Lebens in derselben oder auch die Entstehung des Lebens aus unbelebter Materie einen Beweis gegen das Dasein eines Geistigen in der Welt, eines Göttlichen bilden? […] Der Gottesgedanke, der Gedanke an einen geistigen Inhalt der Welt, braucht also niemand zu hindern, voll und ganz ein Naturforscher zu sein und alle und jede alte wie neugefundene naturwissenschaftliche Tatsache oder Konsequenz aus derselben, sowie jedes Naturgesetz als selbstverständlich anzuerkennen. Es ist ein Märchen, daß ein Naturforscher notwendig Atheist sein müßte.“[807] Und:

> „Es ist eine auffallende Erscheinung unserer Zeit, daß Professoren der Naturwissenschaft den Drang in sich fühlen, öffentlich ihr negatives Glaubensbekenntnis in bezug auf Gott zu verkünden. Auffallend darum, weil Glaube in dieser Beziehung nichts mit naturwissenschaftlicher Forschung zu tun hat und dieser Unglaube ja auch nur auf einem *Glauben*, nicht auf einem *Wissen* beruht.“[808]

Dabei ist es dem Schreiber nebensächlich, in welcher Verfassung die Religion auftritt. Es gibt viele Kirchen, das heißt Dogmengebäude, meint er,

> „[…] aber sie sind doch nur die verschieden gefärbten und verschieden geformten, zum Teil auch phantastisch gestalteten Gewänder, von denen die Religion umhüllt wird; denn es gibt nur eine Religion.“

Die Dominanz der christlichen Religion in Deutschland und Europa ist historisch und kulturell bedingt und auch funktional für die „sittliche Entwicklung des Menschengeschlechtes“; sie prägt, bewusst oder unbewusst, gewollt oder ungewollt, jeden Menschen dieses Kulturkreises, sei er Theist oder Atheist.

806 F. Darwin (Hg.), Leben und Briefe von Charles Darwin, Bd. I S. 281–290, Zitate S. 284.
807 W. Branca, Der Stand unserer Kenntnisse vom fossilen Menschen, S. 104.
808 Wie Anm. 807, S. 101.

> „Für den Theisten ist Religion: Der Verkehr der Seele mit dem geistigen Inhalt der Welt, mit Gott. […] Für den Atheisten ist Religion, falls er sie eben haben will bzw. hat: Der Verkehr des Individuums mit seinem Gewissen.“[809]

Geradezu verbittert bekämpft der alte Branca den „materialistischen Monismus“, womit er die Richtung des von dem Chemie-Nobelpreisträger Wilhelm Ostwald (1853–1932) repräsentierten *Deutschen Monistenbundes* meint, die eine radikal naturwissenschaftlich begründbare Weltanschauung verficht. Branca fasst diese Lehre in die groben Schlagworte, es gebe für diese Monisten keinen Dualismus von Körper und Seele, sondern nur eine einzige Art der Substanz, die Materie, und der Geist sei nur eine Funktion, die Seele nur ein Sekret der Materie. Er hält dagegen: Hinter aller Materie muss ein Höheres stehen, eine geistige Kraft, ein Organisationsprinzip, das die Menschen auf ihrer derzeitigen niedrigen Entwicklungsstufe mit ihren schwachen Sinnen noch nicht erkennen können. Die Naturwissenschaft kann und soll nur die sinnlich erfahrbare Dimension der Wirklichkeit untersuchen, nicht die geistige, nicht die „Allseele“ oder „Gott“, und keine „naturwissenschaftliche Weltanschauung“ liefern.[810]

Und weiter: Die „materialistischen Monisten“ führen die Menschen in armseligen Atheismus und Nihilismus. In ihrem berechtigten Kampf gegen die organisierten Kirchen mit ihren Lehrgebäuden und Dogmen zerstören sie zugleich die Religion, das heißt den „Verkehr der eignen Seele mit der Allseele“ – und damit „unendlichen Trost und Halt“ im Leben und die „sittliche Verbesserung des Menschen“. Dieses Vorhaben nennt Branca „mephistophelisch“ und „ein Verbrechen an der Menschheit“. Er räumt ein: Die Männer der Naturwissenschaft, „die sich einbilden, Gutes zu tun, indem sie der Menschheit statt Religion Wissenschaft geben wollen“, sind paradoxerweise ehrenwert und ideal gesinnt – aber doch Fanatiker ihrer Sache und Irrende.[811]

Beschwörungen der Allseele

Wiederholt muss Wilhelm Branca sich wegen seiner positiven Einstellung zur Evolutionslehre verteidigen. Für den Versuch katholischer Autoren wie Erich Wasmann, eine Brücke zwischen wissenschaftlicher Erkenntnis und amtskirchlich-christlicher Überlieferung zu bauen, hat er nur Spott übrig. Ein Katholik,

809 Wie Anm. 807, S. 106. Ähnlich in: W. Branca, Naturwissenschaft und Religion, S. 293.
810 W. Branca, Naturwissenschaft und Religion, passim.
811 Wie Anm. 810, S. 293.

der den „Antimodernisteneid“ abgelegt habe, könne kein Wissenschaftler sein, und sei er noch so gelehrt.[812] Um beim Beispiel Evolution zu bleiben:

> „Den Menschen […] läßt bekanntlich auch Wasmann eine Ausnahmestellung einnehmen; er stellt also in dieser Beziehung das Dogma der Kirche über die logische Konsequenz, zu welcher die Naturwissenschaft den Forscher führt. Eine wissenschaftliche Arbeit kann aber nur aus einem Geiste geboren werden; entweder aus dem der Zoologie, oder aus dem der bisherigen kirchlichen Dogmatik. Eine Vereinigung beider in der Weise, daß die zoologische Forschung bzw. die Konsequenz aus der Forschung sich unter das kirchliche Dogma beugen muß, ergibt für den zoologisch Denkenden einen geistigen Bastard, der nicht lebensfähig ist, daher zu einem wissenschaftlichen Mißerfolg führen muß.“[813]

Und weiter: „Die Kirche könnte ruhig […] anerkennen, daß alles sich entwickelt hat; auch der Mensch, auch sein Geist“, hat sie doch selbst eine eigene Evolutionslehre aufgestellt: „Die Entwicklung der sündigen Menschenseele bis zur strahlenden Klarheit der Gottesähnlichkeit.“ Es müsse eine wenig erhabene Gottheit sein, spottet Branca, der man nicht zutraue, auch den wesentlich einfacheren Weg von der Tierseele zur Menschenseele zu schaffen. Und abschließend: „Was hat überhaupt die zoologische Entwicklungslehre mit dem Glauben an ein Göttliches zu tun? Nicht das Mindeste.“[814]

Sein Widersacher Erich Wasmann stuft Branca ein: Dieser herausragende Naturwissenschaftler sei in seinem religiösen Denken kein Agnostiker, sondern Theist. Sein Kampf gegen den Atheismus sei mutig und edel, schrecke aber vor der Konsequenz zurück, Gott als „ein persönliches, das heißt von der Welt substantiell verschiedenes, geistiges Wesen“ anzunehmen. Sein Glaube und seine Rede von Gott bleibe deshalb vage und inhaltsleer. Fazit: „Herr Professor Branca hat als *anima naturaliter christiana* die Erhabenheit der christlichen Religion dunkel geahnt. Möge er sich dieselbe nun auch klar zu machen suchen, indem er mit derselben Wahrheitsliebe, die er auf seinem paläontologischen Fachgebiete bekundet, auch hier den Spuren der ewigen Wahrheit folgt!“[815] Da ist allerdings keine Verständigung möglich.

Wilhelm Branca nennt in seinen Reden und Veröffentlichungen keine Quelle oder Lektüre, keine Schulen oder Autoritäten für seine philosophischen und religiösen Gedanken. Ob er die zeitgenössische Literatur zum Streit zwischen der

812 Wie Anm. 810, S. 283, dort Anm. 2.

813 W. Branca, Der Stand unserer Kenntnisse vom fossilen Menschen, S. 88.

814 Wie Anm. 813, S. 89 f.

815 E. Wasmann, Professor Branca über den fossilen Menschen, S. 299–304, Schlusszitat S. 304.

„theologischen Wahrheit“ und der „wissenschaftlichen Wahrheit“ der Schöpfung kennt, muss deshalb offen bleiben. Sein Bild von der „Allseele“ könnte er der Naturphilosophie Platos (427–347) entlehnt haben, speziell dem Buch „Timaios“; dann meint er die *psyche tou pantos*, die *anima mundi*, die Vorstellung vom Kosmos als lebendiges Wesen mit einer steuernden Seele – ein in der abendländischen Philosophie in vielen Varianten verbreiteter Erklärungsversuch.[816] Vielleicht kennt und meint er auch Johann Wolfgang von Goethes pantheistische Beschwörungen der „Weltseele“.[817]

Gern redet Branca von der „Allmutter Erde“, aus der das Leben hervorgeht und in die es wieder zurücksinkt. Über das Schicksal der am Tendaguru ertrunkenen „Riesenkinder“ weiß er: „Die Gestorbenen nahm Allmutter Erde sorgsam auf ihre starken Arme und bettete sie in den Schlamm und Schutt auf den Boden der Gewässer.“[818] Und er preist den (dank der Geologie bei Vielen geweckten) „Sinn für die Entstehungsgeschichte unserer Allmutter, der Erde, aus deren Stoff wir geformt sind, die uns trägt, uns tränkt und ernährt, in deren Schoß wir, des Wanderns müde, einst wieder gebettet werden“.[819] Das klingt wie Zitate aus einer homerischen Hymne.[820] Beschwört der Geologe, der doch berufsmäßig mit analytischem Blick und hartem Werkzeug Schicht für Schicht in die Erdkruste eindringt, hier etwa eine animistische Religion mit einer personifizierten göttlichen Erde? Vielleicht benutzt er den Topos aus der altgriechischen Dichtung ja nur als rhetorischen Kunstgriff …

Ein Fazit: Wilhelm Brancas religiöse Vorstellungen lassen sich nicht mit den Begriffen Pantheismus, Panpsychismus oder Animismus fassen. Sein Glaube an einen „geistigen Inhalt der Welt“, den er „Gott“ nennt, bleibt zu vage, um ihn in ein religionsgeschichtliches Gebäude einordnen zu können. Auch seine Gedanken über Religion und Naturwissenschaft hat er nicht zu einem Ergebnis fortgedacht, wohl aber immer wieder zu erkennen gegeben, dass er hier im Grunde keinen Konflikt sieht.

816 Freundliche Hinweise von Hubert Cancik (Berlin).

817 Vgl. die Gedichte „Weltseele“ (1815, vorher unter dem Titel „Weltschöpfung“), „Eins und Alles“ (1821).

818 (W. Branca), Bericht über den Verlauf der Hauptversammlung (wie Anm. 551).

819 Blätter des Schwäbischen Albvereins Jg. 5/1893, Beilage zu Nr. 7, S. 165–168: Quenstedtfeier am 9. Juli [1893], Zitat S. 167.

820 Vgl. Homer, „An die Allmutter Erde“ (Eis Gên metéra pánton): „Gaia! Dich Allmutter werde ich besingen, dich altehrwürdige festgegründete Ernährerin aller irdischen Wesen […].“

32. Umrisse einer Persönlichkeit

In berührender Offenheit und durchaus selbstkritisch gibt Wilhelm Branco in seinem „Lebensbericht" Auskunft auch zu persönlichen Fragen. Einige seiner Entwicklungen leitet er selbst aus der Kinderzeit ab – wie aus dem schüchternen Knaben ein jugendlicher Draufgänger wird, aus dem behüteten Söhnchen ein für alles Militärische begeisterter und dennoch verhinderter Krieger, aus dem unlustigen Schüler ein unermüdlich arbeitender Student. Als problematische Eigenschaften nennt er sein cholerisches Temperament, eine glühende Phantasie – und „daß alle Empfindungen: Liebe, Haß, Kampflust, Trauer, Sorge etc. mit einer Uebermacht von mir Besitz nahmen, wie das bei Anderen, normalen, offenbar nicht der Fall ist".[821]

Diese Neigung sucht er durch strenge Selbstdisziplin und Einübung eines „elastischen Gemüthes"[822] zu bändigen. In seinen wissenschaftlichen Streitschriften gelingt ihm das meist mit kühler Souveränität, wenn er Rede und Gegenrede in logischen Schritten entwickelt und Kontrahenten mit Strenge oder Ironie bedenkt; gelegentlich aber lässt er, um bei den Metaphern zu bleiben, „sein heißes Temperament mit vulkanischer Glut hervorbrechen".[823] Dabei sieht er sich selbst als „offen" und unfähig zu „dunklen Hinterwegen", sprich Intrigen.[824]

Bei aller Lust an der wissenschaftlichen Kontroverse möchte Branco jedoch nicht als ein notorischer Besserwisser erscheinen. Gut begründete gegnerische Argumente stellt er in seinen Aufsätzen gern zur Diskussion. „Ich will durchaus nicht Recht haben", schreibt er einem Kollegen in einer freundlich ausgetragenen Meinungsverschiedenheit, „sondern ich suche die Wahrheit und freue mich darüber, wenn sie gefunden wird, gleichviel ob von mir oder von einem Anderen, ob ich Recht habe oder ein Anderer."[825]

Gelegentlich spottet Wilhelm Branco über die bisherigen „Glaubenssätze der Geologie".[826] Von ihm stammt eine geradezu klassische Formulierung: „Das Buch der Wissenschaften zeigt auf jeder Seite Kreuze und unter jedem Kreuze

821 Lebensgang S. 17 f.

822 Lebensgang S. 76.

823 J. F. Pompeckj, Gedächtnisrede, S. CXXXIII.

824 UB Heidelberg, Historische Sammlungen, Heid. Hs. 3400,17 (Branco an Rosenbusch, 23.3.1899).

825 UB Freiburg, Historische Sammlungen, AGV 17690 (Branco an Christian Regelmann, 10.2.1894).

826 W. Branca, Ziele vulkanologischer Forschung, S. 840.

schlummert eine todte Hypothese, die einst als sichere Wahrheit galt".[827] Ähnlich klingt es bei seinem Lehrer Zittel in einer großen Rede „Über wissenschaftliche Wahrheit": „Es ist dies freilich ein wechselnder Begriff, abhängig vom Umfang unseres Wissens. Was heute für wohlbegründete Wahrheit gilt, ist häufig nach wenigen Jahrzehnten als grober Irrtum erkannt."[828] Brancas ehemaliger Schüler Erich Haarmann, inzwischen selbst Professor, schreibt dem „hochverehrten Herrn Geheimrat":

> „Bei meinen Arbeiten habe ich häufig an Sie [...] dankbar gedacht – dankbar dafür, daß Sie Ihre Schüler nicht mit fix und fertig gemachten Dogmen vollpropften, sondern daß Sie überall auch auf die Probleme aufmerksam machten und darauf hinwiesen, daß doch Manches noch nicht so ganz gesichertes Wissen sei, wofür es von anderen oft ausgegeben wurde. [...] Durch Ihre Methode haben Sie mir Zeit, Arbeit und Energie erspart, die ich hätte aufwenden müssen, um Dogmen zu überwinden [...]."[829]

Patriarch und Familienmensch

Wilhelm Branco gibt sich persönlich bescheiden, angesichts der Glücksfälle seines Lebens geradezu demütig. Frei von Eitelkeit ist er aber nicht. Den Drang nach Titeln und Ehrungen teilt er mit seinen Zeit- und Standesgenossen, die Ablehnung der Nobilitierung in Preußen hat ihn getroffen, die aristokratischen Ambitionen gibt er nicht auf, die Behauptung der noblen italienischen Herkunft ist ihm alle Mühe wert. Auf einer Fotografie, die ihn als älteren Herrn mit gezwirbeltem Schnurrbart zeigt, trägt er den Pelzkragen wie ein Patrizier auf einem Porträt der Renaissance. Auf einem späten Gemälde, wahrscheinlich entstanden für die Professorenbilder der Universität Berlin, präsentiert er sich – wie sicher oft im akademischen Leben – im schwarzen Talar und im Schmuck seiner Orden.[830]

827 W. Branco, Wirkungen und Ursachen der Erdbeben (1902). Vgl. das vollständige Zitat unten S. 294.

828 K. A. v. Zittel, Ueber wissenschaftliche Wahrheit (1902), S. 13 f.

829 FAvB, Nachlass Branco, Briefe (Haarmann an Branca, 12.3.1925, S. 2).

830 Das undatierte Porträt des Münchener Malers Alexander Desclabissac (1868–1938) wird in den Historischen Bild- und Schriftgutsammlungen des Museums für Naturkunde Berlin aufbewahrt (Signatur: Pal. Mus. B VII Nr. 1). In einem (unzuverlässigen) Inventarverzeichnis von Gerhard v. Branca wird es mit dem Datum 1933 aufgeführt (FAvB, Nachlass Branco, Ausgabebuch). Dann wäre es posthum nach einer Fotografie entstanden. Eine Serie infrage kommender Porträtfotos stammt aus der Zeit um 1914. Wann das Ölbild in den Besitz der Humboldt-Universität bzw. des

Nur wenige Bilddokumente zeigen die äußere Statur Brancos, Ausweispapiere mit Größenangaben sind nicht erhalten, und die Personalakten sagen nichts aus über seine körperliche Erscheinung. Es gibt jedoch einige aufschlussreiche Textstellen. Aus dem schwächlichen Knaben wird ein in seinen besten Jahren bemerkenswert robuster Mann. Die Strapazen der frühen Feldforschungen erträgt er mit Lust an der körperlichen Betätigung. „Der Mann sieht so fest und kräftig aus, daß man gar nicht an Unwohlsein bei ihm denken mag, und doch passiert ihm oft etwas", schreibt Pauline Richelot einmal an ihre Enkelin Paula Branco.[831] Tatsächlich fordert die Arbeit, die Branco sich bis an die Grenzen der physischen Erschöpfung zumutet, bald ihren Tribut. Eine alte nervöse Herzschwäche meldet sich, schmerzhafte Gicht- und Rheumaanfälle kommen schubweise, außerdem Schlaflosigkeit, Kopfschmerzen und „Nervösität"; Branco berichtet selbst über einige depressive Phasen – heute würde man von *burnout* sprechen.[832] Im Alter treten als sehr lästig empfundene Venen- und Rippenfellentzündungen und Nierenkoliken auf, in den letzten Berufsjahren ist er jeweils wochenlang „gichtisch".[833]

Aus einigen Altersbildern schaut ein (vielleicht von Medikamenten) aufgedunsenes, fast feistes Gesicht hervor. Branco ist beeinträchtigt durch starke Kurzsichtigkeit. Er schädigt sich selbst durch übermäßiges Zigarrenrauchen. Im Hintergrund lauert stets die Angst vor Erbkrankheiten – vor der Geistesschwäche der Mutter und des Bruders. Umso unglaubwürdiger, dass ihm ein Ende „in fast jugendlicher Frische des Körpers" nachgesagt werden kann.[834]

Der vertraute Josef Felix Pompeckj schreibt mit dem Pathos des Freundes und Gedenkredners:

> „Oft hat mich das Los getroffen, von uns gegangenen Fachgenossen Worte der Erinnerung zu widmen; nie ward mir die Aufgabe schwerer, nie aber auch mehr Herzensbedürfnis als heute: BRANCA war mein teurer Lehrer, mein Führer und der treueste väterliche Freund; vierzig Jahre hindurch haben wir in enger, mich reich machender

Naturkundemuseums gelangte, lässt sich nicht feststellen. Vgl. die Kurzbeschreibung und farbige Abbildung bei A. Keune, Gelehrtenbildnisse, S. 11, 154, 159 f.

831 FAvB, Nachlass Branco, Erinnerungen an Gustav Kirchhoff (Brief vom 10.3.1886, S. 2).

832 Intime Nachrichten über die physischen und psychischen Zustände geben vor allem die Briefe an Harry Rosenbusch: UB Heidelberg, Historische Sammlungen, Heid. Hs. 3400,17 (hier 1884–1899).

833 UA HU Berlin, Museum für Naturkunde Bd. 151, unpaginiert (Urlaubs- und Kuranträge 1908–16); dazu auch UB Freiburg, Historische Sammlungen, AGV 17954 (Branca an Wilhelm Salomon, 18.2.1917).

834 J. F. Pompeckj, Gedächtnisrede, S. CXVII.

> Verbundenheit gelebt. [...] An dem wahrhaft vornehmen Manne mit den klaren, leuchtenden, so milden Augen, mit dem Herzen voll Güte hängen seine Schüler voll Dankbarkeit, voll unvergänglicher Verehrung und Liebe."[835]

Auf den Fotografien aus seinen letzten Lebensjahren erscheint Wilhelm Branca freilich eher als schmallippig gestrenge Respektsperson.[836] Das einzige Foto, auf dem er freundlich lächelt, war nicht für die „offiziellen" Porträts bestimmt.[837]

Abschiedsbriefe und Geburtstagsglückwünsche, zuletzt auch Kondolenzschreiben bekunden die Anhänglichkeit und Dankbarkeit längst selbst arrivierter Schülerinnen und Schüler.[838] In sämtlichen Nachrufen wird Branca

835 Wie Anm. 834, S. CXIV, CXXXIV– Bezeichnend für das Verhältnis Brancas zu seinen Schülern ist ein Brief von Hermann Stremme, inzwischen Professor in Danzig, vom 17.10.1916: „Hochverehrter Herr Geheimrat, bitte gütigst verzeihen zu wollen, daß ich Ihrem wiederholt geäußerten Wunsche, Sie mit 'Herr Kollege' anzureden, auch diesmal nicht nachkomme. Die 11 Jahre, welche ich unter Ihrer milden Oberhoheit verleben durfte, haben meine Stellung Ihnen gegenüber so fest bestimmt, daß die räumliche Entfernung daran nichts ändern kann. Meinem Herrn Geheimrat fühle ich mich auch jetzt noch in allem verantwortlich, aber natürlich einem Kollegen nicht. Bei der Änderung der Anrede würde ich etwas verlieren. Daher bitte ich beim alten bleiben zu dürfen. [...]" FAvB, Nachlass Branco, Briefe.

836 Original-Abzüge von Porträt- und Visitfotos finden sich im Familienarchiv Frhr. v. Branca und u. a. (mit teils irrigen Datierungen) im Archiv der Akademie der Wissenschaften Berlin, im Museum für Naturkunde (Historische Bild- und Schriftgutsammlungen) Berlin, in der Staatsbibliothek (Handschriftenabteilung) Berlin, in der Universitätsbibliothek der Humboldt-Universität (Historische Sammlungen) Berlin. Porträtfotos wurden zu „runden" Geburtstagen, Ehrungen und zum Tod Brancas in Zeitungen und Zeitschriften veröffentlicht.

837 FAvB, Nachlass Branco, Fotografien. Das genannte Foto ist ein kleiner, undatierter Abzug (6,2 x 4,0 cm) wohl aus dem Jahr 1914, entstanden während der Aufnahme einer Reihe zur Veröffentlichung bestimmter Porträts des Hoffotografen H. Noack in Berlin, verbreitet auch als Fotogravüren. Die Urkunde in Brancas Hand dürfte ein Begleitschreiben seiner Schüler zur Festschrift von 1914 sein.

838 FAvB, Nachlass Branco, Briefe (z. B. J. F. Pompeckj an W. Branca, o. D. [1917], 12.2.1917, 7.9.1919; E. Hennig an W. Branca, 6.9.1924; E. Hennig an Paula Branca, 14.3.1928; H. Stremme an Paula Branca, 17.3.1928). Dazu auch ein Abschiedsbrief in Urkundenform „Ihrem scheidenden Lehrer Herrn Geheimen Bergrat Professor Dr. Branca als Ausdruck dauernder Dankbarkeit und herzlicher Verehrung von seinen Schülern", o. D. [1917], mit 54 Unterschriften, davon mindestens 42 Frauen. – Den Dank für ein Geschenk [o. D., wahrscheinlich zum Abschied aus Tübingen 1895] kleidet Branco in ein Gedicht von 36 Zeilen („Nicht schäm' ich mich, daß sich mein Blick verschleiert / Von Thränen, die dem Herzen mir entquellen. / Zeigt Euer Scheidegruß mir doch wie viel, / Um zu gesunden, ich verlieren mußte. [...]"

Abb. 41: Wilhelm Branca, undatierte Fotografie, wahrscheinlich entstanden anlässlich des 70. Geburtstages (1914)

geschildert als ein Mann, der sich „warmherzig, grundgütig und selbstlos" für seine Mitarbeiter einsetzte, sie tatkräftig förderte und sich über ihr Fortkommen freute – sofern sie seinen hohen Ansprüchen an Leistung und Zuverlässigkeit genügten.[839] Bei der wissenschaftlichen Arbeit duldet er keine Ungenauigkeit und ist er ein unnachgiebiger Korrektor.[840]

Auffallend ist der starke Familiensinn – ein grenzenloser Glaube an die Kraft der verwandtschaftlichen Bindungen, mit unerschöpflicher Fürsorge für die nächsten Angehörigen. Bei seinen Kindern setzt Branco auf gegenseitiges Vertrauen und bekennt sich zu einer von Güte bestimmten Vaterrolle. Das hat er so von seinem Vater gelernt, und das ist seinerzeit durchaus kein übliches Verhalten. Den zeittypischen Patriarchen kann er im Umgang mit seinen so viel jüngeren Ehefrauen allerdings nicht leugnen. Er nennt sie schon mal „Weibchen" oder „Frauchen" und ist sich seiner gesellschaftlich und juristisch vorgegebenen Rolle als Entscheider in familiären und beruflichen Angelegenheiten bewusst.

Dabei stellt sich das Verhältnis zu den beiden Frauen höchst unterschiedlich dar. Während Käthe Helmholtz zu einer fast überirdischen Erscheinung stilisiert wird, ist Paula Kirchhoff geerdet und den Herausforderungen des Alltagslebens offensichtlich gut gewachsen. Wenn er über die Frauen schreibt, ist Wilhelm Branco ganz diskret; nur bei der Klage über Käthes lange Krankheit und den dadurch mehrmals umgestoßenen Lebensplan wird er vorsichtig intim und lässt Frustration erkennen, dass ihm die Jugend verdorben worden sei und er gegen die Natur eines gesunden jungen Menschen leben musste. Die liebevolle Symbiose mit Paula wird dann auch überschattet von Verlustängsten, die bei jedem Anzeichen von Krankheit aufkommen.

Forscher und Wissensvermittler

Vielleicht die stärkste Leidenschaft Brancos ist die Liebe zur Naturwissenschaft. Die Fächer, auf die er sich als Forscher einlässt, will er in allen Verästelungen beherrschen. Er selbst und alle, die sich über seine Arbeit äußern, betonen seinen

839 J. F. Pompeckj, Gedächtnisrede, S. CXXXIV; E. Hennig in: Jahreshefte des Vereins für vaterländische Naturkunde in Württemberg, Jg. 24/1928 S. XXIX; H. Reck in: Zeitschrift für Vulkanologie, Bd. XII/1929-30 S. 1 f. – Vgl. dazu die ständigen Bemühungen Brancas um die Beförderungen seiner verdienstvollen Assistenten und Kustoden. GStA PK, I. HA Rep. 76 Va Sekt. 2 Tit. X Nr. 21 Bd. 19 und 20 passim.

840 Vgl. dazu die Anmerkungen und Korrespondenzen Brancas zu Arbeiten und Dissertationen von Schülern in: MfN HBSB, Pal. Mus. S II, Nachlass Branca (wie Anm. 367).

„eisernen Fleiß“ und seinen Hang zum Perfektionismus. Das hält er durch trotz der thematischen Vielseitigkeit der Veröffentlichungen. So betrachtet Branco seine Karriere selbstbewusst als seine eigene Leistung. Die Schwiegerväter Helmholtz und Kirchhoff, denen er auch in den akademischen Gremien seiner wichtigsten Stationen begegnet, werden ihn wohl gefördert haben – aber nur zwei Mal, bei der Bewerbung in Tübingen[841] und anlässlich einer Ordensverleihung[842], finden sich in den Briefen und Akten versteckte empfehlende Hinweise auf die berühmte Verwandtschaft.

Schon in seinen Anfängen als Hochschulassistent entdeckt Branco seine Begabung für das Unterrichten und die Freude an der Vermittlung seines Wissens. „Ich habe sehr große Lust zum Lehren und glaube auch ein gewisses Geschick dazu zu besitzen“, schreibt er seinem Lehrer und Vorbild Rosenbusch.[843] Als Professor will er, dass seine Studenten auch die trockensten Pflichtfächer schätzen lernen – sie müssen ihnen halt „klar genug gemacht“ werden.[844] Akademische Vorlesungen arbeitet er stets sorgfältig aus, öffentliche Vorträge studiert er mit dramaturgischen Effekten ein, um sie dann fast frei und zur allgemeinen Begeisterung vorzutragen. Damit unterscheidet er sich gründlich von seinem Schwiegervater Helmholtz, der sich selbst und die Zuhörer seiner Vorlesungen und Vorträge spürbar quälte.[845]

Den bereits zitierten Vortrag Brancos über Vulkanismus beim „Friedrichstag“ 1915, zum Beispiel, kommentiert ein Berichterstatter:

> „Schon erwog man über der geringen Kurzweiligkeit dieses Themas die Frage, sich im gelegenen Augenblick zu drücken, da hörte man nach den ersten einleitenden Sätzen die Sprache des Redners sich unerwartet zu prachtvollen poetischen Bildern erheben. Die Entwicklungsstadien des Vulkanismus wurden uns ausgemalt in dramatischen Szenen, wurden uns geschildert in einer Darstellung, die wie ein gewaltiges Gemälde vor uns

841 UB Tübingen, Handschriftenabteilung, Md 747-79 (Briefe von Branco an Eduard Zeller, Königsberg 13. 2. und 22.3.1890, Wiesbaden 8.4.1890). Zeller befürwortet in Absprache mit seinem Freund Helmholtz die Berufung Brancos nach Tübingen.

842 GStA PK, I. HA Rep. 76 Va Sekt. 2 Tit. IV Nr. 52 Bd. 9 Bl. 289 (6. / 8.12.1902). In der Begründung des Kultusministeriums zur Verleihung des Rote-Adler-Ordens heißt es u. a., Branco sei „Schwiegersohn der beiden größten Physiker des vorigen Jahrhunderts“.

843 UB Heidelberg, Historische Sammlungen, Heid. Hs. 3400,17 (Branco an Rosenbusch, 21.8.1880).

844 Lebensgang S. 113, 116, 148, Zitat S. 130. – Manuskripte von Vorlesungen, Seminaren und ungedruckten Vorträgen ließen sich nicht finden.

845 Vgl. H. Kant, Helmholtz’ Vortragskunst und sein Verhältnis zur populären Wissensvermittlung.

> trat. Es wurde still im Saale, und über die weißhaarigen Köpfe der Akademiker schien der Lichtstrahl des Geistes neues Leben auszuströmen. Die Macht der Erdrevolutionen zitterte in dieser Rede wunderbar nach. […]"[846]

Auch weitere Aussagen über den „Meister der Rede" geraten schwärmerisch:

> „Glücklich war der Gelehrte, glücklichster Erfolg begleitete den Lehrer Branca. […] Sein großer Erfolg wurde unterstützt durch seine Gabe der Rede. Von vollem, wohllautendem Organ getragen, fesselten seine Worte den Hörer, und die Worte klangen zusammen in einer Rede von packender Wucht, von hinreißender Kraft. […]"[847]

Bei Durchsicht der zeitgenössischen Fachzeitschriften und populären naturkundlichen Periodika begegnen immer wieder Hinweise auf Vorträge, die Branco nur zum Teil in Veröffentlichungen umgesetzt hat.[848] Überhaupt ist die Zahl seiner Publikationen – gemessen an der Produktion vieler Fachkollegen – relativ gering. Neben den Aufsätzen und Akademie-Abhandlungen steht kaum ein Dutzend monografischer Arbeiten. Wilhelm Branca hat seine Vorlesungs- und Seminarreihen nie zu einer systematischen Darstellung in Form eines Lehrbuches gebracht. Möglicherweise ist das der Preis, den er seiner Vielseitigkeit und Umtriebigkeit gezahlt hat. Der sprichwörtliche Elfenbeinturm des weltabgeschieden schreibenden Wissenschaftlers ist jedenfalls nicht sein Ort.

Ein zwiespältiges Bild

In Geburtstagsglückwünschen und Nachrufen wird viel Lobendes gesagt über die Persönlichkeit und die Arbeit Wilhelm Brancas, und auch die nüchternen Hochschulakten zu Berufungen und Verabschiedungen enthalten unerwartet überschwängliche Aussagen. Wo immer er eine Stelle kündigt, versucht man, ihn zu halten, und beklagt den Verlust eines ungewöhnlich vielseitigen und beliebten Forschers und Lehrers. Relativiert man die übliche superlativische Rhetorik solcher Texte, so schälen sich doch überwiegend positive Aussagen zur Persönlichkeit heraus.

846 FAvB, Nachlass Branco, Briefe, Zeitungsausschnitte (Posener Neueste Nachrichten, Erstes Beiblatt, 3.2.1915).

847 J. F. Pompeckj, Gedächtnisrede, S. CXXXIII.

848 Zum Beispiel: Blätter des Schwäbischen Albvereins, Jg. 5/1893, Beilage zu Nr. 7, S. 165–168: Quenstedtfeier am 9. Juli [1893]. Branco hält die Festrede zur Einweihung des Denkmals für seinen Tübinger Vorgänger Friedrich August Quenstedt auf dem Roßberg bei Gönningen vor einer großen Menschenmenge unter freiem Himmel „in bekannt meisterhafter Weise".

Abb. 42: Wilhelm Branca, Fotografie anlässlich des 50. Doktorjubiläums (1926)

Die eigenen Publikationen, von denen einige wenige noch als Standardwerke zitiert werden, sind fast nur noch wissenschaftsgeschichtlich interessant, aber sie zeigen Wilhelm Branca auf der geradlinigen Suche nach neuen Erkenntnissen für die Erdwissenschaften. Der öffentliche und seine Gedanken veröffentlichende Mensch hingegen bietet ein verwirrend zwiespältiges Bild. Erscheint der politische Branca wie ein Fossil aus dem 19. Jahrhundert, so gibt sich der religiöse Denker überraschend unorthodox. Und als Wissenschaftsorganisator und Wissensvermittler ist er ein geradezu modern anmutender Vertreter des kaiserzeitlichen Bildungsbürgertums. Bei Werner Quenstedt (1893–1960), einem Nachfolger Brancas in Berlin, klingt das so:

> „Hoch und vielseitig begabt, ein faszinierender Lehrer, aber unstet auch in seiner wissenschaftlichen Betätigung, hatte Branca einen sicheren Instinkt für wichtige und aktuelle Fragen und Aufgaben in der Wissenschaft und dafür, daß ihre Lösung zum persönlichen Erfolg führt. Er ist damit eine charakteristische Erscheinung der Wilhelminischen Zeit im besten Sinn des Wortes.“[849]

Das Klischee vom fortschrittsgläubigen Wilhelminer wird gebrochen durch die überraschende Skepsis Brancas gegenüber seiner eigenen, geliebten Naturwissenschaft, gerafft in dem oben schon genutzten Zitat aus seiner „Erdbeben“-Rede von 1902 (– die Freude des Rezipienten an dem trefflichen Bild mischt sich mit Erschrecken über eine auch hier offensichtlich unvermeidliche martialische Wendung):

> „Dem, der das Riesenbuch der Wissenschaften aufschlägt, schwillt daraus zunächst entgegen eine Fluth sicher gestellter Thatsachen, die uns schon jetzt zu überwältigen droht und auf jedem Wissensgebiete zur Specialisierung hindrängt. Mit vollem Rechte darf die Menschheit stolz auf diese Früchte ihrer Geistesarbeit blicken. Doch wer im Buche der Wissenschaften weiter forscht und die Erkenntniss vom Zusammenhange aller dieser Thatsachen aus demselben schöpfen will, dem schwindet bald ein grosser Theil des Stolzes. Das Buch der Wissenschaften zeigt auf jeder Seite Kreuze und unter jedem Kreuze schlummert eine todte Hypothese, die einst als sichere Wahrheit galt; denn wie im Kriege der Weg zum Sieg nur über Leichen führt, so sind auch im Reiche der Wissenschaften alle Wege, die zur Erkenntniss führen, dicht bedeckt mit todtgeschlagenen Hypothesen. So viele Kreuze mahnen zur Bescheidenheit und Vorsicht […].“[850]

So soll dieser biografische Bericht nicht mit einem harmonisierenden Zitat enden, sondern mit einer Irritation angesichts der Widersprüchlichkeiten eines unruhigen Lebens in einer Zeit der Extreme.

849 W. Quenstedt, Branca, in: Neue Deutsche Biographie, Bd. 2 S. 515.
850 W. Branco, Wirkungen und Ursachen der Erdbeben, S. 70. Verkürzt benutzt bei E. Oeser, Historische Erdbebentheorien, S. 12.

Lebensgang
1904

Editorische Notiz

Der „Lebensgang" fand sich im Familienarchiv Alexander Freiherr von Branca, dorthin gelangt mit einem Splitternachlass von Gerhard von Branca. Wilhelm Branco verfasste diesen Bericht für seinen Sohn im Jahr 1904, beginnend zwei Wochen nach seinem 60. Geburtstag. Der Text wurde wohl über einen längeren Zeitraum hinweg niedergeschrieben; die Handschrift ist weitgehend sorgfältig, seitenweise und besonders gegen Schluss aber auch flüchtig bis undeutlich. In mindestens zwei Korrekturgängen wurden Schreibfehler verbessert, Formulierungen präzisiert und Ergänzungen eingefügt. Einige Leerstellen, in der folgenden Wiedergabe mit eckigen Klammern angedeutet, sollten noch mit genauen Datums- oder Ortsangaben gefüllt werden, wozu es jedoch nicht kam.

Namen, Orte und Anspielungen werden – so weit möglich und nötig – in der Edition in Anmerkungen aufgeschlüsselt. Bei den Daten war Branco mehrmals unsicher und sogar irrig; Richtigstellungen finden sich in den Fußnoten. Die biografischen Daten der genannten Personen bedurften teils langwieriger Recherchen; detaillierte Quellennachweise hätten den Umfang der Veröffentlichung gesprengt, lassen sich aber über das Quellen- und Literaturverzeichnis nachvollziehen. Die Wiederholung einiger Lebensdaten in der biografischen Darstellung soll das lästige Hin- und Herblättern ersparen.

Wilhelm Brancos Text füllt eine in schwarze Pappe eingebundene, fadengeheftete Kladde aus unliniertem Papier: 21,7 zu 16,7 Zentimeter groß, alle Seiten randlos eng beschrieben – fünf unpaginierte und 156 paginierte Seiten auf 78 Blättern und den weißen Innendeckeln. Es gab eine Fortsetzung, die aber unauffindbar blieb; der Bericht bricht so ab mit dem Jahr 1895 mit einem Ausblick auf 1902 und ohne ein zu erwartendes Resümee.

Die erste, äußere Umschlagseite ist unbeschriftet. Auf der zweiten, dem vorderen Innendeckel, ist ein Zettel eingeklebt mit einem vierzeiligen Gedicht, geschrieben von anderer (nicht feststellbarer) Hand. Eine Art Innentitelseite ist gefüllt mit einem tabellarischen Lebenslauf, der Verlobungs- und Vermählungsdaten und eine Reihenfolge der akademischen Karriere und Ehrungen enthält, mit späteren Ergänzungen.

Wilhelm Brancos Handschrift ist die deutsche Kurrent, mit großen, runden und fast immer deutlich lesbaren Schriftzeichen, mit nur seltenen Schnörkeln bei Großbuchstaben, mit schwungvollen Unterlängen beim kleinen *g* und *h*, besonders beim *ch*. Für Fremdwörter, Personen- und Städtenamen benutzte er meist lateinische Schriftzeichen.

Der Text wird im Folgenden buchstabengetreu einschließlich der (sehr wenigen) Schreibfehler Brancos und mit der originalen Interpunktion wiedergegeben. Das heißt: Die Schreibeigentümlichkeiten des Verfassers bleiben vollständig gewahrt. Abweichungen vom Original sind lediglich: Die Schreibweise für *erste* oder *ersten* und *zweite* oder *zweiten*, nämlich als Ziffer mit der hochgestellten Silbe *te* oder *ten* über einem kurzen Doppelstrich, wird hier als *1te* oder *1ten* und *2te* oder *2ten* wiedergegeben. Das doppelte *m* und *n* schrieb Branco manchmal abgekürzt mit einfachen, überstrichenen Buchstaben; im Folgenden wird einheitlich *mm* und *nn* ausgeschrieben. Die von Branco gepflegte, damals schon altmodische Unterscheidung zwischen dem runden und dem langen *s* kann hier aus technischen Gründen nicht berücksichtigt werden. Das doppelte *s* stellt der Schreiber mit wenigen Ausnahmen als Ligatur *ß* dar. Der Buchstabe *y*, gelegentlich wie ein Umlaut mit zwei Punkten versehen, wird hier einheitlich ohne diese Punkte wiedergegeben.

Branco verwendete zahlreiche Abkürzungen oft willkürlich (zum Beispiel: *und* als *u* mit oder ohne Punkt, *Straße* oder *-straße* als *Str., str., st.* mit oder ohne Punkt). Manche Abkürzungen können, besonders bei Namen von Orten und Personen, schwer verständlich oder sogar missverständlich werden. Sie werden in der Wiedergabe deshalb meist aufgelöst, die Ergänzungen in eckige Klammern gesetzt.

Bei Datumsangaben schrieb Branco den Tag in der Regel als Ziffer ohne Punkt; diese Eigentümlichkeit blieb so stehen. Zahlwörter schrieb er meistens nicht aus, sondern als Ziffern; auch dies wurde beibehalten.

Einige wenige Erläuterungen oder Lesarten des Herausgebers im Text stehen in eckigen Klammern. Runde Klammern und gelegentliche Fragezeichen entsprechen dem Original.

Der Seitenwechsel des Manuskriptes wird in der Wiedergabe mit der originalen Pagina fett in eckigen Klammern vermerkt. Das ist auch deshalb angebracht, weil Branco in seinem Text gelegentlich Querverweise zu seinen Seitenzahlen machte, die man auf diese Weise auffinden kann.

Die Kennzeichnung der Absätze mit einem Einzug in der ersten Zeile ist so bereits im Original vorhanden.

[Zweite Umschlagseite, aufgeklebter Zettel]

Gott der Du Alles wohl gemacht
Ich will nichts, was nicht Du willst schenken.
Du machst es nicht wie wir's gedacht,
Du machst es besser als wir's denken! –[1]

1 Anfang eines Gedichtes von Friedrich Rückert (1788–1866), richtiger Wortlaut: „Herr! der du alles wohl gemacht!", aus: Liebesfrühling, Fünfter Strauß (1834).

[Erste Innenseite, später eingefügt und ergänzt, nicht mitgezählt[2]]

Geboren 9 Sept. 1844 i. Potsdam.
Verheirathet mit Käthe Helmholtz 15 Jan. 1872.
Verlobt mit Paule Kirchhoff 22 April 1881.
Verheirathet „ „ „ 12 Juli 1881.
Dr. phil. „summa cum laude“ 28 Febr. 1876. Heidelberg
Dr. rer. natur. honor. causa 1891 Tübingen
Ehrendoctor der philosoph. naturw. Fakultät 1926 Heidelberg.
Privatdocent f. Geol. u. Pal. a. d. Univers. Berlin 11 April 1881.
Docent f. Geol. u. Pal. a. d. Techn. Hochsch. Aachen 1 Octob. 1881.
Landesgeologe a. d. K. Preuß. geol. Landesanstalt Berlin 1 Octob. 1882.
Ordinarius f. Mineral., Geol., Pal. a. d. Univ. Königsberg 20 April 1887.
Ordinarius „ „ „ „ „ „ „ Tübingen 1 Octob. 1890.
Abschied erbeten u. erhalten mit d. Persönl. Adel 1 April 1895
Ordinarius f. „ „ „ Landw. Acad. Hohenheim 1 Nov. 1895
Ordinarius f. Geolog. u. Pal. a. d. Univers. Berlin 1 April 1899.
Mitglied der Preuss. Akademie d. Wissensch. Berlin 1900.[3]
Geh. Bergrat 1900.
„ „ Russischen „ „ „ Petersburg 1914.[4]
emeritiert 1 April 1917.
Mitglied der Karolingisch-Leopoldinischen Akademie d. Wiss., Halle, 1884.[5]
„ „ K. Preuß. Akademie d. Wiss. 1900.[6]
„ „ Deutsch. geolog. Ges. 1874.
„ „ Ges. naturf. Freunde, Berlin 1877.
„ „ physikal. ökonomischen Ges. zu Königsberg 1887.
„ „ Ges. f. Erdkunde, Berlin 1900.
„ „ anthropolog. Gesellsch., Stuttgart. 1900.
Ehrenmitglied d. Naturforsch. Ges., Danzig 1902.
„ „ „ „ Physikal. medizin. Societät, Erlangen 1903.
„ „ „ „ Sociedad scientifica „Antonio Alzate“ Mexico 1903.
„ „ „ „ Preuss. Akad. d. Wissenschaften 1918.
„ „ „ „ Deutsch. Geolog. Gesellschaft 1921.

2 Buchstabengetreue Wiedergabe mit originalen Abkürzungen.
3 Richtig: 18.12.1899.
4 Richtig: 1913, Aufnahme als Korrespondierendes Mitglied.
5 Richtig: Leopoldinisch-Carolinische Deutsche Akademie der Naturforscher.
6 Doppelt aufgeführt, vgl. fünf Zeilen darüber.

[Nachtrag]

Ehrenmitglied des Oberrheinischen Geolog. Vereins 1924.

[1] Berlin. W. Maassenstr[aße] 35. 24 Sept[ember] 1904.

Mein lieber Sohn! Du hast zu wiederholten Malen den Wunsch ausgesprochen, ich solle Dir meinen Lebensgang aufzeichnen. Jetzt bin ich 60 geworden, drum will ich nicht mehr zögern. Das Leben eines berühmten Mannes ist es ja nicht; aber ein Lebensgang ist es, der in überreichem Maaße von Gott gesegnet gewesen ist, wenn es auch an Schwerem nicht gefehlt hat.

Ich bin geboren am 9 Sept[ember] 1844 morgens um 8½ Uhr am Wilhelmsplatz 4 in Potsdam. Unten im Hause wohnte der Juwelier Goldbeck[7]; den 1ten u[nd] 2ten Stock sowie die Bodenetage hatte mein Vater[8], Regimentsarzt bei den Gardes du Corps mit großer Privatpraxis, gemiethet; ebenso den Stall und die Kutscherwohnung. Im 1ten Stock waren die Wohnräume: 3 zweifenstrige Zimmer nach vorn gelegen, mit dem Blick auf den großen, grünen Platz und von der Mittagssonne beschienen. Nach hinten der 3fenstrige Saal und noch 1 Zimmer. Im oberen Stockwerk, das sehr niedrig war, lagen die Schlaf- u[nd] Kinderzimmer; und dort, in dem am meisten links (nach Ost) gelegenen der 3 Vorderzimmer bin ich und sind meine Geschwister geboren.[9]

[2] Im Dachgeschoß war noch eine Reihe von Bodenkammern, in denen das Entzücken der Kinder: Altes Gerümpel angehäuft war. Alte Dreimaster meines Vaters mit goldenen Tressen, alte Felleisen oder Koffer, die den Vater nach Aegypten begleitet hatten[10], alte Bilder und Anderes.

So sind mir die frühesten Eindrücke der Jugend verknüpft mit hellem, warmem Sonnenschein, der in alle Stuben hineinschien, mit grünen Bäumen u[nd] Rasenflächen, mit dem Empfinden einer breiten behaglichen Wohnung; denn es war, als gehöre das Haus uns allein.

Hinten war ein Hinterhaus und hinter diesem ein Garten; und da hier zahlreiche Gärten nebeneinander lagen, so schien er, obgleich nicht eben groß, doch

7 Wilhelm Goldbeck (biografische Daten nicht ermittelt, ab 1863 nicht mehr im Potsdamer Adreßbuch), Juwelier, Königlicher Hofgoldschmied, Inhaber einer Prägewarenfabrik.

8 Friedrich Wilhelm Branco (1797–1870), Generalarzt.

9 Vgl. oben S. 41 und Abbildung 6.

10 Gemeint ist eine Studienreise im Jahr 1828.

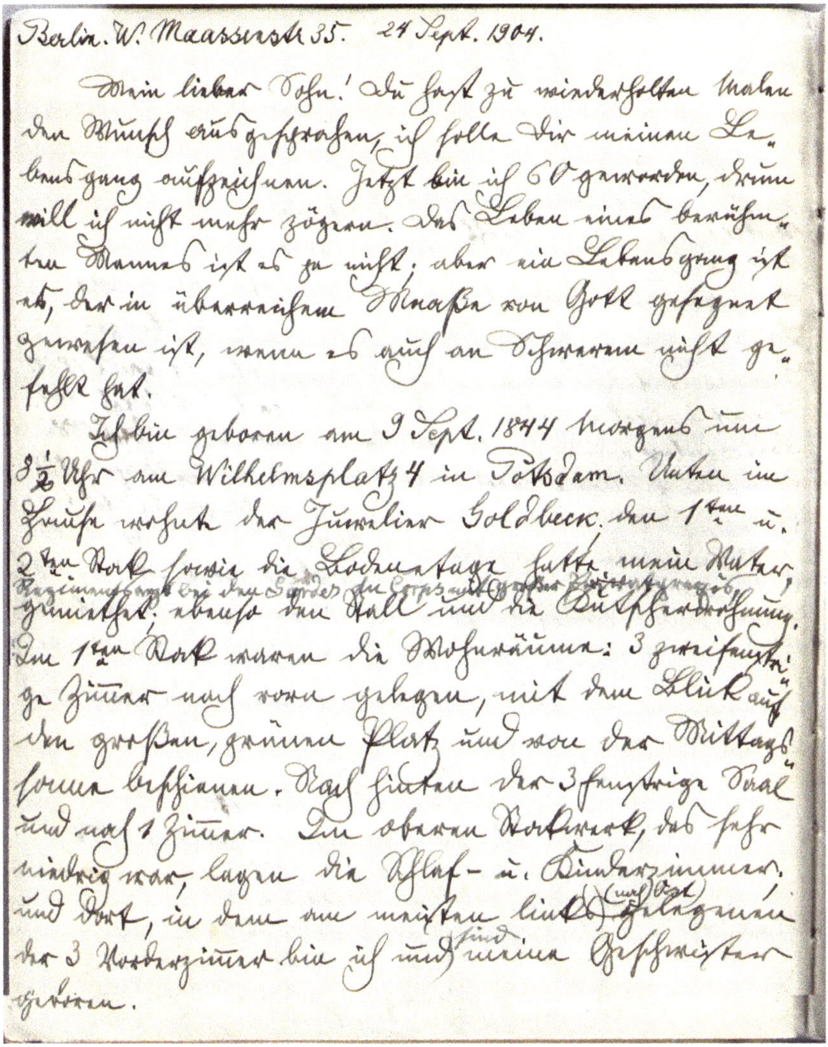

Berlin. W. Maassenstr. 35. 24 Sept. 1904.

Mein lieber Sohn! Du hast zu wiederholten Malen den Wunsch ausgesprochen, ich solle Dir meinen Lebensgang aufzeichnen. Jetzt bin ich 60 geworden, drum will ich nicht mehr zögern. Das Leben eines berühmten Mannes ist es ja nicht, aber ein Lebensgang ist es, der in überreichem Maaße von Gott gesegnet gewesen ist, wenn es auch an Schwerem nicht gefehlt hat.

Ich bin geboren am 9 Sept. 1844 morgens um 8 1/2 Uhr am Wilhelmsplatz 4 in Potsdam. Unten im Hause wohnte der Juwelier Goldbeck, den 1ten u. 2ten Stock sowie die Ladenetage hatte mein Vater gemiethet, ebenso den Stall und die Bodenwohnung. Im 1ten Stock waren die Wohnräume: 3 zweifenstrige Zimmer nach vorn gelegen, mit dem Blick auf den großen, grünen Platz und von der Mittagssonne beschienen. Nach hinten der 3fenstrige Saal und noch 1 Zimmer. Im oberen Stockwerk, das sehr niedrig war, lagen die Schlaf- u. Kinderzimmer, und dort, in dem am meisten links (nach Ost) gelegenen der 3 Vorderzimmer bin ich und sind meine Geschwister geboren.

Abb. 43: Seite aus dem autobiografischen Bericht „Lebensgang“ (1904), Handschrift Wilhelm Branco

viel größer zu sein. Der Garten gehörte dem Wirth. Da ich aber wie Kind im Hause bei Goldbecks war, namentlich von der Frau G[oldbeck] und ihren beiden Töchtern auf das Liebevollste aufgenommen wurde, so oft ich mich blicken ließ, so ließ ich mich sehr oft dort blicken und war viel mit ihnen in dem Garten. Abends aber buk **[3]** Frau Goldbeck, eine Braunschweigerin mit ö statt a in ihrer Sprache, des öfteren einen „Otto Bellmann"[11] wie sie den Pfannkuchen nannte; und das war jedesmal ein Fest. Auch verstand sie wunderschön Geschichten zu erzählen; und die beiden Töchter, wohl 8–10 Jahre älter als ich, spielten mit mir Kaufmann und Puppen.

Von meiner Schwester habe ich nur eine einzige Erinnerung: Sie lag krank im Bette, ich stand an ihrem Fußende. Sie war älter als ich, am [*Leerstelle*] 1840 geboren und starb 5 Jahre alt am [*Leerstelle*] 184˙ an Krämpfen. Sie soll ein auffallend schönes Kind gewesen sein. (Margarethe.)[12]

Mein Bruder, jünger als ich, geb[oren] a[m] 21 Mai 1849[13], wurde mir leider auch kein Spielgefährte. Denn als die Zeit herankam, daß er sich zum kleinen Menschen entwickeln sollte, da stellte sich heraus, daß die Sprache, wenn auch nicht ausblieb, so doch auf kindlichster Stufe stehen blieb. Und dasselbe galt dann auch von seinem Geiste. Mein guter Vater freilich, der erklärlicherweise dieses sein unglückliches Kind, mit zärtlichster Liebe umfaßte, wollte es nicht glauben und hoffte Jahrelang noch – vergeblich. Fritz blieb aber nicht blos in **[4]** der Entwickelung auf Kindesstufe stehen, sondern es stellten sich auch Eigenschaften ein, die dem Blödsinn angehörten: Jähzorniges Schreien, eigensinniges Sich-An die Erde Werfen auch auf der Straße, Ungehorsam, Necken bis zur Erschöpfung. Das war eine Quelle steten Mißbehagens.

11 Otto Bellmann: Literarisches Berliner Original seit etwa 1818, davon abgeleitet redensartliche Bezeichnung für etwas besonders Starkes, Gutes oder Leckeres. Branco überliefert hier eine schöne Ergänzung zu der Beispielsammlung von H. Kügler in: Zeitschrift für Deutsche Philologie, Bd. 73/1954 S. 306–329. Vgl. Sächsische Akademie der Wissenschaften (Hg.), Brandenburg-Berlinisches Wörterbuch, Bd. I Sp. 537.

12 Margarethe Dilia Wilhelmine (Gretchen) Branco. Zu ergänzen, zu korrigieren: Laut Kirchenbuch der Garnisongemeinde Potsdam geb. 12.12.1842, gest. 30.5.1848. Laut Potsdamer Sterbebuch (StadtA Potsdam, FR/007) gest. 29.5.1848. Laut Aufzeichnungen der Eltern (FAvB, Nachlass Branco) geb. 12.12.1842 (Jahr errechnet), gest. 30.5.1848 „im sechsten Lebensjahr" bzw. „im noch nicht vollendeten sechsten Lebensjahr".

13 Carl Friedrich Albert (Fritz) Branco. Zu ergänzen, zu korrigieren: Laut Kirchenbuch der Garnisongemeinde Potsdam geb. 21.5.1848, laut Potsdamer Einwohnerbuch (StadtA Potsdam, MR/0061) geb. 21.4.1848, laut Aufzeichnungen der Mutter (FAvB, Nachlass Branco) geb. 21.5.1848. Gestorben am 29.8.1916 (Todesdatum nach FAvB, Nachlass Branco, Ahnentafeln).

Ich schämte mich seiner auf der Straße, wollte nicht mit ihm gehen; ich wollte mich nicht von ihm necken lassen, ärgerte mich über ihn, suchte ihn zu fliehen und war nicht liebevoll zu ihm.

Das Alles war ganz erklärlich, natürlich, kein Junge hätte das anders gemacht. Mein Vater aber wünschte, daß ich den Bruder mit Liebe ertragen solle – und das ging über meine Kraft. Das war ein Schweres, das mir auferlegt wurde; u[nd] es hat viele Jahre hindurch auf mir gelastet. Heute würde man ein gesundes Kind außer Berührung mit einem solchen Kranken bringen. Damals war man wohl noch nicht so ängstlich. Vor Allem aber mochte mein Vater sich nicht von dem unglücklichen Kinde trennen. Ein Versuch, ihn erst zu einem Prediger nach Teltow, **[5]** dann in eine Anstalt zu bringen, mußte aufgegeben werden, da, wie mein Vater sagte, Fritz dort ganz zu Grunde ging, während das liebende Vaterherz mit unsagbarer Geduld und Hingabe zu retten und zu heben suchte, was an seiner Psyche zu heben war. Das hat mein Vater einige 20 Jahre lang gethan wie es kaum eine Mutter fertig gebracht hätte. Ich habe erst in reiferen Jahren das Vaterherz darin verstehen und die Höhe seines Opfers, die Tiefe seiner Liebe ermessen gelernt.

Unterstützt wurde mein Vater darin von 2 Damen, die nach einander Fritz zu sich nahmen, nachdem unser eigener Haushalt durch der Mutter[14] unheilbare geistige Erkrankung verwaist war. Da mein eigenes Dasein gleichfalls mit diesen eng verknüpft wurde, so will ich hier wieder zu mir zurück kehren.

Aus der Kinderzeit erinnere ich mich der Mutter wenig. Das eine Mal steht sie vor mir im Bade Kösen in einer Scheune. Ich mochte 5–6 Jahre alt sein und war mit der Mutter und Tante Marie[15], ihrer Schwester, dort. Wir waren spazieren ge- **[6]** gangen, in einer Scheune ward gedroschen, wir sahen zu, die Leute „banden“ uns um die Arme – u[nd] ich sehe noch das verlegen lächelnde Gesicht meiner Mutter inmitten der Drescherinnen, da sie nicht ahnte, was die Leute von ihr wollten.[16]

14 Dilia Thelyma Nelly Helene Branco geb. Rödlich (1816–1894).

15 Marie Rödlich (1822–1902), Malerin. – E. F. Roedlich (Das Lebens des Generals Hieronymus Roedlich, S. 183) teilt 1882 mit, seine Schwester Marie Rödlich sei „Stiftsdame zu Geseke Keppel“. Im dortigen Stiftsarchiv ist sie allerdings nicht nachweisbar (freundliche Mitteilung des Stiftsarchivs Geseke-Keppel, Hilchenbach-Allenbach). Sie wohnt zuletzt in Steglitz bei Berlin, im Steglitzer Sterberegister wird sie „Stiftsdame“ genannt.

16 Binden: „Das Binden gehört zu den Erntebräuchen: Kommt der Eigentümer oder auch ein Fremder nach dem Beginn der Ernte zum erstenmal zu den Mähern, so schlingt ihm eine Schnitterin ein Kornband mit Ähren oder ein buntes Band um den Arm,

Der Glanzpunkt in Kösen aber war stets das Frühstück, im Freien, nahe dem Gradierwerke, mit Cacao und Hörnchen. Tiefen Eindruck machten mir auch die beiden Herzen, die auf der Brücke über die Saale eingemeißelt waren, zur Erinnerung an zwei Liebende, die dort in's Wasser gesprungen waren.[17]

Das andere Mal steht die Mutter vor mir in ihrem Zimmer sitzend und dichtend. Dann auf dem Wilhelmsplatze mit Fritz und mir gehend u[nd] mich schlagend, weil Fritz, sich nach mir umsehend, mit dem Kopfe gegen einen Baum gerannt war. Endlich sehe ich sie oben, in der Stube, in der ich geboren, im Bette liegend, mich für ein weißes Mäuschen erklärend und im Begriffe aufzustehen um sich aus dem Fenster zu werfen.

Das war also das zweite Kreuz, das mir auferlegt wurde, daß ich keine Mutter hatte [7] und aufsichtslos auf dem Wilhelmsplatze mit Straßenkindern spielte.

Mein armer Vater! Er nahm die Mutter meiner Mutter[18] und deren Tochter, Tante Marie, zu sich in's Haus; und meine Mutter kam in eine Anstalt. Erst nach Alt-Landsberg[19]; dann nach Zehlendorf zu Lähr[20]; endlich nach Bernau[21]. Dort ist sie, umnachtet bis zuletzt, 1894 im Frühjahr gestorben.[22]

Ich, als Kind, merkte wohl das Kreuz mit dem Bruder; aber nicht das mit der Mutter. Die Großmutter, die schon früher immer zu Weihnachten bei uns gelebt hatte – sie wohnte in Berlin[23] – ersetzte mir die Mutter; u[nd] Tante Marie führte

worauf sich der Gebundene mit einer Geld-, Bier- oder Schnapsspende löst". Sächsische Akademie der Wissenschaften (Hg.), Brandenburg-Berlinisches Wörterbuch, Bd. I Sp. 605.

17 Bad Kösen: Sole-Heilbad im damaligen Kreis Naumburg. Die mittelalterliche Saale-Brücke wurde nach einer Hochwasserkatastrophe vom 25.11.1890 neu erbaut.

18 Margaretha Florentine Peggy Rödlich geb. Johnson (1786–1860), heiratete 1808 den General-Major Hieronymus Franziskus Seraph Rödlich (1767–1833).

19 Altlandsberg: Stadt im damaligen Regierungsbezirk Potsdam, östlich von Berlin. In den Krankenhaus-Lexika für Preußen (1885/86) und für das Deutsche Reich (1900) und im Stadtarchiv Altlandsberg (Depositum im Brandenburgischen Landeshauptarchiv, Potsdam) konnte keine Nervenheilanstalt für den Ort nachgewiesen werden.

20 Bernhard Heinrich Laehr (1820–1905), Arzt, Psychiater, Gründer und Leiter der Nervenheilanstalt Asyl Schweizerhof in Zehlendorf im damaligen Bezirk Teltow (1853 gegründet).

21 Bernau: Stadt im damaligen Regierungsbezirk Potsdam, nordöstlich von Berlin. Laut Sterbeurkunde vom 28.2.1894 (FAvB, Nachlass Branco, Urkunden) starb Dilia Helena Branco in der „Privaten Irren-Pflege-Anstalt der Frau Zeidler".

22 Richtig: Todestag war der 27. Februar 1894.

23 Das Berliner Adreßbuch nennt ab 1923 General-Major F. Rödlich mit wechselnden Anschriften, ab 1834 (Jahrgang 1833 ist nicht vorhanden) Generals-Witwe Rödlich.

mich zu den Kunstreitern, nachdem sie mir die Haare mit Wachs-Stangenpomade herrlich frisiert hatte. Seitdem liebe ich Beides.

In Potsdam war ich in die Schule zu dem Herrn Wiese, am Kanal, nahe dem Militärwaisenhaus, gekommen.[24] Ich litt damals, u[nd] noch lange Jahre nachher, an großer Schüchternheit und an stetem Rothwerden. Eine Qual sonder Gleichen. Noch sehe **[8]** ich die Kameraden um mich, die sich darüber lustig machten und den Lehrer, anstatt sie zu verweisen, mich ansehen, mir mit dem Finger drohen, daß ich abermals purpurn übergossen wurde, u[nd] dann sagen: „Nun, Willi kann noch roth werden; mancher kann es nicht mehr." Das Unthier!

Durch die ganze Kinderzeit zieht sich mir hindurch das Bild des liebevollsten Vaters. Immer gütig, immer herzlich, immer ruhig. „Willimännchen, mein Willimännchen", so rief er stets von weitem schon. Stets im Frack mit weißer Binde, ein kleiner, wohlbeleibter Herr, überaus sauber. Erst in späteren Jahren legte er den Frack ab und trug den schwarzen Gehrock. Das Schuhwerk aber war nicht nach meinem Geschmack: Er liebte bequeme, breite Stiefel, die freilich stets strahlend blank waren; ich konnte sie nicht eng genug bekommen und mußte manchen Tadel über mich ergehen lassen. Ebenso wegen der Handschuhe, die ich eng liebte, während er in die seinigen aus- und einfuhr wie in Schlafschuhe. Alles Männliche liebte er, denn er stammte aus jener Zeit, in der die **[9]** Jugend nur den einen Gedanken gehabt hatte: Abhärtung, Stählung für den Rachekrieg gegen die Franzosen. So gab es stets ein blankes 2½ Groschenstück, wenn ich mir einen Kinderzahn ohne Mucks ausziehen ließ, und wenn ich die nassen Stiefel anbehielt.

Zu meiner Kindheit gehörte auch der alte Friedrich, unser Kutscher Heese, der mit Frau, Sohn u[nd] Tochter bei uns lebte und unsere beiden Braunen fuhr.[25] Ich habe manchesmal neben ihm auf dem Bock gesessen u[nd] ein Stückchen seines Frühstückes, Schwarzbrodt, von ihm erhalten. Er war über u[nd] über mit Pockennarben besäet. Seine Frau führte lange Jahre meinem Vater – das Essen wurde ihm aus dem Hôtel geholt – die Wirthschaft, wobei es wohl nicht sehr ehrlich zuging. Als ich 1864 aus dem Kriege heimkehrte da öffnete mir ein fremdes Antlitz die Thür; und auf meine Frage, wo denn Friedrich sei, erfuhr ich, daß Heese's nicht mehr bei uns seien. Nahe an 20 Jahre hatte er meinen Vater gefahren, dann erhängte er sich im Stalle und mein Vater mußte ihn

24 Es handelt sich um die (1721 von König Friedrich Wilhelm I. gestiftete) Garnison-Lern- und Arbeitsschule, Am Kanal 55 bzw. Waisenstr. 31–33. Einer der Lehrer ist Hermann Theodor Wiese (1821–1879), wohnhaft Waisenstr. 32 (Schulhaus).

25 Friedrich Heese (1798–1864), Kutscher, wohnhaft Wilhelmsplatz 4. Im Potsdamer Melderegister einmal – wohl durch Willkür des Schreibers – Peter Häse genannt (StadtA Potsdam, MR/0061), in den Adressbüchern ansonsten richtig.

losschneiden. Seine Frau hatte **[10]** ihn in den Tod getrieben, da er einmal eine Andere für schöner gehalten hatte, als sie.

Auf mich machte diese jähe Trennung von dem, der mit meiner Kinderzeit so verwachsen war, einen tiefen Eindruck. Ein Ähnliches hatte ich schon früher empfunden, als ich vernahm, daß mein Vetter, Robert Adams[26], der Engländer, sich in Hamburg erschossen habe. Ein Schauer liegt auf dem Selbstmorde solcher, die Einem nahe standen.

Als ich 9½ Jahr alt geworden war ging es wohl zu Hause, ohne rechte Beaufsichtigung und mit der großmütterlichen Wirthschaftsführung nicht mehr: Ich kam zu den Herrnhutern nach Gnadenberg bei Bunzlau i[n] Schlesien, wo noch mehrere Söhne von Potsdamer Offizieren erzogen wurden. Die Großmutter brachte mich hin; Ostern 1854 muß es gewesen sein. 3 Jahre war ich dort. Eine schwere Zeit. Nicht als ob es dort nicht gut gewesen wäre. Aber ich litt, ich glaube in krankhafter Stärke, an Heimweh, u[nd] wenn sich das auch später all- **[11]** mählich abschwächte, die lange Seelenqual hat doch einen Schatten auf meine damaligen Kinderjahre geworfen, der dunkel, dunkel war. Verschärft wurde das noch dadurch, daß die anderen Jungen natürlich das „Muttersöhnchen" verspotteten. Das war das dritte Schwere, das ich tragen mußte.

Gleichzeitig hatte eine verwittwete Frau Névir in Potsdam, Schwerdtfegerstr[aße], eine reiche Dame, die eigenes Haus u[nd] Equipage hatte, Fritz zu sich genommen.[27] Wenn ich in den Ferien zu Hause war, verbrachte ich Tage und Abende bei ihr, bis Abends der Vater kam und dann mit mir nach Hause ging. Meinem guten Vater war damit eine schwere Last vom Herzen genommen; er wußte sein armes Kind gut aufgehoben. Sie war zu uns wie eine Mutter; und als sie, etwa 1859, starb, da war mir, als verlöre ich das Mutterhaus und mein armer Vater war trostlos. Denn nun mußte er seinen armen Fritz in liebelose fremde Hände geben. Da fand dieser zum 2ten Male eine Mutter: Die verwittwete Frau Reinke[28] nahm ihn zu sich; ihr **[12]** Mann war Postbeamter gewesen. Bei ihr blieb Fritz, nach des Vaters Tode, bis zu ihrem Tode in Genua, etwa 1886.

26 Robert Franz Adams (1837–1857), geboren in Liverpool, gestorben in Hamburg, Sohn von Aidonia Franziska Adams geb. Rödlich (1808–1881), einer Schwester von Dilia Branco geb. Rödlich.

27 Pauline Névir geb. Obbarius (1809–1859), Witwe, wohnhaft Schwertfegerstr. 12.

28 Marie Reinke geb. Wille (1826-ca. 1886), Witwe, wohnhaft Wilhelmsplatz 8, ab 4.4.1864 Sommerwohnung in der Weinmeisterstraße, ab 13.10.1864 Französische Str. 24. Heiratet (Datum nicht ermittelt) in Rom den Bildhauer Karl Voss (1825–1896). Friedrich (Fritz) Branco ist bei ihr jeweils mit Wohnsitz gemeldet (StadtA Potsdam, MR/0023, 0061).

Wie ich früher in den Ferien zu Frau Névir gegangen war, so später zu Frau Reinke. Beide Frauen aber waren mir sehr verschieden sympathisch. Fr[au] Névir war Dame, sanft, ruhig, mir sympathisch. Fr[au] Reinke war sehr gescheut, voller Interessen, aber kleinbürgerlich, heftig, laut, nicht Dame, mir unangenehm; sie hat mir manche Stunde verärgert – aber für Fritz war sie unermüdlich in Treue und Fürsorge.

Beide Frauen haben, wie mir später klar wurde, meinen Vater, der sich von der unheilbar kranken Frau scheiden lassen sollte, heirathen wollen. Mein Vater ist, Gott sei Dank, standhaft geblieben, wenngleich ihm die Sorge um das geliebte, arme Kind manchmal den Gedanken, vielleicht, nahegelegt hat, es doch zu thun.

Als mein Vater, Ende der 60ger Jahre, seine Praxis niederlegte, da gab er die Wohnung am **[13]** Wilhelmsplatz 4 auf, in der er Jahrzehnte lang gelebt hatte. Er schrieb mir am letzten Tage, den er dort zubrachte, einen bewegten Brief und sagte, er habe Fritz das Opfer bringen müssen, dies alte Heim zu verlassen u[nd] mit Frau Reinke zusammenzuziehen. Das war ihm offenbar sehr unsympathisch; sie wird ihn aber gedrängt haben; und er, in der Sorge, sein Fritz könne sonst wieder verwaist dastehen, hat eingewilligt.

So miethete Vater dicht vor dem Nauener Thor links das Haus des Gärtner[s] Heidert mit großem Garten u[nd] Veranda.[29] Vater hatte die Hochparterre Wohnung, Fr[au] Reinke mit Fritz die obere Etage. Von nun an reiste Vater viel, wobei ihn seine „Pflegetochter Marie", Fr[au] Reinke, und Fritz stets begleiteten. Die letzten Jahre aber verbrachte er den Winter mit ihnen in Rom; denn er, dem nie etwas gefehlt hatte, der noch mit 72 Jahren alle Zähne, keine grauen Haare, keine Glatze hatte, konnte des Asthmas wegen im Norden nicht mehr Winters in's Freie gehen.

Ich kehre nun zu mir zurück. Die trübe Zeit in Gnadenberg wurde nur unterbrochen durch die Lichtblicke der Ferien, die ich im Vaterhause **[14]** zubringen durfte. Aber die Ferien hatten ebenfalls nie etwas Fröhliches für mich, denn mir fehlte jeder Spielkamerad. In Potsdam hatte ich keine Bekannten mehr, der Vater war den ganzen Tag über auf Praxis – so war ich allein. Anfangs, so lange Frau Névir noch lebte, war ich ja viel bei dieser; aber den fehlenden Kameraden konnte sie doch nicht ersetzen.

29 Villa des Hofgärtners Joachim Ludwig Heydert (1716–1794), Friedrich-Ebert-Str. 83, damals Spandauer Str. 31. 1854/55 umgebaut im italienischen Landhausstil. Einzug der Familie Branco war am 1.4.1869.

Ostern 1857 schlug endlich die Erlösungsstunde von Gnadenberg: Ich kam nach Breslau zur Schwester meiner Mutter, Fr[au] v. Boguslavska[30], in Pension. Sie wurde mir eine zweite Mutter; ihre Tochter Anna[31] eine ältere schwesterliche Freundin. Der Onkel, Appellationsgerichtsrath, ein überaus heftiger, eigenthümlicher Mann, war gleichfalls stets freundlich gesinnt, und Albert[32], der Lieutenant u[nd] Sohn, immer ebenso, soweit er eben in Breslau lebte. Ich kam in das Magdalenen Gymnasium.

Die 5 Jahre[33], 57 - Ostern 63, welche ich in Br[eslau] zubrachte, sind sehr glückliche gewesen. Ich hatte ein volles Elternhaus, hatte Kameraden, Freunde, konnte Konzerte u[nd] Theater besuchen, hatte Tanzstundenflammen, den Kopf voller Eichendorf'scher Poesie, machte mit Horstig[34] kleine Fußreisen, **[15]** focht u[nd] turnte, suchte mich zu einem abgehärteten, kühnen Menschen zu machen, alle Gedanken waren darauf gerichtet, Offizier zu werden – kurz ich athmete mit vollen Lungen Lebenslust, forderte 2 mal Kameraden[35], wurde deswegen u[nd] wegen Rausches 2 mal in den Karzer gesperrt. Das Leben war sehr schön – aber das Arbeiten kam zu kurz.

Der Vater wollte sehr gern, daß ich studieren solle; meine Gedanken waren nur beim Militär. Ich begriff nicht, warum man Latein u[nd] Griechisch lernen müsse, hatte stets mangelhafte Zensuren, blieb stets 1½ Jahre in jeder Klasse. Der Vater, das Muster eines fleißigen Mannes, hatte dafür natürlich kein Verständniß; er ermahnte immer wieder, aber in seiner stets gütigen Art, nie hart und böse. Ich habe ihm damals leider keine Freude, sondern Sorge gemacht.

Wenn ich bedenke, wie rastlos fleißig ich im späteren Leben gearbeitet habe, ja, wie ich sehr bald bereits arbeitete als es galt, ein bestimmtes Ziel für den Militärdienst zu erreichen, so ist diese Abneigung dagegen in der Schulzeit auffallend. **[16]** Theils lag das daran, daß ich von Kindheit an in Potsdam ja weder Kunst, noch Wissenschaft, noch Handel, sondern nur Soldaten gesehen hatte; vor Allem aber daran, daß ich eine fast leidenschaftliche Neigung zum

30 Wassilissa v. Boguslawski geb. Rödlich (1809–1895), eine Schwester von Dilia Branco geb. Rödlich, heiratete 1831 den Assessor und späteren Appellationsgerichtsrat Wilhelm v. Boguslawski (1803–1874). Branco verwendete verschiedene Schreibweisen und bei den Frauen auch polnische Endungen des Namens.

31 Anna Maria Elisabeth v. Boguslawski (1837–1894).

32 Albert v. Boguslawski (1834–1905), Offizier, Schriftsteller.

33 Richtig: Sechs Jahre.

34 Eugen Horstig (1843–1901), Genre- und Landschaftsmaler.

35 Fordern: Rituelles Auffordern zum Zweikampf, hier das von Schülern nachgeahmte, mit staatlichen Verboten belegte studentische Duell in „Ehrenhändeln".

Soldatenstande besaß. Vielleicht war sie unterstützt worden dadurch, daß ich bei Frau Névir ein großes Prachtwerk von Napoléon I[36] mit zahlreichen Bildern fast täglich immer wieder ansah, so daß das kindliche Gehirn ausschließlich mit Kriegsbildern erfüllt wurde. So kam es, daß mir Napoléon I der hinreißende Kriegsgott war, während er meinem Vater, der diesen „verkörperten Egoismus" als Feind hassen gelernt hatte und bekämpft hatte, ein Scheusal war.

Theils lag es darin, daß Grammatik bis zum Ermatten getrieben wurde; unter dieser ging das, was der Schriftsteller sagte, ganz verloren. So sehr interessant nun auch vergleichende Sprachwissenschaft sein mag, die unvergleichende, bloße Grammatik-Paukerei war u[nd] ist mir nun einmal ein Widerwärtiges; und ich begriff nicht, daß dem Soldaten das etwas nutzen solle. Ich **[17]** war mir darüber nicht klar, daß diese öde Paukerei eine Turnübung für das Gehirn sei, bei der es seine Kräfte entfalten lernte. Kurz, der Widerwille war da.

Drei meiner Breslauer Schulkameraden traten mir besonders nahe. Die Erde deckt sie längst. Der erste hieß Volkmann, eines Landwirthes Sohn, der später Jurist wurde. Die Freundschaft war mehr eine einseitige, von ihm ausgehende; und so schloß ich mich nach Jahresfrist an zwei andere an, mit denen mich wahre Freundschaft verband: Horstig, eines Gutsbesitzers Sohn aus dem Posenschen; Bühler, ein Württemberger, dessen Vater Generaldirektor der Güter des Herzogs von Ujest (Hohenlohe) war. Also alle drei Freunde waren landwirthschaftlich angehaucht u[nd] Horstig u[nd] Bühler waren auch Naturschwärmer u[nd] trafen sich darin mit mir. Die Liebe zur Natur war mir eine so intensive, daß ein jedes Bild im Schaufenster, auf dem eine sonnige Landschaft dargestellt war, auf mich die Wirkung ausübte, als gehe in meinem Innern die Sonne auf. Es ist überhaupt mein Glück und Unglück gewesen, daß alle Empfindungen: Liebe, Haß, Kampflust, Trauer, Sorge etc. mit einer Uebermacht von mir **[18]** Besitz nahmen, wie das bei Anderen, normalen, offenbar nicht der Fall ist. Dadurch erklärt sich auch das grenzenlose Heimweh in Gnadenberg. Hand in Hand damit ging eine glühende Phantasie, die mir das, was mich gerade erfüllte, mit so leuchtenden Farben vormalte, wie sie der Wirklichkeit nicht im Mindesten entsprachen. Dadurch erhielt ich stets falsche Bilder von den Dingen u[nd] Zuständen; u[nd] der nothwendige Erfolg war nachher: Enttäuschung. Genau so wie es körperlich Farbenblinde giebt, war ich in solchen Dingen geistig farbenblind. Aber wenn

36 Napoléon Bonaparte (1769–1821), 1799–1804 Erster Konsul der Französischen Republik, 1804–1814 als Napoléon I. Kaiser der Franzosen. – Gemeint ist möglicherweise: Paul-Mathieu Laurent, Histoire de l'empereur Nepoléon, Paris 1840.

nun auch Enttäuschungen, trostlose Stimmungen eintraten, so war doch auf der anderen Seite auch wieder das Glücksgefühl ebenso ein übernormales.

Es lag offenbar Erbtheil von der Mutter vor. Und wenn ich trotzdem sagte, daß mein Leben ein von Gott reichgesegnetes gewesen sei, so sehe ich das zunächst einmal darin, daß ich nicht geisteskrank geworden bin. Die Schwester u[nd] der Bruder sind dem Erbtheile erlegen; ich, zwischen beiden geboren, bin davon verschont geblieben. Habe zwar Einiges, wie ich oben schilderte, abbekommen; dazu viel Kopfschmerz **[19]** u[nd] später, durch unnatürliche Lebensweise verstärkt, Nervosität – aber ich bin doch vor dem bewahrt geblieben, was mir, nach den Gesetzen der Natur, als Erbtheil ziemlich sicher war. Da kann ich wohl mich als einen Gesegneten in tiefer Dankbarkeit ansehen. Und überall habe ich nur Segen auf meinem Lebensgange erkennen können. Freilich, das Alles ist mir erst später klar geworden. Damals habe ich mir wenig darüber Gedanken gemacht.

Zwei intime Freunde in derselben Stadt haben ist ein schwieriges Ding; denn zudritt kann man nicht gehen, da ist stets Einer überflüssig; und wenn man nur mit dem Einen geht, dann fühlt sich der Andere zurückgesetzt; so war es ein Glück, daß Bühler bald nach Württemberg zurück kehrte. Ich behielt auf solche Weise alle Beide.

Mit Bühler war ich durch die Tanzstunde bekannt geworden, denn er saß eine Klasse höher als ich, so daß wir in der Schule wenig zusammenkamen. Er war ein düster aussehender, brünetter, und auch düster gesinnter Mensch, der schon damals und bis an sein Lebensende mit seinem Vater sehr schlecht stand. Ich hörte einmal, ob es wahr ist, weiß **[20]** ich nicht, er habe eigentlich einen Anderen zum Vater. Das Düstere seines Wesens zog mich natürlich nicht gerade an; aber es war in ihm etwas so Ritterliches, Männliches, Kampffröhliches, das mit meinen Neigungen übereinstimmte. Er machte dann in Öhringen das Examen, studierte Jura und trat in Württembergischen Dienst. Wir haben lange correspondiert; dann besuchte er mich in Heidelberg, ich ihn in Weinsberg und später in Stuttgart. Er war verheirathet, aber mit seinem düsteren Wesen war das Eheglück wohl nur mangelhaft. Auch trank er sehr gern; und daß er an Eiweiß-Krankheit starb, hing wohl mit dem Alkohol zusammen. „Geht nur hin u[nd] grabt mein Grab, / Denn ich bin des Wanderns müde“[37], dieser Lieblingsspruch von ihm kennzeichnet seine Stimmung. Als wir, Mutti[38] u[nd] ich, in Swinemünde waren, etwa 1882 od[er] 83, erhielt ich von seiner Frau seine Todesnachricht.

37 Anfang eines Gedichtes und Kirchenliedes von Ernst Moritz Arndt (1769–1860): Grablied (1818). Richtiger Wortlaut: „Geht nun hin…“.

38 Mutti: Gemeint ist die zweite Ehefrau Paula Kirchhoff; der Bericht ist für den Sohn Gerhard geschrieben, daher diese Perspektive.

Horstig, blond u[nd] blauäugig, immer fröhlich u[nd] den Himmel voller Geigen obgleich er nie etwas gehabt, nie etwas erreicht u[nd] geleistet hat, war ebenfalls mit mir auf dem Magdalenen Gymna- **[21]** sium. Später mußte er dasselbe, da er immer sitzen blieb, mit dem Katholischen Gymnas[ium] vertauschen, auf dem er dann auch das Abiturium machte. Horstig war mir doch der intimere Freund; denn Alles, was eine junge Menschenseele an Eichendorfscher Schwärmerei u[nd] Poesie besitzen kann, alle Begeisterung für Litteratur u[nd] Kunst u[nd] schöne Natur, alle Neigung zu harmlosen, jugendlichen Ueberspanntheiten – das alles theilte er mit mir.

Mit Horstig bin ich lange Jahre hindurch in Beziehungen geblieben. Natürlich erlahmte das Briefschreiben allmählich, aber es fand sich doch, durch meine Besuche bei ihm, immer wieder von Neuem die Anknüpfung. Er sollte u[nd] wollte das höhere Baufach ergreifen u[nd] bezog dann auch in Berlin später die Bauakademie. Dann hielt er das, als zu trocken, nicht aus, ward Maler ohne sonderliches Talent u[nd] vor Allem ohne die eiserne Ausdauer im Lernen u[nd] Arbeiten, ohne welche man nichts erreicht. Aber er war stets der festen Ueberzeugung, daß ihm mit den nächsten Bilde der Sprung zum berühmten Künstler gelingen müsse. Lange Jahre **[22]** hat er so in München gelebt, von der Hand in den Mund; ich habe ihm oft gegeben. Zuletzt ward er vom Wahnsinn ergriffen u[nd] starb bei München in einer Anstalt, nachdem wir innerlich doch eigentlich längst auseinander gekommen waren. Sein Vater war ein Trinker, daher vielleicht unverschuldet des Sohnes Unfähigkeit aushalten zu können bei der Arbeit.

Doch in der Zeit, von der ich rede, in unserer Breslauer Zeit, da war von dem noch nichts zu merken. Alle Nachmittage holte er mich ab „zum Bummeln“ und Sonntags ging es für 1 Silbergroschen in das Concert. Eine kleine Fußreise in das Glatzer Gebirge[39] erfüllte uns mit Poesie ob der Schönheit der Natur. Ein nächtlicher Marsch von Breslau zum Zobten[40] und am nächsten Tage zurück, in 25 Stunden etwa 11–12 Meilen einschließlich der Verirrung u[nd] des Aufstieges, erfüllte uns mit Stolz ob unserer Leistungsfähigkeit. Ein anderer Marsch von Breslau nach Sybillenort[41] u[nd] zurück 4 Meilen in 5 Stunden, halb im Laufschritt zurück gelegt. Etwas kläglich endete ein Nachtlager im Freien; es was [*war*] Nachtmanöver, ich hatte Erlaubniß mit H[orstig] hinauszu- **[23]** gehen, beschloß aber, daß wir uns besser abhärten würden, wenn wir Nachts im Freien schlafen würden. Wir legten uns also draußen auf einen Acker, gefolgt von

39 Glatzer Gebirge: Hauptteil der Sudeten.

40 Zobten (Sleza): Markanter Berg inmitten der niederschlesischen Ebene.

41 Sybillenort: Schloss des sächsischen Königshauses bei Breslau.

2 Straßenjungen, die sich im Dunklen fürchteten u[nd] darum uns angeschlossen hatten u[nd] nun nolens, volens auch mit uns draußen schlafen mußten. Wir schliefen richtig auch ein, wachten aber gegen 11 od[er] 12 frierend auf u[nd] trabten nun nach Hause. Am nächsten Tage fuhr es mir in den Leib. Alles hatte für mich immer den Zweck der Abhärtung, der Muth- u[nd] Kräfte-Uebung, der Vorbereitung auf den Soldatenstand. Zufällig gingen wir eines Tages draußen an der Oder, als es plötzlich S– durch die Luft sauste u[nd] eine Gewehrkugel an uns vorbei fuhr. Wir waren hinter den Militärschießständen; es wurde damals mit Minié-Büchsen[42] geschossen, welche sehr ruckten, so daß bisweilen Kugeln über den Erdwall hinweg u[nd] bis an die Oder gingen. Ich bin nachher noch mehrmals allein dorthin gegangen, um Kugeln pfeifen zu hören. Jugendliche Ueberspanntheit. Ein nüchterner Mensch hätte natürlich sein Leben nicht riskiert, blos um das Pfeifen der Kugeln kennen zu lernen. Aber **[24]** Kinder u[nd] Betrunkene haben ihren eigenen Gott, der sie bewahrt; und ich war wohl trotz alles männlichen Muthes ein rechtes Kind, daß ich solches that. Als 1859 der Krieg in Italien losbrach, wäre ich brennend gern, bei den Franzosen aber, mitgegangen, um bei der Fremdenlegion in Algier später dienen zu können, Soldat zu sein, fremde Länder sehen zu dürfen, nicht mehr Latein u[nd] Griechisch lernen zu müssen – kurz diese 3 Fliegen mit einer Klappe schlagen zu können, erschien mir als das Höchste des Begehrenswerthen.

Auch gefochten wurde tüchtig mit einigen Bekannten; ich hatte eigenes Paukzeug.[43] Der Erfolg war eine Forderung an den Herrn Leuchter, einen Judenjüngling, der mich nun anzeigte u[nd] in den Karzer brachte, u[nd] eine andere, auf glacée[44], die beigelegt wurde, ebenso wie, noch viel früher, ich war etwa 13–14 Jahre, auf Pistolen an drei meiner Schulkameraden: Pohlmann, v. Enckefort u[nd]?. Sie ließen mich in dem Glauben, daß sie es annähmen u[nd] kamen dann Abends zu mir, um zu sagen, wir sollten uns doch wieder vertra- **[25]** gen.

Das Alles, wenn ich es jetzt überblicke, so mißfällt es mir immer noch nicht, denn jede Muth-Äußerung am Jungen schon ist mir sympathisch. Aber ich muß doch zugeben, daß die Welt das nicht als ganz normal ansehen und benennen konnte: u[nd] das mag ja sein; ein Wunder wäre es ja nicht.

Mein Vater legte sehr großes Gewicht auf gute Formen und diese konnte ich mir ja auch bei B[oguslawski]‘s aneignen, denn sie gehörten zur besten

42 Claude Etienne Minié (1814–1879), Offizier, Waffenfabrikant, Erfinder eines Gewehrsystems mit Expansionsgeschoss (1849).

43 Paukzeug: Ausstattung (Schutzkleidung, Waffen) für das Fechten.

44 Gemeint ist Glacé: eine Auslage beim Fechten, auch allgemeine Bezeichnung für die Säbelmensur.

Gesellschaft. Die spätere Landwirthszeit hat den übergroßen Werth, den ich auf solche Formen eine Zeitlang legte, wieder beseitigt. Hinderlich im Verkehr mit Menschen ist mir, zeitweise mehr, zeitweise weniger, eine gewisse Schüchternheit gewesen, die in den Kinderjahren geradezu hochgradig war, so daß sie mir, im Verein mit dem leichten Erröthen, Vieles zur Pein machten. Später, in Breslau, wurde es geringer; aber ganz hat es sich bis in's Alter nicht verloren. Darum bin ich so glücklich, daß mein Sohn davon bewahrt geblieben ist. Die Folge der Schüchternheit ist es, daß man sich unabsichtlich unartig und rücksichtslos in vielen Fällen benimmt; aber die Quelle dieses Benehmens ist dann nicht Uner- **[26]** zogenheit, sondern nur Schüchternheit.

Eine Zeitlang hatte ich in Breslau noch einen anderen Freund gewonnen, den Sohn des Präsidenten Belitz. Das verbindende Band war hier der Umstand, daß wir beide Soldat werden wollten. Es war in dem letzten Jahre meines Breslauer Lebens, als Horstig auf dem Kathol[ischen] Gymnasium sich befand. B[elitz] trat bei den Dragonern in Öls ein, brachte es bis zum Rittmeister; er liegt nun auch längst unter dem Rasen. Er war ein netter, gutmüthiger Mensch, aber beschränkt.

Wie ich mit Arthur Müller befreundet wurde, das weiß ich nicht mehr. Auch hier war das Militär das Band, das uns zusammenführte. Er war ein Rittergutsbesitzers Sohn aus der gebirgigen Gegend von Schönwalde b[ei] Schönau i[n] Schlesien, nahe Goldberg. Ich brachte die Osterferien mit ihm auf dem Gute zu, das sein Bruder übernommen hatte, fühlte mich aber unter den mir fremden landwirthschaftlichen Verhältnissen u[nd] in der Einsamkeit recht wenig behaglich u[nd] hatte Heimweh nach Breslau. M[üller] trat bei den Ölser Dragonern ein u[nd] heirathete später eine Grä- **[27]** fin (Lüttichau denke ich). Natürlich ein Unsinn. 1866 wurde er verwundet, nahm den Abschied u[nd] kaufte ein kleines Gütchen, das ihm das Futter für 2 Pferde u[nd] für seine Familie brachte. Später, als ich in Eldena studierte, schrieb er mir das u[nd] lud mich ein, ihn zu besuchen. Letzteres that ich natürlich nicht, denn wo hat man das Geld zu solchen Reisen? Ob er noch lebt? Die Anderen sind ja alle schon hinüber! [*Spätere Einfügung:*] Auch längst +, u[nd] seine Frau war ihm untreu geworden.

Als mein lieber Vater sah, daß alle Ermahnungen, das Abiturium zu machen u[nd] zu studieren, nutzlos waren, willigte er endlich schweren Herzens ein, daß ich 1863 zu Ostern das Gymnasium verließ, nachdem ich 1 Jahr in Obersekunda gesessen hatte.[45] Ich bereitete mich nun zum Fähndrichs-Examen vor, erst in Potsdam mit Privatlehrern, dann in Berlin bei Kube, Alexandrinenstr[aße], in

45 Wilhelm Branco meldet sich am 15.7.1863 von Potsdam nach Berlin um. StadtA Potsdam, MR/0061.

einer sog[enannten] Presse.[46] Jetzt, wo ich das Ziel vor mir sah, konnte ich plötzlich Tag u[nd] Nacht auf das Angestrengteste arbeiten, so daß ich bald als Muster allen Anderen hingestellt wurde. Octob[er] od[er] Nov[ember] 1863 bestand ich das Fähndrichsexamen ausgezeichnet; nur 1 Point fehlte mir an 180, d. h. an der sogen[annten] Majestäts-Belobigung. Der Betreffende wird **[28]** hierbei dem Könige gemeldet u[nd] das, glaube ich, beim Regiment verlesen. Schade, denn ich hätte meinem guten Vater doch damit auch einmal Freude gemacht. Indessen das Examen war auch so schon ganz ungewöhnlich gut.

Nun das Regiment. Ich hatte durchaus Kavallerist werden wollen; denn welchen jungen Mann zögen nicht die muntere Reiterei u[nd] die buntere Jacke an? Vater, der in Potsdam das üppige Leben u[nd] die Schuldenmacherei zur Genüge kennen gelernt hatte, bestand auf Infanterie und meinte, wenn mir wirklich daran läge, im Kriege in's Gefecht zu kommen, so müsse ich doch nur Infantrist werden; denn die Kavallerie erlebe heut, bei den vervollkommneten Schußwaffen nicht mehr viel. – Was nicht ganz, aber doch großentheils richtig ist. Schließlich erlaubte er denn auch die Kavallerie, wollte aber die Stendaler Dragoner haben; denn in den kleinen Nestern, in denen nur 1–2 Schwadronen stehen, „versauerte und verbauerte" man ja. – Was ebenfalls richtig ist.

Ich war denn nun aber bereits seinen Gründen so zugängig geworden, daß ich freiwillig [*S.* **29** *in der Zählung übersprungen, deshalb S.* **30**] Infanterie wählte. Uebrigens muß ich hinzufügen, daß Vater mich wegen meiner Kurzsichtigkeit u[nd] wegen der nervösen Reizbarkeit des Herzens für untauglich erklärte. Damals, als die Armee noch klein war, sollte kein Kurzsichtiger genommen werden.

Bei dem ersten Inf[anterie] Reg[imen]te (N 10), bei dem mich Vater anmeldete, fiel ich denn auch bei der Untersuchung durch den Regimentsarzt durch; denn ich konnte die in der Entfernung befindlichen Aufschriften der Schilder nicht lesen. Ich war ja sehr kurzsichtig. Das R[e]g[imen]t stand in Schweidnitz u[nd] war von Vater gewählt, weil Albert v. Bog[uslawski] dort als Leutenant stand.

Nun meldete mich Vater beim 24ten Inf[anterie] R[e]g[imen]t, Neu-Ruppin, an, dessen Oberst, Graf Haacke[47], den Vater von Potsdam her sehr gut kannte.

46 Friedrich Wilhelm Kube, Mathematik-Lehrer, laut Allgemeiner Wohnungs-Anzeiger bzw. Berliner Adreßbuch 1858–1874 Leiter einer privaten Vorbereitungs-Anstalt für die militärischen Examina, zunächst Ritterstr. 37, dann Alexandrinenstr. 105. Sein Sohn Wilhelm Valentin Arthur Kube errichtete 1890 eine (heute noch bestehende) Dr. phil. Friedrich Wilhelm Kube-Stiftung zur Errichtung einer Altersversorgungsanstalt für bedürftige Berliner Lehrer, Lehrerinnen und Lehrerswitwen.

47 Graf Emil Eugen Julius Louis von Hacke (1814–1887), 1863–1866 Kommandeur des 4. Brandenburgischen Infanterie-Regiments Nr. 24.

Ich wurde angenommen u[nd] kurz vor Weihnachten 1863 oder kurz nachher einberufen. Es war ein bitterkalter Winter u[nd] ich, Unerfahrener, wählte eine Wohnung, Stube u[nd] Kammer, über einem Schlächterladen, der natürlich nie geheizt wurde. Darum zog ich bald aus zu einem Lehrer, der mir 2 Zimmer abvermiethete. Die Offizieren waren liebenswürdig, mein Hauptmann, **[31]** von Lüderitz, ganz besonders. Zum Offiziersball befohlen kam ich etwas spät, da ich unten im Gasthauszimmer gesessen u[nd] gezögert hatte; denn als Gemeiner – ich hatte noch nicht einmal meinen Extrarock u[nd] mußte im Kommisrock tanzen – unter lauter Offizieren ist Einem nicht sehr behaglich. Die Kurzsichtigkeit machte mir zu schaffen, denn ein Glas durfte ich nicht tragen. Die Damen, die ich engagierte, schrieb ich mir nach ihrer Kleiderfarbe auf; manchen Offizieren stellte ich mich 2 mal vor. Ich behielt leider schwer die Physiognomien der Menschen.

Bald wurde mobil gegen Dänemark gemacht u[nd] das Reg[imen]t rückte aus. Ich mußte noch, um einexerciert zu werden, mit dem „Schwamm", dem Ersatzbataillon, zurückbleiben, kam dann aber mit dem ersten Ersatz, Anfang April, nach; jubelnd, daß ich mitkönne. Schon der erste Marsch fiel mir bitter schwer: 4 Meilen u[nd] zum ersten Mal mit feldmarschmäßigem Gepäck. 4 Meilen waren mir auf der Schule ein Leichtes gewesen; aber hier die schweren Kniestiefel, das Gewehr, Mantel, der volle Tornister! Am Abend hatte ich 2 dicke Geschwülste auf beiden Schultern. Der 1te Marsch ging von Neu Ruppin bis (Krehl?), einem großen **[32]** Rittergute, das deswegen bekannt ist, weil in dem (lufttrocknen) Keller, hart an der Landstraße, die Leiche eines Ritters liegt.[48] Ich war auch unten bei dem alten Herrn. Zum Essen wurde ich mit an die Tafel geladen.

Den nächsten Tag ging's zur Bahn u[nd] nach Hamburg, wo ich in der „Herrlichkeit" ein Quartier erhielt. Kinder brachten mich dorthin. Es war eine Gasse, ohne Bürgersteig, den Rinnstein in der Mitte; u[nd] das Bett, das mir von dem Wirthe angewiesen wurde, stand im Keller. Der Ekel brachte mich schnell wieder heraus, ich ließ mir ein Gasthaus zeigen u[nd] übernachtete dort. Am nächsten Morgen, noch in dunkler Nacht, zum Rendezvous-Platze (auf dem Pferdemarkte?). Den in der fremden Stadt finden, zudem in der Nacht! Ein Nachtwächter führte mich, wollte kein Trinkgeld nehmen. Endloses Stehen auf dem Bahnhofe bis wir einsteigen konnten. Als wir endlich drinnen waren, mußten wir wieder

48 Die Klammer mit Fragezeichen hat Branco selbst gesetzt. Gemeint ist Rittergut Kampehl, heute Ortsteil von Neustadt an der Dosse, etwa 25 km westlich von Neuruppin an der damaligen Landstraße (heute Nähe Autobahn) Berlin-Hamburg. Als Touristenattraktion liegt dort (heute in der Dorfkirche) der 1794 in der Familiengruft aufgefundene mumifizierte Leichnam des legendären Ritters Christian Friedrich v. Kahlbutz (1651–1702).

heraus u[nd] antreten; denn eine Abtheilung Reservisten od[er] Landwehrleute, die im Viehwagen (mit Bänken ausgestattet) fahren sollten, war so widersetzlich, daß es eine Zeitlang schien, als ob wir zur Ruhestiftung mit dem Gewehr gebraucht werden würden.

Endlich Abends in Flensburg Ankunft. Ich kam **[33]** zu einem dänisch gesinnten Schiffer in's Quartier, der sich verschwor, wir würden die Schanzen niemals nehmen. Dann kam wieder ein Marsch, bei dem ich der Last des Gepäckes fast erlag; er brachte uns bis zu unserem R[e]g[imen]t, das vor Düppel lag; und nun waren wir vor dem Feinde. Leider war es zu bald vorbei und ich kam nur 1 mal in ein wirkliches Gefecht, in der Nacht vom 11–12 glaube ich, das dann bis zum Morgen dauerte. Mein Leutnant, Helwig glaube ich hieß er, gab mich danach zur Tapferkeitsmedaille ein; ich hätte sie auch erhalten, wenn nicht der Oberst in wohlmeinender Absicht, um mir den Dienst u[nd] das Leben im Felde zu erleichtern, befohlen hätte, daß diese Auszeichnung umgewandelt werden solle in die andere, daß ich mit Ueberspringung des Unteroffiziers Fähndrich werde. Daraus machte ich mir nun gar nichts, denn Fähndrich wäre ich doch geworden, wenn auch später; aber die Dekoration war nun futsch.

Dann bin ich nur noch Nachts u[nd] Tags im Granatfeuer gewesen, wenn wir in den Laufgräben lagen. Leider standen wir am 16 u[nd] 17 April 24 Stunden lang auf Vorposten dicht vor dem Feinde, u[nd] konnten so nicht zur Sturmkolonne am 18 April genommen werden, zu der man ausgeruhte Leute brauchte. Nachts 17 Apr[il] marschierten wir zurück zur Büffelkoppel u[nd] Mor- **[34]** gens am 18 rückten wir wieder vor, waren aber nur im 2ten Treffen beim Sturm, hatten endlosen Laufmarsch, das Reg[imen]t aber verlor nur wenige Mann. Am Nachmittag sahen wir dann mit Neid die Sturmkolonnen zurückkehren, an uns vorbei, dazu viele Gefangene. Nun lagen wir noch eine Weile in der Gegend von Düppel, rückten mehrmals in die Schanzen, die demoliert, abgetragen wurden, dann hieß es „Waffenstillstand".

Ich lag in Sysebie an der Schlei im Hause des Schullehrers. Nun begann wieder das tägliche Exercieren und es stellte sich mehr u[nd] mehr heraus, daß mein Herz für die Anstrengungen des Militärdienstes nicht geeignet war, obgleich ich jetzt das schwere Gepäck nicht mehr zu tragen brauchte; d. h. den Tornister nicht, aber natürlich Gewehr, scharfe Patronen, Seitengewehr u[nd] Mantel, was immerhin ein ganzes Gewicht ist. Ich wurde untersucht und wegen sehr starker Herzerweiterung (die aber nicht, oder doch nur damals, vorübergehend vorhanden war) entlassen. D. h. zunächst in Lazarethe abgeschoben, nach Flensburg, später nach Merseburg, endlich nach Potsdam zu meinem Vater geschickt u[nd] dann ein Jahr darauf, bei der Supervision als dauernd invalide entlassen.

So hatte der Vater denn Recht behalten, als er das **[35]** Herz nicht für taktfest genug zum Soldaten erklärte.

Die Fahrt von Merseburg bis Potsdam war ganz interessant. An der weißen Binde um den linken Arm war man kenntlich als einer der Schleswiger; und ein Mann besonders erwies mir Höflichkeiten. Er hatte ein große Figur, großen Vollbart und erzählte, er sei Broncegießer, ich solle mit ihm in Halle, wo er wohne, aussteigen u[nd] bei ihm übernachten; denn er sei auch Soldat, Kuirassier gewesen. Vertrauensselig wie man damals – hier mit Recht – war, ging ich in Halle mit ihm mit. Es war schon Nacht, seine Frau schlief schon u[nd] vor der hatte er nun doch etwas Manschetten, was sie dazu sagen werde. Er machte mir also das Sopha in der Wohnstube als Lager zurecht. Am nächsten Morgen war sie ja dann auch nicht brummig u[nd] zum Abschied gab sie mir noch gekochte Eier in den Brodtbeutet mit. Die waren leider im Innern noch weich, ich zerschlug sie, ohne es zu wissen, mit dem Gewehr u[nd] nun lief das Gelbe aus dem Brodtbeutel die Hosen hinab, die kaum mehr rein zu bekommen waren.

In Berlin angekommen ging ich zu Kube in die Fähndrichspresse, wo ich noch einige Bekannte traf u[nd] übernachtete dort bei einem derselben. Am **[36]** nächsten Tage ging es nach Potsdam. Auf dem Bahnhofe in Berlin wollte mir eine Dame durchaus einen Thaler schenken. Ich lehnte ab. Sie blieb dabei. Wir beide roth. Publikum um uns herum. Es war peinlich. Besser hatte ich es in Merseburg gemacht. Dort traf mich eine Bauersfrau u[nd] fragte, was wohl ihr Sohn in Schleswig mache, der bei der Artillerie sei. Das wußte ich natürlich nicht zu sagen. Beim Abschied aber drückte sie mir einen Groschen in die Hand. Den habe ich mir lange aufgehoben, leider ist er dann verloren gegangen.

Es war Nachmittag, als ich bei meinem Vater klingelte. Ein fremdes Gesicht öffnete mir; u[nd] auf die Frage, wo denn der alte Friedrich (Kutscher) sei, vernahm ich, daß er sich aufgehängt habe. Vater war bereits fortgegangen. So spannte der Kutscher an u[nd] fuhr mich zu Frau Reinke, bei der Fritz damals war; sie hatte eine Sommerwohnung in der Weinmeisterstr[aße] mit großem Garten. Dort kam dann später auch der Vater hin, der sich freute, mich gesund wieder zu haben, aber doch fragte: Was nun? Er rieth, ich solle wieder auf die Schule, das Abiturium machen. Aber dazu hatte ich keine Lust. Zum Kaufmann noch weniger. Also blieb nur Landwirth.

[37] Es war ein Glück, daß Vater von einem bekannten Herrn in Potsdam, Köppen[49], hörte, sein Sohn sei in Dahlem Volontär u[nd] gefalle sich so sehr gut

49 Daten nicht ermittelt; evtl. M. Köppen, Lieutenant und Vermessungsinspektor, wohnhaft Am Kanal 53.

dort. Mein Vater schrieb an den Oberamtmann Johannes[50] u[nd] fragte, ob er mich nicht ebenfalls als Vol[ontär] nehmen wolle. Dieser lehnte ab, da er bereits einen habe. Aber Vater bat nochmals, ob es nicht gehe, ihm liege daran, daß sein Sohn in gute Hände komme – und sie nahmen mich an.

Im Juli 1864 wurde ich so in Dahlem Landwirth. Wie von kleinen Dingen Große abhängen: Dort lernte ich meine verstorbene Frau kennen, dort verlobte ich mich später mit ihr, dort starb sie und liegt sie begraben, dort verlor ich einen ansehnlichen Theil meines Vermögens; u[nd] beinahe hätte ich selbst auch noch D[ahlem], als Johannes es zu hoch gepachtet hatte u[nd] er es abstoßen wollte, von ihm übernommen.

Dahlem hatte eine einzige Lage: 1 Stunde Wagenfahrt von Berlin. Daher jeden Sonnabend u[nd] Sonntag Besuch von dort, Troschel, Jurist, früh[erer] Schulkamerad von Joh[annes] u[nd] Bethge früh[erer] Lehrer von Axel[51], dem Stiefsohn von Joh[annes]. Beide brachten immer eine Fülle von Humor u[nd] von Großstadtluft hinaus. Aber die Hauptsache war die Frau Johannes[52], eine für alles Geistige interessierte Frau, dazu eine Frau von seltenster Unterhal- **[38]** tungsgabe, u[nd] immer nur auf die Anderen eingehend u[nd] von deren Interessen sprechend, sie freilich auch, falls sie ihr gefielen, auf ein hohes Piedestal stellend, so daß sie sich überschätzten. Es hat mir später, als ich D[ahlem] verließ, erst Mühe gekostet, mich in der Welt wieder recht zu werthen, denn sie hatte mir eine viel zu hohe Meinung von mir beigebracht. Aber das Leben war aus all diesen Gründen herrlich dort. Er, Joh[annes], war eine große, ritterliche, vornehme Erscheinung, aber sehr bequem, unthätig, wenig zur Unterhaltung beitragend.

Ich habe 2 Jahre dort, bis Oct[ober] 66, als Volontär verlebt, so angenehm, wie sie selten wohl ein Vol[ontär] finden dürfte. Sonntags wurde entweder gekegelt oder nach der Scheibe geschoßen. Auch nach Berlin wurde man öfters mitgenommen; Joh[anne]'s fuhren wöchentlich 1 mal zu Wagen hinein u[nd] stiegen im Hôtel Magdeburg, Mohrenstr[aße] ab[53], damals ein sehr gutes Hôtel. Absichtlich habe ich erst von diesem Leben u[nd] nicht von der Landwirthschaft

50 Reinhold Johannes (1827–1879), Oberamtmann, Pächter von Gut Dahlem, heiratete 1854 Betty v. Velten (1824–1906).

51 Axel Puhlmann (1848–1909), Sohn von Betty Johannes geb. v. Velten aus erster Ehe mit Emil Puhlmann (1808–1853), 1879–1883 Pächter der Domäne Dahlem.

52 Sophie Julie Betty Johannes geb. v. Velten (1824–1906), heiratete 1847 Emil Puhlmann (1808–1853), 1854 Reinhold Johannes (1827–1879); Schwester von Olga Helmholtz geb. v. Velten (1827–1859), Tante von Käthe Branco geb. Helmholtz.

53 Hôtel de Magdebourg, Mohrenstr. 11/12 (Bezirk Mitte, zwischen Mauerstraße und Hausvogteiplatz).

gesprochen; denn es war für mich, dem dieselbe fremd war, wichtig, daß ich nicht in ein abgelegenes, allem Geistigen abgestorbenes Dorf verschlagen wurde.

Nun die Landw[irthschaft] in Dahlem. Der Inspektor, **[39]** Schulze, ein untersetzter, sehr starker Mann, d. h. sehr kräftig, sehr thätig u[nd] interessiert für die Wirthschaft; Bauernsohn, Dreijähriger bei den Gardehusaren. Wenn er mal, was selten geschah, in sein Heimathsdorf Sputendorf bei Teltow fuhr um dort Skat zu spielen, so steckte er mehrere Hundertthaler-Scheine in's Portemonnaie, um sie protzend zufällig zeigen zu können. „Ein feiner chien"[54], aber hinten natürlich mit g gesprochen, das war sein Lieblingswort. Es war sehr gut mit ihm auszukommen, er wurde auch von der Herrschaft am Sonntag zu Allem zugezogen.

D[ahlem] hatte 2000 Mrg. [*Morgen*], lag in 12 Schlägen à 120 Mrg. die im Norfolker Fruchtwechsel bewirthschaftet wurden: 1) Kartoffeln x 2) Gerste, Hafer 3) Klee, Erbsen, Wicken 4) Roggen.[55] Dazu sandige Außenschläge u[nd] 200 Mrg. Flußwiesen bei Spandau. Der Grunewald begränzte die Felder im Westen. Vom Felde aus sah man die Thürme Berlins; der Steglitzer „Fichtenberg" begränzte sie im Osten – u[nd] doch vollste Ländlichkeit – da, wo heut ein[e] Villenstadt u[nd] zahlreiche Staats-Institute sich zu erheben beginnen. Brennerei u[nd] Schäferei waren in D[ahlem] vorhanden, Milchw[irthschaft] natürlich.

[40] Es war herrlich dort. Freilich, da ich Volontär war, habe ich nicht so viel gelernt, wie man sonst lernen könnte. Aber das Lehrlingswesen liegt ja ebenso im Argen oder noch mehr; denn 4–6 Wochen nur beim Kartoffelbuddeln oder beim Pflügen stehen, was lernt der Lehrling dabei? Ich las viel Landwirthschaftliches, bildete mir, da mir noch prakt[ische] Kenntnisse fehlten, dadurch mancherlei schiefe Vorstellungen; aber ich gewann doch Anregung. Man konnte sich damals in Berlin bei Reinhold Kühn[56] auf landw[irthschaftliche] Bücher, deren man immer eine ganze Kiste voll erhielt, abonnieren; so wie auf Unterhaltungsbücher, das ist leider später eingegangen.

In meine D[ahlemer] Zeit fällt, Sommer 1865, eine 8tägige Fußreise in den Harz, die mir der liebe Vater, dem ich bisher doch eigentlich noch nicht so viel

54 Ein feiner Hund.

55 Morgen (Mrg.): Landwirtschaftliches Flächenmaß, nach Ländern sehr unterschiedlich; in Preußen 2.553,23 Quadratmeter. Schlag: Felderabteilung eines in derselben Fruchtfolge bewirtschafteten Ackerareals. Norfolker Fruchtwechsel: vierfeldrige Fruchtfolge mit Wintergetreide, Wurzelgewächsen, Sommergetreide, Klee.

56 Reinhold Kühn, laut Allgemeiner Wohnungs-Anzeiger für Berlin (1865) Leipziger Str. 14, Druckerei-Besitzer, Buchhändler für Gewerbe, Gartenbau, Forst- und Landwirtschaft nebst landwirtschaftlicher Bibliothek und Journalzirkel, Central-Versorgungs-Büreau für Landwirtschafts-Beamte.

Freude gemacht hatte, schenkte. Sie war herrlich, nahm aber ein häßliches Ende. Ich trug damals, da ich stets sehr kurzsichtig war, ein Monocle, wie Johannes auch; hatte ein elegantes helles Jaket u[nd] sah wohl „patent“ aus; dazu sehr jung, jünger als 21, die ich zählte. Da meinten Bauernfänger, sie könnten den Grünen rupfen; u[nd] zwar ging das so vor sich:

[41] Im Gasthofe machte ein Herr meine Bekannschaft, und fragte, wohin ich zunächst wandern werde. Nach Thale sagte ich. Ei, da hätten wir ja denselben Weg, ob wir nicht zusammengehen wollten. Ich willigte harmlos ein. Vernünftiger wäre es, mein lieber Junge, zu sagen, man müsse seines Herzens wegen langsam gehen, oft Ruhepausen machen, könne daher nie mit Anderen zusammen marschieren – es sei denn, man erkenne seinen Gefährten als sicher.

In Thale schlug er vor, wir sollten im „Waldkater“ frühstücken u[nd] wählte dazu einen kleinen Pavillon, der abseits lag. Schon unterwegs aber hatte er „zufällig“ noch einen Bekannten getroffen u[nd] bald gesellte sich noch ein weiterer Bekannter zu ihnen, als wir im Pav[illon] saßen und frühstückten. „Da hat ja Einer ein Spiel Karten verloren“ sagte er plötzlich, bückte sich an die Erde u[nd] hob ein solches auf. Nun begannen die 3 – denn ich lehnte das Mitspielen ab, da mir schon etwas zu dämmern begann – ein Spiel, das ich nie gesehen hatte, aber innerlich als das berüchtigte „Kümmelblättchen“ erkannte. Man muß sagen, unter welchem von 3 Packeten eine bestimmte Karte vom Spielenden gesteckt ist. Jene beiden Bekannten riethen also u[nd] er spielte, während ich zusah. Der **[42]** Witz ist der, daß er zuerst ehrlich spielt, so daß der Einzufangende stets genau sieht, wo die fragliche Karte liegt. Sowie er ihn aber eingefangen hat, so daß er mitspielt, dann wird die Karte im letzten Augenblicke wieder unter ein anderes Packet gesteckt als dasjenige, unter welchem man sie verschwinden sah, u[nd] man verliert.

Ich sah also zu, sah jedesmal deutlich, unter welches der 3 Packete er die Karte schob; seine beiden Bekannten aber sahen das (scheinbar) nicht, sondern nannten immer ein falsches Packet, verloren also fortgesetzt. Nun begab sich das Alte, Immerneue, daß ich mich für fixer hielt als jene Beiden u[nd] nicht daran dachte, daß zuletzt Betrug eintreten könne. Ich setzte 5 Thaler – und gewann; denn man muß ja erst sicher gemacht werden.

„Nun wollen wir aber weiter wandern, zur Roßtrappe“, sagte Einer. Also wir gingen. Ich hätte gesagt haben sollen, daß ich nicht mitgehe, aber ich war wie hypnotisiert; denn ich ahnte, daß das Bauernfänger seien, doch sehr stark. Der Weg führt steil zur Roßtrappe herauf im Walde. Plötzlich sagte Einer als ein Weg rechts abführte: Dort ist eine Bank, wir wollen doch ein Bischen ausruhen. Sie bogen rechts ab u[nd] ich, Einer gegen Drei, ging mit. Die Bank war **[43]** nahe dem senkrechten Absturze der Felsen. Das Kartenspiel wurde auf's Neue hervorgeholt u[nd] ich aufgefordert, ich habe gewonnen, ich müsse ihm Revanche geben. Die 5 Thaler brannten mich ohnedies in der Tasche. Ich setzte also 10 Thaler, hatte natürlich im nächsten Augenblicke verloren, obgleich ich völlig sicher wußte, unter welchem Packete ich die Karte gesehen hatte. Sofort stand ich auf, erklärte, ich spiele nicht mehr und ging sogleich los, denn ich wollte vor Allem auf den Hauptweg und von der senkrechten Wand fortkommen. Sie ließen mich ziehen, aber es waren einige bange Minuten. Ich stieg auf die Roßtrappe, aber die Reise war mir verleidet, die Sache machte mir einen ekelhaften Eindruck; auch war ich deprimiert, daß ich so dumm gewesen sei, mich für klüger zu halten als Jene; und ich hatte 15 Mark Reisegeld weniger. So kürzte ich denn die Reise ab. Meinem Vater erzählte ich es nicht. Warum nicht? Ist es denn nicht das Natürliche, daß ein Sohn seinem Vater Alles erzählt, das ihn belastet? Natürlich gewiß; aber wir leben in unnatürlichen Verhältnissen. Der beste, liebste der Väter war der meine; dazu so milde, nie heftig, stets liebevoll. Aber stets auf der Praxis, also fern von mir, **[44]** zudem ich lange von Hause fort; u[nd] es war nicht seine Art, das Vertrauen des Kindes in solchen Fällen, wo dieses Unrecht gethan hatte, gewißermaaßen herauszuholen. Trotz aller Liebe war er doch eher eine zurückhaltende Natur und – ich hatte auf der Schule doch manchen Tadel von ihm erhalten. Eltern sollten stets u[nd] um jeden Preis vor allem Anderen das absolute Vertrauen ihrer Kinder aus diesen herausholen – wozu freilich gehört, daß diese offenen Charakters sind. Welch Kind verschlossen ist, wie z. B. Edith[57], bei dem würden Eltern vergeblich Sturm laufen, um Vertrauen zu erringen. Und doch ist absolutestes Vertrauen u[nd] Aussprechen nothwendig, wenn ein Kind behütet bleiben will, wenn es, das Unerfahrene, die Schätze der Erfahrung genießen will, die die Eltern im Laufe ihres Lebens theuer erkauft haben. Die Ohrenbeichte, ohne daß der Beichtiger den Beichtenden ansieht, sie sollte vor Allem von den Kindern gegenüber den Eltern abgelegt werden, gebräuchlich sein. Und nie sollte dann der Vater der Zürnende, Strafende, sondern stets nur der Gütige, Berathende, auf den rechten Weg Weisende sein. Dann stände es besser um die Menschen.

[45] Noch ein zweites Ereigniß trat ein. Im Sommer 1865 kam die Nichte der Frau Oberamtmann Johannes, Käthe Helmholtz[58], 15–16 jährig, nach Dahlem zum Besuche. Und 1866 wiederholte sich das, auch Richard[59], ihr Bruder, kam

57 Edith Sophia Olga Branco (1873–1950), einziges Kind aus der Ehe von Käthe und Wilhelm Branco.

58 Catharina (Käthe) Helmholtz (1850–1877), Tochter von Hermann Helmholtz (1821–1894) und Olga v. Velten (1827–1859).

59 Richard Helmholtz (1852–1934), Sohn von Hermann und Olga Helmholtz.

mit zu den Ferien. Frau Joh[annes] konnte stets nur Eines: Einen Menschen in den Himmel erheben oder ihn in die tiefste Hölle stoßen.

Wie sie mich schon zu den Ersteren gestellt hatte so daß ich übertriebene Vorstellung von meinem Werthe bekam, die ich später erst wieder, unter Schmerzen natürlich, verlieren mußte, so brachte sie Käthe auch eine übertriebene Vorstellung von mir bei. Und wie sie Käthe in den Himmel erhob, so erweckte sie in mir auch die Vorstellung, daß diese das vollkommenste Wesen sei. Im Jahre 1866 aber suggerierte sie uns Beiden dann – denn anders kann ich es nicht nennen – die Idee, daß wir beiden vollkommensten Menschen unter der Sonne uns auch heirathen müßten. Verliebt ist eigentlich wohl keiner von uns Beiden in den Anderen jemals gewesen. Aber Glaubenssatz ist das in uns geworden, den Käthe später, da sie in die Welt mehr hinauskam und vielleicht eigenköpfiger war, dann mehr u[nd] mehr ab- **[46]** streifte, der aber in mir sich als ein Muß viel härter, tiefer eingrub. Ich will gleich vorgreifend vom Jahre 1871 sprechen: da war ich wieder in Dahlem Volontär u[nd] Frau Johannes ließ wieder ihre Nichte kommen. Beide Theile waren sicher nicht verliebt in einander; auch das Zusammenleben u[nd] Kurmachen[60] förderte nichts Derartiges an den Tag; Käthe hatte auch für die Idee, auf dem Lande leben zu müssen, wenig übrig, sie war geistig viel zu „hochmüthig" im guten Sinne will ich es so nennen. Und doch hat wohl jene, auch in mir längst erstorbene Suggestion wieder auf's Neue gewirkt. Aber nun begab sich die Bestätigung, wie sehr la donna è mobile[61]: Frau Joh[annes] redete schließlich, mir wenigstens, ab; konnte es aber wiederum doch nicht unterlassen, mich vor Käthe stets singen zu lassen, Liebeslieder natürlich; denn sie konnte nie 2 Menschen verschiedenen Geschlechtes bei sich sehen, ohne Liebelei zu stiften. Nun soll meine Stimme etwas Weiches, Einschmeichelndes gehabt haben; jedenfalls sagte mir Käthe später, sie habe durchaus nicht mich heirathen wollen, aber mein Singen habe das geändert. Kurz es begab sich das Folgende:

Frau Joh[annes] hatte mich beschworen, ich solle K[äthe] kei- **[47]** nen Antrag machen, wir paßten nicht zu einander; und ich war auch keineswegs etwa nennenswerth erwärmt, hatte also auch nicht die Absicht, das zu thun. Da mußte ich K[äthe], die nach Berlin fahren wollte, nach Steglitz zur Bahn begleiten; es war wohl Sonntags. Der Zug überfüllt, nur ein Coupé mit angeheiterten Fähndrichen. In das wollte ich nun ritterlicherweise Käthe nicht allein hineinlassen, ich

60 Kurmachen: „den Hof machen", umwerben; von französisch cour: Hof, Aufwartung. Vgl. Sächsische Akademie der Wissenschaften (Hg.), Brandenburg-Berlinisches Wörterbuch, Bd. II Sp. 1266.

61 Die Frau ist launisch, deutsche Version: O wie so trügerisch sind Weiberherzen; Canzona aus dem 3. Akt von Giuseppe Verdis Oper „Rigoletto" (1851).

stieg ohne Billet mit ein u[nd] brachte sie in Berlin nach Hause, Kaiserin Augusta Str[aße].[62] Plötzlich unterwegs sagte sie mir: Es helfe ja doch Alles nichts, wir sollten uns doch verloben. Das traf mich hart, denn ich wollte das ja nicht mehr; aber das Gewissen sagte mir, daß ich diesen, sehr unerwarteten, Ausgang durch meine verflixte Kurmacherei mit Singen und mit Rede verschuldet habe und nun doch unmöglich „Nein" sagen könne.

So kam ich nach Dahlem als Verlobter zurück; u[nd] nun war Frau Joh[annes], die Alles das angestiftet hatte, plötzlich wie umgewandelt u[nd] wollte von mir nichts mehr wissen. Wer ergründet die Launen einer Frau? Man muß das Bestrickende dieser Frau, das sie noch heut, als 80 jähr[ige] Greisin besitzt, kennen, um zu verstehen, warum ich, damals 20–26 jähriger, von der 40–46 jähr[igen] Frau so stark beeinflußt wurde. Geschah das doch allen jungen Leuten, die mit ihr in nähere Beziehung traten.

So kamen zwei Menschen zusammen ohne Liebe, **[48]** (denn auch bei K[äthe] war das nur vorübergehende Hypnose durch mein Singen gewesen) nur mit gegenseitiger Hochachtung vor einander, ohne jeden Vortheil weltlicher Art, der sonst bei Heirathen ohne Liebe eine Rolle spielt, ohne daß also sie Geld u[nd] ich Titel mitgebracht hätten. Unnützer Weise, nur zusammengeredet, Jahre hindurch, durch eine Frau, die stets Liebeleien stiften mußte.

Und doch ist die Ehe eine glückliche geworden, weil beide Theile sittliche Charaktere, strebende Menschen waren; weil meine pekuniären Verhältnisse damals, bei hohen Zinsen, Unterstützung durch meine Mutter und sparsamem Leben derartige waren, daß wir gemächlich leben konnten; weil endlich K[äthe] sehr ruhiges Temperament hatte, so daß Reibereien, die ja unausbleiblich sind, fehlten, zumal ich auch selbst, durch mein Leben auf dem Lande damals nichts von Nerven kannte.

Seitdem hat sich mir die Ueberzeugung der Wahrheit des Wortes aufgedrängt, daß zu einer glücklichen Ehe viel weniger oder gar nicht heftige Verliebtheit, die ja auch ein Bestandtheil der Liebe ist, gehört; denn diese verschwindet nothwendig in der Ehe. Daß auch die Liebe fehlen kann. Daß viel mehr erforderlich sind: das Vorhan- **[49]** densein ernster, sittlicher Anschauungen; das Passen der Charaktere u[nd] Temperamente; das Vorhandensein günstiger äußerer Verhältnisse, um Noth, Sorgen, allerlei kleine Nadelstiche fern zu halten; endlich Gesundheit beider Theile und daran hat es eben bei uns gefehlt.

Ich kehre zurück. Das Jahr 1866 brachte uns den Krieg mit Oesterreich. Ich flehte meinen Vater an, er möge mich als Freiwilliger mitgehen lassen, denn ich

62 Gemeint ist: Königin-Augusta-Straße (Nr. 45), heute Reichpietschufer.

hielt es kaum aus, zu Hause zu bleiben, so mächtig regte der Krieg mich auf. Im Jahre 1870 wiederholte sich dasselbe; ich empfand es als tiefes Unglück, zu Hause bleiben zu müssen. Aber Vater blieb fest: „Du bist Deines Herzens wegen als ganz invalide entlassen. Selbst wenn man Dich nähme, würdest du nach den ersten Märschen wieder in das Lazareth wandern müssen." Aber es war hart.

Herbst 1866, der Krieg war beendet, verließ ich Dahlem u[nd] bezog die landw[irthschaftliche] Akademie Eldena bei Greifswald.[63] Zwei Semester war ich dort, habe bis in die Nächte hinein, sehr angestrengt u[nd] mit brennendem Interesse gearbeitet; bin aber auch kein Spielverderber gewesen, habe unseren Sonnabends-Kneip **[50]** Abend besucht, unsere Bälle mitgemacht, Freunde gewonnen u[nd] diese Abends besucht. Es war sehr schön. Wir waren einige 50 Studierende, die z[um] gr[oßen] Theile gemeinsam Mittags aßen, während man Abends zu Hause aß. Ich wohnte im Hause neben dem Gasthofe. Am meisten hatte ich mich angeschlossen an einen R[itter]gutsbes[itzer]-Sohn aus der Weichsel Niederung, Rötteken[64]. Demnächst an H[errn] v. Rummel[65] aus Petersburg; H[errn] von Klencke[66], Hannoveraner jetzt arger Welfe; u[nd] an einen, dessen Namen ich vergessen habe [*spätere Einfügung*: (Förster)[67]], was ganz gut ist, denn er soll Gelder veruntreut haben.

Ich fühlte, daß mir die Praxis fehlte; denn in Dahl[em] hatte ich doch, da Unterweisung fehlte u[nd] ich stark „Volontär" war, vor Allem, da ich als Städter absoluter Neuling war, nicht so viel gelernt, als man hätte lernen können. Darum

63 Laut Abgangszeugnis der Akademie Eldena wurde Branco am 16.10.1866 immatrikuliert und verbrachte hier das Wintersemester 1866/67 und das Sommersemester 1867 (FAvB, Nachlass Branco, Urkunden). – Eldena: 1835 gegründet als Staats- und Landwirtschaftliche Akademie bei der Universität Greifswald, 1866 dem Preußischen Ministerium für landwirtschaftliche Angelegenheiten unterstellt; mit Mustergut, Versuchsfeldern, Baumschule, botanischem Garten und diversen Betrieben eine der ersten landwirtschaftlichen Hochschulen Deutschlands.

64 August Rötteken (1846-?), Sohn des Gutsbesitzers und Landschaftsrates Hermann Rötteken in Grünfelde, 1866–1868 Student in Eldena.

65 Richard v. Rummel (1844-?), Sohn des Professors und Staatsrates Carl v. Rummel in Dorpat, 1865–1867 Student in Eldena.

66 Ernst Friedrich Ludwig v. Klencke (1843–1923), Fideikommißherr zu Hämelschenburg, Sohn des Landrates und Gutsherrn Wilhelm Leopold v. Klencke (1806–1871), 1865–1867 Student in Eldena.

67 Ernst Förster (1845-?), Sohn des preußischen Juristen Franz Förster (1819–1878), 1866–1868 Student in Eldena.

ging ich wieder in die Praxis nach 1 Jahre zurück. Dr. Werner[68], damals Privatdocent f[ür] Landw[irthschaft] in Eldena, jetzt Prof[essor] in Berlin, machte mit mir eine Fußreise nach Pommern, wo er früher Wirthschafter gewesen war u[nd] so nahm mich Herr Fielitz auf Camitz bei Triebsees in Vorpommern August 1867 als Volontär auf.[69] Das war nun das diametrale Gegentheil von Dahlem.

Von Geist, von Interessen für andere Dinge, von Bildung gar nichts. Nur Landwirthschaft, aber diese **[51]** vorzüglich. Der Mann, wegen zu hoher Pacht, mit großer Mühe, nur mit sorgsamster Ackerei u[nd] größter Sparsamkeit sich durchbringend. Die Frau nur Mamsell[70], nur Wirthschafterin. Er entsetzlich kribbelig, sie ruhig u[nd] geduldig, beide nur platt mit einander redend. Keine Geselligkeit; außer am Tage ich stets allein. Alles pommersch, vorpommersch, d. h. völlig fremd für mich. Das Häuschen mit Strohdach.

Aber ich hatte den Willen zu lernen u[nd] begriff bald, daß ich hier viel lernen könne. Er war ein Musterwirth, namentl[ich] auch hinsichtl[ich] der Sparsamkeit. Ich war Volontär, that aber Dienst wie ein Wirthschafter. Nachdem ich das mir Fremdartige, mich Beklemmende, Geistlose hinuntergewürgt hatte begann ich mich ganz wohl zu fühlen. Ich merkte wie ich lernte. Dazu lag das Gut hübsch, an der Grenze v[on] Mecklenburg, stark wellig, von schöner Waldung begrenzt. Im Winter fuhr ich einmal nach Eldena, wohin sie mich zu einem großen Balle eingeladen hatten u[nd] feierte fröhliches Wiedersehen.

Als der Sommer, 1 Juni 68 heran gekommen war, freute ich mich doch aber sehr, daß ich weiter ziehen konnte in heimatlichere Gegenden. Durch die Zeitung bekam ich die eine Volontärstelle beim Administrator Wagner auf Madlitz bei Brie- **[52]** sen, Frankf[urt] a./O.[71] Dort blieb ich 1 Jahr bis Herbst 1869 und fühlte mich dort von Herzen glücklich. Zwar auch keine geistigen Interessen, sondern frische, fröhliche Landwirthschaft vom Morgen bis Abend. Aber Er u[nd] Sie waren prächtige, kernige, wirklich fromme Leute, die mich in ihr Herz schlossen; wogegen ein anderer, später kommender Volontär etwas

68 Hugo Werner (1839–1912), Agrarwissenschaftler, 1866 an der Staats- und Landwirtschaftlichen Akademie Eldena, danach in Proskau und Bonn-Poppeldorf, seit 1889 an der Landwirtschaftlichen Hochschule Berlin.

69 Camitz: Domäne bei Tribsees (Nordvorpommern).

70 Mamsell: Begriff im Wandel von der unverheirateten jungen Frau zur höheren Dienstbotin, hier allgemein Wirtschafterin.

71 Madlitz: Rittergut zwischen Berlin und Frankfurt an der Oder, 1751 erworben vom preußischen Minister Carl Wilhelm Graf Finck v. Finckenstein (1714–1800), seit 1847 Majorat, seit 1866 Fideikommiß. Vgl. den Archivbericht von W. Heegewaldt in: K. Neitmann (Hg.), Aus der brandenburgischen Archivkunde, S. 133–155.

Verschlossenes hatte, so daß er ihnen ferner blieb. Anfangs dagegen war ein netter Volontär, Lezius, da, der bei Fürstenwalde noch jetzt wohl als Besitzer lebt.

Die Tochter der alten Wagner's war verlobt mit einem früheren Volontär, Tietz. Ich wurde später als ich schon fort war, zu ihrer Hochzeit eingeladen. Er, Tietz, kaufte dann Mahlow[72] bei Berlin u[nd] später Meseritz bei Schivelbein in Pommern, wo ich, als Professor in Königsberg, sie nach langen Jahren, ein Gut suchend, wiederfand.[73]

Das Gut Madlitz war 10,000 Mrg, dem Graf v. Finkenstein gehöriges Majorat, landschaftlich hübsch überall vom Walde begrenzt und Baumgruppen oder Alleen im Acker eingesprengt, ganz herrlich, daß Einem wohlig zu Muthe war, wenn man ging oder ritt. Wenn mir damals Einer gesagt hätte, daß 36 Jahre später mein Sohn fast auf dem Nachbargute, auf Heinersdorf[74], die Wirthschaft lernen würde!

[53] Meinem Vater war nun aber das Volontärsein ein Dorn im Auge. „Nur als Inspektor lernst Du etwas Tüchtiges." Er hatte Recht u[nd] darum meldete ich mich auf ein[e] in der Zeitung gesuchte Stelle u[nd] fand sie bei Herrn Goltz auf Voigtsdorf bei Bärwalde i[n] Neumark.[75] Ich reiste erst hin, mich vorzustellen; denn wenn man das thut u[nd] manierlich aussieht hat man stets das Prae vor allen Anderen, die sich nur brieflich melden. Am 1 März 1869 ging ich dann nach Voigtsdorf u[nd] blieb dort bis 1 April 1870.

Die Schule dort war hart. Schon meine Wohnung: Mit dem Vetter von G[oltz], der recht schlecht behandelt wurde u[nd] Hofverwalter war, mußte ich in einem kleinen niedrigen Hause wohnen, in dem außer unserer Stube mit Tisch u[nd] 2 Betten u[nd] Kammer noch die Leutestube war, in der diese aßen. Also so recht, damit die Leute wenig Respekt vor uns haben konnten. Unter uns aber war der Käsekeller, aus dem es zeitweise infernalisch herauf roch. Abgehen wollte ich nicht, damit mein Vater nicht Ursache zur Klage über mich habe. Aber diese inferioren u[nd] ekelhaften Verhältnisse zu ertragen wurde mir recht schwer. Ich erreichte mit meiner Beschwerde nur, daß der Käse nach hinten, unter die Kammer, gebracht wurde u[nd] dann roch es nicht mehr so. Mein Kollege, ein schon mittelalterlicher, gebeugter **[54]** Mann roch schon gar nichts mehr. Zudem rauchte er ein Pfeifenkraut! Als Erndtefest war wurde in der Leutestube getanzt, d. h. von Schlafen wäre für uns keine Rede gewesen. Mein Kollege sagte mir, er bringe diese

72 Mahlow (heute Blankenfelde-Mahlow): ehemaliges Gut südlich von Berlin.

73 Vgl. Lebensgang S. 152.

74 Heinersdorf: heute Ortsteil der Gemeinde Steinhöfel, zwischen Berlin und Frankfurt/Oder.

75 Voigtsdorf (heute Kurzycko): ehemaliges Gut bei Bärwalde (Mieskowice), Neumark.

Nacht daher stets auf dem Heuboden zu! Ich ging zu Goltz u[nd] sagte ihm, dort könne ich nicht schlafen, ich bäte um ein Zimmer in seinem großen Hause, sonst würde ich nach Bärwalde gehen u[nd] im Gasthofe übernachten. Das half dann u[nd] ich erhielt ein Zimmer in seinem Hause. Er wünschte, daß wir Sonntags, wie er, in die Kirche gingen; u[nd] als er mir damit mal wieder kam sagte ich ihm: Wahre Frömmigkeit hinge davon nicht ab. Ich kenne z. B. einen Gutsbesitzer, der Frau u[nd] Kinder habe u[nd] dabei doch hinter jedem Mädchen her wäre; der gehe immer in die Kirche. Das war nämlich sein Portrait. Seitdem ließ er mich in Ruhe. Ich hatte keinen Respekt vor ihm, daher mein Angriff auf ihn. Er war geizig; einmal bekamen wir riechendes Pökelfleisch, das man nicht mehr essen konnte, zu Tische. Ich bot es ihm höflich zum 2ten Male an, da es vor mir stand; er dankte aber. Er hielt auch sein Wort nicht: Ich hatte mir ausdrücklich ausgemacht, daß ich nicht bei den Leuten zu stehen brauche; als ich aber da war, gab er mir nichts anderes zu thun, als beim Pflügen, Einfahren etc. den **[55]** ganzen Tag zu stehen.

Daß ich hier nicht länger als 1 Jahr bleiben würde, war mir klar. Ich suchte daher durch die Zeitung eine andere Stellung als Inspektor u[nd] erhielt unter Anderem auch von H[errn] Kleist auf Spandienen bei Königsberg i. Pr. das Anerbieten, ohne Gehalt, als sog[enannter] Volontär-Verwalter, bei ihm einzutreten.[76] Sonst solle ich ganz zur Familie gerechnet werden. Das nahm ich an u[nd] zum 1 April 1870 trat ich dort ein. Vorher aber meldete ich mich auf der Durchreise in Danzig bei Cousine Missi (v. Schultzendorff)[77] an, deren Mann dort als Hauptmann stand. Sie luden mich ein einige Tage bei ihnen zu bleiben; u[nd] es waren für mich, der ich aus meiner Tagelöhner Stube in Voigtsdorf kam, 3 herrliche Tage. Schultzendorff[78] selbst mußte leider bald nach meiner Ankunft nach Altenburg zu einem Begräbniß reisen. So sah ich ihn nur am 1ten Tage u[nd] dann nicht mehr; 7 Monate später lag er vor Metz mit durchschossenem Haupte. Missi zeigte mir Danzig, Zoppot, Oliva u[nd] ich fühlte mich sehr behaglich.

In Königsberg erwartete mich auf dem Bahnhofe ein kleiner Wagen vom Gute, den ich bald unter den Droschken herausfand; u[nd] dann ging es zur Brandenburger Chaussée hinaus in 1 Stunde nach Spandi[e]nen, das hart an der

76 Vgl. FAvB, Nachlass Branco, Urkunden (Zeugnis Dominium Spandienen für Willi Branco, 25.11.1870). – Spandienen (heute Suworowo): ehemaliges Rittergut bei Königsberg (Kaliningrad), Ostpreußen.

77 Aidonia Franziska v. Schultzendorff geb. Adams (1841–1902), Tochter von Aidonia Franziska Adams geb. Rödlich (1808–1881), heiratete 1862 Albert v. Schultzendorff (1833–1870).

78 Albert v. Schultzendorff (1833–1870), Hauptmann, gefallen in der Schlacht vor Metz bei Colombey am 14.8.1870.

Chaussée lag. Der Empfang war sehr **[56]** freundlich, ich fühlte mich bald zu Hause. Er u[nd] Sie ältere Leute, eine Tochter, die an einen Offizier verheir[athet] war, ein Sohn, der als Musiklehrer sich in Amerika sein Brodt verdiente u[nd] es verschmähte, zurückzukehren u[nd] das ihm angebotene väterl[iche] Gut zu übernehmen, weil ihm das unerträglich dünkte. Der Vater hatte vergeblich versucht, einen Landwirth aus dem Sohne zu machen.

Madlitz hatte 10–12,000 Mrg, Voigtsdorf etwa 3000. Nun kam ich hier in Spandienen auf ein Lilliputchen. Acker waren es, glaube ich, nur 300 Mrg, Wiesen 700. Der Acker, der an sich schon schöner Lehm war, hatte durch die riesige Düngung zu gewaltigen Erträgen sich steigern lassen. Die Wirthschaft gab reichlich zu thun u[nd] machte viele Freude, so daß ich die geringe Größe des Ackerfeldes bald nicht mehr merkte. Da das Gut so hoch im Norden lag, hatte es größere Anspannung u[nd] Leutezahl als bei uns, wodurch es auch größer erschien. Für 240,000 M[a]rk wollte er es mir verkaufen. Die Kartoffeln fuhr der Kutscher in die Stadt u[nd] bot sie von Haus zu Haus an. Drei Morgen mit Kumst[79] (Weißkohl) wurden uns vom Hofe abgeholt durch zahlreiche Bauern; der Mrg. gab 300 M[a]rk Brutto.

[57] Ich hatte sehr viel zu thun, da die Arbeit Morgens 3 Uhr begann u[nd] ich um 3 Uhr schon auf sein mußte, um zu läuten. In der Erndte ging es Abends bis 10 Uhr. Sonntag's hatte ich ein für allemal ein Kutschfuhrwerk nach der Stadt; aber ich fühlte mich so zerschlagen in den Beinen, daß ich es oft vorzog, am Sonntag Nachm[ittag] auf dem Sopha zu liegen u[nd] die Stadt verschmähte. Hätte ich ahnen können, daß meine Frau, jetzt noch ein Schulkind von 9–10 Jahren, in K[önigsberg] bei ihren Großeltern, Prof[essor] Richelot[80], lebte!

Wie ein Donnerschlag erscholl plötzlich die Kunde, daß Frankreich uns den Krieg erklärt habe. Ich glaubte es nicht ertragen zu können, zu Hause zu bleiben u[nd] flehte den Vater an – ich habe das ja schon früher, S 49, geschildert. Vater hatte Recht, wenn er das als Unsinn erklärte u[nd] abschlug; mein Herz hätte es doch nicht ausgehalten.

Der Herbst brachte französ[ische] Gefangene nach K[önigsberg]; sie arbeiteten dort an den Wällen. Mit einer Anzahl franz[ösischer] Offiziere habe ich eines Abends in K[önigsberg] in einer Kneipe zugebracht. Ein Schweizer, H[err] von

79 Kumst: Kompost.

80 Julius Friedrich Richelot (1808–1875), Mathematiker, und seine Frau Pauline geb. Bretschneider (1820–1896). Paula Kirchhoff war neun Jahre alt, als ihre Mutter Clara geb. Richelot (1839–1869) starb.

Tscharner[81], der mein Vorgänger in Spandi[e]nen gewesen war, **[58]** kannte sie u[nd] machte mich mit ihnen bekannt. Ein sehr netter Mensch, mit Lorgnon im Auge, war dabei.

Mein Vater brachte damals den Winter stets in Rom zu; u[nd] da der Krieg für uns günstig verlief, so ging er auch 1870 mit Fr[au] Reinke u[nd] Fritz dorthin. Es ist begreiflich, daß ich Lust hatte, auch einmal dorthin zu kommen. Seit 1864 bis 1870, 6 Jahre lang hatte ich gelandwirthschaftet. Vater sagte Ja, ich kündigte u[nd] reiste Ende Octob[er] ab, quietschfidel.[82] In München blieb ich einige Tage, wohnte im Oberpollinger u[nd] ging Abends in das Concert, freute mich wie ein Schneekönig. In Venedig – denn Vater hatte mir den Weg, Hotels etc[etera], Alles aufgeschrieben, also auch diesen Umweg – fuhr ich viele Stunden mit der Gondel um alle Herrlichkeiten zu sehen, im November, u[nd] fror entsetzlich. Ich hatte nur Sommersachen mitgenommen, denn ich fuhr ja in das Land voll Sonnenschein! In Verona war ich vorher gewesen; späth Abends Ankunft, Alles dunkel, sage dem Kutscher „Colomba doro"; und der Schuft fährt mich nicht in das Hôtel dieses Namens, sondern in eine gegenüber von demselben gelegene kleine italien[ische] Spelunke. **[59]** Daß das nicht das Hôtel sein konnte, das mir Vater empfohlen hatte, war klar. Aber was thun in der Nacht, im fremden Lande? Ich ließ mir also ein Zimmer geben; der Fußboden mit rothen Ziegelsteinen belegt, Bett, Tisch u[nd] Waschgefäß drinnen, das war Alles; die Thür nicht verschließbar. Nun schien es ja klar, der Kutscher hatte mich in eine Mörderhöhle gefahren. Ich setzte Tisch, Koffer u[nd] Waschgefäß vor die Thür u[nd] wartete der Dinge, legte mich aber doch in's Bette, u[nd] nachdem ich lange nicht hatte einschlafen können, schlief ich endlich ein u[nd] wachte unermordet auf. Am nächsten Morgen, als ich unten war, erblickte ich mir gegenüber das Hôtel. Solch Halunke! Er hatte sich vom Spelunkenbesitzer offenbar seine Tantième dafür geben lassen, daß er mich an ihn, anstatt an das Hôtel, ablieferte.

14 Tage lang war ich von München aus gereist; zuletzt war ich noch in Florenz. Endlich kam ich in Rom an, wohin ich Vater meine Ankunft, am Nachmittage, kurz vorher gemeldet hatte. Auf dem Bahnhofe sehe ich Fr[au] Reinke, allein. Wo sind Vater u[nd] Fritz? sage ich. „Zu Hause", Vater ist etwas unwohl. Wir

81 Als Mitglied der weit verzweigten Familie v. Tscharner ohne weitere Angaben nicht zu identifizieren.

82 Richtig: November; die Zeitangabe ist irrig. Das Abgangszeugnis von Spandienen wurde am 25.11.1870 ausgestellt (wie Anm. 76). Die Ankunft in München war etwa am 28. November, dem Todestag des Vaters, der Aufenthalt in München dauerte „einige Tage", die Reise durch Italien „14 Tage". Die Ankunft in Rom war zwei Wochen nach dem Todestag, also etwa am 12. Dezember.

fahren **[60]** nach Via felice, 36 glaube ich[83], die R[einke] erscheint mir so sonderbar, gar nicht fröhlich wie ich. Oben angelangt frage ich nach Vaters Zimmer, um ihn gleich zu begrüßen. Sie zögert, nun ahnt es mir u[nd] sie: „Vater ist todt." Vor 14 Tagen schon gestorben! Als ich in München ankam geschah es. Und 14 Tage lang reiste ich fröhlich die Route, die er mir vorgezeichnet hatte u[nd] ahnte nicht, daß er draußen beim Monte Testaccio läge, einbalsamiert, damit ich ihn noch einmal sehen könne. Täglich war Fr[au] R[einke] zu jedem Zuge auf den Bahnhof gegangen, um mich abzufangen, falls ich unvermuthet einträfe.

Mein lieber, guter Vater todt! Das war mein Einzug in Rom. Am nächsten Tage sah ich ihn noch einmal, dann senkten wir ihn dort in die Erde u[nd] Bildhauer E. Wolf[84] machte sein Relief für das Grab.

Es war ein so gewaltiger Schlag aus heiterstem Himmel; ich war wie betäubt. Dazu der Eindruck, den Rom machte; denn ich konnte mich unmöglich dem entziehen, was meine Augen sahen u[nd] der Wärme, die mein Körper mitten im November[85] fühlte.

Nun entstand die Frage, ob wir bleiben sollten **[61]** oder zurückkehren. Fr[au] R[einke] war für bleiben, da für sie u[nd] Fritz es doch bedenklich sei, nun in den Winter zu kommen. U[nd] ich entschied mich auch für das Bleiben. Was sollte ich jetzt in Potsdam? Ich konnte ebensogut in Rom bleiben ohne pietätlos zu sein; denn lernen, Kunst sehen, das war ja Vaters eigene Lebenslust gewesen u[nd] sein steter Wunsch für mich.

So blieben wir, gingen zum Schluß auch noch nach Neapel. Geld hatte Vater für den Bedarf mitgenommen.

Vater hatte in Rom Bekannte gewonnen, die nun auf mich übergingen. Da war zuerst der alte Bildhauer E. Wolf, ein sehr lieber, feiner Mann, der einst viel verdient hatte, dem es nun knapp zu gehen begann, umsomehr, als er nichts erspart hatte. Wie bitter rächt sich das im Leben! Wie unsagbar dankbar müssen wir Alle meinem lieben, guten Vater sein, daß er durch seine Sparsamkeit uns das Leben so leicht gemacht hat! Denke stets in Dankbarkeit an ihn, den Du nie gekannt hast, mein lieber Gerdt.

[62] Wolf hatte zu den ersten Künstlern Rom's gehört. Seine Frau, Ghita (Margherita)[86], war Modell gewesen; bei den Künstlern nichts so Seltenes.

83 Richtig: Via felice 136, 2. Stock. FAvB, Nachlass Branco, Briefe (Friedrich Wilhelm Branco an Wilhelm Branco, o. D. [November 1870]).

84 Emil Wolff (1802–1879), Bildhauer, Restaurator, Kunstagent.

85 Richtig: „mitten im Dezember" (vgl. Anm. 82).

86 Maria Margherita Guaviglia (um 1810–1879), Künstlermodell, heiratete 1835 den Bildhauer Emil Wolff.

Sie war aber eine so gute, liebe Frau u[nd] Dame, daß darüber längst ein Strich gezogen war.

Dann kam der Bildhauer Carl Voss[87], aus Bonn, seit Jahrzehnten in Rom, ein lustiger, allezeit gefälliger Mann, mit dem wir fast täglich zusammen waren, zum Schaden seiner Arbeit. Aber es erklärt sich das zum Theil mit daraus, daß er Fr[au] Reinke später heirathete. Mit ihr hat er dann noch Jahre lang in Rom gelebt u[nd] Fritz, meinen Bruder, in sein Haus genommen. Er war stets gütig zu ihm u[nd] mir war er, wenn ich später wiederholt Rom besuchte, ein lieber älterer Freund, dessen Haus mir so offen stand, daß Rom mir wie eine Heimath war. Seine erste Frau, eine Rheinländerin, war in Rom an der Cholera gestorben. Sie wollten eine Spazierfahrt machen, der Wagen stand schon vor der Thür, sie saßen noch bei Tische – da wird ihr unwohl; und Abends ist sie schon aus dem Hause geholt u[nd] in einem Massengrabe begraben. Er hat nie erfahren wo sie lag.

Auch die 2te Frau verlor Voss plötzlich; sie starb **[63]** in Genua im Bade, vom Schlage gerührt; und mein armer Bruder, der mit ihr dort war, mußte zu fremden Leuten, die sich seiner annahmen, bis Voss herbeikam. Fritz kam nun nach Potsdam zum Lehrer Steurich[88] u[nd] später zu den Nichten desselben, zugleich Nichten der Frau Reinke-Voss. So hat diese Familie in dankenswerthester Weise meinem armen Bruder eine Heimath geschaffen, wie sie mein Vater für dieses sein geliebtes Kind nicht besser wünschen könnte.

Herr Voss nahm später noch eine 3te Frau, ein Unsinn; denn er heirathete ein junges Mädchen, eine jener Nichten seiner 2ten Frau. Aus 1ter Ehe hatte er 2 Söhne; aus 3ter bekam er nun 3 Kinder. Viel Vermögen war nicht vorhanden. Nun sitzt die Wittwe mit ihren 3 Kindern in Noth. Welch Unsinn von ihm. Aber Voss war eine solche Künstlernatur, ein Kind, das nichts bedachte, stets nur dem Augenblicke folgte. Ein prächtiger Mensch.

Noch ein 3ter Bekannter war mir vom Vater überkommen, ein Schützling Vaters: der Bildhauer Schäfer[89], kein sauberer Charakter wie sich später **[64]** erwies. Er hatte sich an Vater herangemacht, war von ihm unterstützt worden; u[nd] als er mit dem Gesandten Preußens in Rom, von Arnim[90], in Conflikt

87 Karl Voss (1825–1896), Bildhauer.

88 Gottlieb Heinrich Steurich (biografische Daten nicht ermittelt), Prediger, Oberlehrer, seit 1850 Schulvorsteher der Höheren Töchterschule in Potsdam, Hoditzstr. 9 C, seit 1864 Wilhelmsplatz 8; verwandt mit der Potsdamer Familie Wille.

89 Evtl. Heinrich Schäffer (1818–1873), Bildhauer, in Rom seit 1862.

90 Harry (Heinrich) v. Arnim (-Suckow) (1824–1881), Jurist, preußischer Diplomat, 1864–1871 Gesandter in Rom (Vatikan). Die zitierte Kontroverse wird hier nicht recherchiert, da für den Zusammenhang der vorliegenden Arbeit unerheblich.

gerieth, wußte er Vaters Interesse so zu gewinnen – ich glaube allerdings, daß ihm wirklich durch Arnim Unrecht geschehen war – daß Vater auf der Rückreise, es war schon das Jahr vorher, 69, nach Ems ging, wo der König war, der Vater ja gut kannte.[91] Auf der Promenade redete ihn der König an u[nd] Vater verklagte den Gesandten von Arnim, worauf der König sagte: „Warum sagt man mir solche Dinge denn nicht?“ So war mein Vater, wenn er glaubte, einem Verfolgten beistehen zu sollen; denn leicht ist es nicht, den König wegen solcher Sache zu behelligen. Es gehört Muth dazu. Das Weitere entzieht sich natürlich unserer Kenntniß. Arnim wird den Schäfer als einen Abentheurer hingestellt haben u[nd] sich weiß gewaschen. Aber Erfolg war doch der, daß Schäfer ruhig in Rom weiter leben konnte, während ihn Arnim (wie S[chäfer] sagte) fortschaffen lassen wollte. Thatsächlich hat sich S[chäfer] einmal in ein Kloster in Rom geflüchtet. Ein sauberer Mensch aber war er doch wohl nicht; mein Vater hat ihn zu gut taxiert.

[65] Das Zusammenleben mit der mir sehr wenig sympath[ischen] Fr[au] Reinke in Rom war kein angenehmes; sie war herrschsüchtig, fürchterlich aufgeregt, hackte auf alle Menschen u[nd] hatte nur das Gute, daß sie für Fritz sorgte wie eine Mutter. Seinem unglücklichen Kinde zu Liebe hatte Vater denn auch das Opfer des Zusammenlebens mit ihr gebracht; wozu noch kommt, daß ihr Vater in hohem Grade Respektsperson war, der gegenüber sie sich zusammennahm, während das nach V[ater]s Tode u[nd] mir gegenüber natürlich ganz anders war. Uebrigens war sie voller Interessen, auch für die Kunst u[nd] sie rastete nicht, mir Alles zu zeigen.

Im Frühjahr gingen wir dann noch nach Neapel wo wir den früh[eren] Generalkonsul in Smyrna, Spiegelthal[92], aufsuchten, von ihm auch mehrfach eingeladen wurden. Vater hatte ihn früher kennen gelernt. Später zog er nach Berlin u[nd] begegnete Paule u[nd] mir.

Trotz der Trauer um den Verlust des Vaters, dessen Liebe u[nd] Güte ich um so mehr empfinde, je älter ich werde, wirkten natürlich Rom, Pompeji, Vesuv mächtig auf mich ein, zogen mich das italien[ische] Leben u[nd] Klima so an, daß ich manchmal dachte, mir dort eine tenuta, ein Gut, zu kaufen. Das wäre recht thöricht gewesen. Aber als Volontär wollte ich wenigstens auf ein ital[ienisches] Gut gehen, um so Erlernung der italien[ischen] Sprache, die mich sehr anzog und Uebung in der Landwirthschaft mit einander zu ver- **[66]** binden. Daraus wurde nichts, denn das Schicksal lenkte meine Wege abermals nach Dahlem.

91 Wilhelm Friedrich Ludwig von Preußen (1797–1888), 1858 Prinzregent, als Wilhelm I. 1861 König von Preußen, 1871 Deutscher Kaiser. – Friedrich Wilhelm Branco, Kgl. Preußischer Generalarzt, war auch Arzt der königlichen Familie.

92 Ludwig Spiegelthal (1823–1900), Diplomat, Archäologe, 1851–1859 Preußischer Konsul in Smyrna, seit 1869 in Neapel ansässig, seit 1880 in Berlin.

Endlich, wohl i[m] April, gingen wir nach Potsdam zurück u[nd] ich wohnte zunächst noch in unserer Wohnung, da ich erst auf's Land wollte, nachdem die Testaments-Eröffnung u[nd] Theilung stattgefunden hatte. Das zog sich, wie Alles Gerichtliche, endlos lange hin bis es geordnet war. Die Mutter erbte 80,000 Thaler, Fritz u[nd] ich je 40,000; ich hatte aber schon früher von Vater eine „Schenkung unter Lebenden" im Betrage von 20,000 Th. erhalten, so daß ich über 60000 Th. zur Landw[irthschaft] verfügte. Das hätte gerade u[nd] knapp genügt.

Da kommt plötzlich ein Brief von Frau Johannes aus Dahlem: Ihrem Manne sei ein Kapital, das ihm ein Freund geliehen, gekündigt; ich solle ihm 12000 Thaler borgen, ich müsse sie retten, sie seien sonst verloren. Anstatt zu sagen: „Damit mache ich mir ja die Möglichkeit zu Nichte, selbst etwas Landwirthschaftliches zu unternehmen; ich kann es nicht", da telegraphierte ich, damit die Armen nicht zu lange auf die Folter gespannt wurden, sogleich ein „Jawohl". Das war sehr edel aber sehr unklug u[nd] unreif gehandelt u[nd] wurde noch schlimmer dadurch, daß Johannes, als ich in D[ahlem] nachher lebte, noch weitere 3000 Thaler aus mir heraus- **[67]** zog. Zwar sagte ich ihm zuerst, mir schiene, daß das das Inventar (er war nur Pächter) nicht gut tragen könne. Aber er spielte so den Beleidigten: „Er werde von mir das Geld doch nicht erbitten, wenn es nicht absolut sicher wäre", daß ich ihm auch diese 3000 noch geben mußte. Meine einzige Entschuldigung ist die, daß ich dachte, ich solle die 12000 nur vorübergehend, auf kurze Zeit geben.

Ich will gleich vorausnehmen, daß später der Sohn der Frau Reinke ebenfalls zu mir kam u[nd] mich anpumpte, um sich als Buchhändler etablieren zu können. Erst um 7000 Thaler. Die gab ich ihm, da ich die Empfindung hatte, ich, als Repräsentant der Familie, müsse dem Sohne der Frau helfen, welche meinem Vater so viel Gutes erwiesen hatte, indem sie meinen Bruder zu sich nahm. Abermals später, ich hatte die Landw[irthschaft] schon an den Nagel gehängt u[nd] studierte in Halle, kam Reinke nochmals zu mir u[nd] erbat noch 8000 Thaler, wofür er mir als „stillem Theilnehmer" an seinem Verlage hohe Dividenden in Aussicht stellte. Diese lockten mich, denn meine 1te Frau war schon krank, wir brauchten Geld, so gab ich auch das u[nd] hatte damit von meinen ererbten 60,000 Thalern **[68]** nicht weniger als 30,000 an Freunde verborgt; u[nd] zwar größtentheils aus rein idealer Gesinnung. Etwa 5000 Thaler habe ich, als Johannes's Schiffbruch erlitten, wieder erhalten; die anderen 25000 gingen verloren. Aber nicht nur das. Die Freunde gingen mir ebenfalls damit verloren; denn als ich später mein bedrohtes Geld retten, es wiederhaben wollte, da haben mich besonders Frau Johannes, demnächst Axel ihr Sohn, mit Schmähungen bedeckt, in schändlichster Weise mir geschrieben. Reinke that das nicht, er benahm sich anständig, aber wiedergeben konnte er mir doch nichts.

Mein lieber Sohn, ich beschwöre Dich: Laß es genug sein an den Opfern, die Dein Vater der Freundschaft u[nd] Verwandtschaft gebracht hat. Bitten wird man Dich auch. Lerne Nein sagen, sonst verlierst Du ebenfalls Dein Geld u[nd] Deine Freunde u[nd] erhäl[t]st Fußtritte dafür. Ich nehme Dir Dein Wort ab, daß Du es nicht thust. Berufe Dich auf dieses Wort wenn der Tag kommen sollte u[nd] wenn es dein nächster Verwandter ist. Dann denke an mich u[nd] an die bittere Reue, die ich über diese ideale Handlungsweise habe empfinden müssen. Sage: „Ich darf nicht, mich bindet mein Wort." Leider sind diese Verluste nicht die einzigen geblieben; denn an Papieren u[nd] an meinem späteren Gute Neparmitz (durch jährliches Zusetzen) habe ich noch so viel verloren, daß mir von meinem Erbtheile nicht viel mehr übrig blieb, wenn ich nicht von meiner Mutter noch nahe an 300,000 M[a]rk geerbt hatte [*hätte*].

Ich kehre zurück. Frau Johannes hatte zugleich ge- **[69]** schrieben: „Wir bieten Ihnen unser Haus dafür an"; u[nd] da meine italienischen Volontärpläne doch phantastische waren, so ging ich als Volontär nach Dahlem u[nd] bezahlte – ich bot es an – dafür als Pension so viel wie ich Zinsen von den 12000 Thal[ern] erhalten hätte. Ich hätte anders gehandelt haben sollen. Das war im Sommer 1871.

Fr[au] Joh[annes] hatte wohl sogleich wieder ihre Heirathspläne zwischen Käthe u[nd] mir aufgenommen; denn bald lud sie Erstere ein, nach D[ahlem] zu kommen. Hier vollzog sich das, was ich schon früher, S. 45 pp, geschildert habe: Käthe verlobte sich mit mir u[nd] es erfolgte am 15 Januar 1872 eine Heirath ohne Liebe von beiden Seiten u[nd] ohne daß der Mann dadurch Vermögen, die Frau Rang u[nd] Titel erheirathet hätten. Vortheil hatten beide Theile davon nach keiner Richtung hin; nur die Eltern des Mädchens, speziell die Stiefmutter[93], hatten den Vortheil, die Tochter los zu werden u[nd] Frau Johannes hatte ihren Zweck, Ehe zu stiften, erreicht. Horstig sagte einmal: „Die Weiber, die es nicht lassen können, 2 Menschen zusammenzureden, anstatt es diesen allein zu überlassen, ob sie sich finden wollen, sollte man aufhängen." Er hat sehr Recht. Mein lieber Sohn, ich spreche in Allem so schonungslos von mir, enthülle vor Dir **[70]** alle meine Schwächen, Thorheiten u[nd] Fehler, lediglich aus Liebe zu Dir, um Dir zu dienen, Dir zu nutzen, damit Du aus ihnen lernest, wie man es nicht machen soll. Gern will ich sie begangen haben, wenn sie diesen Zweck voll u[nd] ganz erfüllen. Also lerne auch hieraus:

Laß Dich nie von einem geistig bedeutenden Menschen – denn das war Frau Joh[annes] – beherrschen; laß Dich nie einfangen von Eltern, die natürl[ich] ihre Tochter gern an den Mann bringen wollen, von Mädchen, die natürl[ich] gern

93 Anna Helmholtz geb. v. Mohl (1834–1899), zweite Frau von Hermann Helmholtz.

einen Mann haben wollen, der Ihnen des Daseins Sorgen abnimmt (Käthe lag das unendlich fern, sie war ganz ideal). Laß Dir nicht schmeicheln sondern halte die Augen hell auf; suche Dir die Dinge klar zu machen, sieh sie so an, wie sie sind; laß Dich nicht in eine Lage hineindrängen; hat man Dich aber hineingedrängt, dann mache Dich, wenn es Dir schwül wird, mit aller Rücksichtslosigkeit dennoch frei, wenn das auch peinlich sein sollte.

Wenn Du einmal wählen solltest, dann wähle auch nach Gesundheit. Ich sagte, unsere Ehe sei trotzdem eine glückliche geworden (S 48). Jawohl. Aber dennoch ist mir meine Jugend völlig vernichtet, verhunzt worden, weil Käthe gleich nach Ediths Geburt erkrankte u[nd] eine **[71]** Kranke bis an ihr Ende blieb. Und wähle dann Eine, die zufrieden mit dem Leben auf dem Lande ist; denn sonst wird sie Dich mit ihrer Unzufriedenheit anstecken oder doch unglücklich machen. Und Eine, die thätig in der Wirthschaft ist; denn wer das auf dem Lande nicht ist, der langweilt sich u[nd] wird unzufrieden oder fängt Liebeleien an. Und Eine, die auch pekuniär ihr Theil dazu beiträgt, die Familie zu erhalten. Und sieh Dir ihre Familie an; denn Du heirathest nicht nur die Frau, auch ihre Geschwister u[nd] Eltern.

Also mein Kind, mein liebes Kind, verhunze Dir nicht Dein Leben durch thörichtes Verborgen, durch unnützes Heirathen, wie Dein Vater das gethan hat.

Ich ging also 1872 im Januar mit Käthe nach Italien, kehrte im Mai heim, nach Dahlem u[nd] sah mich nach einem Gute um. Da kommt eines Tages Frau Johannes von Berlin zurück u[nd] sagt: „Br[anco], ich habe ein Gut für Sie, das müssen Sie kaufen." Es war Kade bei Genthin, ein Restrittergut, 250 Mrg groß, aber schöner Wohnsitz, Park 12 Mrg. mit Mauer umgeben, hübsches Gehöft, bestechend.[94] Johannes hatten natürl[ich] den Wunsch, daß ich kein größeres Gut kaufte; denn dann hätte **[72]** ich mein Geld gebraucht u[nd] es ihnen kündigen müssen (worauf ich es bereits damals aber nicht mehr wieder erhalten haben würde). Ich hätte natürl[ich], um eine Thätigkeit zu haben, ein größeres Gut kaufen oder pachten müssen. Dieses war ein Fehler, u[nd] doch war es insofern wieder ein Glück, als es sich leicht wieder verkaufen ließ u[nd] als Käthe nach Ediths Geburt erkrankte u[nd] nach dem Süden sollte, auch leicht verkauft wurde. Ich hatte 20 oder 22000 Thaler gegeben und erhielt nach 1 Jahre 27000 Thaler dafür von einem H[errn] Asmus[95], Fabrikbesitzer.

Die geringe Größe des Gutes war aber die Ursache, daß ich beschloß umzusatteln; denn ich hatte dort natürl[ich] nichts zu thun; und um mich zu beschäftigen

94 Vgl. oben S. 79 f.

95 Gemeint ist: Friedrich Wilhelm Aßmann, Fabrikbesitzer, Berlin, Alte Jacobstr. 138, Inhaber der C. Kisch's mechanische Werkstätten.

fing ich an zu zeichnen, mit einem gewissen Talent, auch zu aquarellieren. Nun hatte mich auf meinen beiden italien[ischen] Reisen die Kunst ungemein angezogen, während mir auf dem Lande der Verkehr mit den Leuten nie angenehm war. So beschloß ich, Kade zu verkaufen u[nd] Maler zu werden. Doch will ich zuvor über das Leben in Cade berichten.

Der nächste Nachbar, Besitzer des eigentlichen Grund u[nd] Bodens von Cade, wohnte auf der Belicke.[96] Sein Vater hatte das Gut gekauft; es waren 4000 Mrg, davon 1200 **[73]** Acker, wobei viel 8ter Cl[asse] u[nd] etwa 150 Wiesen; Rest mangelhafter Wald. Und doch ist Lehmann, so hieß er, ein sehr vermögender Mann geworden, da er allmählich von dem schlechten Boden 9–10 Ctr [*Centner*] Roggen, 80–90 Ctr Kartof[feln] erndtete – natürl[ich] infolge starker Düngung u[nd] niedriger, also feuchter Lage des Bodens. Die starke Düngung aber ermöglichte ihm die große Stärkefabrik, die er baute, für die er gewaltige Massen Kartoff[eln] noch zukaufte u[nd] die Brennerei. Außerdem hatte er eine große Ziegelei errichtet. So besaß er 3 verschiedene Industrien u[nd] von diesen lagen Zieg[elei] u[nd] Stärkef[abrik] noch dazu hart an der Bahn u[nd] am Kanale. Der Industrie also verdankt er sein Vermögen ganz wesentlich.

Lehmann war ein biederer Mann, aber ohne Bildung. Doch da man auf dem Lande nicht über den Apoll von Belvedere u[nd] die miletische Venus zu sprechen pflegt, so genierte das im Verkehr nicht u[nd] es war recht gemüthlich.

Der Landrath in Genthin, Graf Wartensleben[97], hatte meinen Vater sehr gut gekannt; er nahm mich überaus freundlich auf, lud uns ein, kam auch zu uns zum Essen. Dann machten wir noch Besuch bei H[errn] von Britzke[98] auf Warchau[99], die ebenfalls mit uns Verkehr **[74]** hatten. Aber da Käthe bereits im Winter nicht mehr aus gehen konnte, so setzte ich allein den Verkehr fort. Durch den Landrath wurde Theaterspiel in Scene gesetzt, ich spielte mit „Im Wartesaal Iter Klasse"[100] mit Frl. von Plotho, machte zu dem Zwecke bei Frau von Plotho

96 Belicke: Mit Kade verbundenes Rittergut, 1842 von Schafmeister Gottfried Vogt für seinen Schwiegersohn, Wirtschaftsamtmann Gottlieb Lehmann, erworben.

97 Ludwig Hermann Alexander Graf v. Wartensleben (1831–1926), Rittergutsbesitzer, Offizier, Politiker, 1872–1901 Landrat des Kreises Jerichow II, ab 1901 Mitglied des Preußischen Abgeordneten-Hauses, ab 1913 des Preußischen Herrenhauses.

98 Friedrich Bernhard v. Britzke (1810–1868), Rittergutsbesitzer, Offizier.

99 Warchau: Rittergut in der Gemeinde Rosenau, Kreis Potsdam-Mittelmark.

100 Gemeint ist: „Im Warte-Salon 1. Classe, Lustspiel in einem Akt" (um 1860) von Hugo Müller (1831–1881 oder 1882), Schauspieler, Regisseur, Theaterdirektor, Autor von Lustspielen und Dramen.

auf Zerben Besuch, die sehr liebenswürdig war u[nd] 2 Töchter hatte.[101] Da bei H[errn] von Gersdorf[102], Domainenpächter auf Jerichow, auch Proben waren – er heirathete das mit mir spielende Frl. v. Pl[otho] später – so machte ich auch bei ihm Besuch. Der Flaps erwiderte denselben aber nicht. Er ist dann erkrankt u[nd] irgendwo Standesbeamter geworden. Auch 2 Bälle machte ich in Genthin mit u[nd] war wohl so ziemlich der einzige Bürgerliche; aber es ging gut, da der Landrath mich protegierte u[nd] ich sehr unverfroren war. Ich kann nur sagen, daß ich mich sehr gut amüsierte u[nd] als guter Theaterspieler viel Beifall fand.

Die alte Großmutter v. Velten[103] meiner Frau, die bis dahin in Dahlem gelebt hatte, war gleich mit uns nach Kade gezogen; u[nd] da auf dem Lande Platz u[nd] Einsamkeit im Ueberflusse sind, so war uns das sehr lieb. Sie las uns Nachmitt[ags] u[nd] Abends stundenlang vor, ich zeichnete dabei. Uns gegenüber im Dorfe wohnte, bei der Kirche, der alte unverheir[atete] Pastor Wasmannsdorf mit **[75]** seiner Schwester.[104] Die waren recht umgänglich u[nd] viel bei uns.

Im Sommer 72 kam dann Frau Johannes auf einige Wochen, Helmholtz[105] auf 8 Tage u[nd] Sophie Schenkel[106] (als Frau Professor Brie +), Käthes beste Heidelberger Freundin, auf 4 Wochen zum Besuche. Es war ein stilles, friedliches Leben in dem schönen, großen Parke. Im Winter waren dann in Genthin die Bälle u[nd] Theater und im Frühling 1873, am Sturmtage von Düppel, 18 April, ward Edith geboren. Von da an begann Käthe's Krankheit, die erst mit dem Tode endete. Pastor Wasmannsdorf taufte Edith; Axel Puhlmann, Sohn von Frau Johannes a[us] 1ter Ehe, kam zur Taufe.

Dann begann die Suche nach einem Käufer, die bald von Erfolg gekrönt war. Käthe siedelte mit Edith zu ihren Eltern nach Berlin über, wo sie krank lag, indessen ich nach München reiste u[nd] in der Heustraße eine Wohnung miethete,

101 Frau v. Plotho: Marie Franziska Mathilde Freiin v. Welling (1822–1897), heiratete 1845 den Rittergutsbesitzer Felix Karl Albrecht Frhr. v. Plotho (1822–1864). Die ältere Tochter Luise Marie (1852–1936) heiratete 1874 Paul v. Gersdorff (1844–1906). Die jüngere Tochter Elisabeth (1853–1952) heiratete 1873 den Offizier und Militärschriftsteller Armand Léon Baron v. Ardenne (1848–1919), geschieden 1887; sie war das reale Vorbild für „Effi Briest" von Theodor Fontane (1895).

102 Paul v. Gersdorff (1844–1906), Offizier, Amtmann und Pächter der Domäne Kloster Jerichow, später Bürgermeister von Langenlonsheim an der Nahe.

103 Julie v. Velten geb. Puhlmann (1801–1881).

104 Adolf Wasmannsdorff (1824–1875), Schulrektor, Pfarrer; seine Schwester Laura Wasmannsdorff (1822–1905) lebte bis 1875 bei ihm.

105 Hermann Helmholtz (1821–1894), Vater von Käthe Branco geb. Helmholtz.

106 Sophie Schenkel (1850–1887), Tochter des Theologen Daniel Schenkel (1813–1885), Frau des Juristen Siegfried Brie (1838–1931).

nachdem der Verkauf abgeschlossen war; denn nun sollte es mit der Malerei Ernst werden. Endlich, wohl nach Johanni[107] 73, packte ich die Möbelwagen, schickte sie nach München, übergab das Gut dem Käufer u[nd] fuhr nach Berlin.

Wie ein Donnerschlag traf mich da die Kunde, daß Käthe brustkrank zu werden beginne, daß sie zunächst [76] nach Reichenhall müsse; was später, das werde sich zeigen, jedenfalls sei Aufenthalt im Süden nöthig; Wohnen in München sei ganz ausgeschlossen.

Das waren traurige Aussichten. Zunächst aber mußte ich nach München eilen, denn die Möbel kamen an u[nd] wollten in der Wohnung aufgestellt werden. So ließ ich sie denn in dieselbe bringen, aber nichts auspacken; nur mein Bett u[nd] Waschtisch wurden aufgeschlagen u[nd] so hauste ich 6 Wochen lang unter dem unausgepackten Wirrwar. Eine Wartefrau kam Morgens u[nd] den Tag über saß ich unter all dem Gemöbel u[nd] zeichnete Gypsköpfe. Mein Lehrer war H[err] Grube, längst +, den Horstig mir besorgt hatte. Abends ging es dann mit Horstig auf den Keller; u[nd] da ich recht elastischen Gemüthes war und Neuem niemals abhold, so gefiel mir das ganz gut. Von dem Ernste der Erkrankung hat man ja zudem anfangs keine Vorstellung.

Dann mußte ich meine Münchener Tage beschließen, denn Käthe sollte nun nach Reichenhall. Ihre Mutter[108] brachte sie u[nd] Kind u[nd] Amme bis Reichenbach im Voigtlande. Dort traf ich sie. Vorher hatte ich die Möbel in das Hinterhaus desselben Hauses in eine Atelierwohnung, Alles zusammengerückt, gebracht u[nd] die Wohnung wie- **[77]** der vermiethet.

Das waren Anfang u[nd] Ende meines ersten Lebens in München.

Nun kam die Reichenhaller Zeit, in der ich wieder, ohne Lehrer natürlich, Alles zeichnete, was mir vor die Augen kam: Hüte, Mäntel, Stiefel, Dächer, Gartenzäune etc., mit Riesenfleiß. So verhüllte angestrengte Arbeit, wie in München, das Traurige meines Geschickes mit einem Schleier; u[nd] in Montreux, Halle, Heidelberg u[nd] Rom hat mir in der Folge stets rastlose Arbeit den Blick von der trüben Gegenwart hinweg in die Ferne gerichtet, in die ich mit Hoffnung schaute.

Nach Reichenhall kam dann im Herbste 1873 Montreux an die Reihe; in einer Pension Loriot fanden wir, hart am See, ein hübsches Unterkommen. Die Wirthin aber, ein junges Mädchen, war wüthende Franzosenfreundin. Ihr Liebhaber d[i]to, so daß wir schließl[ich] auszogen. Mitten in dieser Zeit kündigte plötzlich die Amme u[nd] wollte nach Hause. Ich sagte ihr: „Gewiß, Sie können

107 St. Johannistag: 24. Juni.
108 Gemeint ist die Stiefmutter Anna Helmholtz.

gehen; aber alle Welt spricht hier nur Französisch, sehen Sie, wie Sie sich da nach Hause finden." Das half, sie blieb.

Auch i[n] Montreux hatte ich rastlos gezeichnet, bes[onders] aquarelliert, auch einen Lehrer darin genommen. **[78]** Aber das war mangelhafter Unterricht, mir sank der Muth, da ich stets allein zeichnen mußte u[nd] da Käthe stets tadelnd sagte: „Siehst Du nicht, daß das hart ist" etc. Natürlich, wie sollte es denn weich sein können, hatte ich doch erst seit kurzer Zeit mich geübt. Aber da sie ausgesprochen künstlerisch begabt war, so entmuthigte das so, daß ich schließlich sagte: Hol's der Teufel.

Aber was Nun? Beschäftigung mußte ich haben; u[nd] so bestellte ich mir Bücher über Anatomie u[nd] Physiologie von Pflanzen u[nd] Thieren u[nd] begann zu studieren, sofort mit Feuereifer, vom Morgen bis zum Abend, abgerechnet die Zeit, während der ich des Mittags mit Käthe spazieren ging. Ich machte mir Auszüge, lernte ihren Inhalt, trug ihn K[äthe] vor – kurz ich arbeitete bitterlich ernst. Etwas halb thun habe ich nie gekonnt, sowie es mich erfüllte. Es war am 1 oder wohl 11 Nov[ember] 1873 als ich das erste der bestellten Bücher erhielt; von da an begann mein Studium, das mir dann eine Reihe von Erfolgen brachte. Wesentl[ich] unterstützt wurde meine Arbeit dadurch, daß ich ja bereits in Eldena 2 Semester lang überaus angestrengt gearbeitet u[nd] mir so eine **[79]** Fülle naturw[issenschaftlicher] Kenntnisse erworben hatte.

Dieses Selbststudium, ohne jede Anleitung, lief aber Gefahr, dieselben Schiffbruch-Wege zu gehen wie mein Zeichnen ohne Anleitung. Ich beschloß daher, Käthe in Montreux zu lassen bis es wärmer in Deutschland geworden war u[nd] zu Ostern eine Universität zu beziehen. Aber welche? Am liebsten hätte ich Medizin studiert was mein lieber Vater so sehr gewünscht, ich damals aber nicht gewollt hatte; denn nun war ich durch die Physiologie in Feuer und Flamme versetzt. Aber als Nicht-Abiturient konnte ich nicht Medizin studieren; darum beschloß ich wieder, wie in Eldena, Landwirthschaft zu studieren u[nd] hatte die Hoffnung, daß ich bei dieser wenigstens doch Lehrer an irgend einer Landw[irthschafts]schule, wo nicht gar Höheres, werden könnte.

Ostern 1874 zog ich daher nach Halle, wo Kühn[109] ja die vornehmste landw[irthschaftliche] Schule[110] machte und arbeitete dort mit Energie. Zu Pfingsten holte ich Käthe, Edith u[nd] Amme ab u[nd] brachte sie nach Dahlem. Dort bekam K[äthe] wieder, wie in Montreux, Rippenfell-Entzündung,

109 Julius Kühn (1825–1910), Landwirt, Güterdirektor, Agrarwissenschaftler.

110 Schule Halle: erster Lehrstuhl für Landwirtschaft, 1862 an der Universität gegründet; mit Versuchsfeldern, Haustiergarten, Tierklinik, Laboratorien und Sammlungen.

ein Telegramm rief mich hin, da leicht ein tödtlicher Ausgang eintreten konnte. Nach einigen Tagen war die Gefahr vorüber, ich konnte wieder nach **[80]** Halle zurück. Dort gewann ich unter den Studierenden einen Freund, von Alvensleben[111], einen lieben, netten, weichen Menschen. Ich mußte ihn in den Ferien auf dem väterl[ichen] Gute, Demker bei Stendal, besuchen, stand dann lange mit ihm in Briefwechsel, auch nach seiner Heirath. Endlich stockte dieser, er ward nervenkrank u[nd] starb. Damit starb abermals ein Freund; es ist, als wenn alle meine Freunde lange vor mir hinabsteigen müssen.

In den Ferien wurde mir nun die Eröffnung gemacht, daß, wie damals als wir nach München ziehen wollten, wir so auch jetzt nicht nach Halle ziehen könnten. Wiederum war mir so ein Lebensplan durchkreuzt, denn damals konnte man Landwirthschaft eigentlich nur in Halle mit Nutzen studieren.

Heidelberg wurde angerathen. Sophie Schenkel miethete dort über der Brücke, Neuenheimer Str[aße], bei Prof[essor] Weber[112] eine Parterre-Wohnung mit voller Sonnenlage.[113] Ich reiste vor, ließ die Möbel aus München kommen, richtete mit Hilfe von Lina Häusser[114] (Fr[au] Prof[essor] Cohen später, Tochter des berühmten Geschichts-Prof[essor]'s H[äusser][115]) die Wohnung ein u[nd] Herbst, Octob[er] 1874 zog ich mit Käthe, Edith u[nd] Großmutter Velten dort ein. 2 ½ Jahre haben wir dort gelebt, K[äthe] immer kränkelnd, **[81]** ich arbeitend vom Morgen bis zum Abend. Im ersten u[nd] 2ten Semester suchte ich noch Landwirthsch[aft] zu studieren, aber die Lehrmittel u[nd] Lehrkräfte fehlten doch zu sehr, ich fürchtete, daß ich auf keinen grünen Zweig kommen werde; u[nd] da ich intensives Interesse für die Geologie u[nd] Paläontologie gefaßt hatte, so sattelte ich um.[116] Der alte Hofrath Blum[117] u[nd] der Privatdocent C. Klein[118] waren für Mineralogie, Kopp[119] f[ür] Krystallographie, E.

111 Karl Wilhelm Ludwig Rudolf v. Alvensleben (1853–1886), Fideikommißherr, Sohn von Gebhard Wilhelm Udo v. Alvensleben (1810–1886), heiratete 1879 Anna Kornelia Wachs (1855–1934). Student in Halle im Sommersemester 1874.

112 Georg Weber (1808–1888), Historiker, Philologe, Direktor der Höheren Bürgerschule Heidelberg (heute Helmholtz-Gymnasium).

113 Neuenheimer Straße 34, heute Neuenheimer Landstraße 8.

114 Lina Häusser (?-1913), Tochter des Historikers Ludwig Häusser, heiratete 1875 den Geologen Emil Wilhelm Cohen.

115 Ludwig Häusser (1818–1867), Historiker, Redakteur, liberaler Politiker.

116 Immatrikulation für Naturwissenschaften am 24.10.1874.

117 Johann Reinhard Blum (1802–1883), Mineraloge, Geologe.

118 Carl (Karl) Klein (1842–1907), Mineraloge, Geologe.

119 Hermann Kopp (1817–1892), Chemiker.

Cohen[120] für Petrographie meine Lehrer. Nur einige Male bin ich in diesen Jahren auf das Schloß in H[eidelberg] gekommen. Arbeit, nur Arbeit kannte ich, obgleich es nun ja, in der Geologie, für mich keine Zukunft mehr gab; ich war ja Nicht-Abiturient.

Verkehr hatten wir sehr wenig. Eisenlohr[121], der Ägyptologe, neben uns wohnend; Gelzer[122] der Historiker; Klein, Cohen, Lina Häusser u[nd] Webers, das waren die Menschen, die sich bisweilen zu uns verirrten oder die ich besuchte; denn K[äthe] konnte das nicht. October 1876[123] machte ich den Doktor, nachdem ich ein latein[isches] Vor-Examen abgelegt hatte, summa cum laude. K[äthe] zweifelte, ich ging völlig sicher meiner Sache hinein. Klein wartete unten vor der Universität u[nd] begleitete mich über die Brücke **[82]** nach Hause. Ostern 1877[124] ward ich Assistent bei dem alten Blum für Mineralogie, der mir väterlich gesinnt war u[nd] mich bald aufforderte, eine Arbeit zu machen u[nd] mich zu habilitieren. So öffneten sich für mich dennoch die Pforten.

Aber es war abermals beschlossen, daß ich von meinem Wohnorte vertrieben werden solle: Käthe erkrankte mehr u[nd] mehr an der Lunge; der berühmte Friedreich[125], unser Arzt, sagte, sie könne nur noch im Süden leben. Da aber erklärte ich, dann müsse es wenigstens eine Universitätsstadt sein. Ich mußte meine kaum erlangte Assistentenstelle, in der ich so viel lernte u[nd] mir 200 ganze Gulden verdiente, kündigen, worüber der alte Blum recht ungnädig war. Bereits den Sommer über hatte K[äthe] bei ihren Eltern in Baden-Baden gelebt (d. h. ich bezahlte unseren Antheil an der Haushaltung) u[nd] Marie Häusser[126] hatte K[äthe] dort gepflegt. Mit Beginn der großen Ferien ging auch ich dorthin.

120 Emil Wilhelm Cohen (1842–1905), Geologe, Mineraloge.

121 August Eisenlohr (1832–1902), Chemiker, Fabrikant, dann Altägyptologe.

122 Heinrich Gelzer (1847–1906), Historiker.

123 Richtig: Februar 1876. Mündliche Prüfung (Rigorosum) am 28.2.1876, Promotionsurkunde vom 29.2.1876 (Schaltjahr).

124 Richtig: 1876. Die Assistententätigkeit in Heidelberg ist dort nicht nachweisbar: Die Akten des Mineralogischen Instituts setzen erst nach 1900 ein. (Freundliche Mitteilung des Universitätsarchivs Heidelberg.) Die Korrektur ergibt sich aus den Folgedaten; vgl. Anm. 127.

125 Nikolaus Friedreich (1826–1882), Arzt, Pathologe, Direktor der Medizinischen Universitäts-Klinik Heidelberg.

126 Marie Häusser (biografische Daten nicht ermittelt), Tochter des Historikers Ludwig Häusser.

Herbst 1877[127] zogen wir nach Rom.[128] Edith aber war schon im Sommer von Frau Johannes abgeholt worden; sie lebte von nun an in Dahlem.

Anfang September 1877[129] gingen wir über Verona wo wir wieder in Colomba doro wohnten, Bologna (Hôtel **[83]** Brunn) nach Rom. Via Capo le case, an der Ecke der [*Leerstelle*], N [*Leerstelle*], fanden wir sonnige Wohnung, zwei Zimmer. Dort ward Käthe, nachdem sie Anfangs noch hatte ausfahren können, vom Fieber wieder befallen, da die Lunge mehr u[nd] mehr erkrankte. Ein gnädiges Geschick hat mich davor bewahrt, angesteckt zu werden. Frau Reinke, damals schon längst mit Carlo Voss verheirathet, stand uns treulich bei Seite. Ich aber arbeitete auf der Universität. Erst in einem ehemaligen Kloster, das zum physiologischen Institut umgebaut war, bei dem ebenfalls brustkranken, dann in Rom gestorbenen Professor Boll[130], dem Schwiegersohn Traubes, einem Mecklenburger. Zwar war er Physiologe, während ich anatomisch arbeiten wollte. Aber er sprach Deutsch u[nd] konnte mich auch in Anatomie unterweisen. So sezierte ich bei ihm Fische, Dintenfische etc.

Eines Tages fragte mich Struever[131], ebenfalls ein Deutscher, Prof[essor] f[ür] Mineralogie in Rom, ob ich nicht eine Arbeit über die Vulkane des Hernikerlandes machen wolle, von denen man nichts wisse; denn diese, an der Grenze des päbstlichen u[nd] des Neapolitanischen **[84]** Staates gelegen, waren berüchtigte Banditengegend gewesen. Jetzt schon sicherer geworden; aber ich sollte doch einen Gensd'arms zum Schutze mitbekommen. Daraus wurde nun nichts, denn der Minister wurde gerade gestürzt. Das war vielleicht gut, denn man hätte mich sonst für eine wichtige Person gehalten u[nd] abgefangen.

So zog ich allein los in's unbekannte Gebirge, mit der Eisenbahn, die nach Neapel führt, zuerst nach Frosinone dem Hauptorte der Gegend. Nach 14 Tagen

127 Richtig: 1876. Von 1876/77 bis 1880/81 nennt Branco in seinem „Lebensgang" irrige Daten, die jedoch aus anderen Quellen zu korrigieren sind. Seine Angaben verschieben sich jeweils um ein Jahr nach vorn (Sommer 1876: Aufenthalt bei den Eltern Helmholtz, September 1876: Rom, März 1877: Rückkehr nach Dahlem, April 1877: Tod Käthe Brancos, Sommer 1877: Berlin, Herbst (?) 1877: Lothringen, Straßburg, 1878–1880: München, Sommer 1880: Berlin).

128 Richtig: 1876; vgl. Anm. 127. Der Aufenthalt in Baden-Baden ist weder bei L. Koenigsberger (Hermann von Helmholtz, Bd. 2) noch bei E. v. Siemens-Helmholtz (Anna von Helmholtz, Bd. I) genannt. Anna Helmholtz schreibt am 23.5.1877, nach dem Tod von Käthe Branco: „Ich bin glücklich, wenigstens noch den vorigen Sommer mit ihr verbracht zu haben" (Anna von Helmholtz, Bd. I S. 213 f).

129 Richtig: 1876; vgl. Anm. 127.

130 Franz Boll (1849–1879), Arzt, Physiologe.

131 Johannes (Giovanni) Karl Theodor Strüver (1842–1915), Mineraloge.

kehrte ich zurück um nach Käthe zu sehen, da Briefe mich nur unregelmäßig trafen, wegen meines häufigen Ortswechsels. Dann ging ich wieder auf 14 Tage dorthin u[nd] war doch recht froh, als die Sache beendet war. Strapazen, Schmutz, sehr mangelhafte Quartiere, Unsicherheit; auf der anderen Seite der hohe Reiz, den das Arbeiten im vulkanischen Gebiete, zumal in so unbekannten, ausübte. K[äthe] hatte eine Pflegerin, auch sah Fr[au] Voss tägl[ich] nach ihr; u[nd] arbeiten mußte ich, sonst hätte ich dieses Leben nicht ertragen. Unthätig neben einer kranken Frau nur so dasitzen u[nd] etwas lesen – das war absolute Unmöglichkeit für mich. Man denke sich nur, wie mir in München, dann in Halle, dann in Heidelberg immer **[85]** wieder der kaum gewonnene Boden unter den Füßen fortgezogen wurde, wie vom Beginn des 2ten Ehejahres an stets Krankheit an meiner Seite war, der ich doch ein junger Mann war, der vom Leben Freude verlangte – das Alles wäre schwer zu ertragen gewesen, wenn ich nicht durch rastlose Arbeit die Gedanken von dem Elend abgezogen hätte. Die arme Käthe freilich hatte es ja noch schwerer.

Ich wohnte in öden, aber malerischen Nestern: Pofi, Ceccano, Patrica, Giuliano etc. In Ceccano gab es ein Gasthaus bei Gaspari Buglioni, d. h. ich logierte in einem Zimmer, in dem ein Bett stand u[nd] auf einem Stuhl ein Waschbecken; der Boden, wie stets, mit Ziegelsteinen gepflastert. Nachts – es war Winter u[nd] im Gebirge – so kalt, daß ich mit dem weichen Filzhut auf dem Kopfe schlief; denn da man den Hut stets auf dem Kopfe trug, so fror man, wenn man ihn abnahm. In Pofi, das hoch oben auf dem Berge liegt, ein altersgraues Nest, wohnte ich beim adligen Schuhmacher de Grande. In (Giulano?) bei einer armen Wittwe Maddalena Marinelli, die in der leeren Stube, in der sie Leute beherbergte, 2 Betten dicht nebeneinander stehen hatte. Am späten Abend kam ich zu ihr u[nd] bat, mich aufzunehmen; denn der **[86]** Arzt, an den mich ein Herr in der Eisenbahn verwiesen hatte, gab mir zwar sehr freundlich Abendbrodt, aber logieren konnte oder wollte er mich nicht, was ich ihm nicht verdenke. Sie nahm mich auf, aber in dem einen Bette lag schon ein Fuhrmann. Sehr angenehm war's nicht, mich an seine Seite zu legen; ich wachte jedoch ganz ungetödtet wieder auf. In einem anderen Neste mußte ich mit einem auf Urlaub befindlichen Soldaten zusammen im Zimmer schlafen. Da jedermann in diesen Nestern seine Nothdurft im Freien verrichtet, dies dem Soldaten aber zu despektierlich war, so setzte er sich morgens 4 Uhr, er mußte weiter, auf den Nachttopf u[nd] hinterließ mir eine so duftende Begebenheit, daß ich wie der Blitz heraus war. Der Umstand, daß er das ganz harmlos offenbar that, sprach für die Kulturstufe, auf der er stand. In einem anderen Neste erschienen, als ich Abends gegessen hatte – es sah aus wie gebratene Würmer – viele Männer, Frauen u[nd] halbe Kinder u[nd] setzten sich auch auf die viereckig angeordneten Bänke vor den Kamin [*eingefügt: kleine Skizze*] u[nd] dann ging die Unterhaltung los. Es ist das Land der Ciocciaren, der Sandalenträger, die noch heut nahezu antik sich kleiden und **[87]** die Modelle in Rom, die an der spanischen Treppe sitzen, für die Künstler liefert. Frühmorgens war es ein eigenartiger Anblick, wenn Alles, Männer u[nd] Frauen, auf ihren Sandalen lautlos zur Arbeit auszog, gefolgt von einer Heerde schwarzer Schweine, die im Orte allen Unrath, den sie fanden, auffraßen u[nd] den Tag über auf dem Acker sich herumtrieben.

In Ceccano mußte ich – ich war 8 Tage dort geblieben – ein fürchterliches Donnerwetter loslassen, mit dem Hammer auf den Tisch hauen, daß der Arzt, der dort logierte, erschreckt im Hemde herbeistürzte, weil der Kerl von Wirth mich betrügen, seine Abmachung nicht halten wollte. Er gab schnell klein bei. Sonst aber waren die Leute ehrlich. Eines Tages wanderte ich – ich hatte meist einen Steinträger mit mir – allein über eine düstere Gegend, es regnete, eine Mariensäule ragte auf – da traf ich auf eine Arbeiterfamilie, Vater, Mutter, Tochter, die hielten mir ein Papier hin, das ich ihnen vorlesen solle. Unter dem aufgespannten Regenschirm las ich ihnen, es war das Zeugniß, das der Geistliche der Tochter, die bei ihm treu gedient hatte, ausgestellt hatte; sie schieden **[88]** glücklich u[nd] dankend. In Patrica, das auch hoch oben liegt, umringte mich, wie meist, neugierig das Volk. Ich zeigte ihnen die Steine, die ich geschlagen hatte u[nd] sagte: Ecco il mio pane, le vendo.[132] Dann bot mir Einer an, er wolle mich auf den Monte Lupino führen, dort gebe es Gold. Ich dankte ihm natürlich; es hätte sich vielleicht für ihn dort Gold gefunden, wenn ich mitgegangen wäre, für mich, in dem Kalksteine, nie.

Ein Soldat, welcher Schreiberdienste that, erzählte mir in Frosinone, daß ein großer Theil der Rekruten, wenn sie ihre Angaben machen, beim „Vater" sagen: Erschossen von den Soldaten (weil Räuber), ermordet. Als nämlich die Revolution im Königr[eich] Neapel den König entthront hatte, da hoffte er noch längere Zeit, den Thron wieder erobern zu können. Er behielt daher Truppen. Da er dieselben aber nicht besolden konnte, so verwandelten sie sich in Banditen, die sich namentl[ich] in diesem Gebirge der alten Volsker, das an der Grenze zwischen dem Römischen u[nd] Neapolitanischen liegt, aufhielten. Die Bauern wurden so von ihnen gemordet u[nd] beraubt, daß früher als 1 St[un]de nach Sonnenaufgang sich keiner auf's Feld wagte, u[nd] 1 St[un]de vor S[onnen] Untergang Alles in den Städtchen u[nd] Dörfern sein mußte, sonst wurde er abgefangen. Ein Bauer gab mir **[89]** freundlich zu Essen u[nd] zu Trinken; es fiel mir auf,

132 Das ist mein Brot, das verkaufe ich.

daß er so lange Haare habe u[nd] ich hörte, die Ohren seien ihm von den Banditen abgeschnitten worden. Er sei Nachts über Land gegangen, gefangen; noch in derselben Nacht habe es an seines Vaters Haus geklopft; als dieser das Fenster geöffnet, habe man ihm ein Packet gereicht, das seien seines Sohnes Ohren. Wenn nicht in der nächsten Nacht 500 Scudi (à 5 Francs) da u[nd] da lägen, folge der Kopf des Sohnes. Der Ärmste lief am nächsten Tage im Dorf umher, borgte so viel es ging, erhielt aber nur die Hälfte der Summe. Er bekam neue Drohung, falls nicht die andere Hälfte folge. Da wurden die Banditen von den päbstl[ichen] Truppen angegriffen u[nd] der Sohn konnte fliehen.

Die Einwohner hatten nämlich dem Pabste eine Deputation geschickt, sie würden Revolution machen, wenn er sie nicht gegen die Banditen schütze. Da erst sandte er Truppen, die langsam das Räuberwesen ausrotten konnten.

März 1878[133] war heran gekommen. Käthes sehnlichster Wunsch, nach Hause reisen zu können, um dort zu sterben, sollte in Erfüllung gehen. Liegend ertrug sie die Reise ganz gut. In Bozen erwartete uns die Schwester von Helmholtz, Julie[134], was eigentlich überflüssig war, wenn **[90,** *fälschlich bezeichnet* **92]** wir bald weiter reisten. Im Hôtel Austria stiegen wir ab. Nun blieben wir 8 Tage lang. Es lag noch Schnee in Bozen, in Deutschland war es also noch so kalt, daß es für K[äthe] verderblich hätte werden können, wenn nicht doch schon Alles hoffnungslos gewesen wäre. Dann ging es nach München; ich hatte den Hôtelwagen an die Bahn bestellt. Von München aus nahm ich für uns drei ein Coupée 1ter Classe. K[äthe] vertrug Alles sehr gut, so daß ich mir absolut nicht vorstellen konnte, daß es zu Ende gehe. Wir fuhren die Nacht durch. In Berlin waren Johannes's, die ihren Wagen an der Bahn hatten u[nd] K[äthe] sogleich mit hinaus nahmen u[nd] Helmholtz's, die ebenfalls einen Wagen hatten u[nd] K[äthe] mit zu sich nehmen wollten. K[äthe] hatte aber, wohl brieflich an Joh[annes]'s den festen Willen ausgesprochen, nach Dahlem gehen u[nd] dort sterben zu wollen, daß H[elmholtz]'s sich fügen mußten. Für die Stiefmutter war es ja, vor der Welt, bitter, daß die Tochter nicht einmal bei ihr sterben wollte; aber ich konnte es K[äthe] nicht verdenken.

Für mich war kein Unterkommen in Dahlem, ich miethete daher in Berlin, am Leipziger Platz, ein Zimmer u[nd] fuhr oft nach D[ahlem] hinaus. Am 21 April, 1878[135], erhielt ich plötzlich eine Depesche, ich solle eilen, nahm eine Drosch[k]e 1ter Cl[asse] u[nd] jagte nach Dahlem hinaus; es kam um so **[91]** unerwarteter,

133 Richtig: 1877; vgl. Anm. 127.
134 Julie Helmholtz (1827–1894).
135 Richtig: 1877; vgl. Anm. 127. Zum Todesdatum vgl. oben S. 91 f.

als ich in den vorhergehenden drei Tagen K[äthe] recht wohl gefunden hatte. Gegen 11 Uhr Morgens kam ich an, K[äthe] schon mit wenig oder keinem Bewußtsein. Nachmittags 3 Uhr kamen Helmholtz's. Abends gegen ½ 8 hauchte Käthe ihre Seele aus, ohne das Bewußtsein wieder erlangt zu haben. Ich blieb in D[ahlem]. Dort wurde sie an der alten Kirche zur Ruhe gebettet.

> „Wer hat Euch Wandervögeln die Wissenschaft bescheert
> Daß Ihr auf Feld und Wegen nie falsch die Flügel kehrt
> Daß Ihr die alten Palmen im Süden wieder wählt,
> Daß Ihr die alten Linden im Norden nicht verfehlt."[136]

so steht es auf ihrem Steine. Ihr trauriges Geschick war erfüllt, ich stand allein. Sie hätte ein besseres Geschick verdient gehabt. Voll von künstlerischem Empfinden und auch von hohem künstlerischen Können, durchdrungen von dem Streben, zu lernen, ihren Geist zu bilden, paßte sie nicht zur Frau eines Landwirthes, zum Leben auf dem Lande. Davon wurde sie nun ja auch schon nach 1 Jahre befreit, indem ich Kade verkaufte; es war ihr auch selbst dies 1 Jahr nicht schwer geworden, da das Gut so klein war, daß die Mamsell nur einem städtischen Haushalte vorstand. Als sie nun aber ganz vom Landleben aufathmen konnte, da warf Krankheit sie nieder u[nd] versagte ihr all u[nd] jede Lebensfreude. Ich habe nie einen Menschen gesehen, der so wie K[äthe], **[92]** sich über anderer Menschen Glück u[nd] Behagen freuen konnte, ohne an das eigene zu denken. Stets war sie ruhig, sie konnte wohl kaum heftig werden; stets objektiv überlegend, so daß sie völlig temperamentlos erschien u[nd] wohl auch war. Ein edles Geschöpf, das glücklicher gewesen wäre, wenn sie hätte unverheirathet bleiben können.

Ich habe stets viel mehr das Unglück, welches drohte, als das, welches hereingebrochen war, empfunden. Vier Jahre lang hatte Krankheit ihrem [*ihren*] Schatten auf mich geworfen; war ich durch die Krankheit von Ort zu Ort verjagt worden; war ich, ein junger lebenslustiger Mensch, in ein Krankenhaus gebannt worden – nun winkte mir wieder das Leben. Dazu kam, daß die Ehe ohne Liebe geschlossen worden war; wenn sie auch eine friedliche, glückliche genannt werden muß, so blieb das doch zu Recht bestehen. Es waren 2 Kameraden, die sich gut vertrugen, aber nicht 2 Liebende. Und weiter kam dazu, daß etwas Unhaltbares vorlag, das zum Ende geführt hatte, nicht etwa ein jäher Tod, der unvermittelt u[nd] ohne Ursache hereingebrochen war. Das Alles that das Seinige – Ich fühlte mich erlöst, denn die Natur eines gesunden Menschen sträubt sich gegen solch Loos. Erlöst, wie sie es war. Zugleich aber fühlte ich das ausgesprochene Bedürfnis, nun frei zu bleiben, nicht wieder zu heirathen. Daß ich

136 Branco zitiert die Inschrift aus dem Gedächtnis falsch; vgl. oben S. 93.

trotzdem tief erschüt- **[93]** tert war, bis in die innerste Seele, daß ich mich einsam u[nd] verlassen fühlte, daß ich den liebgewonnenen Kameraden tief betrauerte, ihm ein treues Angedenken bewahrte, das ist wohl erklärlich. Es lassen sich sehr wohl zwei entgegengesetzte Empfindungen gleichzeitig hegen. Wer nicht heucheln will, was freilich nirgends mehr als nach Todesfällen geschieht, der wird das zugeben u[nd] nachempfinden können.

Ich war nun 33½ Jahre alt u[nd] Wittwer. Das Sommersemester 78[137] blieb ich in Berlin u[nd] studierte dort bei Beyrich[138] u[nd] Dames[139] fleißig Palaeontologie, die ich in Heidelberg gar nicht hatte üben können. Da ich aber dort schon früher Benecke[140] in Straßburg gebeten hatte, mich als sein Schüler in Palaeontologie aufzunehmen, so bat ich ihn um ein Arbeitsthema im Felde, dessen Ergebnisse ich dann in Straßburg bearbeiten wollte. Er gab mir den „Unteren Dogger (Braun-Jura) von Deutsch-Lothringen" u[nd] als die Ferien kamen, ging ich nach Metz, wo ich 2 Monate lang im Hôtel lebte, täglich hinausfuhr bei glühender Hitze bis zum Nachmittag marschierte u[nd] beobachtete u[nd] Abends dann zum Essen zurückfuhr. Es war eine herrliche, poesievolle Zeit: Die schöne Gegend, die glühende Sonne, die starke Bewegung, die Freude an der interessanten, die Phantasie anregen- **[94]** den Arbeit, in welcher die dortigen Schichten u[nd] ihre Fauna mit denen Schwabens verglichen wurden. Durch diese Arbeit u[nd] die nächste in München „über die Entwicklungsgeschichte der fossil[en] Cephalopoden" praedisponierte ich mich unbewußt zum Nachfolger Quenstedt's[141] in Tübingen, dessen Arbeitsgebiet ja eben auch der Jura u[nd] die Ammoniten waren. Derart, daß, als ich später den Ruf nach Tübingen erhielt, Könen[142] mir schrieb: „Hier kommt doch mal der rechte Mann an die rechte Stelle."

Dames in Berlin hatte es übel genommen, daß ich nicht ihn um eine Arbeit gebeten hatte; u[nd] in der That, es war ja auch auffällig, da ich doch einmal in Berlin war. Aber mich zog mehr das südliche Deutschl[an]d an.

Herbst 1878[143] zog ich von Metz nach Strassburg u[nd] bearbeitete dort mein gesammeltes Material. Wieder war ich überaus fleißig, Nachts 12 Uhr kochte

137 Richtig: 1877; vgl. Anm. 127.

138 Heinrich Ernst Beyrich (1815–1896), Geologe, Paläontologe.

139 Wilhelm Barnim Dames (1843–1898), Geologe, Paläontologe.

140 Ernst Wilhelm Benecke (1838–1917), Geologe, Paläontologe.

141 Friedrich August Quenstedt (1809–1889), Geologe, Mineraloge, Paläontologe.

142 Adolf v. Koenen (1837–1915), Geologe, Paläontologe.

143 Richtig: 1877; vgl. Anm. 127. In der ZDGG Bd. 29/1877 (erschienen Anfang 1878) S. 841–843 wird ein brieflicher Bericht von W. Branco an W. Dames über die Lothringen-Reise veröffentlicht, datiert Straßburg 8.1.1878. Dort heißt es, er habe in den

ich mir starken Kaffe u[nd] arbeitete dann bis 2 Uhr. Ich wohnte einige Häuser vom Broglie Platze. Zusammen mit mir arbeitete Steinmann[144], ein rechthaberischer Mensch. Assistent war Weigand, längst Lehrer i[m] Elsass, ein sehr umgänglicher Gesell, mit dem ich aß u[nd] dann u[nd] wann an den Rhein ging. Im Frühjahr 1879[145] sagte mir Benecke, ich solle nach München gehen, dort die gesammelten Ammoniten vergleichen, wozu das Strassburger Material nicht aus- **[95]** reichte. Ungern ging ich dorthin, stellte mich Zittel[146] vor, suchte meinen alten Schulfreund Horstig auf. Aber binnen kurzem packte mich München so, daß es mir bis heute wie eine alte, liebe Heimath ist. Ich miethete erst in der Türkenstr[aße] schräg gegenüber von dem rothen Wittelsbacher Palais, nach 1 Jahre in der Arcis Str[aße], gegenüber dem chemischen Laboratorium.

Die Münchener Jahre waren herrlich. Interessante Arbeiten; angenehmer Familienverkehr; nette Kollegen im Institute[147]; dazu das freie, schöne Münchener Leben ohne die norddeutsche Steifheit; vor allem der Verkehr mit der Kunst u[nd] den Künstlern, mit denen ich durch Horstig in Beziehungen trat. Die herrlichen Kostümfeste, an denen ich Theil nehmen konnte. Im Sommer Spaziergänge in's Freie, mit Horstig oder mit Zittel's. Auch einen neuen Freund gewann ich, den Maler Philips[148]; er war ein sehr ideal veranlagter Mensch, der allen Geldverdienst durch Bilderverkauf sofort bei Seite warf so wie er so viel hatte, daß er leben konnte u[nd] nun nur noch das malte, was ihn anzog. Ich vermuthe, daß er Jude war, wir haben nie davon gesprochen; Courage hatte er jedenfalls nicht. Auch sehr musikalisch war er; u[nd] obgleich er **[96]** nur gewöhnliche Schulbildung besaß, vertiefte er sich in philosophische Schriftsteller, wie Schopenhauer, so, daß er sie völlig verstand. Er hatte etwas ungemein Ruhiges. Wenn wir uns treffen, freuen wir uns noch heute. Er ist jedoch so eingefleischter Egoist, der nur das thut, was ihm genehm ist, geworden, daß wir nicht längere Zeit beisammen sind.

vergangenen großen Ferien [= 1877] in Lothringen und Luxemburg Material über den unteren braunen Dogger gesammelt.

144 Gustav Steinmann (1856–1929), Geologe, Paläontologe.

145 Richtig: 1878; vgl. Anm. 127.

146 Karl Alfred (Ritter v.) Zittel (1839–1904), Geologe, Paläontologe; 1885 nobilitiert.

147 Die Tätigkeit Brancos an der Universität München ist dort nicht nachweisbar: Die Akten des Geologisch-Paläontologischen Instituts setzen erst 1890 ein, die Assistentenakten der Zeit sind nicht überliefert. (Freundliche Mitteilung des Universitätsarchivs München.)

148 Hermann August Philips (1844–1927), Genremaler.

Bei Zittels ging es sehr einfach, aber herzlich zu. Sie ist eine Tochter des + Karlsruher Kunstdirektors Schirmer[149] (Maler); er war ein überaus liebenswürdiger Mann, der in jeder, auch der traurigsten Lage nicht nur den Kopf oben behielt, sondern sogar den Himmel voller Geigen hatte. Ein Optimist, wie ich keinen zweiten kennen lernte; u[nd], was noch wunderbarer ist, einer, der mit seinem Optimismus Recht behielt. Ein Beispiel: Die Tochter, hysterisches junges Mädchen, stürzt sich 3 Treppen hoch aus dem Fenster, auf die Straße. Nachts bringt man die Tochter ihm hinauf. Unverletzt. Dann kommt sie in eine Anstalt. Er immer voll Vertrauen u[nd] Ruhe. U[nd] richtig, sie, die gar nicht hübsch war, eine heisere Stimme, kein Geld hatte, findet einen Mann, der sehr tüchtig war, Rechtsanwalt, aus angesehener Familie, der das Mädchen liebt. Aber dieser Mann, nachdem 3 Kinder da sind, stirbt **[97]** auf einer verrückten, frevelhaften Bergtour mitten im Winter u[nd] hinterläßt die Seinen mit wenig Mitteln. Zittel unverzagt. U[nd] richtig, 1 Jahr vor seinem Tode findet sich abermals ein junger Mann, sehr ernst u[nd] tüchtig, noch nicht Doctor, der sich mit der 8 Jahre älteren Wittwe und Mutter von 3 Kindern verlobt.

In den großen Ferien 1880[150] machte ich mit Zittel auf seinen Vorschlag eine 4 wöchentl[iche] Fußreise durch Süd Frankreich, über Genf nach Lyon, St. Étienne, St. Gérand le Puy, Avignon, Marseille, Agdes [*Agde*], Carcassonne, [*Leerstelle*] Toulouse. Doch galt sie weniger den Städten, als dem Lande u[nd] seinen Schätzen an Fossilien. Die Hitze war sehr groß, der Schlaf verging mir Nachts, aber es war in hohem Grade interessant. Dazu fanden wir überall, da Zittel ein berühmter Mann war, bei Fachgenossen u[nd] Amateurs der Geologie herzliche Aufnahme, machten auch mit Franzosen zusammen Exkursionen. In einem Orte fand sich im Hôtel nur für Zittel u[nd] Bertrand[151] ein Unterkommen. Da half Capitän Toucas[152], der mehrere Tage lang mit uns reiste, indem er für sich ein Quartierbillet schrieb. Das gab er mir, ich logierte bei einem Bürger, der reizend war, für ihn u[nd] er wohnte bei einer alten Tante. Toucas hat 1903 von Paris aus, wo er als Oberst **[98]** en retraite lebt geschrieben, ob ich nicht seine Sammlung kaufen wolle. Leider unmöglich. So habe ich also auf das Quartierbillet eines französ[ischen] Hauptmanns eine Nacht gewohnt. Bei uns wäre das nicht möglich. Der französ[ische] Staat hat diese Nacht für mich bezahlen müssen. Noch einem anderen Franzosen, der uns damals begleitete, bin

149 Johann Wilhelm Schirmer (1807–1863), Maler, Direktor der Kunstsammlung der Staatlichen Akademie der Bildenden Künste Karlsruhe.
150 Richtig: 1879; vgl. Anm. 127. Im Sommer 1880 ist Branco bereits zurück in Berlin.
151 Marcel Alexandre Bertrand (1847–1907), Geologe.
152 Joseph-Aristide Toucas (1843–1911), Offizier, Geologe, Paläontologe.

ich später wieder begegnet. Er war Geistlicher, Abbé Michalet[153]; legte später die Soutane ab, ward alles Mögliche, heirathete, ward zuletzt Importeur von Blumen aus dem Süden nach Berlin u[nd] Versteinerungshändler. Er besucht mich alle Jahre in Berlin.

In einem kleinen Orte kamen wir Sonntags in das Hôtel, dessen Wirth die angenehme Marotte hatte, Sonntags vorzügliches Diner zu dem gewöhnl[ichen] Preise zu geben. Daher strömte Alles was reiste, Sonntags dorthin. Wir saßen daher in dem kleinen Neste an langer Tafel, der Wirth in weißer Küchenschürze u[nd] Mütze mitten unter uns. Nebenan, bei offener Thür, die Küche in der am Roste gebraten wurde. U[nd] nun, uns, d. h. Zittel, zu Ehren einen Wein nach dem anderen, einer immer schöner als der Andere, Alles zum Diner gehörig. Nach demselben saß ich mit Z[ittel] auf der alten Stadtmauer u[nd] baumelten vor Vergnügen mit den Beinen.

Im Languédoc hatte die Reblaus Alles verwüstet. **[99]** Weithin magere Hafer etc. Felder, in denen dann und wann eine Weinrebe sichtbar wurde. Aber Frankr[eich] ist ein so reiches Land, daß ihm so etwas nichts thut. Eigen, aber nicht unvernünftig ist dort die verbreitete Sitte, sich von der Arbeit zurückzuziehen, sobald man so viel Rente verdient hat, daß man gut aber bescheiden leben kann. Drum trifft man in kleinen Orten oft solche zufriedenen Rentner, die dieses Ziel der Wünsche eines Franzosen bereits erlangt haben.

Eine köstliche Geschichte erlebten wir bei der Einfahrt in den Bahnhof von St. Étienne, einer Kohlenbergwerksstatt. Z[ittel] hatte heftigste Leibschmerzen, wir waren allein im Coupée, er erklärte, er halte es nicht mehr aus, aber der Zug fuhr so langsam, da das Gleis nicht frei war zur Einfahrt. Endlich hält der Zug gar still, schon mitten unter dem Gewirr von Schienensträngen des Bahnhofes. Z[ittel] reißt die Thür auf. Man ruft ihm zu, er soll drinnen bleiben, die Thür schließen. Er aber stürzt heraus, vorwärts, mehrere Schaffner hinter ihm drein, einen Verbrecher witternd, da hockt er sich plötzlich in seiner Todesnoth nieder, reißt die Hosen ab u[nd] macht eine riesengroße Begebenheit, dieweil mein Zug mit mir weiterdampft. Im Hôtel fanden **[100]** wir uns wieder, er mußte ins Bett, schilderte mir aber mit Humor die Gesichter seiner Verfolger, die Alles nur nicht das vermuthet haten.

Höchst interessant war das große Gebiet erloschener Vulkane in der Auvergne. Dann Avignon, das Exil der Päbste, deren ehemaliger Palast jetzt eine Kaserne war. Wir besichtigten denselben ganz früh morgens, als die Soldaten noch in den Betten lagen; es war etwas peinlich, da umher zu gehen u[nd] zu

153 Alphonse Michalet (gest. 1912 in Toulon); weitere Daten nicht ermittelt.

gaffen. Das Interessanteste war jedoch Carcassonne, ein Städtchen, noch vollständiges Mittelalter, Mauer, Thürme, Häuser unversehrt seit dieser Zeit. Auffallend war der säuerliche Geruch, der in allen Hôtels, selbst in Toulouse, herrschte; eine Folge der großen Hitze u[nd] großen Unreinlichkeit. Namentlich primitiv sind die Aborte. In einem Städtchen war Concert im Hôtelgarten. Im Hôtel kein Abort, nur im Garten. So mußte ich durch die Besucher hindurch öffentl[ich] in das Häuschen gehen u[nd] wäre im nächsten Augenblick beinahe in die Grube gefallen; denn anstatt eines Sitzes war nur ein Loch in dem steinernen Fußboden; zum Glück hatte ich Streichhölzer.

Da der Wein vielfach zum Diner gehört, ist es Sitte, daß bei Tisch im Hôtel, an der table d'hôte, jeder seinem Nachbar eingießt, wenn dieser ausgetrunken hat. – Auch in Vichy waren wir, wohin Napoléon III[154] zu gehen **[101]** pflegte. Es ist wie Karlsbader, für die Nieren.

Zittel hatte außer der Tochter noch 2 Söhne. Keiner wollte studieren, trotz allen Zuredens. Der Eine ward Kaufmann ging nach Amerika, der Andere Offizier. Schon als Unterleutnant fühlte er den Beruf sich zu verloben; da aber beide Theile nichts hatten, so mußte er sich wieder entloben. Als er Oberleutnant geworden war bekam er wieder diesen Rappel u[nd] verlobte sich mit einem unvermögenden Mädchen. Er wird wohl 8–10 Jahre im Ganzen warten müssen, bis er, als Hauptmann, sie wird heirathen können. Des Menschen Wille ist sein Himmelreich – oder seine Hölle.

Neben Zittels war es die verwittwete Frau Professor Braun, geb. Artaria[155], Freundin von Frau von Helmholtz, bei der ich viel verkehrte. Sie versammelte alle 8 Tage Abends einen Kreis junger Leute bei einfachem Abendbrodt u[nd] es war überaus behaglich. Sie war eine sehr gescheidte Frau, von fast männlichem Verstande; mir eine verehrte Freundin. Von ihren beiden Töchtern hat die jüngere den Zoologen in München später geheirathet[156]; damals war sie Kind bis Backfisch; die ältere ist Malerin geworden u[nd] führt als Zeichenlehrerin ein zufriedenes Dasein[157].

154 Charles-Louis-Napoléon Bonaparte (1808–1873), 1849–1852 Französischer Präsident, 1852–1870 als Napoléon III. Kaiser der Franzosen.

155 Rosalie Braun-Artaria (1840–1918), Schriftstellerin, Mitarbeiterin der belletristischen Wochenschrift „Die Gartenlaube", heiratete 1860 den Archäologen und Kunsthistoriker Julius Braun (1825–1868).

156 Jula (Julie) Braun (1866–1942), heiratete 1887 den Zoologen Richard v. Hertwig (1850–1937).

157 Irene Braun, Kunstlehrerin (1861-?).

[102] Weiter war es eine Familie von Hornstein[158], bei der ich viel verkehrte; sie hatte Sonntag Nachm[ittag] ihren offenen Tag. Er war sehr musikalisch, litt aber daran, daß er von Zeit zu Zeit in ein umherschweifendes Leben verfiel, vermuthlich auch trank; doch war er ein gescheidter Mann, voll Geist. So kam er als junger Mann nach Mainz, dort ein Concert zu geben. Obgleich klein u[nd] Gnomhaft aussehend, verliebte sich eine bildschöne Weinhändlerstochter, dazu vermögend, in ihn, vielleicht auch in den Baron's Titel. Seine Familie war froh, daß er von seinem vagierenden Leben befreit werden könnte u[nd] so heiratheten sie. In der Ehe aber verschwand er dennoch wieder von Zeit zu Zeit, fing auch eine Liebschaft an; u[nd] als er schwer krank zu Hause lag, öffnete die Frau die an ihn von jenem Mädchen einlaufenden Briefe u[nd] erfuhr so die Sache. Sie war vernünftig; u[nd] selbst als er sich von ihr scheiden lassen wollte, um jene zu heirathen, widersetzte sie sich dem. Sie waren auf solche Weise längst wieder ein ganz glückliches Paar geworden. Ein Sohn, der jetzige Majoratsherr (wohl nur klein), hat vom Vater das Nicht-Aushaltenkönnen in einem Berufe geerbt.[159] Drei Töchter, von denen die jüngste einen Verwandten Rothschilds, den x fachen Millionär Baron Franchetti i[n] Mailand, Jude, geheirathet hat.[160] Die älteste hat später den berühmten Maler von Lehnbach geheirathet.[161] Ich spielte mit ihr Theater, was stets gefährlich ist u[nd] machte ihr sehr den Hof; sie verhielt **[103]** sich indessen abgeneigt, Gott sei Dank!!! zu meinem Glück.

Endlich verkehrte ich bei der Fam[ilie] des Chemikers v. Beyer[162] woselbst getanzt u[nd] Theater gespielt wurde – kurz, es war sehr angenehm in München zu leben. Dazu die Künstlerfeste, in denen Alles in möglichst echtem Costüm erschien, das Berauschendste, was man sich denken kann weil man mit dem Costüm ein ganz Anderer wird. In die Künstlergesellschaft Allotria wurde ich von Horstig eingeführt u[nd] lernte so eine Anzahl von Malern kennen. Lenbach[163]

158 Robert Frhr. v. Hornstein (1833–1890), Musiker, Komponist, heiratete 1860 Charlotte Lehne (1840–1901), Tochter des Juristen, liberalen Politikers und Gutsbesitzers Eduard Lehne (1805–1857).

159 Ferdinand Frhr. v. Hornstein (1865–1951), Schriftsteller. – Robert v. Hornstein hatte drei Töchter und drei Söhne, dazu einen unehelichen Sohn aus dem von Branco erwähnten Verhältnis, den Komponisten Robert Gund (Gound) (1865–1927).

160 Marion v. Hornstein (1870–1948), heiratete 1890 den Bankier und Musiker Giorgio Giovaccino Barone Franchetti (1865–1922).

161 Charlotte (Lolo) v. Hornstein (1861–1941), heiratete 1896 den Maler Franz v. Lenbach (1863–1904).

162 Johann Friedrich Wilhelm Adolf Ritter v. Baeyer (1835–1917), Chemiker.

163 Franz v. Lenbach (1863–1904), Maler.

natürl[ich] vor Allem, doch habe ich nie mit ihm gesprochen. Dann den + Piglheim, einen sehr liebenswürdigen, sehr talentvollen Maler, dem ich auf seine Bitte Modell zu dem Christus stand, der in der Nationalgallerie hängt, mit dem beschwingten Todesengel der sich oben über das Kreuz biegt.[164] Nicht zum Körper oder Kopf, sondern zu den Augen, da ich sehr tiefliegende Augen habe. Die Stellung oben am Kreuz, das P[iglheim] sich in seinem riesenhohen Atelier hatte errichten lassen, auf einem schmalen Fußbrette, war aber etwas unbequem. Bei Piglheim war ich auch einmal zu einer Abendgesellschaft im Atelier eingeladen, mit Künstlern zusammen, sehr eigenartig, weil ein Atelier so eine ganz andere Umgebung darbietet, als eine gewöhnl[iche] Wohnung. Auch mit dem Maler Liebermann[165], Jude, jetzt in Berlin u[nd] mit tönen- **[104]** dem Namen, kam ich oft zusammen u[nd] wurde auch von ihm einmal zum Weihnachtsabend in sein Atelier zum Abendbrodt geladen. Das große Atelierfenster war durch ein riesiges Transparentbild, das sie zu dem Zwecke schnell gemalt hatten, verkleidet, was einen ganz eigenartigen Eindruck während des Abends machte. Ferner kam ich öfters mit dem Maler Rasch[166] zusammen, einem Alsener, früher Landwirth, dann Maler u[nd] wurde von ihm u[nd] seiner Frau einige Male eingeladen. Sie hatte ein Verhältniß mit dem namhaften Bildhauer v. Rümann[167], der sehr offen darüber am Kneiptische sprach; mit R[ümann] war ich auch in der Allotria öfters zusammen. Auch den Maler Kühl[168] lernte ich kennen, der später nach Paris ging u[nd] dort fein ausgeführte Figurenbilder malen lernte. Sodann mit dem Thiermaler Zügel[169], dem Figurenmaler Geiger[170], dem früheren Juristen

164 Bruno Piglhein, auch Piglheim (1848–1894), Bildhauer, Maler, 1890 Ehrenmitglied der Akademie der Bildenden Künste München, Mitgründer der Münchener Secession. Das überdimensionale Bild „Moritur in Deo" (340 x 240 cm), erstmals ab 19.7.1879 auf der Internationalen Kunstausstellung im Münchener Glaspalast ausgestellt und seinerzeit kontrovers diskutiert, zeigt einen athletisch gebauten Christus am Kreuz, über den sich ein schwebender Todesengel zum Kuss beugt; das Original befindet sich in der Alten Nationalgalerie Berlin.

165 Max Liebermann (1847–1935), Maler.

166 Heinrich Rasch (1840–1913), Landschafts- und Marinemaler, geboren in Norburg, Insel Alsen.

167 Wilhelm Rümann (ab 1891: von) (1850–1906), Bildhauer.

168 Gotthardt Kuehl (1850–1915), Maler.

169 Heinrich Zügel (ab 1907: von) (1850–1941), Tiermaler, 1895–1922 Professor an der Akademie der Bildenden Künste München, Gründungsmitglied der Münchener Secession.

170 Caspar Augustin Geiger (1847–1924), Historienmaler.

späteren Maler Clemens[171]. Am meisten Verkehr hatte ich mit dem Maler Paul Höcker[172], später Professor an der Kunstakad[emie], in dessen Atelier ich oft Abends mit Horstig gegessen habe, indem Jeder etwas Eßbares lieferte u[nd] wir uns dann über die Straße herüber Bier holten. H[öcker] spielte zudem sehr gut Klavier. Daß ich mit Philips sehr viel, zeitweise täglich, zusammen war, ha- **[105]** be ich schon erwähnt. Ein netter Mensch war auch der Maler Ploll[173], er soll einen ganz anderen Namen gehabt haben; derselbe war österreich[ischer] Dragoner Offizier gewesen, hatte ein Vermögen durchgebracht u[nd] begann nun zu malen. Er hatte die echte österr[eichische] Liebenswürdigkeit; längst ist er hinabgegangen an Gehirnerweichung. Auch Grube, mein Lehrer einstens, der strenge Zeichner, ist gestorben. Daß ich viel bei Horstig u[nd] mit Horstig war, ist selbstverständlich.

Auch mit einer älteren, vermögenden Amateur-Malerin aus Bremen, Frl. v. Kapf[174], wurde ich in Gesellschaft bei Zittels bekannt u[nd] machte bei ihr Besuch, ward auch von ihr eingeladen. In ihrem Atelier, in dem sie mit einigen anderen Malerinnen malte, erschien ich eines Tages als Dienstmann verkleidet u[nd] brachte einige Oelfarben, die sie am Tage vorher auf einem Künstlerballe scherzhaft bestellt hatte. Ein anderes Mal erschien ich als schwäbischer Bauer mit dem Dreispitz u[nd] wurde dann von den Damen gezeichnet, denn ich fragte, ob sie kein Modell brauchten. Sie willigten aber erst ein, als ich mich verpflichtet hatte, nicht ohnmächtig zu werden beim Stillesitzen. Bei Frau Braun erschien ich, als einer ihrer Jugend-Abende war, als **[106]** Dame verkleidet, ließ mich als „Jugendfreundin" bei ihr melden. Horstig, dessen Wirthin mir ihre Kleider geborgt hatte, brachte mich hin, zurück mußte ich aber Nachts alleine gehen, was mir doch nicht ganz geheuer war. Auch in Breslau, mit 16 Jahren, hatte ich einst von Anna v. Bogusl[awski] mich so als Mädchen anziehen lassen u[nd] ging dann zu Horstig, der bei Verwandten in Pension war. Seine Cousine öffnete mir die Thür u[nd] erschrak gewaltig, als ich nach Herrn Eugen fragte. Dann ging ich mit Horstig in der Schweidnitzer Straße, gleich unferne Linden od[er] Friedrichst[raße], bummeln, natürlich Abends. Als einige Jünglinge mir nicht gebührlich Platz machten, bekam einer von mir einen Stoß, daß er bei Seite flog. Nun aber ward mir doch in der belebten Straße unbehaglich u[nd] ich

171 Wilhelm Clemens (1847–1934), Jurist, Genremaler, Kunstsammler.

172 Paul Höcker (1854–1910), Maler, 1891–1898 Professor an der Akademie der Bildenden Künste München, Gründungsmitglied der Münchener Secession.

173 Viktor Ploll, 1877 Eintritt in die Münchener Akademie der Künste (biografische Daten nicht ermittelt).

174 Aline v. Kapff (1842–1936), Malerin, Mäzenin.

wanderte vorsichtiger fürbaß. Auch mit einem großen Vollbart, die Mütze tief in das Gesicht gedrückt, lustwandelte ich einmal in der Schweidnitzer Str[aße]; ich sehe noch das prüfende Gesicht des Omnibus Schaffners, als ich an ihm vorbei, Horstig hinterher, oben auf das Verdeck stieg. Besonders gern aber liebte ich es, mit knallroth geschminkten Wangen in Breslau zu promenieren – Horstig durfte nie fehlen. Auch fürchterlich lahmend durchzog ich einmal die Schweidnitzer u[nd] ward mit dem Ausrufe belohnt: „Ach sieh mal den **[107]** armen Jungen." Ich schwankte aber auch entsetzlich.

Doch diese Reminiscenzen aus dem 15jähr[igen] Jünglingsleben gehören eigentlich nicht mehr in die Münchener Zeit, in der ich die Mitte der Dreißiger schon erreicht u[nd] hinter mir gelassen hatte. Ich füge sie nur bei, damit mein Sohn seinen Vater, den er als einen nicht-heiteren Mann kennt, wenigstens als einen in der Jugendzeit lustigen, zu harmlosen Streichen aufgelegten erkennen kann.

Indem ich mit so vielen Künstlern verkehrte, besuchte ich sie auch oft in ihren Ateliers, die stets einen so hohen Reiz auf mich ausübten, daß ich mir am liebsten auch ein solches gemiethet hätte. Ich begnügte mich indessen damit, mein Wohnzimmer möglichst ateliermäßig zu schmücken u[nd] ließ mir von Horstig Böcklin's Villa am Meere in der Schack Gallerie kopieren und die langen Landsknecht-Bilder als Fries meines 16 Fuß hohen Wohnz[immer]'s malen. Auch den Kunstverein besuchte ich viel; u[nd] da mein Studium in so fern aussichtslos erschien, als ich mich ja doch nie habilitieren konnte, so gab ich auch zeitweise meiner Neigung nach u[nd] zeichnete mit Kohle, malte auch aber mit wenig Erfolg, so daß ich Letzteres bald aufgab. Du mußt aber nicht etwa glauben, daß ich faul **[108]** gewesen wäre. Im Gegentheil, das Alles trieb ich nur nebenbei neben meinen wissensch[aftlichen] Arbeiten. Zuerst vollendete ich in München meinen „Unteren Dogger v[on] Deutsch Lothringen". Dann arbeitete ich fast 2 Jahre lang an meinen „Beiträgen z[ur] Entw[icklungs]geschichte der foss[ilen] Cephalopoden", welche ungemein mühselige Präparationen u[nd] mikroskop[ische] Untersuch[ungen] erforderten u[nd] in 2 Theilen erschienen. In das gleiche Gebiet gehörten die später gemachten kleinen Arbeiten „über die Anfangskammer v[on] Bactrites", „über Anlacoceren", „über tertiäre Belemniten". In München begann ich auch die große Arbeit „über d[ie] fossile Säugethier Fauna von Punin in Südamerika", die ich vollendete, als ich bereits in Berlin u[nd] verlobt war. Auch die Jahres-„Litteraturberichte über Zoologie in Verbindung mit Anthropologie" gab ich etwa 5–6 Jahre lang heraus.[175] Es war also Hülle u[nd] Fülle der Arbeit in

175 Gemeint ist: Zoologie in Beziehung zur Anthropologie mit Einschluss der tertiären Säugethiere [zuletzt: … mit Einschluss der fossilen Landsäugethiere], in: Archiv

München u[nd] infolge des angestrengten Mikroskopierens bei völlig unzureichender Beleuchtung in einem dunkelen Arbeitszimmer zog ich mir eine Entzündung der Netzhaut zu, die mich Wochen-lang unfähig zum arbeiten u[nd] damit recht unbehaglich machte. Bei einer Gesellschaft, die Zittels draußen im Freien gaben, verknickte ich mir auch den Fuß stark, mußte damit den weiten Weg nach Hause machen, kam **[109]** in den Gipsverband u[nd] ging dann auf Krücken. Noch als die Sache längst gut sein mußte u[nd] der Arzt absolut nichts finden konnte, bedurfte ich des Stockes u[nd] konnte nur hinkend gehen. Endlich ward ich an einen jungen Privatdocenten gewiesen, der das Bein untersuchte u[nd] ebenfalls nichts fand, aber mir sagte, ich solle einmal ohne Stock die Treppe herunter gehen, wo ich mich ja am Geländer stützen könne u[nd] dann auf die Straße hinaus. Ich glaubte, da werde ich gar nicht gehen können; aber siehe-da, es ging ohne Stock, wenn auch noch hinkend; u[nd] am 2ten Tage ganz ohne Hinken. Es war also nur Einbildung gewesen. Le malade imaginaire.

In München war, wie mir Zittel sagte, jede Aussicht auf Habilitation ausgeschlossen. Mich befriedigte aber das bloße Arbeiten nicht, ich wäre gern in die akadem[ische] Laufbahn eingetreten. Meine „Beiträge z[ur] Entwick[lungs]geschichte“ waren von dem + Neumayr[176], Professor in Wien u[nd] Autorität, als „bahnbrechend“ in seiner Kritik derselben bezeichnet worden. Daß ich Talent z[um] Unterrichten hatte, fühlte ich u[nd] hatte ich bei verschiedenen kleinen Rede-Gelegenheiten gemerkt, im geolog[ischen] „Kränzchen“ etc.

Herbst 1880[177], 36 Jahre alt, zog ich daher wieder **[110]** nach Berlin, um dort zunächst die Bearbeitung der fossilen Säugeth[ier]knochen zu Ende zu führen, die dem dortigen Museum gehörten. Ich verkehrte viel in Dahlem u[nd] wurde von Axel in jüdische Kreise eingeführt, die er frequentierte, offenbar in der Absicht, eine reiche Frau zu finden. (Johannes war nämlich schon vor 1 Jahre gestorben; u[nd] anstatt nun zu erklären, ich habe nicht Geld genug, hier theilt Euch in das, was da ist, wobei seine Gläubiger wenigstens einen guten Theil ihres Geldes gerettet hätten, wirthschaftete er mit wachsendem Minus weiter, zahlte die Gläubiger aus, die ihn drängten u[nd] brachte es so dahin, daß ich bei seinem endlichen Zusammenbruch den allergrößten Theil verlor.) Dieser Verkehr war mir aber doch ein wenig behaglicher.[178]

für Anthropologie, Bd. 11/1879 bis 13/1881. Vgl. die Bibliografie im Anhang, dort Anm. 3.

176 Melchior Neumayr (1845–1890), Geologe, Paläontologe.

177 Richtig: Sommer 1880; vgl. Anm. 127.

178 Gemeint ist: nicht behaglich.

Bei Helmholtz's verkehrte ich natürlich u[nd] ebenso bei Pringsheim[179], dem Botaniker. Hier, bei letzterem, sah ich zum 1ten Male meine spätere 2te Frau, auf der Bühne; sie gab eine alte Rolle, sah aber so reizend darin aus u[nd] spielte so keck, daß sie mir gleich einen tiefen Eindruck machte. Ich ließ mich ihr von Pringsheim auf der Bühne nachher vorstellen. So lernte ich die Mutti kennen, mein lieber Sohn. Ihren Vater, den Physiker Gustav Kirchhoff[180], hatte ich schon **[111]** lange Jahre vorher kennen gelernt, als ich mit Käthe in Heidelberg lebte. Es war auf dem Bahnhofe, wohin ich Helmholtz, der uns besucht hatte, brachte. Kirchhoff war ebenfalls dort, ich wurde ihm vorgestellt u[nd] ich vergesse nicht den scharfen, prüfenden Blick mit dem er mich ansah, wohl weil ich H[elmholtz]'s Schwiegersohn war. K[irchhoff] lebte schon damals, als ich nach Heidelberg kam, in Berlin.[181] Bei Helmholtz's sollte nun Theater gespielt werden; u[nd] da ich das leidenschaftlich gern u[nd] mit Geschick that, so forderte man mich ebenfalls auf. Ich bemühte mich, Fräulein Paula Kirchhoff zur Partnerin zu bekommen u[nd] nach einigen vergeblichen Versuchen gelang das auch. Wir spielten in „Die Gouvernante" von Moser.[182] Ich gab den Gutsbes[itzer] Fels, Frl. Paula meine Frau. Nun machte ich, worauf es abgesehen war, natürlich auch bei Kirchhoff's Besuch, ward eingeladen. Tanzte mit Mutti bei Helmholtz's, Kirchhoff's, Pringsheim's u[nd] Siemen's, kam zu den Proben oft bei H[elmholtz]'s mit ihr zusammen und war mir längst klar. Es war so ganz anders als damals wo es zusammengeredet war. Ich bat Frau Johannes, sie möge K[irchhoff]'s doch nach Dahlem einladen. Nach längerem Zögern, u[nd] Sträuben, denn ihr paßte es nicht, daß ich wieder heirathen sollte – den weiblichen nahen Verwandten einer 1ten Frau paßt es **[112]** niemals, sie erklären das stets als Untreue wenn der Mann wieder heirathet – that sie es endlich. Ich fuhr mit Mutti allein hinaus, traf sie in Berlin auf dem Potsd[amer] Bahnhof u[nd] war sehr glücklich. Dann ging ich eines Abends zu Kirchhoff u[nd] hielt bei ihm um die Hand seiner Tochter an. Er sagte, er sei nicht sicher orientiert über das, was seine Tochter antworten würde, er werde mit ihr sprechen u[nd] mir morgen Bescheid geben. Am Morgen konnte ich natürl[ich] die Zeit nicht erwarten. Endlich kam ein Bote u[nd] in dem Briefe stand: „Lieber Freund, meine Tochter erwartet Sie." Um 10 Uhr Morgens war ich bei K[irchhoff]'s, Keithstr[aße] 9. II; da verlobten

179 Nathanael Pringsheim (1823–1894), Botaniker.
180 Gustav Robert Kirchhoff (1824–1887), Physiker.
181 Richtig: Branco ging 1874 nach Heidelberg, Kirchhoff 1875 nach Berlin.
182 Gustav v. Moser (1825–1903), Offizier, Landwirt, Schriftsteller, Verfasser zahlreicher Lustspiele und Schwänke, u. a. „Die Gouvernante" (1872).

wir uns am 22 April[183] 1881 u[nd] da fing mir das Glück an. Den ersten Spaziergang machte ich mit ihr am Nachmittag hinaus in's Freie, was leicht zu erreichen war; denn die Keithstr[aße] lag damals schon fast am Ende Berlin's. Wir gingen die verlängerte Keithstr[aße] die Luther Str[aße] hinunter, die damals noch ganz unbebaut war.[184] Ich war, 1844 geboren, 16 Jahre älter als Paule.

Kurz vor diesem Schritte that ich aber noch einen anderen, der nicht minder folgenschwer für mich war: Ich habilitierte mich an der Berliner Universität als Privatdocent f[ür] Geol[ogie] u[nd] Palaeont[ologie]; und das kam so: Im Herbste 1880[185], als ich nach Berlin soeben übergesiedelt war, hatte die Deutsche geolog[ische] Gesellsch[aft] **[113]** ihre Jahresversammlung in Berlin u[nd] ich hatte einen Vortrag angemeldet, der die Ergebnisse meiner mikroskopischen Untersuchungen üb[er] d[ie] Entw[icklungs]gesch[ichte d[er] foss[ilen] Cephalopoden behandeln sollte. Alle Vorträge, die ich seitdem öffentlich gehalten habe, habe ich stets auf das sorgsamste vorher ausgearbeitet u[nd] mir eingeprägt. Dieser aber, der erste, den ich, wissenschaftlich junger, unbekannter Mann überhaupt hielt, war von mir mit um so größerer Sorgfalt studiert, als ich wußte, daß ich sehr befangen sein würde. Hauchecorne[186], der Direktor der geolog[ischen] Landesanstalt, hatte mich, anstatt mich unter die ersten Redner zu nehmen – ich hatte mich zu allererst gemeldet – erst auf den 3ten Tag zurückgestellt, weil ich ein unbeschriebenes Blatt war. Aber ich hatte das Glück, daß gerade an diesem Schlußtage der Minister[187], der Ministerialdirektor Göppert[188], Virchow[189], kurz eine große u[nd] vornehme Corona anwesend waren. Als ich gesprochen hatte erschallte ein gewaltiges Bravoklatschen, Dames sagte, wie es noch nie bei solcher Gelegenheit erschallt sei; ich habe auf dieser Versammlung den

183 Im Text zunächst: März, später gestrichen und korrigiert: April, übereinstimmend mit dem tabellarischen Lebenslauf am Beginn des Lebensberichtes.

184 Kirchhoff, 1875 von Heidelberg nach Berlin berufen, wohnte mit seiner Familie zunächst im Bezirk Westen (Tiergarten), Margarethenstr. 4 (heutiger Name Scharounstraße), ab 1879 Keithstr. 9. Die 1871 zwischen Lützower Ufer und Kleiststraße angelegte Keithstraße ging direkt über in die Lutherstraße (heute Martin-Luther-Straße) Richtung Schöneberg in damals unbebaute Gegenden.

185 Richtig: 11. bis 14.8.1880.

186 Wilhelm Hauchecorne (1828–1900), Geologe.

187 Robert Viktor v. Puttkamer (1828–1900), Jurist, konservativer Politiker, 1879–1881 preußischer Kultusminister (Ministerium der geistlichen, Unterrichts- und Medizinalangelegenheiten).

188 Heinrich Göppert (1838–1882), Jurist, Beamter im preußischen Kultusministerium.

189 Rudolf Virchow (1821–1902), Arzt, Politiker, seit 1856 Ordinarius für Pathologie an der Universität Berlin.

Vogel abgeschossen. Ich wurde dem Minister vorgestellt, der Jenenser Professor Schmidt[190] sagte mir, ich solle mich doch bei ihm gleich habilitieren, der **[114]** Ministerialdirektor G[öppert] sagte mir: „Aber Sie müssen sich doch habilitieren." Beyrich, der Ordinar[ius] in Berlin f[ür] Geologie, war sehr gnädig u[nd] Dames, der mir wohlwollte, sprach mit Beyrich, daß er mir die Hab[ilitation] gestatten solle. Dieser willigte ein. Zugleich war ich noch zu Göppert gegangen u[nd] sagte ihm: „Sie sagten mir gestern, ich solle mich doch habilitieren; aber ich bin ein Ausgestoßener, Nicht-Abiturient." Er war sehr gütig u[nd] sagte, wenn Beyrich u[nd] die Fakultät den Dispens beim Minister beantragten, dann werde er das warm unterstützen. Das geschah, ich erhielt den Dispens u[nd] am [*Leerstelle*] ten [*Leerstelle*] 1881[191] habilitierte ich mich. Wenn das mein lieber, guter Vater erlebt hätte. Gleich darauf, am 22 März[192], verlobte ich mich, denn ich wollte doch erst etwas sein.

Ich habe im Anfang gesagt, daß ich von Gott überreich gesegnet worden sei. Ich möchte diese beiden Ereignisse als weiteren Beweis dafür anführen. Und nun ging es in meinem Leben fast Schlag auf Schlag mit der wissenschaftl[ichen] Laufbahn voran, so daß ich wohl sagen kann, es sei mir darin mehr Erfolg widerfahren als irgend einem meiner Kollegen; denn durchschnittl[ich] alle 3 Jahre bekam ich einen Ruf, der uns in eine neue Stellung brachte. Ich habe mit eisernem Fleiße gearbeitet, das ist wahr, aber wenn ich nicht so großes Glück gehabt hätte, **[115]** wäre das doch nicht möglich gewesen. Und darin erkenne ich in tiefer Dankbarkeit göttliche Fügung.

Im Anfange ging es sogar noch schneller voran:

Im Sommersemester 1881 hielt ich noch keine Vorlesungen, denn ich hatte noch genug mit meiner Säugethierarbeit zu thun u[nd] wollte ja nach der Hochzeit gleich eine längere Reise antreten. In der Verlobungszeit war ich wohl täglich bei Kirchhoff's. Am 12. Juli 1881 war die Hochzeit. Frommel[193] traute uns in der Garnisonkirche; dann war das große Hochzeitsma[h]l u[nd] um 8 Uhr fuhren wir nach Dresden. Ueber die Sächsische Schweiz, Tetschen in Böhmen, Komotau, Eger – wo wir den erlosch[enen] Vulkan Kammerbühl besuchten – Regensburg, wo wir 8 Tage lang bei einem Dorfgastwirthe in Kelheim wohnten, Augsburg ging es nach München. Dort im damaligen Hôtel Oberpollinger, Kaufinger Str[aße], wohnten wir einige Wochen u[nd] suchten bei Antiquaren die

190 Ernst Erhard Schmid (1815–1885), Geologe, Mineraloge.

191 Zu ergänzen: 9.4.1881.

192 Im tabellarischen Lebenslauf und im Text Seite 112: April.

193 Emil Frommel (1828–1896), Theologe, Schriftsteller, 1869 Garnisonpfarrer in Berlin, 1872 Hofprediger.

schönen alten Möbel aus, die Mutti uns kaufte. Es war eine herrliche Reise. Bis München hatten wir überall Geologie getrieben, denn ich suchte solche Punkte aus, an denen es etwas zu sehen gab. In München kam die Kunst an die Reihe. Von München aus ging es in das Salzkammergut an den Wolfgangsee, wo wir Zittels trafen, die dort die Ferien zubrachten, und **[116]** nach Salzburg. Von dort mit der Bahn bis Wörgl, wo diese Bahn in die Brennerbahn mündet und nun über den Brenner, nach Brixen und Clausen, wo wir 8 Tage lang in dem alterthümlichen Gasthofe wohnten u[nd] Nachmittags im Garten an der Eisack saßen. Ich arbeitete auf der Reise fleißig, denn ich mußte meine Collegienhefte ausarbeiten u[nd] Mutti schnitt die dazu nöthigen Abbildungen aus u[nd] klebte sie mir ein.

In München nämlich hatte der Erfolg bereits angepocht; denn dort erhielten wir von Prof[essor] Laspeyres[194] in Aachen, am Polytechnicum[195], die Anfrage, ob ich die neu zu gründende Stelle als „Docent f[ür] Geol[ogie] u[nd] Pal[aeontologie]" haben u[nd] gleichzeitig in den mineralog[ischen] Uebungen ihm Assistent sein wolle.[196] Natürl[ich] sagten wir dreimal Ja; aber darum gab's auch zu arbeiten auf der Hochzeitsreise, was gewiß sehr selten der Fall ist. Aber ich sollte bereits im Winter das Hauptfach lesen.

Von Clausen ging's nach Bozen, wo wir beim Stiegl, damals noch ein kleines Hôtel, 8 Tage wohnten. Dann nach Trient, Verona u[nd] Venedig, wo uns die Zanzaren[197] schier hin machten. Es war eine herrliche, unvergeßliche Reise. Wohl Anfang Octob[er] kehrten wir zurück nach Berlin, ich ging zum Geheimrath Wehrenpfennig[198], mit dem ich diese 1te Berufung ja **[117]** in Ordnung bringen mußte, da er die Polytechnica unter sich hatte. Da ich ein schlechter Händler bin, so vermochte ich nicht den Professortitel herauszudrücken. 666 ⅔ Thaler war das ganze Resultat, aber es war doch immerhin ein Anfang u[nd] eine ganz willkommene Summe; denn allzuviel hatten wir nicht. Paule wartete unten,

194 Hugo Laspeyres (1836–1913), Geologe, Mineraloge.

195 1870 gegründet als Rheinisch-Westphälische Polytechnische Schule, ab 1880 Technische Hochschule mit Universitätsstatus.

196 Die neu gegründete Stelle hieß Dozentur für Paläontologie und Geognosie; das Vorlesungsverzeichnis sah für den Dozenten Vorlesungen und Übungen speziell für Berg- und Hüttenleute, Chemiker, Architekten und Ingenieure vor.

197 Zanzaren: Stechmücken.

198 Wilhelm Wehrenpfennig (1829–1900), Pädagoge, Publizist, liberaler Politiker, Beamter im Preußischen Ministerium der geistlichen, Unterrichts- und Medizinalangelegenheiten (Kultusministerium).

während ich oben verhandelte, d. h. eigentlich verhandelt wurde. Der Professortitel wurde mir für später in Aussicht gestellt.

Anfang Octob[er] 1881 fuhren wir nach Aachen, kamen Abends an u[nd] übernachteten in einem Hôtel am [*Leerstelle*] Platze. Schon der eiserne Ofen mit seiner glühenden Hitze behagte uns wenig, u[nd] als am nächsten Morgen das ganze Fremdartige der Umgebung und des Dialektes an uns herantrat, dazu das Kleinstädtische u[nd] das Vorwalten der Arbeiter, denn unter 80,000 Einw[ohnern] waren etwa 40,000 Arb[eiter], – da überkam uns ein heftiges Heimweh nach Berlin u[nd] das Empfinden des Bedauerns über diesen Schritt. Dann machten wir Besuch bei Laspeyres's, die uns sehr liebenswürdig aufnahmen; aber sehr bald zeigten sich doch die kleinlichen, itippeligen[199] Seiten L[aspeyres]'s, der beispielsweise in seinem Hause alle Streichhölzer u[nd] Briefmarken allein unter Verschluß hatte, kein Anderer durfte welche haben. Ich mit 37 Jahren paßte nicht **[118]** mehr in ein Abhängigkeitsverhältniß zu einem solchen Manne, der mich z. B. belehren wollte, wie ich die Schubkästen hinsetzen solle. Auf der anderen Seite glaubte auch seine Frau an der meinigen eine Assistentin zu haben, die recht oft zu ihr kommen müsse – kurz, weder der Ort, noch der Chef waren uns sympathisch. Meine Lehrtätigkeit dagegen machte mir – es war ja meine erste Vorlesung überhaupt – von Anfang an Freude u[nd] Erfolg; denn ich habe noch später manch anerkennendes Urtheil aus dem Munde ehemaliger Schüler aus Aachen gehört, fühlte auch, daß ich meine Sache gut mache, bei der ich mit Begeisterung war. Die anderen Professoren waren übrigens alle liebenswürdig zu uns, luden uns ein u[nd] begriffen wohl, daß ich es bei L[aspeyres] nicht leicht habe.

Unsere Wohnung hatten wir in der Theaterstraße gemiethet. Das Haus gehörte dem Tapetenhändler Hösch, war Eckhaus u[nd] lag unweit des Theaters.[200] Wir hatten eine Etagenwohnung im 2ten Stock, welche dort selten waren; denn der Regel nach wohnte man in kleinen Häuschen durch 3 Stockwerke hindurch, was uns nicht gefiel. Uebrigens lag auch unsere Küche auf dem Boden, so daß Paule viel Gelegenheit hatte, Treppen zu steigen. Unser erstes Mädchen, Minna, war eine Polin, überaus flink und **[119]** fleißig aber kein sauberer Charakter, wie sich später in Berlin zeigte, wohin sie uns folgte.

Wenn nun auch unsere Stellung, die ja nicht gleichberechtigt mit der der Professoren war – ich war nur Docent – und die Stadt uns nicht behagten, so

199 Tippel, Tüpfel: kleiner Punkt, i-Tippel: Pünktchen auf dem Buchstaben i.

200 Im Aachener Adreßbuch unter dem Namen Hösch nicht nachweisbar. 1881 gab es in der Theaterstraße 10, 1882 am Theaterplatz 17 eine Firma H. u. F. Lieck, Tapeten-, Teppich und Möbelstoff-Lager.

fühlten wir uns doch in unserer Wohnung u[nd] unserer jungen Ehe so glücklich, wie nur ein Mensch sich glücklich fühlen kann. Störend trat nur die sehr große Arbeitslast auf, die ich bewältigen mußte; denn ich mußte im Institute die Sammlung aufstellen, Vorschläge zum Ankauf einer größeren Bibliothek machen, Vorlesungen halten u[nd] zu Hause die großen Kollegia über allgemeine Geologie, Spezielle Geol[ogie], Lagerstättenlehre, Paläontologie ausarbeiten, was allein eine Riesenarbeit war. Dazu kam die Vorbereitung für diese großen Vorlesungen, die ebenfalls noch viel Zeit beanspruchte, denn ich hatte ja noch nie gelesen. Unter diesem Uebermaaße von Arbeit habe ich aber nicht nur in Aachen, sondern in jeder meiner Stellungen gelitten, wenn auch theilweise, aber doch nur theilweise, selbstverschuldet, indem es freiwillig übernommene, wissenschaftliche Untersuchungen waren, die zu bestimmtem Termine fertig sein mußten. So legte ich in Aachen bereits den Grund zu der Nervosität, die infol- **[120]** ge langjähriger steter Ueberarbeitung und natürlicher, ererbter Anlage, sich bei mir ausbildete. Der fast alle 3 Jahre stattfindende Wechsel meiner Stellungen bedingte ein immer wieder erneutes Einarbeiten in andere Verhältnisse, andere Sammlungen, das stete Neu-Schaffen des Unterrichtsmaterials nach meinen Plänen u[nd] Gedanken u[nd] beförderte auf solche Weise meine Nervosität. So ehrenvoll die Berufungen auch waren u[nd] so viel Abwechslung sie uns brachten, immer wieder andere Städte, andere Menschen kennen lehrten – sie zehrten doch an mir, ich mußte sie mit meiner Gesundheit bezahlen u[nd] meine Familie mußte natürlich mit darunter leiden.

Doch damals, 1881 in Aachen, lag das noch im Keime u[nd] wir freuten uns unseres Glückes, gingen öfters in das nahegelegene stets leere Theater u[nd] kauften uns unseren Schinken etc. seelensvergnügt, wenn auch sehr theuer – denn Aachen hat hohe Schlacht- u[nd] Mahlsteuer – ein. Auch Besuch kam 1882: „Onkel“ Hansemann[201], ein Freund Kirchhoff's; Paules Bruder Robert[202], damals Lieutenant; Käthe Siemens[203], Paules beste Freundin; letztere 4 Wochen lang unser Gast. Mit diesen unternahmen wir die unvergeßliche Parthie nach Vaels an die holländ[ische] Grenze, bei glühender Hitze zu Fuß hin, zu Wagen zurück, die uns infolge des genossenen sauren Weines **[121]** in die Mägen fuhr u[nd]

201 Gustav (v.) Hansemann (1829–1902), Industrieller; besaß ein privates Labor, in dem er gemeinsam mit Gustav Robert Kirchhoff experimentierte.

202 Robert Kirchhoff (1858–1904), Sohn von Gustav Robert Kirchhoff und seiner ersten Frau Clara Richelot.

203 Käthe Siemens (1861–1949), jüngste Tochter von Werner Siemens (1816–1892) und seiner ersten Frau Mathilde Drumann (1824–1865), heiratete 1884 Karl August Pietschker (1846–1906).

peinigte. Auch ein Erdbeben erlebten wir: Nachts erwachte ich plötzlich davon, daß das Bett geschüttelt wurde; u[nd] da Paule viel u[nd] gern neckte, wofür mir stets das Verständniß, für das Warum?, fehlte, so war mein erstes Wort: „So laß doch den Unsinn", denn ich glaubte, P[aule] necke wieder u[nd] schüttele am Bette. Ein 2ter Stoß aber, der durch das Zimmer fuhr, belehrte mich, daß es ein Erdbeben sei. Im Frühjahr 82 erlebten wir dann auch den Carneval, für dessen Neckereien übrigens auch Paule kein Verständniß hatte.

Ein wichtiges Ereigniß trat für uns im Sommer 1882 ein. Helmholtz schrieb mir, Edith könne bei Frau Johannes, bei der sie bisher gewesen war seit diese sie aus Heidelberg abgeholt hatte, nicht mehr bleiben; denn diese sei, wohl vom Schlage gerührt, nicht mehr ihrer Sinne völlig Herrin. In Dahlem war nämlich 1881 der Bankerott eingetreten; ich hatte meine 15000 Thaler verloren (erst später konnte ich 5000 davon retten), Frau Joh[annes] hatte zum 2ten Male Dahlem infolge von Bankerott verlassen müssen (ihr 1ter Mann, Pächter v[on] Dahlem, wurde auch bankerott), u[nd] dieser Zusammenbruch hatte auch den nervösen Zusammenbruch der schwer geprüften Frau zur Folge. Zu Ostern 82[204] war es wohl, **[122]** da holten wir Edith von Berlin ab und nahmen sie mit nach Aachen; u[nd] Paule fiel nun eher, als wir geglaubt hatten, die schwere Aufgabe zu, ein 9jähr[iges] Kind erziehen zu sollen, das bis dahin recht konfus erzogen war. Ich hätte ihr das gern noch lange erspart; es ging leider nicht anders.

Noch ein 2tes Ereignis trat aber ein, von uns mit Jubel begrüßt: Als wir ½ Jahr in Aachen waren, also Frühjahr 1882 erhielt ich einen Brief von Dames: An der geol[ogischen] Landesanstalt in Berlin sei ein Landesgeolog gestorben; mein Vortrag damals in Berlin habe Hauchecorne, dem Direktor der geol[ogischen] Landesanstalt sehr gefallen; er wolle mich zum Landesgeologen machen, wenn ich ihm zu erkennen gebe, daß ich dazu bereit sei. Ich glaube, wir haben wie die Indianer gebrüllt vor Vergnügen, als dieser Brief kam. Ich schrieb an H[auchecorne] „Jawohl, sehr gern" u[nd] erhielt dessen Zusage, er werde beim Minister meine Ernennung für 1 Oct[ober] 1882 beantragen. Zufällig war Geh[eim]rath Wehrenpfennig in Aachen; er suchte mich zu halten, den Professor Titel solle ich gleich bekommen, aber wir dachten nicht daran. Zudem erhielt ich in Berlin 6 000 M[a]rk Gehalt u[nd] täglich 12 od 15 M[a]rk Diäten während der sommerlichen Aufnahmen.

Als die großen Ferien 82 herangekommen waren wandten wir Aachen hocherfreut den Rücken; **[123]** gerade 9 Monate waren wir dort gewesen. Nun ging es, diesmal mit Edith, auf die Reise; erst an den Rhein, dann nach Heidelberg,

204 Widerspruch zu oben: Sommer 1882.

München, Süd Tirol, wo wir im Bade Dreikirchen bei Waidbruck 4 schöne Wochen verlebten, bis es Anfang Sept[ember] zu kalt wurde und wir nach Bozen hinab gingen. In Heidelberg aber kam noch ein Ruf: Prof[essor] Pagenstecher[205], der Zoologe dort war nach Hamburg als Direktor des Naturhist[orischen] Museums berufen. Er lud uns auf das Schloßhôtel in H[eidelberg] ein u[nd] suchte mich zu bereden, daß ich als Abtheilungsvorstand für Geologie u[nd] Palaeontologie, unter seiner Direktion, dorthin komme. Das Gehalt war damals indessen nur etwa 3 000 M[a]rk; (jetzt freilich auf 9 000 gestiegen, also so gut wie in Berlin!) u[nd] Pagenst[echer] war kein angenehmer Vorgesetzter; zudem lockte uns Berlin; endlich wußten wir noch nicht, was es heißt, jeden Sommer 5 Monate lang im Felde zu kartieren, bei oft mangelhaften Quartieren u[nd] Trennung von der Familie. Wir stellten uns das sehr schön vor, weil wir diese Schwierigkeiten nicht kannten, die jeden Landesgeologen antreiben, sein Amt aufzugeben, sobald er es kann.

Zum 1 Oct[ober] 1882 zogen wir in unsere Berliner Wohnung, Derffinger[206] Str[aße] 17, W[est] ein; gegenüber Villen **[124]** mit Gärten, 3 Tr[eppen] hoch, glückselig, wieder in B[erlin] zu sein.

Meine Stellung hatte eine Schwierigkeit. Ich hatte sogleich die höchste Stufe erlangt, Landesgeolog, ohne vorher Bezirksg[eolog] u[nd] Hilfsg[eolog] gewesen zu sein; u[nd] dies ganz ungewöhnliche Verfahren machte böses Blut bei den Uebergangenen. Indessen sahen sie ein, daß ich ja nicht Schuld daran sei, sondern Hauchecorne, der das gegen den Willen seiner vorgesetzten Behörde, die für Aufrücken u[nd] gegen Einschub war, durchgesetzt hatte. Er wollte eben in mir den Palaeontologen für die Sammlung u[nd] den Lehrer für die Bergakademiker[207] haben. Ich stellte mich indessen sogleich sehr gut mit meinen Kollegen. Von Octob[er] 82 bis Ostern 87 blieb ich Landesgeolog, hatte mich zugleich wieder an der Univers[ität] als Privatdocent habilitiert. Die üblichen Besuche u[nd] Einladungen erfolgten im Winter 82/83, doch sagte uns der Kreis der Landesanstalt nicht sehr zu. Ich hatte keine Anlage dazu, Untergebener zu sein u[nd] fühlte mich gekniffen in der Nähe der hohen Chef's; denn Beyrich, Prof[essor] f[ür] Geol[ogie] a[n] d[er] Univers[ität], war ja nun ebenfalls mein Vorgesetzter geworden, da er 2ter Direktor der Landesanstalt war.

205 Alexander Pagenstecher (1825–1889), Arzt, Physiologe, Zoologe, Paläontologe.

206 Richtig: Derfflinger.

207 Gemeint ist die Königliche Bergakademie Berlin, 1770 gegründet, 1810 in die neugegründete Friedrich-Wilhelms-Universität, 1873 mit umfangreichen Sammlungen in die neue Geologische Landesanstalt und Bergakademie zu Berlin integriert.

Indessen hatten wir ja in Berlin noch einen völlig anderen Kreis, den unsrigen: Kirchhoffs, meine Verwandten, Helmholtz's, Hansemann[208], Pringsheims, v. Hansemanns[209]: **[125]** Bei denen haben wir manchen vergnügten Tag u[nd] Abend verlebt, getanzt, Theater (bei Hansemann) gespielt.

Als der 1te Winter vergangen war, hieß es ins Revier ziehen, zur geologischen Kartierung. Man wollte mir wohl u[nd] gab mir interessante Gebiete am nördlichen Harzrande zur Untersuchung u[nd] als erstes Quartier für diesen Sommer Harzburg. Das war nun eine große Freude, denn das ist ein vielbesuchter Badeort. Im Mai 1883, als dort die Kirschen in vollster Blüthe standen, kamen wir hin u[nd] mietheten eine sehr nette Wohnung. Für Paule hatte die Sache nur den Uebelstand, daß ich den Tag über draußen war; u[nd] Abends, wenn ich heimkam, war ich so müde, daß ich natürl[ich] nicht mehr gehen mochte. So war sie auf Edith allein angewiesen u[nd] das war für sie ein einsames Dasein. Dann kamen auch mach[210] Siemens, die dort eine Villa hatten[211], u[nd] luden uns ein; oder Prof[essor] Klein, mein alter Lehrer von Heidelberg. Aber so schön solche Sommerfrische auch ist, 5½ Monat lang ist halt etwas zu viel des Guten. Im Octob[er] 83 ging es dann wieder nach Berlin.

Im Frühjahr 1884 war unser Quartier Ilsenburg. Wir wohnten bei Frau Trümpelmann, deren Haus in einem Garten lag. Es war dort wieder herrlich, wenn **[126]** auch sehr anstrengend für mich, der ich immer erst Abends heimkam u[nd] Mittagbrodt erhielt, u[nd] einsam für Paule. Auf unser Geschick hat aber dieser Aufenthalt eigenartig eingewirkt. Ich fand im Wohnzimmer die Bücher des einen Sohnes von Frau Trümpelmann, welcher Landwirth gewesen u[nd] nach Amerika gegangen war. Ich las in diesen landw[irthschaftlichen]Büchern; u[nd] gleich am ersten Abend umstrickte mich der alte, längst von mir vergessene Beruf so, daß mir binnen kurzem der Gedanke entstand, ein Gut früher oder später zu erwerben. Dieser Gedanke hat mich bis zum Jahre 1895 begleitet, wo ich denn endlich Neparmitz kaufte. So hängt das Schicksal der Menschen an kleinsten Ursachen! Im Sommer 1884 nahm ich Urlaub u[nd] ging mit

208 Gustav (v.) Hansemann (1829–1902), Industrieller, Bruder von Adolf v. Hansemann; nobilitiert 1901.

209 Adolf v. Hansemann (1827–1903), Geschäftsinhaber der Berliner Diskontogesellschaft, Bruder von Gustav Hansemann; nobilitiert 1872.

210 Der Wortlaut „mach" ergibt keinen Sinn, vielleicht ein Verschreiber statt „noch".

211 Werner Siemens (1816–1892) erwarb 1881 das Anwesen Ettershaus in Harzburg gegenüber dem Großen Burgberg. Dort verbrachte die Familie die Sommermonate. Die Villa an der Nordhäuser Straße wurde 1909 abgebrochen und durch ein Erholungsheim der Firma Siemens ersetzt.

Paule u[nd] Edith in's Seebad Swinemünde, wo wir im Curhause mit Aussicht auf das Meer 2 schöne Zimmer fanden u[nd] sehr glücklich waren. Dort traf mich die Todesnachricht meines alten Schulfreundes Gustav Bühler in Stuttgart. Noch im vorhergehenden Jahre, 1883, hatte ich ihn in St[uttgart] besucht, als die geolog[ische] Gesellschaft dort tagte; da war er schon todtmüde infolge seiner Eiweißkrankheit. Auch nach Rügen fuhren wir u[nd] wohnten als Gäste in Gr[oß] Schoritz bei H[errn] Oppenheim.[212]

Im nächsten Frühjahr, am 7 Mai 1885, trat aber unser größtes Ereigniß ein: Unser Gerhard[213] wurde geboren. Ich war infolgedessen in das Hin- **[127]** terzimmer ausquartiert u[nd] konnte die ganze Nacht nicht schlafen. „Ein Sohn, ein Sohn" sagte ich mir immer vor. Wolfgang wollte ihn Paule gern genannt haben. Ich, der ich nur an kriegerisches u[nd] männliches Wesen für ihn dachte, war für Hans-Joachim (v. Zieten[214]) und Gerhard. Wolf wäre doch schöner gewesen als Gerd; aber als ich auf dem Standesamte nach der Anmeldung einen Tag später den Namen Wolfgang noch eintragen lassen wollte, nahmen sie das nicht mehr an. So ist es denn ein „Speergewaltiger" = Gerhard geblieben. Gleich anfangs wog er 8½ Pfund[215] u[nd] heut, mit 19½ Jahre, 190 Pfund bei 1,85 M[eter] Höhe. Doch hat es der Himmel so gefügt, daß er wohl nicht den Speer tragen, sondern ein Stück unser Allmutter Erde bebauen wird, woran ich übrigens auch damals bereits dachte.

Nun mußte ich natürl[ich] allein hinaus ziehen. Der Sommer 1885 führte mich nach Goslar als Quartier. Dann kam die Kunde, daß Paule's Brust hatte aufgeschnitten werden müssen. Sie hatte es mir verheimlicht. Doch ging es, wenn auch langsam, besser. Auch ich mußte mich plötzlich 8 Tage lang legen, mit sehr schmerzhafter Gicht am Fuße. Dazu kann ich wohl nur durch die Ueberanstrengung beim Marschieren gekommen sein. Der einsame Sommer in Goslar **[128]** war nicht sehr schön. Ich sehnte mich manchesmal nach Berlin zu den Meinigen. Zwei Goslarer Herren, ein Kaufmann u[nd] ein Öhlmühlenbesitzer, waren meine einzige Gesellschaft im Hôtel, in dem ich wohnte. Endlich im Herbste 85 ward Gerd von Frommel getauft.

212 Schoritz (Groß Schoritz): Gut bei Garz auf Rügen, damals im Besitz der Fürsten zu Putbus.

213 Gerhard Hans Joachim Branco (1885–1953), 1920 durch Adoption Frhr. v. Branca, einziges Kind aus der Ehe von Paula und Wilhelm Branco.

214 Hans Joachim v. Zieten (1699–1786), preußischer General, legendärer Heerführer und Freund König Friedrichs II.

215 Im Original steht das Pfund-Zeichen.

Der Sommer 1886 führte mich nach Wernigerode als Standquartier, wo ich, ebenfalls allein, ein recht einsames Leben führte.

Ein Urlaub im Sommer 1886 erwies sich als nöthig, um mich von Rheumatismus zu befreien, der sich infolge des schonungslosen Revierlebens eingestellt hatte. Vorher aber brachte ich meine Drei noch nach Zinnowitz an der Ostsee in's Seebad. Der Versuch eine kleine „Villa" unbesehen, von Berlin aus, zu miethen, erwies sich als durchaus verfehlt; denn der Mann übergab uns eine Bretterbude, durch die der Wind hindurchzog. Da ich nicht lange Zeit hatte, so zog ich schon am Morgen um 5 Uhr, denn schlafen konnte man nicht, schon aus Erregung über den Betrug, durch den Ort um andere Wohnungen anzusehen. Bald war denn auch eine gefunden, in der es sich behaglich leben ließ u[nd] mit einigem Abstandsgeld kamen wir von dem Betrüger los. Ich mußte nun zurück nach Berlin, wo ich den Sommer über blieb; denn das Kartieren war mir erlassen worden. Ohne Urlaub fuhr **[129]** ich dann öfter Sonnab[end] u[nd] Sonntag nach Zinnowitz. Endlich schlug meine Urlaubsstunde, ich holte meine lieben Drei, wir übernachteten in Berlin u[nd] am nächsten Tage ging es nach Teplitz, wo wir vier einen glücklichen Monat verlebten. Gerd mit spitzem, feuerrothem Hute im Wagen oft sehr bewundert von den sachverständigen Damen. Seine frühere polnische Amme war nun ersetzt durch eine Prenzlauerin, die später auch nach Königsberg dann mit uns kam; sie sah sehr stattlich aus.

Der Winter 1886–87 brachte große Aufregung: Die Professur in Königsberg i. Pr. für Mineral[ogie], Geol[ogie], Palaeont[ologie], war durch Liebisch's[216] Berufung nach Göttingen frei geworden u[nd] ich erhielt kurz vor Ostern 1887 den Ruf u[nd] zog auch gleich dorthin, während die meinigen den Sommer über noch in Berlin blieben.

Ich athmete auf, denn endlich war ich frei in meiner Stellung, nicht mehr abhängig vom Vorgesetzten. In Kön[igsberg] wurde ich von den Kollegen sehr liebenswürdig aufgenommen. Hirschfeld[217], der eine Cousine meiner Frau zur Frau hatte, half beim Wohnung suchen. Am Paradeplatz, in schönster Lage fand sich eine solche. Ich hatte sehr, sehr viel zu arbeiten. Hatte ich doch als Geolog die Mineralogie seit meiner Heidelberger Zeit liegen lassen u[nd] sollte sie nun plötzlich an der Univers[ität] lehren. Indessen es ging, ich wurde bald der Sache **[130]** Herr; u[nd] gerade dadurch, daß ich mir erst wieder Alles klar machen mußte, glaube ich besonders klar in dieser Disciplin vorgetragen zu haben, die

216 Theodor Liebisch (1852–1922), Geologe, Mineraloge.
217 Otto Hirschfeld (1843–1922), Althistoriker, Epigraphiker.

vielen Studierenden so wenig sympathisch ist, z[um] Th[ei]l weil sie ihnen oft nicht klar genug gemacht wird.

Im Laufe des Sommers 87 kam denn auch mein Dreigespann nach Königsberg u[nd] zog in dieselbe Pension, in der ich bis dahin gewohnt hatte, am Schloße. Bald kamen unsere Möbel u[nd] wir richteten uns ein. Gleich bei der Ankunft indessen hatte Gerd das Mißgeschick, sich den Arm zu verrenken, so daß unser erster Weg gleich der zum Arzte war. Zacharias[218], weil für Kinder empfohlen, wurde so unser Arzt, während wir für unsere späteren Bedürfnisse einen anderen als diesen alten, etwas unsauberen Juden hätten brauchen konnen [*können*].

Mein lieber Schwiegervater Kirchhoff hatte schon seit Jahren mehr u[nd] mehr die Gehfähigkeit verloren. So hatten wir ihn verlassen, als wir nach Königsberg zogen; schwer krank, unbeweglich u[nd] doch stets gleichmüthig, heiteren Gemüthes. Es war, als kümmere ihn seine Krankheit gar nichts, als reiche sie nicht an ihn heran. Er hat wohl nie ein Wort der Klage, auch nur des Bedauerns gesprochen; ich glaube, er hat in seinem philosophischen Gleichmuthe auch innerlich keine Klage gehabt. Ein Muster aller Muster darin. **[131]** Zugleich ein Muster der Bescheidenheit obgleich ein großer Mann. Die Himmel rühmen ewig seine Ehre möchte ich sagen, denn er hat uns die Zusammensetzung der Gestirne, die Stoffe, aus denen sie bestehen, zusammen mit Bunsen kennen gelehrt. Die Freude hatte er noch erlebt, daß ich als Professor nach K[önigsberg], an die Univers[ität], von der er ausgegangen, in die Stadt, in der er u[nd] seine Frau geboren, gekommen war. Kaum waren wir eingezogen, da rief uns ein Telegramm nach Berlin. In der Nacht war sein edles Dasein plötzlich ausgelöscht worden.

Zum Begräbniß fuhren wir nach Berlin u[nd] dann nach einigen Tagen wieder zurück. Der Anfang des Königsberger Lebens aber gestaltete sich für uns dadurch zu einem trüben; u[nd] Paule, obgleich sie dort erzogen war, mit frohen Kindererinnerungen an der Stadt hing, hat diesen trüben Anfang doch nie recht verwunden, sich nie recht glücklich dort gefühlt. Dazu kam, daß sie viel kränkelte. Auch Gerdt bekam Scharlach u[nd] steckte dann Paule u[nd] Edith an. Später mußte er operiert werden. Mir ging es ebenfalls nicht gut, so daß denn uns Allen K[önigsberg] kein sehr willkommener Aufenthaltsort war. Das harte Klima, die lange Zeit des Stubensitzens dort oben waren gleichfalls **[132]** kein Mittel, um das Wohlbefinden zu steigern.

Die Weihnachtsnacht brachte einen Schreck. Wir waren schon zu Bett gegangen, da wachten wir plötzlich von Feuerschein u[nd] Rufen auf: Auf dem Hofe,

218 Julius Zacharias (1825-?), Praktischer Arzt, Sanitätsrat.

uns gegenüber brannte das Haus.[219] Die Entfernung war zum Glück groß genug, so daß wir nicht ebenfalls Feuer fingen. Einen anderen Schreck mußte ich leider Paule bereiten: Gerdt hatte schon seit längerer Zeit geschwollene Drüsen unter dem Ohre, bes[onders] dem linken. Es erwies sich endlich als nöthig, sie durch Operation zu entfernen. Ich sagte indessen Paule nichts davon, sondern ging eines Tages mit Gerd aus, „um die Kunstreiterpferde zu besehen", in Wirklichkeit in die Klinik zu Prof[essor] Mikuličz[220]. Da betäubten sie meinen kleinen, armen Kerl, während ich bangen Herzens im Nebenzimmer wartete, denn er war doch noch gar so klein. Als ich zu ihm kam, war die Operation beendet, er lag auf dem Bette, kam zu sich u[nd] weinte bitterlich, die Folge der Narkose. Nun war es recht schlecht eingerichtet, Niemand da, der mir eine Droschke geholt hätte, denn er sollte nach Hause. Endlich war dann Einer so gnädig, eine solche zu holen, ich wickelte mein Kind in die Bettdecke u[nd] trug es hinab. Als wir vor unsere Wohnung kamen paßte seine Johanna, der ich es gesagt hatte, schon auf u[nd] brachte den kleinen Kerl, dessen Kopf völlig in weiße **[133]** Gaze-Bandagen gehüllt war, zu seiner Mutter. Er mußte noch manchesmal in die Klinik wandern, bis die Wunde geheilt war.

Unser Leben in Königsberg, wo wir 4½ Jahre waren[221], gestaltete sich nun so, daß die Familie, sobald es warm genug war, in's Seebad Neuhäuser zog, wo es sehr angenehm zu leben war. Kein großes Seebadgetriebe, sondern nur ein kleiner Ort, aus einer Anzahl von Villen bestehend, in denen ihre Besitzer lebten; nur einige der Villen waren vermiethet; dazu ein großes Hôtel, in dem wir im ersten Jahre wohnten. Später mietheten wir eine Villa. In einem Jahre wohnte noch die Großmutter Paule's, bei der sie in Königsberg erzogen war, Frau Prof[essor] Richelot[222], bei uns. In einem anderen Jahre waren Mama[223] und Schwägerin Eve[224] mit uns in der Villa. Ich selbst lebte nur in den großen Ferien ganz bei den meinen. Während des Semesters mußte ich natürlich am Tage in

219 Weihnachten 1887, Brand auf dem Paradeplatz.
220 Johann Frhr. v. Mikuličz-Radecki (1850–1905), Arzt, Chirurg.
221 Richtig: dreieinhalb Jahre.
222 Pauline Richelot geb. Bretschneider (1820–1896).
223 Luise Kirchhoff geb. Brömmel (1838-um 1906), zweite Frau von Gustav Robert Kirchhoff, also Stiefmutter von Paula Branco.
224 Eveline Kirchhoff, Tochter von Gustav Kirchhoff aus erster Ehe mit Clara Richelot, Schwester von Paula Branco geb. Kirchhoff. Geboren am 30.6.1868 in Heidelberg, lebt mit wechselnden Anschriften in Berlin, Hamburg und Goslar, zieht im März 1921 von Goslar nach München, wechselt im September 1932 von München nach Goslar, stirbt am 29.5.1939 in Berlin-Lichterfelde.

Kön[igsberg] sein u[nd] fuhr nur Nachmittags hinaus, schlief dann dort u[nd] fuhr am nächsten Morgen um 7 oder ½7 wieder nach Kön[igsberg], was auf die Dauer recht anstrengend war.

[134] Ich selbst hatte bei meiner Uebersiedlung nach K[önigsberg] natürl[ich] alle meine Kollegen besucht u[nd] that das in fröhlichster Stimmung. War ich doch nun endlich befreit von der mir unsympathischen Abhängigkeit vom Vorgesetzten u[nd] von der oft recht langweiligen Thätigkeit als Landesgeolog. Nun war ich Professor, sogleich ordentlichen Prof[essor], unabhängig, ohne Dienststunden u[nd] konnte arbeiten, was ich wollte – soweit eben Zeit dazu blieb; denn die so verschiedenartigen Vorlesungen: Min[eralogie], Petrogr[aphie], Geol[ogie], Palaeont[ologie], kosteten sehr viel Zeit. In Berlin hatte ich über die Fischgattung Lepidotus gearbeitet u[nd] über einen fossilen Saurier. Hier setzte ich ersteres Thema fort, doch war die Zeit zu knapp.

Als nun meine Familie kam, hatte ich mit meiner Frau nur einige Besuche gemacht, da wir Trauer hatten, auch keine große Geselligkeit später wollten. Intimer wurden wir nur mit dem Historiker Prutz[225], mit dem wir ein Kränzchen hatten, an welchem noch Prof[essor] Dehio's[226] theilnahmen; m[it] d[em] Chemiker Lossen[227], dem Zoologen Chun[228], dem Philologen Friedländer[229], Prof[essor] Hirschfeld's; u[nd] drei Kaufleuten, die wir in Neuhäuser kennen lernten: Dr. Simon's[230], Teschendorff's[231] u[nd] Ostermayer's[232]. Es waren durchweg liebenswürdige Menschen, bei denen man sich wohl fühlen mußte. **[135]** Simon's u[nd] Teschendorffs hatten in Neuhäuser eigene Villen; namentl[ich] die erstgenannten, sehr reich, waren sehr gastfrei. Endlich ist noch Amtsrath Wien[233] mit seiner Familie, auf Domaine Fischhausen (am Wege nach Neuhäuser) zu nennen, die verwandt mit Paule waren; er wie seine Frau sind schon hinüber; es war ein liebes, prächtiges Paar u[nd] ein schönes Landleben bei ihnen.

225 Hans Prutz (1843–1929), Historiker.
226 Georg Dehio (1850–1932), Kunsthistoriker.
227 Wilhelm Lossen (1838–1906), Chemiker.
228 Karl Chun (1852–1914), Zoologe.
229 Ludwig Friedländer (1824–1909), Altphilologe, Kunsthistoriker.
230 Robert Johannes Simon (1846–1895), Kaufmann, Mäzen, Stadtrat in Königsberg.
231 Hermann Teschendorff (1844–1906), Kaufmann, Stadtrat in Königsberg.
232 Carl Ostermeyer (1851–1914), Kaufmann, Mitinhaber der Firma Wiehler, Stadtrat in Königsberg.
233 Otto Ernst Christian Wien (1821–1882), Kaufmann, Geschäftsführer der Getreideexportfirma E. Castell, Besitzer des Rittergutes Gaffken bei Fischhausen.

Auch Theater wurde im Professorenkreise gespielt, in dem ich den Vater der Frau Chun gab, als biederer Schlächtermeister Budecke; diese gemeinsamen Feste der Professoren, Bälle, Theater, waren eine überaus angenehme Geselligkeit, weil jeder darin ganz frei ist.

Kurz, die Menschen waren eben so angenehm wie das Klima mit seinem Ostwinde u[nd] ewig grauen Himmel unangenehm war. Auch die Stadt hatte für uns, die wir Großstädter waren, so manche schmutzige und abstoßende Seite, z[um] Th[ei]l hervorgerufen durch die niedere Bevölkerung. Die Häuser hatten nie einen Portier, standen stets offen; da begegnete es Einem nicht selten, daß entweder ein Betrunkener unten im Hausflur lag; oder daß Einer auf demselben den Beweis hinterließ, daß er sich einer guten Verdauung erfreut hatte. Dienstag u[nd] Freitag Nachts vier Uhr wurde an der Klingel gerissen; da kamen die Frauen, welche **[136]** alle 8 Tage den Abort herausholten; dieser, in einem Nachtstuhle bestehend, befand sich in einer dunklen Kabuse, oft neben der Thür, stets vorn im Flur, so daß der Flur duftete. Es ist eben unvermeidlich: Wer die Großstadt mit ihrer Anregung, ihrer Reinlichkeit u[nd] ihren sonstigen Vorzügen gewohnt ist, der ist für jede andere Form städtischen Lebens verdorben. Land oder Großstadt; nur nicht solche Stadt, wie Königsberg es damals war oder noch kleinere, wie Tübingen, wo Jeder dem Anderen in den Topf gucken kann.

Im Octob[er] od[er] Nov[ember] 1889 waren wir bei Hirschfeld's in einer Gesellschaft, während ein Influenza-Kranker in ihrer Wohnung lag. Am nächsten Abend schon hatte sie mich gepackt, so daß ich lange krankte u[nd] im Kreuze wie gelähmt war. Ich mußte Urlaub nehmen u[nd] im Mai nach Wiesbaden gehen. Schon einige Monate vorher war ich von dem Dekan Stahl[234] in Tübingen befragt worden, ob ich die durch Quenstedt's Tod erledigte Professur für Min[eralogie], Geol[ogie], Pal[aeontologie] eventuell annehmen würde; ich solle Ja od[er] Nein telegraphieren. Jubelnd tel[egraphierten] wir „Ja". Es erfolgte aber kein Ruf, die Spannung, in die wir versetzt wurden, ließ nach, wir hielten es endlich für verloren. Da, auf der Reise nach Wiesbaden, in Berlin, erhielt ich den Ruf. Jubel! **[137]** In den Süden, in den Sonnenschein, ein Haus mit Garten u[nd] alten Bäumen erhebt sich vor unserem Auge! Von Wiesbaden aus nahm ich den Ruf an; mit dem guten alten Kanzler von Waizsäcker[235] machte ich es brieflich ab; ich erhielt 6 000 M[a]rk Gehalt, 600 M[a]rk mehr als in Königsberg. Wenn ich das Handeln besser verstanden hätte, würde ich mehr bekommen haben, mit

234 Hermann Stahl (1843–1909), Mathematiker.

235 Carl Heinrich v. Weizsäcker (1822–1899), Theologe, 1890–1899 Kanzler der Universität Tübingen.

leichtester Mühe. Als ich in Wiesbaden die Kur gebraucht hatte, fuhren Paule u[nd] ich nach Tübingen; die Kinder waren in Berlin geblieben, ich war aber noch so elend, daß Paule mich nach Wiesbaden begleiten mußte.

Es war an einem schönen Maitage (ich hatte noch Nach-Urlaub nehmen müssen) als wir von Wiesbaden nach Tübingen reisten u[nd] im „Lamm“[236] abstiegen. Ein Stückchen Mittelalter umpfing uns. Der alte Kanzler nahm mich lieb auf; ich war der 1te Prof[essor], den er berief, seit er Kanzler geworden war. Eimer[237], der Zoolog, nahm uns ganz in Beschlag; da wir durchaus nicht bei ihm wohnen wollten, so mußten wir wenigstens den ganzen Tag über bei ihnen sein. Eine Fahrt nach dem herrlichen Niedernau, wo wir aßen u[nd] durch die Thür von Frau Bruns[238], als „neue“ **[138]** kritisch gemustert wurden, beschloß die Tage.

Nun ging's zurück nach Wiesbaden u[nd] Berlin; u[nd] wir beschlossen, daß Paule mit den Kindern gleich in Berlin bleiben u[nd] dann nach Harzburg gehen solle, während ich nach Kön[igsberg] zurückkehren, das Sommersemester läse u[nd] das Einpacken der Sachen besorgen solle. Das war wohl verkehrt; P[aule] hätte sich auch verabschieden müssen; indessen so war es bequemer u[nd] billiger u[nd] darum thaten wir so. Ich hielt nun in diesem Sommersemester 1890 meine Vorlesungen u[nd] arbeitete neue, paläontologische, für Tübingen aus, wo ich dieselben in ausführlicherer Weise u[nd] auf Wirbeltiere ausgedehnt, halten wollte. Das Leben war sehr arbeitsam u[nd] einsam. Endlich nahte der Abschied. Ich fuhr auch nach Neuhäuser hinaus u[nd] machte Teschendorff's einen Besuch; sie behielten mich aber da bis zum Abend u[nd] es war mir recht sehr weh dabei ums Herz. Theils weil ich angesichts dieser großen innig an einander hängenden Familie doppelt meine Einsamkeit fühlte, theils weil mir unser ganzes Königsberger Leben, unser häufiges Hausen in Neuhäuser, alles was uns in diesen 4 Jahren[239] Gutes u[nd] Schlimmes betroffen hatte, an der Seele vorüber zog. Zuletzt kam noch das Abschiedsdiner, das die Kollegen mir, gleichzeitig auch Miku- **[139]** ličz gaben. Die üblichen Reden auf uns u[nd] unsere Antworten; bei der meinen erndtete ich Beifall, denn ich lehnte meines Kollegen M[ikuličz] Auffassung geschickt ab, der in seiner Rede gesagt hatten, die Profess[oren] seien wie die Ballerinen; wo man mehr zahle, da gingen sie hin. Unglaublich!! Nun

236 Gasthof Lamm, Am Markt 7, 1965 geschlossen, 1975 durch ein Gemeindehaus der evangelischen Kirchengemeinde ersetzt.

237 Theodor Eimer (1843–1898), Zoologe.

238 Marie Bruns geb. Weizsäcker (1857–1939), Tochter des Kanzlers Carl Heinrich v. Weizsäcker, heiratete 1875 den Chirurgen Paul v. Bruns.

239 Richtig: dreieinhalb Jahre.

kam das Einpacken, das ein Königsberger Möbelpacker machte – es sollte uns schlecht bekommen.

Endlich Abreise. Ostermeyers, die treuen, brachten mich zur Bahn. Ich fuhr allein mit einem Herrn. Wir werden bekannt, es ist Dr. Höftmann[240] a[us] Kön[igsberg]. Ich erzähle ihm, meine Großmutter[241] sei Schottin, aus Memel. „Die meine auch", sagt er, da kam es heraus, daß wir derselben Abstammung seien, unsere Großmütter waren Schwestern; und wir hatten 4 Jahre[242] in Kön[igsberg] nebeneinander gelebt, ohne es zu wissen. Seine Mutter, in Danzig, hat mir dann den Stammbaum unserer Familie mütterl[icher] Seits geschickt.[243]

In Harzburg endlich bei den Meinen. Ich war aber abgearbeitet; u[nd] die großen Ferien über hatte ich in Tübingen noch viel mehr zu arbeiten. Mein Vorgänger hatte nur schwache eigentliche Lehrsammlungen und gar keine Bestimmübungssammlungen gehabt. Das Alles mußte während der Ferien von mir geschaffen, die zahllosen Etiquetts geschrieben werden, ohne Assistenten; denn der Minister war zu knauserig u[nd] bewilligte erst **[140]** zu Ostern 1891 einen solchen. So wurde ich, der ich schon überarbeitet hinkam, noch mehr zu Grunde gearbeitet bevor ich nur zu lesen anfing. Und das hielt in Tübingen so an. Im ersten Winter die zahlreichen Einladungen zum Abend mit ihren Tischreden, dem späten Nachhausekommen u[nd] dabei dem nothwendigen Einarbeiten in die neue Sammlung u[nd] die bisher mir weniger bekannten geologischen Verhältnisse Württembergs. Im nächsten Frühjahr sofort der Zwang, eine geolog[ische] Arbeit als Universitätsschrift zum bestimmten Termine fertig haben zu müssen (Ein neuer Tertiärvulkan bei Stuttgart….). In den 2 Jahren darauf meine zu immer größerem Umfange anschwellende Arbeit über „Schwabens

240 Heinrich Höftmann (1851–1917), Arzt, Orthopäde, Leiter einer Privatklinik und des Medico-mechanischen Instituts in Königsberg.

241 Margaretha Florentine Johnson (1786–1860), heiratete 1808 den Offizier Hieronymus Franciscus Seraph Rödlich (1767–1833); Mutter von Dilia Thelima Nelly Helene Rödlich verh. Branco (1816–1894).

242 Richtig: dreieinhalb Jahre.

243 Helena Johnson (1781–1826), heiratete 1804 den Kaufmann James Moir (1770–1845). Der „Stammbaum mütterlicherseits" ist im Nachlass Branco nicht erhalten. Branco und Höftmann ist beim Austausch ihrer Daten ein Irrtum unterlaufen: Die Schwestern Helena und Margaretha Johnson waren nicht Großmütter beider Herren, sondern Urgroßmutter bzw. Großmutter; bei Höftmann liegt noch eine Generation dazwischen. Die Stammreihe mütterlicherseits für Höftmann lautet: Mutter Eliza MacLean (1823–1911), verheiratet mit Wilhelm Höftmann (1819–1875), Großmutter Eliza Margareta Moir (1805–1873), verheiratet mit John MacLean (1795–1867), Urgroßmutter Helena Johnson (wie oben).

125 Vulkan-Embryonen", die ebenfalls, weil zum 50jähr[igen] Jubiläum des Vereins f[ür] Naturkunde[244] bestimmt, zu bestimmtem Termine fertig werden mußte. Ueberarbeitung von Anfang an, infolgedessen Nervosität, Schlaflosigkeit, Herzschmerzen, z[um] Th[ei]l auch infolge von zu starkem Rauchen. Meine arme Frau hatte es recht sehr schwer. Es thut mir leid; aber mein Organismus ist leider so fortgesetzter Nerven Arbeit, in so überhastetem Maaße zumal, nicht gewachsen.

So erklärt es sich warum ich schon seit Jahren, schon in Königsberg, mich nach einem Gute umsah, warum mein höchstes Ideal darin bestand, auf einem Gute in Ruhe ohne diese geistige, mich aufreibende Arbeit leben zu können. **[141]** Schon in Kön[igsberg] hatte ich danach gesucht. Amtsrath Wien war zweimal mit mir gereist, Güter zu besichtigen. Aber mir stand ein zu geringes Kapital zu Gebote; u[nd] es war recht, daß ich nichts riskierte, sondern zögerte u[nd] wartete, bis ich endlich in besserer Lage war.

Ich kehre nun aber zurück zu unserem Einzuge in's Württembergische Ländle. Wir eilten unseren Möbeln voraus u[nd] wohnten, bis diese kamen, im herrlichen Niedernau. Es war Hochsaison des kleinen Bades, alle Zimmer besetzt; wir mußten daher in einem niedrigen Stübchen, die Kinder neben uns, wohnen. Das Dach, unter dem wir schliefen, war schadhaft, so daß es Nachts auf unsere Betten regnete u[nd] wir den Regenschirm aufspannen mußten, worauf nun jeder Tropfen recht deutlich schallte. Endlich die Sachen da. Aber beim Einräumen zeigte sich, daß unser Königsberger, unaufhörlich wetternder, sich wie ein Unteroffizier geberdender Packer die demokratischen Tübinger vor den Kopf stieß. Ich hatte das geahnt, ihm zur Pflicht gemacht, sich un-preußisch zu benehmen; umsonst, er konnte nur preußisch sein. Der Erfolg ließ nicht auf sich warten: Die Tübinger Packer legten die Arbeit gleich im Anfang nieder. Unsere Möbel standen nun zum größten Theile unten im Wagen, die Nacht kam, **[142]** es war recht sehr ungemüthlich. Um so mehr, als sich der stets vorhandene Widerwille der Württemberger gegen den „verfluchten Preiß" in dem kleinen Neste auch gegen uns kehren mußte. Hatte ich doch überhaupt schon mit der Schwierigkeit zu kämpfen, daß eine Parthei im Lande den jungen Fraas[245] oder den Pastor Engel[246], nicht aber einen Preußen, zum Geologen haben wollte. Nun, später sind beide meine guten, lieben Freunde geworden u[nd] ich habe im Ländle so viel

244 Verein für vaterländische Naturkunde in Württemberg, 1844 gegründet, 1969 umbenannt in Gesellschaft für Naturkunde in Württemberg e. V.

245 Eberhard Fraas (1862–1915), Geologe, Paläontologe.

246 Theodor Engel (1842–1933), Pfarrer, Geologe, Mitgründer des Schwäbischen Albvereins.

Anerkennung u[nd] Liebe gefunden, daß ich es nicht besser als mit den Worten eines demokrat[ischen] Abgeordneten kennzeichnen kann, der von mir sagte: „Da sieht man doch, daß von dene verfl[uchte] Preiß auch mal was Gutes komme kann."

Die Herren Packer ließen sich erweichen u[nd] kamen endlich wieder, so daß schließlich die Möbel oben standen.

Die Wohnung! Als wir im Mai nach Tüb[ingen] gekommen waren hatten wir Wohnungen gesucht, Frau Eimer hatte uns geführt. Die, die wir nachher mietheten, sahen wir zuerst und erklärten: „Unmöglich." Frau Eimer lächelte innerlich, denn sie wußte, daß das immer noch die möglichste war: 3 Treppen hoch, Mansardenzimmer mit schrägen Wänden, unter dem Schieferdache; im Sommer glühende Hitze, im Winter große Kälte. Im Uebrigen, abgesehen von diesen Mängeln, noch den, daß rings um **[143]** die Wohnung ein sehr breiter, mit Zink abgedeckter Vorsprung verlief, auf welchem jeder Regen so schallende Trommelwirbel verursachte, daß an Schlafen nicht zu denken war; u[nd] wenn der Regen längst vorbei war, dann klatschte doch noch jeder ablaufende Tropfen vom Dache auf dieses Höllenblech. Von all dem abgesehen war die Wohnung ganz gemüthlich, mit hübscher Aussicht.[247]

Das war nun das erträumte Landhaus, im blühenden, duftenden Garten gelegen! O Phantasie, was bereitest Du uns für Enttäuschungen. Solche Landhäuser u[nd] Gärten gab es überhaupt nur für schweres Geld zu kaufen; ein Miethen war ausgeschlossen. So war der ganze Vortheil, den die kleine Stadt vor der großen voraus hat, das Leben im Garten, hier überhaupt nicht vorhanden; u[nd] es blieben nur die Nachtheile bestehen, durch welche sich die kleine Stadt von der großen unterscheidet. (Tüb[ingen] hatte 12 000 Einwohner.) Wir gingen daher mit dem Plan um, uns diese Vortheile zu verschaffen, indem wir ein Haus mit Garten kaufen wollten. Das wäre ein folgenschwerer Entschluß gewesen; denn diese Häuser waren relativ theuer, darum sehr schwer wieder verkäuflich; u[nd] das hätte bei einem etwaigen Fortzuge von Tübingen **[144]** recht hinderlich werden können. Wir machten zwar lebhafte Baupläne, erst neben Eimer's an der Neckarhalde, dann auf einem ihm gehörigen Platze ganz hinten auf der N[eckar] halde, endlich neben Prof[essor] Kugler[248] auf dem Österberg – aber zum Glück schreckten wir doch davor zurück, uns zu binden. Vielleicht auch war's ein Fehler, das nicht zu thun; denn mit Garten wäre es ein anderes Dasein in Tüb[ingen] gewesen.

247 Hechinger Straße 14, 3. Stock.
248 Bernhard Kugler (1837–1898), Historiker.

Nachdem wir 2 Jahre in dieser Dachwohnung gehaust hatten, war uns das Glück beschieden, in die Wilhelmstr[aße], gegenüber dem botan[ischen] Garten ziehen zu können, wo wir doch einen Platz wenigstens im Berggarten hatten, zugleich liebe Freunde in der unter uns wohnenden Familie des Prof[essors] Bruns[249] gewannen.[250]

Unsere geselligen Beziehungen in Tüb[ingen] waren sehr vielseitige; denn es war damals noch Sitte, daß jeder neuangekommene Professor von allen Ordinarien eingeladen wurde: Eine schwere Leistung für den, der nicht sehr für Geselligkeit schwärmt, wie ich, obgleich ich doch auch ihren großen Nutzen gern zugebe. Jeder Neue ward in jedem Hause durch eine Tischrede bewillkommnet u[nd] mußte sie beantworten: Ebenfalls eine schwere Aufgabe, da man doch stets kontrolliert werden konnte, ob man nicht etwa 2mal dasselbe sage. Ich **[145]** habe darum alle meine Tischreden aufgeschrieben u[nd] aufbewahrt, denn es liegt für Paule u[nd] mich ein Stück Erinnerung an alte Zeiten in ihnen.[251]

Am meisten Verkehr haben wir wohl mit Eimer, dem Zoologen gehabt. Er heftig, reizbar, zu Hause tyrannisch, aber ein Herzens guter Mensch, mit dem ich später viel spazieren ritt. Sie ruhig, still, kühl, Hamburgerin, aber doch auch eine angenehme Frau. Nur beide Eheleute zusammen standen recht wenig freundlich. Nun ist er längst, an Krebs, dahingegangen; sie lebt in Stuttgart, geschieden von ihrer Tochter. Diese hatte einen Arzt, Zöppritz, geheirathet, der wohl eine sehr gute Parthie zu machen glaubte, was nicht der Fall war. Er stachelte dann seine Frau so gegen ihre Eltern auf, daß die Tochter nicht einmal an des Vaters Todesbette kam u[nd] der Mutter nun völlig entfremdet wurde. Das leidige Geld! wenn geerbt werden soll, entzweien sich oft die besten Freunde.

Prof[essor] Stahl, der Mathematiker, war durch seine Frau, geb. Trendelenburg, verwandt mit meiner Mutter-Schwester Zilli[252]. Sie waren sehr angenehme Leute, aber zurückhaltend im Verkehr, wohl weil ihnen ihr inniges Familienleben genügte **[146]** vielleicht auch, weil sie sparen wollten.

Mit Prof[essor] von Martitz war umgekehrt Paule verwandt, indem seine Schwester einen Richelot geheirathet hatte.[253] Er wie sie waren reizend

249 Paul v. Bruns (1846–1916), Arzt, Chirurg.

250 Wilhelmstraße 14, 2. Stock.

251 Die Aufzeichnungen sind verschollen (Stand 2018).

252 Ziliaris Rödlich (1812–1879), heiratete 1833 den Arzt Ferdinand Becker (?-1834).

253 Ferdinand v. Martitz (1839–1921), Jurist, Staatsrechtler, heiratete 1866 Erminia Tortilowicz v. Bartocki (1841–1904). Bei der Benennung der verwandtschaftlichen Beziehungen ist Wilhelm Branco hier ausnahmsweise nicht exakt: Martitz hatte Zwillingsschwestern, die beide mit einem Richelot verheiratet waren. Clara Henriette

liebenswürdige, gesellige Ostpreußen. Aber daß wir verwandt seien, davon war nie bei ihnen die Rede. Wären wir adelig gewesen, dann wäre es wohl etwas Anderes gewesen.

Dann war Prof[essor] Hüfner[254], der liebenswürdige Junggesell, physiologischer Chemiker, mit großer Dienstwohnung u[nd] Garten, für ihn allein. Prof[essor] Lothar Meyer[255], Chemiker, der plötzlich am Schlage in seinem Arbeitszimmer abberufen wurde, während er doch noch so frisch war. Ferner Hugo Meyer[256], der Jurist, Jürgens[257] Mediziner; doch hier wird der Verkehr schon schwach. Dagegen viel Verkehr u[nd] befreundeten hatten wir m[it] d[em] Chirurgen Bruns, als wir in die Wilhelmstr[aße] gezogen waren. Mit ihnen u[nd] dem lieben alten Kanzler v. Waizsäcker, Vater der Frau Bruns, sowie mit der alten Mutter von Bruns standen wir eigentl[ich] am intimsten.

Unser lieber Gerd war, als wir nach Tübingen 1890 kamen, [*Leerstelle*] Jahre alt.[258] Er bekam Unterricht bei einem Lehrer, zu dem er immer hinging. Später kam er in die Vorklasse des Gymnasiums u[nd] dadurch doch etwas mehr in Berührung mit Knaben. Namentl[ich] **[147]** mit Victor Bruns spielte er dann im Garten, Indianer u[nd] A[nderes]. Aber der Mangel schwäbischer Sprache war für ihn vielleicht ein Hinderniß, um ganz intim zu werden. Edith tanzte viel, spielte auch Theater, an dem auch Mutti u[nd] Tante Eve theilnahmen; denn einen Winter über waren meine Schwiegermutter[259] u[nd] Tochter[260] in Tüb[ingen].

Wir gingen viel spazieren in der schönen Natur. Erst jetzt, wo wir in dem Häusermeere Berlin's wohnen, wird Einem klar, was man doch an jener Natur hatte. Aber trotz der Ruhe war ich nervöser als in Berlin ohne Ruhe.

Meine wissensch[aftliche] Thätigkeit machte mir sehr viel Freude. Die geol[ogischen] Exkursionen allein schon, die ich in dem schönen, sonnigen, an

(1841–1909) heiratete 1863 den Juristen Theodor Richelot (?-1901), Maria Amalie (1841–1879) heiratete 1860 den Arzt Claudius Richelot (?-1868).

254 Gustav v. Hüfner (1840–1908), Chemiker, Physiologe.

255 Julius Lothar v. Meyer (1830–1895), Chemiker.

256 Hugo Meyer (1837–1902), Jurist, Strafrechtler.

257 Theodor Jürgensen (1840–1907), Arzt, Klinikdirektor.

258 Zu ergänzen: fünfeinhalb.

259 Luise Kirchhoff geb. Brömmel (1838-um 1906). Paula und Wilhelm Branco bezeichnen die zweite Frau von Gustav Kirchhoff als „Mama“ oder „Mutti“; vgl. Anm. 223.

260 Eveline Kirchhoff (1868–1939), Tochter von Gustav Kirchhoff und seiner ersten Frau Clara Richelot, Schwester von Paula Branco geb. Kirchhoff. Die Anrede „Tante Eve“ erklärt sich aus der Perspektive des Sohnes Gerhard Branco, für den der Bericht geschrieben wurde.

Aufschlüssen reichen Lande machte, theils allein, meist mit Kocher[261], dem Institutsdiener, theils mit einer großen Schaar Studierender, das allein schon war eine Freude, wenn sie mir auch oft leider schwere Kopfschmerzen im Nacken eintrug. Aber auch die Vorlesungen, namentl[ich] über Geologie, waren sehr zahlreich besucht, an 85 Mann, fast 3 mal so viel wie hier in Berlin, wo es 5 mal so viel Studierende giebt. Das machte **[148]** natürl[ich] Freude u[nd] spornte an, sein Bestes zu geben. Dazu kam das weit verbreitete Interesse an Geologie, welches sich bei Ärzten, Juristen, Theologen im Lande zeigte; es hatte freilich den Uebelstand, daß diese manchmal vielleicht die Sache besser zu verstehen meinten, als der Fachmann. Indessen das störte doch nicht, die Freude überwog. Namentl[ich] auf den Jahresversammlungen des Vereins f[ür] vaterländ[ische] Naturkunde[262] kam dieses Interesse zum lebhaften Ausdruck; u[nd] da ich meinen Mann, auch als Redner stand, da ich nicht fernerliegende Arbeitsthemata wählte, sondern von Anfang an nur solche, die Württemberg betrafen, so ließ man, wie schon vorher gesagt, den Preußen gelten; u[nd] ich erwiderte ihr freundliches Entgegenkommen mit Dankbarkeit u[nd] Liebe, ganz unbeschadet meiner sonstigen Urtheile über die Langweiligkeit des Nestes. Das eine Mal war die Versammlung in Reutlingen, dann in Stuttgart, in Weinsberg, in Tübingen, am Schwarzwalde in [*Leerraum für nicht ausgeführte Ergänzung*]. Sie waren immer sehr hübsch.

Zur Antrittsvorlesung, vor der festlich versammelten Universität, hatte ich ein dankbares Thema gewählt: Vulkanismus, Erdbeben, Gebirgsbildung in ihrem Zusammenhange. Wie stets, oder noch mehr als sonst, hatte ich mich sorgfältigst darauf vorbereitet, denn es war ja der erste Akt, mit dem ich vor die Univers[ität] trat; u[nd] er verlief sehr erfolgreich. **[149]** „Der kann sprechen" sagte der gute Eimer.

In den großen Ferien flogen wir vier in die Weite. Einmal in die Schweiz nach Seelisberg; dann nach Wengen i[n] d[er] Schweiz; [*Leerraum für nicht ausgeführte Ergänzung*] Auch zu Ostern war ich, total abgearbeitet, mit Paule nach Genua, die Riviera di levante, die Oberital[ienischen] Seen, gegangen. Aber wir kehrten vor der Zeit zurück. Zum Reisen bedarf es der Kräfte noch mehr als zu anderen Vergnügungen.

[*Leerraum für nicht ausgeführte Ergänzungen*]

[150] Im Frühjahr 1894[263] war es, da kam plötzlich eine Depesche aus Bernau, wo meine Mutter seit Jahrzehnten in ihrem Wahnzustande ein Unterkommen

261 Johannes Kocher (1838–1905), Institutsdiener, seit 1891 Präparator.

262 Wie Anm. 244.

263 Richtig: Todestag war der 27. Februar 1894.

gefunden hatte, wo sie auch nun begraben liegt, eine Depesche, die den bevorstehenden Tod, bald darauf eine solche, die den Tod meldete. Wenn je, so war hier der Tod ein Erlöser gewesen; denn seit meinem 7 od[er] 8ten Lebensjahre an bis etwa zum 50ten hin, durch mehr als 40 Jahre, war meine Mutter umnachtet. In Bernau habe ich sie, nach meines Vater's Tode, öfters besucht; sie war immer freundlich zu mir, lächelte schalkhaft, sagte: „Das ist der Herr Willi", aber daß ich ihr Sohn sei, dafür hatte sie kein Verständniß, so daß ich sie denn auch „Frau Doktor" u[nd] „Sie" anredete. Ich reiste zum Begräbniß, erkrankte aber in Berlin im Hôtel Sanssouci, Linkst[raße][264], so heftig an Halsentzündung, daß ich nicht zum Begräbniß nach Bernau fahren konnte. So ging eine poetisch reich begabte Frauenseele nach kurzem Lebensglücke in lange Umnachtung aus. Durch der Mutter Tod war mir die Möglichkeit gegeben, ein Gut zu kaufen; u[nd] da ich zugleich die Ueberzeugung hegte, daß bei meiner Schlaflosigkeit und Nervosität u[nd] bei dem Fehlen jeder Ablenkung von der immerwährenden Arbeit, ein weiteres Verharren in diesen Verhältnissen zum Zusammenbruche führen müsse, um so mehr als meine Mutter bereits zusammengebro- **[151]** chen war, so beschloß ich den langgehegten Plan zu verwirklichen, ein Gut zu kaufen u[nd] mich mit den Meinen auf dasselbe zurückzuziehen. Mein Fehler dabei war der, daß ich nicht fragte, wie den Meinigen das behagen würde. Sie hätten freilich diese Frage nicht beantwortet haben können, denn sie kannten ja, bis auf Edith, das eigentliche Landleben nicht. Aber leitend war eben der Gesichtspunkt, 1) daß ich in Tübingen mich völlig zu Grunde arbeiten würde, da es für Naturen wie meine, die nicht am Kneiptisch sitzen können u[nd] denen Gesellschaften schlecht bekommen, keine Ablenkung von der Arbeit in einem so kleinen Neste giebt. 2) Daß ich folglich meine Stellung in Tüb[ingen], so bald ich das pekuniär könnte, aufgeben sollte; um so mehr als das Gehalt dort für mich auch knapp bemessen war und als auch Paule sich unbehaglich in den kleinstädtischen Verhältnissen fühlte. 3) Daß ich unmöglich ohne Arbeit leben konnte, die Beschäftigung mit der Landwirthschaft also diese Bedingung erfüllen u[nd] zugleich Gesundheit geben würde. 4) Hoffte ich den Verlust des Gehaltes auszugleichen durch das „freie Leben", was das Gut uns neben der Verzinsung geben würde, so daß wir auch dann noch hätten reisen u[nd] in die Stadt gehen können.

Wir reisten nun wie gewöhnlich Sommer 1894 in die **[152]** Ferien u[nd] gingen an die Ostsee nach Ahlbeck[265], wo wir mit Boguslawsky's viel zusammen waren. Dann reichte ich ein Urlaubsgesuch auf ½ Jahr ein u[nd] wir gingen dann

264 Hôtel Sanssouci, Linkstr. 37 (Bezirk Mitte, Nähe Potsdamer Bahnhof).
265 Ahlbeck: Kurort („Kaiserbad") auf der Insel Usedom, seit 1852 Badeort.

nach Berlin in die Pension von Frl. Gierke an der Hercules Brücke, Ecke der Friedrich-Wilhelm St[raße] u[nd] des Kanales[266], dann in die von Frau Gubitz am Lützowplatz[267]. Gerd hatte Privatstunden bei einem sehr netten, frischen, jungen Lehrer, der einige Jahre darauf Lehrer der Kaiserlichen Söhne wurde, Herr Gensel[268]. Ich sah mich mit Hilfe von H[errn] Tietz nach Gütern um, ging auch im Spätsommer noch einige Wochen zu ihm auf sein Gut Meseritz b[ei] Schivelbein.[269] In diesem Jahre starb im Herbste meine Cousine Anna v. Boguslawska[270] u[nd] später ihre alte Mutter[271], in der ich in meiner Gymnasialzeit in Breslau eine zweite Mutter gefunden hatte. Von Meseritz aus richtete ich, um dem entsetzlichen Schwanken in dem folgenschweren Entschluße, ob abgehen oder nicht, ein Ende zu machen, an den Minister[272] mein Abschiedsgesuch. Eine Antwort kam, die überaus menschenfreundlich war: Er wolle mein Gesuch als einen Privatbrief betrachten u[nd] in den Schreibtisch legen. Ich solle doch erst meinen Urlaub bis Ostern genießen u[nd] mich zu erholen trachten; dann wollten wir weiter sehen. Die herzzerreißende Qual der Entscheidung wurde mir auf diese Weise verlängert u[nd] rieb auf. So schrieb ich denn, ich werde Ostern noch ebenso denken wie **[153]** jetzt; u[nd] da das Interesse der Univers[ität] baldige Besetzung verlange, so halte ich es für meine Pflicht, schon jetzt zu sagen, daß ich darauf bestehen müsse.

So erhielt ich den Abschied, zugleich aber zwei Auszeichnungen, die ich nicht erwartet u[nd] geahnt hatte: Das Ehrenkreuz der Württemberg[ischen] Krone, mit welchem der persönliche Adelstitel verknüpft ist.[273] Und zweitens – was, wie der alte Kanzler schrieb, eine noch größere, weil viel seltenere Auszeichnung war – ich behielt Titel u[nd] Rang eines Professors. Ich hatte gar nicht gewußt, daß der, welcher sein Amt niederlegt, in Württ[emberg] den Titel damit ebenfalls verliert. So viel Anerkennung war rührend; denn ich war erst 4 Jahre i[m] Dienste dort u[nd] jener Orden wird stets erst dann verliehen, wenn man Rektor

266 Berliner Adreßbuch 1894: Frl. H. Giercke, Inhaberin eines Pensionats; Geschwister Giercke, Pensionat, Corneliusstr. 1 (Bezirk Westen), an der Friedrich-Wilhelm-Straße.

267 Berliner Adreßbuch 1894: Notarswitwe W. Gubitz geb. Fiedler, Lützowplatz 12 (Bezirk Westen).

268 Paul Gensel (1870–1936), Oberlehrer, 1899–1901 als Hauslehrer der Kaiserlichen Prinzen im Hofstaat.

269 Meseritz (heute Miedzyrzecze): Rittergut bei Schivelbein auf Rügen.

270 Anna Maria Elisabeth v. Boguslawski (1837–1894).

271 Wassilissa v. Boguslawski geb. Rödlich (1809–1895).

272 Otto v. Sarwey (1825–1900), 1885–1900 württembergischer Kultusminister.

273 Württembergischer Kronenorden, Stufe Ehren- oder Ritterkreuz.

geworden, also alt im Dienste geworden ist. Zugleich aber bekam ich von den verschiedensten Seiten in Württemb[erg] Briefe, in denen das Bedauern ausgesprochen wurde über mein Gehen.

Dieses halbe Jahr, Winter 1894–95, war bitterschwer, der Entschluß griff mir tief in die Seele.

Gleich nach meiner Entlassung traf ich den Pächter von Dumsevitz[274] auf Rügen, bei dem wir einst als junges Ehepaar zum Besuche auf Schoritz[275], seinem damaligen Pachtgute, gewesen waren.[276] Er erzählte von einem sehr schönen Gute in seiner Nähe das zu verkaufen **[154]** sei für 300,000 M[a]rk etwa, Maltzin[277]; ich solle ihn doch besuchen u[nd] es ansehen. Es war Ende Febr[uar] od[er] März 1895. Wir fuhren zusammen nach Rügen. Sein Neffe Alfred Borchard war ebenfalls dort. Im Schnee fuhren wir Maltzin an, dessen hoher Grundsteuer Reinertrag allerdings für Vorzüglichkeit ohne Weiteres sprach. H[err] v. Berg zeigte uns das Gut, ein schöner Wohnsitz. Nach einiger Zeit aber kam ein Brief, die Erben wollten es nicht verkaufen. Dann besuchten wir H[errn] Lange, Pächter auf Poppelvitz[278]; der sagte, das Nachbargut Zicker[279] sei zu haben. Alle diese Güter dort sind vorzüglich, Opp[enheim] u[nd] Lange kannten sie zudem. Wir besahen auch Zicker, einer Frau Weström gehörig; aber Forderung 530,000 M[ark]. Die Bücher ergaben einen Durchschnittsertrag von 17,000 M[a]rk jährl[ich]. Aber bevor diese Forderung gestellt wurde verging einige Zeit u[nd] H[err] Lange nannte ein anderes Gut, Neparmitz[280], dessen Besitzer, Holtz, in Putbus als Generalbevollmächtigter des Fürsten v. Putbus[281] lebte. Wir sahen es; das verlassene Haus, zudem nur Zimmer unten, oben nur Mansarden, mißfielen mir sehr, ich

274 Dumsevitz: Rittergut bei Bergen auf Rügen.

275 Vgl. Lebensgang S. 126.

276 Die Namen und Daten der Gutsbesitzer, Pächter und Verhandlungspartner auf den folgenden Seiten wurden nicht recherchiert. Einige Namen finden sich in den Adressbüchern der Ritterguts- und Gutsbesitzer (General-Adressbuch, Pommersches Güter-Adressbuch, Schlesiches Güter-Adreßbuch, Güter-Adreßbuch für die Provinz Brandenburg).

277 Maltzien (Malzin): Rittergut auf der Halbinsel Zudar (Rügen), erhaltenes Herrenhaus im Stil der Tudor-Gotik.

278 Poppelvitz: Rittergut auf der Halbinsel Zudar (Rügen).

279 Zicker: Rittergut auf der Halbinsel Zudar (Rügen).

280 Neparmitz: Rittergut bei Poseritz auf Rügen.

281 Die Herren und Grafen (ab 1807 Fürsten) von Putbus waren die größten Grundeigentümer auf Rügen. Wilhelm Malte I. zu Putbus (1783–1854) hatte seine Stadt Putbus als Residenz ausbauen lassen. Zur Zeit des Berichtes regierte sein Enkel Wilhelm Malte (1833–1907).

sagte „Nein". Aber es wurde mir sehr zugeredet, Oppenh[eim] wollte offenbar gern Herr[n] Holtz gefällig sein, da Op[penheim] Pächter des Fürsten Putbus war, folglich unter der Controle von Holtz stand. Auch O[ppenheim]'s Neffe, Al- **[155]** fred Borchard, redete sehr zu u[nd] war namentlich ganz entrüstet, als ich den geforderten Preis, 500,000 M[ark], für viel zu hoch fand u[nd] 450,000 geben wollte. Anstatt mich, ihren Gastfreund, zu unterstützen, daß ich billig kaufte, redeten sie zum Theuer-Kaufen zu. Auf O[ppenheim]'s Rath wurde noch H[err] Kroos aus Bergen, der Unterhändler aller Geschäfte auf Rügen hinzugezogen, obgleich H[err] Lange ausdrücklich davon abrieth, weil Kroos ein Gauner u[nd] zudem in seinen Geschäften derart von Holtz abhängig sei (weil Holtz alle Putbus'schen Pacht-Güter unter sich hatte), daß er nur zum Vortheile von Holtz leiten würde. So kam es denn auch. Ich hatte keine Hilfe an Op[penheim] u[nd] Borch[ard], sondern das Gegentheil. Da ich ihnen aber Glauben schenkte; da ich ein Gut bald haben wollte, weil unsere Möbel aus Tübingen fort mußten; da ich in dem vert.-Dumsevitz[282] in tiefem Schnee steckte, so daß jeder Bahnverkehr aufhörte u[nd] ich nicht fortkonnte; da ich endlich damals so zerrissen war durch meine Nervosität u[nd] durch das Peinvolle des Abschiednehmens – so unterlag ich dem allgemeinen Zureden u[nd] dem geschickten Gauner Kroos u[nd] kaufte **[156]** für 495,000 M[a]rk. Wäre der Schnee nicht gewesen, hätte ich mein Bündel geschnürt, um dem Zureden zu entfliehen; u[nd] gesagt, ich wolle mir das noch überlegen, u[nd] dann hätte ich nicht gekauft. Aber ich war gefangen u[nd] so erlag ich und bezahlte [*Einschub von Seite* **157:]** gegen meine eigene Ansicht das Gut viel zu theuer. Der Hauptgrund, weswegen ich das mir von Anfang an als Wohnsitz unsympathische Gut kaufte, war derselbe, welcher einer Vernunftehe zu Grunde zu liegen pflegt: Die Lage der Landwirthschaft war damals, 1895, auf dem Tiefpunkte angelangt. Alle Bekannten auf Rügen riethen mir: „Kaufen Sie nicht leichten Boden, nicht, wie Sie wollen, in Hinterpommern; dort haben Sie den sicheren Ruin. Kaufen Sie nur guten Boden, dann haben Sie selbst in schlechtester Zeit eine sichere Rente. Also kaufen Sie Neparmitz." Daß Nep[armitz] vorzüglich war, sah ich, abgesehen davon, daß Alle es in den Himmel erhoben, aus der Grundsteuer Tabelle; es hatte 12000 M[a]rk Reinertrag u[nd] nur Boden 3, 4, 5 Cl[asse]. Also schloß ich, mit Rücksicht auf meine Familie, diese Vernunft-Ehe mit Neparmitz, obgleich mir dadurch alle die Jahre lang gehegten idealen Vorstellungen von meinem Zukunftsgute mit schönem Wohnsitz, Wald, Wasser, großer Fläche, in Trümmer gingen. Hätte Nep[armitz] gutes Inventar gehabt u[nd] wäre es für höchstens 450,000 M[ark] zu haben gewesen,

282 Abkürzung so im Original, wahrscheinlich aufzulösen: verteufelten.

so hätte nun wenigstens die Rede jener Rathgeber sich bewahrheitet. Aber es hatte Schund-Inventar u[nd] kostete 50000 M[ark] mehr.

[*Fortsetzung und Schluss auf Seite* **156**:] Oppenheim selbst hat sich verrathen, indem er 1902, als ich Nep[armitz] verkauft hatte u[nd] er wüthend auf Holtz u[nd] Kroos war, sagte: „Und Kroos, der Gauner, hat damals, als Sie Nep[armitz] kaufen wollten u[nd] Sie ihn als Helfer für sich engagiert hatten (ich bezahlte Kroos!) nur im Interesse von Holtz gehandelt u[nd] Sie so gedrängt, mehr zu zahlen, als wenn er von Holtz engagiert worden wäre."! Das hat Opp[enheim], an dessen Tische das geschah, also gemerkt, gewußt; der schäbige Jude hat seinen Gastfreund damals hereinfallen lassen, mit Bewußtsein, weil er, Opp[enheim], gern Holtz gefällig sein wollte.

Als ich dann beim Landrath[283] Besuch machte, war sein erstes Wort: „Sie haben ja 50,000 M[a]rk zu viel gezahlt." Seitdem war mir das Gut verleidet noch bevor ich es bezog. Dann kam, Juni 1895, die Uebergabe, bei der ich wieder begaunert wurde; denn als im März der Kauf abgeschlossen wurde, ward Kroos, auf Drängen von Oppenheim, die Entscheidung in allen strittigen Dingen zugesichert. Er entschied natürlich in Allem für Holtz, gegen mich.

283 Victor Wilhelm v. Koerber (1851–1918), Jurist, 1886–1895 Landrat des Kreises Bergen auf Rügen.

Italien
1872

Editorische Notiz

Mehr als drei Monate – von Ende Januar bis Anfang Mai – des Jahres 1872 verbrachten Wilhelm und Käthe Branco auf Hochzeitsreise in Italien. Sie führten auf dieser Rundreise ein Tagebuch, das sich im Familienarchiv Alexander Freiherr von Branca erhalten hat.

Dieses sehr persönliche Dokument entstand offensichtlich nicht als „Schaufenster"-Tagebuch, sondern nur zur eigenen Erinnerung an die Stationen und Ereignisse der Reise. Mehrmals nimmt Wilhelm Branco Bezug auf seinen mehrmonatigen Italien-Aufenthalt in den Jahren 1870/71, der sich aus seinem „Lebensgang" von 1904 erschließen lässt. In dem autobiografischen Bericht ist die Hochzeitsreise von 1872 nur mit einem Satz erwähnt.

Die Namen der handelnden Personen und der zitierten Autoren und Künstler sowie etliche Orte und Anspielungen werden in der folgenden Textwiedergabe in Anmerkungen erläutert oder mit Daten ergänzt. In einigen Fällen ließen sich Namen nicht entschlüsseln. Die im Original verwendeten Abkürzungen sind in eckigen Klammern aufgelöst. Auch einige wenige Ergänzungen des Herausgebers stehen in eckigen Klammern.

Der Text ist auf unliniertes Papier geschrieben, in Bögen fadengeheftet zu einer Kladde mit Kartonumschlag, außen kaschiert mit einem schwarz-blau-grau marmorierten Umschlagpapier, Format 19,8 zu 16,2 Zentimeter. Das Papier ist eng und ohne Rand beschrieben; es wurde beim Zusammenheften grob beschnitten, wodurch auf einigen Seiten Buchstaben angeschnitten sind, aber kein Textverlust entstand.

Das Heft enthält 57 Seiten auf 28 Blättern, ein einzelnes Blatt ist hinten auf die innere Umschlagseite geklebt. Am Schluss wurden fünf Blätter herausgeschnitten. So ist wohl zu erklären, dass die Rückreise in dem Bericht fehlt.

Auf der Karton-Vorderseite ist ein Papierschildchen aufgeklebt mit der Beschriftung von Käthe Brancos Hand: *Italien / Januar bis Mai 1872.*

Im ersten Teil (44 Seiten) notiert Wilhelm teils im Telegrammstil in chronologischer Folge die Stationen mit wichtigen oder alltäglichen Ereignissen der Reise. Im zweiten Teil (12 Seiten) sammelt Käthe ohne chronologische Ordnung Impressionen zu einzelnen Landschaften, Orten und Objekten, dazu eine Auflistung der in Italien gekauften Kunstwerke und Gegenstände. Zusammenhanglos finden sich gegen Schluss noch zwei Textstücke von Wilhelms Hand.

Die Seiten sind nicht paginiert. Zum Wiederfinden und Zitieren ist auf einer Kopie im Besitz des Herausgebers eine Paginierung angebracht, die in der folgenden Wiedergabe des Textes fett in eckigen Klammern erscheint.

Die Handschriften sind deutlich zu unterscheiden. Wilhelm schreibt – wie in seinem „Lebensgang“ und in den Briefen – in deutscher Kurrent mit großen, rundlichen, meist sorgfältig ausgeführten, Käthe mit kleinen, steilen, oft eilig hingeworfen wirkenden Zeichen.

Der Text wird im Folgenden buchstabengetreu (einschließlich der wenigen Schreibfehler) und mit der originalen Interpunktion wiedergegeben. Daten sind im Original in Ziffern mit der hochgestellten, unterkringelten Silbe $^{\underline{te}}$ oder $^{\underline{ten}}$ geschrieben, hier ohne die Unterstreichung (also, zum Beispiel: *1te* oder *1ten*). Die Unterscheidung zwischen dem runden und dem langen *s* kann hier aus technischen Gründen nicht berücksichtigt werden. Das doppelte *s* wird, entsprechend dem Original, meist mit der Ligatur *ß* dargestellt, das doppelte *m* und *n*, manchmal abgekürzt mit einfachen überstrichenen Buchstaben, stets als *mm* und *nn*.

Die Kennzeichnung von Absätzen mit einem Einzug in der ersten Zeile und die Einrückungen sind so bereits im Original vorhanden, ebenso die Unterstreichungen.

Die Daten und Erläuterungen zu den Orten und Personen sind meist den zeitgenössischen Baedeker-Reiseführern und den neueren Künstlerlexika entnommen. Um die Anmerkungen nicht zu sehr aufzublähen, wird auf Einzelnachweise aus den Standard- und Nachschlagewerken verzichtet.

[Erster Teil von Wilhelm Brancos Hand:]

[**1**] Verona den 23ten Januar 1872. Gestern vor 8 Tagen war unser Hochzeitstag. Wir blieben einige Tage in München, sahen Horstig[1] wieder, von deßen Farben Käthe mit Achtung spricht, fuhren auf das Gut am Stahrenberger See[2], das trotz seiner schönen Lage uns doch wegen der fremden und auch bäurischen Verhältniße einen Schauder einflößte, und machten dann beim schönsten, milden Wetter die Fahrt über den Brenner bis Bozen.[3] Da blieben wir die Nacht über im „Mondschein"[4], deßen Hausknecht mich als alten Bekannten begrüßte, wanderten am nächsten Morgen hinaus vor's Thor und auf der alten Stadtmauer entlang; welch herrliche Aussicht dort, welch milde, warme Luft, gar nicht zu vergleichen mit derjenigen, die wir bei gleich hohem Temperatur Grade bei uns im Norden einathmen. Links in fast erdrückender Nähe die hohen Berge, die hart hinter der Stadt aufsteigen, gradeaus die alte Holzbrücke über die Eisack, jenseits in weiterer Ferne unbebaute, unbewohnte, Felsgebirge mit Schnee bedeckt, dann zur Rechten näher heran an den Fluß bräunliche Berge mit Weingärten, u[nd] Häusern, bedeckt. Hier das neugebaute Schloß eines reichen Deutschen, daneben ein einsamer Thurm aus der Ritterzeit, in weiterer Ferne hoch auf dem Gipfel eines Berges eine alte Raubburg.[5] Hinter uns, zwischen Mauer und Stadt langhingestreckte Weingärten, in denen ein ganz altes Schloß mehr malerisch als schön gelegen.[6] Um 3 Uhr nachmittags[7] ging's weiter, die Berge wurden höher als auf der bisherigen Reise, der Mond ging allmälig auf und strahlte bläulich auf die schneebedeckten Gipfel der Berge, die immer näher an die Bahn heranrückten. Endlich Abends 9 Uhr erschallt es „Verona, Porta nuova". Wir steigen aus im Mondscheine auf einem [**2**] menschenleeren Platze, hindurch durch's Gebäude dann, da stehen die Hôtel Wagen, fremde Laute umtönen uns, da ist Colomba d'oro.[8] Die Fahrt geht die lange, breite, menschenleere Straße entlang; es hat hier geregnet; auf den naßen Steinen spiegelt sich das Licht des Mondes, hie und da

1 Eugen Horstig (1843–1901), Maler; Jugendfreund von Branco; vgl. oben S. 309, 311 f und oft.
2 Starnberger See. Welches Gut gemeint ist, lässt sich nicht feststellen.
3 Sonnabend, 20. Januar 1872.
4 Bozen, Hotel Mondschein (heute Parkhotel Luna Mondschein); Wilhelm Branco bekannt von seiner Italien-Reise 1870/71.
5 Infrage kommen Sigmundskron und Runkelstein.
6 Schloss Maretsch.
7 Sonntag, 21. Januar 1872.
8 Verona, Hotel Colomba d'oro, Via Carlo Cattaneo.

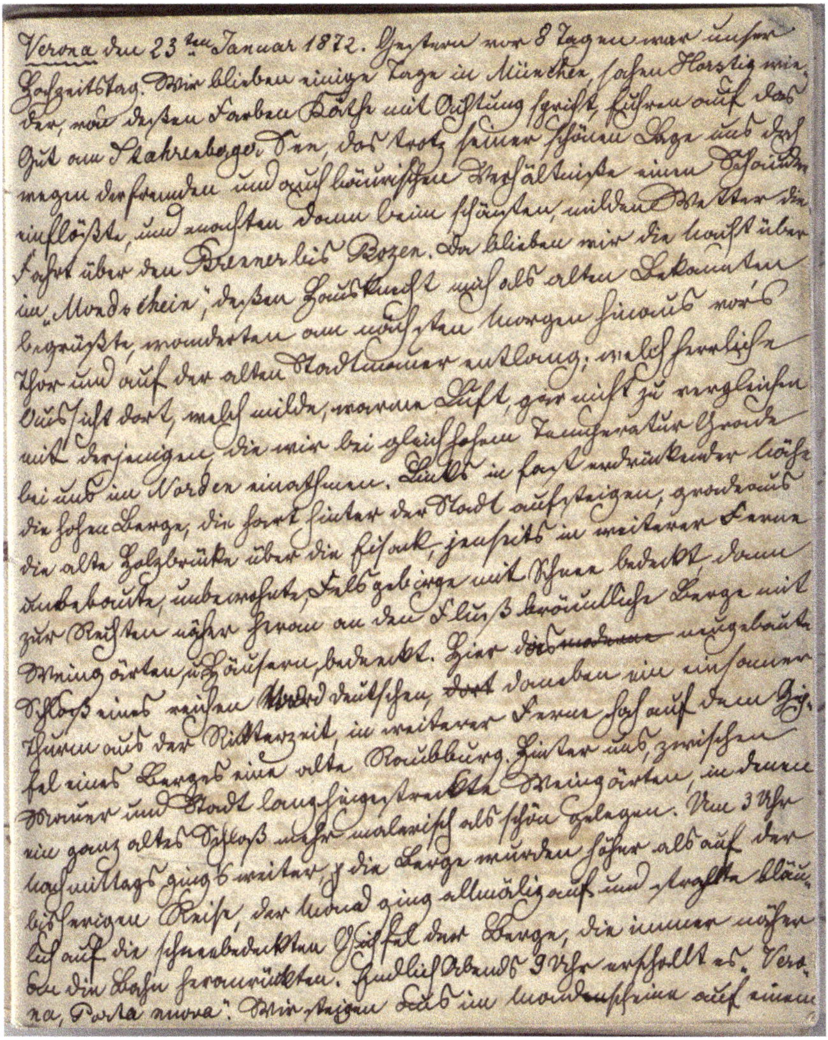

Abb. 44: Seite aus dem Tagebuch der Hochzeitsreise nach Italien (1872), Handschrift Wilhelm Branco

schreitet eine Männergestalt in den langen Mantel gehüllt über die Straße; jetzt fahren wir über Piazza Brà, da steht die alte Arena; dann hinein in enges Straßengewirr bis vor's Hôtel. Gestern früh[9] machten wir dann unsern ersten Spaziergang durch die Stadt; zwar Nebel Wetter aber desto heitererer Sinn; in die Arena, dann nach Piazza delle Erbe mit den köstlichen alten Häusern ringsum, jetzt auf den Dante Platz mit dem schönen Palaste des Municupii[10], mit dem kleinen Neben Platze, auf dem eine herrliche alte Marmor Treppe außen an einem Hause; nun zu den Scaligern[11], dann den Corso hinunter nach deren früherer Burg, dem jetzigen Zeughause an der Etsch über die eine – o schöne Äuglein – alte Brücke führt mit den merkwürdigen italienischen Zinnen des Mittelalters *[Zeichnung]*. Nun weiter am Etsch Ufer entlang nach S. Zenone, der hervorragendsten Kirche Veronas. Die Marmor Reliefs am Portal aus dem 12ten Jahrhundert und die beiden Bronce Thüren wenig anziehend, desto schöner und edeler aber das Innere des Baues; unter dem Chore steigt man auf breiter Treppe hinab in die Krÿpta, die durch ihre vielen kleinen Säulchen hindurch und aus ihrem Halbdunkel heraus einen überraschenden Blick auf die Kirche oben darbietet. Eine Thür führt aus Letzterer hinaus in den Kreuzgang mit zierlichen Doppelsäulen, der in seiner Ruhe und Abgeschlossenheit so recht ein Sinnbild des beschaulichen Lebens der alten Mönche ist. Heut ging dann unser Weg zuerst nach **[3]** Ponte delle navi, derselben, die durch Bürgers „Lied vom braven Manne" so bekannt geworden ist.[12] Sie ist jetzt von Stein neu erbaut und bietet einen unvergleichlichen Blick auf die Etsch, die malerischen Häuser längs deren Ufer, und die dahinterliegenden mit Castellen gekrönten Berge; und so prächtig grün ist das Waßer der[13] Flußes, der hier so manche Mühle mit seinen raschhinströmenden Fluten treibt, so bunt, so zerfallen und herrlich schmutzig sind die ihn begränzenden Häuser, daß auch im Unkundigen der Wunsch rege wird, diese Farben, diese Linien zu fixieren. Wer eine elegante, moderne Stadt liebt, der bleibe fern von Veroná, wer aber Gefallen findet am Malerischen, wer den Schmutz und die Vernachläßigung des Einzelnen zu übersehen vermag über dem prächtigen Total Effekt des Ganzen, der findet hier mehr als in den meisten anderen italischen Städten; die

9 Montag, 22. Januar 1872.

10 Dante-Platz: Piazza dei Signori (mit Dante-Denkmal); Palast des Municupii: gemeint ist municipii (Gemeinde), also der Palazzo del Comune.

11 Scaliger: Herrscherfamilie von Verona 1260–1387; gemeint sind die Scaliger-Gräber an der Kirche Santa Maria Antica.

12 Gottfried August Bürger (1747–1794), Hoch klingt das Lied vom braven Manne, 1776/78.

13 Richtig: des.

oft halb verwischten Fresken mit denen viele der Häuser bedeckt sind geben ein Farbenbild wie geschaffen zum Aquarell und manch ehrwürdig grauer Palast mit abgefallenem Putze zeigt in seinen einfachen Linien und Verhältnißen eine so edele Reinheit, daß man kaum begreift wie mit so geringen Mitteln eine so mächtige Wirkung hervorgebracht werden kann. – Dicht hinter der Brücke führt die Straße links zum Ponte nuove[14] mit ebenso schöner Aussicht, dann gehts rechts hinauf über die acqua morta nach dem Garten der Giusti. Ein mächtiger Eindruck diese Cÿpressen Allee, deren Bäume, an 4–500 Jahre alt, so ernst und düster gen Himmel ragen. Mehr als 200 Cÿpressen enthält dieser wirklich einzige[15] Gar-**[4]** ten. Die Allee endet hinten am senkrecht aufsteigenden Fels, den man auf gewundenen Wegen erklimmt und deßen Spitze man zuletzt nur durch eine Wendeltreppe erreichen kann. Wie still, wie traulich dort oben über den Wipfeln der Cÿpressen, auf die man hinabschaut. Von fernher dringt das Geräusch der Stadt herauf, die Glocken läuten mit ihrem eigenthümlich hellen Klang die Meße ein; vor uns die Stadt mit ihren malerischen Dächern, in der Ebene, hinter der das Gebirge aufsteigt; und wendet man sich um, so sieht man die alte Stadtmauer mit ihren nach der Stadtseite zu geoffneten Thürmen. Diese Ruhe, dieser Frieden, die in diesen düsteren Pÿramiden Bäumen, in dieser milden Luft liegen. Ich hab von manchem Fels schon so hinabgeschaut auf die Wipfel des Waldes, der einsam und still dalag, aber nirgends in Deutschland vermochte die Natur so diese Empfindung innerer Ruhe in mir zu erwecken wie hier in Italien. Und in diese Ruhe klingt leise hinein das Gefühl der Schwermuth, der Sehnsucht nach irgend etwas überirdisch Hohem, was man nicht kennt und doch so gern erreichen möchte. Wer in Italien nie gelebt hat, wird das nie verstehen können; wer aber so begnadigt gewesen ist, wer dies wunderbare Land mit rechten Augen gesehen, mit rechtem Sinne erfaßt hat, der wird mir stillschweigend zunicken und mit Heimweh im Herzen dieses goldigen Himmelstriches gedenken.

Mittwoch 24te Jan[uar]. Heut haben wir die vielgerühmte Porta Stupa[16] gesehen, die am Ende des Corso liegt; sie ist in der ersten Hälfte des 16ten Jahrhunderts von dem damals berühmten Fest[un]gsbaumeister Michele Sanmicheli[17] erbaut und von Goethe **[5]** sehr bewundert worden[18]. Wir konnten beim besten

14 Richtig: Ponte Nuovo del Populo.
15 Im heutigen Sprachgebrauch: einzigartige.
16 Porta Stupa, auch Porta Palio, erbaut 1550–1561.
17 Michele Sanmicheli (1484–1559), Architekt.
18 Johann Wolfgang von Goethe (1749–1832), Italienische Reise / Verona, den 16. September (1786): „Das schönste, aber immer geschlossene Tor heißt Porta Stuppa oder del Palio […].“

Willen nur ein einfaches hochgewölbtes Thor, mit 6 nebeneinanderliegenden Bogen darinnen sehen; nur das Gewölbe im Inneren flößt wegen seiner maßigen Stärke Respekt ein. Wir gingen dann innen an dem Walle bei warm herabträufelnden Regen entlang, sahen italienische Kavallerie ihre Reitübungen halten, bei denen uns die vielen ganz kurz gehalsten Pferde auffielen und gingen dann bei Porta Nuova den breiten Corso Vittorio Emanuele herauf nach unserer Wohnung. Dann wieder über Piaz[za] Erbe durch Straßen, einzig in ihrer Art, nach der Ponte di Ferro, draußen in der Vorstadt entlang und kehrten über die am Fuße des Castel S. Pietro gelegene Ponte Pietra wieder in die Stadt zurück. Die Aussicht von den 4 Etschbrücken hab ich schon geschildert, aber sie trifft mit immer frischer Macht stets wieder auf's Neue. Warum immer Venedig malen, wenn hier weit mehr malerischer Stoff unbenutzt an jeder Straßen Ecke sich dem Auge darbietet. Venedig ist ein unicum, aber was Verona voraus hat, das sind die Farben der Häuser und Paläste, die in ersterer Stadt nur in ehrwürdiges Grau gekleidet sind. Nun im Hôtel gegeßen und dann hochgeschürzt bei stromendem Regen an der alten Stadtmauer, der Via Pallone, entlang und zurück durch die Via capello, an dem nicht sehr grandiosen Palaste der Familie Capuletti[19] vorbei nach Hause. Trockene Strümpfe, Lampe, Briefschreiben, Knabbern an mitgebrachten Äpfeln und Kastanien.

[6] Sonnabend. 27te Abends. Am Donnerstag Abend um 5 Uhr kamen wir hier an[20], aßen, und gingen dann gleich auf den Marcus Platz, die Piazetta[21], die Merceria. Wie herrlich, wie feenhaft; die Merceria, diese Hauptader des Kleinhandels in Venedig, dicht gedrängt voll Menschen, ein Laden am andern, erleuchtet von Tausenden von Gasflammen, eng, krumm und winkelig, bis sie sich plötzlich in Stufen in die Höhe hebt, immer noch zu beiden Seiten Läden; und hat man die letzte der Stufen erstiegen da sieht man, daß man oben auf einer mächtigen Brücke auf dem Rialto ist; da schaut man zu beiden Seiten hinaus auf den Canal grande mit seinen schweigsamen alten Palästen, mit seinen schwarzen, sargähnlichen Gondeln. Am Freitag ging's dann bei hellem Wetter an die Besichtigung des Glanzpunktes von Venedig: S. Marco u[nd] Palazzo ducale. Bei S. Marco fiel uns auf wie die alten Mosaïk Figuren, eben gerade wegen ihrer Steifheit und so zu sagen aegÿptischen Ungelenkigkeit einen ernsteren und mehr auf den religiösen Sinn wirkenden[22], als die neueren, die sicher, was Form und Bewegung betrifft, die älteren übertreffen. Die ganze Kirche macht in ihrem Inneren durch

19 Richtig: Capuleti.

20 Donnerstag, 25. Januar 1872 in Venedig.

21 Richtig: Piazzetta.

22 Zu ergänzen: Eindruck machen.

die großen goldenen Mosaikflächen den Eindruck größter Pracht. – Der innere Hof des Dogen Palastes mit seinen 2 wunderschönen [7] Bronce Brunnen, seinem mehr im oberen als im unteren Theile schönen Uhrhaus, gefiel uns mit seinen noch unvollendet gebliebenen d[as] h[eißt] noch nicht mit Marmor belegten rohen Ziegelstein Mauern weit beßer als auf der Treppenseite, die völlig mit Marmor bekleidet den Eindruck des Ueberladenen macht. Dahingegen ist die Außenseite des Palastes eine wahrhaft fürstliche und in den oberen, maßiven Theilen gerade durch ihre Einfachheit imponirende[.] Schade, daß in der nach der See zu gewandte[n] Front 2 große u[nd] drei kleine Fenster, die niedriger als die anderen liegen, die Harmonie des Ganzen stören. –

Heut morgen[23] Spaziergang nach St. Maria Formosa mit der St. Barbara von Palma vecchio[24], dem Heiligenbilde, das mir bis jetzt den größten Eindruck gemacht. Dann in die Marcus Kirche, wo Käthe zeichnete, während ich das Innere in Augenschein nahm, und nach dem Eßen 2½st[ündi]ge Spazierfahrt auf dem Canale grande und dem Hafen. Wir stiegen bei St. Maria della Salute aus; die Kirche selbst ist nicht großartig im Inneren aber ein herrlicher, leider nicht photographirter, Bronce Kandelaber und sehr schön in Holz geschnittene Chorstühle sowie 3 Deckengemälde von Tizian belohnten uns. An unzähligen alten Palästen vorbei, denen man zur [8] Verschönerung einige Veronesische Farben und Fresken wünschen möchte; besonders die Casa d'oro im Spitzbogenstÿl, der hier entschieden den Sieg über die Renaissance Paläste davonträgt; der nur 2 Fenster breite, sehr bescheidene Palast Andrea Dandolo's. Am Abend gingen wir dann noch auf den Marcus Platz und kauften Photographieen. Am Vormittag sahen wir einen Taschenspieler primitivster Art seine Kunst auf der Riviera degli Schiavoni ausüben und nur dann ein neues Kunststück beginnen, wenn einer der Umstehenden 1 Solde[25] ihm zuwarf.

Venedig. Donnerstag 1te Febr[uar]. Wir sind vorgestern Abend im Trovatore gewesen, haben, vom schönsten Wetter begünstigt die Stadt durchpilgert und genoßen, haben eine alte broncene Kirchenampel gekauft und 2 schöne venetianische Spiegel erstanden. Am vorigen Sonntag[26] haben wir die mit prächtigen Mosaïken bedeckte Sakristei von S. Marco gesehen, Montag stiegen wir auf den Campanile, der bei hellem Wetter, eine entzückende Aussicht auf Stadt, Meer und die ferne Alpenkette darbot. Dann zeichneten wir beide in der Markus Kirche und gingen in den Dogenpalast. Am Dienstag machten wir eine Gondelfahrt

23 Sonnabend, 27. Januar 1872.

24 Jacopo Palma gen. Palma il Vecchio (1480–1528), Heilige Barbara, um 1515.

25 Soldo (Mehrzahl Soldi): Münze im Wert von fünf Centesimi (vgl. Anm. 31).

26 Sonntag, 28. Januar 1872.

auf dem Canale grande und frühstückten Obst auf dem Waßer. Mittwoch [9] besuchten wir die Akademie und spazierten Abends auf der Piazetta bis Sonnenuntergang.

Freitag Venedig.[27] Bad unter erstaunlichen Hindernißen in eiskalter Stube genommen; gewärmte Tücher zum Trocknen. Dogen Palast gesehen und am Abend die ersten Masken auf der Piazza gesehen; verdrehtes Volk.[28] Sonnabend. Das schönste des Tages war der Schluß, wo wir heizen ließen und Gambari alias Krabben in schaudernder Erinnerung an die Bellevuer Krabben genoßen.[29]

Sonntag Vened[ig] 4te Febr[uar]. Nebel, Spiegel beim Cavalliere Candiani[30] natürlich nicht fertig; Drohbrief an denselben; Abends ½7 wieder zu ihm gelockt und durch einen 2ten schönen Spiegel verlockt; beide gekauft. Kandelaber auf Piazza herrlicher Anblick; Eis gegeßen.

Montag 5te. Spiegel eingepackt, dann mit der Gondel zur Bahn; echt italienischer Versuch des Agenten für einen geschriebenen Frachtbrief 5 Fr[ancs] zu erzielen; war gleich mit 2 Fr[ancs] zufrieden.[31] Eisenbahnbrücke angelaufen, Gondolier mit Apfelsienen, Kuchen, Cigarren erfreut, San Giovanni e Paolo mit vielen Dogen Gräbern und einer abgebrannten Kapelle mit herrlichen, leider zerbrochenen Reliefs gesehen. Abends müde, daher wundersame Gardinen Predigt. Weiß jetzt, wo Frau Kandel gelernt hat.[32]

Dienstag ½8 Uhr Morgens Abfahrt gen Florenz. Gut Wetter, liebenswürdiger Lieutenant, der mir Fenster Platz gab, 45 Tunnels, infamer pfeifender Engländer, 4 Amerikaner, sicher aus den Urwäldern, die nicht mal zählen konnten, wilde Scenerie der Gebirge mit entzückender Aussicht auf die Toskanische Ebene. Reno? Si, si Reno. Acqua? Si, si acqua. Quaranta cinque?[33] Deutlichste De- [10]

27 Freitag, 2. Februar 1872.

28 Masken: Historische Karnevalsfeiern in Venedig.

29 Gambari: Garnelen. Bellevuer Krabben: Name und Anspielung nicht entschlüsselt; wahrscheinlich Erinnerung an ein Gasthaus Bellevue.

30 Candiani: Name (Kunsthändler) nicht ermittelt.

31 Franc: Die offizielle Währung im Königreich Italien ist seit der Lateinischen Münzunion von 1865 (zwischen Frankreich, Belgien, Italien und Schweiz) der Franc oder die Lira (1 Franc = 1 Lira = 100 Centesimi). Im Umlauf sind Silbermünzen zu ½, 1, 2 und 5 Francs, Goldmünzen zu 5, 10, 20 und 40 Francs. In Rom wird auch noch nach Soldi gerechnet (1 Lira = 20 Soldi = 100 Centesimi). In Silber kursieren noch alte Stücke von ½ und 1 Scudo (letzteres = 5 Lira 20 Centesimi = 104 Soldi). In Kupfer gibt es Stücke zu ½, 1, 2 und 4 Soldo. Silber und Gold werden zunehmend aus dem Verkehr gezogen und durch Papiergeld der Banca Nazionale ersetzt. Vgl. K. Baedeker, Italien, S. XVI, 83 f.

32 Frau Kandel: Name und Anspielung (Redensart?) nicht entschlüsselt.

33 Fünfundvierzig.

monstrationen mit den Fingern helfen nichts; es bleibt ihnen chaldäisch.[34] ¾6 Uhr Abends Ankunft in Florenz. Gleich ausgegangen den Dom, die Uffizien, den Arno und Perseus gesehen; 2 Leichenzügen bei Fackellicht begegnet; ein Reicher mit schwarz vermummten Mönchen, ein Armer mit wenigen ärmlichen Gestalten und kleinen Fackeln. Buben mit Papierdüten neben den Herren her um das abträufelnde Wachs aufzufangen. Gegeßen, gewaschen auf dem Bahnhof. Um 9 Uhr abgefahren, ganz gut geschlafen im Coupee, morgens mit Sonnenaufgang in Rom, also Mittwoch 7te Febr[uar]. Hübsche kleine Wohnung Due macelli 48 bei deutschen, guten Leuten.[35] Auf den Pincio, dann 11 Uhr zu Voss[36] gegangen. Auf's Forum und den Kirchhof gefahren, bei Voss gegeßen.

Donnerstag 8te. Auf's Forum gewandert, auf dem Colosseum geseßen, bei Karlies früherem Kellner[37] gegeßen.

Freitag 9te. Morgens Tante[38] bei uns, dann Capitolinisches Museum besichtigt, Regen und Heidenschmutz. Keine Masken heut. Dann Bilderläden gesehen; ein Romaco[39], herrlicher Farbengenoße Mackarts[40] 200 Fr[ancs]. 2 Pfifferari Acquarell desgl[eichen].[41] Abends Bücher geborgt von Wirthstochter und gelesen.

Sonnabend 10te. Nach Palazzo Sciarra Colonna im schönsten Schmutzwetter gewandert. Violin Spieler (Rafael)[42] Die drei Spieler (Caravaggio)[43] Bella Tiziana[44]. Modestie in Vanité.[45] Dann Palazzo Cenci betrachtet, an der Tiber hinter

34 Chaldäisch: wohl Ableitung von Chaldäa (Babylon), also: unverständlich.

35 Familie Hippler, Via due Macelli 48; weitere Angaben nicht ermittelt. Vgl. Anm. 103.

36 Karl Voss (1825–1896), Bildhauer; Freund der Familie Branco; wohnte in Rom, Via S. Basilio 46–48, dann Piazza Barberini 23 A und 28, Atelier Piazza Barberini 14, dann Via Quattro Fontane 150–151. Vgl. oben S. 27, 331 und oft.

37 Karlie: Anton Karlin (Carlin), seit 1857 beliebte deutsche Speisewirtschaft, Via Sistina 1/2 bzw. Via Felice 1.

38 Wahrscheinlich Betty Johannes geb. v. Velten (1824–1906), Tante von Käthe Branco: Schwester ihrer Mutter Olga Helmholtz geb. v. Velten. – In der Liste „Was wir gekauft haben“ ist notiert: Meduse f T. Betty (für Tante Betty).

39 Anton Romako (1832–1889), Maler, seit 1856 in Rom.

40 Hans Makart (1840–1884), Maler.

41 Pifferari: Dudelsack- und Schalmeienbläser aus den Abruzzen. Hier wahrscheinlich Aquarelle von Franz Ludwig Catel (1778–1856), um 1835.

42 Raffaello Sanzio (Santi) da Urbino (1483–1520), Violinspieler, 1518.

43 Michelangelo Merisi da Caravaggio (1571–1610), Die Falschspieler, 1594/95.

44 Tiziano Vecelli gen. Tizian (um 1488/90-1576), Porträt einer unbekannten Frau (La Bella), um 1536.

45 Bernardo Luini (um 1480–1532), Modestia e Vanità, (früher Leonardo da Vinci zugeschrieben).

demselben gestanden – welch malerischer Anblick – das Ghetto durchpilgert, an deßen Ende der Fischmarkt mit dem Portikus der Octavia, den Augustus dieser seiner **[11]** Schwester widmete. Am Abend Kaminfeuer.

Sonntag. 11te Februar. Heller Sonnenschein; im Wagen hinaus auf die Via Appia in die Caliot Catacomben. In der Campagna wurde eine Niethe[46] eingefahren, wir schauten auf einem Grabhügel der Via Appia der Arbeit zu. 2 Campagnuolen[47] jagten auf ihren kleinen, struppigen Pferden über die Ebene, Schaafe weideten, Giuditta und Gialetta, 2 kleine Mädchen, bettelten. Zum Eßen bei Voß, dann auf dem Monte pincio im schönen schwarzseidenen Kleide; Abends L'empire romain à Rome par J. J. Ampère (Paris, Michel Levÿ Frères)[48] gelesen. Das Buch ist gut geeignet für uns, da der Verfasser mit Vorliebe den Standort eines jeden antiken Gebäudes bespricht, sonst aber ist's echt französisch, d[as] h[eißt] mehr romanhaft geschrieben.

Montag 12te Febr[uar]. Um ½ 7 Uhr aufgestanden um in das Vatikansche Museum zu gehen. Wüßt ich nur, wer der liebe Kaiser ist, mit dem herrlichen broncnen Gesicht, das dem Meleager[49] so ähnlich sieht. Der giovine Agosto[50], diese schönste der Büsten. Dann in St. Peter und zu Hause; nach dem Eßen auf Bilderschau. Die Pfifferari plötzlich auf 40 Fr[ancs] gestiegen, daher in Capo le Càse zu einem Andern und 3 hübsche Acquarelle dort gekauft. Glückseelig über unsere Schätze. Erhöhung der Glückseeligkeit durch weiteren Ankauf **[12]** von 3 Gemälden für 170 Fr[ancs]: Die Sibÿlle, Copie nach Domenichino[51], eine Madonna[52] und Copie von Rafaels Julius II[53]. Letzterer herrlich. Außer uns vor Stolz. Voß hatte uns hingeführt und handelte.

Dienstag 13te Februar. Regen. Käthe zu Haus, ich auf die Suche nach einem Terrakottenmann; nicht gefunden. Dann gemeinschaftlich nach Palazzo Barberini[.] Die Cenci von Guido Reni[54], ein schöner Männerkopf von Bronzino[55],

46 Niethe (Niete): ergibt keinen Sinn; wohl Verschreiber statt Miete: Getreide- oder Heuhaufen, Ernte.
47 Campagnolen: berittene bewaffnete Hirten.
48 Jean-Jacques Ampère (1800–1864), L'empire romain à Rome, Paris 1867.
49 Marmorbüste des Meleager (Meleagros), Heldenfigur aus der griechischen Mythologie.
50 Marmorbüste des jungen Augustus.
51 Domenico Zampieri gen. Domenichino (1581–1641), Cumäische Sibylle, um 1616/17. Laut Bilder-Inventar von Gerhard v. Branca (FAvB): Kapitolinische Sybille.
52 Gemälde-Kopie nicht identifizierbar.
53 Raffaello Sanzio (wie Anm. 42), Papst Julius II., 1511.
54 Guido Reni (1575–1642), Angebliches Porträt Beatrice Cenci, undatiert.
55 Agnolo Bronzino (1503–1572), infrage kommen zahlreiche Porträts.

später an die Eisenbahn, großer Transport herrlicher, göttlicher Ochsen, dann auf den Servius Tullius Wall. Sonnen Untergang auf Monte Pincio, Abend den Corso entlang. Moccoli Abend.[56] Tausende von Lichtern, viele geputzte Wagen mit Maskirten Menschen, hell erleuchtete Balkone, elektrische Lichter, Taschentücher an Stangen um dieselben auszuschlagen, buntes Treiben und noch bunterer Koth auf dem Corso. Kopfweh; 13½ St[un]de geschlafen.

Mittwoch 14. Febr[uar]. Vormittags nach dem Lateran, schöner Gesang; dann lange in Villa Volkonski geseßen, Fuchsjagd im Garten mit angesehen; nach dem Eßen zu Missis Schwabe[57], wieder schöne Acquarelle in der Babuino gesehen, auf den Pincio und zu Voß.

Donnerstag. Wieder um ½7 aufgestanden und in den Vatikan gefahren; jetzt aber Permess auf alle Tage erhalten. Auf dem Rückweg 2 Lampen **[13]** aus Cinque Cento gekauft und – o Glück – den Terracotten Mann gefunden. 5 reizende Etruskische Vasen gekauft. Nach dem Eßen unsre Schätze aufgebaut, die Ampel vor's Fenster gehängt, die Bilder dahintergestellt. Abends gelesen, Käthe lag auf dem Sopha, ist jetzt zu Bett gegangen. Schöne Träume über künftige Einrichtung.

Freitag 16te. Galerie Doria Pamfili. O der herrliche Pabst von Velasquez[58] in dem Cabinette u[nd] der junge Mann von Bronzino[59]. Viele Portraits. Tizians drei Lebensalter so köstlich das Mädchen.[60] Am Abend waren Voß bei uns der erste Theebesuch, den wir in der jungen Ehe hatten! Kaminfeuer. Sie blieben bis 12 Uhr. Dazu Thee, Rhum, Kuchen, Obst selber besorgt.

Sonnabend. 17te Vormittags ging's in die Caracalla Thermen. Erst das schöne Haus des Asinius Pollius, das ich noch nicht kannte besucht. Dann zeichnete Käthe in den Thermen, in denen tüchtig gegraben wurde. Bei Voß Ziegenbraten gegeßen. Nina: Buona sera signora, B[uona] s[era] signore, B[uona] s[era] signore Federigo, B[uona] s[era] Signora Branco, B[uona] s[era] signore Branco.[61] Herrliche Unterhaltung über Bücher, die doch zu etwas Besserem bestimmt sind, als zum Fenster hinaus geworfen zu werden. Kein Ende darin zu finden.

Sonntag 18te. Zum ersten Male auf dem Palatin. Käthe müde. Oben im Garten in der Sonne geseßen und **[14]** Pläne gesponnen über Anbau einer breiten

56 Moccoli: Kerzchen, Lichter; Moccoli-Abend: letzter Abend beim römischen Karneval auf dem Corso.

57 Missis Schwabe: Name (Salonnière?) nicht ermittelt.

58 Diego Rodriguez de Silva y Velázquez (1599–1660), Papst Innozenz X., 1650.

59 Wie Anm. 55.

60 Tiziano Vecelli (wie Anm. 44), Allegorie der drei Lebensalter des Menschen, um 1512/13.

61 Nina: Name nicht ermittelt. Buona sera: Guten Abend.

Terraße an das Haus. Schöner grüner Rasen, Palmen, Chinesisches Gras; die Stadt zu unseren Füßen. Capitale – Fanfulla.[62] Abends bei Missis Schwabe. Gregorovius[63], eine Schriftstellerin unter dem Namen Arthur Stahl[64] mit Villa am Comer See und 14 Romanen. Profeßor Wüstenfeld[65] mit Frau u[nd] Nichte in Italiens Archiven wühlend aus Göttingen. Eine deutsche Gesellschafterin, alt, häßlich, jüdisch aus Bromberg, Italiener der Deutsch sprach. Abends um ½12 Uhr noch ins Caffe Artiste[66] gegangen und wegen großen Hungers Mischio und Pasten genoßen.[67]

Montag 19te. Morgens kam Voß. Käthe blieb zu Haus; wir gingen zu Filosini[68] sahen Bilder, dann zum Antiquar in Via Tritone, der schwarze Rahmen und eine Caßette hatte. Dann zurück, bei uns gefrühstückt und wieder zu Filosini. Käthe mochte die Landschaft von Horizonte[69] nicht, weil zu matt in den Farben. Wir kauften aber den Amor und den Engel.[70] Auch den Poussìn[71] auf Holz nahmen wir nicht. Voll Freude darüber ging's in die Cloaca maxima, in's Ghetto und auf's Forum.

Dienstag 20te. Die herrlichste aller Caßetten gekauft mit Voß; dann in den Vatican. Die Stanzen und die herrlichen, leider etwas zu überladenen **[15]** Loggien; dazwischen sollten große Flächen sein. Als wir zu Hause kamen, stand der längst ersehnte Augustus auf dem Tisch. Dann Visite bei Wolff's[72] u[nd] M[issis] Schwabe. Die kleinen Mäuse der Frl. Hippler gesehen.[73]

Mittwoch 21te. Palazzo Rospigliosi. Aurora.[74] Dann nach Pal[azzo] Colonna mit der 48ger Kanonen Kugel. Prächtige Porträts. Vittoria Colonna die

62 La Capitale, Il Fanfulla: Titel zweier römischer Zeitungen.

63 Ferdinand Gregorovius (1821–1891), Historiker; arbeitete am letzten Band seiner Geschichte der Stadt Rom im Mittelalter, erschienen 1859–1872.

64 Melanie Henriette Charlotte Caroline Valeska Bolgiani (1830–1876), auch Valeska Voigtel-Bolgiani, Pseudonym Arthur Stahl, Schriftstellerin.

65 Heinrich Ferdinand Wüstenfeld (1808–1899), Orientalist, Bibliothekar; arbeitete an der Übersetzung und Edition arabischer Quellenwerke.

66 Caffé degli Artisti, Via due Macelli 91; von Künstlern besuchtes Café.

67 Mischio: schwarzer Kaffee mit Kakao; Pasta: Kuchen.

68 Filosini: Name (Kunsthändler) nicht ermittelt.

69 Jan Frans van Bloemen gen. Horizonti, auch Orizzonte (1662–1749).

70 Gemälde-Kopien nicht identifiziert.

71 Nicolas Poussin (1594–1665), Maler.

72 Emil Wolff (1802–1879), Bildhauer, Restaurator, Kunstagent; Freund der Familie Branco; wohnte in Rom, Via Sistina 138. Vgl. oben S. 27 und oft.

73 Vgl. Anm. 35, 103.

74 Guido Reni (vgl. Anm. 54), Aurora, 1610.

Dichterin[75] Michel Angelo's Flammen[76]. Große Spiegel, auf die Blumen gemalt sind. Photographieen gekauft. Ich allein 2 Stunden am Abend bei Voß. Dann behaglich am Kamin bei uns gelesen.

Donnerstag 22te. Auf dem Palatin in die früheren päbstlichen Ausgrabungen. Permeß zum Zeichnen geholt. Dann ins Ghetto Stoffe angesehen. Alte seidene Kleider zum Entzücken. Die schönsten Farben, die ich je gesehen. 250 gefordert, 30 geboten für 2 rothe. Nichts damit. Nach dem Eßen zu Morani[77]; Bilder gesehen, schöner schwarzer Rahmen.

Freitag 23te. In aller Frühe denselben gekauft für 40 Fr[ancs]. Ein köstlicher Schmuck. Dazu das halbe Museo Burbonico. Dann bis auf den Abend auf dem Palatin allein im Vater Hause des Tiber geseßen und gezeichnet.

[16] Sonnabend 24te. Wieder nach Tibers Villa. Vorher noch zu Filosini, dort kleine Miniaturen sehr billig. Abends waren Voß's bei uns.

Sonntag 25te. Große Expedition der beiden vereinigten Familien in's Ghetto. Große Ueberraschung, als unser beider Magazine sich als ein und daßelbe entpuppen; eine schöne alte Judenfrau, alte Bekannte von Voss. Erst lauter Disput zwischen uns und den Juden, dann noch heftigerer zwischen den Juden. Die herrlichen Kleider mit sehnsüchtigem Verlangen angeblickt, aber doch gleichgültige Miene gemacht, damit der Jude nicht merkte, daß es unser sein müßte um jeden Preis. Die große verachtete Decke heute mit anderen Augen angesehen. Nach einstündigem Handeln endlich die Decke und das Kleid zu 150 Fr[ancs] gekauft. Voß nach St. Peter, wir nach Hause erwartungsvoll. Endlich kam der Jude, der mit einem Glas Malvasia erquickt wurde. Den Tisch groß gemacht und die Decke darüber gebreitet. O Wunder, wie schön sie sich machte, wie würdig eines jeden Salons. Und das Kleid, wie veronesisch schön. Heut morgen war ich noch **[17]** bei Moranis, Via Marforio mit dem italienischen Ordner der Maße. Ein pompöser schwarzer Rahmen war dort als Spiegel, aber – 150 Fr[ancs]. Zu viel. Morgen soll ich einen Kupferstich der Aurora erhalten.

Montag. Kupferstich nicht zu haben. In der Frattina herrlichen gelbseidenen Stoff gesehen. Dann in die Galerie Borghese. Eine schöne moderne Kopie nach Andrea del Sarto.[78] 150 Fr[ancs]. Wollen Donnerstag unser Heil versuchen. Wird's Unser? Bei Voß gegeßen. Ein Christus als Knabe zu haben für 80 Fr[ancs]. Aber leider ein süßlicher Mund.

75 Bartolomeo Cancellieri di Guido (Mitte 16. Jh.) zugeschrieben, Bildnis der Vittoria Colonna.

76 Unter dem Titel nicht ermittelt.

77 Morani: Name (Kunsthändler) nicht ermittelt.

78 Andrea del Sarto (1486–1530), Maler.

Dienstag 27te. Aurora gesucht, nicht nach Wunsch gefunden. Pinakotek des Vatikan. 2 Murillos. Vorher in der Ausstellung auf dem Monte Pincio. Schlechte Statuen, hübsche Bilder u[nd] Acquarelle. Immer vergebens nach Diana von Ephesus[79] gefragt. Zufällig eine hübsche Judenlampe, Pendant zur Ampel, gefunden und erworben.

[Einschub:][80]

[18] Umbrische Schule a[uch] Florentiner Sch[ule]
1 Cimabue der allererste, hat noch ganz steif gemalt, völlig bÿzantinisch. 2 Giotto. Glockenthurm am Dom in Florenz. Großer Fortschritt in der Malerei, aber doch noch sehr kindlich. Dazu gehört Bennozzo Gozzoli, Alueno, Fiesole.
3 Mantegna. Großartig, streng, ernst.
4. Lippo, Lippi, meist Madonnen, bleiche Farbe. 5. Sandro Botticelli, Lorenzo Credi, Cosimo Roselli desgl[eichen] Ghirlandajo. Zeichnet, wie alle seine Vorgänger, sehr gut, aber häßliche, oft bizarre Bilder. Sein Schüler ist Perugino, ein riesiger Schritt zu ihm. Sehr gut. Sein Nebenbuhler Francesco Francia, erreicht ihn nicht. Peruginos Schüler ist Raffael Sanzio Urbino. Sein Zeitgenoße Fra Bartolomeo. Rafaels Schüler: Giulio Romano. Fernere Zeitgenoßen: Michel Angelo Buonarotti (bei Ghirlandajo gelernt) Leonardo da Vinci, sein Schüler Luini (vorzüglich). Correggio. Von ihm weis man nichts. Andrea del Sarto, malt oft schöner als Raffaël.

Bologneser od[er] Schule der Caracci.

Jetzt geht es wieder bergab. Annibale, Ludovico u[nd] *[Freiraum für einen Namen]*Caracci. Guercino. Ribera gen[annt] Spagnoletto Sassoferato **[19]** Baroccio, Domenichino aber später schon. Albani (Landschaften), Battoni.

Venetiana Schule.

Gentile (malt das Leben seiner Zeit.) u[nd] Giovani Bellini Söhne des Giacomo Bellini. Giorgione da Casta a Franco. Palma Veccio Schüler von Bellini,

79 Diana (Artemis) von Ephesus, infrage kommen zahlreiche Darstellungen. Branco sucht und erwirbt die Bronze-Nachbildung einer Statue.

80 Die folgende Auflistung von Künstlern und Schulen, entstanden offensichtlich zum eigenen Repetieren, bietet keine inhaltlich relevanten Informationen; auf Erläuterung und Korrekturen der Namen und Ergänzung mit Daten wird deshalb verzichtet. Die von Käthe und Wilhelm Branco in ihrem Reisetagebuch besonders genannten Künstler sind an den jeweiligen Textstellen mit Anmerkungen versehen.

Freund u[nd] Lehrer des Tiziano Vecellio. Tintoretto. Paris-Bordone. Pordenone. Paolo Cagliari Veronese. Bonifazio. Caravaggio. Abwärts jetzt: Palma Giovine Tiepolo.

[Fortsetzung von Wilhelm Brancos Hand:]

[20] Dienstag 27te Februar. Vormittags Exposition auf dem Pincio besucht. Scheußliche Skulpturen bis auf den Kolumbus[81], der doch eigentlich auch mehr malerisches Süjet. Acquarelle. Eine Dame des alten Rom auf ihrem Lager schön.[82] Dann im Vatican die Pinakothek. Auf dem Rückweg Antiquare durchstöbert, immer unter der Frage nach der unfindbaren Diana de Ephesus.

Mittwoch 28te. Palazzo Borghese. Aber die Kopie 150 Fr[ancs], daher kehrt gemacht. Auf die Via Latina gefahren, durch die Campagna über den Hain der Egeria nach der Via Appia zurück. Pferdegeschirr Traum, aus dem herausgerißen durch die unverschämteste aller Forderungen. Dodici Napoleoni[83] für ein Zaumzeug allein. Aber auf dem Nachhauseweg, o Freude, die Iside[84] gekauft. Viva Döllinger.[85] Viva Vitt[orio] Emman[uele].[86] Viva Pio IX.[87]

Donnerstag 29te.[88] In Wolff's Atelier.[89] Villa Ludovisi geschloßen, weil der König sie bewohnt. Im Coloßeum auf dem 1ten Rang geseßen und in den Conservatoren Palast; unsre Sibÿlle gesehen. Aracoeli besucht.

Freitag 1te März. Nach Villa Pamfili gefahren. Erst oben auf dem Janiculus vor San Pietro in montorio gestanden, dann vor der Villa, Einlaß flehend, geseßen. Endlich hereingelaßen mit italien[ischen] Damen, die be- **[21]** droht wurden

81 Büsten prominenter Italiener auf dem Monte Pincio, darunter der Seefahrer Christoph Kolumbus (1892 zerstört).

82 Gemälde nicht identifiziert.

83 Napoleon (Mehrzahl Napoleoni), Napoleonsdor: Goldmünze Napoléons III. im Wert von 20 Francs, auch in Italien gebräuchlich. Dodici: zwölf.

84 Iside (Isis): Göttin der ägyptischen Mythologie, infrage kommen zahlreiche Darstellungen. Branco erwirbt die Marmor-Nachbildung einer Statue.

85 Ignaz v. Döllinger (1799–1890), katholischer Theologe und Kirchenhistoriker, führender Kritiker der Papstdogmen von 1870; 1871 exkommuniziert.

86 Viktor Emanuel II. (1820–1878), seit 1861 König von Italien.

87 Pius IX. (1792–1878), seit 1846 Papst. – Die Nennung der drei Persönlichkeiten ist wohl durch kontroverse öffentliche Kundgebungen an dem Tag veranlasst.

88 1872 ist ein Schaltjahr.

89 Rom, Via Quattro Fontane 150–151, 1822 übernommen von Christian Daniel Rauch. Vgl. D. Vogel, Der Deutsch-Römer Emil Wolff, S. 9 f; dazu F. Noack, Deutsches Leben in Rom 1700–1900, S. 461; ders., Das Deutschtum in Rom, Bd. 2 S. 654.

keine Blumen abzurupfen. Nachher sahen wir sie schaarenweis die Blumen förmlich abweiden. Kopfschmerzen und kein Ende.

Sonnabend 2te März. Auffindung des Palaz[zo] Orsini im Marcellus Theater unter großen Schwierigkeiten gelungen. Käthe bei Ugartes[90], während ich im Caffé. Erster ehrlicher Kellner, der mir 2 Soldi zurückgab. Reliefs im Spada Palazzo. Käthe wollte à tout prix ein altes geflicktes Kohlenbecken von Blech kaufen, worauf ich in gran colere. Abends in der Balmino bei einem originell ehrlich, brummbärigen Antiquar ein gutes altes Porträt gesehen. Zum Eßen gegangen und davon geschwärmt. Nach dem Eßen zum Antiquar zurück und den edlen Spanier[91] sowie den Salvator Rosa[92] gekauft. Höchst glücklich und befriedigt. 90 Fr[ancs].

Sonntag 3te. Wieder mal Kopfweh. Sardellen u[nd] Selters Waßer 3 Flaschen. Dazu noch Regenwetter. Auf dem Pincio promeniert, dann zu Wolffs zum Eßen. Frau Maler Catel[93], Besitzerin einer großen Tenuta – 1 Rubie (= 4 Mrg?) für 600 Scudi.[94] – in den Marken[95]. Ihre Gesellschafterin eine Italienerin, ihre Nichte, eine Berlinerin, u[nd] Voßens.

[22] Montag 4te. Wieder mal Kopfweh. Haus des Tiber fertig gemacht. Abends mit Fr[au] Voß bei Maler Müller.[96] Ich zu Bett um 6 Uhr.

Dienstag 5te März. Lateran, christl[iches] Museum. Herrliche Terrakotta Indianer. Zum Eßen bei Voß. Streit zwischen seiner todten und seiner labendigen[97] Frau, wer die kleinsten Füße habe.[98]

Mittwoch 6te. Um 11 Uhr auf die Versteigerung des Morani.[99] Endlich um ¾2 Uhr meine Acquarelle von Pompeï erobert. Dann in die Diocletiansthermen, wo

90 Ugarte: Name nicht ermittelt.

91 Gemälde-Kopie nicht identifiziert. Laut Bilder-Inventar von Gerhard v. Branca (FAvB): Neapolitanischer Meister, Spanier.

92 Salvator Rosa (1615–1673), Maler, Dichter.

93 Margherita Catel geb. Prunetti, Witwe des Malers und Holzbildhauers Franz Ludwig Catel (1778–1856).

94 Tenuta: Gut; Rubie (Rubbia, Rubbio): altes römisches Flächenmaß; Mrg.: Morgen; Scudo (Mehrzahl Scudi): Silbermünze vor Einführung der Währungsreform von 1865, noch länger im Umlauf.

95 Landgut bei Macerata, Mark Ancona.

96 Infrage kommen mehrere gleichnamige deutsche bzw. schweizer Künstler, vor allem: Gustav Adolf Müller (1828–1901), seit 1860 in Rom; Rudolf Müller (1802–1885), seit 1838 in Rom.

97 Wohl Verschreiber statt: lebendigen.

98 Zu Familie Voss vgl. Anm. 36.

99 Morani: Name (Kunsthändler) nicht ermittelt.

noch der alte Elsäßer Mönch war[100], nach San Pietro in vinculis und in die Titus Thermen, worauf wir zum Eßen fuhren.

Donnerstag 7te. Morgens Voß bei uns. Pal[azzo] Corsini in Trastevere. Campo dei Fiori ein eleganter Quacksalber, Zahnarzt, auf einem Wagen mit 3 Musikanten und einem Todtenkopf. Dr. Taussig[101] besucht; schöne Sachen und Bilder gesehen.

Freitag 8te. 1 Uhr Mittags. Soeben zurückgekommen von einer Audienz beim Pabst.[102] Ein so liebes, freundliches, herziges Gesicht. – Mehrere italienische Deputationen, etwa 10 fremde Familien; Empfang in den Loggien. Lange gewartet; ohne Handschuh, Herren und Damen. Endlich **[23]** erschien er. Als er zu uns kam, knieten wir auch nieder und küßten seine Hand; er fragte, wo ich herwäre, Berolino? Si Santità. Als es zu Ende war, sagten kleine Kinder Gedichte auf, wir standen dicht hinter ihm und konnten sein gutes, freundliches Gesicht lange ansehen. Dann allgemeines Niederknien, er segnete uns Alle, setzte seinen breitrandigen rothen Hut, der seltsam mit dem ganz weißen Kleide contrastirte, auf und ging fort. Käthe im schwarzen Kleide und d[i]to Schleier auf dem Kopfe, Letzteren von Frl. Hippler Due Macelli 48.[103] – Nach Hause, dann auf's Kapitol, das aber verschloßen war und dann zu Romako. Verdrehte Zeichnung aber Farben! Ein Engelsköpfchen mit Federn um den Hals. Originelle Madonna als Bonna.[104]

Sonnabend 9te. Scirocco.[105] Vente in der Laurentina Via.[106] Schön aber zu theuer. Dann in die moderne Ausstellung an Porta del Popolo. Daselbst geschwelgt im Anblick eines Zimmers und die Anlegung eines [...]hofes[107] nach dem Muster deßelben beschloßen. Mischio getrunken an Piazza Popolo, im Park Borghese und d[i]to Casino. Käthe müde, wollte daher zur Abkürzung des

100 Name und Anspielung nicht entschlüsselt. In den ehemaligen Diocletianischen Thermen befanden sich ein Zisterzienser- und ein Karthäuserkloster.

101 Gabriel Taussig de Bodonia (1808–1875), Arzt, Schriftsteller und Kunstsammler, seit 1857 in Rom, Via del Babuino 144, zuletzt Via Sistina 113.

102 Papst Pius IX.; vgl. Anm. 87.

103 Hippler: Wohnungsvermieter (vgl. Anm. 35); schwarzes Kleid und Schleier: vorgeschriebene Kleidung für Frauen bei Audienz und Gottesdienst im Vatikan.

104 Anton Romako (wie Anm. 39). Engelsköpfchen: nicht identifiziert. Madonna: wahrscheinlich Madonna mit Kind, vor 1870, zu sehen u. a. bei einer Ausstellung für christliche Kunst in Rom, 1870.

105 Scirocco: heißer Südwind.

106 Vente: Einkauf, Einkaufsbummel.

107 Ein Wort nicht entziffert.

Weges durchaus durch die schon seit mehreren Jahrhunderten zugemauerte Porta Pinciana, ein Verlangen, das mich in gran colere versetzte.

[24] Sonntag 10te März. Regen, nach St. Peter gefahren zur Messe. Visite bei Wolffs, Diner bei Vossens.

Montag 11te. In der Stadt die Antiquare gequält. Auf dem Kapitol die Kaiser repetirt. Die alte Geschichte, daß die schlimmsten Weiber immer die hübschesten gewesen sind. Siehe Faustinchen, das niedliche Biest.[108] Dann an der Engelsbrücke den Gÿps Alexander und 2 weitere Etrusker gekauft. An Onkel Eduard geschrieben.[109]

Dienstag 12te. Villa Albani. Geschmacklos im Inneren. Alex[ander] Torlonia verunziert jeden Stein.[110]

Mittwoch 13te. Rahmen gesucht; endlich am Kapitol einen gefunden für die Madonna. Darauf nach S. Lorenzo gefahren und zurück bis ans Thor gegangen. Portraits in Oel, Mosaïk, Photographie auf den Gräbern. Alte Katakomben durchschritten. In der Kirche schöne alte Säulen und herrliche Mosaïk am Bischofsstuhl. Abends bei Taussig! Unvergeßliche Gesellschaft. An 60 Menschen immer in 1 Zimmer gepfercht. Schauderhafte Luft. Er wühlte mit den mageren Fingern unter den Kuchenkrümeln um uns Stücken daraus hervorzusuchen.

Donnerstag 14te. Auf's Kapitol wegen Miniatur-Rahmen. Keine gefunden. Dann rivista. Der Kronprinz u[nd] die Prinzeßin.[111] Darauf den Pincis erklimmt und Feuerbach[112] gelesen, über griechische **[25]** Bekleidung, die ich nachher imitirte. Abends Faust gelesen.[113]

Freitag 15te. Farnesina Fresken schön. Lungaretta hinab nach Ponte rotto, dann nach der Antiken Station der Feuerwache der 7ten Cohorte. Bequeme Art zu Fischen mit Mühlen. Mischio am Peters Platz, dann Bibliothek u[nd] Etrusk[er] Vatikan. Maßen schöner, alter Bilder in Schränken. Abends kamen Vossens. Unsern Kopf bewundert.

108 Faustina d. J. (um 130–176), Ehefrau des Kaisers Marc Aurel.

109 Eduard Franz Rödlich (1811–1891), Onkel von Wilhelm Branco: Bruder seiner Mutter Dilia Helene geb. Rödlich.

110 Alessandro Tornolia (1800–1886), Bankier, seit 1866 Besitzer der Villa Albani.

111 Umberto (I.) v. Savoyen (1844–1900), 1870 Generalleutnant und Oberbefehlshaber der römischen Garnison, 1878–1900 König; seine Ehefrau Margarethe v. Genua (1851–1926).

112 Joseph Anselm Feuerbach (1798–1851), Geschichte der griechischen Klassik / Kunstgeschichtliche Abhandlungen, Braunschweig 1853.

113 Johann Wolfgang von Goethe (1749–1832), Faust. Eine Tragödie, Erstveröffentlichung Tübingen 1808.

Sonnabend 16te. Ponte Molle gefahren, bis an Monte Mario. Da hinauf, oben im Grase gelegen, köstliche Aussicht. Zu Fuß wieder zurück bis nach Hause; große Tour. Unterwegs schöne Landschaft gesehen bei der Engelsbrücke. Ich nach dem Eßen zu Voss, in Droschke, gekauft mit Rahmen für 40 Fr[ancs]. Auf dem Rückweg die Feder gebrochen, zu Filosini u[nd] zum Vergolder.

Sonntag 17te. Auf dem Palatin gezeichnet. Großer Traueraufzug für Mazzini.[114] Dann Kirche am Forum besucht, Titus Thermen gezeichnet. Gewitter.

Montag 18te. Akademi Lucca. Mittelmäßig. Dann Monte Testaccio u[nd] Marmorata. Kindliche italienische Herren, die sich mit Steinwerfen amüsiren. Erschaff[un]g Adams[115] endlich gefunden u[nd] gekauft.

[26] Dienstag 19te März. Um 6 Uhr aufgestanden, wegen beabsichtigter Reise nach Tivoli. Düstres Wetter, daher glücklicherweise unterlaßen; Nachmittags Gewitter und Käthe arge Magenschmerzen, daß sie liegen mußte. Festtag des heiligen Joseph in der kleinen Kirche über dem Carcer Mamertinus. Gedränge und schmutzige Gestalten, die mich nervös machten.

Mittwoch 20te M[ärz]. Aus Versehen um ½6 statt um ½7 aufgestanden und gen Tivoli gefahren. Herrliche Fahrt am Morgen durch die Campagna. Ochsen und Büffel, bergauf, bergab, Schwefelbach ganz gelbgrün und ausgezeichnet nach faulen Eiern riechend. Ein Wagen mit schlechten Pferden fuhr an uns vorbei mit 2 Herren. Zur Linken saß ein Herr mit schwarzen Haaren und Kneifer, der dem großen Napoléon so ähnlich sah. Sollte es Plon-Plon[116] sein? Vorbei am Denkmal der Plautier ging es hinauf auf den Berg durch einen herrlichen alten Olivenwald, deßen Bäume in wildester Verknorpelung gewachsen waren. Oben am Thor stiegen wir ab um nach Villa d'Este zu gehen. Deßgleichen der schwarze, hochschultrige Herr. Mir kam er immer mehr vor wie ein Nachkomme des Großen, nur in's Häßlichere übersetzt. Villa d'Este verfallen und verwahrlost, recht wie der Garten, in dem das verzauberte Dornröschen schlief. Wir verließen ihn am anderen Ende, bergauf durch die Stadt, über eine Brücke mit bezauberndem Blick in ein zackiges Thal, mit Wäscherinnen, grünen Büschen und vielen kleinen Waßerarmen. Bald darauf der Gasthof zur Sibÿlle und **[27]** der runde wohlerhaltene Tempel. Von dort ein herrlicher Blick hinab in's Thal und auf die 2 schäumenden Waßcrfälle. Gefrühstückt im Tempel neben Plon Plon, der er

114 Giuseppe Mazzini (1805–1872), Politiker, Vorkämpfer der italienischen Einheit; verstorben am 10. März 1872 in Pisa.

115 Michelangelo Buonarroti (1475–1564), Die Erschaffung Adams, Deckenfresko in der Sixtinischen Kapelle, 1508/12.

116 Napoléon Joseph Charles Paul Bonaparte (1822–1891), genannt Prinz Napoléon oder Plon-Plon, General, Politiker.

wirklich war, dann hinab in die Neptuns Grotte und jenseit hinauf zum anderen Waßerfall ohne Führer; schließlich an der engsten, schmalsten Stelle des Pfades traf Käthe eine bekannte Heidelberger Dame. Zurück durch die Stadt in den Tempel. Regen. Käthe gezeichnet, Spektakel mit dem Kellner, der 7 Fr[ancs] für das Frühstück verlangte; ich in Wuth nach der Küche, den Wirth angeschnauzt, der sich kleinlaut hinsetzte und eine Rechnung von 4 Fr[ancs] schrieb. Um 3 Uhr wieder weggefahren, um 6 Uhr zu Hause.

Donnerstag 21te. Im Atelier von Masinelli[117]; hübsche Dächer. Bei Lindemann Frommel.[118] Ruinen des Palatin in allen unmöglichen Farben spielend. Viel Neapolit[anische] Skizzen. Dann auf dem Pincio Victor'n gesehen.[119] Käthe quält nach Neapel zu gehen. Abends Vossens bei uns.

Freitag 22te. Reise nach Neapel beschloßen auf morgen früh. Umhergelaufen, gepackt, für die Wirthin Kaffekanne und Käseglocke gekauft wobei zur Belohnung furchtbar durchnäßt. Abends die Sachen zu Voss geschaft und bei ihnen Abendbrod gegeßen.

Sonnabend 23te. Morgens 8 Uhr ab von Rom. Erst durch Campagna, dann durch eine öde, wilde, steinige Bergge- **[28]** gend, die Waßerscheide des Volturno u[nd] Garigliano. Dann hinab in den Campania Felix, den Garten Neapels. Unglaublich reich. 1 Futter, 2 Getraide-Erndten. Schon jetzt Grünfutter und Lupinen 1½ - 2' hoch gemäht. Monte Somma, dann der Vesuv sichtbar. Fahrt durch die Vorstädte. Am Bahnhof unverschämte Kutscher, für 2 Fr[ancs] einen acquirirt. Als wir abfuhren, drehte er sich um und sagte: Also due e mezzo.[120] Ich fuhr fuchswild auf, pufft ihm mit der Faust in den Rücken, worauf er due Franchi sagte. Im alten Hôtel kein Platz, daher in's Neue. Schönes Zimmer, aber mangelhafte Aussicht und 22 Fr[ancs]. Abends in Villa reale u[nd] dort gegeßen; Austern.

24te Sonntag.[121] Früh auf. Unten auf der Straße buntes Gewimmel. Durch den Toledo gefahren, überall Palmenwedel von Schilf geflochten. In den Dom. Beichtstühle, die Beichtväter während der Beichte sich mit Anderen unterhaltend. Predigt wie ein Märchenerzähler in der Capelle. Unverschämter Betteljunge ½ St[un]d[e] lang verfolgt. Ueber Corso Vitt[orio] Em[anuele] zu Haus. Heiß, Wind, Staub. Wild darob. Freundlicher Herr, der uns den Weg hinauf gezeigt.

117 Masinelli: Name (Künstler, Kunsthändler?) nicht ermittelt.

118 Karl Lindemann-Frommel (1819–1891), Maler, Lithograf. Wohnte in Rom, Via due Macelli 47.

119 Monte Pincio; Victor: König Viktor Emanuel II., seit 26. Januar 1871 in der neuen Hauptstadt Rom.

120 Zweieinhalb.

121 Palmsonntag.

Privatwohnung gesucht. Umsonst. Lavaknöpfe gekauft. 1½ Fr[ancs] u[nd] Cigaro. Rußische Familie u[nd] 2 Engländer die einzigen außer uns.

Montag 25te. Nach Frühstück ins Museum gefahren, Nachmittags an die Lucia gegangen, uns von der tobenden See bespritzen laßen. Ich knurrte zwar anfangs **[29]** über die Gefahr die mein neues Hütchen lief aber mein Weibchen lachte mich so schrecklich aus, daß ich flugs mit lachte. Darauf herrliche Terrakottenköpfe gekauft. Darauf acquarellirt übers Kreuz auf dem Balkon. Abends ich furchtbar geschlafen und sehr böse darüber.

Dienstag. 26te. Vormittags ins Museum, Nachmittags am Posÿlipp[122] entlang gefahren mit entzückender Aussicht auf Nisida, Ischia u[nd] Puzzuoli. Auf dem Rückweg zufällig gefragt wegen Wohnung u[nd] o Freude für 3 Fr[ancs] pro Tag 1 Stube, 1 Kammer u[nd] einen großen Balkon gefunden 4 Treppen hoch. Nach dem Eßen umgezogen mit vielen Fährlichkeiten. Erst verloren wir den Kofferträger im Sturmschritt hin und wieder zurück. Endlich gefunden und in der Wohnung. Köstliche Aussicht im Mondenschein. Die Lava des Vesuv an einer neuen Stelle ausgebrochen, rinnt auf der uns zugekehrten Seite heraus.[123] Darauf bläst der Wind die Petroleum Lampe aus u[nd] ich kann die Streichhölzer nicht finden. Mit Hilfe der Signora wieder angezündet, worauf Käthe die ganze Lampe an die Erde wirft. Neue Finsterniß, verbunden mit schönsten Petroleum Geruch. Zum Glück kein Teppich, sondern rothangestrichener Fußboden. Thee getrunken, müde zu Bett.

[30] Mittwoch 27te März. Schönster Regen. Um 11 Uhr nach den Katakomben gefahren, von da nach San Severo u[nd] an die Post, woselbst 3 Briefe, dann nach Piazza del Mercato. Darauf am Ufer entlang gegangen nach Zepf Weber[124], woselbst ein gar herrliches opulentestes Diner eingenommen, was im Verein mit Deutschen u[nd] deutschen Zeitungen rosigste Stimmung hervorbrachte. In derselben Laune weitergewandert, Lichte, Band, Zucker, Apfelsienen, Zigarren gekauft, und schwer beladen aber vergnüglich die 4 Treppen emporgestiegen. In der Abenddämmerung auf der Platform geseßen, dann Briefe geschrieben, Thee getrunken. Jetzt will ich vorlesen, während Käthe Strümpfe stopft und das Meer zu uns emporrauscht.

122 Posilipo, Höhenzug südwestlich von Neapel.

123 Der Vesuv war seit 1865 in mehreren Eruptionsperioden aktiv, zuletzt mit Lavaausbrüchen seit Januar 1871. Vgl. G. vom Rath, Der Vesuv am 1. und 17. April 1871, in: ZDGG Bd. 23 (1871) S. 702–733.

124 Zepf-Weber: Herberge und Gasthaus, Neapel, Strada del Molo 2; beliebt bei deutschen Künstlern und Touristen.

Donnerstag. 28te Nach Cumae, Bajae, Puzzuoli gefahren. Führer Roica.[125] Fackeln. Viel Antikes, das aber verschwand vor der außerordentlichen Schönheit des Busens von Bajae, der den von Neapel übertrifft. Mächtiger antiker Funeral beim Averner See. In Bajae gezeichnet, dann zurück bis zu Zepf Weber.

Freitag. 29te Charfreitag. Kein Wagen durfte gestern u[nd] heute in der Stadt fahren, woran man sich aber nicht allzustreng kehrte. Destomehr Trubel und Jubel herrschte unter den Fußgängern. Alle Läden waren geöffnet und die Stadt hatte mehr den Anschein, als ob ein Markt in ihr abgehalten würde als daß sie den ernstesten Feiertag der christlichen Kirche beginge. Selbst die Maurer etc[etera] arbeiteten. In arger Hitze kletterten wir auf den Felsen von S. Elmo, besahen die glänzendste, reichste aber auch dadurch unruhigste Kirche **[31]** Italiens, San Martino. Trinkgeld verboten, daher der Führer um Cigarren gebeten. Dann bergab zum Eßen und Abends in Sorge u[nd] Zorn wegen der immer noch nicht erscheinenden Wäsche.

Sonnabend. 30te Um ½11 Uhr nach Resina gefahren, dann im Eselbüreau die Kerls angeschnauzt, wegen berittener Führer, 2 Esel bestiegen und den Berg erklettert. Oben verändert gefunden, weil vor 4 Monaten die – jetzt noch heiße – Lava näher an das Observatoire gefloßen war. Sehr viele Wagen oben. Um 5 Uhr entschloßen zum Herabreiten, glücklicherweise, denn die Lava floß an diesem Abend nicht, nur hinten schien sich ein neuer Krater aufgethan zu haben. Der Berg grollte und donnerte heftig und warf Steine. In Resina auf einem Einspänner in rasendem Laufe zurück nach Neapel und voll wüthenden Heißhungers zu Zepf Weber geeilt, deßen Diner wir uns mit Austern verschönerten. Abends durch die hellleuchtende Stadt zurückgekehrt und Photographieen gekauft. Um ½10 Uhr zu Hause und müde zu Bett.

Sonntag Ostern 31te März. Im schönen Sonnenschein auf dem Balkon gefrühstückt; dann schrieb Käthe, während ich den Mechanismus meiner Flöte entdeckte und mit mehr Erfolg wie früher ihr Töne entlockte. Dabei regnet es draußen, scheint aber zum Glück kein Unwetter werden zu wollen, da wir morgen nach Pompeï zu gehen beabsichtigen.

[32] Montag 1te April. Morgens um ½10 fuhren wir auf die Bahn, um Pompeï zu besuchen. Unterwegs bot uns der Droschkenkutscher an, uns bis nach Pompeï zu fahren, wir wurden um 10 Fr[ancs] handelseinig und bereuten es nicht, denn der Weg durch Portici, Resina, Torre del Greco, Torre Annunziata ist interеßant in jeder Beziehung. Das unvernünftige Jagen der Kutscher, die oft in gestrecktem Galopp an Einem vorbeisausen macht denn auch, daß man nirgends

125 Name (Gästeführer) nicht ermittelt.

so viel Pferde mit völlig scheckig gebrannten Beinen sieht, wie in Neapel. Dabei begreift man nicht, wie die Pferde bei Grünfutter, Peden[126] und Moorrüben derartig ausdauernd zu sein vermögen. Herrlicher Boden und herrliches Klima, die in 1 Jahre 1 Futter und 2 Getraide Erndten produziren. Jetzt wird überall Grünfutter geschnitten, schon vor 10 Tagen mähte man die Lupinen, die den Leuten bis an die Knie reichten. – In 2 Stunden waren wir – fortwährend trabend – in Pompeï. Nach dem Abends zuvor gemachten Plan gingen wir an's Werk, schüttelten jeden Führer von uns ab, und hatten dadurch einen weit höheren Genuß an dieser einzigen Stadt. Um 5 Uhr Abends fuhren wir zurück bis zu Zepf Weber, wo wir zum letzten Male aßen.

Dienstag 2te April. Um ½10 Uhr nach der Bahn gefahren, unterwegs Geld u[nd] Bücher[127] gewechselt und 10 Uhr 40 Neapel verlaßen, um 12 Uhr in Castelammare. Die Bahn führt oft haarscharf am Meeresufer entlang, ein einziger Anblick. Dann einen Wagen genommen nach Sorrent. An der Stelle, wo ein großer Bergrutsch im vorigen Jahre kurz nachdem wir[128] den Weg paßirt hatten, die Straße mit Felsblöcken übersäet hatte, mußten wir aussteigen **[33]** 10 Minuten lang zu Fuße wandern und jenseits andre Wagen besteigen. Die Piccola Sirena fanden wir getheilt in ein sehr vornehmes und in ein sehr billiges Hôtel (in dem kleinen Hause, das wir[129] im vorigen Jahre bewohnt hatten). Wir wählten das Letztere, das übrigens sehr gut war (6 Fr[ancs]) 3 englische Damen, die ersten genießbaren Engländer, die ich getroffen und ein H[err] von Winterfeld[130] waren außer uns die einzigen Gäste. Letzterer Gutsbesitzer aus der Priegnitz. Am Abend, als die Engländerinnen weggegangen waren, erzählte er uns von seiner Schlaflosigkeit, die ihn dazu antriebe, Nächtens 2–3 große Gedichte zur Welt zu bringen. Er war sehr eingenommen von seiner Gabe, die, wie er sagte, schon Jahrhunderte lang in seiner Familie schlummere; natürlich zwang er uns, einige seiner neusten Dichtungen mitanzuhören. Noch denke ich mit Schaudern an diesen Genuß, der in: „die Wittern oder der Sturm" gipfelte. Käthe hat mit viel Geschicke einige Strophen imitirt.

126 Peden: Quecken, Ackerunkraut.

127 Bücher: Bahn-Billets in Buchform; vgl. K. Baedeker, Italien, S. XXIV f.

128 „Wir" meint in diesem Fall nicht Wilhelm und Käthe Branco, sondern Brancos Italien-Reise 1870/71, hier die Rundreise im Frühjahr 1871 mit Marie Reinke und Bruder Fritz; vgl. Lebensgang S. 61.

129 Wie Anm. 128.

130 Infrage kommen mehrere schreibende Mitglieder der weit verzweigten Familie, wahrscheinlich Adolf Wilhelm Ernst v. Winterfeld(t) (1824–1889), der als Autor von Trivialromanen und vertonten Gedichten erfolgreich wurde.

Mittwoch 3te April Heut gingen wir nach Massa, fuhren zurück bis zu der Stelle, wo man den herrlichen Blick auf die Marina von Sorrent hat. Käthe zeichnete bis uns der Regen verscheuchte, der uns dann auch so gründlich durchnäßte, daß wir in heiterer Laune endlich triefend im Hôtel ankamen. Am Nachmittag stiegen wir die enge Zickzack Treppe zum Strande hinunter und ließen das brausende Meer uns um die Füße spielen. Der Felsen ausgeglühte Lava, der Strandsand schwarze Asche.

Donnerstag 4te. Der Dampfer kam leider heut nicht **[34]** weil Rennen[131] in Neapel war. Wir zeichneten, lasen, gingen in die Stadt, u[nd] ich Abends mit Winterfeld auf die Post, der mit Schmerzen seine Geldbriefe aus Deutschland erwartete und der uns vorher sein Album meisterhafter Photographieen von Meisterwerken gezeigt hatte; das war sein ganzer Stolz; ein etwas kindlicher Geschmack. Schreckliche Bootfahrt nach den Grotten.

Freitag 5te April. Hoch oben auf dem Hause geseßen und nach dem Dampfer ausgeschaut; endlich kam er in Sicht. Hinunter nach der Marina, in Antonios[132] Boot gestiegen und auf das sehr volle Schiff geklettert. Fort ging's auf dem scheinbar ruhigen Meere, aber sowie wir aus der Bucht herauskamen ging's los mit dem Stampfen, daß man zuletzt kaum gehen konnte. Dazu fing's an zu regnen und zuletzt waren Käthe und ich die einzigen, die oben saßen. Endlich legten wir an der blauen Grotte bei und Alles stürmte in die kleinen Boote. Aber o Graus, jetzt fing das Schlingern an, daß mir kreuzübel wurde, und alle Lust nach der blauen Grotte verschwand. Strömendester Regen; wir aber stolz oben geblieben. Endlich war allen das Weltwunder gezeigt und wir dampften gen Capri. Schnell in's Boot, 3 Mägde ergriffen am Strande unsre Sachen und fort ging's nach der Quisisana.[133] Unterwegs meinte Käthe, wir sollten doch Antonios wegen in's Hôtel de France gehen; ich hatt zuerst nicht recht Lust, dann aber entschloß ich mich doch dazu und wir sind sehr zufrieden. Nur 5 Fr[ancs], dabei sehr gutes Eßen, ein herrlicher großer Saal, mit Kreuzgewölbe, der uns so begeisterte, **[35]** daß Käthe ihn zeichnete, während ich ihn ausmaaß und wir Pläne schmiedeten, uns nach diesem Muster einst eine „Halle" bauen zu laßen. Abends Kaminfeuer, denn draußen tobte der Sturm und schüttelte die armen Palmen, die zu uns herüberschauen. Es ist ein herrliches Haus. Lauter Ecken und Winkel; alle Stuben gewölbt, hier ein Balkon, dort eine Treppe, Locus im Garten unter Rosenbüschen, Alles so poetisch, so malerisch, daß einem das Herz lacht.

131 Traditionelles Pferderennen, seit 1837 in Florenz und Neapel.
132 Name (Bootseigner) nicht ermittelt.
133 Capri, Hotel Quisisana.

Serafina hübsch und freundlich, dazu wir die einzigen Bewohner des ganzen Schloßes.[134] Früh zu Bett.

Capri Sonnabend. 6te April. Während Käthe sich kämmte mit goldenem Kamme, saß ich rauchend auf meinem Bette und freute mich der strahlenden Sonne. Dann ging's zum Frühstück, aber wieder wie gestern bezog es sich und fing an zu strömen. Nachher wurd's klar, wir kletterten hinunter zu den 3 Faraglioni, an denen das Waßer wild aufschäumte; ein herrlicher Anblick, dieser wogende, brausende, schäumende Keßel von den hohen Felswänden eingeschloßen. Am Nachmittag die Treppe herauf nach Anacapri. Ein tüchtiger Marsch. Am Sonntag Abend kam Gesellschaft. 4 Herren u[nd] 1 Dame. Zuerst ziemlich unhöflich, dann fing Käthe an zu sprechen und sie wurden zugänglicher und freundlich. Wer ist's? Botaniker? Ein junger jüdischer Flaps dabei.

[36] Capri. Sonntag 7te April. Unter Führung des Ragazzo des Hauses nach der Grotte des Mitras und dann auf den Tiber marschiert. Oben den Knaben entlaßen, den Hôtelier, der den Cicerone spielen wollte, abgewiesen, meinen Namen vom vorigen Jahre gefunden.[135] Dann saß Käthe oben und acquarellirte. Gummi verloren. Am Nachmittag um ½3 zurückgekehrt, die Guarda Nationale, aus 11 Mann bestehend, abmarschieren gesehen zu einem Festmale auf dem Tiber. Darauf mit Käthe auf dem Balkon geseßen, sie nähte, ich las von Musset französische Skandalgeschichten[136], die höchst intereßant waren. Darauf erschienen die vorher erwähnten Fremden. Abends machten sie den Vorschlag uns Tarantella tanzen zu laßen. Wir gingen hinunter in die Halle, malerisch mit Plaids drappirt. Ein Tambourin erschien die Paare traten auf; wunderschöne Mädchengesichter in schwebendem Tanze, ähnlich unsrer Franzaise und doch ganz anders. Ein Mann tanzte mit, äußerst geschickt aber an den Cancan stark erinnernd. Anziehen und Abstoßen, Locken und Fliehen schien der Inhalt zu sein. Der Judenjunge Jaffé[137] widerlich umarmte auf nie gesehene unverschämte Weise jedes Mädchen; sprach mit allen deutsch und trotzdem verstanden sie ihn. Die Tänzer mit Makaroni und Wein regalirt und zu Bett. Ich noch geschrieben, während Käthe mit vor Freude funkelnden Augen Tarantella in der Stube schwebte.

134 Capri, Hotel de France (jetzt Capri Tiberio Palace). Serafina: Name (Hotelwirtin) nicht ermittelt.

135 Wilhelm Brancos Italien-Reise 1870/71.

136 Alfred de Musset (1810–1857), infrage kommen zahlreiche Ausgaben; evtl. Comédies et proverbes, Paris 1850.

137 Ein Mitglied der weit verzweigten Familie(n) Jaffé (im Berliner Adressbuch 1872 rund 20 Einträge); ohne weitere Angaben nicht zu identifizieren.

Montag 8te April Capri. Gemeinschaftlicher Ausflug nach der blauen Grotte; ich schlage vor, bei der Punta **[37]** di Limba zu landen. Angenommen. Heftiger Wind, See stark bewegt. Mit Noth und Mühe in das kleine, heftig tanzende Boot geklettert. Lange Zeit vor der kleinen Oeffnung gewartet, die zeitweis von den Wogen fast gefüllt schien. Ganz ausgestreckt im Kahne. Endlich hindurch; ein herrlicher Anblick, auch die Felsen ganz blau. Noch schwieriger aber die Ausfahrt. Immer wieder wurden wir zurückgeworfen von den hereinschwellenden Wogen, bis wir glücklich in's Freie gelangten. Nun die Andern hinein. Boot tanzt mächtig mit und Käthe wird blaß, wir müßen lange warten, bis die Andern wiederkehren. Nun geht's weiter um die Insel herum, Käthe speut, Jaffé desgl[eichen] bis wir einlaufen in die Bucht. Neue Schwierigkeit. Das Boot wird hoch gegen die Felsen geschleudert, wird aber im selben Moment wieder zurückgerißen. Ein Mann springt in's Waßer und hilft. Sowie das Boot wieder an den Fels getrieben wird, springt Käthe an's Land à la Tell. Wir Andern weit weg getrieben, wieder heran und nun sprang ich an's Ufer. So weiter bis wir alle am Land waren. Zuletzt kamen noch unsre 2 kleinen Führer, deren jüngster mit jämmerlich krankem Gesichte vorn im Boot lag. Nun bergan gewandert über die Steinfelder. Oben gelagert im Schatten und Collazione gehalten. Wir hatten uns vorher vorgestellt und wurden immer befreundeter. Prof[essor] Heinze[138] aus Leipzig, Ju- **[38]** rist, sein Bruder[139], Erzieher der Oldenburg[ischen] Erbprinzen nebst Frau, Jaffé aus Berlin[140], über den immer gelacht wurde und sein Reisebegleiter Flasshar[141] stud[ent] theologiae, deßen Vater bei Tempelhoff[142] ein Gut hatte. Wingolf.[143] Frau Heinz[e], Nichte von Lepzius.[144] Käthe hat viele Bekannte mit Heinzes. Nun weiter gewandert durch Anacapri; dort Kaffe beim protestantischen Wirth. Barbarella. Heinze's auf den Solaro, wir auf den Barbarossa mit Jaffe und Flasshaar. Oben gezeichnet, Führer Modell. Abends Alle die Treppe herunter. Ueber Tiber gehört von Heinze. Abschied genommen.

138 Rudolf Heinze (1825–1896), Jurist, Politiker.
139 Max Heinze (1835–1909), Philosoph.
140 Wie Anm. 137.
141 Richard Flashar (1848–1912), Theologiestudent. Freundliche Mitteilung der Daten durch Manfred Wieltsch, Berliner Wingolf.
142 Ehemaliges Rittergut Tempelhof bei Berlin.
143 Wingolf: christliche Studentenverbindung; Berliner Wingolf gegründet 1843 an der Friedrich-Wilhelms-Universität.
144 Klara Heinze geb. Lepsius (1845–1933), Tochter von Carl Edmund Lepsius (1805–1873), Jurist; Nichte von Karl Richard Lepsius (1810–1884), Ägyptologe.

Dienstag. Capri 9te April. Morgens waren H[einze]s noch da; zu stürmisch. H[einze]s Domino frierend gespielt. Regenwetter. Les précieuses gelesen.[145] Nachmittags Jaffé u[nd] Flasshar ab. Abschied Abends genommen.

Mittwoch. Capri 10te April. Morgen's von Neuem begrüßt, weil Sturm. Die See schäumte. Gemeinschaftlich zu den Faraglioni hinab gestiegen. Käthe Unterrock Abends genäht. Dann wunderbar schöner Sonnenuntergang auf der Terraße. Wolken und Horizont roth und gelb und der Himmel dabei so überblau. Abends Abschied genommen.

Donnerstag. Capri 11te April. Morgens abermals zu unserm Erstaunen begrüßt. Non si po andare signori.[146] Hinab zur Marina. Mächtige Brandung. Muscheln gesucht. Am Strande entlang. Nachmittags Käthe das Kaktushäuschen und darauf unten am Strande **[39]** rechts gezeichnet.

Freitag Capri 12te. Endlich klares Wetter. Definitiver Abschied. H[einze]s nach Ischia, wir per Marktschiff um ½11 Uhr nach Neapel. Wohl an 40 Menschen in der offnen Barke. Nach einer Weile Halt gemacht, weil noch Soldaten kamen. Abermals Halt um einen Corporal. Nun kam Wind stracks auf Neapel los. Da ändert er sich und bläst von Neapel her; wir müßen kreuzen. Wind sehr heftig, daß das Waßer über die Barke spritzte. Käthe 3mal krank, die Frauen auch. Die Wellen schäumten. Mußten zurück bis dicht nach Sorrent. Dann ging der Wind herum, auf Neapel los. Plötzlich wieder zurück. Zum Verzweifeln flog die Barke hin und her und bekam jedes Mal einen Stoß als wolle sie brechen. Alles war still im Boot, an Rudern nicht zu denken. Wieder zurück nach Castellammare. Neapel verschwand. Wir wollten dort aussteigen. Aber es ging nicht. Die Beine frei gemacht für den schlimmsten Fall und keinen Paletot angezogen. Ertrinken in's Auge gefaßt im Stillen. Endlich von Castellammare an günstiger aber heftiger Wind, manchmal stand man fast aufrecht in der Barke. Nichts zu eßen außer einigen Apfelsienen. Nun am Lande entlang gesegelt, an den 4 Städten, am Vesuv vorbei. Pontischer Lanzier. Die Sonne ging unter, der Mond ging auf. Von Neapel **[40]** her leuchtete der Pfaro[147], allmälig tauchte die erleuchtete Stadt auf. Nun schlief der Wind ein, mußten rudern. Die schweigende Mannschaft in der dunklen Barke, das leise vorwärts Ziehen, vorbei an anderen Booten mit den langen, schrägen, so antik aussehenden Raaen. Wie im alten Norweger Kaperschiff schienen wir uns. Immer näher gings an die Stadt heran, in den Hafen, an dunklen Schiffkoloßen vorbei, an Schiffern, die mit Pechfeuern

145 Molière (1622–1673), Les Précieuses ridicules, Paris 1659.

146 Etwa: Es geht nur wenig.

147 Faro: Leuchtturm am Hafen von Neapel.

fischten, am mächtigen Bagger vorbei. Die Lichter der Stadt erglänzten in den ölig glatten Hafen, man sah die Droschkenlaternchen entlang huschen. Endlich um ½9 Uhr an Land. Schnell zu Zepf Weber, der uns eine Stube im Hôtel Croce di Malta verschaffte. Gegeßen, nach 10-stündiger Seefahrt und 11-stündigem Fasten. Austern! Mir schwankte immer noch der Boden unter den Füßen. Nachts schlecht geschlafen, lange wach.

Sonnabend Neapel 13te April. Meduse[148] gekauft, Kaffe bei Weber getrunken. Briefe geholt, Bücher abgegeben. Heißer Tag, Staub, widerwärtige Stadt, wegen seiner Bevölkerung. Eis gegeßen, darauf zu Haus; geschrieben, heut Abend soll's nach Rom gehen; jetzt um 4 Uhr zu Weber's zum Eßen.

[41] Sonntag 14te April. Frühmorgens in Rom angekommen, in Hôtel Molaro[149] gefahren. Dann um ½10 zu Vossens. Mit Schrecken gehört, daß Cassette nicht fertig. Enttäuschung über den Pompejus.[150] Darauf Vossens Psÿche[151] angesehen, zum Kaßettenmann gegangen u[nd] Feuer hintergelegt, zu Filosini wegen der Landschaft. Dann auf Wohnungssuche da Molaro sündlich theuer. Via Rasella 41 gefunden; hübscher Salon, aber die Plunder Wirthin. Auf dem Pincio promenirt, im Hôtel dinirt mit Austern, glänzend aber kaum sättigend. Vis à vis ein altes Paar aus Genf mit faden Redensarten. Visite bei Wolff u[nd] Taussig.

Montag Rom 15te. Früh umgezogen. Schärpen gekauft. Auf's Forum u[nd] Tarpeischen Felsen. Ausgrabungen vorgeschritten. Bei Hipplers Coffer gepackt. Abends bei Wolff mit Vossens. Klagen. Fenchel, scheußliches Gericht.

Dienstag 16te Rom. Viel zu thun. Kisten gepackt, zu Bompiani[152] 2mal wegen der Bilder. Den Besitzer der Rosso antico[153] Brüche kennen gelernt. Unsre Landschaft bewundert; sagt 400 [...].[154] Käthe zu Haus, Briefe geschrieben. Abends auf den Kirchhof gefahren. Abends bei Vossens köstliche Gesellschaft mit dem

148 Medusa: Gestalt der griechischen Mythologie. Branco erwirbt die Nachbildung einer Plastik möglicherweise aus der Villa Ludovisi.

149 Albergo Molaro, Via Gregoriana 56, im damaligen Fremdenviertel.

150 Gnaeus Pompejus Magnus, infrage kommen mehrere Büsten. Branco erwirbt eine Bronze-Nachbildung.

151 Psyche: antikisierende Marmorplastik; ein auf 1896 (Todesjahr von Karl Voss) datiertes Exemplar befindet sich in der Neuen Pinakothek München.

152 Name (Künstler oder Kunsthändler) nicht identifiziert; möglicherweise aus der Familie des Malers und Bildhauers Roberto Bompiani (1821–1908).

153 Roter Marmor.

154 Abkürzung nicht entschlüsselt.

Amerikaner Volk nebst echter Amerikan[ischer] Frau.[155] Sie kann nur englisch. Käthe rettender Engel daher für R.[156]

Mittwoch Rom 17te. Morgens zu Voss; schon Alles gepackt. In Volk's Atelier. In Galerie Borghese. Unsre Copie noch dort. Besitzer gesehen, mit ihm geäugelt, redete uns aber nicht an, also ist's unmöglich. Acquarell **[42]** Capri von Nerlÿ[157] gekauft. Geschwankt wegen der Aurora 35 Fr[ancs]. Nicht genommen. Abends zu Vossens, die uns nach Hause begleiteten.

Donnerstag 18te. Morgens 9 Uhr abgefahren. 9 Personen im Coupé. Riesig dicker Engländer; ich erst bißig, er aber gutmüthig. Schönes Wetter. Sabiner Gebirge. Am Trasimenischen See, Nachmittags durch die herrliche Umgebung von Florenz. Um ¾7 angekommen, in's Hôtel Bonciani nahe der Bahn. Sehr zufrieden. Abends noch auf die Post, aber geschloßen.

Freitag Florenz 19te. Erst Briefe geholt, dann in die Uffizien. Herrliche ganz alte Meister. Dann in's Batisterium, den Dom, die in ihrer schwarz weißen Marmor Bekleidung mir Abends zu grell ausgesehen hatten. Käthe verzweifelt über die Flöhe. Abends lange geschrieben. 2 Kopieen herrlicher alter Engel bestellt.

Sonnabend. Florenz 20te. In die Uffizien. Dann gegeßen; Regen, aber doch ausgegangen in die Vorstadt, nach S. Croce. Photographieen gekauft. Käthe abermals verzweifelt.

Sonntag 21te Florenz. Regen. Nach St. Croce, dann in's National Museum in Palast der Podestà. Herrliche alte Waffen und Rüstungen, schöne Sääle, alte Möbel. Majolika! Eis! Uffizien. Musik unter der Loggia dei Lanzi. Findelhaus entzückend. Abends im Theater Maskenball von Verdi[158], wobei mit Schlaf verzweifelt gekämpft. Herrliche Rahmen von Siena, aber theuer. Lust in Holz zu schnitzen.

[43] Florenz. Montag 22te April. St. Mar[ia] Novella. Kreuzgänge. In die Akademie. Fra Angelico herrlich; ebenso in San Marco, dem intereßanten Kloster

155 Name nicht identifiziert; möglicherweise der Bildhauer Leonard Wells Volk (1828–1895), der mit seiner Frau Emily Clarissa King Barlow 1855–57 auf Studienreise in Rom und Florenz war, um 1870 nochmals mit dem Sohn Sohn Douglas Volk (1856–1935) in Rom.

156 Abkürzung R nicht entschlüsselt.

157 Friedrich Nerly (1807–1878), Maler, oder sein Sohn Friedrich Paul Nerly (1842–1919).

158 Giuseppe Verdi (1813–1901), Ein Maskenball (Un ballo in maschera), Uraufführung 1859.

mit Savonarolas[159] Zellen u[nd] Büchern. Abends die Historie von der Cenci[160] gekauft u[nd] vorgelesen. Madonna Kopf, Kopie v[on] Rafaïl[161] b[ei] Antiquar.

Flor[enz] Dienst[ag] 23te April. Uffizien, durch den langen Gang zu Pitti über Ponte veccio mit seinen Juvelierläden. Die Brücke! Boboli Permeß aber Regen; daher in die Uffizien zurück und unsern Engel[162] geholt; der Maler natürlich à la italiano sich benommen. Dann außerhalb der Stadt in der schönen, breiten Ringstraße bis Porta Gallo gegangen. Keine Geschichte von Florenz zu bekommen.

Mittwoch. Flor[enz] 24te. Carmine mit Cap[elle] Brancaccio.[163] Mehr Gerüst als Freske. Dann nach Boboli. Ein fürstlicher Garten mit dunklen Gängen. Regen, dabei die Medici im Garten studirt. Abends über Kunst im Mommsen gelesen.[164] Käthe immer Zahnweh.

Donnerst[ag] Flor[enz] 25te. Moderne Bilder der Akademie. Enttäuscht; nur Schlachtenbilder verdaulich. Michel Angelo's Haus besucht, Volk's drinnen getroffen. In den Uffizien Portraits der Maler gesehen, darauf die Kuppel des Doms mit anderen Deutschen besteigen wollen, aber umgekehrt, weil Führer à la italiano benommen. Halb den Glockenthurm erklommen. Vermißglückte Spazierfahrt. Mit weißem Mönch Abendbrodt gegeßen.

[44] Freitag. Florenz. 26te April. Letzter Tag in Florenz. Handzeichnungen in Uffizien u[nd] Medici Portraits. Piazza Signoria sehr belebt; kaum zum Durchkommen. Nachmittags nach San Miniato. Oben eine entzückende Aussicht. Kirchhof nicht schön; Marmor alles, aber eben so kalt wie dieser. Eis. Gepackt. Engel erhalten.

Sonnabend Padova 27te April. Heut morgen 8 Uhr Florenz verlaßen; Engländer Familie nette Leute, süddeutscher Maler aus Rom v[on] Schweinfurth[165], Vetter des Afrika Reisenden[166] (mit Neger Knabe in Tivoli). Um 4 Uhr in Padova angekommen, gegeßen, durch die Stadt gewandert, die ähnlich wie Bozen längs den Straßen Bogengänge im Parterre der Häuser hat. Piazza dei Frutti u[nd]

159 Giralomo Savonarola (1452–1498), Mönch, Bußprediger.
160 Beatrice Cenci (1577–1599), römische Patrizierin, Vatermörderin aus Notwehr; zahlreiche literarische Verarbeitungen des Stoffes, u. a. von Marie-Henri Beyle gen. Stendhal 1839, Alexandre Dumas 1840, Adolphe de Custine 1853.
161 Infrage kommen zahlreiche Gemälde von Raffaello Sanzio.
162 Gemälde-Kopie nicht identifiziert.
163 Santa Maria del Carmine, Kapelle Brancacci.
164 Theodor Mommsen (1817–1903), Römische Geschichte, Leipzig 1854/56.
165 Ernst Schweinfurth (1818–1877), Maler.
166 Georg Schweinfurth (1836–1925), Afrikaforscher.

delle Erbe schön, malerisch, erinnert an Verona. Abends Eis mit Maler in dem sehr großartigen Kaffe. Käthe jetzt zu Bett. Morgen früh soll's nach Bozen gehen.

[Zweiter Teil von Käthe Brancos Hand:]

[45] Bozen. Schweren Hauptes ruht der alte
Berg auf seinen felsgen Massen
Eingehüllt die mächtgen Glieder
In des Nebels zartes Blau.

Neapel. Heut saust der Wind, der Regen schlägt an die Fenster
u[nd] das Meer wirft immer mit regelmäßigem
Schwappen die großen Wellen ans Land.
(Wohnung an der Mergellina 4 Treppen hoch.)

———

Der Weg von Rom nach Neapel zeichnet sich durch die düstere Stimmung von Felsen u[nd] Einöde aus. Dazu trüber Himmel und es wird Einem bang um die Menschen, deren Wohnungen da verlassen am Steinabhang liegen. Die Berge unbewachsen von Felsrutschen durchfurcht, haben die noblen ernsten Formen der Sabiner.[167] Das sind die alten Volskerberge u[nd] die erste Stadt die man sieht, wächst aus den Felsen, Haus über Haus gethürmt u[nd] grau zerfallen wie der der Fels selbst – unwirthlich – doch kühn u[nd] malerisch von klassischen Linien. So liegen alle dort, so auch auf der höchsten Spitze oben ein Kloster, noch neu u[nd] noch bewohnt. Oft schiebt sich aus der Kette der Andern ein Berg von **[46]** grauem Steingeröll, einförmiger Kegel ohne Grashalm, ohne Moos – todt wie die Welt vor Erschaffung der Pflanzen. – Auch Lavaschichten u[nd] seltsame Formationen des Terrains sieht man da. Wohl ists erstaunlich wenn die Berge sich zurückziehen u[nd] man von da in die Ebene Capuas fährt: „Die Wege des Herrn triefen von Fett“[.][168] Die Saat erdrückt sich schier, die Oliven tragen noch Reben, die Erde ist schwarzlila u[nd] beackert wie ein Garten – kein Steinchen, kein Unkraut, keine Vertiefung. Nun kommt ein Städtchen – weiß von Stein, auf dem Dach die Treppe die zum Garten führt – da oben hängt ein Orangenzweig über, der hat wohl 100 dicker Goldfrüchte – daneben Zitronen. Die Wirthschaftshöfe mit Asphalt gepflastert sauber. Nun zieht sich durch schwarzen Acker u[nd] grüne Saat die schneeweiße Landstraße. Drauf rasseln lustig Eselgefährte 6, sieben hintereinander mit bunten Buscheln u[nd] Schellen u[nd] viel

167 Sabiner Berge, Randgebirge des Abruzzischen Apennin.
168 Zitat nach Psalm 65, 11–12.

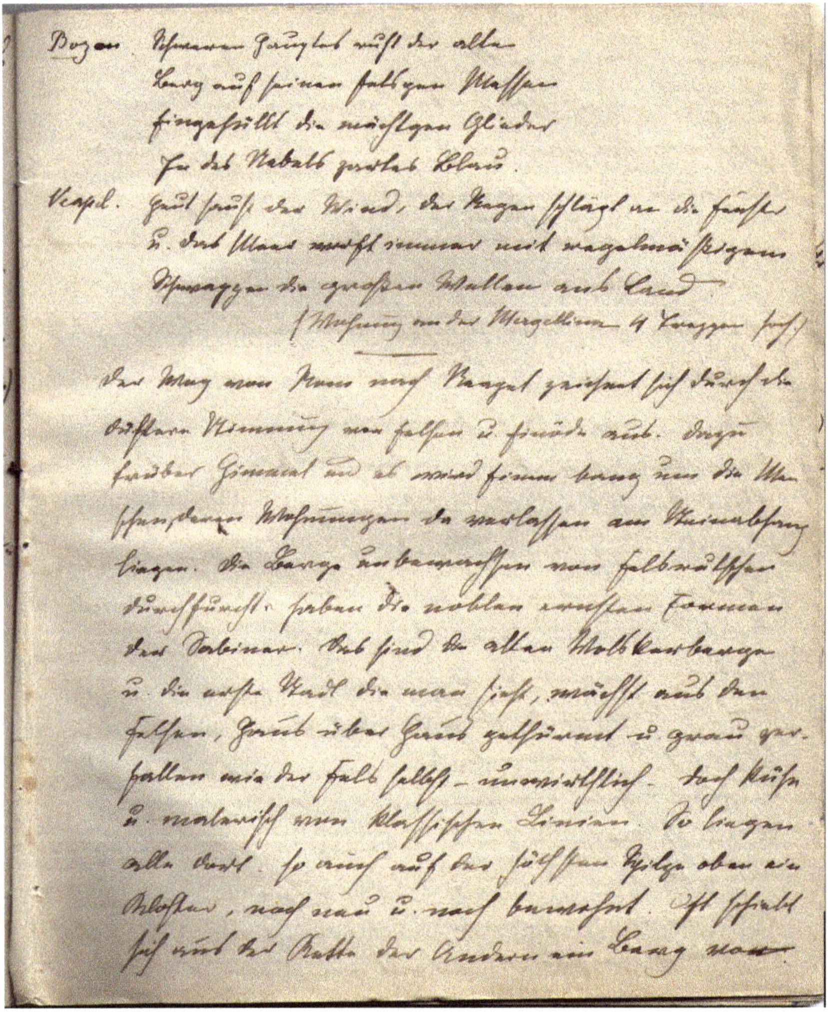

Abb. 45: Seite aus dem Tagebuch der Hochzeitsreise nach Italien (1872), Handschrift Käthe Branco

Menschen drauf nach Caserta zu. Die Straße ist weiß. Die Häuser sind weiß. Der Berg mit seiner verwitterten Kruste bildet den ruhigsten grauen Hintergrund – im Innern ist er auch weiß, wie die Steinbrüche zeigen, die sich gut machen.

[47] Mit der Zeit hören diese Berge auf, die Oliven werden viel höher, fast schattig u[nd] elegant wie unsere Bäume. Sie decken die Aussicht doch sieht man dahinter blau einen neuen Berg – das ist der Monte somma und man sieht daran klebend ein kleines weißes Wölkchen was nach der Windrichtung verweht – das ist er, der Vesuv. Nun scheint die Abendsonne rosig golden auf Bäume u[nd] Häuser u[nd] jener Berg bezaubert durch seine wunderschönen Riefen u[nd] Furchen u[nd] die tiefblauen Schatten darin. Immer heller wird die Plaine besäet mit weißen Häuschen – fern fern noch der Schatten von Capri über der Ebene. Darüber fällt der Vorhang in Gestalt einer Wagenreihe – wir fahren in den Bahnhof von Neapel.

Rom. Libertá, Capitale, Fanfulla!![169]
Phospori di cera![170]

Die Hinterhöfchen mit Brunnen, die Drähte mit Flaschenzügen, an denen die Eimer hinab rasseln[.] Die Wäsche wirft Schatten. Ganz oben zieht ein Mädchen ihren Eimer herauf. Er tröpfelt. Das Haus hat königsblaue Fensterladen.
Die Lorbeerbüsche sind Tizians Hintergrund.
[48] Rom. Via Laurina 27 entzückende Platform mit Aussicht.
- Die Uebereinanderthürmung von Gebäuden im Vatikan! Ueber 5 Stock wieder ein Hof u[nd] neue Häuser.
- Die Kirche an Via sacra mit alter Mosaik i[n] d[er] Apsis.
- Die Kettchen oder Kördelchen die zur Thür heraus hängen anstatt Klingelzug! Die Lampe mit der die Wirthin leuchtet!
- Auch wenn man auf dem Ponto Sisto steht sind da Häuser mit schwebenden Gärten über dem Wasser u[nd] Balkons hoch oben u[nd] Leben u[nd] Treiben u[nd] Wäsche u[nd] Blumen.

Ombra di latte! Caffee nero![171]
Venedig Sono aperti i bagni nel albergo Bauer![172]

Bismark braun – rothe u[nd] lila Seide machen sich in d[er] Abendsonne der Riviera sehr gut.

169 La Libertá, La Capitale, Il Fanfulla: Titel dreier römischer Zeitungen.
170 Wachsleuchten.
171 Kaffee mit wenig Milch! Schwarzer Kaffee!
172 Die Bäder im Gasthof Bauer sind geöffnet!

Rom Ghetto im Gewölbe bei den Juden auf alten Kleidern, Teppichen, Goldfranzen.

„Che vuole dare?" Quanto fa?

„Eh 250." Ha, Ha, non piu?

„Ma é bello." Si, é bello, ma cosi antico!

„Signore, vede, questo anche é molto antico."

[49] Rom. Ah si! (Loch) troppo antico!

„Sente, signore, per queste due – vuol ella dare 140?" Non é possibile. Mai![173]

Nun Lärm u[nd] Gezänk entre eux.

Frau Voss zur Alten: Ma signora, avete bello visto. si parlate cosi forte, si fato male![174] Alte lacht, drückt ihr die Hand.

Alles steckt voll Kindern, Weibern. Voss sagt: Fate andare queste gente![175]

– – – – – –

Napoli. Gleichet doch nichts auf der Welt dem lieblichen Busen von Bajä.

Florenz. In Florenz wird Einem das Mittelalter so lebendig wie in Rom die Antike. Sieht man nicht Marc Aurel auf dem Capitol – man sieht Cosmo vor Palazzo vecchio man geht in den Borgello – den alten Palast der Podestà man sieht die gothischen Hallen bemalt mit Wappen, man studiert sich heraus: f o r z a. Sie haben eine Geißel s c a l a, eine Leiter – andere drei Dolche. Branco sagt: [„]Ich würde doch an Stelle solches Königs v[on] Italien mir einen dieser Paläste zur Wohnung nehmen u[nd] dann zu meinem Hofstaat sagen: Na, Kinder, kommt. Heut Nachmittag trinken wir im Säulenhof Kaffee u[nd] dann schlagen wir uns ein bischen mit den Streitkolben."

[50] Man kommt ins Kloster San Marco – zuerst ins Refectorium zum Abendmahl Ghirlandajos[176], was das schönste u[nd] würdigste aller Abendmahle ist, die ich kenne – von enormer Wirkung Farbe tief u[nd] ernst. Orangenbäume die über die Mauer schauen im Hintergrund so schön u[nd] reich. Man kommt vom Kreuzgang hinauf wo längs der langen Gänge die Zellen offen stehen – alle leer

173 Was wollen Sie geben? Was kostet es? / Äh - 250. Ha, ha, nicht mehr? / Aber es ist schön. Ja, es ist schön, aber so alt! / Mein Herr, schauen Sie, dies ist auch sehr alt! / Aber ja! Zu alt! / Hören Sie, mein Herr, für diese zwei will sie 140 zahlen? Das ist nicht möglich. Nie!

174 Meine Dame, Sie haben Schönes gesehen. Wenn Sie so heftig sprechen, tun Sie Unrecht!

175 Lass diese Leute gehen (richtig: questa).

176 Domenico Ghirlandaio (1449–1494), Das letzte Abendmahl, 1480.

u[nd] weiß; in jeder hat Fra Angelico[177] ein Freskobild gemalt zur Freude des Bewohners. Wohl dem, auf den die Verkündigung traf u[nd] Christus als Gärtner – sie sind viel besser als die düstern der Kreuzigung etc[etera]. In 3en hängen kleine herrlich ausgeführte Tabernakel. Man kommt in die Bibliothek. Schön dunkles Holzwerk. Gewölbe sehr einfach – die Kreuzbänder grün auf weiß. Die Bücher hinter Gittern – eine Reihe der schönsten Folio missales mit Noten u[nd] Malerei. Man denkt das ganze Klosterleben zu kennen, wenn man noch die 2 Zellen Savonarolas sein Stuhl, Schreibpult mit Büchern sieht – ganz ungestört durch die Welt, diese alten Gelehrten.

Santa Maria Novella Hohe schöne, goth[ische] Kirche. Halbdunkel stark – schöne Fenster wie in Croce. Am schönsten von Allem der Chor – unten alles dunkel von prachtvollem geschnitztem Holzwerk, drüber die bunten Fenster u[nd] in Colonnen die Fresken v[on] Ghirlandajo, die von allen Fresken in Florenz die schönsten sind.

[51] In der Akademie bekommt man große Freundschaft für Fra Angelico; die reizende einfache Art zu erzählen, wahrhaft einfältigen Sinnes, lieb u[nd] anmuthig. Danach macht mir vor Allem Ghirlandajo Eindruck zuerst die Fresken in Maria Novella. Der Ernst, das würdige Leben ist so großartig. Von Sandro Botticelli[178] haben wir das Schönste in den Uffizien gesehen – viel Männerporträts die so kräftig u[nd] herrlich. Wunderschön rein sind seine Engel; Madonna und Kind bekanntlich bleich, lederhaft mit pulpigen Nasen. Viel Phantasie in mytholog[ischen] Darstellungen – interessant. Credi[179] ist sehr warm und einfach schön in der Empfindung – „leicht schön zu finden". – Reines sehr helles Gesichtchen der Madonna mit zu hoher Stirn, volle aufgelöste dunkle rothe Haare. Die Stellung bei jeder Anbetung genau dieselbe v[on] Madonna u[nd] Kind – nur die andern wechseln. Farbe viel tiefer u[nd] ruhiger als alle Vorgänger.

Von Giotto[180] überraschend groß in d[er] Wirkung die Fresken in der Cappella dei Spagni. Von Fiesole das Schönste sein Weltgericht i[n] d[er] Akademie.[181] Rechts die Hölle so graulich lieb. Links der schönste Blumengarten mit Ringelreihen der Engel in Festkleidern – ganz reizend und wahrhaft unschuldig.

[52] Der Gang von den Uffizien zu Palazzo Pitti wie poetisch! geht gut ¼ Stunde. Erst soweit man sehen kann Kupferstiche – um die Ecke – noch Kupferstiche –, plötzlich zu beiden Seiten Fenster – man geht über den Arno (ponte vecchio) – da

177 Fra Giovanni da Fiesole gen. Fra Angelico (um 1395–1455).
178 Sandro Botticelli (um 1445–1510).
179 Lorenzo di Credi (1456/59–1537).
180 Giotto di Bondone (um 1270–1337).
181 Fra Angelico (wie Anm. 177), Das Jüngste Gericht, um 1431.

Alles Handzeichnungen bis hinten. Nun ein schmaler gewundener Gang: Porträts der Medici – er weitert sich – man glaubt in der Galerie zu sein – da sieht man plötzlich tief in einen niedern langen Corridor – ganz behängt mit Gobelins – er geht bergauf, bergab, windet sich u[nd] mündet in einen noch schmalern mit Aquarellen nach Vögeln u[nd] Blumen. kleine Fenster nach dem schönsten Garten, dick voll dunkler buschiger Eichen u[nd] hoher Cypressen (Boboli[182]) der mündet auf eine kleine Treppe u[nd] da steigt man hinauf in den Vorsaal der Galerie. Da ist wahrhaft mächtige Pracht. Bloß diese Rahmen zu sehen, so üppig geschnitten u[nd] vergoldet. (In Berlin ist nur der Eine um die Lavinia[183]). Ich suchte von Anfang an in jedem Saal La bella[184] – erst im letzten war sie, aber so schön, in ihrer Art so einzig wie die Venus v[on] M[ilo][185]. Sie hat ein blaues Kleid und grün farbene Aermel. Die Haare sind vorn golden roth, von hinten aber die Spitzen die ganz hellblond sind wieder nach vorn genommen u[nd] wie ein hellgoldener **[53]** Schmuck über den Kopf gelegt. Nichts reizender als wie die kleine weiße Krause im Kleid zart um die zarte Brust herum geht. So würdevoll steckt die kleine Frau in dem großen Kleide. Sie ist dieselbe die in Venedig im Pelz steht.

Danach ist das schönste ein unbekanntes Bild venetianischer Schule[186] – Tizian gleich an Pracht der Kleidung u[nd] Zauber des Köpfchens. – Ganz in reichen weißen Stoffen mit dunklen milden Augen u[nd] dunklen Haaren – unbeschreiblich reizend. (Man sagt es sei dasselbe Gesicht wie Raffaels Sixtina[187]) Dann Porträts unzählbar. Von Tizian – Hyppolite Medici rothes Gewand, kühne Feder auf dem Barret, dunkles stolzes träumerisches Gesicht.[188] Bronzino – Cosimo I mit seinen Glotzaugen u[nd] kurz geschornem Sträflingshaupt.[189] Rafael – Leo X und Julius II, Mad[onna] della Sedia – Mad[onna] al baldachino.[190] Murillo Madonna – gutes vernünftiges, liebes Gesicht.[191] Van Dyk Carl I u[nd] seine Gemahlin

182 Boboli-Garten, mit Freilichtmuseum der Gartenskulptur.

183 Tiziano Vecelli (wie Anm. 44), Lavinia mit Fruchtschale, um 1555.

184 Wie Anm. 44.

185 Venus von Milo: Statue der Göttin Aphrodite, Ende 2. Jh. v. Chr.

186 Richtig: Raffaello Sanzio (wie Anm. 42), Ritratto di donna (La Velata), um 1513/16. Die Zuschreibung war bis Ende des 19. Jhs. ungewiss; vgl. L. Dussler, Raffael, S. 30 f; Raffaello a Firenze, S. 174–182.

187 Raffaello Sanzio (wie Anm. 42), Sixtinische Madonna, 1512.

188 Tiziano Vecelli (wie Anm. 44), Ippolito d'Medici, 1533.

189 Agnolo Bronzino (wie Anm. 55), Cosimo I. d'Medici, 1545.

190 Raffaello Sanzio (wie Anm. 42), Papst Leo X., 1517/19; Papst Julius II., 1511; Madonna della Sedia, 1513; Madonna del Baldacchino, 1506/08.

191 Bartolomé Esteban Murillo (1617–1682), Madonna mit Kind, 1638; oder Madonna del Rosario, um 1650.

Buckingham.[192] Lorenzo Lotto 3 Lebensalter herrlich – venetianisch.[193] Giorgione Frauenporträt[.][194] A[ntonio] del Santo Er u[nd] seine Frau[.][195]

Die Kirchen. Santa Croce Ueberraschend frei groß u[nd] schön die Gewölbe. Fenster in d[er] Apsis bis unten – prachtvolle Glasmalerei schönste Wirkung dazu die marmornen Denkmäler. Dantes besonders. Viel Kapellen mit Giotto Fresken.[196] **[54]** Santa Annunziata am Findelhaus mit den leichten Säulengängen ebenso Hof mit Fresken von Sarto.[197] Decke Goldfachwerk – röm[ische] Basilika.

Dom = Maria del Fiore groß, hoch u[nd] kahl – nur die Fenster, die zu schmal sind prächtig bunt.

Baptisterio = San Giovanni. Pantheon Kuppel – Goldmosaik wenig Licht – das blendend.

Or San Michele (die quadratische) herrlich gothisch. Tabernakel v[on] Orcagna[198] eine Hälfte einnehmend in der andern auf steilem Postament, die Mutter, Jungfrau u[nd] bambino in Marmor – sehr schön. Fenster nur oben bunt aber da strahlend u[nd] wundervolle reiche gothische Steinarbeit. – –

[Eingeklebter Zettel von Wilhelm Brancos Hand:]

Tiefe Fensternische mit kleinen runden Scheiben. Holz Sitze drinnen. Wand der Nische mit Mosaik ausgelegt. Thüren mit Nägeln beschlagen oder belegt mit Holz Schnitzerei wie ein gothisches Fenster. Holzbekleidung unten im Zimmer.

[Darunter von Käthe Brancos Hand:]

„Wenn ich dir das aber so hübsch einrichte mußt du auch lange leben, sonst lohnt sichs nicht!"

192 Anthonis van Dyck (1599–1641), Doppelporträt König Karls I. von England und seiner Gemahlin Henrietta Marie, vor 1632. – Buckingham: Name oder Titel nicht identifiziert.

193 Die drei Lebensalter: früher Lorenzo Lotto (um 1480–1556) zugeschrieben, jetzt Giovanni Bellini (um 1437–1516).

194 Giorgione da Castelfranco (um 1483/85–1510), Frauenporträt nicht identifiziert.

195 Antonio del Santo (Santi)(um 1670–1700), Doppelporträt nicht identifiziert.

196 Giotto di Bondone (wie Anm. 180) und seine Schule, Fresken in Santa Croce, 1315/20.

197 Andrea del Sarto (wie Anm. 78), Fresken in Santissima Annunziata, 1510.

198 Andrea di Cione gen. Orcagna (um 1308-um 1368), Tabernakel in Or San Michele, 1359.

[Zweispaltige Liste von Käthe Brancos Hand:]

[55] Was wir gekauft haben:

Gemälde	Pabst	50 Fran[cs]	
	Madonna	80 }	
	Sybille	60 }	
	Amor u[nd] Engel	115	
	Spanier	80 }	
	Salv[ator] Rosa	20 }	
	Landschaft	30	
	Restauration der Bilder	62	
	2 schwarze Rahmen	60	
	Rahmen d[er] Landsch[aft]	50	
	Rahmen d[er] Madonna	30	
	Copie der Engel	103	
			740
	Museo burbonico	40	
	2 Miniaturen	15	
	Aquarell Capri	15	
	Aquarell Fechter	25	
	Aqu[arell] v[on] Pompeji	8½[199]	
	3 Aquarellen a 10	35[200]	
			138
Photographien in	München	4	
	Verona	7	
	Venedig	26	
	Rom	21	
	Rom	38	
	Neapel	6	
	Florenz	15	
			117

199 In der Addition wurde ½ vernachlässigt.

200 In der Liste wurde 35 korrigiert aus 30.

	Meduse f T. Betty[201]	40	
		1035	
		1365	
		2400	Francs.[202]

	Iside v[on] Marmor	125	
	Kassette	180	
Broncen	Narcisso	200	
	Agosto	100	
	Pompejo	76	
	Dreifuss	75	
	Venus	15	
	Storchlampe	14	
	dito	14	
	Eule	4	
	kl[eine] Venus	4	
	Judenlampe	4	
	Christenlämpchen	10	
	Diana v[on] Ephesos	80	
	2 Messinglampen	15	
			916
Terra cotta	Minerva	4	
	Discobolos	10	
	5 kl[eine] Vasen	12	
	6 in Neapel	27	
			53
Venedig Ampel		40	
	2 Spiegel	120	
	Schmuckkästchen	12	
	Hörner	30	

201 Für Tante Betty; vgl. Anm. 38.

202 Zusammenrechnung auf der linken Spalte unten, mit Übertragungsfehler bei der Zwischensumme der rechten Spalte: Richtig wäre 1.367, gesamt also 2.402.

Stoffe	Decke	90		
	seiden Kleid	60		
	2 Schürzen	28		
	3 Thürgriffe	18		
			398	
		1367		

[Fünf Blätter herausgeschnitten. Folgt Rest einer Liste von Wilhelms Hand, die letzten drei Zeilen von Käthe:]

[56] Caesars Bauten. Sein Forum m[it] d[em] T[empel] der Venus Genitrix; Theater d[es] Marcellus gebaut; den Circus maximus erweitert; Tempel der Concordia ihm geweiht; Basilica u[nd] Curia Julia im Verein mit Augustus gebaut.
Octavius. Portikus für seine Schwester Octavia (Frau des Antonius.) Agrippa (…)[203] baute unter ihm die Thermen des Agrippa.
Pÿramide des Cestius aus dieser Zeit.
Rostra nova als Denkmal für Octavius Seesieg bei Actium (über Antonius) gebaut. Obelisk auf P. Popolo (a[us] d[er] Z[eit] des Sesostris.) Obelisk auf Monte Citorio (sein alter Platz) von Psammetich. Theater des Marcellus, seines Neffen. Tempel des Mars Ultor an der Mauer. Balbus Privattheater.
Tiber Carcer Mamertimus vergrößert – Lager der Prätorianer.
Villa in Tusculum.
(Geschichte d[es] röm[ischen] Kaiserreichs v[on] Ampère.)[204]

[Letzte Seite: Bruchstück einer Liste von Käthe Brancos Hand:]

[57] Station der Feuerwächter

Freitag[205]	nach Villa Pamfili
Sonnabend	Porta maggiore, Lateran u[nd] San Clemente. Via latina
Montag	Conservatorenpalast u[nd] Ara Cöli. Villa Ludovisi
Mittwoch	San Pietro in vincoli (Moses) Titus Thermen
Donnerstag	Diocletians Thermen
Sonnab[end]	Villa Borghese u[nd] Sta Maria del Popolo
Donnerst[ag]	Palazzo Corsini

203 Ein überschriebenes Wort in runden Klammern unlesbar.
204 Wie Anm. 48.
205 1. März 1872.

Freitag	Palazzo Farnese, Sta Maria della Pace
Sonnab[end]	San Lorenzo u[nd] Campo santo
Montag	San Agostino. San Paolo. Maria della Pace.
Dienstag[206]	Villa Albani

206 12. März 1872.

Anhang

Lebenslauf Wilhelm Branco in Daten

1844	9. September	Geboren in Potsdam
…	…	Schüler an der Garnisonschule in Potsdam
1848	21. Mai	Geburt des Bruders Friedrich in Potsdam
1848	30. Mai	Tod der Schwester Margarethe in Potsdam *(geb. 12.12.1842)*
1854	Ostern	Schüler an der Herrnhuter-Schule Gnadenberg bei Bunzlau (Schlesien)
1857	Ostern	Schüler am Maria-Magdalenen-Gymnasium in Breslau *(bis 27.3.1863)*
1863	Dezember	Fähnrichs-Examen in Berlin
1864	1. Januar	Einberufung zum 24. Infanterie-Regiment in Neu-Ruppin *(Militärdienst bis 3.7.1864)*
1864	April	Teilnahme am Krieg in Dänemark (Düppeler Schanzen)
	…	Lazarett-Aufenthalte in Flensburg und Merseburg
	Juli	Rückkehr nach Potsdam
		Landwirtschaftlicher Volontär auf Gut Dahlem bei Berlin
1865	Sommer	Fußreise in den Harz
		Bekanntschaft mit Katharina (Käthe) Helmholtz in Dahlem
1866/67		Studium an der Landwirtschaftlichen Akademie Eldena *(2 Semester)*
1867	August	Volontär auf Gut Camitz bei Tribsees
1868	1. Juni	Volontär auf Gut Madlitz bei Briesen
1869	1. März	Inspektor auf Gut Voigtsdorf bei Bärwald
1870	1. April	Volontär-Verwalter auf Gut Spandienen bei Königsberg *(bis Ende November)*
1870/71		Studienreise und Aufenthalt in Italien *(Ende November 1870 bis April 1871)*
1870	28. November	Tod des Vaters in Rom
1871	April	Rückkehr nach Potsdam
1871	Sommer	Volontär in Dahlem
		Verlobung mit Katharina (Käthe) Helmholtz
1872	15. Januar	Hochzeit mit Katharina (Käthe) Helmholtz

	Januar - Mai	Hochzeitsreise in Italien
	Mai (?)	Kauf des Gutes Kade bei Genthin
1873	18. April	Geburt der Tochter Edith in Kade
	…	Verkauf des Gutes Kade
1873/74		Aufenthalte in Berlin, München, Bad Reichenhall, Montreux
1874	Ostern	Studium der Landwirtschaft in Halle *(1 Semester)*
	Oktober	Umzug nach Heidelberg
1874/75		Studium der Naturwissenschaften in Heidelberg *(Immatrikulation 24.10.1874)*
1876	29. Februar	Promotion (Dr. phil.) in Heidelberg
	1. April	Assistent am Mineralogischen Institut der Universität Heidelberg
	…	Aufenthalte in Baden-Baden und Dahlem
	September	Umzug nach Rom
	…	Mitarbeiter am Physiologischen Institut der Universität Rom
1876/77	Winter	Forschungsreise in der Provinz Frosinone
1877	März	Rückkehr nach Dahlem
	25. April	Tod der Frau Käthe in Dahlem
	Sommer	Studium der Paläontologie in Berlin *(1 Semester)*
	Herbst (?)	Forschungsreise in Lothringen
1877/78		Aufenthalte in Metz und Straßburg
1878	Sommer	Assistent am Geologisch-Paläontologischen Institut der Universität München
1879	Sommer	Forschungsreise in Südfrankreich
1880	Sommer	Rückkehr nach Berlin
		Bekanntschaft mit Pauline (Paula) Kirchhoff
	11.-14. August	Tagung der Deutschen Geologischen Gesellschaft in Berlin
1881	9. April	Habilitation an der Universität Berlin
	22. April	Verlobung mit Pauline (Paula) Kirchhoff
	12. Juli	Hochzeit mit Pauline (Paula) Kirchhoff
	Juli-September	Hochzeits- und Studienreise nach Sachsen, Bayern, Italien
	1. Oktober	Dozent an der Technischen Hochschule Aachen
1882	1. Oktober	Landesgeologe an der Preußischen Geologischen Landesanstalt Berlin und Privatdozent an der Universität Berlin *(bis 31.3.1887)*

1885	7. Mai	Geburt des Sohnes Gerhard in Berlin
1887	20. April	Ordinarius an der Universität Königsberg *(bis 30.9.1890)*
	17. Oktober	Tod des Schwiegervaters Gustav Robert Kirchhoff
1890	1. Oktober	Ordinarius an der Universität Tübingen *(bis 1.4.1895)*
1891	12. Februar	Ehrenpromotion (Dr. rer. nat. h. c.) in Tübingen
1894	27. Februar	Tod der Mutter in Bernau
	8. September	Tod des Schwiegervaters Hermann v. Helmholtz
1895	7. Januar	Nobilitierung in Württemberg („von Branco")
	1. April	Abschied von der Universität Tübingen
	Juni	Kauf des Gutes Neparmitz auf Rügen
	15. Oktober	Ordinarius an der Landwirtschaftlichen Akademie Hohenheim
1899	1. April	Ordinarius an der Universität Berlin und Direktor des Geologisch-Paläontologischen Instituts und Museums Berlin
	18. Dezember	Mitglied der Preußischen Akademie der Wissenschaften zu Berlin
1900	7. Februar	Ernennung zum Geheimen Bergrat
1902	Ostern	Reise nach Italien (?)
	...	Verkauf des Gutes Neparmitz
1906	Sept./Okt.	Familienforschungsreise nach Cannobio (Lago Maggiore)
1906	29. Dezember	Amtliche Änderung des Familiennamens („Branca")
1909–13		Organisation der Tendaguru-Expedition in Deutsch-Ostafrika
1911	...	Reise nach Cannobio
1913	...	Ehrenbürgerschaft von Cannobio
1916	29. August	Tod des Bruders Friedrich (Fritz) in Potsdam
1917	1. April	Emeritierung
1918	...	Übersiedelung nach München
1926	1. Februar	Ehrenpromotion (Dr. rer. nat. h. c.) in Heidelberg
1928	12. März	Tod in München

Bibliografie Wilhelm Branco/Branca

Als Anhang zum Nachruf der *Preußischen Akademie der Wissenschaften* auf Wilhelm Branca findet sich ein „Verzeichnis der wissenschaftlichen Veröffentlichungen".[1] Die Liste umfasst 90 Titel (Monografien, Zeitschriftenbeiträge, Nekrologe, Literaturberichte), ist unvollständig und in vielen Details fehlerhaft. Einige Titel daraus waren zu streichen, da sie tatsächlich nur kurze Hinweise auf Redebeiträge sind.

Hans Reck listet in seinem Nachruf 34 Titel „Vulkanologische Schriften" Brancas auf. Auch von denen sind mehrere nur Hinweise auf Diskussionsbeiträge.[2]

Insgesamt 72 Veröffentlichungen von Branco/Branca umfasst die Kartei der Paläontologie-Bibliothek des *Museums für Naturkunde Berlin*, meist mit rudimentären bibliografischen Angaben. Für die folgende Bibliografie war in jedem Einzelfall eine Autopsie erforderlich, um korrekte Daten zu erlangen.

Eine Durchsicht der infrage kommenden wissenschaftlichen Zeitschriften und Internet-Recherchen in den Bibliotheks-Portalen förderten weitere Titel zutage. Zahlreiche Aufsätze wurden seinerzeit auch als Sonderdrucke (teils mit eigener Paginierung) verbreitet; die werden in der folgenden Liste mit wenigen Ausnahmen nicht verzeichnet.

Nicht aufgenommen wurden Rezensionen und die zeitweise von Branco verantworteten „Literaturberichte" oder „Referate" (Titelanzeigen, Inhaltsangaben oder Besprechungen) in Fachzeitschriften.[3]

Zu den geologischen und paläontologischen Arbeiten gehören in der Regel mehrere gesondert gezählte „Tafeln" (angehängte Blätter mit Zeichnungen oder Fotografien); die werden hier nicht eigens aufgeführt.

1 (J. F. Pompeckj), Gedächtnisrede des Hrn. Pompeckj auf Wilhelm von Branca, in: Sitzungsberichte der Preußischen Akademie der Wissenschaften, Berlin 1928, S. CXIV-CXXXVII, hier S. CXXXIV-CXXXVII.

2 H. Reck, Wilhelm von Branca †, in: Zeitschrift für Vulkanologie, Bd. XII/1929-30 S. 1–7, hier S. 6 f.

3 Archiv für Anthropologie (darin: Verzeichnis der anthropologischen Literatur), Bd. 11/1879 S. 119–138, Bd. 12/1880 S. 137–153, Bd. 13/1881 S. 123–143: W. Branco, Zoologie in Beziehung zur Anthropologie mit Einschluss der tertiären Säugethiere [zuletzt: … mit Einschluss der fossilen Landsäugethiere]. Außerdem arbeitete Branco mit an den „Referaten" (Rezensionen) zur Paläontologie in: Neues Jahrbuch für Mineralogie, Geologie und Palaeontologie, Jg. 1882 ff.

Abkürzungen:

Abhandlungen KPAW	Abhandlungen der Königlich Preußischen Akademie der Wissenschaften zu Berlin
CMGP	Centralblatt für Mineralogie, Geologie und Paläontologie, Stuttgart
NF	Neue Folge
NJMGP	Neues Jahrbuch für Mineralogie, Geologie und Palaeontologie, Stuttgart
Sitzungsberichte KPAW	Sitzungsberichte der Königlich Preußischen Akademie der Wissenschaften zu Berlin
JVVNW	Jahreshefte des Vereins für vaterländische Naturkunde in Württemberg, Stuttgart
ZDGG	Zeitschrift der Deutschen geologischen Gesellschaft, Berlin

1877

Die Vulkane des Herniker Landes bei Frosinone in Mittel-Italien. In: NJMGP Jg. 1877 S. 561–589.

I vulcani degli Ernici nella Valle del Sacco. In: Atti della R. Accademia dei Lincei 1876–77. Serie 3. Memorie della Classe di scienze fisiche, mathematiche e naturali Vol. I S. 801–817. Roma: Coi Tipi del Salviucci 1877.

Notiz über das Vorkommen des Muschelkalkes bei Altmersleben in der Altmark. In: ZDGG Bd. 29/1877 S. 511–514.

Herr W. Branco an Herrn W. Dames [Beobachtungen über den Jura in Lothringen]. In: ZDGG Bd. 29/1877, Briefliche Mitteilungen S. 841–843.

1879

Der untere Dogger Deutsch-Lothringens. (Abhandlungen zur geologischen Specialkarte von Elsass-Lothringen Bd. II H. I S. 1–160.) Straßburg: Schultz 1879.

1880/81

Beiträge zur Entwickelungsgeschichte der fossilen Cephalopoden. Theil I: Die Ammoniten. In: Palaeontographica. Beiträge zur Naturgeschichte der Vorzeit Bd. 26/1879-80 (= 3. Folge 2. Bd.) S. 15–51. Theil II: Die Goniatiten, Clymenien, Nautiliden, Belemnitiden und Spiruliden nebst Nachtrag zu Theil I. In: Palaeontographica. Beiträge zur Naturgeschichte der Vorzeit Bd. 27/1880-81 (= 3. Folge 3. Bd.) S. 12–81.

Beobachtungen an Aulacoceras v. Hauer. In: ZDGG Bd. 32/1880 S. 401–407.

Über die Verwandtschaftsverhältnisse der fossilen Cephalopoden. In: ZDGG Bd. 32/1880 S. 596–611.

1883

Über eine fossile Säugethier-Fauna von Punin bei Riobamba in Ecuador. Nach den Sammlungen von W. Reiss und A. Stübel bearbeitet. Mit einer geologischen Einleitung von W. Reiss. (Palaeontologische Abhandlungen, hg. von W. Dames und E. Kayser, Bd. 1 H. 2.) Berlin: Reimer 1883. 166 S.

1885

Über die Anfangskammer von Bactrites. In: ZDGG Bd. 37/1885 S. 1–9.

Über einige neue Arten von Graphularia und über tertiäre Belemniten. In: In: ZDGG Bd. 37/1885 S. 422–432.

Über eine neue Lepidotus-Art aus dem Wealden. In: Jahrbuch der Königlich Preussischen geologischen Landesanstalt und Bergakademie zu Berlin [Bd. 6] 1885 S. 181–200.

1886

Weissia bavarica g. n. sp. n., ein neuer Stegocephale aus dem Unteren Rotliegenden. In: Jahrbuch der Königlich Preussischen geologischen Landesanstalt und Bergakademie zu Berlin [Bd. 7] 1886 S. 22–39.

1887

Beiträge zur Kenntnis der Gattung Lepidotus. (Abhandlungen zur geologischen Specialkarte von Preußen und den Thüringischen Staaten Bd. VII H. 4.) Berlin: Schropp 1887. 85 S.

1889

Über das Gebiss von Lepidotus Koeneni Br. und Hauchecornei Br. In: Jahrbuch der Königlich Preussischen geologischen Landesanstalt und Bergakademie zu Berlin [Bd. 10]1889, Abhandlungen von außerhalb der Königl. geologischen Landesanstalt stehenden Personen S. 124–128.

1892

Ein neuer Tertiär-Vulkan nahe bei Stuttgart, zugleich ein Beweis, dass sich die Alb einst bis zur Landeshauptstadt hin ausdehnte. Anlage zu: Einladung zur Akademischen Feier des Geburtsfestes Seiner Majestät des Königs Wilhelm II von Württemberg auf den 25. Februar 1892. In: Tübinger Universitätsschriften aus dem Jahre 1891/92. Tübingen 1892. 68 S.

1893

Neue Beobachtungen über die Natur der vulkanischen Tuffgänge in der schwäbischen Alb und ihrem nördlichen Vorlande. In: JVVNW Jg. 49/1893 S. 1–20.

Das angebliche Wrack der Arche Noae nach des Berosus und anderer Mitteilungen. In: JVVNW Jg. 49/1893 S. 21–32.

1894/95

Schwabens 125 Vulkan-Embryonen und deren tufferfüllte Ausbruchsröhren; das grösste Maargebiet der Erde. Teil I in: JVVNW Jg. 50/1894 S. 505–997. Teil II und III in: JVVNW Jg. 51/1895 S. 1–337.

Schwabens 125 Vulkan-Embryonen und deren tufferfüllte Ausbruchsröhren, das grösste Gebiet ehemaliger Maare auf der Erde. Stuttgart: Schweizerbart 1894. (Separat-Abdruck aus „Jahreshefte des Vereins für vaterl. Naturkunde in Württemberg". Jahrgang 1894. 1895.) 816 S.

1896

Einige neuere Hypothesen über die Entstehung der Eiszeit. In: Naturwissenschaftliche Rundschau Jg. 11/1896 Nr. 38 S. 479–480, Nr. 39 S. 493–495.

1897

Über die Entstehung der vulkanischen Durchbohrungskanäle im Gebiete von Urach. In: JVVNW Jg. 53/1897 S. 13–27. *Nachdruck in: Jahreshefte der Gesellschaft für Naturkunde in Württemberg Jg. 149/1994 S. 593–607.*

Die aussergewöhnliche Wärmezunahme im Bohrloche von Neuffen verglichen mit ähnlichem Verhalten anderer Bohrlöcher. Mit einem Anhange von Professor Dr. A. Schmidt in Stuttgart. In: JVVNW Bd. 53/1897 S. 28–55.

Die menschenähnlichen Zähne aus dem Bohnerz der schwäbischen Alb. Teil II. Art und Ursache der Reduktion des Gebisses bei Säugern. Als Programm zur 79. Jahresfeier der K. Württembergischen Landwirtschaftlichen Akademie Hohenheim. Stuttgart: Schweizerbart 1897. VIII + 128 S.

Die menschenähnlichen Zähne aus dem Bohnerz der schwäbischen Alb. Teil I. In: JVVNW Jg. 54/1898 S. 1–144.

1898

Die menschenähnlichen Zähne aus dem Bohnerz der schwäbischen Alb. Teil I. II. (Sep. Abdruck aus „Jahreshefte der Vereins für vaterl. Naturkunde in Württ." 1898 [= Teil I] / Programmschrift der Akademie Hohenheim für 1897 [= Teil II]). Stuttgart: Schweizerbart 1898. 144+128 S. *Reprint Norderstedt: Vero 2015. 300 S.*

Wilhelm von Gümbel †. Nachruf. In: Naturwissenschaftliche Rundschau Jg. 13/1898 Nr. 33 S. 426–427.

Neue Beweise für die Unabhängigkeit der Vulcane von präexistirenden Spalten. In: NJMGP Jg. 1898 Bd. I S. 175–186.

1899

Das Salzlager bei Kochendorf am Kocher und die Frage seiner Bedrohung durch Wasser. Nebst einem Anhange, enthaltend eine Erwiderung. In: JVVNW Jg. 55/1899 S. 133–231 [dazu S. 471].

1900

Antrittsrede. In: Sitzungsberichte KPAW Jg. 1900 S. 679–696.

1901

(Mit Eberhard Fraas:) Das vulcanische Ries bei Nördlingen in seiner Bedeutung für Fragen der allgemeinen Geologie. In: Abhandlungen KPAW Jg. 1901, Physikalische Abhandlungen. 169 S.

(Mit Eberhard Fraas:) Beweis für die Richtigkeit unserer Erklärung des vulcanischen Ries bei Nördlingen. In: Sitzungsberichte KPAW Jg. 1901 S. 501–523.

1902

Der fossile Mensch. In: P. Matschie (Hg.), Verhandlungen des V. Internationalen Zoologen-Congresses zu Berlin, 12. - 16. August 1901. Jena: Fischer 1902, S. 237–261.

Wirkungen und Ursachen der Erdbeben. Rede am Geburtstage Seiner Majestät des Kaisers und Königs Wilhelm's II in der Aula der Königlichen Friedrich-Wilhelms-Universität zu Berlin am 27. Januar 1902. Berlin: Schade 1902. 117 S. *Reprint London: Ulan Press 2012. 192 S.*

Über die Ursachen der Erdbeben. [Schluss der Rede vom 27.1.1902.] In: Naturwissenschaftliche Wochenschrift NF Bd. I/1902 Nr. 40 S. 469–477.

Das vulcanische Vorries und seine Beziehungen zum vulcanischen Riese bei Nördlingen. In: Abhandlungen KPAW Jg. 1902, Physikalische Abhandlungen. 132 S.

1903

Die Gries-Breccien des Vorrieses als von Spalten unabhängige, früheste Stadien embryonaler Vulcanbildung. In: Sitzungsberichte KPAW Jg. 1903 S. 748–756.

Zur Spaltenfrage der Vulcane. In: Sitzungsberichte KPAW Jg. 1903 S. 757–778.

1904

Fragliche Reste und Fussfährten des tertiären Menschen. In: ZDGG Bd. 56/1904, Briefliche Mitteilungen S. 97–132.

Über H. Höfers Erklärungsversuch der hohen Wärmezunahme im Bohrloche zu Neuffen. In: ZDGG Bd. 56/1904, Briefliche Mitteilungen S. 174–182.

Alfons Stübel [Nachruf]. In: ZDGG Bd. 56/1904, Monatsberichte S. 189–192.

Karl Alfred von Zittel † [Nachruf]. In: ZDGG Bd. 56/1904, Nachrufe [= Anhang zu Monatsberichte] S. 1–7.

1905

Die fraglichen fossilen menschlichen Fussspuren im Sandsteine von Warnambool, Victoria, und andere angebliche Spuren des fossilen Menschen in Australien. In: Zeitschrift für Ethnologie Jg. 37/1905 H. 1 S. 162–172.

(Mit Eberhard Fraas:) Das kryptovulcanische Becken von Steinheim. In: Abhandlungen KPAW Jg. 1905, Physikalische Abhandlungen. 64 S.

1906

Die Anwendung der Röntgenstrahlen in der Paläontologie. In: Abhandlungen KPAW Jg. 1906, Physikalische Abhandlungen. 55 S.

1907

(Mit Eberhard Fraas:) Die Lagerungsverhältnisse Bunter Breccie an der Bahnlinie Donauwörth-Treuchtlingen und ihre Bedeutung für das Riesproblem. Nebst einem Beitrage von Dr. W. Schütze. In: Abhandlungen KPAW Jg. 1907, Physikalische Abhandlungen. 56 S.

Sind alle im Innern von Ichthyosauren liegenden Jungen ausnahmslos Embryonen? In: Abhandlungen KPAW Jg. 1907, Physikalische Abhandlungen. 34 S.

Die Eigenart der fossilen Säugetierfauna Patagoniens. In: Sitzungsberichte der Gesellschaft Naturforschender Freunde zu Berlin Jg. 1907 Nr. 1 S. 8–11.

Eine neue Art von Fußspuren fossiler Iguanodonten. In: Sitzungsberichte der Gesellschaft Naturforschender Freunde zu Berlin Jg. 1907 Nr. 1 S. 11.

Vulkane und Spalten. Geologicorum Conventus Mexico 1906. Mexico: Imprenta y Fototipia de la Secretaria de Formento 1907. (Callejón de Betlemitas núm. 8.) 46 S.

1908

Vorläufiger Bericht über die Ergebnisse der Trinil-Expedition der Akademischen Jubiläums-Stiftung der Stadt Berlin. In: Sitzungsberichte KPAW Jg. 1908 S. 261–273.

Nachtrag zur Embryonenfrage bei Ichthyosaurus. In: Sitzungsberichte KPAW Jg. 1908 S. 392–396.

Fossile Flugtiere und Erwerb des Flugvermögens. In: Abhandlungen KPAW Jg. 1908, Physikalische Abhandlungen. 49 S.

1909

Widerlegung mehrfacher Einwürfe gegen die von mir vertretene Auffassung in der Spaltenfrage der Vulkane. In: CMGP Jg. 1909 S. 97–113, 129–135.

1910

Der Stand unserer Kenntnisse vom fossilen Menschen. [1. Aufl.] Leipzig: Veit 1910. 112 S. *2. Aufl. Berlin / Leipzig 1919.*

Das geologisch-paläontologische Institut und Museum. In: Max Lenz (Hg.), Geschichte der Königlichen Friedrich-Wilhelms-Universität zu Berlin. Bd. 3: Wissenschaftliche Anstalten, Spruchkollegium, Statistik. Halle a. d. S.: Verlag der Buchhandlung des Waisenhauses 1910, S. 319–343.

Über die Abtrennung der Paläontologie von der Geologie. In: Naturwissenschaftliche Wochenschrift NF Bd. IX/1910 Nr. 8 S. 113–115.

1911

Bericht über den Verlauf der Hauptversammlung der Tendaguru-Expedition des königl. geologisch-palaeontologischen Instituts und Museums der Universität

Berlin am 14. Februar 1911. [Darin Rede von W. Branca.] Eigenpublikation. 8 S.

Über die Saurier des Tendaguru. Vortrag, gehalten bei Gelegenheit der Hauptversammlung der Tendaguru-Expedition des königl. geologisch-paläontologischen Instituts und Museums der Universität Berlin am 14. Februar 1911. In: Naturwissenschaftliche Wochenschrift NF Bd. X/1911 Nr. 18 S. 273–279.

Beleuchtung der abermaligen Angriffe W. Kranz' in der Spaltenfrage der Vulkanembryonen des Uracher Gebiets. In: CMGP Jg. 1911 S. 356–366, 387–400.

(Mit Eberhard Fraas:) Abwehr der Angriffe W. Kranz' gegen unsere, das vulkanische Ries bei Nördlingen betreffenden Arbeiten. In: CMGP Jg. 1911 S. 450–457, 469–477.

Herr Branca spricht über den gegenwärtigen Stand unserer Kenntnis vom fossilen Menschen. In: ZDGG Bd. 63/1911, Monatsberichte S. 145–151.

Viktor Uhlig † [Nachruf]. In: ZDGG Bd. 63/1911, Monatsberichte S. 385–396.

Meine Antwort auf Pater Wasmann's Erklärung. In: Biologisches Centralblatt Bd. 31/1911 S. 712–720.

Erdbeben. In: Deutsche Revue Jg. 36/1911 Bd. 3 S. 105–117, 200–212.

1912

Müssen Intrusionen notwenig mit Aufpressung verbunden sein? Mit kurzer Anwendung auf das vulkanische Ries bei Nördlingen. In: Sitzungsberichte KPAW Jg. 1912 S. 707–735.

Naturwissenschaft und Religion. In: Deutsche Revue Jg. 37/1912 Bd. 2 S. 282–293.

1913

Hypothesen über die Herkunft des Lebens. In: Deutsche Revue Jg. 38/1913 Bd. 4 S. 199–211, 332–341.

Aufpressung und Explosion oder nur Explosion im vulkanischen Ries bei Nördlingen? In: ZDGG Bd. 65/1913, Monatsberichte S. 245–278.

Über das Verhältnis der Geographie zur Geologie-Paläontologie und die Frage einer Teilung der Geologie-Paläontologie. In: ZDGG Bd. 65/1913, Monatsberichte S. 620–629.

Ziele vulkanologischer Forschung. Eine Begründung des Antrages der Berliner Akademie der Wissenschaften auf Internationalisierung der vulkanologischen Forschung. In: Sitzungsberichte KPAW Jg. 1913 S. 810–856.

Ein Wort über die Ries-Hypothesen. In: Jahres-Berichte und Mitteilungen des Oberrheinischen geologischen Vereines NF Bd. 3/1913 H. 1 S. 87–88.

Henry Potonié † [Nachruf]. In: Naturwissenschaftliche Wochenschrift NF Bd. XII/1913 Nr. 48 S. 753–757.

1914

Bisherige Ergebnisse der Untersuchung der von Dr. Reck in der Serengeti-Steppe, Deutsch-Ostafrika, ausgegrabenen Reste von Säugetieren. In: Sitzungsberichte KPAW Jg. 1914 S. 1164–1182.

Allgemeines über die Tendaguru-Expedition. In: Archiv für Biontologie Bd. III/1914 H. 1 S. 1–13. (Wissenschaftliche Ergebnisse der Tendaguru-Expedition 1909–1912. Erster Teil.)

Kurzer Bericht über die von Dr. Reck erzielten Ergebnisse im vierten Grabungsjahre 1912. In: Archiv für Biontologie Bd. III/1914 H. 1 S. 59–63. (Wissenschaftliche Ergebnisse der Tendaguru-Expedition 1909–1912. Erster Teil.)

Allgemeines über die Nebenergebnisse der Tendaguru-Expedition. In: Archiv für Biontologie Bd. III/1914 H. 1 S. 65–70. (Wissenschaftliche Ergebnisse der Tendaguru-Expedition 1909–1912. Erster Teil.)

Die Riesengrösse sauropoder Dinosaurier vom Tendaguru, ihr Aussterben und die Bedingungen ihrer Entstehung. In: Archiv für Biontologie Bd. III/1914 H. 1 S. 71–78. (Wissenschaftliche Ergebnisse der Tendaguru-Expedition 1909–1912. Erster Teil.)

Bericht über die mir zugegangenen Urteile der Fachgenossen, betreffend die in „Ziele vulkanologischer Forschung" von mir gemachten Vorschläge. In: Abhandlungen KPAW Jg. 1914, Physikalisch-Mathematische Klasse Nr. 2. 67 S.

Die Aufstellung der Halberstädter Saurier im Berliner Museum für Naturkunde. In: Palaeontologische Zeitschrift Bd. I/1914 S. 404–407.

1915

Berichtigungen zu O. Jaekels Aufsatz über die Frage einer Teilung der Geologie-Paläontologie. In: ZDGG Bd. 67/1915, Monatsberichte S. 153–158.

Die vier Entwicklungsstadien des Vulkanismus und die Frage seiner internationalen Erforschung. Öffentlicher Vortrag am Friedrichstage. In: Sitzungsberichte KPAW Jg. 1915 S. 59–76. *Reprint Berlin: de Gruyter 2017. 18 S.*

Einige Betrachtungen über die ältesten Säuger der Trias- und Liaszeit. In: Abhandlungen KPAW Jg. 1915, Physikalisch-Mathematische Klasse Nr. 5. 77 S.

Schutz den geologischen Naturdenkmälern. (Naturdenkmäler – Vorträge und Aufsätze, hg. von der Staatl. Stelle für Naturdenkmalpflege H. 9/10.) Berlin: Borntraeger 1915. 82 S.

1916

Über Paläontologische Hypothesen; Zwei gleichberechtigte Wege paläontologischer Forschung *und* Die Frage einer Teilung der Geologie-Paläontologie. In: CMGP Jg. 1916 Nr. 10 S. 243–253, Nr. 11 S. 277–287, Nr. 12 S. 300–312, Nr. 13 S. 325–336.

Das sogen. Sacralgehirn der Dinosaurier. Nachtrag zu S. 77, Bd. III, Heft 1. In: Archiv für Biontologie Bd. IV/1916 H. 1 S. 133. (Wissenschaftliche Ergebnisse der Tendaguru-Expedition 1909–1912.)

Ein Säugetier?-Unterkiefer aus den Tendaguru-Schichten. In: Archiv für Biontologie Bd. IV/1916 H. 1 S. 135–140. (Wissenschaftliche Ergebnisse der Tendaguru-Expedition 1909–1912.)

1917

Über die Bedeutung der magmatischen Erdbeben gegenüber den tektonischen. In: Sitzungsberichte KPAW Jg. 1917 S. 380–399.

1919

Der Stand unserer Kenntnisse vom fossilen Menschen. Zweite, veränderte Ausgabe mit einem Nachtrage von Dr. Hermann Stremme. Berlin / Leipzig: Vereinigung wissenschaftlicher Verleger 1919. X + 116 S.

(Mit Emanuel Kayser:) Zu welchen schweren Schäden führt eine übertriebene Betonung der Geologie in der Geographie? In: ZDGG Bd. 71/1919, Monatsberichte S. 30–44.

Einiges über die Entwicklung der Tierwelt. In: Deutsche Revue Jg. 44/1919 Bd. 4 S. 232–248.

1920

Einiges über das Werden des Menschengeschlechtes. In: Deutsche Revue Jg. 45/1920 Bd. 1 S. 161–171.[4]

4 In den Anmerkungen zu diesem Text werden zwei Titel „Schicksale der Zehen“ und „Schicksale der Zähne“ zitiert, als seien es eigene Aufsätze. So verzeichnet sie dann F. J. Pompeckj in seinem bibliografischen Anhang (wie Anm. 1). Tatsächlich

1927

Das bisherige Ergebnis der Rieshypothesen. In: Jahresberichte und Mitteilungen des Oberrheinischen geologischen Vereines NF Bd. XVI/1927 S. 85–129. *Dazu NF Bd. XVII/1928 S. 36: Zur Richtigstellung.*

handelt es sich nur um Abschnitte in dem Beitrag „Einiges über die Entwicklung der Tierwelt“ in: Deutsche Revue, Jg. 44/1919 Bd. 4 S. 239 und 243.

Literatur und Quellen

1. Literatur, gedruckte und digitalisierte Quellen

Adam, Karl Dietrich: Vom Wandel der Anschauungen in den Erdwissenschaften am Beispiel des Steinheimer Beckens (Württemberg). In: Annalen des Naturhistorischen Museums in Wien, Bd. 83/1979, S. 13–23.

Adreßbuch der Königlichen Residenzstadt Potsdam. Potsdam: Hayn 1907.

Adreßbuch der Ruprecht-Carls-Universität in Heidelberg. Winter-Halbjahr 1870/71 bis Sommer-Halbjahr 1875. http://digi.ub.uni-heidelberg.de/diglit/matrikel1872.

Adreß-Kalender für die Königl. Haupt- und Residenzstädte Berlin und Potsdam sowie für Charlottenburg auf das Jahr 1909. Redigiert im Bureau des Königlichen Ministeriums des Innern. 195. Jahrgang. Berlin: Heymanns 1909.

Akademie der Bildenden Künste München: Matrikelbuch 1841–1884. http://matrikel.adbk.de.

Allgemeine Deutsche Biographie. Hg. von der Historischen Commission bei der Königlichen Akademie der Wissenschaften [München]. Leipzig: Duncker & Humblot 1875–1912 [Nachdruck 1967–1971].

Allgemeiner Wohnungsanzeiger für Berlin, Charlottenburg und Umgebungen auf das Jahr 1850 (dgl. 1851 bis 1855). Jg. 30 bis 34. Berlin: Veit 1850–1855.

Allgemeiner Wohnungsanzeiger für die Königliche Residenzstadt Potsdam und Umgebung auf das Jahr 1863. [1. Jg.] Unter Mitbenutzung amtlicher Register hg. von C. W. Dirksen. Potsdam: Selbstverlag 1863.

Allgemeiner Wohnungsanzeiger für die Königliche Residenzstadt Potsdam und Umgebung auf das Jahr 1869. 7. Jg. Unter Mitbenutzung amtlicher Register hg. von C. W. Dirksen. Potsdam: Pusch 1869.

Allgemeiner Wohnungsanzeiger für die Königliche Residenzstadt Potsdam und Umgebung auf das Jahr 1875. 13. Jg. Unter Mitbenutzung amtlicher Register hg. von E. Thiele. Potsdam: Pusch 1875.

Allgemeiner Wohnungsanzeiger für Potsdam auf das Jahr 1849. Redigirt von dem Inspektor Schreiber. Potsdam: Janke 1849. ([Dazu:] Nachweis der einzelnen Häuser mit Hausnummern, Einwohnern und Eigentümern. Zusammengestellt 1974 von Ing. H. Fellen. Masch. vervielfältigt.)

Allgemeiner Wohnungsanzeiger für Potsdam und die nähere Umgegend auf das Jahr 1842. Redigirt von dem Königl. Polizei-Rath Winckler. Berlin: Veit 1842.

Allgemeiner Wohnungs-Anzeiger nebst Adreß- und Geschäftshandbuch für Berlin, dessen Umgebungen und Charlottenburg auf das Jahr 1856 (dgl. 1857 bis 1872). Jg. 1 bis 17. Berlin: Veit 1856–1872.

Altpreußische Biographie. Hg. im Auftrage der Historischen Kommission für ost- und westpreußische Landesforschung von Christian Krollmann, fortgesetzt von Kurt Forstreuter und Fritz Gause. Bde. I-III. Marburg: Elwert 1964–1975.

Alvermann, Dirk / Jörn, Nils / Modéer, Kjell Å. (Hg.): Virtus est satis hoc uno testificata libro. Festgabe für Manfred Herling. Münster / Hamburg / London: LIT 2003.

Amtliches Verzeichnis des Personals und der Studierenden der Königlichen Friedrich-Wilhelms-Universität zu Berlin. WH 1830/31 (1831) bis WH 1917/18 (1917). https://edoc.hu-berlin.de.

Ancestry Information Operations Unlimited Company: Geburts-, Heirats- und Sterberegister. Ausgewählte evangelische Kirchenbücher 1564–1971. http://search.ancestry.de.

(Anonym): Zur Geschichte der neuesten Lyrik. In: Blätter für literarische Unterhaltung, Jg. 1849, Bd. 1, Nr. 118 S. 469–471, Nr. 119 S. 473–475, Nr. 120 S. 477–478, Nr. 121 S. 481–483.

Arlt, Klaus: Die Straßennamen der Stadt Potsdam. Geschichte und Bedeutung. (Beiheft 1 der Mitteilungen des Vereins für Kultur und Geschichte Potsdams.) Potsdam: Verein für Kultur und Geschichte Potsdams / Studiengemeinschaft Sanssouci 2. Aufl. 2010.

Arnhold, Hermann (Hg.): Orte der Sehnsucht. Mit Künstlern auf Reisen. Regensburg: Schnell & Steiner 2008.

Bächtold-Stäubli, Hanns (Hg.): Handwörterbuch des deutschen Aberglaubens. (Nachdruck der Ausgabe Berlin / Leipzig 1927–1942.) Berlin / New York: de Gruyter 1987.

Baedeker, K(arl): Berlin, Potsdam und Umgebungen. Separat-Abdruck aus Baedeker's Nord-Deutschland. Leipzig: Baedeker 1. Aufl. 1878.

Baedeker, K(arl): Berlin und Umgebung. Handbuch für Reisende. Leipzig: Baedeker 16. Aufl. 1910.

Baedeker, K(arl): Berlin und Umgebungen. Handbuch für Reisende. Leipzig: Baedeker 7. Aufl. 1891.

Baedeker, K(arl): Italien. Handbuch für Reisende. Zweiter Theil: Mittel-Italien und Rom. Coblenz: Baedeker 3. Aufl. 1871; 4. Aufl. 1874; 6. Aufl. 1880.

Baedeker, K(arl): Oesterreich. Handbuch für Reisende. Leipzig: Baedeker 13. Aufl. 1868.

Baedeker, K(arl): Die Schweiz nebst den angrenzenden Theilen von Oberitalien, Savoyen und Tirol. Handbuch für Reisende. Leipzig: Baedeker 20. Aufl. 1883.

Baedeker, K(arl): Südbaiern, Tirol und Salzburg. Handbuch für Reisende. Leipzig: Baedeker 26. Aufl. 1894.

Baedeker, K(arl): Süddeutschland. Oberrhein, Baden, Württemberg, Bayern und die angrenzenden Teile von Österreich. Handbuch für Reisende. Leipzig: Baedeker 30. Aufl. 1909.

Baumstark, E[duard]: Die Königliche Staats- und Landwirthschaftliche Academie Eldena bei der Universität Greifswald. Mit einem Plane des Dorfes und des Gutes Eldena. Berlin: Wiegandt & Hempel 1870.

Bayertz, Kurt: Sozialdarwinismus in Deutschland. In: Charles Darwin und seine Wirkung, hg. von Eve-Marie Engels. (suhrkamp taschenbuch wissenschaft 1903.) Frankfurt a. M.: Suhrkamp 2009, S. 178–202.

Bayertz, Kurt / Gerhard, Myriam / Jaeschke, Walter (Hg.): Der Darwinismus-Streit. (Philosophische Bibliothek Bd. 619.) Hamburg: Meiner 2012.

Bayertz, Kurt / Gerhard, Myriam / Jaeschke, Walter (Hg.): Der Ignorabimus-Streit. (Philosophische Bibliothek Bd. 620.) Hamburg: Meiner 2012.

Bericht über den Verlauf der Hauptversammlung der Tendaguru-Expedition des königl. geologisch-palaeontologischen Instituts und Museums der Universität Berlin am 14. Februar 1911. Berlin: [Selbstverlag des geologisch-palaeontologischen Instituts und Museums 1911].

Berliner Adreß-Buch für das Jahr 1873 (dgl. 1874 bis 1920)[ab 1896: Adreßbuch für Berlin und seine Vororte, ab 1906: Berliner Adreßbuch]. Berlin: Beutner (bzw. Societät der Berliner Bürger-Zeitung bzw. Löwenthal bzw. Scherl bzw. Berliner Adreßbuch-Gesellschaft bzw. Scherl / Deutsche Adreßbuch-Gesellschaft] 1873–1920. [Vorläufer s. Allgemeiner Wohnungsanzeiger.]

Bettelheim, Anton (Hg.): Biographisches Jahrbuch und Deutscher Nekrolog. Bd. IV. Berlin: Reimer 1900.

Bill, Claus Heinrich: „Scheinadel" durch Annahme an Kindesstatt. Betrachtungen zum adelsrechtlichen Phänomen der Adelsadoptionen 1919 bis 1945. In: Nobilitas. Zeitschrift für deutsche Adelsforschung, Jg. X/2007, Folge 46 S. 58–103, Folge 47 S. 107–134.

Bock, Sabine / Helms, Thomas: Schlösser und Herrensitze auf Rügen. Mit einer Einführung von Norbert Buske. Bremen: Edition Temmen (1993).

Böhme, Gottfried: Otto Jaekel und das Museum für Naturkunde der Berliner Universität. In: Wissenschaftliche Zeitschrift der Ernst-Moritz-Arndt-Universität Greifswald, Mathematisch-naturwissenschaftliche Reihe XXXVIII/1989, H. 1-2, S. 18–21.

Bohlmann, Joachim: Die Deutschkonservative Partei am Ende des Kaiserreichs: Stillstand und Wandel einer untergehenden Organisation. Greifswald: Phil. Diss. 2011.

Bois-Reymond, Emil du: Über die Grenzen des Naturerkennens. Ein Vortrag in der zweiten öffentlichen Sitzung der 45. Versammlung Deutscher Naturforscher und Ärzte zu Leipzig am 14. August 1872 gehalten. Leipzig: Veit 1912.

Bowler, Peter J.: Evolution. Ein öffentlicher Streitfall seit 1859. In: Streitfall Evolution. Eine Kulturgeschichte, hg. von Angela Schwarz. Köln / Weimar / Wien: Böhlau 2017, S. 62–75.

Branca, Anne-Lise von: Gröbenzeller Chronik 1962. In: 10 Jahre Gemeinde Gröbenzell, hg. von der Gemeinde Gröbenzell. Gröbenzell: Selbstverlag (1962), S. 26–74.

Branca, Edith: Descartes Persönlichkeit in seinen Briefen. In: Herrn Geheimrat Professor Dr. phil. et H. LL. D. Alois Riehl zum siebzigsten Geburtstag. Kleine Abhandlungen von Schülern seines Seminars. Berlin: Selbstverlag 1914, S. 3–43.

Branca, Gerhard Frhr. von (Hg.): Die Blutsgemeinschaft im Großdeutschen Reich. Graz: Leykam 1939.

Branca, Gerhard Frhr. von: Geschichte der reichsfreien Republik Cannobio am Lago Maggiore. (Historische Studien H. 174.) Berlin: Ebering 1928.

Branca, Gerhard von (Hg.): Goethe. Die Leiden des jungen Werthers. Faksimile-Druck der ersten Ausgabe von 1774 nach dem Handexemplar der Herzogin Anna Amalia. Zum 150. Gedenkjahre von Goethes Wetzlarer Zeit mit den Porträts der Urbilder des „Werther" nach Briefen, Tagebüchern, Gemälden und Scherenschnitten des 18. Jahrhunderts. Weimar: Lichtenstein 1922.

Branca, Gerhard von: Das Haus der Vergangenheit. Roman. München: Reindl (1950).

Branca, Gerhard: Skizze einer Familiengeschichte der Branca. Berlin 1911 (masch.).

Branca, Gerhard Frhr. von: Der Staatsgedanke des Dritten Reichs. München / Berlin: Oldenbourg 1934.

Branca, Gerhard Frhr. von: Weg des Lebens. Gedichte und Novellen. Graz: Leykam 1938.

Branca, Gerhard von: Die Zwölf Apostel Legende. Mit sieben Zeichnungen von Hubert Wilm. München: Parcus 1922; 2. Aufl. 1923.

Branca, Wilhelm: s. Anhang: Bibliografie Wilhelm Branco/Branca.

Branco, Dilia Helena: s. Helena, Dilia.

Branco, Frider[icus] Guilelm[us] [= Friedrich Wilhelm]: De fractura mandibulae novaque ad eam sanandam adhibenda methodo. Berlin: Med. et Chir. Diss. 1823.

Branco, Wilhelm: s. Anhang: Bibliografie Wilhelm Branco/Branca.

Brauer, August: Das zoologische Museum. In: Geschichte der Königlichen Friedrich-Wilhelms-Universität zu Berlin, hg. von Max Lenz. Bd. 3: Wissenschaftliche Anstalten, Spruchkollegium, Statistik. Halle a. d. S.: Verlag der Buchhandlung des Waisenhauses 1910, S. 372–389.

Braun-Artaria, Rosalie: Von berühmten Zeitgenossen. Lebenserinnerungen einer Siebzigerin. München: Beck 1918.

Brinker-Gabler, Gisela (Hg.): Deutsche Literatur von Frauen. Bd. 2: 19. und 20. Jahrhundert. München: Beck 1988.

(Brühl, Ferdinand Graf von:) Uebersicht der Geschichte des Königlichen Regiments der Gardes du Corps von 1740 bis 1890. Mit Bildnissen, Abbildungen und Skizzen. Berlin: Mittler 1890.

Brümmer, Franz: Deutsches Dichter-Lexikon. Biographische und bibliographische Mittheilungen über deutsche Dichter aller Zeiten. Unter besonderer Berücksichtigung der Gegenwart für Freunde der Literatur zusammengestellt. Bd. 1. Eichstätt / Stuttgart: Krüll 1876.

Brunckhorst, Friedl / Weber, Karl (Hg.): Kaiser Wilhelm II. und seine Zeit. Regensburg: Schnell & Steiner 2016.

Bruyn, Günter de: Die Finckensteins. Eine Familie im Dienste Preußens. Berlin: Siedler 1999.

Buchner, Elmar / Schmieder, Martin: Das Ries-Steinheim-Ereignis – Impakt in eine miozäne Seen- und Sumpflandschaft. In: Zeitschrift der Deutschen Gesellschaft für Geowissenschaften, Bd. 164/2013, H. 3 S. 459–470.

Cahan, David (Hg.): Hermann von Helmholtz and the Foundations of Nineteenth-Century Science. Berkeley / Los Angeles / London: University of California Press 1993.

Cahan, David (Hg.): Letters of Hermann von Helmholtz to his Parents. The Medical Education of a German Scientist 1837–1846. (Boethius – Texte und Abhandlungen zur Geschichte der Mathematik und der Naturwissenschaften Bd. 31.) Stuttgart: Steiner 1993.

Callisen, Adolph Carl Peter: Medicinisches Schriftsteller-Lexicon der jetzt lebenden Aerzte, Wundärzte, Geburtshelfer, Apotheker, und Naturforscher aller gebildeten Völker. Bd. III. Copenhagen: Selbstverlag 1830. (Reprint Nieuwkoop: de Graaf 2. Aufl. 1962.)

Cancik, Hubert / Schneider, Helmuth (Hg.): Der Neue Pauly. Enzyklopädie der Antike. Altertum Bd. 12/1. Stuttgart / Weimar: Metzler 2002.

Cimitero Acattolico al Testaccio. http://www.acdan.it/protkem/work/pcGE.html.

Clorius, Otto (Hg.): Deutsche Kriegs-Psalmen. Die Kriegslieder unserer Zeit nach ihrer religiös-sittlichen Bedeutung gesichtet und geordnet. Leipzig: Xenien (1915).

Coen, Deborah R.: The Earthquake Observers. Disaster Science from Lisbon to Richter. Chicago / London: University of Chicago Press 2013.

Cooper, J[ean] C.: Illustriertes Lexikon der traditionellen Symbole. Wiesbaden: Drei Lilien (1986).

Cremo, Michael A. / Thompson, Richard L.: Forbidden Archeology. The Hidden History of the Human Race. Los Angeles u. a.: Bhaktivedanta Book Publishing 2005.

Crollalanza, G[iovan] B[attista] di: Dizionario Storico-Blasonico delle Famiglie Nobili e Notabili Italiane estinte Fiorenti. (Pubblicazione del Giornale Araldico-Genealogico.) Bd. I Teil III. Pisa: Giornale Araldico 1886.

Dahme, Stephan: „Auch ich in Arkadien!" Eine Chronologie italienischer Reisen. In: Staatliche Kunstsammlungen Dresden (Hg.), Italienische Landschaft der Romantik. Malerei und Literatur. Dresden: Sandstein (2016), S. 94–98.

Darwin, Francis (Hg.): Leben und Briefe von Charles Darwin, mit einem seine Autobiographie enthaltenden Capitel. Bd. I. Stuttgart: Schweizerbart 1887.

Daum, Andreas W.: Wissenschaftspopularisierung im 19. Jahrhundert. Bürgerliche Kultur, naturwissenschaftliche Bildung und die deutsche Öffentlichkeit 1848–1914. München: Oldenbourg 1998.

Degener, Herrmann A. L. (Hg.): Degeners Wer ist's? Eine Sammlung von rund 18.000 Biographien […]. X. Ausgabe. Berlin: Degener 1935.

Deutscher Wirtschaftsverlag (Hg.): Reichshandbuch der deutschen Gesellschaft. Das Handbuch der Persönlichkeiten in Wort und Bild. Bd. 1. Berlin: Deutscher Wirtschaftsverlag (1930).

Deutsches Historisches Museum (Hg.): Deutscher Kolonialismus. Fragmente seiner Geschichte und Gegenwart. Berlin: Stiftung Deutsches Historisches Museum / Darmstadt: Wissenschaftliche Buchgesellschaft 2017.

Deutsches Schriftsteller-Lexikon 1830–1880. Bearb. von Herbert Jacob. (Goedekes Grundriss zur Geschichte der deutschen Dichtung, Fortführung.) Bd. I: A-B. Berlin: Akademie-Verlag 1995.

Deutschlands, Österreich-Ungarns und der Schweiz Gelehrte, Künstler und Schriftsteller in Wort und Bild. Hannover: Steinhage 1910.

De-Vit, Vincenzo: Il Lago Maggiore. Stresa e le Isole Borromee. Notizie Storiche. Vol. 2, P. 1 (Bd. III) und Vol. 2, P. 2 (Bd. IV). Prato: Alberghetti 1876, 1878. (Nachdruck Bologna [1967].)

Dietrich, Wilhelm Otto: Geschichte der Sammlungen des Geologisch-Paläontologischen Instituts und Museums der Humboldt-Universität zu Berlin. Ein Beitrag zur Paläontologie-Geschichte. In: Berichte der Geologischen Gesellschaft in der Deutschen Demokratischen Republik für das Gesamtgebiet der geologischen Wissenschaften, Bd. 5 H. 4/1960, S. 247–288.

Doerry, Martin: Übergangsmenschen. Die Mentalität der Wilhelminer und die Krise des Kaiserreichs. Weinheim / München: Juventa 1986.

Domäne Dahlem / Stiftung Stadtmuseum Berlin (Hg.): Vom Berliner Stadtgut zum Freilichtmuseum. Geschichte und Geschichten der Domäne Dahlem. Berlin: Domäne Dahlem / Stiftung Stadtmuseum Berlin 1997.

Drüll, Dagmar: Heidelberger Gelehrtenlexikon 1803–1932. Berlin u. a.: Springer 1986.

Dussler, Luitpold: Raffael. Kritisches Verzeichnis der Gemälde, Wandbilder und Bildteppiche. (Bruckmanns Beiträge zur Kunstwissenschaft.) München: Bruckmann 1966.

Eckardt, Götz (Hg.): Ein Potsdamer Maler in Rom. Briefe des Batoni-Schülers Johann Gottlieb Puhlmann aus den Jahren 1774 bis 1787. Berlin: Henschelverlag Kunst und Gesellschaft 1979.

Einwohner-Verzeichniß der Stadt Heidelberg nebst Angabe ihrer Wohnung und Beschäftigung in alphabetischer Ordnung für 1876 und 1877. Aufgestellt im November 1875 von A. Schlotterbeck. 20. Jg. Heidelberg: Selbstverlag 1876.

Engel, Michael: Geschichte Dahlems. Berlin: Berlin-Verlag Arno Spitz 1984.

Engelhardt, Wolf Frhr. von / Hölder, Helmut: Mineralogie, Geologie und Paläontologie an der Universität Tübingen von den Anfängen bis zur Gegenwart. Tübingen: Mohr 1977.

Engels, Eve-Marie (Hg.): Charles Darwin und seine Wirkung. (suhrkamp taschenbuch wissenschaft 1903.) Frankfurt a. M.: Suhrkamp 2009.

Erklärung der Hochschullehrer des Deutschen Reiches. Berlin, den 23. Oktober 1914. http://publikationen.ub.uni-frankfurt.de.

Evangelische Kirchengemeinde Berlin-Dahlem / Domäne Dahlem, Landgut und Museum (Hg.): Dahlem – St. Annen. Zeiten eines Dorfes und seiner Kirche. (Dahlemer Materialien 2 / Schriftenreihe der Domäne Dahlem, Landgut und Museum.) Berlin: Domäne Dahlem 1989.

Faulenbach, Bernd: Die Ideen von 1914 – deutsche Ideologie im europäischen Kulturkrieg. In: Die Illusion vom Krieg. Der Erste Weltkrieg als kulturgeschichtlicher Umbruch, hg. von Arno Lohmann. (Evangelische Perspektiven H. 7.) Norderstedt: Verlag Books on Demand 2016, S. 13–24.

Feuchter-Schawelka, Anne: Siedlungs- und Landkommunebewegung. In: Handbuch der deutschen Reformbewegungen 1880–1933, hg. von Diethart Kerbs und Jürgen Reulecke. Wuppertal: Hammer 1998, S. 227–244.

Fischer, Wolfram (Hg.): Die Preußische Akademie der Wissenschaften zu Berlin 1914–1945. (Interdisziplinäre Arbeitsgruppen, Forschungsberichte Bd. 8.) Berlin: Akademie-Verlag 2000.

Flörsheim, Anne Lise: Der ‚Versuch über den Roman' des Freiherrn Chr. Fr. v. Blankenburg. Ein Beitrag zur Geschichte der Romantheorie. München: Phil. Diss. 1925 (masch.).

Fraas, Eberhard: Ostafrikanische Dinosaurier. In: Palaeontographica. Beiträge zur Naturgeschichte der Vorzeit, Bd. 55/1908-1909, S. 105–144.

Fricke, Dieter u. a. (Hg.): Die bürgerlichen Parteien in Deutschland. Handbuch der Geschichte der bürgerlichen Parteien und anderer bürgerlicher Interessenorganisationen vom Vormärz bis zum Jahre 1945. Bd. I. Leipzig: Bibliographisches Institut 1968.

Fricke, Dieter u. a. (Hg.): Lexikon zur Parteiengeschichte. Die bürgerlichen und kleinbürgerlichen Parteien und Verbände in Deutschland (1789–1945). In vier Bänden. Köln: Pahl-Rugenstein 1983–1986.

Friedrichs, Elisabeth: Die deutschsprachigen Schriftstellerinnen des 18. und 19. Jahrhunderts. Ein Lexikon. Stuttgart: Metzler 1981.

Für Ehre, Wahrheit und Recht. Erklärung deutscher Hochschullehrer zur Auslieferungsfrage. Berlin: Curtius (1919).

Garscha, Winfried R.: Die Deutsch-Österreichische Arbeitsgemeinschaft. Kontinuität und Wandel deutscher Anschlußpropaganda und Angleichungsbemühungen vor und nach der nationalsozialistischen „Machtergreifung". (Veröffentlichungen zur Zeitgeschichte Bd. 4.) Wien / Salzburg: Geyer Edition 1984.

Gebhardt, Armin: Ludwig Tieck. Leben und Gesamtwerk des „Königs der Romantik". Marburg: Tecum 1997.

Gedichte zur Seeschlacht vor dem Skagerrak am 31. Mai 1916. Berlin: Mittler (1916).

Gemeinde Gröbenzell (Hg.): 10 Jahre Gemeinde Gröbenzell. Gröbenzell: Selbstverlag (1962).

Genealogisches Handbuch des Adels (bzw. der Adeligen Häuser).

Bearb. von Walter v. Hueck, Hans Friedrich v. Ehrenkrook u. a.

Adelslexikon, Bd. II (Bd. 58 der Gesamtreihe). Limburg: Starke 1974.

Adelslexikon, Bd. V (Bd. 84 der Gesamtreihe). Limburg: Starke 1984.

Adelslexikon, Bd. XV (Bd. 134 der Gesamtreihe). Limburg: Starke 2004.

Adelige Häuser, A Bd. 1 (Bd. 5 der Gesamtreihe. Glücksburg: Starke 1953.

Adelige Häuser, B Bd. III (Bd. 17 der Gesamtreihe). Glücksburg: Starke 1958.

Genealogisches Handbuch der Gräflichen Häuser.

Gräfliche Häuser, A Bd. III (Bd. 18 der Gesamtreihe). Glücksburg: Starke 1958.

Genealogisches Handbuch der Freiherrlichen Häuser.

Freiherrliche Häuser, A Bd. V (Bd. 30 der Gesamtreihe). Limburg: Starke 1963.

Freiherrliche Häuser, B Bd. III (Bd. 31 der Gesamtreihe). Limburg: Starke 1963.

Freiherrliche Häuser, A Bd. XII (Bd. 74 der Gesamtreihe). Limburg: Starke 1980.

Genealogisches Handbuch Bürgerlicher Familien, ein Deutsches Geschlechterbuch.

Hg. von Bernhard Koerner.

Bd. 14. Görlitz: Starke 1908.

Bd. 17. Görlitz: Starke 1910.

General-Adressbuch der Ritterguts- und Gutsbesitzer im Deutschen Reiche. Mit Angabe der Besitzungen, ihrer Größe (in Culturart), ihres Grundsteuer-Reinertrages, ihrer Pächter, Industriezweige und Poststationen. Nach amtlichen Quellen bearbeitet durch P. Ellerholz, H. Lodemann, H. von Wedell. I: Das Königreich Preußen, II. Lieferung: Die Provinz Pommern. Berlin: Landwirthschaftlich-Statistisches Bureau 1879.

Gerhart, Nikolaus / Grasskamp, Walter / Matzner, Florian (Hg.): 200 Jahre Akademie der bildenden Künste München. „… kein bestimmter Lehrplan, kein gleichförmiger Mechanismus“. München: Hirmer 2008.

Gerlach, Walter: Helmholtz. In: Neue Deutsche Biographie, hg. von der Historischen Kommission bei der Bayerischen Akademie der Wissenschaften, Bd. 8. Berlin: Duncker & Humblot 1969, S. 498–501.

Gerlach, Walter: Kirchhoff. In: Neue Deutsche Biographie, hg. von der Historischen Kommission bei der Bayerischen Akademie der Wissenschaften, Bd. 11. Berlin: Duncker & Humblot 1977, S. 649–653.

Gesamtverzeichnis des deutschsprachigen Schrifttums (GV) 1700–1910. Bearb. unter der Leitung von Peter Geils und Willy Gorzny (ab Bd. 7: Hilmar Schmuck und Willy Gorzny). Bd. 19. München u. a.: Saur 1980.

Gesamtverzeichnis des deutschsprachigen Schrifttums (GV) 1911–1965. Hg. von Reinhard Oberschelp, bearb. unter der Leitung von Willi Gorzny. Bd. 17. München: Verlag Dokumentation 1976.

Gesellschaft Naturforschender Freunde zu Berlin (Hg.): Mitteilungen aus der Festsitzung zur Berichterstattung über Werden, Verlauf und bisherige Ergebnisse der Tendaguru-Expedition. (Sitzungsberichte der Gesellschaft Naturforschender Freunde zu Berlin, Nr. 2 b, Februar 1912.) Berlin: Friedländer 1912.

Geulen, Christian: Weltordnung und „Rassenkampf". Zur ideologischen Matrix des Kolonialismus. In: Deutscher Kolonialismus. Fragmente seiner Geschichte und Gegenwart, hg. vom Deutschen Historischen Museum. Berlin: Stiftung Deutsches Historisches Museum / Darmstadt: Wissenschaftliche Buchgesellschaft 2017, S. 33–39.

Glaubrecht, Matthias: Geheimnisse der Evolution: Was Darwin gern gewusst hätte. In: Als das Leben laufen lernte. Evolution in Aktion, hg. von Matthias Glaubrecht, Annette Kinitz und Uwe Moldrzyk. München u. a.: Prestel 2007, S. 194–211.

Glaubrecht, Matthias / Kinitz, Annette / Moldrzyk, Uwe (Hg.): Als das Leben laufen lernte. Evolution in Aktion. München u. a.: Prestel 2007.

Glick, Thomas F. / Martínez, Rafael A.: Der Vatikan und die Evolution. Die Haltung des Heiligen Stuhls gegenüber der „katholischen Evolutionstheorie". In: Charles Darwin und seine Wirkung, hg. von Eve-Marie Engels. (suhrkamp taschenbuch wissenschaft 1903.) Frankfurt a. M.: Suhrkamp 2009, S. 397–426.

Goerke, Heinz: Heilkunde im alten Potsdam. Hildesheim / Zürich / New York: Olms 2002.

Gothaisches Genealogisches Taschenbuch der Adeligen Häuser

(bzw. Uradeligen Häuser).

Der in Deutschland eingeborene Adel (Uradel).

Jg. 2. Gotha: Perthes 1901.

Jg. 22. Gotha: Perthes 1919.

Deutscher Uradel.

Jg. 28. Gotha: Perthes 1929.

Alter Adel und Briefadel.

Jg. 22. Gotha: Perthes 1930.

Gothaisches Genealogisches Taschenbuch der Adeligen Häuser.

Teil A, Jg. 40. Gotha: Perthes 1941.

Gothaisches Genealogisches Taschenbuch der Briefadeligen Häuser.

Jg. 1. Gotha: Perthes 1907.

Jg. 2. Gotha: Perthes 1908.

Gothaisches Genealogisches Taschenbuch der Freiherrlichen Häuser. Zugleich Adelsmatrikel der deutschen Adelsgenossenschaft.
Jg. 27. Gotha: Perthes 1877.
Jg. 69. Gotha: Perthes 1919.
Teil B, Jg. 83. Gotha: Perthes 1933.
Teil A, Jg. 90. Gotha: Perthes 1940.
Teil B, Jg. 91. Gotha: Perthes 1941.
Teil A, Jg. 92. Gotha: Perthes 1942.
Teil B, Bd. III (Bd. 31 der Gesamtreihe). Gotha: Perthes 1963.
Teil A, Bd. XII (Bd. 74 der Gesamtreihe). Gotha: Perthes 1980.

Grau, Konrad: Die Berliner Akademie der Wissenschaften in der Zeit des Imperialismus. Teil 1: Von den neunziger Jahren des 19. Jahrhunderts bis zur Großen Sozialistischen Oktoberrevolution. (Studien zur Geschichte der Akademie der Wissenschaften der DDR Bd. 2/1.) Berlin: Akademie-Verlag 1975.

Grau, Konrad: Die Preußische Akademie der Wissenschaften und die Wiederanknüpfung internationaler Wissenschaftskontakte nach 1918. In: Die Preußische Akademie der Wissenschaften zu Berlin 1914–1945, hg. von Wolfram Fischer. (Interdisziplinäre Arbeitsgruppen, Forschungsberichte Bd. 8.) Berlin: Akademie-Verlag 2000, S. 279–315.

Gritzner, Maximilian: Handbuch der Ritter- und Verdienstorden aller Kulturstaaten der Welt innerhalb des XIX. Jahrhunderts. Leipzig: Weber 1893.

Gröning, Gert / Wolschke-Bulmahn, Joachim: Landschafts- und Naturschutz. In: Handbuch der deutschen Reformbewegungen 1880–1933, hg. von Diethart Kerbs und Jürgen Reulecke. Wuppertal: Hammer 1998, S. 23–34.

Gross, Walter / Schultze, Hans-Peter: Zur Geschichte der Geowissenschaften im Museum für Naturkunde zu Berlin. Teil 6: Geschichte des Geologisch-Paläontologischen Instituts und Museums der Universität Berlin 1910–2004. In: Mitteilungen aus dem Museum für Naturkunde in Berlin, Geowissenschaftliche Reihe Bd. 7. Berlin: Wiley-VCH 2004, S. 5–43.

Grumbach, S[alomon]: Das annexionistische Deutschland. Eine Sammlung von Dokumenten, die seit dem 4. August 1914, in Deutschland öffentlich oder geheim verbreitet wurden. Lausanne: Payot 1917.

Güter-Adreßbuch für die Provinz Brandenburg. Zweite, völlig umgearbeitete u. stark vermehrte Auflage. Verzeichnis sämlicher Rittergüter, Güter und größeren Bauernhöfe der Provinz […], bearb. von Ernst Seyfert. (Niekammer's Güter-Adreßbücher Bd. VII.) Leipzig: Reichenbach 1914.

Gursch, Reinhard: Die Illustrationen Ernst Haeckels zur Abstammungs- und Entwicklungsgeschichte. Diskussion im wissenschaftlichen und nichtwissenschaftlichen Schrifttum. (Marburger Schriften zur Medizingeschichte Bd. 1.) Frankfurt a. M. / Bern: Lang 1981.

Guttstadt, Albert (Bearb.): Krankenhaus-Lexikon für das Königreich Preussen. Die Anstalten für Kranke und Gebrechliche und das Krankenhaus-, Irren-, Blinden- und Taubstummenwesen im Jahre 1885. Berlin: Verlag des Königlichen statistischen Bureaus 1885.

Häntzschel, Günter: Für „fromme, reine und stille Seelen". Literarischer Markt und ‚weibliche' Kultur im 19. Jahrhundert. In: Deutsche Literatur von Frauen, hg. von Gisela Brinker-Gabler. Bd. 2: 19. und 20. Jahrhundert. München: Beck 1988, S. 119–128.

Handbuch des Preußischen Adels. Hg. unter Förderung des Königlichen Herolds-Amtes. Bd. 1. Berlin: Mittler 1892.

Handbuch für Neu-Vorpommern und das Fürstenthum Rügen auf das Jahr 1898. Stralsund: Königliche Regierungs-Buchdruckerei 1893.

Hansch, Wolfgang: Otto Jaekel – Paläontologe und Wissenschaftsorganisator. In: Wissenschaftliche Zeitschrift der Ernst-Moritz-Arndt-Universität Greifswald, Mathematisch-naturwissenschaftliche Reihe XXXVIII/1989, H.1-2, S. 22–30.

Hartkopf, Werner: Die Akademie der Wissenschaften der DDR. Ein Beitrag zu ihrer Geschichte. Biographischer Index. Berlin: Akademie-Verlag 1983.

Hartkopf, Werner: Die Berliner Akademie der Wissenschaften. Ihre Mitglieder und Preisträger 1700–1990. Berlin: Akademie-Verlag 1992.

Hartung, Gerald: Eduard Zeller. Philosophie- und Wissenschaftsgeschichte im 19. Jahrhundert. Berlin / New York: de Gruyter 2010.

Heegewaldt, Werner: Das Gutsarchiv der Grafen Finck von Finckenstein auf Alt-Madlitz – ein neues Depositum im Brandenburgischen Landeshauptarchiv. In: Aus der brandenburgischen Archivalienkunde. Festschrift zum 50jährigen Jubiläum des Brandenburgischen Landeshauptarchivs, hg. von Klaus Neitmann. Berlin: Berliner Wissenschaftsverlag 2003, S. 133–155.

Heine, Heinrich: Neue Gedichte. In: Heinrich Heine, Historisch-kritische Gesamtausgabe der Werke. Bd. 2, bearb. von Elisabeth Genton. Hamburg: Hoffmann und Campe 1983.

Heinrich, Guido / Schandera, Gunter: Magdeburger Biographisches Lexikon. 19. und 20. Jahrhundert. Biographisches Lexikon für die Landeshauptstadt Magdeburg und die Landkreise Bördekreis, Jerichower Land, Ohrekreis und Schönebeck. Magdeburg: Scriptum 2002.

Heinrich, Wolf-Dieter (u. a.): The German-Tanzanian Tendaguru Expedition 2000. In: Mitteilungen aus dem Museum für Naturkunde in Berlin, Geowissenschaftliche Reihe Bd. 4. Berlin: Wiley-VCH 2001, S. 223–237.

Heinrich, Wolf-Dieter: The Taphonomy of Dinosaurs from the Upper Jurassic of Tendaguru (Tanzania). Based on Field Sketches of the German Tendaguru Expedition (1909–1913). In: Mitteilungen aus dem Museum für Naturkunde in Berlin, Geowissenschaftliche Reihe Bd. 2. Berlin: Wiley-VCH 1999, S. 25–61.

Heinrich, Wolf-Dieter / Schultka, Stephan: Tendaguru: Auf den Spuren versunkener Welten in Ostafrika. In: Als das Leben laufen lernte. Evolution in Aktion, hg. von Matthias Glaubrecht, Annette Kinitz und Uwe Moldrzyk. München u. a.: Prestel 2007, S. 56–77.

Heise, Brigitte / Heinrich, C. J.: Endlich in Rom. Deutsche Künstler des 19. Jahrhunderts in Italien. Zeichnungen und Aufzeichnungen mit Illustrationen aus einer norddeutschen Privatsammlung. Lübeck: Verlag Graphische Werkstätten 2002.

Helena, Dilia [Branco]: Gedichte. Berlin: Schlesinger'sche Buch- und Musikhandlung 1841.

Helena, Dilia [Branco]: Lieder. Mit einem Vorworte von Ludwig Tieck. Berlin: Verlag der Nicolai'schen Buchhandlung [1. Ausg.] 1848; 2. vermehrte Ausg. 1852; 3. vermehrte Ausg. 1868.

Helena, Dilia [Branco]: Neuere Lieder. Berlin: Nicolaische Buchhandlung 1849.

Helling, J. G. A. Ludwig (Hg.): Geschichtlich-statistisch-topographisches Taschenbuch von Berlin und seinen nächsten Umgebungen [...]. Berlin: Logier 1830.

Helmert, Heinz / Usczeck, Hansjürgen: Preußischdeutsche Kriege von 1864 bis 1871. Militärischer Verlauf. (Kleine Militärgeschichte, Kriege.) Berlin: Militärverlag der Deutschen Demokratischen Republik 6. Aufl. 1988.

Helmholtz, Arminius [= Hermann]: De Fabrica Systematis Nervosi Evertebratorum. Berlin: Med. et Chir. Diss. 1842.

Helmholtz, Hermann von: Ueber die Entstehung des Planetensystems (1871). In: Hermann von Helmholtz, Gesammelte Schriften, hg. von Jochen Brüning. Bd. V. 2: Vorträge und Reden, Zweiter Band. Hildesheim / Zürich / New York: Olms-Weidmann 2002 (Nachdruck der Ausgabe Braunschweig 1896), S. 53–91.

Henke, Winfried / Rothe, Hartmut: Paläoanthropologie. Berlin / Heidelberg / New York: Springer 1994.

Hennig, Edw[in]: Am Tendaguru. Leben und Wirken einer deutschen Forschungs-Expedition zur Ausgrabung vorweltlicher Riesensaurier in Deutsch-Ostafrika. Stuttgart: Schweizerbart 1912.

Hennig, E[dwin]: Geh. Bergrat Prof. Dr. Wilhelm von Branca †. In: Jahreshefte des Vereins für vaterländische Naturkunde in Württemberg, Jg. 84/1928, S. XXV–XXIX.

Henning, Eckart / Kazemi, Marion: Dahlem – Domäne der Wissenschaft. Ein Spaziergang zu den Berliner Instituten der Kaiser-Wilhelm-/Max-Planck-Gesellschaft im „deutschen Oxford". (Veröffentlichungen aus dem Archiv der Max-Planck-Gesellschaft Bd. 16/I.) Berlin: Archiv der Max-Planck-Gesellschaft 4. Aufl. 2009.

Henning, Martin: Der Käthe-Branco-Stein. In: Landesgeschichtliche Vereinigung für die Mark Brandenburg e. V., Mitteilungsblatt, Nr. 20/1956, S. 51–52.

Herz, Gundolf: Die St. Annen-Kirche in Berlin-Dahlem. (DKV-Kunstführer Nr. 376/0.) München / Berlin: Deutscher Kunstverlag 2. Aufl. o. J.

Herz, Gundolf: Der Wandervogelvers auf dem Grabstein für Kaethe Branco und auf den Dahlemer Kirchenbänken. In: Dahlem – St. Annen. Zeiten eines Dorfes und seiner Kirche, hg. von der Evangelischen Kirchengemeinde Berlin-Dahlem und der Domäne Dahlem, Landgut und Museum. (Dahlemer Materialien 2.) Berlin: Domäne Dahlem 1989, S. 116–117.

Hettner, Alfred: Methodische Zeit- und Streitfragen. In: Geographische Zeitschrift, Jg. 29/1923, S. 37–59.

Hinze, Eduard: Feldscherer und Feldmedici in deutschen wie fremden Heeren und Flotten. Biographisches Lexikon deutscher Militärärzte in sechs Jahrhunderten bis 1870/71. Bde. II und III. Neustadt a. d. Aisch: Degener 1980, 1985.

Hirschberg, Leopold: Der Taschengoedeke. Bibliographie deutscher Erstausgaben. München: DTV 2. Aufl. 1990.

Hoffmann, Erich: Die Universität Halle-Wittenberg als Lehr- und Forschungsstätte für den Landbau. In: 450 Jahre Martin-Luther-Universität Halle-Wittenberg. Bd. II: Halle 1694–1817, Halle-Wittenberg 1817–1945. Halle: Martin-Luther-Universität [1952], S. 363–374.

Hoppe, Günter: Zur Geschichte der Geowissenschaften im Museum für Naturkunde zu Berlin.

Teil 1: Aus der Vorgeschichte bis zur Gründung der Berliner Bergakademie im Jahre 1770. In: Mitteilungen aus dem Museum für Naturkunde in Berlin, Geowissenschaftliche Reihe Bd. 1. Berlin: Wiley-VCH 1998, S. 5–19.

Teil 2: Von der Gründung der Bergakademie bis zur Gründung der Universität 1770–1810. In: Mitteilungen aus dem Museum für Naturkunde in Berlin, Geowissenschaftliche Reihe Bd. 2. Berlin: Wiley-VCH 1999, S. 3–24.

Teil 3: Von A. G. Werner und R. J. Hauy zu C. S. Weiss – Der Weg von C. S. Weiss zum Direktor des Mineralogischen Museums der Berliner

Universität. In: Mitteilungen aus dem Museum für Naturkunde in Berlin, Geowissenschaftliche Reihe Bd. 3. Berlin: Wiley-VCH 2000, S. 3–25.

Teil 4: Das Mineralogische Museum der Universität Berlin unter Christian Samuel Weiss von 1810 bis 1856. In: Mitteilungen aus dem Museum für Naturkunde in Berlin, Geowissenschaftliche Reihe Bd. 4. Berlin: Wiley-VCH 2001, S. 3–27.

Teil 5: Vom Mineralogischen Museum im Hauptgebäude der Universität zu den zwei geowissenschaftlichen Institutionen im Museum für Naturkunde – 1856 bis 1910. In: Mitteilungen aus dem Museum für Naturkunde in Berlin, Geowissenschaftliche Reihe Bd. 6. Berlin: Wiley-VCH 2003, S. 3–47.

Hübinger, Gangolf (Hg.): Europäische Wissenschaftskulturen und politische Ordnungen in der Moderne (1890–1970). (Schriften des Historischen Kollegs, Kolloquien 87.) München: Oldenbourg 2014.

Hübner, Klaus: Gustav Robert Kirchhoff. Das gewöhnliche Leben eines außergewöhnlichen Mannes. (Archiv und Museum der Universität Heidelberg, Schriften 16.) Ubstadt-Weiher u. a.: Verlag Regionalkultur 2010.

Jaekel, Otto: Mein Schlußwort zu den Angriffen der Herren Branca und Pompeckj gegen mich und meine Richtung in der Paläontologie. In: Centralblatt für Mineralogie, Geologie und Paläontologie, Jg. 1917, S. 374–390.

Jaekel, Otto: Über die Abgrenzung der Geologie und Paläontologie. In: Zeitschrift der Deutschen geologischen Gesellschaft, Bd. 66/1914, Monatsberichte S. 316–324.

Jaekel, Otto: Über Geologie und Paläontologie an den deutschen Hochschulen. In: Naturwissenschaftliche Wochenschrift, Neue Folge Bd. IX/1910, S. 33–35.

Jaekel, Otto: Wege und Ziele der Palaeontologie. In: Palaeontologische Zeitschrift, Bd. I/1914, S. 1–57.

Jakob, Reinhard (Hg.): „... was Menschen fähig sind". Nationalsozialismus im Brucker Land. (Jexhof-Hefte 26.) Fürstenfeldbruck: Landkreis Fürstenfeldbruck 2011.

Janensch, Werner: Verlauf und Ergebnisse der Expedition. In: Sitzungsberichte der Gesellschaft Naturforschender Freunde zu Berlin, Nr. 2b/1912, S. 124–137.

Janensch, Werner (Hg.): Wissenschaftliche Ergebnisse der Tendaguru-Expedition 1909–1912. Neue Folge. (Palaeontographica, Supplement VII, 1. Reihe, Teile I-III.) Stuttgart: Schweizerbart 1925–1961.

Juranek, Christian: Der Park des Ettershauses in Bad Harzburg. In: Fülle des Schönen – Gartenlandschaft Harz, hg. von Christian Juranek. (Edition Schloss Wernigerode Bd. 6.) Halle an der Saale: Stekovics 2002, S. 52–59.

Kant, Horst: Helmholtz' Vortragskunst und sein Verhältnis zur populären Wissensvermittlung. In: Universalgenie Helmholtz. Rückblick nach 100 Jahren, hg. von Lorenz Krüger. Berlin: Akademie-Verlag 1994, S. 315–329.

Keune, Angelika: Gelehrtenbildnisse der Humboldt-Universität zu Berlin. Denkmäler, Büsten, Reliefs, Gedenktafeln, Gemälde, Zeichnungen, Grafiken, Medaillen. Berlin: Humboldt-Universität (2001).

Kirsch, Frank Peter: „Götter in deren Hand Donner und Blitz liegt". Ausbildung und Forschung der Berliner Militärärzte von 1870 bis 1895. Diepholz / Stuttgart / Berlin: Verlag für Geschichte der Naturwissenschaften und Technik 2010.

Kirsten, Christa (Bearb.): Dokumente einer Freundschaft. Briefwechsel zwischen Hermann von Helmholtz und Emil du Bois-Reymond 1846–1894. (Studien zur Geschichte der Akademie der Wissenschaften der DDR Bd. 9.) Berlin: Akademie-Verlag 1986.

Kitschke, Andreas (Hg.): Ludwig Ferdinand Hesse (1795–1876). Hofarchitekt unter drei preußischen Königen. München / Berlin: Deutscher Kunstverlag 2007.

Klein, Ernst: Die akademischen Lehrer der Universität Hohenheim (Landwirtschaftliche Hochschule) 1818–1916. (Veröffentlichungen der Kommission für geschichtliche Landeskunde in Baden Württemberg Reihe B Bd. 45.) Stuttgart: Kohlhammer 1968.

Klemun, Marianne: Evolutionskonzepte im Wandel. Debatten in der Zeit vor Darwin. In: Streitfall Evolution. Eine Kulturgeschichte, hg. von Angela Schwarz. Köln / Weimar / Wien: Böhlau 2017, S. 32–45.

Kneschke, Ernst Heinrich (Hg.): Neues allgemeines Deutsches Adels-Lexikon. Bd. II. Leipzig: Degener 1929. (Nachdruck der Ausgabe Leipzig 1860.)

Koenigsberger, Leo: Hermann von Helmholtz. Erster Band. Zweiter und Dritter Band. (Hermann von Helmholtz, Gesammelte Schriften, hg. von Jochen Brüning, Bde. VII.1 und VII.2.) Hildesheim / Zürich / New York: Olms-Weidmann 2003.(Nachdruck der Ausgabe Braunschweig 1902, 1903.

Köstering, Susanne: Natur zum Anschauen. Das Naturkundemuseum des deutschen Kaiserreichs 1871–1914. Köln / Weimar / Wien: Böhlau 2003.

Koken, Ernst: Die Deutsche Geologische Gesellschaft in den Jahren 1848–1898, mit einem Lebensabriss von Ernst Beyrich. Berlin: Starcke 1901.

Kolmsee, Peter: Unter dem Zeichen des Äskulap. Eine Einführung in die Geschichte des Militärsanitätswesens von den frühesten Anfängen bis zum Ende des Ersten Weltkrieges. (Beiträge Wehrmedizin und Wehrpharmazie Bd. 11.) Bonn: beta 1997.

Kosch, Wilhelm (Begr.): Deutsches Literatur-Lexikon. Biographisch-bibliographisches Handbuch. 3., völlig neu bearb. Auflage. Bern / München: Francke (bzw. de Gruyter bzw. Saur) 1968 ff.

Kranz, W[alter]: Aufpressung und Explosion oder nur Explosion im vulkanischen Ries bei Nördlingen und im Steinheimer Becken? In: Zeitschrift der Deutschen geologischen Gesellschaft, Bd. 66/1914, Monatsberichte S. 9–25.

Kremer, Richard L. (Hg.): Letters of Hermann von Helmholtz to his Wife 1847–1859. (Boethius – Texte und Abhandlungen zur Geschichte der Mathematik und der Naturwissenschaften Bd. XXIII.) Stuttgart: Steiner 1990.

Krenkel, Ernst Wilhelm: Benecke. In: Neue Deutsche Biographie, hg. von der Historischen Kommission bei der Bayerischen Akademie der Wissenschaften, Bd. 2. Berlin: Duncker & Humblot 1955, S. 41 f.

Kretschmann, Carsten: Noch ein Nationaldenkmal? Die deutsche Tendaguru-Expedition 1909–1913. In: Inszenierte Wissenschaft. Zur Popularisierung von Wissen im 19. Jahrhundert, hg. von Stepanie Samida. Bielefeld: transcript 2011, S. 191–209.

Kretschmann, Carsten: Räume öffnen sich. Naturhistorische Museen im Deutschland des 19. Jahrhunderts. (Wissenskultur und gesellschaftlicher Wandel Bd. 12.) Berlin: Akademie-Verlag 2006.

Krüger, Lorenz (Hg.): Universalgenie Helmholtz. Rückblick nach 100 Jahren. Berlin: Akademie-Verlag 1994.

Kügler, Hermann: Die Berliner Redensart „Det heesst Otto Bellmann" (M. G. Saphir in Berlin). In: Zeitschrift für Deutsche Philologie Bd. 73/1954, S. 306–329.

Kürschner, Joseph (Hg.) Kürschners Deutscher Gelehrten-Kalender auf das Jahr 1925. 1. Jg., hg. von Gerhard Lüdtke. Berlin / Leipzig: de Gruyter 1925.

Kürschner, Joseph (Hg.): Kürschners Deutscher Litteratur-Kalender auf das Jahr 1883 (Fünfter Jahrgang). Leipzig: Göschen 1883. – Dgl. Jg. 12/1890, 13/1891, 14/1892, 35/1913 bis 52/1952; Nekrolog zu 1901–1935 (1936); Nekrolog zu 1936–1970 (1973). Stuttgart: Kürschner (bzw. Leipzig: Göschen bzw. Berlin / Leipzig: de Gruyter) 1890–1973.

Landsberg, Hannelore / Damaschun, Ferdinand: Aus Tradition modern. In: Als das Leben laufen lernte. Evolution in Aktion, hg. von Matthias Glaubrecht, Annette Kinitz und Uwe Moldrzyk. München u. a.: Prestel 2007, S. 24–36.

Leakey, L[ouis] S. B.: Olduvai Gorge. A Report on the Evolution of the Hand-Axe Culture in Beds I-IV. With Chapters on The Geology and Fauna by the Late Prof. Hans Reck and Dr. A. T. Hopwood. Cambridge: University Press 1951.

Lehmann, Felix Lorenz Benjamin: Der Rote Adlerorden. Entstehung und rechtliche Grundlagen (1705–1918). (Rechtshistorische Reihe Bd. 243.) Frankfurt a. M. u. a.: Lang 2002.

Lehnstaedt, Kurt: Gröbenzell in den Jahren 1933 bis 1945. Die fünfteilige Siedlung im Nationalsozialismus. München: Volk 2015.

Lehnstaedt, Kurt: Die Gröbenzeller jüdischer Herkunft. Deutsche Schicksale im Dritten Reich. In: „… was Menschen fähig sind". Nationalsozialismus im Brucker Land, hg. von Reinhard Jakob. (Jexhof-Hefte 26.) Fürstenfeldbruck: Landkreis Fürstenfeldbruck 2011, S. 314–325.

Lenz, Max (Hg.): Geschichte der Königlichen Friedrich-Wilhelms-Universität zu Berlin. Bd. 3: Wissenschaftliche Anstalten, Spruchkollegium, Statistik. Halle a. d. S.: Verlag der Buchhandlung des Waisenhauses 1910.

Liebisch, Theodor: Das mineralogisch-petrographische Institut und Museum. In: Geschichte der Königlichen Friedrich-Wilhelms-Universität zu Berlin, hg. von Max Lenz. Bd. 3: Wissenschaftliche Anstalten, Spruchkollegium, Statistik. Halle a. d. S.: Verlag der Buchhandlung des Waisenhauses 1910, S. 310–319.

Lindner, Ulrike: Transimperiale Orientierung und Wissenstransfers. Deutscher Kolonialismus im internationalen Kontext. In: Deutscher Kolonialismus. Fragmente seiner Geschichte und Gegenwart, hg. vom Deutschen Historischen Museum. Berlin: Stiftung Deutsches Historisches Museum / Darmstadt: Wissenschaftliche Buchgesellschaft 2017, S. 16–29.

Lohmann, Arno (Hg.): Die Illusion vom Krieg. Der Erste Weltkrieg als kulturgeschichtlicher Umbruch. (Evangelische Perspektiven H. 7.) Norderstedt: Verlag Books on Demand 2016.

Lorenz, Angelika: Italien. Teil 2: Sehnsuchtshorizonte nordeuropäischer Künstler vom 16. bis 19. Jahrhundert. In: Orte der Sehnsucht. Mit Künstlern auf Reisen, hg. von Hermann Arnhold. Regensburg: Schnell & Steiner 2008, S. 95–100.

Lüke, Ulrich: Das Säugetier von Gottes Gnaden. Evolution, Bewusstsein. Freiheit. Freiburg / Basel / Wien: Herder 3. Aufl. 2016.

Mäussnest, Otto: Die Ergebnisse der magnetischen Bearbeitung des Schwäbischen Vulkans. In: Jahresberichte und Mitteilungen des Oberrheinischen Geologischen Vereines, Neue Folge Bd. 51/1969, S. 159–167.

Mäussnest, Otto: Die Eruptionspunkte des Schwäbischen Vulkans. Teil I. In: Zeitschrift der Deutschen Geologischen Gesellschaft, Bd. 125/1974, Teil 1, S. 23–53.

Mäussnest, Otto: Magnetische Untersuchungen im Gebiet des Schwäbischen Vulkans. In: Geologische Rundschau, Bd. 58/1969, H. 2 S. 512–520.

Maier, Gerhard: African Dinosaurs Unearthed. The Tendaguru Expeditions. (Life of the Past.) Bloomington / Indianapolis: Indiana University Press 2003.

Manias, Chris: Die frühe Evolution des Menschen. Wissenschaftliche Diskussion und populäre Darstellungen (1859–1900). In: Streitfall Evolution. Eine Kulturgeschichte, hg. von Angela Schwarz. Köln / Weimar / Wien: Böhlau 2017, S. 125–140.

Matrikelbuch der Universität Heidelberg. Winter-Semester 1872/73 bis Winter-Semester 1894/95. http://digi.ub.uni-heidelberg.de/diglit/UA1870.

Matschie, Paul (Hg.): Verhandlungen des V. Internationalen Zoologen-Congresses zu Berlin, 12. - 16. August 1901. Jena: Gustav Fischer 1902.

Mattmüller, Claus Roderich: Ries und Steinheimer Becken. Geologischer Führer und Einführung in die Meteoritenkunde. Stuttgart: Enke 1994.

Maurer, Michael: Sehnsucht. Zur Archäologie eines Reisemotivs. In: Orte der Sehnsucht. Mit Künstlern auf Reisen, hg. von Hermann Arnhold. Regensburg: Schnell & Steiner 2008, S. 19–23.

Meinhold, Klaus-Dieter (Koordinator): 125 Jahre Preußische Geologische Landesanstalt und ihre Nachfolger – Geschichte und Gegenwart. (Geologisches Jahrbuch Reihe G H. 10.) Stuttgart: Schweizerbart 2003.

Meister, Jochen (Hg.): Münchener Secession. Geschichte und Gegenwart. München u. a.: Prestel 2007.

Melms, Carl-Philipp: Chronik von Dahlem. [Bd. 1:] 1217 bis 1945: Vom Rittergut zur städtischen Domäne. Unveränderte Neuausgabe. Berlin: arani 1978.

Mende, Hans-Jürgen: Lexikon Berliner Grabstellen. Berlin: Haude & Spener 2006.

Menniti Ippolito, Antonio: Il Cimitero acattolico di Roma. Rom: Viella 2014.

Meyers Konversations-Lexikon. Ein Nachschlagewerk des allgemeinen Wissens. Leipzig / Wien: Bibliographisches Institut 5. Aufl. 1894–1897.

Mogge, Winfried: „Ihr Wandervögel in der Luft …". Fundstücke zur Wanderung eines romantischen Bildes und zur Selbstinszenierung einer Jugendbewegung. Würzburg: Königshausen & Neumann 2009.

Mogge, Winfried: Jugendbewegung. In: Handbuch der deutschen Reformbewegungen 1880–1933, hg. von Diethart Kerbs und Jürgen Reulecke. Wuppertal: Hammer 1998, S. 181–196.

Mommsen, Wolfgang J.: Wissenschaft, Krieg und die Berliner Akademie der Wissenschaften. Die Preußische Akademie der Wissenschaften in den beiden Weltkriegen. In: Die Preußische Akademie der Wissenschaften zu Berlin 1914–1945, hg. von Wolfram Fischer. (Interdisziplinäre Arbeitsgruppen, Forschungsberichte Bd. 8.) Berlin: Akademie-Verlag 2000, S. 3–23.

Muschalek, Marie: Von der Ohrfeige bis zum Völkermord. Koloniale Gewalt. In: Deutscher Kolonialismus. Fragmente seiner Geschichte und Gegenwart, hg. vom Deutschen Historischen Museum. Berlin: Stiftung Deutsches Historisches Museum / Darmstadt: Wissenschaftliche Buchgesellschaft 2017, S. 42–49.

Museum für Naturkunde Berlin: Dinosaurier in Berlin. Brachiosaurus brancai – eine politische, wissenschaftliche und populäre Ikone. https://www.naturkundemuseum.berlin/de/dinosaurier-in-berlin.

Nagel, A[dolf]: Das Käthe-Branco-Grab auf dem Friedhof zu Dahlem. Zur Studienwanderung am 2. Juni 1953. In: Landesgeschichtliche Vereinigung für die Mark Brandenburg, Monatsblätter, 40. Jg. 1935, Nr. 9/10, S. 33–35.

Neitmann, Klaus (Hg.): Aus der brandenburgischen Archivalienkunde. Festschrift zum 50jährigen Jubiläum des Brandenburgischen Landeshauptarchivs. Berlin: Berliner Wissenschaftsverlag 2003.

Nestler, Helmut: Die Entwicklung der Paläontologie unter Otto Jaekel in Greifswald. In: Wissenschaftliche Zeitschrift der Ernst-Moritz-Arndt-Universität Greifswald, Mathematisch-naturwissenschaftliche Reihe XXXVIII/1989, H. 1-2, S. 2–7.

Neue Deutsche Biographie. Hg. von der Historischen Kommission bei der Bayerischen Akademie der Wissenschaften. Berlin: Duncker & Humblot 1953 ff.

Neumayr, Melchior: [Rezension zu] W. Branco, Beiträge zur Entwickelungsgeschichte der fossilen Cephalopoden. In: Neues Jahrbuch für Mineralogie, Geologie und Palaeontologie, Jg. 1880, Bd. I S. 267–273.

Nimmergut, Jörg: Deutsche Orden. Originalausgabe. (Heyne-Buch Nr. 4641.) München: Heyne 1979.

Nimmergut, Jörg: Deutsche Orden und Ehrenzeichen bis 1945. [Bd. III:] Sachsen – Württemberg I. München: Zentralstelle für wissenschaftliche Ordenskunde 1999.

Nipperdey, Thomas: Die Organisation der deutschen Parteien vor 1918. (Beiträge zur Geschichte des Parlamentarismus und der politischen Parteien Bd. 18.) Düsseldorf: Droste 1961.

Nitsch, Meinolf: Private Wohltätigkeitsvereine im Kaiserreich. Die praktische Umsetzung der bürgerlichen Sozialreform in Berlin. Berlin / New York: de Gruyter 1999.

Noack, Friedrich: Deutsches Leben in Rom 1700 bis 1900. Stuttgart / Berlin: Cotta 1907.

Noack, Friedrich: Das Deutschtum in Rom seit dem Ausgang des Mittelalters. Bde. 1 und 2. Stuttgart / Berlin / Leipzig: Deutsche Verlagsanstalt 1927.

Nöhre, Joachim: Das Selbstverständnis der Weimarer Kolonialbewegung im Spiegel ihrer Zeitschriftenliteratur. (Uni Press Hochschulschriften Bd. 103.) Münster: LIT 1998.

Oeser, Erhard: Historische Erdbebentheorien von der Antike bis zum Ende des 19. Jahrhunderts. (Abhandlungen der Geologischen Bundesanstalt Bd. 58.) Wien: Geologische Bundesanstalt 2003.

Oettingen, A[rthur] J[oachim] von (Hg.): J. C. Poggendorff's biographisch-literarisches Handwörterbuch zur Geschichte der exacten Wissenschaften [...]. Vierter Band (die Jahre 1883 bis zur Gegenwart umfassend), I. Abtheilung (A-L). Leipzig: Barth 1904.

Ohle, Walter / Baier, Gerd (Bearb.): Die Kunstdenkmale des Kreises Rügen. Leipzig: Seemann 1963.

Paepke, Karola: Künstlervereinigungen und Kunstvereine in Potsdam – Ein Beitrag zu ihrer Geschichte zwischen 1800 und 1950. In: Beiträge zur Potsdamer Geschichte. (Veröffentlichungen des Bezirksheimatmuseums Potsdam H. 17.) Potsdam: Bezirksheimatmuseum 1969, S. 109–150.

Pallmann, Gerhard (Hg.): Flieger sind Sieger. Neue Fliegerlieder. Mit einem Geleitwort des Generals der Flieger Christiansen. Leipzig: Simrock 1939.

Paschke, Robert: Studentenhistorisches Lexikon. Aus dem Nachlaß hg. und bearb. von Friedhelm Golücke. (GDS-Archiv für Hochschul- und Studentengeschichte, Beiheft 9.) Köln: SH-Verlag 1999.

Pataky, Sophie (Hg.): Lexikon deutscher Frauen der Feder. Eine Zusammenstellung der seit dem Jahre 1840 erschienenen Werke weiblicher Autoren, nebst Biographieen der lebenden und einem Verzeichnis der Pseudonyme. Berlin: Pataky 1898, Neuausgabe Bern: Lang 1971. Vollständiger Neusatz beider Bände in einem Buch, hg. von Karl-Maria Guth. Berlin: Hofenberg 2014.

Penck, Albrecht: Zu welch schweren Schäden führt eine übertriebene Betonung der Geologie in der Geographie? In: Zeitschrift der Deutschen Geologischen Gesellschaft, Bd. 72/1920, Monatsberichte S. 123–138.

Petschull, Jürgen / Höpker, Thomas (Farbfotos): Der Wahn vom Weltreich. Die Geschichte der deutschen Kolonien. Herrsching: Pawlak 1986.

Philippi, E[mil]: Volksthümliche Führer durch die Königlichen Sammlungen in Berlin, hg. von der Centralstelle für Arbeiterwohlfahrtseinrichten. IV: Geologisch-paläontologische Sammlung im Museum für Naturkunde, Invalidenstr. 43. Berlin: Spemann o. J.

Planck, Max: Vorträge, Reden, Erinnerungen. Hg. von Hans Roos und Armin Hermann. Berlin u. a.: Springer 2001.

Plate, L[udwig]: Ultramontane Weltanschauung und moderne Lebenskunde, Orthodoxie und Monismus. Die Anschauungen des Jesuitenpaters Erich Wasmann und die gegen ihn in Berlin gehaltenen Reden. Jena: Gustav Fischer 1907.

Pommersches Güter-Adressbuch. Verzeichnis sämmtlicher Güter mit Angabe der Guts-Eigenschaft, der Gesammtfläche und des Flächeninhalts, der einzelnen Kulturen, des Grundsteuer-Reinertrages, der Besitzer bzw. Pächter und Bevollmächtigten [usw.]. Nach amtlichen Quellen und auf Grund direkter Angaben bearbeitet. Stettin: Nagel 1892.

[Pompeckj, Josef Felix]: Gedächtnisrede des Hrn. Pompeckj auf Wilhelm von Branca. In: Sitzungsberichte der Preußischen Akademie der Wissenschaften 1928, S. CXIV-CXXXVII.

Pompeckj, J[osef] F[elix]: Gedächtnisrede auf Wilhelm von Branca. Sonderdruck aus den Sitzungsberichten der Preußischen Akademie der Wissenschaften, Öffentliche Sitzung vom 5. Juli 1928. Berlin: Preußische Akademie der Wissenschaften 1928.

Pompeckj, J[osef] F[elix]: Wilhelm von Branca †. In: Forschungen und Fortschritte. Nachrichtenblatt der deutschen Wissenschaft und Technik, Jg. 4 Nr. 10, 1.4.1928, S. 103.

Pompeckj, Josef Felix: Zurechtweisung der Jaekelschen Entstellungen im Streit um die Trennung der Palaeontologie von der Geologie. Neuruppin: Selbstverlag 1916.

Priesdorff, Kurt von (Hg.): Soldatisches Führertum. Bd. 4, Teil 7: Die preußischen Generale von 1813 bis 1820. Hamburg: Hanseatische Verlagsanstalt [1937].

Puschner, Uwe: Sozialdarwinismus als wissenschaftliches Konzept und politisches Programm. In: Europäische Wissenschaftskulturen und politische Ordnungen in der Moderne (1890–1970), hg. von Gangolf Hübinger. (Schriften des Historischen Kollegs, Kolloquien 87.) München: Oldenbourg 2014, S. 99–121.

Quenstedt, Werner: Branca. In: Neue Deutsche Biographie, hg. von der Historischen Kommission bei der Bayerischen Akademie der Wissenschaften, Bd. 2. Berlin: Duncker & Humblot 1955, S. 514–515.

Radke, Wolfgang: Brandenburg im 19. Jahrhundert (1815–1914/18). Die Provinz im Spannungsfeld von Peripherie und Zentrum. (Brandenburgische Geschichte in Einzeldarstellungen Bd. 5.) Berlin: Berliner Wissenschaftsverlag 2016.

Raffaello a Firenze. Dipinti e disegni delle collezioni fiorentine. Firenze, palazzo Pitti 11 gennaio / 29 aprile 1984. Milano: Electa Editrice 1984.

Rath, G[erhard] vom: Der Vesuv am 1. und 17. April 1871. In: Zeitschrift der Deutschen geologischen Gesellschaft, Bd. 23 /1871, S. 702–733.

Reader, John: Die Jagd nach den ersten Menschen. Eine Geschichte der Paläanthropologie von 1857–1980. Basel / Boston / Stuttgart: Birkhäuser 1982.

Rechenberg, Helmut: Hermann von Helmholtz. Bilder seines Lebens und Wirkens. Weinheim u. a.: VCH 1994.

Reck, Hans: Die Kräftegruppen des Vulkanismus und der Tektonik und ihre gegenseitigen Beziehungen. Ein Rückblick und Ausblick. In: Zeitschrift der Deutschen Geologischen Gesellschaft. A: Abhandlungen, Bd. 76/1924, S. 115–137.

Reck, Hans: Oldoway die Schlucht des Urmenschen. Die Entdeckung des altsteinzeitlichen Menschen in Deutsch-Ostafrika. Leipzig: Brockhaus 1933.

Reck, Hans: Über die Ergebnisse der Saurier-Ausgrabungen am Tendaguru in Deutsch-Ostafrika. Vortrag in der Abteilungssitzung am 17. September 1924. In: Verhandlungen des Deutschen Kolonialkongresses 1924 zu Berlin am 17. und 18. September 1924. Berlin: Verlag Kolonialkriegerdank 1924, S. 465–472.

Reck, Hans: Wilhelm von Branca †. In: Zeitschrift für Vulkanologie, Bd. XII/1929-30 H. 1, S. 1–7.

Reck, Hans (Hg.): Wissenschaftliche Ergebnisse der Oldoway-Expedition 1913. Neue Folge, H. 1-4. Leipzig: Borntraeger bzw. Reimer 1915, 1925, 1928, 1937.

Reck, Ina geb. von Grumbkow: Mit der Tendaguru-Expedition im Süden von Deutsch-Ostafrika. Reiseskizzen. Berlin: Reimer / Vohsen 1924.

Reisinger, Ingrid in Begleitung von Walter Reisinger: Bekannte, unbekannte und vergessene Herren- und Gutshäuser im Land Brandenburg. Eine Bestandsaufnahme. Bde. 1 und 2. Berlin: Stapp 2013.

Rihner, Fred: Medizin vor 100 Jahren. Zürich / Stuttgart: Classen 1973.

Roedlich, E[duard] F[ranz] (Hg.): Das Leben des Generals Hieronymus Roedlich (1767–1833). Berlin: Mittler 1882.

Röhling, Heinz-Gerd: 100 Jahre Hermann-Credner-Stiftung der Deutschen Gesellschaft für Geowissenschaften. In: Geohistorische Blätter, H. 21/2011, S. 109–141.

Rohkamm, Otto: 1000 Jahre Harzburg. Aus der Chronik einer kleinen Stadt. Bad Harzburg: Selbstverlag 1976.

Rohleder, Herbert P. T.: Wilhelm von Branca. In: Geological Magazine, Bd. 65/1928, Nr. 7, S. 334–335.

Roquette, Otto: Gedichte. Des Liederbuches zweite, durchaus veränderte und vermehrte Auflage. Stuttgart: Cotta 1859.

Rothe, Peter: Die Erde. Alles über Erdgeschichte, Plattentektonik, Vulkane, Erdbeben, Gesteine und Fossilien. Stuttgart: Theiss / Darmstadt: Wissenschaftliche Buchgesellschaft 3. Aufl. 2015.

Ruhl, Moritz (Hg.): Orden und Ehrenzeichen. Königreich Preußen und Königreich Sachsen. [Reprint der Originalausgaben Leipzig 1915.] Schönau: Weber 2012.

Runze, Max (Hg.): Carl Loewes Werke. Gesamtausgabe der Balladen, Legenden, Lieder und Gesänge für eine Singstimme. Bd. XVII: Liederkreise. Leipzig: Breitkopf & Härtel 1904.

Sächsische Akademie der Wissenschaften zu Leipzig (Hg.): J. C. Poggendorffs biographisch-literarisches Handwörterbuch für Mathematik, Astronomie, Physik, Chemie und verwandte Wissensgebiete. Bd. V: 1904 bis 1922. Leipzig / Berlin: Verlag Chemie 1926.

Sächsische Akademie der Wissenschaften zu Leipzig (Hg.): J. C. Poggendorffs biographisch-literarisches Handwörterbuch für Mathematik, Astronomie, Physik mit Geophysik, Chemie, Kristallographie und verwandte Wissensgebiete. Bd. VI: 1923 bis 1931, I. Teil: A-E. Berlin: Verlag Chemie 1936.

Sächsische Akademie der Wissenschaften zu Leipzig / Sprachwissenschaftliche Kommission (Hg.): Brandenburg-Berlinisches Wörterbuch. Bde. I und II. Neumünster: Wachholtz 1976, 1985.

Samida, Stephanie (Hg.): Inszenierte Wissenschaft. Zur Popularisierung von Wissen im 19. Jahrhundert. Bielefeld: transcript 2011.

San Vittore. La chiesa parrocchiale di Cannobio a 250 anni dalla Consacrazione. 1749 maggio 1999. [Cannobio 1999.]

Saur Allgemeines Künstler-Lexikon. Die Bildenden Künstler aller Zeiten und Völker. München / Leipzig: Saur 1992 ff.

Schleinert, Dirk: Grundbesitzer in Vorpommern zwischen 1800 und 1945 – Junker oder Agrarunternehmer? In: Virtus est satis hoc uno testificata libro. Festgabe für Manfred Herling, hg. von Dirk Alvermann, Nils Jörn, Kjell Å. Modéer. Münster / Hamburg / London: LIT 2003, S. 341–350.

Schlesisches Güter-Adreßbuch. Verzeichnis sämtlicher Rittergüter und selbständigen Gutsbezirke […]. 10. Ausgabe. Breslau: Korn 1912.

Schlicker, Wolfgang: Die Berliner Akademie der Wissenschaften in der Zeit des Imperialismus. Teil II: Von der Großen Sozialistischen Oktoberrevolution bis 1933. (Studien zur Geschichte der Akademie der Wissenschaften der DDR Bd. 2/II.) Berlin: Akademie-Verlag 1975.

Schmidt, Georg: Das Geschlecht von Veltheim. II. Teil: Die Stammreihe des Geschlechts von der Teilung der Linien an. Halle a. S.: Buchdruckerei des Waisenhauses 1912.

Schmidt, W[erner]: Heimatkunde der Kreise Jerichow I und II für Schule und Haus. Ferchels: Selbstverlag (1894).

Schmincke, Hans-Ulrich: Vulkanismus. Darmstadt: Wissenschaftliche Buchgesellschaft 2. Aufl. 2000.

Schrattenthal, Karl: Unsere Frauen in einer Auswahl aus ihren Dichtungen. Poesie-Album zeitgenössischer Dichterinnen. Mitgabe für Frauen und Töchter gebildeter Stände. Stuttgart: Greiner & Pfeiffer (1888).

Schulte, Birgit A.: Die schlesischen Niederlassungen der Herrnhuter Brüdergemeine Gnadenberg, Gnadenfeld und Gnadenfrei. Beispiele einer religiös geprägten Siedlungsform im Wandel der Zeit. Insingen: Degener 2008.

Schultka, Stephan / Heinrich, Wolf-Dieter: Eine Frau am Tendaguru – Ina Reck. In: Als das Leben laufen lernte. Evolution in Aktion, hg. von Matthias Glaubrecht, Annette Kinitz und Uwe Moldrzyk. München u. a.: Prestel 2007, S. 78–79.

Schulze, Franz Eilhard: Das zoologische Institut. In: Geschichte der Königlichen Friedrich-Wilhelms-Universität zu Berlin, hg. von Max Lenz. Bd. 3: Wissenschaftliche Anstalten, Spruchkollegium, Statistik. Halle a. d. S.: Verlag der Buchhandlung des Waisenhauses 1910, S. 372–389.

Schwarz, Angela (Hg.): Streitfall Evolution. Eine Kulturgeschichte. Köln / Weimar / Wien: Böhlau 2017.

Siemens, Werner von: Lebenserinnerungen. Hg. von Wilfried Feldenkirchen. München / Zürich: Piper 2004.

Siemens-Helmholtz, Ellen von (Hg.): Anna von Helmholtz. Ein Lebensbild in Briefen. Bde. I und II. Berlin: Verlag für Kulturpolitik 1929.

Simon, Christian (Hg.): Wo sie ruhen. Führer zu den Gräbern bedeutender Persönlichkeiten in Berlin und Umgebung. Berlin: Stapp 2. Aufl. 2009.

Solies, Dirk: Darwinismus als Kampf aller gegen alle? Ursprung und Konsequenzen eines Missverständnisses. In: Streitfall Evolution. Eine Kulturgeschichte, hg. von Angela Schwarz. Köln / Weimar / Wien: Böhlau 2017, S. 88–102.

Spano, Nicola: L'Università di Roma. Ristampa Anastatica. Rom: Casa Editrice Università La Sapienza 2008.

Staatliche Kunstsammlungen Dresden / Dehmer, Andreas (Hg.): Italienische Landschaft der Romantik. Malerei und Literatur. Dresden: Sandstein (2016).

Steinich, Gerhard: Otto Jaekel als Geologe. In: Wissenschaftliche Zeitschrift der Ernst-Moritz-Arndt-Universität Greifswald, Mathematisch-naturwissenschaftliche Reihe XXXVIII/1989, H. 1-2, S. 12–17.

Storia di Cannobio. Antico e Moderno e di Castelli di Cannero. Novara: Tipografia P. Reina 1893.

Stutzer, Otto: „Meteor Crater" (Arizona) u. Nördlinger Ries. (Vortrag gehalten auf der Hauptversammlung in Kassel am 27. August 1936.) In: Zeitschrift der Deutschen Geologischen Gesellschaft, Bd. 88/1936, S. 510–523.

Täuber, Antonie: Lage und Beziehungen einiger tertiärer Vulkangebiete Mitteleuropas zu gleichzeitigen Meeren oder großen Seen. In: Neues Jahrbuch für Mineralogie, Geologie und Paläontologie, Beilage-Band XXXVI, H. 2/1913, S. 413–490.

Tamborini, Marco: „If the Americans can do it, so can we": How dinosaur bones shaped German paleontology. In: HOS / History of Science, Bd. 54/2016, Nr. 3, S. 225–256.

Tamborini, Marco: The Reception of Darwin in late Nineteenth-Century German Paleontology as a Case of Pyrrhic Victory. In: Studies in History and Philosophy of Science, Part C: Studies in History and Philosophy of Biological and Biomedical Sciences, Jg. 66/2017, Nr. 4 S. 37–45.

Tamborini, Marco: Die Wurzeln der Idiographischen Paläontologie: Karl Alfred von Zittels Praxis und sein Begriff des Fossils. In: NTM / Zeitschrift für Geschichte der Wissenschaften, Technik und Medizin, Bd. 23/2015, Nr. 3, S. 117–142.

Tamborini, Marco / Vennen, Mareike: Disruptions and changing habits: The case of the Tendaguru expedition. In: Museum History Journal, Bd. 10/2017, Nr. 2, S. 183–199.

Taylor, Michael P.: A Re-Evaluation of Brachiosaurus Altithorax Riggs 1913 (Dinosauria, Sauropoda) and its Generic Separation from Giraffatitan Brancai (Janensch 1914). In: Journal of Vertebrate Paleontolgy, Jg. 27/2009, H. 3, S. 787–806.

Teudt, W[ilhelm]: „Im Interesse der Wissenschaft!" Haeckels „Fälschungen" und die 46 Zoologen etc. Die wichtigsten Dokumente zum Fall Brass-Haeckel nebst Erläuterungen und Ergebnis. Godesberg: Naturwissenschaftlicher Verlag des Keplerbundes 1909.

Thieme, Ulrich / Becker, Felix (Hg.): Allgemeines Lexikon der Bildenden Künstler von der Antike bis zur Gegenwart. Leipzig: Engelmann bzw. Seemann 1907–1950.

Tietz, Karl-Ewald / Wichert, Sven / Petrick, Fritz (Hg.): Eine Insel mit Geschichte. 200 Jahre Landkreis Rügen. Groß Schoritz: Ernst-Moritz-Arndt-Gesellschaft 2007.

Tilitzki, Christian: Die Albertus-Universität Königsberg. Ihre Geschichte von der Reichsgründung bis zum Untergang der Provinz Ostpreußen (1871–1945). Bd. 1: 1871–1918. Berlin: Akademie-Verlag 2012.

Titan von Hefner, Otto (Hg.): J. Siebmacher's grosses und allgemeines Wappenbuch, in Verbindung mit Mehreren neu herausgegeben und mit historischen, genealogischen und heraldischen Notizen begleitet. Bd. 2 Abt. 1: Der Adel des Königreichs Bayern. Nürnberg: Bauer und Raspe 1856.

Titan von Hefner, Otto / Seyler, Gustav Adolf: Die Wappen des bayerischen Adels. (J. Siebmacher's großes Wappenbuch Bd. 22.) Neustadt a. d. Aisch: Bauer & Raspe 1971, unveränderter Nachdruck 1996.

Tübinger Universitätsschriften aus dem Jahre 1891/1892. Tübingen: Laupp 1892. [Darin: Personal-Verzeichnisse, Vorlesungs-Verzeichnisse.]

Tübinger Universitätsschriften aus dem Jahre 1892/1893. Tübingen: Laupp 1893. [Darin: Personal-Verzeichnisse, Vorlesungs-Verzeichnisse.]

Verband der deutschen Akademien (Hg.): Deutsches Biographisches Jahrbuch. Bd. X: Das Jahr 1928. Stuttgart / Berlin: Deutsche Verlags-Anstalt 1931.

Verein für Computergenealogie: genealogy.net. http://www.ortsfamilienbuecher.de.

Verhandlungen des Deutschen Kolonialkongresses 1924 zu Berlin am 17. und 18. September 1924. Berlin: Verlag Kolonialkriegerdank 1924.

Vogel, Dietmar: Der Deutsch-Römer Emil Wolff (1802–1879). Bildhauer, Antikenrestaurator und Kunstagent. (Europäische Hochschulschriften, Reihe XXVIII: Kunstgeschichte, Bd. 239.) Frankfurt a. M. u. a.: Lang 1995.

Vollmer, Hans (u. a.): Allgemeines Lexikon der bildenden Künstler des XX. Jahrhunderts. Leipzig: Seemann 1953–1962.

Wachsmuth, R[udolf]: Anna von Helmholtz, geb. von Mohl. In: Biographisches Jahrbuch und deutscher Nekrolog, hg. von Anton Bettelheim, Bd. IV. Berlin: Reimer 1900, S. 14–20.

Wagenbreth, Otfried: Geschichte der Geologie in Deutschland. Stuttgart: Enke / Thieme 1999.

Wander, Karl Friedrich Wilhelm (Hg.): Deutsches Sprichwörter-Lexikon. Ein Hausschatz für das deutsche Volk. Bde. 1 und 2. Leipzig: Brockhaus 1867, 1870.

Warth, Manfred: 150 Jahre Gesellschaft für Naturkunde in Württemberg. In: Jahreshefte der Gesellschaft für Naturkunde in Württemberg, Bd. 149/1994, S. 9–59.

Wasmann, Erich: Entwicklungstheorie und Monismus. Die Innsbrucker Vorträge von Erich Wasmann am 14., 16. u. 18. Okt. 1909. Innsbruck: Tyrolia 1910.

Wasmann, Erich: Erklärung. In: Biologisches Centralblatt, Bd. 31/1911, Nr. 10 S. 320.

Wasmann, Erich: Der Kampf um das Entwicklungs-Problem in Berlin. Ausführlicher Bericht über die im Februar 1907 gehaltenen Vorträge und über den Diskussionsabend. Freiburg i. Br.: Herder 1907.

Wasmann, Erich: Die moderne Biologie und die Entwicklungstheorie. Freiburg i. Br.: Herder 2. Aufl. 1904.

Wasmann, Erich: Professor Branca über den fossilen Menschen. In: Stimmen aus Maria Laach. Katholische Blätter, Bd. 80/1911, S. 183–204, 290–304.

Weber, Georg: Heidelberger Erinnerungen. Am Vorabend der Fünften Säkularfeier der Universität. Stuttgart: Cotta 1886.

Wegener, Alfred: Die Entstehung der Kontinente und Ozeane. Braunschweig: Vieweg 1915. Nachdruck Berlin / Stuttgart: Borntraeger 2005.

Weisfert, Julius Nicolaus: Biographisch-litterarisches Lexikon für die Haupt- und Residenzstadt Königsberg und Ostpreußen. Nachdruck der Ausgabe Königsberg i. Pr. 1897. Hildesheim / New York: Olms 1975.

Werner, Ernst: Das Ries der schwäbisch-fränkischen Alb. In: Blätter des Schwäbischen Albvereins, Jg. 16/1904, Nr. 5, Sp. 153–168.

Werth, Emil: Aufbau und Gestaltung von Kerguelen. Sonderabdruck aus „Deutsche Südpolar-Expedition 1901–1903". Bd. II: Karthographie und Geologie. Berlin: Reimer [1908].

Wikipedia: Wilhelm von Branca. https://de.wikipedia.org/wiki/Wilhelm_von_Branca.

Wilhelm Branca zum Siebzigsten Geburtstage – 9. September 1914. Eine Festschrift Seiner Schüler. Leipzig: Borntraeger 1914.

Wilhelmy-Dollinger, Petra: Die Berliner Salons. Mit historisch-literarischen Spaziergängen. Berlin / New York: de Gruyter 2000.

Wissenschaftliche Ergebnisse der Tendaguru-Expedition 1909–1912.
In: Archiv für Biontologie, hg. von der Gesellschaft Naturforschender Freunde zu Berlin.
III. Band 1914, H. 1, H. 3, H. 4. Berlin: Friedländer 1914.
IV. Band 1916–1919, H. 1. Berlin: Friedländer 1916.

Wissenschaftliche Ergebnisse der Tendaguru-Expedition 1909–1912.
Neue Folge, hg. vom Geologisch-Palaeontologischen Institut und Museum der Universität Berlin durch W[erner] Janensch.
In: Palaeontographica. Beiträge zur Naturgeschichte der Vorzeit.
Supplement VII, 1. Reihe, Teil I, Lieferung 1. Stuttgart: Schweizerbart 1925.

Supplement VII, 1. Reihe, Teil II, Lieferung 1–3. Stuttgart: Schweizerbart 1929–1936.

Supplement VII, 1. Reihe, Teil III. Lieferung 2–4. Stuttgart: Schweizerbart 1950–1961.

Wohlberedt, W[illi]: Verzeichnis der Grabstätten bekannter und berühmter Persönlichkeiten in Groß-Berlin und Potsdam mit Umgebung. Neudruck der im Teil I (1932) angegebenen Grabstätten. (Landesgeschichtliche Vereinigung für die Mark Brandenburg e. V., Schriften Bd. 2.) Berlin: Landesgeschichtliche Vereinigung für die Mark Brandenburg e. V. 1953.

Wolgast, Eike: Die Universität Heidelberg 1386–1986. Berlin u. a.: Springer 1986.

Wunder, Bernd: Der württembergische Personaladel (1806–1913). In: Zeitschrift für Württembergische Landesgeschichte, Jg. 40/1981. (Festschrift für Hansmartin Decker-Hauff zum 65. Geburtstag, Bd. I.) Stuttgart: Kohlhammer 1982, S. 494–518.

Wutzke, Ulrich: Klima, Krater, Kontinente. Das Leben des Grönlandforschers und Entdeckers der Kontinentaldrift Alfred Wegener. Berlin: Verlag für Geowissenschaften 2015.

Zils, Wolfgang / Werner, Christa / Moritz, Andrea / Saanane, Charles: Tendaguru, the most famous dinosaur locality of Africa. Review, Survey and Future Prospekts. (documenta naturae No. 97.) München 1995.

Zittel, Karl Alfred von: Geschichte der Geologie und Paläontologie bis Ende des 19. Jahrhunderts. (Geschichte der Wissenschaften in Deutschland. Neuere Zeit Bd. 23.) München / Leipzig: Oldenbourg 1899.

Zittel, Karl Alfred (Hg.): Handbuch der Palaeontologie. München / Leipzig: Oldenbourg 1876–1893.

Zittel, Karl A[lfred] von: Ueber wissenschaftliche Wahrheit. Rede in der öffentlichen Festsitzung der Akademie am 15. November 1902. München: Verlag der k. b. Akademie 1902.

Zwicky von Gauen, J[ohann] P[aul] (Bearb.): Genealogie der Familie Branca und von Branca. Zürich: Genealogisches Institut Zürich 1966 (masch.).

2. Periodika

Abhandlungen der Königlich Preußischen Akademie der Wissenschaften zu Berlin. Physikalisch-mathematische Klasse (bzw. Physikalische Abhandlungen). Jg. 1901 bis 1907, 1914, 1915.

Annalen des Naturhistorischen Museums in Wien. Bd. 83/1979.

Archiv für Anthropologie. Zeitschrift für Naturgeschichte und Urgeschichte des Menschen. Organ der deutschen Gesellschaft für Anthropologie, Ethnologie und Urgeschichte. Bd. 11/1879, 12/1880, 13/1881.

Archiv für Biontologie. Hg. von der Gesellschaft Naturforschender Freunde zu Berlin. Bd. III/1914, IV/1916.

Atti della R. Accademia dei Lincei 1876–77. Serie 3. Memorie della Classe di scienze fisiche, mathematiche e naturali. Rom. Vol. I/1877.

Bayerische Heimat. Unterhaltungsblatt zur Münchener Zeitung. Jg. 2/1920–21, 3/1921–22.

Biologisches Centralblatt. Hg. von Julius Isidor Rosenthal. Bd. 31/1911.

Blätter der Literarischen Gesellschaft Frankfurt-Oder. Jg. I, Winter 1924/25.

Blätter des Schwäbischen Albvereins. Hg. von Eugen Nägele. Jg. V/1893, 16/1904.

Blätter für literarische Unterhaltung. Hg. von Heinrich Brockhaus. Jg. 1849.

Centralblatt für Mineralogie, Geologie und Paläontologie. Hg. von Max Bauer, Ernst Koken und Theodor Liebisch. Jg. 1909, 1911, 1916, 1917.

Deutsche Revue. Eine Monatsschrift. Hg. von Richard Fleischer. Jg. 36/1911, 37/1912, 38/1913, 44/1919, 45/1920.

Forschungen und Fortschritte. Nachrichtenblatt der deutschen Wissenschaft und Technik. Hg. von Karl Kerkhof. Jg. 4/1928.

Geographische Zeitschrift. Hg. von Alfred Hettner. Jg. 29/1923.

Geohistorische Blätter. Nachrichtenblatt des Arbeitskreises Geschichte der Geowissenschaften der Deutschen Gesellschaft für Geowissenschaften. H. 21/2011.

Geological Magazine. Monthly Journal of Geology. Hg. von Robert Heron Rastall. Vol. 65/1928.

Geologische Rundschau. Hg. von der Geologischen Vereinigung. Bd. 58/1969.

HOS / History of Science. SAGE Publishing. Bd. 54/2016.

Jahrbuch der Königlich Preußischen geologischen Landesanstalt und Bergakademie, Berlin. [Bd. 4]1883 bis [7]1886, [10]1889.

Jahres-Berichte und Mitteilungen des Oberrheinischen Geologischen Vereines. Neue Folge Bd. III/1913, XVI/1927, XVII/1928, 51/1969.

Jahreshefte des Vereins für vaterländische Naturkunde in Württemberg. Jg. 49/1893 bis 55/1899, 84/1928.

Jahreshefte der Gesellschaft für Naturkunde in Württemberg. Jg. 149/1994.

Journal of Vertebrate Paleontology. Hg. von der Society of Vertebrate Paleontology. Jg. 27/2009.

Jugend. Münchner Illustrierte Wochenschrift für Kunst und Leben. Jg. 24/1919, 26/1921.

Der Jugendonkel. Zeitschrift der Kinder, München. Jg. 5/1928-29 bis 8/1932-33.

Korrespondenzblatt zur Bekämpfung der öffentlichen Sittenlosigkeit. Verbandszeitung der deutschen Sittlichkeitsvereine, Berlin. Jg. 15/1901.

Landesgeschichtliche Vereinigung für die Mark Brandenburg. Mitteilungsblatt Nr. 20/1956, Monatsblätter Jg. 40/1935.

Mitteilungen aus dem Museum für Naturkunde in Berlin. Geowissenschaftliche Reihe. Bd. 1/1998 bis 7/2004.

Museum History Journal. Taylor and Francis online. Bd. 10/2017.

Naturwissenschaftliche Rundschau. Wöchentliche Berichte über die Fortschritte auf dem Gesamtgebiete der Naturwissenschaften. Jg. 11/1896, 13/1898.

Naturwissenschaftliche Wochenschrift. Organ der Deutschen Gesellschaft für volkstümliche Naturkunde in Berlin. Neue Folge Bd. I/1901-02, IX/1910, X/1911, XII/1913.

Neues Jahrbuch für Mineralogie, Geologie und Palaeontologie. Jg. 1877, 1880 Bd. I, 1882 Bd. I, 1898 Bd. I, Beilage-Band XXXVI/1913.

Nobilitas. Zeitschrift für deutsche Adelsforschung. Hg. vom Institut Deutsche Adelsforschung. Jg. X/2007.

NTM / Zeitschrift für Geschichte der Wissenschaften, Technik und Medizin. Springer International Publishing. Bd. 23/2015.

Palaeontographica. Beiträge zur Naturgeschichte der Vorzeit, hg. von Wilhelm Dunker und Karl A. Zittel. Bd. 26/1879-80 (= 3. Folge 2. Bd.), 27/1880-81 (= 3. Folge 3. Bd.); Supplement VII, 1. Reihe, Teil I/1925; Teil II/1929-1936; Teil III/1950-1961.

Palaeontologische Zeitschrift. Organ der Palaeontologischen Gesellschaft. Hg. von Otto Jaekel. Bd. I/1914.

Sitzungsberichte der Gesellschaft Naturforschender Freunde zu Berlin. Jg. 1907 bis 1911, Nr. 2 b/1912.

Sitzungsberichte der Königlich Preußischen Akademie der Wissenschaften zu Berlin (ab 1918: Sitzungsberichte der Preussischen Akademie der Wissenschaften). Jg. 1900 bis 1917, 1926, 1928.

Stimmen aus Maria Laach. Katholische Blätter, Freiburg i. Br. Bd. 80/1911.

Studies in History and Philosophy of Science, Part C: Studies in History and Philosophy of Biological and Biomedical Sciences. Jg. 66/2017.

Vers und Prosa. Eine Monatsschrift. Hg. von Franz Hessel. H. 1/1924.

Wissenschaftliche Zeitschrift der Ernst-Moritz-Arndt-Universität Greifswald. Mathematisch-naturwissenschaftliche Reihe XXXVIII/1989.

Zeitschrift der Deutschen geologischen Gesellschaft (ZDGG) (ab 1909 Untertitel: Abhandlungen und Berichte, ab 1910: Zeitschrift der Deutschen Geologischen Gesellschaft, ab 2005: ZDGG / Zeitschrift der Deutschen Gesellschaft für Geowissenschaften). Bd. 29/1877, 32/1880 bis 37/1885, 56/1904, 62/1910 bis 67/1915, 71/1919, 72/1920, 76/1924, 125/1974.

Zeitschrift für Ethnologie. Organ der Berliner Gesellschaft für Anthropologie, Ethnologie und Urgeschichte. Jg. 37/1905.

Zeitschrift für Deutsche Philologie. Bd. 73/1954.

Zeitschrift für Vulkanologie. Hg. von Immanuel Friedländer und Hans Reck. Bd. XII/1929-30.

Zeitschrift für Württembergische Landesgeschichte, Stuttgart. Jg. 40/1981.

3. Archivalische Quellen

Antiquariat Fritz-Dieter Söhn, Marburg

Konvolut ALSs: Briefe Wilhelm Branco an Wilhelm Salomon-Calvi

Archiv der Berlin-Brandenburgischen Akademie der Wissenschaften, Berlin (ABBAW)

A II-III, 32, 34, 37, 138, 140, 142, 143	Personalia
A II-V, 77 bis 94, 100, 101, 126 bis 134	Sitzungsprotokolle
A II-VI, 18, 19	Verhandlungen des Plenums
A II-VII, 136, 137, 150	Wissensch. Unternehmungen
A II-XI, 77	Humboldt-Stiftung
A II-XVII, 12, 15	Finanzierungsangelegenheiten
Nachlass Helmholtz, Nr. 160	Briefe N. Friedreich

Archiv der Evangelischen Kirchengemeinde Berlin-Dahlem

Akte 1102[3]	St.-Annen-Kirche

Bayerische Staatsbibliothek München, Abt. Handschriften und Alte Drucke

Autogr. Branco, Nelly	Briefe Dilia Helena Branco
Grothiana X	Nachl. Paul Heinrich v. Groth
Seppiana 65	Nachl. Johann Nepomuk Sepp

Bibliothek der Eidgenössischen Technischen Hochschule Zürich (ETH-Bibliothek)

Hs 322: 6458	Brief W. Branca an L. Rollier

Bundesarchiv (ehem. Berlin Document Center), Berlin

Kartei Reichskulturkammer

Deutsches Literaturarchiv Marbach, Handschriftenabteilung

Z 1007	Brief Dilia Helena Branco

Deutsches Museum München, Archiv (DMA)

HS Nr. 1931-28/B 5/001 - 002	Korrespondenz Emil Tietze
HS Nr. 1931-28/B 5/003	Deutsche Geolog. Gesellschaft
HS Nr. 1949-156/017	Korr. Erich v. Drygalski
NL 012 / vorl. Nr. 0229	Nachlass Ludwig v. Ammon

Familienarchiv Freiherr von Branca, Miesbach (FAvB)

Nachlass Branco (nicht erschlossen):

Briefe, Urkunden, Materialsammlungen, Typoskripte, Zeitungsausschnitte

Bilder-Inventar Gerhard v. Branca

Fotografien

Käthe und Wilhelm Branco, Italien (1872)

Wilhelm Branco, Lebensgang (1904)

Geheimes Staatsarchiv Preußischer Kulturbesitz, Berlin (GStA PK)

I. *HA Rep. 76: Kultusministerium*

I. HA Rep. 76 Va Sekt. 2 Tit. I Nr. 9 Bd. 6	Geburtstagsfeiern des Königs
I. HA Rep. 76 Va Sekt. 2 Tit. IV Nr. 52 Bd. 8	Jubiläen, Ordensverleihungen
I. HA Rep. 76 Va Sekt. 2 Tit. IV Nr. 52 Bd. 9	“
I. HA Rep. 76 Va Sekt. 2 Tit. IV Nr. 52 Bd. 10	“
I. HA Rep. 76 Va Sekt. 2 Tit. IV Nr. 61 Bd. 9	Anstellungen, Besoldungen
I. HA Rep. 76 Va Sekt. 2 Tit. IV Nr. 61 Bd. 10	“
I. HA Rep. 76 Va Sekt. 2 Tit. IV Nr. 63 Bd. 2	Annahme von Nebenämtern
I. HA Rep. 76 Va Sekt. 2 Tit. X Nr. 21 Bd. 17	Mineralien-Kabinett
I. HA Rep. 76 Va Sekt. 2 Tit. X Nr. 21 Bd. 19	Geol.-pal. Institut und Museum
I. HA Rep. 76 Va Sekt. 2 Tit. X Nr. 21 Bd. 20	“
I. HA Rep. 76 Va Sekt. 2 Tit. X Nr. 21 adh A Bd. 1	Tendaguru-Expedition

I. HA Rep. 76 Vb Sekt. 6 Tit. III Nr. 1 Bd. 9	Techn. Hochschule Aachen
I. HA Rep. 76 Vc Sekt. 1 Tit. XI Teil 1 Nr. 12 Bd. 1	Deutsche Geolog. Gesellschaft
I. HA Rep. 89: Geheimes Zivilkabinett, jüngere Periode	
I. HA Rep. 89 Nr. 1150	Adelssachen Branca, Name
I. HA Rep. 121: Ministerium für Handel und Gewerbe	
I. HA Rep. 121 Nr. 798	Landesgeologe Branco
I. HA Rep. 176: Heroldsamt	
I. HA Rep. 176 Nr. 657	Adelssachen, Name, Orden
I. HA Rep. 194: Geologische Landesanstalt	
I. HA Rep. 194 Nr. 17	Landesgeologe Branco
III.HA MdA III: Ministerium der ausw. Angelegenheiten	
III. HA MdA III Nr. 19011	Forschungsreise F. W. Branco
VI. HA Nachlass Friedrich Theodor Althoff	
VI. HA Nl Althoff Nr. 682	Korrespondenz Branco
VIII. HA EKB: Evangelische Kirchenbücher	
VIII. HA EKB Nr. 2215	Domkirche Königsberg

Klassik Stiftung Weimar, Goethe- und Schiller-Archiv

GSA 72/BW 643	Brief Edith Branca

Landesarchiv Baden-Württemberg, Abt. Hauptstaatsarchiv Stuttgart

E 14 Bü 1472	Personalakten Branco
E 14 Bü 1505	“
E 40/33 Bü 560	Nobilitierung Branco
E 156 Bü 98	“

Münchner Stadtbibliothek / Monacensia Literaturarchiv

A III 1, Sammelstück Nr. 1	Brief Gerhard v. Branca
OvT B 202	Archiv Otto v. Taube
RSS B 53	Nachlass R. Schneider-Schelde
RuSS B 54	Archiv Tukan-Kreis

Museum für Naturkunde Berlin, Historische Bild- und Schriftgutsammlungen (MfN HBSB)

Pal. Mus. S II: Nachlass Branca (= Arbeiten von Dozenten), Kästen 1 bis 3
Pal. Mus. S II: Tendaguru-Expedition, Kästen 1 bis 7, 10
Pal. Mus. S II: Akte Ausland A-Z
Pal. Mus. B VII Nr. 1: Porträt Branca

Niedersächsische Staats- und Universitätsbibliothek Göttingen (SUB), Handschriften und Seltene Drucke

Cod. Ms. A. v. Koenen 3	Nachlass Adolf v. Koenen
Cod. Ms. W. Dilthey 14 I Nr. 3	Nachlass Wilhelm Dilthey

Staatsbibliothek zu Berlin Preußischer Kulturbesitz, Handschriftenabteilung

Nachlass 488, A 520	Archiv Mohr-Siebeck
Slg. Darmstaedter F 1 a 1847(2)	Brief Hermann Helmholtz
Porträt-Sammlung	

Stadtarchiv München

Meldekarten Branca, Kirchhoff

Stadtarchiv Potsdam

Melderegister (Einwohnerbuch) MR/0017, 0023, 0024, 0032, 0046, 0061
Geburtsregister FR/007
Sterberegister FR/007
Namenverzeichnis Sterbefälle P 008, P 009
Fotosammlung

Stadtarchiv Tübingen

A 70/397	Zuzüge
A 70/434	Bürgerliste

Stadtbibliothek Steglitz-Zehlendorf, Berlin

Wandervogel-Archiv M 96	Grabmal Käthe Branco

Universitätsarchiv der Humboldt-Universität Berlin (UA HU)

Abgangszeugnisse Bd. 2003, 2010	
B 369 Nr. I und II	Personalakten Branca
Phil. Fak. Nr. 1210	Habilitation Branco
Museum für Naturkunde Bd. 118 (alt: 114)	Erweiterungsbau Museum
Museum für Naturkunde Bd. 151 (alt: 124)	Geolog.-paläontol. Sammlung
Museum für Naturkunde Bd. 153 (alt: 126)	Gutachten

Universitätsarchiv Heidelberg

H IV-102 Bd. 82	Promotionsakten
H-V-4 Bd. 24	Verhandlungen 1925–26

Universitätsarchiv Hohenheim

I 27/2	Personalakte Branco

Universitätsarchiv Jena, Ernst-Haeckel-Archiv

Haeckel-Korrespondenz Brief Nr. 6.231

Universitätsarchiv Tübingen

UAT 117/889	Rektoramt, Hauptregistratur
UAT 119/230	Kanzleramt
UAT 126/61	Rektoramt, Personalakten
UAT 132/71-1891,1	Doktordiplome

Universitätsbibliothek Freiburg, Historische Sammlungen

AGV 11810, 17684–17695, 17954–17955	Archiv d. Geolog. Vereinigung
GA 80/90	Korr. Friedrich R. Huene

Universitätsbibliothek Heidelberg, Historische Sammlungen

Heid. Hs. 3400, 17	Korr. Harry Rosenbusch
Heid. Hs. 3929 D II, 39	Nachlass Alfred Hettner

Universitätsbibliothek Tübingen, Handschriftenabteilung

Md 747-79	Nachlass Eduard Zeller

Württembergische Landesbibliothek Stuttgart, Handschriftenabteilung

Cod. hist. 4“ 608, I, 28	Korr. Hermann Zeller

Abbildungsnachweis

Abb. 1: Museum für Naturkunde Berlin, Historische Bild- und Schriftgutsammlungen (Pal. Mus. B VII Nr. 1)

Abb. 2, 5, 7, 9, 10, 11, 12, 19, 20, 21, 22, 23, 24, 25, 34, 36, 39, 40, 41, 42, 43, 44, 45:
Familienarchiv Freiherr von Branca, Miesbach
Aufnahmen: Emanuela Freiin von Branca (Abb. 5, 7, 12)
Scans: Alexandra Freiin von Branca und Winfried Mogge

Abb. 3, 8, 17, 37, 38: Winfried Mogge, Berlin

Abb. 4: Wilfried Röll, Rom

Abb. 6: Brandenburgisches Landesamt für Denkmalpflege und Archäologisches Landesmuseum, Bildarchiv, Zossen (Neg. Nr. MBA-22-n 1689 2)

Abb. 13: Wikimedia Commons, Public domain

Abb. 14: Stadtarchiv Genthin (Fotograf unbekannt)

Abb. 15: Universitätsarchiv Heidelberg (H-IV-102 Bd. 82)

Abb. 16, 18, 26, 27, 28, 29, 30, 31, 33:
Staatsbibliothek zu Berlin Preußischer Kulturbesitz (BiblioCopy)

Abb. 32: Museum für Naturkunde Berlin, Generaldirektion (Servicebereich Öffentlichkeitsarbeit)

Abb. 35: Heinz R. Schwab, Balingen

Dank

Für vielerlei Hilfe (sachkundige Hinweise, freundliche Auskünfte, Hilfe bei den Recherchen, Beschaffung von Literatur und Abbildungen, Übersetzungen, Nachdruckerlaubnis …) ist zu danken:

Akademie der Bildenden Künste München

Akademie der Künste, Historisches Archiv, Berlin

Antiquariat Fritz-Dieter Söhn, Marburg

Archivum Państwowe we Wrocławiu, Wrocław

Auswärtiges Amt, Politisches Archiv, Berlin

Bayerisches Hauptstaatsarchiv, München

Bayerische Staatsbibliothek München, Handschriften und Alte Drucke

Berlin-Brandenburgische Akademie der Wissenschaften, Archiv, Berlin

Berliner Wingolf, Berlin

Brandenburgisches Landesamt für Denkmalpflege und Archäologisches Landesmuseum, Messbildarchiv, Zossen

Brandenburgisches Landeshauptarchiv, Potsdam

Büro für Stadtinformation, Altlandsberg

Bundesarchiv, ehem. Berlin Document Center, Berlin

Charité, Institut für Geschichte der Medizin, Bibliothek, Berlin

Deutsches Literaturarchiv, Handschriftenabteilung, Marbach

Deutsches Museum, Archiv, München

Evangelische Kirchengemeinde Berlin-Dahlem, Archiv, Berlin

Evangelisches Landeskirchliches Archiv, Berlin

Evangelisch-Lutherischer Kirchenverband Goslar, Kirchenverbandsamt

Freilichtmuseum Domäne Dahlem, Stiftung Stadtmuseum Berlin

Geheimes Staatsarchiv Preußischer Kulturbesitz, Berlin

Gemeindearchiv Gröbenzell

Gemeindeverwaltung Darlingerode

Gesellschaft für Naturkunde in Württemberg e. V., Stuttgart

Harzklub Zweigverein Bad Harzburg e. V.

Herold, Verein für Heraldik, Genealogie und verwandte Wissenschaften e. V., Berlin

Hermann von Helmholtz-Zentrum für Kulturtechnik, Berlin
Klassik-Stiftung Weimar, Goethe- und Schiller-Archiv, Weimar
Kreisarchiv Landkreis Nordvorpommern, Grimmen
Kreisarchiv Landkreis Teltow-Fläming, Luckenwalde
Landesarchiv Baden-Württemberg, Hauptstaatsarchiv Stuttgart
Landesarchiv Berlin
Landesarchiv Greifswald
Landesarchiv Nordrhein-Westfalen, Staatsarchiv Münster
Landesgeschichtliche Vereinigung für die Mark Brandenburg e. V., Berlin
Münchner Stadtbibliothek, Monacensia Literaturarchiv
Museum für Naturkunde Berlin, Generaldirektion (Servicebereich Öffentlichkeitsarbeit), Historische Bild- und Schriftgutsammlungen, Paläontologische Bibliothek
Niedersächsische Staats- und Universitätsbibliothek Göttingen, Handschriften und Seltene Drucke
Potsdam-Museum, Potsdam
Staatsbibliothek zu Berlin Preußischer Kulturbesitz
Stadtarchiv Aachen
Stadtarchiv Bernau
Stadtarchiv Düsseldorf
Stadtarchiv Genthin
Stadtarchiv Goslar
Stadtarchiv Heidelberg
Stadtarchiv München
Stadtarchiv Potsdam
Stadtarchiv Tübingen
Stadtbibliothek Ilsenburg
Stadtbücherei Bad Harzburg
Universitätsarchiv Aachen
Universitätsarchiv der Humboldt-Universität Berlin
Universitätsarchiv der Universität der Künste Berlin
Universitätsarchiv Greifswald
Universitätsarchiv Halle-Wittenberg
Universitätsarchiv Heidelberg

Universitätsarchiv Hohenheim
Universitätsarchiv Jena, Ernst-Haeckel-Archiv
Universitätsarchiv München
Universitätsarchiv Tübingen
Universitätsbibliothek der Freien Universität Berlin
Universitätsbibliothek Freiburg, Historische Sammlungen
Universitätsbibliothek Heidelberg, Historische Sammlungen
Universitätsbibliothek Kassel, Murhardsche Bibliothek
Universitätsbibliothek Tübingen, Handschriftenabteilung
Württembergische Landesbibliothek Stuttgart, Handschriftenabteilung
Vereinigte Stifte Geseke-Keppel, Hilchenbach
Zentral- und Landesbibliothek Berlin

Prof. Alexander Raimund Freiherr von Branca †, Miesbach
Dipl.-Ing. Alexandra Freiin von Branca, München
Dipl.-Arch. Carla Freifrau von Branca, Miesbach
Dipl.-Arch. Emanuela Freiin von Branca, Paderborn
Dr. Michael Buddrus, Potsdam
Prof. Dr. David L. Cahan, Lincoln, Nebraska
Prof. Dr. Hubert Cancik, Berlin
Friedrich Grotjahn, Bochum
Dr. Kurt Lehnstaedt, Gröbenzell
Ludger Mogge M. A., Bad Oeynhausen
Wiltrud Mogge, Berlin
Dr. Birgitta Mogge-Stubbe †, Berlin
Prof. Dr. Hartmut Niedrich, Altlandsberg
Ingo Paul, Platjenwerbe
Christophe Piper, Berlin
Harry Plaster, Bad Harzburg
Wilfried Röll, Rom
Dr. Hartmut Sander, Berlin
Heinz R. Schwab, Balingen
Dr. Gerd Steinhoff, Wartberg
Dr. Manfred Stürzbecher, Berlin
Dr. Marco Tamborini, Berlin / Darmstadt

Abkürzungen

a. a. O.	am angegebenen Ort
Abb.	Abbildung
ABBAW	Archiv der Berlin-Brandenburgischen Akademie der Wissenschaften
a. o.	außerordentlich
Anm.	Anmerkung
Aufl.	Auflage
Ausw.	Auswahl
Bd., Bde.	Band, Bände
Bearb., bearb.	Bearbeiter(in), bearbeitet
Bl.	Blatt
cm	Zentimeter
ders.	derselbe
DGG	Deutsche Geologische Gesellschaft
dgl.	desgleichen
Diss.	Dissertation
DMA	Deutsches Museum München, Archiv
Dr.	Doktor
f, ff	folgende Seite, folgende Seiten
FAvB	Familienarchiv Freiherr von Branca
fol.	folio (Blatt)
geb.	geboren, geborene
gen.	genannt
gest.	gestorben
GStA PK	Geheimes Staatsarchiv Preußischer Kulturbesitz
H.	Heft
Hg., hg.	Herausgeber(in), herausgegeben
HU	Humboldt-Universität
Jg.	Jahrgang
Jh.	Jahrhundert
jun.	junior
Korr.	Korrespondenz
masch.	maschinenschriftlich
MfN HBSB	Museum für Naturkunde, Historische Bild- und Schriftgutsammlungen Berlin

NF	Neue Folge
Nl, NL	Nachlass
NN	nomen nescio (Name unbekannt)
Nr.	Nummer
Prof.	Professor
s.	siehe
S.	Seite
Slg.	Sammlung
St.	Sankt
StadtA	Stadtarchiv
Str.	Straße
SUB	Staats- und Universitätsbibliothek
TU	Technische Universität
UA	Universitätsarchiv
UB	Universitätsbibliothek
u. a.	und andere, unter anderem
v.	von
verh.	verheiratet
verw.	verwitwet
vgl.	vergleiche
Vol.	Volumen (Band, Bündel)
z. B.	zum Beispiel
ZDGG	Zeitschrift der Deutschen Geologischen Gesellschaft

Personenregister

J

Zivilisationen & Geschichte / Civilizations & History / Civilisations & Histoire

Herausgegeben von / edited by / dirigée par Ina Ulrike Paul und / and / et Uwe Puschner

Bd. / Vol. 1 Ljiljana Heise: KZ-Aufseherinnen vor Gericht. Greta Bösel – „another of those brutal types of women"? 2009.

Bd. / Vol. 2 Ivonne Meybohm: Erziehung zum Zionismus. Der Jüdische Wanderbund Blau-Weiß als Versuch einer praktischen Umsetzung des Programms der Jüdischen Renaissance. 2009.

Bd. / Vol. 3 Tamara Or: Vorkämpferinnen und Mütter des Zionismus. Die deutsch-zionistischen Frauenorganisationen (1897-1938). 2009.

Bd. / Vol. 4 Sonja Knopp: „Wir lebten mitten im Tod". Das „Sonderkommando" in Auschwitz in schriftlichen und mündlichen Häftlingserinnerungen. 2010.

Bd. / Vol. 5 Vera Kallenberg: Von „liederlichen Land-Läuffern" zum „asiatischen Volk". Die Repräsentation der ‚Zigeuner' in deutschsprachigen Lexika und Enzyklopädien zwischen 1700 und 1850. Eine wissensgeschichtliche Untersuchung. 2010.

Bd. / Vol. 6 Stefan Gerbing: Afrodeutscher Aktivismus. Interventionen von Kolonisierten am Wendepunkt der Dekolonisierung Deutschlands 1919. 2010.

Bd. / Vol. 7 Karena Kalmbach: Tschernobyl und Frankreich. Die Debatte um die Auswirkungen des Reaktorunfalls im Kontext der französischen Atompolitik und Elitenkultur. 2011.

Bd. / Vol. 8 Monika Brockhaus: „Ein Ereignis von weltgeschichtlicher Bedeutung". Die Balfour-Deklaration in der veröffentlichten Meinung. 2011.

Bd. / Vol. 9 Klaus Geus (Hrsg.): Utopien, Zukunftsvorstellungen, Gedankenexperimente. Literarische Konzepte von einer „anderen" Welt im abendländischen Denken von der Antike bis zur Gegenwart. 2011.

Bd. / Vol. 10 Gregor Hufenreuter: Philipp Stauff. Zur Geschichte des Deutschvölkischen Schriftstellerverbandes, des Germanen-Ordens und der Guido-von-List-Gesellschaft. Ideologe, Agitator und Organisator im völkischen Netzwerk des Wilhelminischen Kaiserreichs. 2011.

Bd. / Vol. 11 Ghazal Ahmadi: Iran als Spielball der Mächte? Die internationalen Verflechtungen des Iran unter Reza Schah und die anglo-sowjetische Invasion 1941. 2011.

Bd. / Vol. 12 Thomas Brünner: Public Diplomacy im Westen. Die Presseagentur *Panorama DDR* informiert das Ausland. 2011.

Bd. / Vol. 13 Jonas Kleindienst: Die Wilden Cliquen Berlins. „Wild und frei" trotz Krieg und Krise. Geschichte einer Jugendkultur. 2011.

Bd. / Vol. 14 Anne Katherine Kohlrausch: Literarische Selbstverortung als historische Handlung. *The Travels of Dean Mahomet*, 1794. 2011.

Bd. / Vol. 15 Reinhard Blänkner: „Absolutismus". Eine begriffsgeschichtliche Studie zur politischen Theorie und zur Geschichtswissenschaft in Deutschland, 1830-1870. 2011.

Bd. / Vol. 16 Jens Flemming, Klaus Saul, Peter-Christian Witt (Hrsg.), unter Mitarbeit von Simona Lavaud: Lebenswelten im Ausnahmezustand. Die Deutschen, der Alltag und der Krieg, 1914-1918. 2011.

Bd. / Vol. 17 Philipp Küsgens: Horizonte nationaler Musik. Musiziergesellschaften in Süddeutschland und der Deutschschweiz 1847-1891. 2012.

Bd. / Vol. 18 Anette Dietrich / Ljiljana Heise (Hrsg.): Männlichkeitskonstruktionen im Nationalsozialismus. Formen, Funktionen und Wirkungsmacht von Geschlechterkonstruktionen im Nationalsozialismus und ihre Reflexion in der pädagogischen Praxis. 2013.

Bd. / Vol. 19 David Hamann: Gunther Ipsen in Leipzig. Die wissenschaftliche Biographie eines „Deutschen Soziologen" 1919-1933. 2013.

Bd. / Vol. 20 Richard Faber / Uwe Puschner (Hrsg.): Intellektuelle und Antiintellektuelle im 20. Jahrhundert. 2013.

Bd. / Vol. 21 Nicola Kristin Karcher / Anders G. Kjøstvedt (eds.): Movements and Ideas of the Extreme Right in Europe. Positions and Continuities. 2013.

Bd. / Vol. 22 Klaus Geus / Elisabeth Irwin / Thomas Poiss (Hrsg.): Herodots Wege des Erzählens. Logos und Topos in den *Historien*. 2013.

Bd. / Vol. 23 Alina Soroceanu: Niceta von Remesiana. Seelsorge und Kirchenpolitik im spätantiken unteren Donauraum. 2013.

Bd. / Vol. 24 Horst Junginger / Andreas Åkerlund (eds.): Nordic Ideology between Religion and Scholarship. 2013.

Bd. / Vol. 25 Richard Faber (Hrsg.): Totale Erziehung in europäischer und amerikanischer Literatur. 2013.

Bd. / Vol. 26 Silke Segler-Meßner / Isabella von Treskow (éd.): Génocide, enfance et adolescence dans la littérature, le dessin et au cinéma. 2014.

Bd./Vol. 27 Michael Meyer : Symbolarme Republik? Das politische Zeremoniell der Weimarer Republik in den Staatsbesuchen zwischen 1920 und 1933. 2014.

Bd./Vol. 28 Enno Schwanke: Die Landesheil- und Pflegeanstalt Tiegenhof. Die nationalsozialistische *Euthanasie* in Polen während des Zweiten Weltkrieges. 2014.

Bd./Vol. 29 Christina Stange-Fayos: Publizistik und Politisierung der Frauenbewegung in der wilhelminischen Epoche. Die Zeitschrift *Die Frau* (1893–1914). Diskurs und Rhetorik. 2014.

Bd./Vol. 30 Susanne Wein: Antisemitismus im Reichstag Judenfeindliche Sprache in Politik und Gesellschaft der Weimarer Republik. 2014.

Bd./Vol. 31 Uwe Puschner / Christina Stange-Fayos / Katja Wimmer (Hrsg.): Laboratorium der Moderne. Ideenzirkulation im Wilhelminischen Reich / Laboratoire de la modernité. Circulation des idées à l'ère wilhelminienne. 2015.

Bd./Vol. 32 Simona Lavaud: Gleichberechtigung und Gleichwertigkeit? Jüdische Wohlfahrt in der Weimarer Republik zwischen privaten Initiativen und öffentlichem Engagement am Beispiel der Berliner Gemeinde. 2015.

Bd./Vol. 33 Annika Haß: Der Verleger Johann Friedrich Cotta (1764-1832) als Kulturvermittler zwischen Deutschland und Frankreich. Frankreichbezüge, Koeditionen und Übersetzungen. Mit einem Vorwort von Hans-Jürgen Lüsebrink. 2015.

Bd./Vol. 34 Joris Corin Heyder / Christine Seidel (eds.): Re-Inventing Traditions. On the Transmission of Artistic Patterns in Late Medieval Manuscript Illumination. 2015.

Bd./Vol. 35 Tetyana Pavlush: Kirche nach Auschwitz zwischen Theologie und Vergangenheitspolitik. Die Auseinandersetzung der evangelischen Kirchen beider deutscher Staaten mit der Judenvernichtung im „Dritten Reich“ im politisch-gesellschaftlichen Kontext. 2015.

Bd./Vol. 36 Luiz Estevam de Oliveira Fernandes / Luísa Rauter Pereira / Sérgio da Mata (eds.): Contributions to Theory and Comparative History of Historiography. German and Brazilian Perspectives. 2015.

Bd./Vol. 37 Alexandra Ludewig: Zwischen Korallenriff und Stacheldraht. Interniert auf Rottnest Island, 1914-1915. 2015.

Bd./Vol. 38 Michel Lefèvre/Katharina Mucha-Tummuseit/Rainer Hünecke (Hrsg.): Rhetorik und Kulturen. 2016.

Bd./Vol. 39 Ursula Konnertz / Sibylle Mühleisen (Hrsg.): Bildung und Schlüsselqualifikationen. Zur Rolle der Schlüsselqualifikationen an den Universitäten. 2016.

Bd./Vol. 40 Ernst Baltrusch /Uwe Puschner (Hrsg.): Jüdische Lebenswelten. Von der Antike bis zur Gegenwart. 2016.

Bd./Vol. 41 Luitgard Sofie Löw: Gottessohn und Mutter Erde auf bronzezeitlichen Felsbildern. Herman Wirth und die völkische Symbolforschung. 2016.

Bd./Vol. 42 Johanna Heinen: Ein „jüdisches" Mäzenatentum für moderne französische Kunst? Das Fallbeispiel der Nationalgalerie im Berlin der wilhelminischen Ära (1882-1911). Eine kultur- und sozialhistorische Studie. 2016.

Bd./Vol. 43 Matthias Loeber: Völkische Bewegung zwischen Weser und Ems. Richard von Hoff und die Nordische Gesellschaft in Bremen und Nordwestdeutschland. 2016.

Bd./Vol. 44 Barbara von Hindenburg: Die Abgeordneten des Preußischen Landtags. Biographie – Herkunft – Geschlecht. 2017.

Bd./Vol. 45 Barbara von Hindenburg (Hrsg. und Bearb.): Biographisches Handbuch der Abgeordneten des Preußischen Landtags. Verfassunggebende Preußische Landesversammlung und Preußischer Landtag 1919-1933. 2017.

Bd./Vol. 46 Dirk Hainbuch: Das Reichsministerium für Wiederaufbau. Die Abwicklung des Ersten Weltkrieges: Reparationen, Kriegsschäden-Beseitigung, Opferentschädigung und der Wiederaufbau der deutschen Handelsflotte 1919 bis 1924. 2016.

Bd./Vol. 47 Alexandra Esche: Hitlers «völkische Vorkämpfer»: Die Entwicklung nationalsozialistischer Kultur- und Rassenpolitik in der Baum-Frick-Regierung 1930-1931. 2017.

Bd./Vol. 48 Mirjam Neusius: Herrschaftslegitimation und Kulturtransfer in der habsburgischen Lombardei. Die Zeitschrift «Biblioteca italiana» und die deutsche Kultur (1815–1830). 2017.

Bd./Vol. 49 Peter L. Münch-Heubner: Sanfter Paternalismus. Entstehung, Geschichte und Gegenwart des Sozial- und Interventionsstaates in Australien. 2017.

Bd./Vol. 50 Richard Faber / Uwe Puschner (Hrsg.): Luther – zeitgenössisch, historisch, kontrovers. 2017.

Bd./Vol. 51 Florian Krobb: Vorkoloniale Afrika-Penetrationen. Diskursive Vorstöße ins «Herz des großen Continents» in der deutschen Reiseliteratur (ca. 1850-1890). 2017.

Bd./Vol. 52 Winfried Mogge: Wilhelm Branco (1844-1928). Geologe - Paläontologe - Darwinist. Eine Biografie. 2018.

www.peterlang.com

www.ingramcontent.com/pod-product-compliance
Ingram Content Group UK Ltd.
Pitfield, Milton Keynes, MK11 3LW, UK
UKHW021820290926
8980IPUK00004B/183

9 783631 755204